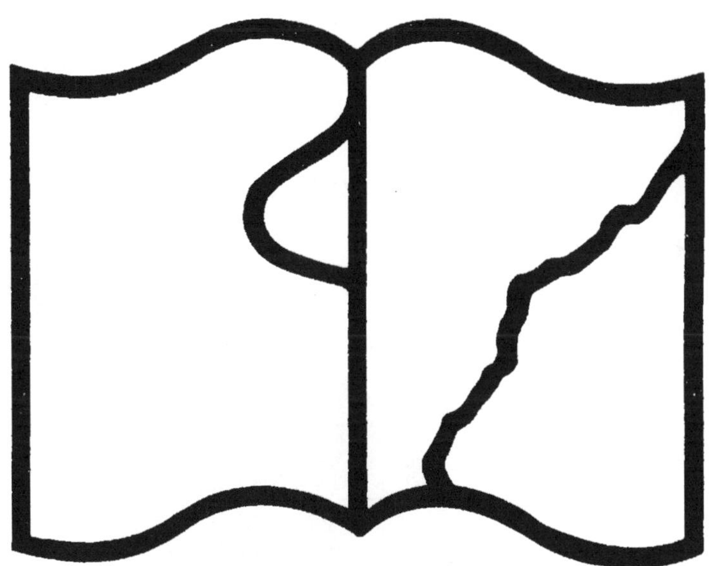

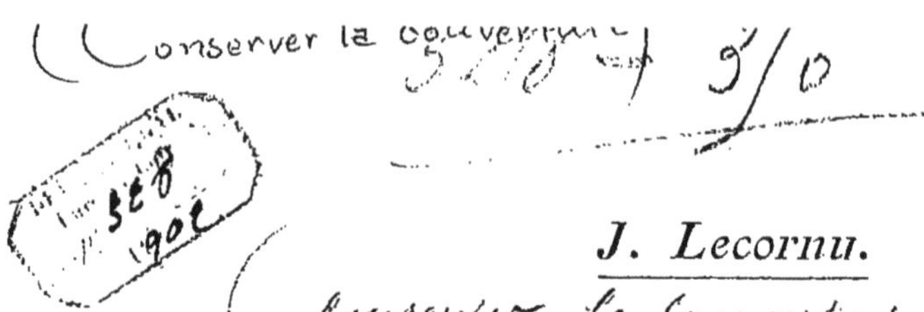

J. Lecornu.

La Navigation Aérienne

Histoire documentaire et anecdotique.

LES PRÉCURSEURS
LES MONTGOLFIER
LES DEUX ÉCOLES
LE SIÈGE DE PARIS
LES GRANDS DIRIGEABLES
ET LE SPORT
AÉRIEN

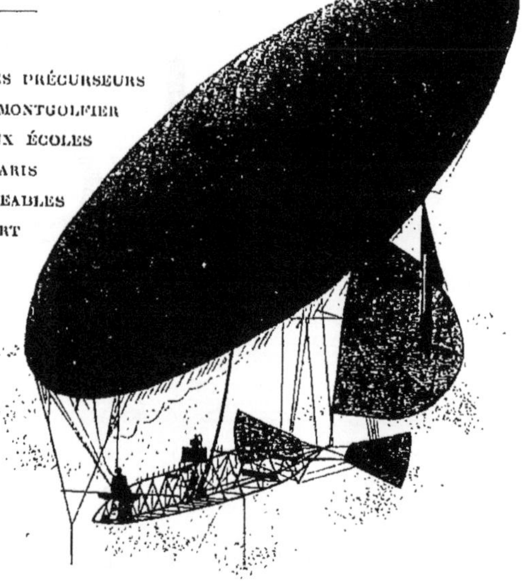

PARIS
LIBRAIRIE NONY & Cie
63, Boulevard Saint-Germain, 63

1903

J. Lecornu.

La Navigation Aérienne

Histoire documentaire et anecdotique.

LES PRÉCURSEURS
LES MONTGOLFIER
LES DEUX ÉCOLES
LE SIÈGE DE PARIS
LES GRANDS DIRIGEABLES
ET LE SPORT
AÉRIEN

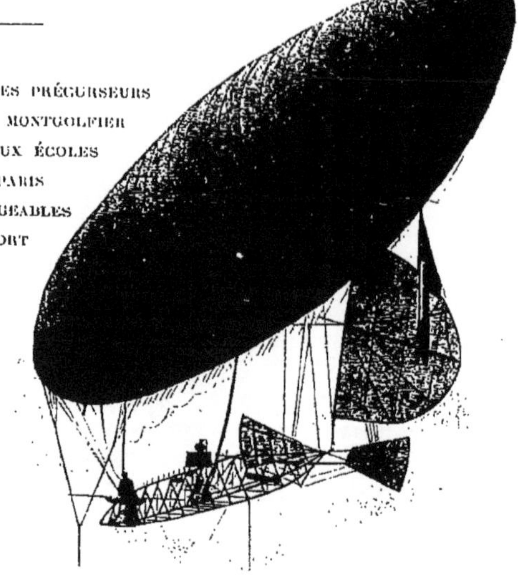

PARIS
LIBRAIRIE NONY & Cie
63, Boulevard Saint-Germain, 63

1903

[illegible]

La Navigation Aérienne

CHARTRES. — IMPRIMERIE DURAND, RUE FULBERT.

J. Lecornu.

La Navigation Aérienne

Histoire documentaire et anecdotique.

LES PRÉCURSEURS
LES MONTGOLFIER
LES DEUX ÉCOLES
LE SIÈGE DE PARIS
LES GRANDS DIRIGEABLES
ET LE SPORT
AÉRIEN

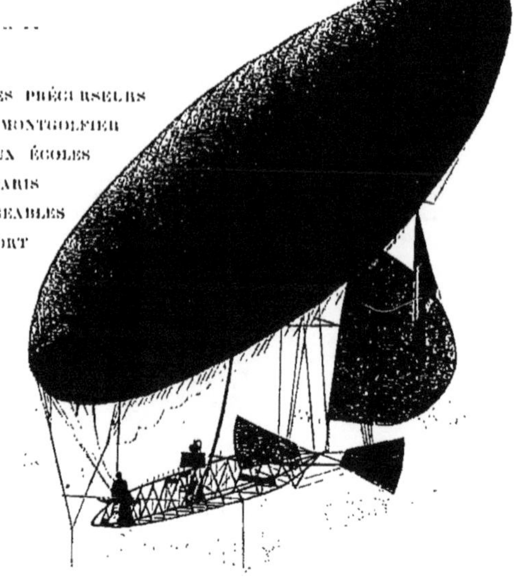

PARIS
LIBRAIRIE NONY & Cie
63, Boulevard Saint-Germain, 63

1903

AVANT-PROPOS

Lorsque, le 5 juin 1783, Joseph et Étienne de Montgolfier lancèrent pour la première fois en public leur *machine aérostatique*, un immense enthousiasme s'empara du monde entier ; jamais, sauf peut-être lors de la découverte de l'Amérique, aucun événement scientifique n'avait à ce point passionné les masses : il semblait qu'enfin l'homme eût conquis l'atmosphère ; il était le maître dans l'air comme il l'était déjà sur terre et sur mer ; l'espace lui appartenait, et, pour les plus ardents, aller dans la lune n'était plus qu'un jeu !

Un siècle et plus s'est écoulé, et les espérances qu'avait fait naître l'invention des Montgolfier ne se sont pas encore réalisées, malgré les progrès considérables déjà faits. Est-ce à dire que les routes de l'atmosphère nous sont à jamais fermées ? Faut-il désespérer de suivre un jour l'aigle dans son vol, parce que cent vingt-cinq ans après la découverte des ballons l'homme ne peut encore se diriger à son gré dans l'espace ? Ce serait bien mal connaître l'histoire des inventions humaines, et ignorer que Dieu a imposé au génie humain un collaborateur, qui est le Temps.

« Il a fallu bien des siècles, dit Dupuy de Lôme (1), pour transformer le radeau « flottant en un rapide paquebot à hélice ; mais qu'est-ce qu'un siècle pour Dieu « éternel qui conduit l'humanité ? »

D'ailleurs, les services rendus par l'aérostation depuis son origine sont immenses, et quand bien même il ne resterait à l'actif des ballons que les services rendus par eux à la météorologie, à l'astronomie, à la physique, aux arts militaires, et, à nous Français, à la défense nationale pendant le siège de Paris, cela constituerait un assez beau fleuron à la couronne de gloire de notre pays ; car, ne l'oublions pas, l'aéros-

(1) Discours prononcé à l'inauguration du monument des frères Montgolfier à Annonay, le 13 août 1883.

tation, la navigation aérienne pour mieux dire, est science toute française, dans laquelle nous avons toujours eu le pas sur les autres nations.

Mais le dernier mot n'est pas dit, et tout fait prévoir que le XXe siècle nous apportera la solution complète du problème. Sera-ce par les ballons dirigeables ? ou bien plutôt par les appareils d'aviation pure, *plus lourds que l'air* ? L'avenir nous l'apprendra bientôt, et notre but, dans cet ouvrage, n'est pas de trancher cette question ; nous ne voulons pas, en effet, faire œuvre didactique, en exposant des théories, mais bien faire œuvre d'historien, en exposant des faits.

L'histoire de la navigation aérienne est des plus attachantes, abondante en anecdotes, riche en documents, et nous espérons retenir l'attention et captiver l'intérêt de nos lecteurs, non en leur exposant nos idées personnelles, mais au contraire en nous effaçant autant que possible et en laissant la plupart du temps la parole aux contemporains, aux inventeurs, aux témoins des faits que nous rapporterons et en substituant largement à notre prose l'image et la photographie. Nous sommes persuadés que nos lecteurs nous en sauront gré.

Un mot encore : en acceptant la lourde tâche d'écrire l'ouvrage que nous présentons au public, l'auteur ne se dissimulait pas les difficultés d'un pareil travail, mais il savait aussi qu'il pouvait compter sur l'aide efficace de ses éditeurs, et il tient à les remercier ici non seulement du soin qu'ils ont apporté à éditer ce livre, mais aussi du concours dévoué de tous les instants qu'il a rencontré auprès d'eux et des amicaux conseils qu'il n'a cessé d'en recevoir. Il tient également à remercier tous ceux, et ils sont nombreux, qui se sont mis avec tant de bonne grâce à sa disposition pour lui fournir les matériaux dont il avait besoin : il remercie tout particulièrement : M. Richard, le savant secrétaire de la *Société d'encouragement*, qui lui a fourni de nombreux dossiers classés avec beaucoup de soin et de méthode : — M. Albert Tissandier, qui lui a permis de puiser largement dans ses riches collections et ses travaux artistiques : — M. Henry de la Vaulx, dont il n'oubliera jamais l'accueil si cordial ; — M. le marquis de Dion et M. Besançon, qui l'ont mis à même de se documenter dans les archives de l'*Aéro-Club* : — M. E. Surcouf et M. L. Godard, à qui il est redevable de tant de renseignements intéressants sur le matériel aérostatique et la construction des aérostats : — M. le commandant Renard, dont les encouragements de toute sorte lui ont été si précieux ; — M. François Courboin, qui l'a guidé si gracieusement dans ses recherches à la Bibliothèque Nationale ; — M. Athanasiu, de l'Institut Marey, qui lui a communiqué les beaux clichés relatifs au vol des oiseaux ; — M. Marc, qui lui a permis de reproduire ici des gravures anciennes d'un grand intérêt tirées de l'*Illustration*, la belle revue connue dans le monde entier et dont la collection fait revivre à nos yeux tous les événements saillants de ces soixante dernières années ; — MM. Armengaud et Triboulet, les dévoués et savants président et secrétaire de la *Société française de navigation aérienne,* qui lui ont permis de puiser à pleines mains dans les archives de la Société et qui l'ont si puissamment encouragé dans son travail : — enfin les quelques particuliers qui ont si gracieusement mis à sa disposition des documents originaux et précieux.

Si le lecteur tire quelque enseignement de ce livre, il saura qu'il le doit pour la plus grande partie à ceux que nous venons de citer, et sans le secours desquels nous n'aurions jamais pu mener notre œuvre à bonne fin.

LA NAVIGATION AÉRIENNE

PREMIÈRE PARTIE

PÉRIODE LÉGENDAIRE

LES PRÉCURSEURS

CHAPITRE I

LÉGENDES DE L'ANTIQUITÉ

Dieux ailés. — Aventures de Dédale et d'Icare. — Le vol plané d'Hanouman. — La flèche d'Abaris. — La colombe d'Archytas. — Simon le Magicien. — L'oracle d'Hiérapolis. — Oulofat. — Les Capnobates.

Voyager dans les airs a toujours été l'une des aspirations de l'homme, et la littérature ancienne, aussi bien que les monuments antiques, sont pleins de légendes d'hommes volants, d'ascensions, de voyages aériens; il paraît très probable que, pour une grande partie au moins, ces récits fabuleux cachent un fait historique et conservent, au milieu des enjolivements poétiques, un fond de vérité. A ce titre, ils sont intéressants à passer en revue.

Mercure, le messager des dieux, était représenté avec des ailes aux pieds, symbole tout simplement de la rapidité avec laquelle il remplissait ses délicates fonctions.

Au Musée du Louvre il existe, aux *Antiquités égyptiennes (salle des dieux)*, une petite plaque de bronze d'une antiquité incontestable, ci-dessus reproduite, et figurant en relief un homme volant les deux ailes étendues. Symbole, comme pour le cas de Mercure, ou appareil d'aviation? L'un et l'autre, peut-être, car il est certain que, dès les premiers âges de l'humanité, les hommes, désireux de naviguer dans les airs, ont dû, dans l'ignorance où ils étaient de tout autre mode de propulsion, chercher à copier les ailes des oiseaux, et peut-être même à adapter à leurs membres les ailes des grands oiseaux antédiluviens, dont il ne reste plus que des traces.

Une tentative de ce genre a été sûrement faite par Dédale et Icare, dont Ovide nous retrace les aventures et les malheurs.

Dédale, on le sait, était un célèbre sculpteur athénien de race royale et descendant de la famille des Métionides. D'un caractère violent, il tua, dans un moment de colère, son neveu et élève Calus. Pour se soustraire au châtiment prévu par les lois, il s'enfuit dans l'île de Crète. De là, il semble s'être rendu en Égypte où, sur l'ordre du roi Mœris, il aurait construit le grand portique du temple de Vulcain. S'il faut en croire Platon et Aristote, il aurait fabriqué des statues mouvantes, sortes d'automates marchant à volonté. C'était donc un mécanicien habile en même temps qu'un artiste de grand mérite. De retour en Crète, il construisit, sur l'ordre de Minos, le célèbre labyrinthe, imité de celui d'Héracléopolis. Puis ayant favorisé les amours de Taurus et de Pasiphaë et facilité la fuite de Thésée, il encourut la disgrâce et la colère du roi Minos, qui mit à prix la tête de Dédale.

C'est ici que se place l'épisode de l'invention des ailes artificielles, que nous raconte ainsi Ovide au Livre VIII des *Métamorphoses*, et dans le chant second de l'*Art d'aimer*.

Dédale, las de subir, sur une terre odieuse, les ennuis d'un long exil, cède à l'amour du sol natal : mais la mer l'emprisonne. « Minos peut bien, dit-il, me fermer et la terre et les eaux, mais le ciel m'est ouvert ; le ciel sera ma route : Minos est le maître de la terre, mais il n'est point le maître des airs. »

Alors son génie s'applique à inventer un art inconnu, et soumet la nature à de nouvelles lois. *Il dispose des plumes avec ordre, en prenant d'abord la plus petite ; chacune d'elles est moins longue que celle qui la suit, et toutes s'élèvent par une gradation insensible.* Ainsi, jadis, croissaient par degrés inégaux les tubes de la flûte champêtre. *Dédale attache ces plumes, au milieu, avec du lin ; à leur extrémité, avec de la cire ; il leur imprime ensuite une légère courbure, afin de mieux imiter l'aile des oiseaux.* Le jeune Icare était debout auprès de lui : ignorant que ses mains jouaient avec ses propres dangers, il prenait en souriant les plumes qu'enlevait la brise vagabonde. Tantôt il amollissait la cire entre ses doigts et retardait par ses jeux le travail merveilleux de son père. Après avoir mis la dernière main à son œuvre, l'industrieux artiste se place en équilibre sur ses deux ailes et vogue suspendu dans les airs. Il donne alors des leçons à son fils. « Icare, dit-il, prends le milieu des airs et crois mes avis : car si ton vol s'abaisse, l'onde appesantira tes ailes ; s'il s'élève trop haut, le feu les brûlera. Vole entre ces deux écueils ; crains surtout de regarder le Bouvier, ou l'Hélice, ou le glaive nu d'Orion. Prends ton vol en suivant le mien. » Il lui enseigne ensuite à voler et attache ses ailes à ses épaules qui n'en savent pas encore l'usage....

Non loin de là était *une colline qui*, ne s'élevant pas tout à fait à la hauteur d'une montagne, *dominait cependant la plaine. C'est de là qu'ils s'élancent* pour commencer leur dangereux voyage. Dédale fait manœuvrer ses ailes et ne perd pas de vue celles de son fils. Lui-même soutient son vol avec une mesure toujours égale. D'abord la nouveauté du voyage a des charmes pour eux ; mais bientôt, bannissant toute crainte, l'audacieux Icare dépasse dans son vol les bornes prescrites par son père. Un pêcheur les aperçut tandis qu'il jetait la ligne aux poissons, et le roseau flexible lui tomba des mains. Déjà, ils ont laissé sur la gauche Samos, Naxos, Paros et Delos, chère à Phébus : à leur droite sont Lébynthe, Calymne aux forêts sombres, et Astypalée, entourée de marais poissonneux. Alors Icare, téméraire comme on l'est à cet âge imprévoyant, s'élève trop haut dans les régions de l'air et abandonne son guide. Aussitôt les liens des ailes se relâchent, la cire fond au

Fig. 1. — Chute d'Icare.

contact plus immédiat du soleil; et les bras d'Icare battent, impuissants, l'atmosphère trop subtile. Du haut du ciel, il laisse tomber sur la mer un regard d'épouvante; puis un voile sombre, triste effet de sa frayeur, couvre ses yeux et lui dérobe le jour. La cire était fondue : en vain il agite ses bras dépouillés ; tremblant, dépourvu de soutien, il tombe, et dans sa chute, il s'écrie : « Mon père ! ô mon père, je suis entraîné. » Il dit, et les flots de la mer azurée étouffent ses paroles. Le malheureux père (mais déjà il a perdu ce titre) lui crie à son tour : « Icare ! Icare ! où es-tu? sous quel cercle du pôle diriges-tu ton vol ? » Et il l'appelait encore, quand il vit les ailes flotter sur les eaux. La terre reçut la dépouille d'Icare, et la mer porte encore son nom.

On a voulu ne voir, dans ce récit, que l'invention de la navigation à voiles : poursuivi sur mer par les galères de Minos, Dédale et Icare, fuyant dans de simples barques, auraient échappé à leurs ennemis en se servant de voiles ; mais Icare, plus novice que son père dans l'art de manœuvrer la voile et de tirer de savantes bordées, aurait malheureusement échoué sur des roches et se serait noyé. Nous pensons que le récit d'Ovide s'applique à tout autre chose : l'invention de la navigation à voiles eût prêté suffisamment à des développements poétiques pour que le poète latin n'ait pas eu besoin d'en faire une tentative, une expérience de vol aérien. Remarquons au contraire avec quelle précision il décrit la construction de ces ailes dont les plumes sont disposées par ordre de grandeur croissante, et dont la fixation est rigide du côté de la base et flexible au contraire du côté de la pointe. De même, le poète ne lance pas ses héros dans l'espace d'une façon quelconque. Non : il nous les montre choisissant pour s'élancer un endroit élevé, une colline dominant la plaine, absolument comme nous verrons de nos jours procéder un savant volateur moderne, Otto Lilienthal. Nous sommes donc convaincus que la fable de Dédale et Icare se rapporte à une expérience de vol aérien, dont le succès partiel frappa vivement l'imagination des contemporains, et qui, très probablement, consista dans un essai de vol plané.

Une expérience analogue semble d'ailleurs avoir été faite dans des temps plus reculés encore. On trouve, en effet, ce curieux passage dans les *Religions de l'Inde* (t. Ier, p. 162).

« Hanouman monta sur le sommet d'une colline et, après avoir pris les conseils « du sage Jambaranta, il s'élança dans les airs et alla tomber dans le Lanka, ainsi « qu'il l'avait espéré. » C'était aussi du vol plané.

Suivant les récits de Diodore de Sicile, le magicien scythe Abaris aurait reçu d'Apollon une flèche d'or, véritable aéroplane, au moyen duquel il voyageait dans les airs.

Un fait beaucoup plus précis est l'existence de la fameuse colombe mécanique construite par le célèbre philosophe Archytas de Tarente, ami et contemporain de Platon, au IVe siècle avant l'ère chrétienne.

Archytas était non seulement un pythagoricien et un mathématicien profond, mais encore un mécanicien habile auquel on doit l'invention de la vis et de la poulie. On lui attribue aussi, gratuitement peut-être, celle du cerf-volant. En tout cas, il est indéniable qu'il construisit un oiseau mécanique qui s'éleva en l'air. Voici le seul texte des auteurs anciens qui nous soit parvenu sur ce sujet. Il est tiré des *Nuits attiques* d'Aulu-Gelle :

Les plus illustres des auteurs grecs, et, entre autres, le philosophe Favorinus, qui a recueilli avec tant de soin les vieux souvenirs, ont raconté du ton le plus affirmatif qu'une colombe de bois, faite par Archytas à l'aide de la mécanique, s'envolait ; sans doute elle se soutenait au moyen de l'équilibre, et l'air qu'elle renfermait secrètement la faisait agir (1).

Selon Moréri (*Dictionnaire historique*), le père Kircher aurait reconstitué la colombe d'Archytas ; mais il est établi que le P. Kircher avait simplement dans son cabinet un oiseau en papier léger, tenant en son bec un morceau de fer qu'un aimant placé sur un plateau circulaire mû par un mouvement d'horlogerie, faisait déplacer.

Mais si le P. Kircher n'avait qu'un semblant d'oiseau mécanique, il n'en est pas de même du savant Dr Hureau de Villeneuve, dont nous aurons l'occasion de reparler, et qui, de nos jours, a reconstitué la colombe d'Archytas et l'a expérimentée avec un plein succès ; il a prouvé par là même la parfaite réalité ou tout au moins la vraisemblance de l'existence de la colombe du philosophe grec.

Les traditions chrétiennes des premiers siècles de l'Église font mention des expériences d'un célèbre mécanicien, Simon, qui, non content de la juste notoriété qu'aurait pu lui procurer son art, aurait pratiqué la magie et voulu se faire passer pour une divinité. Il vivait à Rome, au temps de Néron, et il est certain qu'après avoir sollicité et reçu le baptême, il renia sa foi et trahit bientôt saint Pierre, qui l'avait converti.

L'abbé Sicard, dans son *Dictionnaire généalogique, historique et critique de l'Histoire Sainte*, s'exprime ainsi à ce sujet :

> Simon voulant un jour persuader sa divinité à l'empereur promit de s'élever au Ciel à la vue de tout le monde. Tout le monde s'assembla pour être témoin d'un spectacle si extraordinaire, et Simon s'éleva, ou plutôt fut enlevé par les démons ; mais saint Pierre s'étant mis en prière, fit cesser l'action des esprits malins, et le magicien s'étant brisé le corps dans sa chute mourut dans l'instant (An de J.-C. 66). Cela arriva la treizième année de Néron.

Il serait fastidieux de citer tous les récits merveilleux se rapportant à des essais de vol et d'ascension, récits pour la plupart fruits de l'imagination, et n'offrant pas les caractères de probabilité de ceux que nous avons rapportés.

C'est ainsi que l'oracle du temple d'Hiérapolis se serait enlevé dans les airs : que les dieux de l'Olympe chevauchaient sur des aigles ou des chevaux ailés, ou étaient transportés dans des chars attelés de paons ou de colombes. De même, plusieurs auteurs grecs, Michel Glycas, Cassiodore, etc., parlent vaguement d'oiseaux artificiels qui s'envolaient mécaniquement.

Il est cependant curieux de mentionner une tradition conservée aux îles Carolines, d'après laquelle Oulefat, fils d'un esprit céleste, aurait allumé un grand feu dont la fumée le souleva et le transporta jusqu'au séjour de son père, tradition qui semble au moins indiquer que l'ascension de la fumée avait fait naître dans l'esprit de quelque observateur l'idée de la possibilité de s'enlever en l'air par ce moyen. Cette idée avait-elle germé dans l'esprit des Mysiens, et provoqué chez eux une expérience aérostatique ? On serait presque tenté de le croire en remarquant que ce peuple de l'Asie Mineure avait reçu le surnom de *Capnobate*, mot qui signifie littéralement : *qui marche par la fumée*.

(1) Aulu-Gelle, *Nuits attiques*, X, 12 (traduction Nisard).

CHAPITRE II

L'AVIATION AU MOYEN AGE

Du XIe au XVIe siècle. — Olivier de Malmesbury. — Le Sarrasin volant. — Roger Bacon. — Dante de Pérouse. — L'aigle de fer de Regiomontanus. — Léonard de Vinci aviateur. — Le vol des oiseaux. — Le milan de Léonard de Vinci. — Une machine volante. — L'hélicoptère et le parachute. — Paul Guidotti.

A mesure que nous nous éloignerons des temps préhistoriques, les tentatives faites pour naviguer dans les airs vont perdre de l'obscurité dans laquelle les tiennent les légendes poétiques qui constituent l'unique trace que ces expériences ont laissée. Nous allons rencontrer maintenant des documents de plus en plus précis attestant les efforts qui ont été faits à toutes les époques de l'humanité pour donner à l'homme l'empire de l'air, objet de ses aspirations.

Au XIe siècle, un moine bénédictin anglais, Olivier de Malmesbury, puis un religieux théâtin, à Paris, firent tous deux des tentatives qui n'eurent qu'un médiocre succès. Olivier de Malmesbury, sur lequel les renseignements sont le plus précis, entreprit de voler en s'élevant du haut d'une tour, au moyen d'ailes fabriquées en suivant les indications laissées par Ovide sur l'expérience de Dédale ; mais il ne put qu'imiter Icare, et après avoir plané un espace d'environ cent vingt pas, il tomba et se brisa les deux jambes. Il mourut à Malmesbury en 1060 (1)

Au XIIe siècle, sous le règne de l'empereur Emmanuel Commène, un Sarrasin, réputé comme magicien, mais depuis reconnu comme fou, exécuta une expérience du même genre, qui eut une fin plus lamentable encore.

Il monta de lui-même sur la tour de l'Hippodrome. Cet imposteur se vanta qu'il traverserait, en volant, toute la carrière. Il était debout, vêtu d'une robe blanche fort longue et fort large, dont les pans retroussés avec de l'osier lui devaient servir de voile pour recevoir le vent. Il n'y avait personne qui n'eût les yeux fixés sur lui et qui ne lui criât souvent : « Vole, vole, Sarrasin, et ne nous tiens pas si longtemps en suspens, tandis que tu pèses le vent. » L'empereur, qui était présent, le détournait de cette entreprise vaine et dangereuse. Le sultan des Turcs, qui se trouvait dans ce moment dans Constantinople, et qui était aussi présent à cette expérience, se trouvait partagé entre la crainte et l'espérance : souhaitant d'un côté qu'il réussît, il appréhendait de l'autre qu'il ne pérît honteusement. Le Sarrasin étendait quelquefois les bras pour recevoir le vent ; enfin, quand il crut l'avoir favorable, il s'éleva comme un oiseau, mais son vol fut aussi infortuné que celui d'Icare, car le poids de son corps ayant plus de force pour l'entraîner en bas que ses ailes artificielles n'en avaient pour le soutenir, il se brisa les os, et son malheur fut tel, qu'on ne le plaignit pas (2).

(1) D'après l'*Essai sur l'art du vol aérien*, par M. Mongez, chanoine régulier de la Congrégation de France. — Lyon, 1773.
(2) Cousin, *Histoire de Constantinople*.

C'était, on le voit, une expérience de parachute dirigé que voulait faire l'infortuné Sarrasin, qui comptait sur la résistance de l'air dans les plis de sa robe, tenue ouverte par de l'osier, pour descendre doucement à terre suivant un plan incliné.

Au XIIIe siècle, l'illustre moine anglais Roger Bacon admet la possibilité de construire des machines volantes. Dans l'un de ses plus curieux ouvrages, *De secretis operibus artis et naturæ*, il dit ceci :

On peut construire des bateaux allant sur l'eau sans rameurs, de grands vaisseaux conduits par un seul homme et marchant avec plus de vitesse que ceux conduits par une foule de matelots ; enfin, on peut faire des machines pour voler, dans lesquelles l'homme, étant assis ou suspendu au centre, tournerait quelque manivelle (*revolvens aliquod ingenium*) qui mettrait en mouvement des ailes faites pour battre l'air, à l'instar de celles des oiseaux.

Un peu plus loin, pour corroborer cette idée, il décrit une machine volante ayant quelques rapports avec la machine de Blanchard qui fit grand bruit en 1782.

Il ne semble pas avoir fait d'expérience : mais il faut reconnaître que l'esprit judicieux du *Docteur admirable* lui faisait pressentir un grand nombre de découvertes et d'inventions qui se sont réalisées de tous points. Comme le remarque G. de la Landelle dans son ouvrage : *Dans les airs*, « il affirme le futur succès du vol mécanique, et son assertion est d'autant plus encourageante, qu'il annonçait de même « la navigation par moteur interne, les locomotives, les cloches à plongeur, les « bateaux sous-marins et les ponts suspendus... Il avait la seconde vue du génie (1). »

Un siècle après Bacon, un savant observateur et mathématicien, Jean-Baptiste Dante, de Pérouse, a fait mieux que décrire une machine volante : il en a construit une, et, si l'on s'en rapporte aux chroniqueurs contemporains, s'en servit avec succès : il s'était construit des ailes parfaitement appropriées à son poids et les expérimenta plusieurs fois au-dessus du lac Trasimène. Mais ses expériences eurent une triste fin. Il avait été invité à donner à ses concitoyens le spectacle d'une expérience de vol, à l'occasion du mariage de l'illustre général vénitien Barthélemi Alviano. Il prit son vol du sommet d'un édifice, et vola très haut au-dessus de la place, aux applaudissements d'une foule immense. « Mais, dit l'abbé Mongez dans le mémoire déjà « cité, le fer avec lequel il dirigeait une de ses ailes s'étant brisé, il tomba sur le toit « de l'église de Saint-Maur, et se cassa la cuisse. » Cet accident lui valut la chaire de mathématiques de Venise, où il mourut à l'âge de quarante ans.

Vers la même époque, au milieu du XVe siècle, un illustre mathématicien, Jean Muller ou Kœnisberg, dit *Regiomontanus*, né en 1436 à Kœnigshofen en Franconie (Bavière), fabriqua, d'après une tradition assez confuse, deux appareils d'aviation fort remarquables : une mouche de métal et un aigle de fer qui volaient librement dans l'air.

L'aigle de fer serait allé en volant au devant de l'empereur Frédéric IV, et aurait parcouru, aux environs de Nuremberg, une distance de cinq cents pas, pour revenir ensuite à son point de départ.

Faute de documents contemporains, il est difficile de se faire une idée de ce

(1) De la Landelle, *Dans les airs*. Paris, 1884, p. 18.

qu'étaient ces appareils : mais leur vraisemblance est attestée par les oiseaux artificiels construits de nos jours, notamment ceux du Dr Hureau de Villeneuve, qui ont à peu près réalisé ce que la tradition rapporte de l'oiseau de Regiomontanus.

Au milieu de toutes ces expériences bien incertaines, de ces conceptions vagues et dont, en tout cas, nous ne pouvons juger en connaissance de cause faute de témoins sûrs, une série de documents de la plus haute importance et du caractère le plus certain vient jeter un jour singulièrement éclatant sur l'état de l'aviation au XVe siècle. Léonard de Vinci, le grand artiste, l'émule de Raphaël et de Michel-Ange, s'est révélé l'un des maîtres incontestés de l'aviation. Le Dr Hureau de Villeneuve a consacré aux travaux de Léonard de Vinci une étude documentée dans *l'Aéronaute* du mois de septembre 1874, étude dont nous transcrivons les passages essentiels :

Ce vaste génie, dit-il, qui se révélait tout à la fois grand peintre par sa *Joconde*, grand mathématicien par la découverte du centre de gravité de la pyramide tronquée, s'est livré pendant de longues années sans doute à l'étude approfondie du problème des oiseaux mécaniques...

Des nombreux travaux qu'avait faits sur l'aviation cet homme qui, au début de sa carrière, étonnait ses contemporains par la profondeur et la hardiesse de ses conceptions, il ne nous reste malheureusement plus qu'un fragment de mémoire et des dessins représentant des projets de machines volantes. Ces quelques documents attestent l'importance des travaux de Léonard. Quelque tronqués qu'ils soient, ils n'en ont pas moins d'intérêt et méritent d'être connus et étudiés.

Léonard de Vinci avait abordé le problème en suivant cette même méthode rationnelle qu'on retrouve dans tous ses écrits et qui le distingue de tous ses contemporains. Avant d'arriver à la construction de ses appareils d'aviation, il commença par l'observation et l'étude du vol des oiseaux...

Nous en avons la preuve dans le seul fragment conservé d'un mémoire probablement important sur le vol des oiseaux, et qui se trouve compris dans la série de manuscrits que possède la Bibliothèque Nationale. Le texte en a été reconstitué par G. Libri dans l'*Histoire des Sciences mathématiques en Italie* (t. III, p. 215). La traduction en a été des plus pénibles, car la langue de Léonard de Vinci s'éloigne beaucoup de l'italien moderne.

D'ailleurs les manuscrits de Léonard de Vinci étaient écrits à l'envers, d'une écriture fine et serrée, ce qui en rendait la lecture des plus difficiles et a dû contribuer à leur perte. On peut voir, dans les planches que nous donnons plus loin (fig. 2, 3 et 4), des échantillons de cette écriture bizarre que nous n'avons pu déchiffrer. Il est probable que cette manière d'écrire, intelligible pour l'auteur seul, était un moyen de conserver le secret de ses découvertes ; mais le penseur, en agissant ainsi, a eu le tort de ne pas comprendre que si l'inventeur a l'usufruit de ses découvertes, la nue propriété en appartient à l'humanité tout entière.

Nous ne donnons pas ici cette traduction, dont l'intérêt est considérable, mais qui sort de la portée de cet ouvrage, nous contentant de renvoyer le lecteur qui désirerait la connaître, à la page 263 de *l'Aéronaute* de l'année 1874. Disons seulement que Léonard de Vinci semble suivre une polémique engagée avec un contradicteur, et qu'il défend sa théorie en exposant ses propres observations sur le vol des oiseaux. Détachons cependant ce curieux passage qui semble indiquer que Léonard de Vinci était prédestiné à ce genre d'études :

« Ces remarques (sur le vol descendant de l'oiseau) s'appliquent très bien au milan. Cet oiseau est

« l'oiseau de mon destin. Il me souvient que dans ma première enfance, étant dans mon berceau, « un milan vint à moi et m'ouvrit la bouche avec sa queue ; plusieurs fois il me frappa dans la « bouche avec cette queue ».

La partie capitale de ce fragment, continue M. H. de Villeneuve, est celle qui a trait aux principes mêmes du vol. Léonard établit que l'oiseau, étant plus lourd que l'air, s'y soutient et avance en rendant « *ce fluide plus dense là où il passe que là où il ne passe pas* ». Il avait donc compris que l'animal pour voler doit prendre son point d'appui sur l'air, et l'ensemble de sa théorie se rapproche beaucoup des théories modernes s'appuyant sur l'influence de la vitesse sur la suspension.

Fig. 2 — Croquis de Léonard de Vinci.

En effet, les travaux de Cayley, et ceux plus récents de MM. Marey, Planavergne, Pénaud et Wenham développent, en le posant, le principe dont nous venons de parler. Si les théories de ces auteurs diffèrent sur d'autres points, ils s'accordent tous à reconnaître l'influence de la vitesse sur la suspension. Il est donc vraiment curieux et du plus haut intérêt de rencontrer, quelques siècles en arrière, un aviateur établissant le principe qui semble appelé à devenir la base de la théorie du vol...

Nous allons passer maintenant à l'étude des dessins manuscrits de Léonard. Ces dessins sont conservés au Musée de Valenciennes...

On voit d'après ces projets que Léonard de Vinci a construit ou projeté de faire construire une machine volante mue par la force humaine.

Admettant *à priori*, par suite d'expériences nombreuses, que l'homme ne possède pas une force suffisante pour quitter le sol, voyons quels moyens Léonard de Vinci, qui croyait cette force suffisante, a employés pour l'appliquer. Après avoir étudié le vol des oiseaux avec une finesse d'observation qui n'a été égalée que par sir G. Cayley, il a sans doute, comme tout le monde, trouvé que l'imitation de l'aile de l'oiseau était trop difficile et a cherché à imiter l'aile de la chauve-souris.

Nous pouvons même d'après les dessins suivre le fil de sa pensée qui, partie d'une idée mystique, arrive à des applications essentiellement mécaniques. Nous voyons, en effet (fig. 2), sur le

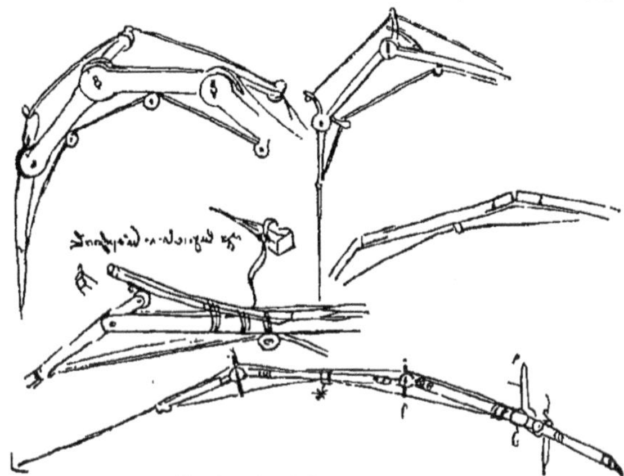

FIG. 3. — Croquis de Léonard de Vinci

premier rang à gauche, un petit personnage assez analogue à un démon ou à un génie, car il porte sur la tête une flamme et, à côté de cette flamme, une croix latine. Ce petit personnage est debout ;

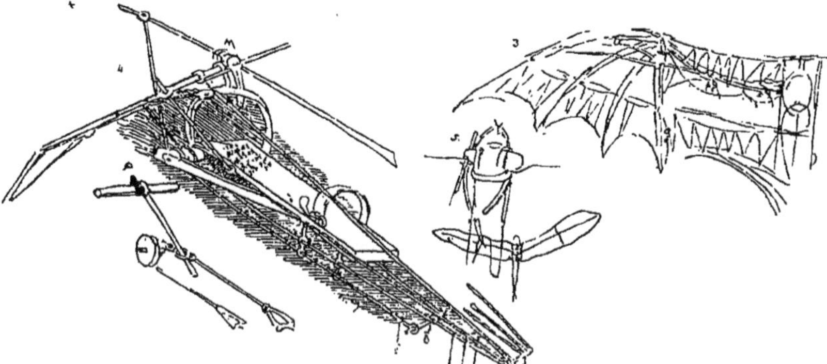

FIG. 4. — Croquis de Léonard de Vinci.

il n'est pas comme les anges armé d'ailes antiphysiologiques, sans muscles moteurs. Il a, au contraire, les bras terminés par des doigts de chauve-souris.

La figure n'est pas encore terminée que, déjà, Léonard reconnait son insuffisance et, devinant le peu d'action musculaire des bras, pense à employer la force des jambes. Nous voyons donc, un peu plus à droite dans la même planche, un homme vigoureux placé sur le ventre, les jambes repliées et s'apprêtant à lancer un violent coup de pied. Les muscles saillants, tracés par un crayon d'anatomiste, décèlent le grand peintre dans un dessin jeté sans prétention.

Dans ce croquis, Léonard n'a pas encore pris de parti quant au mode d'attache des ailes, mais dans le dessin qui suit, supprimant l'homme dont il ne conserve plus que les pieds, l'auteur commence l'étude des détails de la construction. Une tige arrondie en forme de bât doit être appuyée sur le dos, les bras prenant un point d'appui sur les deux côtés. Au sommet du bât sont deux anneaux fermés, recevant par deux autres anneaux la racine des ailes. Ce mode d'articulation fort simple, mais qui manque de précision, présente l'avantage de permettre à l'aile des mouvements limités de rotation autour de son axe.

Le bât se continue en deux tiges reliées à une demi-ceinture placée derrière la taille.

Sur les côtés du bât se trouvent deux poulies portant des cordes à étriers qui, tirées par les pieds, servent à abaisser les ailes. Celles-ci sont relevées par deux tiges de bois actionnées par les mains. Une queue est fixée à une tige placée entre les jambes.

Mais ici une préoccupation semble s'emparer de l'esprit de l'inventeur. Les ailes s'appuieront sur l'air pendant l'abaissement sans doute ; mais pendant le relèvement elles détruiront leur action. Aussi Léonard cherche un moyen de supprimer cet inconvénient.

Il donne aux doigts de sa chauve-souris la faculté de se plier en dessous sans pouvoir se relever au-dessus de l'horizontale. Voyez (fig. 3) les différents systèmes de doigts articulés qu'il désire employer. Le premier à gauche se manœuvre au moyen de poulies de renvoi ; dans le second, les leviers relevés donnent une action plus énergique. Mais ce n'est pas encore bien, le troisième nous montre un ressort fait de deux rotins agissant sur une roulette placée à la queue de la phalange. Enfin, dans le bas, il essaie des charnières métalliques.

Mais, après la série d'idées qui viennent d'être racontées, Léonard se demande s'il ne serait pas possible de se servir d'un pied pour abaisser les ailes, tandis que l'autre les relèverait. C'est ce que nous voyons représenté dans la figure 4.

Là, nous voyons le pied droit, en même temps qu'il relève l'aile, fléchir les phalanges au moyen d'une poulie de renvoi, tandis que la jambe gauche se prépare à abaisser les deux ailes en laissant libres les phalanges. Un peu plus haut se trouve le détail de l'aile et de ses phalanges.

Mais cette conception inférieure à la première est bientôt abandonnée, et Léonard cherche à construire une sorte de canot volant (fig. 5), où plusieurs hommes agissant sur des leviers actionneraient de grandes ailes. Le même projet est répété à droite, en plus petit, avec des variantes.

Génie vraiment universel, Léonard de Vinci, dans le domaine de l'aviation, après ses études sur le vol, a inventé l'hélicoptère et le parachute !

On peut voir en effet dans ses manuscrits trouvés à la Bibliothèque ambrosienne de Milan le dessin d'un hélicoptère formé d'une large hélice tournant autour d'un axe vertical, à côté et au-dessous de laquelle sont écrites en italien et à rebours les deux notes suivantes :

(A côté de la figure) : « — Que le contour extérieur de la vis soit en fil de fer de « l'épaisseur d'une corde, et qu'il y ait du bord au centre huit brasses de distance. »

(Au-dessous de la figure) : « — Si cet instrument, en forme de vis, est bien fait, « c'est-à-dire fait en toile de lin dont on a bouché les pores avec de l'amidon, et si « on le tourne avec vitesse, je trouve qu'une telle vis se fera son écrou dans l'air, et « qu'elle montera en haut.

« Tu en auras une preuve en faisant mouvoir rapidement à travers l'air une « règle large et mince, car ton bras sera forcé de suivre la direction du tranchant « de cette planchette.

« La charpente de ladite toile doit être faite avec de longs et gros roseaux.
« On en peut faire un petit modèle en papier, dont l'axe soit une lame de fer « mince que l'on tord avec force. Quand on laissera cette lame libre, elle fera tourner « la vis. »

Il semble bien résulter de ce texte que non seulement Léonard de Vinci avait conçu le projet en grand d'un hélicoptère, mais qu'il en a construit et expérimenté de petits modèles analogues aux petits hélicoptères à ressort de caoutchouc inventés de nos jours par A. Pénaud.

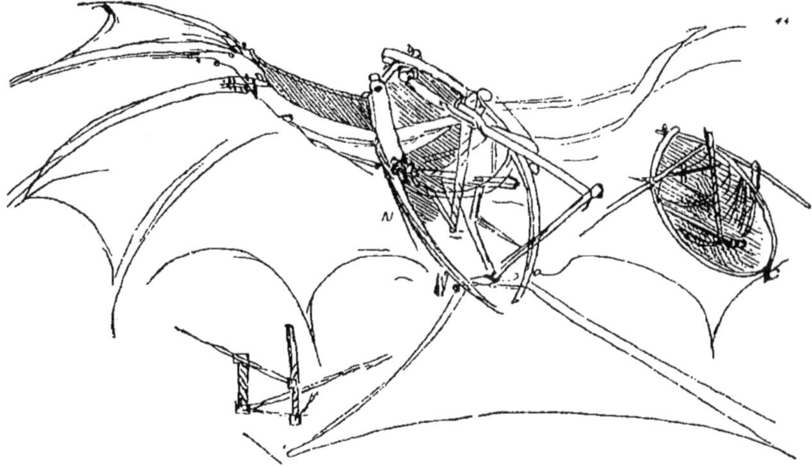

FIG. 5 — Croquis de Léonard de Vinci.

Quant au parachute, on en trouve le dessin et la description dans le *Saggio delle Opere di Leonardi da Vinci* (Milan, un volume in-folio, 1872), au chapitre *Leonardo letterato e scienziato*.

« Si un homme a un pavillon de toile empesée dont chaque face a 12 brasses « de large et qui soit haut de 12 brasses, il pourra se jeter de quelque grande « hauteur que ce soit, sans crainte de danger. »

Au même chapitre, on voit que cet homme de génie avait étudié le moyen de mesurer l'effort exercé par des palettes de dimensions données frappant l'air d'une façon déterminée.

Les travaux de Léonard de Vinci sur l'aviation sont donc nombreux et remarquables, et il s'est montré véritablement précurseur et inventeur dans une science qu'il a pour ainsi dire créée lui-même.

Un autre artiste italien du XVIe siècle, Paul Guidotti, né à Lucques en 1569, semble avoir pratiqué avec succès l'art du vol artificiel ; mais les documents font absolument défaut. « On sait seulement qu'il se servit plusieurs fois avec succès d'ailes en baleine « recouvertes de plumes. S'il en est ainsi, nul doute qu'il n'ait pratiqué le vol à « voiles. Sa carrière de volateur se termina, du reste, comme celle de Dante, de « Pérouse, par une rupture de fémur (1). »

CHAPITRE III

LES PROJETS DU XVIIe SIÈCLE

Fauste Veranzio et le parachute de Venise. — L'évêque Wilkins. — Cyrano de Bergerac. — Les oies de Godwin. — Pierre Borel. — Voyages dans la Lune et le Soleil. — Les six procédés de Cyrano de Bergerac. — Le mouton de Ruggieri. — Honorat Fabri. — L'aérostat du P. Lana. — Les ailes de Besnier. — Bernoin. — L'expérience d'Allard. — Les théories de Borelli. — Le parachute à la cour du roi de Siam. — Une ascension aérostatique en 1306.

L'idée du parachute émise, nous venons de le voir, par Léonard de Vinci, ne fut pas perdue, et il semble hors de contestation que l'appareil fut expérimenté. On trouve, en effet, dans un recueil de machines publié à Venise en 1617 par Fauste Veranzio, le dessin (fig. 6) d'un parachute au moyen duquel un homme descend du haut d'une tour élevée.

La description qui accompagne ce dessin est faite dans ces termes :

« Avecq un voile quarré estendu avec quattre perches égalles et ayant attaché « quattre cordes aux quattre coings, un homme sans danger se pourra jeter du haut « d'une tour ou de quelque autre lieu éminent : car encore que, à l'heure, il n'aye « pas de vent, l'effort de celui qui tombera apportera du vent qui retiendra la voile, « de peur qu'il ne tombe violement, mais petit à petit descende. L'homme doncq se « doit mesurer avec la grandeur de la voile. »

Cette description si nette et si précise, ainsi que le dessin qui représente l'expérience, ne peuvent laisser de doute sur l'authenticité du parachute de Venise, dont Fauste Veranzio ne semble d'ailleurs être que l'historien, car rien, dans son ouvrage, n'indique qu'il s'attribue le mérite de l'invention.

En 1648, l'évêque de Chester, John Wilkins, beau-frère de Cromwell, homme instruit, très érudit et fort excentrique, décrivant dans son ouvrage *Mathematical Magic*, le tourne-broche à courant d'air (*smoke-jack*) de Cardan, les premiers

(1) DE LA LANDELLE, *Dans les airs*, p. 25, 26.

éolipyles et la puissance de la vapeur d'eau, proposait, sous une forme plaisante, ce qu'il pensait être parfaitement réalisable : la construction d'une machine volante. Il dit : « Est-ce qu'une haute pression ne pourrait pas être avantageusement appli-« quée à faire mouvoir des ailes aussi vastes que celles du roc ou du chariot (1)? »

Simple idée jetée en passant, mais qui témoigne que lui aussi se préoccupe de la conquête de l'air, comme tous les grands esprits de son temps. Cette préoccupation, nous allons la retrouver chez un des auteurs les plus curieux du XVIIe siècle, qui, sous la fantaisie de ses écrits, émet une foule d'idées neuves et originales, où il est intéressant de trouver le germe d'inventions parfaitement raisonnables, et notamment, comme nous le verrons, celle des ballons à air chaud.

Fig. 6. — Parachute de Fauste Veranzio.

Savinien de Cyrano est né en 1620 à Bergerac en Périgord. Passionné pour l'étude, il avait acquis déjà des connaissances très étendues dans les sciences naturelles, lorsque l'idée lui prit de devenir un des disciples de Gassendi, le célèbre philosophe, auprès duquel il enrichit son savoir d'une foule de connaissances variées. Il se lia plus tard avec Thomas Campanella, pour lequel il professa une vive admiration. A vingt ans, il prit du service dans la fameuse compagnie des Gardes, commandée par M. de Carbon de Castel-Jaloux, et s'y acquit une réputation méritée de duelliste et de ferrailleur. Il fit plusieurs campagnes et assista notamment au siège d'Arras, où il reçut une blessure à la gorge dont il ne guérit jamais complètement. Il quitta l'armée peu après et rentra dans la vie privée, sans cesser d'être le bretteur toujours prêt à mettre flamberge au vent. Ses aventures, si brillamment mises à la scène par Rostand, sont trop connues pour qu'il soit nécessaire de les rappeler.

Auteur dramatique de valeur, poète de talent, littérateur fécond, musicien distingué,

(1) Cité dans l'histoire de la *Machine à vapeur* de M. Thurston, traduit par M. Hirsch.

Cyrano était en même temps bon physicien de l'école des Gassendi et des Descartes. Jean Baudoin venait de faire paraître, en 1648, la traduction du roman de l'anglais François Godwin, intitulé : *L'Homme dans la lune, ou le Voyage chimérique fait au monde de la Lune, nouvellement découvert par Dominique Gonzalès, aventurier espagnol, autrement dit le Courrier volant*, dans lequel l'auteur faisait enlever son héros par des oies apprivoisées qui le transportèrent dans les régions éthérées.

Cyrano fut sans doute inspiré un des premiers par la lecture du livre de Godwin, et surtout par un curieux ouvrage composé en 1647 par Pierre Borel, conseiller et médecin ordinaire du roi, né à Castres où il vivait alors au milieu de ses collections scientifiques. Borel était en relations avec Gassendi, le P. Mersenne et Jacques Rohault que fréquentait alors Cyrano. Au chapitre XLIV de son livre intitulé : *Discours nouveau prouvant la pluralité des deux mondes ; que les astres sont des Terres habitées, et la Terre une estoile ; qu'elle est hors du centre du monde dans le troisième ciel, et se tourne devant le soleil qui est fixe, et autres choses très curieuses*, Pierre Borel s'exprime ainsi au sujet des machines volantes :

Quelques-uns se sont imaginez que, comme l'homme a imité les poissons en nageant, qu'il pourra aussi trouver l'art de voler, et que par cet artifice il pourroit, sans aucun de ces moyens, voir la vérité de cette question. Les histoires nous rapportent des exemples des hommes qui ont volé. Plusieurs philosophes le croyent possible, et en autres Roger Bacon. Je pourrois ici rapporter tous ces exemples, et diverses raisons de cela, mesme des instruments et machines pour cet effet, mais je les réserveray pour ma magie naturelle, parce que, quand même on pourroit voler, cela serviroit de peu pour ce sujet, parce que, outre que l'homme par sa pesanteur ne s'élèveroit guère haut, il ne pourroit pas demeurer fixe pour regarder le ciel ou se servir des visuels, mais auroit son esprit tout bandé à conduire sa machine.

Quoi qu'il en soit, c'est à cette époque que Cyrano de Bergerac composa son *Voyage dans la Lune*, qui fut suivi plus tard de l'*Histoire comique des États et Empires du Soleil*, et dans lesquels se trouvent décrits les procédés d'ascension dont nous allons parler.

Il semble avoir été toujours préoccupé de découvrir un moyen de voyager dans les airs, et un passage des *États du Soleil* paraît indiquer que, lors d'un voyage qu'il fit en Pologne en 1645, il avait vu une machine volante inventée par un ingénieur polonais qui en faisait usage. Il est probable que son esprit curieux et inventif en fut vivement frappé, et que dès lors le problème de la navigation aérienne ne cessa de le préoccuper. « Prométhée fut bien autrefois au ciel y dérober du feu, se disait-il à lui-même. Suis-je moins hardi que lui et ai-je lieu de n'en pas espérer un succès aussi favorable ? »

Il essaya certainement diverses combinaisons mécaniques et physiques (fig. 7), au moyen desquelles il se proposait de traverser l'espace, et qu'il expose sous la forme du roman.

Voici comment je montay au ciel.

J'avois attaché autour de moi quantité de fioles pleines de rosée, sur lesquelles le soleil dardoit ses rayons si violemment, que la chaleur, *qui les attiroit, comme elle fait les plus grosses nuées*, m'éleva si haut, qu'enfin je me trouvay au-dessus de la moyenne région. Mais, comme cette attraction me faisoit monter avec trop de rapidité, et qu'au lieu de m'approcher de la Lune, comme je prétendois, elle me paroissoit plus éloignée qu'à mon départ, je cassay plusieurs de mes fioles, jusqu'à ce que je sentis que ma pesanteur surmontoit l'attraction, et que je redescendois vers la terre. Mon opinion ne fut point fausse, car j'y retombay quelque temps après (1).

On voit que Cyrano avait été frappé de l'ascension des nuées sous l'influence du soleil : il est curieux de constater que c'est une observation que fit plus tard Montgolfier, observation qui semble avoir été le point de départ des méditations qui le conduisirent à l'invention des ballons.

Plus tard, Cyrano essaie d'un autre procédé :

J'avois fait une machine que je m'imaginois capable de m'élever autant que je voudrois, en sorte que, rien de tout ce que j'y croyois nécessaire n'y manquant, je m'assis dedans, et me précipitay en l'air, du haut d'une roche. Mais, parce que je n'avois pas bien pris mes mesures, je culbutay rudement dans la vallée (2).

Fig. 7. — Cyrano de Bergerac enlevé par ses fioles.

Il ne décrit pas autrement sa machine : un peu plus loin, cependant, il dit qu'elle était munie de grandes ailes actionnées par un ressort.

Cependant des soldats, ayant ramassé la machine, s'imaginent de l'entourer d'une quantité de fusées volantes et d'y mettre le feu. Survient alors Cyrano.

La douleur de rencontrer l'œuvre de mes mains en un si grand péril me transporta tellement, que je courus saisir le bras du soldat qui y allumoit le feu, je lui arrachay sa mèche, et me jetay tout furieux dans ma machine pour briser l'artifice dont elle étoit environnée ; mais j'arrivay trop tard, car à peine y eus-je les deux pieds, que me voilà enlevé dans la nue... Dès que la flamme eût dévoré un rang de fusées, qu'on avoit disposées six à six, par le moyen d'une amorce qui bordoit chaque demi-douzaine, un autre étage s'embrasoit, puis un autre : en sorte que le salpêtre, prenant feu, éloignoit le péril en le croissant.

Cyrano expose là une idée fort rationnelle : l'ascension au moyen de moteurs à réaction tels que la fusée. Là encore, il est curieux de rapprocher cette idée d'une expérience faite à Marseille vers 1806 par l'artificier Claude Ruggieri, qui, par le moyen de fusées volantes, enleva à plus de 200 mètres de haut un mouton vivant qui retomba doucement à terre suspendu sous un parachute.

Passons sous silence l'ascension provoquée par l'attraction de la lune en décours

(1) Œuvres de Cyrano de Bergerac. — Nouvelle édition par P.-L. Jacob. — Paris, chez Garnier frères, p. 97-98.
(2) *Ibid.*, p. 106.

sur la moelle de bœuf dont l'intrépide Cyrano s'était oint le corps, et arrivons au procédé qui réellement contient le germe de l'invention des ballons, à un tel point qu'il est presque incroyable que ceci ait été écrit plus d'un siècle avant Montgolfier.

Il remplit deux grands vases qu'il luta hermétiquement, et se les attacha sous les ailes. *La fumée, aussitôt, qui tendoit à s'élever*, et qui ne pouvoit pénétrer le métal, poussa les vases en haut, et, de la sorte, enlevèrent avec eux ce grand homme. Quant il fut monté jusques à la Lune..., il délia promptement les vaisseaux qu'il avoit ceints comme des ailes autour de ses épaules, et le fit avec tant de bonheur, qu'à peine étoit-il en l'air quatre toises au-dessus de la Lune, qu'il prit congé de ses nageoires. L'élévation cependant étoit assez grande pour le beaucoup blesser, *sans le grand tour de sa robe, où le vent s'engouffra et le soutint doucement* jusqu'à ce qu'il eût mis pied à terre (1).

N'est-ce pas vraiment le récit d'une ascension dans un ballon à air chaud muni d'un parachute pour l'atterrissage ?

Le fantaisiste reparaît un peu plus loin, quand il nous décrit un nouveau procédé consistant en une machine en fer fort légère attirée par une boule d'aimant que l'opérateur lance en l'air, rattrape et lance plus haut encore.

Enfin, quand Cyrano compose plus tard l'*Histoire comique des États et Empires du Soleil*, il donne une description tellement détaillée d'une machine aérostatique, qu'il paraît en avoir considéré la réussite comme possible.

Ce fut une grande boite fort légère et qui fermoit fort juste : elle étoit haute de six pieds ou environ, et large de trois à quatre. Cette boite étoit trouée par en bas ; et, par dessus la voûte, qui l'étoit aussi, je posay un vaisseau de cristal, troué de même, fait en globe, mais fort ample, dont le goulot aboutissoit justement et s'enchâssoit dans le pertuis que j'avois pratiqué au chapiteau.

Le vase étoit construit exprès à plusieurs angles, et en forme d'icosaèdre, afin que, chaque facette étant convexe et concave, ma boule produisît l'effet d'un miroir ardent...

Or, il étoit neuf heures du matin,... et le ciel étoit obscurci, quand j'exposay cette machine au sommet de ma tour, c'est-à-dire au lieu le plus découvert de ma terrasse. Elle fermoit si close, qu'un seul grain d'air, hormis par les deux ouvertures, ne s'y pouvoit glisser, et j'avois emboîté par dedans un petit ais fort léger qui servoit à m'asseoir...

Quant le soleil, débarrassé de nuages, commença d'éclairer ma machine, cet icosaèdre transparent, qui recevoit à travers ses facettes les trésors du soleil, en répandoit par le bocal la lumière dans ma cellule ; et comme cette splendeur s'affoiblissoit à cause des rayons qui ne pouvoient se replier jusqu'à moi sans se rompre beaucoup de fois, cette vigueur de clarté tempérée convertissoit ma châsse en un petit ciel de pourpre émaillé d'or (2).

L'effet attendu ne tarde pas à se produire, et la machine est rapidement enlevée dans les airs. Cyrano nous explique pourquoi :

J'avois bien prévu que le vide qui surviendroit dans l'icosaèdre, à cause des rayons unis du soleil par les verres concaves, attireroit, pour le remplir, une furieuse abondance d'air, dont ma boîte seroit enlevée, et qu'à mesure que je monterois, l'horrible vent qui s'engouffreroit par le trou ne pourroit s'élever jusqu'à la voûte qu'en pénétrant cette machine avec furie, il ne le poussât en haut (3).

Cyrano avait muni sa machine d'une petite voile qu'il pouvait manœuvrer de l'in-

(1) CYRANO, p. 113-114.
(2) *Ibid.*, p. 237-238.
(3) *Ibid.*, p. 238.

térieur au moyen d'une ficelle passant par le trou supérieur : il comptait ainsi diriger son appareil ; mais, ayant lâché la ficelle, il aperçut par une des vitres pratiquées aux quatre côtés de la machine, la petite voile arrachée et emportée par la violence du vent.

Bientôt il dépasse les limites de l'atmosphère, et, bien qu'il n'y ait plus d'air, la machine continue son ascension. Il en donne cette explication :

Je vous ai dit que le soleil, qui battoit vigoureusement sur mes miroirs concaves, unissant les rayons dans le milieu du vase, chassoit avec son ardeur, par le tuyau d'en haut, l'air dont il étoit plein, et qu'ainsi, le vase demeurant vide, la Nature, qui l'abhorre, lui faisoit rehumer, par l'ouverture basse, d'autre air pour se remplir : s'il en perdoit beaucoup, il en recouvroit autant : et, de cette sorte, on ne doit pas s'étonner que, dans une région au-dessus de la moyenne où sont les vents, je continuasse de monter, parce que l'éther devenoit vent, par la furieuse vitesse avec laquelle il s'engouffroit pour empêcher le vide, et devoit, par conséquent, pousser sans cesse ma machine (1).

En somme, l'idée de Cyrano était d'obtenir l'ascension de sa machine par l'effort d'un courant d'air créé au moyen d'une dépression obtenue par la raréfaction de l'air échauffé par le soleil. Le procédé était mauvais, mais l'idée, ingénieuse et rationnelle, dénote en tout cas chez son auteur un véritable esprit d'invention.

Ce grand esprit « qui a ouvert tant de voies au talent, dit Charles Nodier, et qui « est allé si avant lui-même dans toutes les voies qu'il a ouvertes, » mourut pauvre, et dans un dénûment voisin de la misère, vers le mois de septembre 1655, quelques semaines avant son ami Tristan l'Hermite et son maître Gassendi. Il fut inhumé dans l'église du couvent des Filles de la Croix, au faubourg Saint-Antoine à Paris.

Cyrano n'était pas le seul physicien de son temps que tourmentait l'idée de la navigation aérienne. Un savant père jésuite, Honorat Fabri, mort en 1688, fit de patientes recherches pour reconstituer la colombe d'Archytas. Il projeta également la construction d'une grande machine volante actionnée par de l'air comprimé dans un tube, idée singulièrement étonnante à une époque où l'on ne connaissait pas encore les propriétés des vapeurs et des gaz comme agents mécaniques.

Un autre père jésuite, Francesco Lana, savant physicien du XVIIe siècle, a publié vers 1670 un curieux ouvrage qui mérite que nous nous arrêtions un instant, car il y pose, avec une netteté remarquable, le principe des ballons, c'est-à-dire de la navigation aérienne au moyen d'appareils plus légers que le volume d'air qu'ils déplacent.

Son livre est intitulé : *Prodromo ouero saggio di alcune inventioni nuove premesso all'arte maestra opera che prepara* il P. Francesco Lana Bresciano della compagnia di Giesu, — livre extrêmement rare qui existe dans la bibliothèque aérostatique de Tissandier, — et le chapitre qui nous intéresse porte le titre : *Fabricare una nave che camini sostentata sopra l'aria a remi et a vele ; quale si dimostra poter riuscire nella pratica.* (Construire un navire qui se soutienne dans l'air et se déplace à l'aide de rames et de voiles ; on démontre que ce projet est pratiquement réalisable.)

Voici la traduction des passages les plus intéressants de ce curieux chapitre, où le savant père jésuite expose le principe de l'aérostation :

(1) CYRANO, p. 239.

On n'a jamais cru possible jusqu'ici de construire un navire parcourant les airs comme s'il était soutenu par de l'eau, parce qu'on n'a jamais jugé que l'on pourrait réaliser *une machine plus légère que l'air lui-même* : condition nécessaire pour obtenir l'effet voulu. M'étant toujours ingénié à rechercher les inventions des choses les plus difficiles, après de longues études sur ce sujet, je pense avoir trouvé le moyen de construire une machine plus légère en espèce que l'air, qui, non seulement grâce à sa légèreté, se soutienne dans l'air, mais qui encore puisse emporter avec elle des hommes, ou tout autre poids, et je ne crois pas me tromper, car je n'avance rien que je ne démontre par des expériences certaines, et je me base sur une proposition du onzième livre d'Euclide, que tous les mathématiciens admettent comme rigoureusement vraie.

Suit le détail des expériences préliminaires, avec figures à l'appui. L'auteur prend un vase sphérique en cuivre ou en fer-blanc *a* (fig. 8) muni d'un long tube *bc* ayant au moins 47 palmes romaines de longueur, et muni d'un robinet. Il remplit le tout d'eau, bouche l'orifice *c*, et retourne le tout au-dessus de l'eau, l'extrémité *c'* plongeant dans l'eau : si l'on débouche cette extrémité, il indique que le vase *a'* se vide d'eau, et que le tube restera rempli jusqu'à la hauteur de 46 palmes 26 minutes.

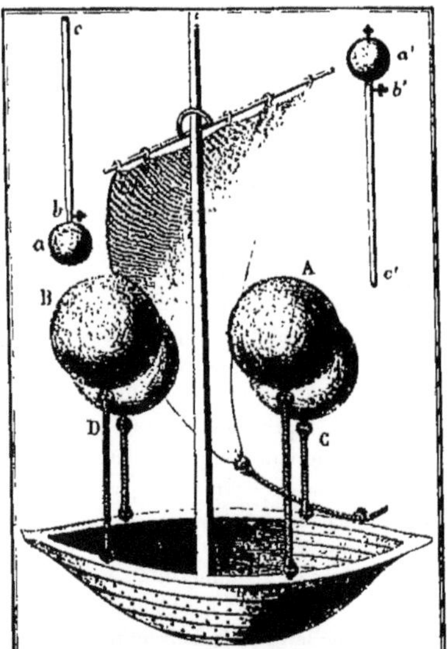

FIG. 8. — Le bateau volant de Lana.

C'est l'expérience classique du baromètre à eau : le vase *a'* est ainsi complètement vide d'air, et Lana indique que, dans ces conditions, il a perdu de son poids. Il imagine alors, pour la réalisation de son navire aérien, de faire ainsi le vide dans quatre grands globes ou *ballons*, comme il les appelle, en cuivre mince, et de les fixer, ainsi vides d'air, sur la barque destinée à emporter les voyageurs, en A, B, C et D. L'ensemble de ces quatre ballons étant plus léger que le volume d'air déplacé, le navire aérien s'élèverait en l'air. Il est évident que ce projet est impraticable, et que la pression atmosphérique aurait vite fait d'aplatir les sphères en cuivre : l'idée théorique du ballon plus léger que l'air n'en est pas moins d'une exactitude rigoureuse.

Tombant ensuite dans l'erreur des premiers aéronautes, qui ne se rendaient pas compte que pour l'aérostat immergé dans les courants aériens le vent n'existe pas, Lana munissait son appareil d'un mât et d'une voile pour en assurer la direction.

Le savant père jésuite termine ainsi le long chapitre qu'il a consacré à la navigation aérienne:

Je ne vois pas d'autres difficultés que l'on puisse opposer à cette idée, si ce n'est une qui me semble plus importante que toutes les autres, est que Dieu veuille ne pas permettre que cette invention soit jamais appliquée avec succès dans la pratique, afin d'empêcher les conséquences qui en résulteraient pour le gouvernement civil et politique des hommes. En effet, qui ne voit qu'il n'y a pas d'État qui serait assuré contre un coup de surprise, car ce navire se dirigerait en droite ligne sur une de ses places fortes et, y atterrissant, pourrait y descendre des soldats.

Ce chapitre de l'ouvrage du P. Lana attira vivement l'attention de ses contemporains, et il fut publié en brochure spéciale sous le titre : la *Nave volante* (dissertazione del P. Francesco Lana da Brascia. In-8° de 28 pages avec une planche.) Depuis, la plupart des auteurs qui ont écrit sur la navigation aérienne ont affecté de n'y voir qu'une naïve plaisanterie, « qu'une pure fantaisie, un caprice de l'imagination, sans « aucun fondement réel, » et ont avancé que « les moyens que le P. Lana propose pour « chasser l'air des globes de cuivre sont dépourvus de bon sens (1). » Ces jugements sont injustes, et l'on doit reconnaître au contraire que le P. Lana avait bien réellement entrevu la solution de la navigation aérienne par les ballons.

Ainsi, les grands esprits du XVIIe siècle pressentaient l'aérostation et en touchaient presque du doigt la découverte. L'aviation avait toujours cependant ses adeptes, et nous trouvons encore la trace de quelques tentatives. Le *Journal des sçavans*, dans son numéro du 12 décembre 1678, publia un article sur un appareil volant construit par Besnier, serrurier mécanicien à Sablé, article que nous reproduisons textuellement :

Extrait d'une lettre escrite à M. Toynard sur une machine d'une nouvelle invention pour voler en l'air.

M. Toynard a eu avis que le S. Besnier, Serrurier de Sablé au païs du Maine, a inventé une machine à quatre aisles pour vôler. Quoy qu'il en attende une Figure et une Description plus exacte que celle-cy, l'on a crû que parce que ce Journal est le dernier de ceux que nous donnerons cette année avec celuy du Catalogue de tous les Livres et de la Table des Matières par où nous finissons toute les années ; le Public ne seroit pas fâché d'apprendre par advance une chose si extraordinaire.

A (fig. 9), aisle droite de devant. — B, aisle gauche de derriere. — C, aisle gauche de devant. — D, aisle droite de derriere. — E, fisselle du pied gauche qui fait baisser l'aisle B, lorsque la main droite fait baisser l'aisle A. — F, fisselle du pied droit qui fait baisser l'aisle D, lorsque la main gauche fait baisser l'aisle C.

Fig. 9. — Appareil de Besnier.

Cette machine consiste en deux bastons qui ont à chaque bout un chassis oblong de Taffetas, lequel chassis se plie de haut en bas comme des bastants de volets brisez.

Quand on veut vôler on ajuste ces bastons sur les espaules, ensorte qu'il y ait deux chassis devant et deux derriere. Les chassis de devant sont remuez par les mains, et ceux de derriere par les pieds en tirant une fisselle qui leur est attachée.

L'ordre de mouvoir ces sortes d'aisles est tel, que quand la main droite fait baisser l'aisle droite de devant marquée A, le pied gauche fait baisser par le moyen de la fisselle E l'aisle gauche de derriere marquée B. Ensuite la main gauche faisant baisser l'aisle gauche de devant marquée C, le pied droit fait baisser par le moyen de la fisselle l'aisle droite de derriere marquée D, et ainsi alternativement en Diagonale.

(1) L. Figuier, *Les merveilles de la science*, t. II, *Les aérostats*, p. 514.

Ce mouvement en Diagonale a semblé très-bien imaginé, parce que c'est celuy qui est naturel aux quadrupedes et aux hommes quand ils marchent ou quand ils nagent : et cela fait bien esperer de la reüssite de la machine. On trouve neanmoins que pour la rendre d'un plus grand usage, il y manque deux choses. La première est qu'*il y faudroit adjouster quelque chose de tres leger et de grand volume*, qui estant appliqué à quelque partie du corps qu'il faudroit choisir pour cela pust contre-balancer dans l'air le poids de l'homme : et la seconde chose à désirer seroit que l'on y ajustât une queüe, car elle serviroit à soustenir et à conduire celuy qui voleroit ; mais l'on trouve bien de la difficulté à donner le mouvement et la direction à cette queüe, après les differentes experiences qui ont esté faites autrefois inutilement par plusieurs personnes,

La première paire d'aisles qui est sortie des mains du Sr. Besnier a esté portée à la Guibré, où un Baladin l'a acheptée et s'en sert fort heureusement. Presentement il travaille à une nouvelle paire plus achevée que la première.

Il ne pretend pas neanmoins pouvoir s'élever de terre par sa machine, ny se soustenir fort long-temps en l'air, à cause du deffaut de la force et de la vitesse qui sont necessaires pour agiter frequemment et efficacement ces sortes d'aisles, ou en terme de volerie pour planer : Mais il asseure que partant d'un lieu mediocrement élevé, il passeroit aisément une Rivière d'une largeur considerable, l'ayant déjà fait de plusieurs distances et en differentes hauteurs.

Il a commencé d'abord par s'élancer de dessus un escabeau, ensuite de dessus une table, apres d'une fenestre mediocrement haute, ensuite de celles d'un second estage et enfin d'un grenier d'où il a passé par dessus les maisons de son voisinage, et s'exerçant ainsi peu à peu, a mis sa machine en l'estat où elle est aujourd'huy.

Si cet industrieux ouvrier ne porte cette invention jusqu'au point dont chacun se forme des Idées, ceux qui seront assez heureux pour la mettre dans sa dernière perfection luy auront du moins l'obligation d'avoir donné une veüe dont les suites pourront peut-être devenir aussi prodigieuses que le sont celles des premiers essais de la navigation. Car quoy que ce que nous avons dit du Dante de Perouse, ce que le *Mercure hollandois* de l'année 1673 rapporte d'un nommé Bernoin qui se cassa le col en vôlant à Francfort, ce que l'on a veu mesme dans Paris, et ce qui est arrivé en plusieurs autres endroits fasse voir le risque et la difficulté qu'il y a de réüssir dans cette entreprise, il s'en pourroit enfin trouver quelqu'un qui seroit ou plus industrieux ou moins mal-heureux que ceux qui l'ont tentée jusqu'icy (1).

La figure qui accompagne ce texte est certainement inexacte et ne peut être considérée que comme un schéma de l'appareil de Besnier, qui a certainement été construit et expérimenté avec quelque succès. Un passage curieux de ce document est celui où l'auteur pense qu'il faudrait adjoindre aux ailes qu'il décrit « *quelque chose de très-léger et de grand volume... pour contrebalancer dans l'air le poids de l'homme* ». N'est-ce pas émettre l'idée de l'aérostat plus léger que l'air ?

Une autre tentative de vol a eu lieu vers la même époque, à Saint-Germain. Dans son excellent petit *Manuel d'Aérostation*, Dupuis-Delcourt rapporte ainsi cet événement :

La tradition rapporte que sous Louis XIV, un nommé Allard, danseur de corde, personnage historique d'ailleurs, annonça qu'il ferait un certain jour devant le roi à Saint-Germain une expérience de vol. Il devait partir de la terrasse, au bord de la forêt, et se rendre par la voie de l'air jusque dans les bois du Vésinet, au lieu à peu près où se trouve aujourd'hui le débarcadère du chemin de fer. On ne possède aucune description de ses ailes, mais tout porte à croire qu'il s'agissait bien moins de voler, c'est-à-dire de se translater, de voyager dans l'air par le moyen d'un agent mécanique, que d'une simple expérience sur la résistance de l'air ; d'une sorte de pales ou de plans incli-

(1) *Journal des sçavans* du lundy 12 décembre M. DC. LXXVIII, p. 426.

nés, à l'aide desquels l'opérateur comptait s'abaisser sans danger du haut de la terrasse et traverser la rivière. Il partit; mais les conditions d'équilibre n'étant pas remplies, il tomba au pied même de la terrasse et se blessa assez dangereusement (1).

A côté de cette expérience malheureuse d'un homme assurément dénué de toute espèce de connaissances scientifiques, nous trouvons les études d'un véritable savant, d'un mathématicien et d'un physiologiste éminent, l'italien Borelli.

Digne émule et continuateur de Léonard de Vinci par ses travaux et ses observations sur le vol des oiseaux, Borelli publia en 1680 un mémoire extrêmement intéressant intitulé : *De Motu animalium*, dans lequel il expose la théorie purement mécanique de l'action des ailes.

Il était familiarisé, dit un savant aviateur moderne, M. Pettigrew, avec les propriétés du coin appliqué au vol, et connaissait également la flexibilité et l'élasticité des ailes... Il a figuré un oiseau avec des ailes artificielles dont chacune consiste en une baguette rigide en avant et des plumes flexibles derrière. J'ai cru bon de reproduire la figure de Borelli à la fois à cause de sa grande antiquité, et parce qu'elle éclaircit admirablement son texte. Les ailes *b, c, f* et *a* (fig. 10) sont représentées comme frappant verticalement en bas *gh*. Elles s'accordent remarquablement avec celles décrites par Straus-Durckheim, Girard, et tout récemment par le Dr Marey. Borelli pense que le vol résulte de l'application d'un plan incliné qui bat l'air et qui fait l'office du coin. En effet, il s'efforce de prouver qu'un oiseau s'insinue dans l'air par la vibration perpendiculaire de ses ailes, les ailes, pendant leur action, formant un angle dont la base est dirigée vers la tête de l'oiseau, le sommet *af* étant dirigé vers la queue (2).

La théorie de Borelli est en somme celle-ci : lorsqu'on fait pénétrer un coin dans un corps, il tend à séparer celui-ci en deux, mais, réciproquement, la réaction de ce corps sur les faces du coin tend à repousser celui-ci en arrière, la base en avant.

Si donc, dit-il, l'air placé sous les ailes est frappé par les parties flexibles des ailes, avec un mouvement vertical, les voiles et les parties flexibles de l'aile céderont dans une direction ascendante et formeront un coin, ayant la pointe dirigée vers la queue. Que l'air, donc, frappe les ailes par dessous, ou que les ailes frappent l'air par dessus, le résultat est le même, les bords postérieurs ou flexibles des ailes cèdent dans une direction ascendante, et en agissant ainsi, poussent l'oiseau dans une direction horizontale (3).

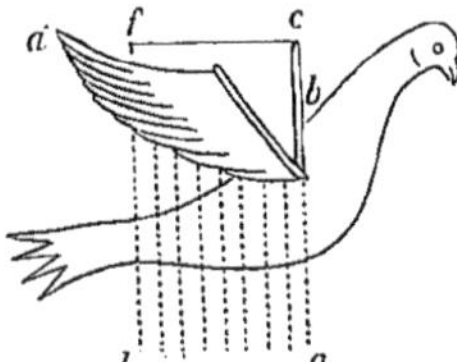

Fig. 10. — Oiseau de Borelli (1680).

Borelli réfute ensuite l'opinion de quelques auteurs (et observons en passant que cela indique que la question du vol des oiseaux occupait les savants de son temps) qui comparaient le mouvement des ailes à celui des rames sur un bateau, qui font avancer celui-ci en repoussant l'eau en arrière :

De la même manière, disent-ils, les ailes vibrent vers la queue, avec un mouvement horizontal

(1) Dupuis-Delcourt, *Nouveau manuel d'aérostation*. — A Paris, chez Roret, 1850, p. 11.
(2) *La locomotion chez les animaux ou marche, natation et vol*, par Bell Pettigrew, in-8°, Paris, Germer Baillère.
(3) *De motu animalium*.

et frappent également contre l'air non troublé, grâce à la résistance duquel elles se meuvent par une réflexion de mouvement. Mais c'est contraire au témoignage de nos yeux aussi bien qu'à la raison ; car nous voyons que les plus grandes espèces d'oiseaux, tels que cygnes, oies, etc., ne font jamais en volant vibrer leurs ailes vers la queue avec un mouvement horizontal comme celui des rames, mais les courbent toujours vers le bas, et décrivent ainsi des cercles élevés perpendiculairement à l'horizon (1).

Le traité de Borelli témoigne d'un grand esprit d'observation, et sa théorie est digne d'être rappelée même après les travaux modernes des savants contemporains, qui ont jeté tant de lumière sur la question si complexe du vol des oiseaux.

Pour clore cette revue rapide de la navigation aérienne au XVIIe siècle, mentionnons encore l'existence du parachute, connu et employé avec succès sous Louis XIV, à la cour du grand roi... de Siam. On lit en effet dans la relation de l'ambassade de Louis XIV à Siam ce curieux passage :

Un saltimbanque grimpait au haut d'un bambou élevé et se laissait descendre, sans autre secours que deux parasols, dont les manches étaient attachés à sa ceinture. Il s'abandonnait ainsi au vent, qui le portait au hasard, tantôt à terre, tantôt sur des arbres ou sur des maisons, et tantôt dans la rivière, sans que jamais cet homme se fit du mal (2).

D'ailleurs, s'il faut en croire les archives trouvées à Pékin, l'Orient serait le berceau non seulement du parachute, mais des ballons eux-mêmes, car il résulterait de documents datant de 1624 et traduits par le missionnaire français Vasson qu'une véritable ascension en ballon aurait eu lieu à Pékin pendant les fêtes du couronnement de l'empereur Fo-Kien en 1306 ! A vrai dire ces récits sont trop incertains pour qu'on puisse leur attribuer une valeur historique.

CHAPITRE IV

LA NAVIGATION AÉRIENNE AU XVIIIe SIÈCLE

Bartholomeo Lourenço de Gusmão, le Voador. — La Légende et la Vérité. — Le P. Galien. — Un navire aérien gigantesque. — Quatre millions de passagers ! — Les observations de Santiago de Cardenas. — Les aventures de Pierre Wilkins. — Rétif de la Bretonne. — Un livre de M. D. L. F. — La première application de l'électricité à la navigation aérienne — Le marquis d'Argenson et la maréchaussée aérienne en 1720.

Aux premières années du XVIIIe siècle, dont le dernier quart devait recevoir tant d'éclat de l'invention des Montgolfier, se place une expérience mémorable qui constitue assurément la plus curieuse antériorité de la découverte des ballons, et qui ne

(1) *De motu animalium.*
(2) Cité par F. MARION, *Les ballons*, Paris, Hachette, 1867.

tend à rien moins qu'à rapporter à un moine brésilien l'honneur de cette découverte.

Nous voulons exposer aussi impartialement que possible l'histoire de cette expérience, ou plutôt de ces expériences, en nous appuyant sur des textes authentiques.

Lors du *Congrès international d'aéronautique*, tenu à Paris en 1889 à l'occasion de l'Exposition universelle, le délégué du Brésil, M. le contre-amiral Baron de Teffé, a présenté dans ces termes la revendication du Brésil à la priorité de l'invention des ballons :

Après ce jésuite (le P. Lana), ce fut le tour d'un autre prêtre, le Brésilien Bartholomeo Lourenço de Gusmão qui, au mois d'août 1709, essaya à Lisbonne, en présence du roi, de toute la cour et d'une foule immense, la première ascension en ballon dont on ait gardé un document. Dans les comptes rendus de l'Académie des sciences de Lisbonne, le notable académicien Francisco Freire de Carvalho a décrit ce ballon ; aussi, dans un mémoire contemporain, le chroniqueur Ferreira, qui assista à l'ascension, se prononça de la manière suivante : « Gusmão fit son expérience le 8 août 1709 dans la cour du Palais des Indes, en présence de Sa Majesté et d'un grand nombre de spectateurs. L'ascension a eu lieu au moyen de l'*inflammation de certaines matières*, auxquelles l'inventeur lui-même mettait le feu. »

Cela paraît formel : le 8 août 1709, un prêtre brésilien, Bartholomeo Lourenço de Gusmão, a fait, en présence du roi Jean V, une ascension aérostatique.

En réalité, l'histoire n'est pas aussi simple. Voyons ce que dit l'académicien Francisco Freire de Carvalho.

Il dit que « de l'examen de divers mémoires, soit imprimés, soit manuscrits, il « ressort bien que Gusmão avait inventé une machine à l'aide de laquelle on pouvait « se transporter dans les airs d'un lieu à un autre ». Mais il a soin d'ajouter qu'il est impossible, par ces descriptions, « de se faire une idée exacte de la machine elle- « même ».

Il existe au département des Estampes de la Bibliothèque Nationale un dessin de la machine de Bartholomeo Lourenço, dû à un graveur du XVIIIe siècle, suivant lequel le fameux ballon aurait la forme d'un oiseau, muni de sortes d'ailes, et recouvert d'une voile plissée : dans la partie vide, au milieu, des sphères mystérieuses sont posées, et au-dessus sont suspendues de petites boules non moins mystérieuses. Nous en verrons plus loin l'explication. En tout cas, il est en effet bien difficile de se faire une idée de cette machine.

Ferreira, auquel se réfère l'amiral de Teffé, rend compte de la sorte de l'expérience du 8 août 1709 :

Gusmão fit son expérience dans la cour du palais des Indes, devant Sa Majesté et une nombreuse et illustre assistance, avec un globe qui s'éleva doucement jusqu'à la hauteur de la salle des Ambassades, puis descendit de même. *Il avait été emporté par de certains matériaux qui brûlaient et auxquels l'inventeur lui-même avait mis le feu.*

Cela rappelle singulièrement la machine de Cyrano de Bergerac, que des fusées volantes, en brûlant, emportaient dans l'espace. Le ballon du P. Bartholomeo Lourenço ne serait-il qu'une machine munie de fusées ? Qu'y a-t-il alors de vrai au fond de cette histoire passablement obscure! Un document que nous allons citer semble jeter un peu de lumière sur ce sujet.

Le passage suivant est extrait des *Recherches sur l'art de voler, depuis la plus haute antiquité jusqu'à ce jour, pour servir de supplément à la description des expériences aérostatiques de M. Faujas de Saint-Fond*, par David Bourgeois, in-8°. Paris, 1784, p. 59-63.

Pendant que je m'occupais de ces recherches, je fus informé que *M. de Gusman, habile physicien*, avait fait élever dans l'air, en 1736, un panier d'osier recouvert de papier. Il était oblong et de sept ou huit pieds de diamètre. Il s'éleva à la hauteur de la tour de Lisbonne, qui est de deux cents pieds environ. On nommait depuis lors M. de Gusman pendant sa vie, *O voador*. Ce mot portugais signifie celui qui fait voler. On le distinguait ainsi de ses deux frères, dont l'un, homme d'un grand mérite, était fort aimé du roi et travaillait en particulier avec lui; le second, religieux carme, était un des plus grands prédicateurs de son temps. Ce fait, dont je ne pouvais pas douter, par le témoignage d'une personne respectable qui y avait été présente, m'engagea d'écrire à un négociant très distingué de Lisbonne. Je le priai de m'en procurer les informations les plus précises, et surtout celles des moyens dont il avait été fait usage. Il me répondit que j'étais bien instruit, que la chose était très vraie : *plusieurs personnes se la rappelaient encore, mais très confusément : il avait connu particulièrement M. de Gusman, frère du physicien* : ils avaient parlé souvent ensemble de *cette anecdote en en riant*, parce qu'elle avait été attribuée à un sorcier : il me promit de faire continuer ses recherches pour en obtenir quelqu'autre circonstance. Elles ont été inutiles à ce sujet, mais ce négociant obligeant m'a envoyé copie d'un *autre projet*, avec celle d'une requête présentée au roi de Portugal par son auteur.

Voici le texte de cette requête adressée au roi :

« Le Père *Barthelemy Lourenço* représente à Sa Majesté qu'il a découvert un instrument pour cheminer dans l'air de la même manière que sur la terre et par mer, avec beaucoup de promptitude, en faisant quelquefois au delà de deux cents lieues par jour, avec lequel on pourra porter les avis de la plus grande importance aux armées et pays éloignés presque dans le même temps qu'on les résout : ce qui intéresse Votre Majesté beaucoup plus que tout autre prince, par la plus grande distance de vos domaines, en évitant par ce moyen la mauvaise administration des conquêtes, qui provient en grande partie de ce que les avis arrivent tard. Votre Majesté pourra, de plus, en faire venir plus promptement et plus sûrement tout ce qui lui sera nécessaire et qu'elle désirera : les négociants pourront faire passer des lettres et des capitaux aux places assiégées, ou en recevoir. Ces places pourront aussi être secourues en tout temps de vivres, d'hommes et de munitions, et l'on pourra en faire sortir les personnes que l'on voudra, sans que les ennemis puissent y mettre aucun empêchement. On découvrira les régions les plus éloignées aux pôles du monde, et la nation portugaise jouira de la gloire de cette découverte, indépendamment des avantages infinis que le temps fera connaître. Et comme cette découverte pourrait provoquer plusieurs désordres, et que plusieurs crimes pourraient se commettre dans la confiance qu'elle inspirerait à leurs auteurs de rester impunis, en s'en servant pour passer à l'instant dans d'autres royaumes, il convient donc d'en restreindre l'usage, et d'autoriser une seule personne à en exercer la faculté, et que ce soit à elle à qui en tous temps on enverra les ordres convenables pour faire les transports, faisant défense à tous autres de s'en servir sous de rigoureuses peines, et récompensant le suppliant d'une invention aussi utile; Votre Majesté est suppliée qu'elle daigne accorder au requérant le privilège exclusif du service de cette machine, défendant à tous et un chacun, de quelque qualité que ce soit, d'en faire usage en aucun temps dans ce royaume et dans les conquêtes, sans permission du suppliant ou de ses héritiers, sous peine de la perte de tous ses biens, et de toutes autres qu'il plaira à Votre Majesté d'infliger. »

Au bas de cette pièce est la décision du roi de Portugal, dans cette forme :

Consulté au Conseil de l'expédition des dépêches ; il a été délibéré d'une voix unanime que la récompense demandée par le suppliant était trop modique et qu'on devait l'amplifier.

Voici maintenant la résolution du roi :

Conformément à l'avis de mon conseil, j'aggrave de la peine de mort celles énoncées contre les transgresseurs : et afin que le suppliant s'applique avec plus de zèle au nouvel instrument faisant les effets qu'il dit, je lui accorde la première place qui vaquera dans mes collèges de Barcelos ou de Santarem, et de premier professeur de mathématiques de mon Université de Coïmbre, avec 600000 réis de pension (3 750 livres argent de France) *pendant la vie du suppliant seulement.*

Lisbonne, 17 avril 1709.

(*Ici le paraphe du roi.*)

Il ne faut pas s'étonner, reprend David Bourgeois, si la machine de Lourenço *n'a jamais été employée et si elle était tombée dans l'oubli.* Elle représente (fig. 11) sous une espèce de figure d'oiseau un corps de bâtiment soutenu par des tuyaux où le vent devait s'engouffrer, et se porter à des espèces de voiles attachées au-dessus du navire pour l'enlever ; à défaut du vent, on devait y suppléer en faisant usage de gros soufflets. Un grand nombre de morceaux d'ambre étaient attachés

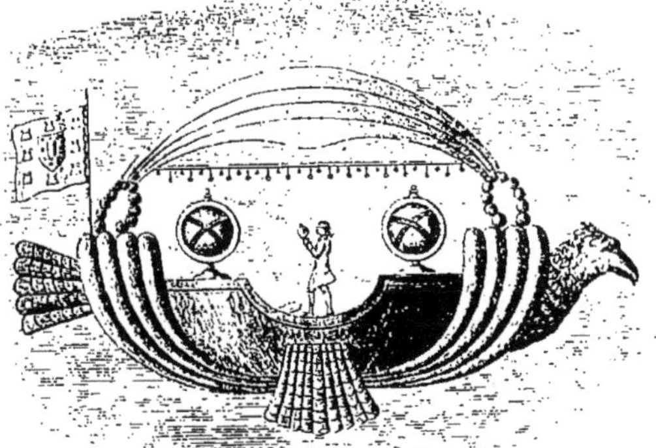

Fig. 11. — Machine volante du P. Barthelemy Lourenço

à un toit de fil de fer, afin, à ce que présumait l'auteur, d'attirer en l'air le bas du bâtiment qui, pour cet effet, était garni de nattes faites de paille de seigle. Deux sphères contenaient, suivant lui, le secret attractif et une pierre d'aimant. Un gouvernail sur le derrière devait servir à diriger la marche. Des ailes attachées aux côtés n'avaient d'autre emploi que d'empêcher la machine de chavirer. Elle devait être montée par dix hommes. Le dessin que j'en ai reçu est bien conforme à celui que MM. Esnault et Rapilli en ont fait graver. Les détails qu'ils y ont joint ne sont pas bien corrects, *et c'est surtout mal à propos que le nom de Gusmon se trouve joint à Barthelemy Lourenço.*

Voilà qui nous semble décisif.

Barthelemy Lourenço et Gusmão sont deux personnages bien distincts : le premier, le moine brésilien, invente une machine étrange, cent fois moins raisonnable que les projets fantaisistes de Cyrano de Bergerac, où l'on voit bizarrement associés le vent s'engouffrant dans des tuyaux, des morceaux d'ambre, des pierres d'aimant et le secret attractif ! Il construit sa machine, la présente au roi de Portugal et la fait enlever devant lui par un procédé tout différent qui semble bien être un système de fusées auxquelles l'inventeur met le feu. A la suite d'un demi-succès, loin d'être poursuivi par l'Inquisition, il obtient un privilège du roi avec pension de 600 000 réis et une chaire à l'Université de Coïmbre, et se repose sur ses lauriers aérostatiques.

L'autre, Gusmão ou Gusman, physicien distingué, conçoit et exécute une expérience dont nous ne connaissons pas les détails, mais de 25 ans postérieure à celle de Lourenço, expérience à laquelle il attache si peu d'importance qu'un ami intime de son frère en parle en plaisantant avec celui-ci, la traitant comme une simple anecdote : expérience que les témoins ne se rappellent que vaguement lorsqu'on vient à les interroger quelques années plus tard.

De ces deux hommes, la légende en fait un seul, don Bartholomeo Lourenço de Gusmão, O *voador*, l'homme volant, qui a la gloire d'exécuter devant le roi de Portugal la première ascension aérostatique, et qui, génie méconnu, poursuivi, traqué par l'Inquisition, est obligé de fuir et de se cacher, et meurt pauvre et persécuté.

Et voilà ce qu'on ose opposer aux Montgolfier ! Mais une légende est tenace, et le Brésil croit encore de bonne foi pouvoir revendiquer l'honneur de la découverte des aérostats, et en 1901, le ministre de l'Industrie du Brésil écrit à M. Santos-Dumont, l'intrépide aéronaute dont nous aurons à raconter les exploits : « Par la découverte « de cette solution si longtemps cherchée, vous avez ajouté à la gloire du Brésil et « complété l'œuvre de Bartholomeo de Gusmão, notre illustre compatriote ! »

Un autre précurseur, plus intéressant parce qu'il nous a laissé ses idées dans ses ouvrages, le Père Joseph Galien, a formulé très clairement dans un petit livre remarquable, intitulé l'*Art de naviguer dans l'air*, publié en 1755, le principe des aérostats à air raréfié. Ce curieux et très rare petit livre a été réimprimé à Avignon en 1757. Il existe dans la collection Tissandier (1).

Le P. Galien, religieux dominicain, docteur et professeur de philosophie et de théologie, était, comme avant lui le P. Lana, un de ces moines penseurs dont la vaste intelligence embrassait toutes les connaissances de leur temps, et qui cultivaient les sciences aussi bien que la métaphysique. D'ailleurs, esprit pondéré et réfléchi, il a soin de dire qu'il ne considère pas comme possible son projet de navire aérien, en l'état actuel des connaissances scientifiques de son époque.

> La véritable symétrie de notre atmosphère, dit-il, ne nous est donc pas assez connue pour établir quelque chose de certain sur la possibilité que nous cherchons de construire des vaisseaux à naviguer dans les airs ; aussi, n'est-ce que par manière de récréation et d'amusement que nous prétendons en parler, *jusqu'à ce que des expériences non équivoques nous aient mis en voie d'en parler plus sûrement*. (Édition de 1857, p. 71.)

Le P. Galien décrit minutieusement son navire aérien, qui « serait plus long et « plus large que la ville d'Avignon », et dont la hauteur « ressemblerait à celle d'une « montagne bien considérable ».

Ces dimensions énormes sont évidemment déraisonnables : mais il semble que

(1) *L'art de naviguer dans les airs, Amusement physique et géométrique*, par le R. P. Jos. Galien, seconde édition, revue et augmentée. Avignon, 1757, petit in-18 de 88 pages.

l'auteur force exprès la note pour mieux établir les principes, qu'il pose en ces termes :

Plus il sera grand (le vaisseau aérien), plus sa pesanteur en sera absolument plus grande, mais aussi elle en sera moindre respectivement à son énorme grandeur, comme peuvent le comprendre ceux qui ont quelque teinture de géométrie et qui savent que plus un corps est grand, moins il a à proportion de superficie, quoiqu'il en ait absolument davantage.

Nous construisons ce vaisseau de bonne et forte toile doublée, bien cirée ou goudronnée, couverte de peau, et fortifiée de distance en distance de bonnes cordes, ou même de câbles dans les endroits qui en auront besoin, soit en dedans, soit en dehors, en telle sorte qu'à évaluer la pesanteur de tout le corps de ce vaisseau, indépendamment de sa charge, ce soit environ deux quintaux par toise carrée.

Quant à la forme qu'il faudra donner à ce vaisseau, on aura assez le loisir d'y penser, avant que de mettre la main à l'œuvre ; contentons-nous pour le présent d'examiner si un vaisseau de figure cubique, ayant par exemple 1 000 toises de diamètre, dont le seul corps, indépendamment de sa charge, pèserait 200 livres ou 2 quintaux par toise carrée, pourrait se soutenir dans l'air à la région de la grêle, supposé que la pesanteur de l'air de cette région soit à celle de l'eau comme 1 est à 1 000, et que la pesanteur de l'air de la région immédiatement au-dessous ne soit à celle de l'eau que comme 1 est à 2 000.

Le P. Galien suppose alors que son aérostat, car c'en est un véritable qu'il décrit, soit gonflé avec cet air de moitié plus léger que l'air inférieur, et il calcule alors quelle sera la force ascensionnelle :

La pesanteur de l'air de la région sur laquelle nous établissons notre navigation étant supposée à celle de l'eau comme 1 est à 1 000, et la toise cube d'eau pesant 15 120 livres, il s'en suit qu'une toise cube de cet air pèsera 15 livres et 2 onces ; et celui de la région supérieure étant la moitié plus léger, la toise cube ne pèsera qu'environ 7 livres 9 onces. *Ce sera cet air qui remplira la capacité du vaisseau* ; c'est pourquoi nous l'appellerons l'air intérieur, qui réellement pèsera sur le fond du vaisseau, à raison de 7 livres 9 onces par toise cube ; mais l'air de la région inférieure lui résistera avec une force double ; de sorte que celui-ci ne consumera que la moitié de sa force pour le contrebalancer, et il lui en restera encore la moitié pour contrebalancer et soutenir le vaisseau avec toute sa cargaison.

Appliquant ce calcul à son vaisseau de 1 000 toises de côté, il arrive à lui trouver une force ascensionnelle de 70 millions de quintaux ! De quoi enlever, en plus des 12 millions de quintaux que pèserait le navire, quatre millions de personnes et 36 millions de quintaux de marchandises ! Et encore il resterait 10 millions de quintaux disponibles ! On voit que le bon Père voyait grand. Mais il ajoute :

Je comprends donc qu'il ne serait pas nécessaire de construire, pour notre navigation aérienne, des vaisseaux d'une si prodigieuse grandeur. Quant à la forme qu'il faudrait donner à ces vaisseaux, elle serait sans doute bien différente de celle dont nous venons de parler.

Il fait ensuite observer que « cette navigation, au reste, ne serait pas si dangereuse « que l'on pourrait se l'imaginer », et il remarque que, même en cas de chute, l'énorme résistance qu'offriraient à l'air les surfaces gigantesques de sa machine suffirait pour ralentir la chute et la rendre beaucoup plus lente que celle d'une légère plume.

En somme, malgré l'extravagance des détails de son projet, le P. Galien avait merveilleusement établi, dès l'année 1735, les conditions de l'aérostation au moyen de grands réservoirs légers remplis d'un air raréfié. Seulement, l'idée d'aller chercher cet air raréfié dans les hautes régions de l'atmosphère était aussi impraticable qu'antiscientifique, puisque cet air, ramené à des niveaux inférieurs, aurait repris, en se réduisant de volume, la densité du milieu ambiant, et perdu ainsi sa force ascensionnelle.

Pour suivre l'ordre chronologique que nous nous sommes imposé dans l'exposition des tentatives et des projets antérieurs aux Montgolfier, nous sommes amenés à parler d'un auteur peu connu, savant observateur du vol des oiseaux, Santiago de Cardenas, qui a consigné ses idées dans un manuscrit datant de 1762, déposé à la bibliothèque publique de Lima au Pérou. Un lettré péruvien, don Ricardo Palma, l'a fait éditer à Santiago du Chili, par le libraire Rafaël Jover, sous le titre : *Un libro extravagañte*. (Un livre extravagant.) — *Nuevo sistema de navegar por los aires sacado de las observaciones de la naturaleza volatil, por Santiago de Cardenas*, 1762. (Nouveau système de navigation aérienne. basé sur l'observation du vol des oiseaux, par Santiago de Cardenas.)

Loin d'être extravagant, ce livre dénote un profond observateur, et l'auteur établit, par l'observation de tous les animaux qui se meuvent dans l'air, que les plus lourds peuvent voler avec une grande vitesse *sin aleatar*, c'est-à-dire sans battre des ailes.

Le savant aviateur français G. de la Landelle, qui a analysé ce livre dans *l'Aéronaute* (1885, p. 26 et suivantes), s'exprime ainsi à ce sujet :

Cardenas, dont la première jeunesse se passa sur mer, avait été frappé par les évolutions d'un voilier à très grandes ailes, qu'on n'aperçoit qu'au large, du poids de 30 livres espagnoles (13 kg.800), presque dépourvu de pattes et dont la queue se partage en deux moitiés qui s'ouvrent et se ferment comme des ciseaux, d'où le nom de *tijera* que lui donnent les marins de la mer du Sud. Il l'intitule roi des oiseaux.

Le navire sur lequel servait Cardenas ayant été englouti, lors du tremblement de terre de 1746, il revint dans sa ville natale, où il fabriquait un peu de tout, mais principalement des chapeaux, des gants et des chaussures avec une ingéniosité des plus rares. En même temps, il observait sans relâche le vol des animaux gros ou petits qui circulent dans l'atmosphère ; il pesait, mesurait et disséquait tous les oiseaux qu'il parvenait à prendre, étudiait passionnément les allures du condor et de plus s'instruisait, de sorte que, vers l'âge de 45 ans, il parvint à rédiger le mémoire dont Ricardo Palma a recueilli les restes.

« Les oiseaux *imparfaits*, y dit-il, sont ceux qui ne volent qu'accidentellement, comme la poule, le canard domestique, le pingouin.

Les oiseaux *bâtards* sont ceux qui volent en battant des ailes, comme le pigeon.

Les oiseaux *légitimes* sont ceux qui volent sans battements d'ailes, ainsi que le condor, la tijera, l'aigle, etc.

Je préfère entre tous le vol du condor, qui est le moins accidenté. »

Cardenas décrit ensuite le vol légitime, le vol à voiles, en observant que le poids de l'oiseau forme lest. Il montre que l'oiseau voilier procède en louvoyant, se servant du vent comme un navire, et qu'après s'être élevé par spirales, il descend en glissant suivant un plan incliné sous l'action de son propre poids. Toute cette partie de son mémoire est fort juste et pleine d'observations intéressantes ; mais il tombe bientôt dans l'extravagance, parlant de se rendre du Pérou en Espagne en trois journées, relâchant simplement par excès de prudence à Porto-Bello en l'isthme de Panama, et à la Havane.

Il est à regretter que, faute de ressources, Cardenas n'ait jamais pu construire l'appareil qu'il avait projeté, et que les dernières pages de son manuscrit aient été perdues avec les dessins de sa machine.

Suivant don Ricardo Palma, Cardenas, après avoir failli être lapidé par la populace de Lima, y est travesti en marionnette et prête à rire tous les soirs entre Chocolattino, Mochuelo et Jerundia, les Arlequin, Pierrot et Colombine du Pérou.

A côté des écrivains que nous venons de citer, et dont les écrits présentent un caractère vraiment scientifique, les romanciers sont nombreux qui attribuent à leurs héros les moyens les plus divers de naviguer dans les airs. Après les auteurs du siècle précédent, dont nous avons déjà parlé, il convient de citer : *Les hommes volans ou les aventures de Pierre Wilkins*, qu'il ne faut pas confondre avec l'évêque John Wilkins que nous avons cité précédemment. Cet ouvrage a été traduit de l'anglais et publié avec figures à Paris en 1763 (3 volumes in-18). L'auteur y discute les conditions et l'histoire du vol artificiel. Rétif de la Bretonne semble s'en être inspiré dans son livre rare et curieux : *La découverte australe par un homme volant, ou le Dédale français*, nouvelle très philosophique, 4 volumes in-18 avec nombreuses vignettes, Leipzig, 1781. Le héros du livre, Victorius, parcourt le monde par la voie des airs, au moyen d'ailes mécaniques adaptées à son corps. La figure gravée en tête du premier volume (fig. 12) représente Victorius prenant son vol, et, détail à noter, l'homme volant porte fixé au-dessus de sa tête un véritable parachute.

Fig. 12. — Victorius prenant son vol. (Roman de Rétif de la Bretonne, 1781.)

Un autre livre extrêmement intéressant, et qui figure aussi dans la bibliothèque aéronautique de Tissandier, est intitulé : *Le Philosophe sans prétention ou l'homme rare*, « ouvrage physique, chymique, politique et moral, dit le sous-titre, dédié aux savans par M. D. L. F. » (à Paris, chez Clousier, 1775, 1 vol. in-8° avec vignettes). L'auteur dissimulé sous ces initiales était M. de la Folie, de Rouen.

L'auteur suppose dans son livre qu'un habitant de Mercure a quitté cette planète pour la nôtre au moyen d'une machine à voler dont il fait la description à Nadir, le héros de ce roman philosophique.

En tête de l'ouvrage figure une planche gravée (fig. 13) représentant la machine au moment où elle s'enlève, et. chose très curieuse, c'est à l'électricité que s'adresse l'inventeur pour obtenir l'ascension et la direction de sa machine. Le passage suivant, où l'on voit Scintilla, l'inventeur en question, faire une expérience devant Nadir, est à citer en entier.

Depuis longtemps, dit Scintilla, les hommes ont recherché par quelles loix méchaniques ils pourraient franchir les espaces. Je suis flatté de pouvoir vous offrir aujourd'hui la réussite de mes recherches. Le voici, dit-il en présentant un écrit : mais cet écrit ne suffit pas. La théorie, quoique fort simple, ne serait peut-être pas assez intelligible dans une matière aussi neuve. Aussi, avant d'en venir à la démonstration théorique, faisons l'expérience. Deux esclaves ont porté mon appareil sur la plateforme de notre tour. Rendons-nous y...

Fig. 13. Ascension de Scintilla. (Roman de M. D. L. F., 1775.)

Je marchais avec les autres. Je calculais, je réfléchissais en moi-même que l'écart des leviers pour former une résistance suffisante, c'est-à-dire pour embrasser un grand volume d'air, exigeait une force ou puissance considérable...

Quelle fut ma surprise lorsque arrivé sur la plateforme, je vis deux globes de verre de trois pieds de diamètre montés au-dessus d'un petit siège assez commode : quatre montans de bois couverts de lames de verre soutenaient ces deux globes. Dans l'intervalle de ces montans paraissaient quelques ressorts que je jugeais devoir donner le mouvement aux deux globes. La pièce inférieure, qui servait de soutien et de base au siège, était un plateau enduit de camphre et couvert de feuilles d'or. Le tout était entouré de fils de métal. Aussitôt que j'eus aperçu cette machine électrique de nouvelle forme, je devins moins incrédule...

Enfin, il n'y eut bientôt plus aucun doute à former. Scintilla, dont le corps était aussi alerte que l'imagination, monte lestement sur la méchanique, et poussant promptement une détente, nous vîmes les deux globes tourner avec une rapidité prodigieuse. Messieurs, dit-il, vous voyez que pour m'élever en l'air, mon principal moyen est d'annuler au-dessus de ma tête la pression de l'atmosphère. Observez que la percussion de la lumière agit actuellement au-dessous de ma méchanique. C'est elle qui va m'enlever sans beaucoup d'efforts, et, maître du mouvement de mes globes, je descendrai ou monterai en telles proportions qu'il me plaira. Vous voyez encore... Mais nous ne l'entendions plus. La machine entourée tout à coup d'un cercle lumineux, s'était enlevée avec la plus grande vitesse. Jamais spectacle si nouveau et si beau ne s'offrit à nos yeux. Nous le vîmes pendant quelque temps rester immobile, puis redescendre, puis s'élever de nouveau. Enfin nous le perdîmes de vue...

Après une heure d'attente, nous vîmes reparaître Scintilla, ses mouvements de direction bien conduits nous assurèrent qu'il jouissait de sa tête et de ses forces. Lorsqu'il fut près de nous, il descendit avec plus de lenteur, et se posa environ à la même place d'où il était parti.

Il est impossible, en lisant ce passage, de n'être pas frappé de cette description, si minutieuse qu'on croirait lire le récit d'une ascension en ballon. Qu'on se reporte à l'époque où ce livre est écrit, alors que l'électricité était à peine connue par ses premières manifestations, et on demeure confondu du choix qu'en fait M. de la Folie pour actionner sa machine, et vraiment, avec ces fils métalliques entourant l'appareil, il semble avoir pressenti le magnétisme et les dynamos !

Nous ne parlerons ni de Gulliver et de son île volante de Laputa qui plane également au moyen de procédés électriques, ni des aventures de Micromégas de Voltaire voyageant dans l'espace à cheval sur une comète, et nous abandonnerons les œuvres d'imagination pure pour revenir à la réalité des faits et aux expériences accomplies.

Cependant, avant de clore ce chapitre, nous citerons ce curieux passage des mémoires du fameux lieutenant de police, marquis d'Argenson, qui semble avoir eu la prévision très nette de la navigation aérienne, et de ses rapports futurs avec la police.

Je suis persuadé qu'une des premières découvertes à faire, et réservée peut-être à notre siècle, c'est de trouver l'*art de voler en l'air*. De cette manière, les hommes voyageront vite et commodément et même on transportera les marchandises sur de grands vaisseaux volants.

Il y aura des armées aériennes. Nos fortifications actuelles deviendront inutiles. La garde des trésors, l'honneur des femmes et des filles seront bien exposés, jusqu'à ce qu'on ait établi des maréchaussées en l'air, et coupé les ailes aux effrontés et aux bandits. Cependant les artilleurs apprendront à tirer au vol. Il faudra dans le royaume une nouvelle charge de *secrétaire d'État pour les forces aériennes.*

La physique doit nous conduire à cette découverte. Pourquoi n'imiterions-nous pas les oiseaux volants, comme les poissons nageants? *Ille primus qui fragilem commisit pelago ratem*; celui-là dut paraître aussi insensé que quiconque aujourd'hui prétendrait voler.

Voyez s'élever la bulle de savon : faites des machines qui la copient, ajoutez-y des ailes proportionnées qui la dirigent et forment dans l'air un tourbillon qui les soutienne; ou bien trouvez quelque matière bien légère dont vous composeriez les parois d'une vaste boule : pompez-en l'air et elle s'élèvera. N'avez-vous pas vu des enfants attacher un chat à leur cerf-volant? De la même manière vous ferez partir et voyager dans les airs des hommes avec des provisions (1).

Il y a quelque temps, on prêtait plaisamment à M. Lépine, le créateur des agents cyclistes et des agents plongeurs, l'idée d'instituer un corps d'agents aéronautes : on voit que notre Préfet de Police n'aurait pas la priorité de l'idée, dont l'honneur, si jamais elle est réalisée, devra, en toute justice, être reporté au marquis d'Argenson, lieutenant de Police en 1720 !

(1) Mémoires du marquis d'Argenson, in-12, t. V, p. 390.

CHAPITRE V

LES HOMMES VOLANTS DU XVIIIe SIÈCLE

Les ailes du marquis de Bacqueville. — Le ptérophore de Paucton. — La voiture volante du chanoine Desforges. — Une machine à enlèvements. — Le *cabriolet volant* à la Comédie Italienne. — Blanchard aviateur. — Le vaisseau volant. — L'opinion de l'astronome de Lalande. — Le vol presque réalisé. — Caricatures. — Le Dr Black. — Les bulles de savon de Tibère Cavallo.

Vers le milieu du XVIIIe siècle, il ne fut question, pendant quelques années, que d'hommes volants, de machines volantes, de cabriolets volants.

La première expérience que nous allons rapporter est celle du marquis de Bacqueville, qui eut lieu en 1742, alors que celui-ci avait plus de soixante ans. Il mourut en effet en 1760 à l'âge de quatre-vingts ans, victime d'un incendie qui dévorait son hôtel, situé sur le quai des Théatins, au coin de la rue des Saints-Pères.

Il avait annoncé qu'il s'élancerait d'une fenêtre de son hôtel, et qu'en volant, il traverserait la Seine pour venir se poser dans le jardin des Tuileries. Au jour dit, une foule énorme envahit les deux berges de la Seine, le Pont-Neuf, le Pont-Royal, pour assister à une expérience aussi émouvante.

« Ses ailes, dit Gérard de Nerval dans l'Introduction du livre *Les Ballons* par « Julien Turgan, semblables à celles qu'on donne aux anges, étaient bien en pro- « portion avec la masse qu'elles avaient à soutenir. Son vol parut heureux jusque « vers le milieu de la rivière. »

Il se dirigeait obliquement sur les Tuileries, et il avait parcouru plus de cent cinquante toises, soit environ trois cents mètres, lorsque tout à coup ses mouvements devinrent incertains. On ne sait au juste ce qui se passa, mais on vit l'infortuné marquis, subitement arrêté dans son vol, s'abattre lourdement sur le toit d'un bateau de blanchisseuses. Toutefois ses grandes ailes, formant parachute, amortirent la violence du choc, et le marquis de Bacqueville s'en tira avec une cuisse cassée.

Il n'en est pas moins constant que son expérience eut un commencement de succès, et elle prouve une fois de plus la possibilité, peut-être même la facilité du vol plané.

En 1768, Paucton — savant mathématicien né en 1736 à la Baroche-Gondoin dans le Maine — a posé, après Léonard de Vinci, le principe de l'hélicoptère, sous le nom de *ptérophore* : mais pour la première fois il indique qu'à l'hélice ascensionnelle il faut ajouter une hélice propulsive pour la translation horizontale.

Voici en effet ce que l'on trouve dans sa *Théorie de la vis d'Archimède, de laquelle on déduit celle des moulins, conçue d'une nouvelle manière* (Paris, 1768).

Un homme est capable d'une force suffisante pour vaincre le poids de son corps. Si donc je mets entre les mains de cet homme une machine telle que, par son moyen, il agisse sur l'air avec toute la force dont il est capable et toute l'adresse possible, il s'élèvera à l'aide de ce fluide, comme à l'aide de l'eau, ou même d'un corps solide. Or, il ne paraît pas que dans un ptérophore, adapté verticalement à une chaise, le tout fait de matière légère et soigneusement exécuté, il se trouve rien qui l'empêche d'avoir cette propriété dans toute sa perfection. Dans la construction on aurait soin que la machine produisît le moins de frottement qu'il serait possible ; et elle doit naturellement en produire peu, n'étant pas du tout composée. Le nouveau Dédale, assis commodément sur sa chaise, donnerait au ptérophore, par le moyen d'une manivelle, telle vitesse circulaire qu'il jugerait à propos. Ce seul ptérophore l'enlèverait verticalement : mais pour se mouvoir horizontalement, il lui faudrait un gouvernail : ce serait un nouveau ptérophore. Lorsqu'il voudrait se reposer un peu, des clapets ou soupapes, ajustés solidement aux extrémités de sciadique, fermeraient d'eux-mêmes les canaux hélices par où l'air coule et feraient de la base du ptérophore une surface parfaitement pleine qui résisterait au fluide et ralentirait considérablement la chute de la machine.

On ne peut décrire plus clairement un projet d'hélicoptère à deux hélices, l'une ascensionnelle et l'autre propulsive, et muni d'un dispositif formant parachute.

Quelques années plus tard, en 1772, l'attention publique fut de nouveau sollicitée par l'annonce d'une expérience de vol mécanique au moyen d'une gondole *orthoptère*, c'est-à-dire munie d'ailes à charnière qui devaient frapper normalement l'air, sans aucun glissement. Nous voulons parler de la tentative faite par un chanoine d'Étampes, l'abbé Desforges, que le célèbre astronome académicien Le Français de Lalande appelle, on ne sait pourquoi, dans le *Journal des Savants* de juin 1782, l'abbé Desmasures.

Ce chanoine Desforges avait eu maille à partir avec le Parlement au sujet d'un livre qu'il avait publié en 1758 sur le mariage des prêtres : le livre avait été condamné à être brûlé par le bourreau, et l'auteur fut emprisonné à la Bastille. Est-ce le séjour dans la célèbre prison d'État qui développa chez lui l'amour de la liberté au point de lui faire envier les ailes des oiseaux? Toujours est-il qu'il sembla dès lors préoccupé de l'idée de la navigation aérienne. Il imagina d'abord une système d'ailes artificielles, qu'il jugea plus prudent d'expérimenter sur un autre que lui.

Il fit revêtir de ces ailes un jeune paysan qu'il empluma de la tête aux pieds, et, l'ayant fait monter ainsi accoutré sur le haut d'un clocher, il lui dit de s'élancer sans crainte dans l'espace. Naturellement défiant, notre homme, comme bien on pense, refusa net.

Rebuté de ce côté, le chanoine d'Étampes s'adonna alors à la construction de la gondole volante qui l'a rendu célèbre.

L'auteur anonyme de l'*Essai sur l'art du vol aérien* (1) donne les détails suivants sur l'expérience qui en fut faite :

C'était dans l'été de 1772. L'expérience devoit se faire à Étampes : on y courut de toutes parts. Le chanoine se plaça effectivement dans sa voiture volante et fit mouvoir les ailes. Mais il parut aux spectateurs que plus il les agitoit, plus sa machine sembloit presser la terre et vouloir s'identifier avec elle. Cette remarque sur la pression est indicative que la mécanique du chanoine avoit un mouvement contraire à celui qu'il avait voulu lui donner, et que peut-être elle auroit eu quelque effet s'il en avoit changé la direction.

(1) Publié à Paris sans nom d'auteur, en 1784, in-12, p. 40-44.

L'auteur de l'*Essai sur l'art du vol aérien* nous apprend encore que, pour que le conducteur du char volant ne soit pas incommodé par la trop grande affluence de l'air, « M. Desforges lui appliquait sur l'estomac une grande feuille de carton. Il lui donnait « aussi un bonnet de même matière pour lui couvrir toute la tête. Ce bonnet était « pointu comme la tête d'un oiseau, et était garni de verres vis-à-vis des yeux pour « pouvoir diriger sa route ». Recommandé à nos chauffeurs et chauffeuses modernes, qui ont, eux aussi, à se garantir contre la trop grande affluence d'air. Le gilet en carton et le chapeau tête d'oiseau à yeux de verre nous paraît bien préférable au costume adopté.

La feuille du mercredi 28 octobre 1772 des *Affiches, annonces et avis divers* donne de nouveaux détails qu'il est intéressant de reproduire.

Suite de la voiture volante. — L'inventeur de cette curieuse machine est, dit-on, un homme de quarante-neuf ans dont la santé est ruinée par des travaux et des fatigues extraordinaires. C'est pour cela qu'il invitoit les curieux à se presser, et qu'il indiquoit sa demeure à Étampes, rue de la Cordonnerie. Voici l'idée qu'il donne lui-même de cette voiture dans une réponse qu'il a faite à une dame de province, et qui se trouve insérée dans plusieurs papiers publics :

« Elle est, dit-il, longue de 6 pieds, large de 3 pieds 8 pouces, profonde de 6 pieds et demi, depuis les pieds jusqu'au faîte de l'impériale, qui met à couvert de la pluie. »

Elle est apparemment d'osier, puisqu'il y travailloit avec un vannier. Il devoit s'envoler avec elle d'Étampes à Paris, sans y aborder, de peur d'y être retenu par la foule ; mais après avoir foit cinq ou six fois le tour des Tuileries, du même vol non interrompu, il avoit résolu de revenir à Étampes, où, dès qu'il seroit arrivé, il brûleroit la voiture, et n'en feroit point d'autres qu'il n'eût été récompensé de ses peines. La voiture ne doit pas être brûlée puisqu'elle n'a pas foit le voyage.

M. Desforges ajoute :

« La voiture que je fabrique actuellement n'est que pour le conducteur lui seul, je ne répons pas pour davantage. Néanmoins, je crois fermement que je pourray construire une voiture capable d'enlever encore une personne outre le conducteur. Cette personne ne sera pas dans la voiture, de peur de faire perdre l'équilibre : mais dans le milieu de la voiture on attachera solidement un siège environné de soutiens (vessies ou calebasses peut-être). La personne sera assise sur ce siège sans le moindre danger, à cause des soutiens qui l'environnent, elle sera précisément au-dessous des pieds du conducteur, lequel sera en quelque façon comme un aigle qui emporte un petit mouton avec ses pattes. » (Quelle commodité pour les enlèvements ! Que d'agneaux, que de moutons même iront se précipiter dans les serres des aigles, des milans, des vautours !)

« Enfin la voiture est construite avec tant de légèreté, que si l'on tiroit deux boulets de canon, pour en arracher les deux ailes quand elle sera à 200 pieds de hauteur, la voiture dégarnie de ses deux ailes ne tombera pas, mais elle descendra dix fois plus lentement qu'en volant. Il n'y aura donc aucun danger ; aussi est-ce moi qui auray le plaisir de voyager le premier (après Cyrano de Bergerac et Pierre Wilkins) par les régions aériennes. »

Malgré toutes ces belles promesses, aucune expérience n'eut plus lieu, et le chanoine volant s'en tint à celle que nous avons relatée : il ne resta de son infructueuse tentative qu'une amusante pièce de théâtre, de Caillava, intitulée le *Cabriolet volant*, et qui fit courir tout Paris à la Comédie Italienne.

Nous arrivons à l'un des aviateurs les plus persévérants qui aient existé, et qui, après de nombreux travaux, touchait presque au but, quand l'invention des aérostats vint brusquement changer le cours de ses idées, et d'aviateur le faire aéronaute : nous parlons de Blanchard.

Né aux Andelys, le 4 juillet 1753, Blanchard était un habile mécanicien, que l'automobilisme pourrait réclamer comme un de ses précurseurs ; il avait en effet inventé et construit une voiture sans chevaux, marchant à voiles, et que le Tout-Paris d'alors put voir fonctionner à différentes reprises sur la place Louis XV et dans l'avenue des Champs-Élysées. Grâce à la protection de l'abbé de Viennay, qui avait mis à sa disposition son hôtel de la rue Taranne, Blanchard travaillait sans relâche à la réalisation de son appareil d'aviation, au sujet duquel il publia dans le *Journal de Paris* du 28 août 1781 la lettre suivante :

> L'idée d'une voiture volante me fut suggérée par le récit des essais de M. de Bacqueville : certainement si cet amateur, qui était fortuné, eût poussé la chose aussi avant que moi, il eût fait un chef-d'œuvre : mais malheureusement on se rebute quelquefois aux premiers essais, et par là on ensevelit dans l'obscurité les choses les plus magnifiques.
>
> Comme plusieurs personnes s'imaginent que c'est l'enthousiasme où je suis de mon projet qui me fait parler, ils m'objectent que la nature de l'homme n'est pas de voler, mais bien celle des oiseaux emplumés. Je réponds que les plumes ne sont pas nécessaires à l'oiseau pour voler, une tenture quelconque suffit. La mouche, le papillon, la chauve-souris, etc.... volent sans plumes et avec des ailes en forme d'éventail, d'une matière semblable à la corne. Ce n'est donc ni la matière, ni la forme qui fait voler : mais le volume proportionné, et la célérité du mouvement, qui doit être très mobile.
>
> L'on m'objecte encore qu'un homme est trop pesant pour pouvoir s'enlever seulement avec des ailes, moins encore dans un navire dont le seul nom présente un poids énorme. Je réponds que mon navire est d'une très grande légèreté ; quant à la pesanteur de l'homme, je prie que l'on fasse attention à ce que dit M. de Buffon dans son *Histoire naturelle* au sujet du condor : cet oiseau, quoique d'un poids énorme, enlève facilement une génisse de deux ans, pesant au moins cent livres, le tout avec des ailes d'environ trente à trente-six pieds d'envergure.
>
> L'ascension de ma machine avec le conducteur dépend donc de la force dont l'air sera frappé, en raison du poids.
>
> Voici, en abrégé, l'analyse de ma machine que, dans quelques jours, j'aurai l'honneur de vous détailler plus amplement :
>
> Sur un pied en forme de croix est posé un petit navire de 4 pieds de long sur 2 pieds de large, très solide, quoique construit avec de minces baguettes ; aux deux côtés du vaisseau s'élèvent deux montants de 6 à 7 pieds de haut, qui soutiennent quatre ailes de chacune 10 pieds de long, lesquelles forment ensemble un parasol qui a 20 pieds de diamètre, et conséquemment plus de 60 pieds de circonférence. Ces quatre ailes se meuvent avec une facilité surprenante. La machine, quoique très volumineuse, peut facilement se soulever par deux hommes...

C'est après la publication de cette lettre que Blanchard transporta sa machine rue Taranne, chez l'abbé de Viennay, où il l'exhibait en même temps qu'un autre appareil composé de deux vastes ailes assez semblables à des parachutes, fixées sur un châssis dans lequel l'opérateur se tenait debout. Il expérimenta plusieurs fois cette dernière machine volante dans le jardin de l'hôtel, et il parvenait à s'élever à 80 pieds de hauteur à l'aide d'un contrepoids de 20 livres glissant le long d'un mât. Il en résultait qu'il eût suffi à Blanchard d'alléger sa machine de 20 livres, ou, par une modification à quelque organe, d'obtenir un surcroît équivalent de force ascensionnelle pour réaliser du vol sur place, le plus difficile de tous. On voit combien il était près de la solution qu'il poursuivait avec opiniâtreté. Le public était passionné pour ces essais, et Blanchard comptait autant de défenseurs que de détracteurs. Parmi ceux-ci se distinguait Lalande, qui, dans le numéro du 23 mai 1782 du *Journal de Paris*, écrit la lettre suivante :

Aux auteurs du Journal :

Il y a si longtemps, Messieurs, que vous parlez de bateaux volans et de baguettes tournantes, qu'on pourrait penser à la fin que vous croyez à toutes ces folies ou que les savans qui coopèrent à votre journal n'ont rien à dire pour écarter des prétentions aussi absurdes. Permettez donc, Messieurs, qu'à leur défaut, j'occupe quelques lignes dans votre journal pour assurer à vos lecteurs que si les savans se taisent ce n'est que par mépris.

Il est démontré impossible dans tous les sens qu'un homme puisse s'élever ou même se soutenir en l'air : M. Coulomb, de l'Académie des sciences, a lu, il y a plus d'un an, dans une de nos séances, un mémoire où il fait voir par les calculs des forces de l'homme, fixées par l'expérience, qu'il faudrait des ailes de douze à quinze mille pieds, mues avec une vitesse de trois pieds par seconde : il n'y a donc qu'un ignorant qui puisse former des tentatives de cette espèce...

Cette lettre de Lalande était tout simplement ridicule et peu digne d'un savant. L'ardeur de la polémique l'emporta même à déclarer gravement que « *l'impossibilité* « *de se soutenir en frappant l'air est aussi certaine que l'impossibilité de s'élever par* « *la pesanteur spécifique des corps vidés d'air,* » et un an après, les Montgolfier démontraient la facilité de s'élever par ce moyen.

D'ailleurs, il est facile de se convaincre qu'un homme, avec ses seules forces, peut s'élever dans l'air en prenant simplement son point d'appui sur l'air : si l'on suppose qu'une longue échelle soit fixée en dessous d'un parachute descendant librement dans l'air à la vitesse de 2 mètres par seconde, un homme alerte placé au bas de cette échelle la gravira aisément avec une vitesse de 2m,50 par exemple à la seconde : il s'élèvera donc dans l'air par le seul moyen de sa force musculaire, avec une vitesse de 0m,50 par seconde. Évidemment, cela ne constitue pas un système de navigation aérienne, mais cela n'en montre pas moins la possibilité de s'élever en prenant son point d'appui sur l'air, et ce simple fait réduit à néant les théories de tous les Lalande passés et futurs.

Mais en 1782, l'opinion d'un mathématicien aussi érudit faisait force de loi, et Blanchard fut impitoyablement caricaturé.

Une estampe du temps (fig. 14) représente au milieu d'une foule ébahie, des singes et des ânes armés de lunettes et de télescopes contemplant avec admiration le départ de son vaisseau volant.

Au bas de la gravure sont gravés ces mots :

Nous sommes ici en admirant
Le départ du vaisseau volant,

ainsi que ces vers qui veulent être méchants :

Ah! le bel oiseau vraiment
Qui s'est mis dans cette cage.
Ah! le bel oiseau vraiment
Depuis vingt mois on l'attend.
Les singes vont regardant,
Les ânes sont près de braire ;
L'aveugle s'en va disant :
Pour moi, je ne le vois guère.

Blanchard conservait cependant quelques défenseurs, entre autres Mercier, abbé de Saint-Léger, Meerwein, architecte du prince de Bade, et Martinet qui publia une gravure, peinte à la main, représentant la voiture volante de Blanchard, et qui défendit son ami dans ces termes, dans le *Journal de Paris* du 8 juillet 1782 :

L'examen que j'ai fait du vaisseau volant m'a convaincu de sa possibilité, et m'a déterminé à en graver le tableau que je publie. La raison qui retarde l'expérience de ce vaisseau est la lenteur

FIG. 14. — Caricature sur le *Vaisseau volant* de Blanchard

des ouvriers que l'auteur de cette ingénieuse mécanique a employés jusqu'à présent... Qui souhaite plus de voler ? Celui sans doute qui est sûr du succès de son invention par des principes fondés sur des tentatives multipliées qu'il a faites avec succès. Il s'élèvera, il volera et tout incrédule dira : je ne l'aurais pas cru.

MARTINET,
Ingénieur et graveur du Cabinet du roi,
rue Saint-Jacques, près Saint-Benoît.

Il ne s'envola pas ! S'il faut en croire, cependant, le *Journal de Paris* du 3 mars 1784, il ne fallait plus que *six livres* de contrepoids pour s'élever ! Il touchait donc au but de ses efforts, quand la découverte éclatante des Montgolfier l'arrêta net dans la voie où il travaillait depuis si longtemps, et Blanchard aviateur s'avoua vaincu à la veille peut-être de triompher. Il rendit en ces termes hommage à ses rivaux, à l'occasion de sa première ascension en ballon, le 2 mars 1784, dans une lettre adressée au *Journal de Paris* :

> Je rends un hommage pur et sincère à l'immortel Montgolfier, sans le secours duquel j'avoue que le mécanisme de mes ailes ne m'aurait peut-être jamais servi qu'à agiter un élément indocile qui m'aurait obstinément repoussé sur la terre comme la lourde autruche, moi qui comptais disputer à l'aigle le chemin des nues.

Nous verrons un peu plus tard Blanchard s'illustrer dans l'histoire de l'aérostation, et devenir l'un des plus habiles aéronautes qui aient existé.

Il nous reste à raconter deux expériences aérostatiques faites en petit, et qui suivirent presque immédiatement la découverte par Cavendish des propriétés du gaz hydrogène, de l'*air inflammable*, comme on disait alors.

Lorsque la découverte des Montgolfier démontra à tous la possibilité de s'élever à l'aide de ballons gonflés d'un gaz spécifiquement plus léger que l'air, le Dr J. Black, d'Édimbourg, écrivit en 1784 au Dr Lind une lettre d'où nous détachons ce passage :

> Il me parut suivre des principes de M. Cavendish, que, si une vessie suffisamment mince et légère était remplie d'air inflammable, la vessie et l'air qui y serait contenu formeraient une masse moins pesante que le même volume d'air atmosphérique et qu'elle s'élèverait dans l'espace. J'en parlai à quelques-uns de mes amis et dans mes leçons, lorsque j'eus l'occasion de traiter l'air inflammable, ce qui fut dans l'année 1767 ou 1768.

Malheureusement le Dr Black s'en tint à l'idée et ne fit aucune expérience.

Une note présentée le 20 juin 1782 à la Société Royale de Londres par un Anglais, Tibère Cavallo, prouve que celui-ci fit une expérience et toucha pour ainsi dire du doigt la découverte des ballons.

> Il s'agissait, dit Cavallo dans son mémoire, de construire un vaisseau ou une espèce d'enveloppe qui, remplie d'air inflammable, serait plus légère qu'un volume égal d'air commun, et qui conséquemment pourrait monter, de même que la fumée, dans l'atmosphère, car on savait bien que l'air inflammable est spécifiquement plus léger que l'air commun.

Il raconte ensuite tous les essais qu'il fit sur des vessies nettoyées et amincies avec le plus grand soin, avec la vessie natatoire des poissons, etc. Toutes ces enveloppes étaient trop pesantes ; il essaie ensuite de faire des bulles légères et durables en insufflant de l'hydrogène dans des solutions épaisses de gomme, des vernis, de la peinture à l'huile, etc.

> Enfin, dit-il, les bulles de savon remplies d'air inflammable furent la seule chose de cette sorte qui s'éleva dans l'atmosphère ; mais comme elles se détruisent facilement et qu'on ne peut les manier, elles ne semblent applicables à aucune expérience de physique.

Il fit ensuite une dernière tentative avec un petit ballon en papier de Chine, de forme cylindrique, terminé par deux cônes ; il en calcula le poids et la dimension de telle sorte que, gonflé d'hydrogène, il devait être plus léger que le même volume d'air, et par conséquent s'élever comme la fumée dans l'atmosphère.

> Après avoir essayé cette machine de papier en la remplissant d'air commun, je mis dans une

grande bouteille de l'acide vitriolique affaibli et de la limaille de fer, pour retirer l'air inflammable qui, à l'instant de son dégagement, devait remplir cette enveloppe qui avait communication avec la bouteille par un tube de verre et était suspendue au-dessus de cette bouteille. On avait fait sortir l'air commun de la machine de papier en la comprimant : mais je fus très étonné de voir que, malgré le dégagement rapide de l'air inflammable, elle ne se remplissait nullement, et que, d'un autre côté, l'air inflammable répandait une très forte odeur dans la chambre.

L'air inflammable passait à travers les pores du papier, comme l'eau au travers d'un crible.

Ce n'était, on le voit, qu'une expérience de laboratoire, mais faute d'avoir rendu le papier imperméable à l'hydrogène, Tibère Cavallo n'obtint aucun résultat, et la gloire d'être l'auteur de la plus belle invention moderne lui échappa.

Nous avons terminé la revue des projets et des tentatives faites antérieurement aux Montgolfier pour naviguer dans les airs, soit à la façon des oiseaux, au moyen du vol artificiel, soit à l'aide d'appareils plus légers que l'air. Parmi les essais faits dans cet ordre d'idées, si nous faisons abstraction des simples projets non suivis d'expériences, et qui n'ont d'intérêt que par les idées plus ou moins justes émises par leurs auteurs, on voit que, des seuls faits intéressants au point de vue des antériorités, il n'y a à retenir que l'histoire de dom Bartholomeo Lourenço de Gusmão et les expériences de Tibère Cavallo. Mais nous avons démontré que le premier a un caractère purement légendaire ; que de deux personnages différents sur lesquels on sait fort peu de choses, on a fait un seul expérimentateur, l'homme volant, *O voador*, dont les travaux furent singulièrement travestis ou amplifiés : quant au second, il ne fit qu'une expérience de laboratoire, ne réussit pas un essai plus sérieux, et ne fit qu'entrevoir la solution du grand problème.

En tout cas, en 1783 aucune de ces tentatives n'était connue : la route des airs était toujours fermée, et l'Académie des sciences, par la bouche de Lalande, proclamait l'impossibilité absolue de s'élever dans les airs par le moyen de la légèreté spécifique des gaz raréfiés. Rien ne peut donc ravir aux Montgolfier la gloire de l'invention des aérostats.

DEUXIÈME PARTIE

PÉRIODE HISTORIQUE

LES MONTGOLFIER

CHAPITRE VI

L'INVENTION DES AÉROSTATS

Notes biographiques. — La famille Montgolfier. — La jeunesse de Joseph-Michel. — Un inventeur de génie. — Etienne Montgolfier. — Les premiers essais. — Un ballon en chambre. — L'expérience du 5 juin 1783. — Gloire et récompenses. — Pendant la Terreur. — Le bélier hydraulique. — Un académicien sous la douche. — Dernières années. — Le monument d'Annonay.

La grande figure des Montgolfier domine toute cette période des débuts de l'aérostation qui s'étend jusqu'au premier Empire.

Quelques notes biographiques sur cette famille illustre ne seront pas déplacées dans cet ouvrage. Nous les puiserons en grande partie, en les résumant, dans l'*Histoire religieuse et civile d'Annonay*, par l'abbé Filhol, qui, allié aux Montgolfier, a rassemblé sur eux une foule de documents intéressants.

La famille Montgolfier est originaire du village de Frakendals, près de Mayence. Deux de leurs ancêtres figurèrent à la première croisade. En 1147, Jean Montgolfier prit part à la seconde croisade prêchée par saint Bernard. Fait prisonnier en Palestine, il apprit à Damas la fabrication du papier, s'évada et rapporta en Europe la nouvelle industrie qui devait faire la gloire et la fortune de ses descendants.

Plusieurs de ceux-ci vinrent s'établir en France, auprès du village d'Ambert, dans la vallée de la Dore, où, profitant d'une chute d'eau, ils fondèrent le premier moulin à papier.

En 1440, nous trouvons un Montgolfier *bauge*, ou maire de la ville d'Ambert.

Vers le milieu du XVIe siècle, Jacques Montgolfier, qui avait embrassé la cause de la Réforme, quitta le pays avec la majeure partie de sa famille et vint se fixer dans le Beaujolais, aux environs de Beaujeu, où il établit la papeterie de Saint-Didier.

Ramenés au catholicisme par deux membres de leur famille, religieux franciscains, les deux frères Michel et Raymond Montgolfier épousèrent les deux filles d'Antoine Schelles, fondateur du moulin à papier de Vidalon-les-Annonay qui prit une rapide extension grâce à la supériorité de ses produits, et bientôt la fabrique de Vidalon fut réputée fabrique des États, ce qui lui valut dans la suite le titre de manufacture royale.

Raymond Montgolfier eut de sa femme, Marguerite Schelles, seize enfants, dont l'un, Étienne, fut missionnaire au Canada, où il mourut en 1795 à l'âge de quatre-vingt-deux ans : un autre, Pierre, naquit en 1700 et devint le chef de la manufacture de Vidalon, dont il porta la prospérité au plus haut point. C'est ce Pierre Montgolfier qui est le père de Joseph et Étienne, les inventeurs des ballons.

Marc Seguin, le neveu de Joseph, nous a laissé ce portrait de l'ancêtre :

Il était de petite taille, d'une figure et d'un caractère sévères, d'une force de volonté extraordinaire, inflexible dans ses décisions. Il était craint et respecté de toute sa famille. Aucun des siens n'eût osé lui soumettre une observation, ni élever la voix devant lui.

Levé dès quatre heures du matin, il se rendait aussitôt, quelle que fût la saison, au canal de la fabrique, où il se lavait la tête et les mains. Le soir, il se couchait invariablement à sept heures et ne se relevait jamais, quoiqu'il arrivât dans sa maison.

Il épousa, en 1727, Anne Duret, d'Annonay, dont il eut seize enfants, quatre filles et douze garçons qui, tous, furent des hommes de mérite.

Joseph-Michel (fig. 15) était le douzième des enfants de Pierre Montgolfier. Il est né le 26 août 1740 à Vidalon-les-Annonay. Nature singulière, esprit vif et primesautier, mais absolument indépendant, observateur et distrait, Joseph-Michel semblait incapable de se plier à la discipline d'une éducation régulière ; aussi passait-il pour paresseux, et, de fait, il ne put jamais parvenir à s'accorder avec l'orthographe, ce qui lui attira le mécontentement de son père.

Intrépide dans l'action, dit de lui de la Landelle, comme il le prouva en sauvant à la nage quelques-uns de ses condisciples, il était timide à l'excès pour manifester ses désirs. Essaya-t-il d'être retiré du collège de Tournon ? Selon toute apparence, il n'osa le demander à ses parents, et déserta.

Craignant d'être poursuivi, l'écolier, qui avait alors de douze à treize ans, prend à travers champs avec le dessein d'aller vivre de coquillages sur les bords de la Méditerranée (1).

Mais il ne put mener à bien ses projets, et la faim l'ayant obligé à offrir ses services à un cultivateur, il ne put dissimuler son identité et fut ramené à ses parents. D'après ce que nous a dit Marc Seguin du caractère de son père, on juge de la réception qui l'attendait.

Réintégré au collège d'Annonay, un traité d'arithmétique qui lui tombe entre les mains est pour lui une révélation. Il se passionne alors pour l'étude des sciences physiques et naturelles, auxquelles il applique des méthodes qui lui sont personnelles.

A peine sorti de collège, il éprouve le besoin de vivre isolé et prend congé de sa famille pour aller à Saint-Étienne-en-Forez dans une sorte d'ermitage où il se livre à

(1) *Dans les airs*, par DE LA LANDELLE, p. 53.

l'étude de la chimie avec, pour tout matériel de laboratoire, quelques vases grossiers en terre. Cela lui suffit cependant pour assurer son existence : il fabrique des sels et invente un bleu de qualité supérieure, connu dans l'industrie sous le nom de bleu

FIG. 15. — Portrait de Joseph-Michel de Montgolfier.

Guimet. Entre temps, il pêche pour sa subsistance et colporte lui-même ses produits. Poussé par le désir de venir à Paris pour se mettre en rapport avec les savants de son époque, il parvient à réaliser son projet avec ses économies. Il visite alors les cabinets de physique, fréquente les leçons publiques et entame des relations avec divers savants.

Rappelé à Vidalon par son père, qui réclamait son concours, il revient à pied à petites journées, la tête toujours en travail : de vastes projets d'utilisation des forces naturelles hantent son cerveau, et sa hardiesse d'inventeur effraie son père, qui le pousse alors à fonder de nouveaux établissements.

Marié depuis 1771 avec sa cousine germaine, Thérèse Filhol, Joseph fonde alors les papeteries de Rives et de Voiron, et, dans ces nouvelles usines, il donne essor à son génie d'invention.

Le parachute, alors inconnu bien qu'inventé déjà, comme nous l'avons vu, fait l'objet de plusieurs expériences, et il est constant qu'il fit lui-même une descente en parachute en se précipitant du haut de sa maison à Annonay.

Il est non moins certain que Joseph-Michel, avant d'inventer les ballons à air chaud, avait songé à la navigation aérienne par des moyens mécaniques, procédé qu'il considérait comme parfaitement possible, comme en fait foi le passage suivant de son mémoire à l'Académie de Lyon :

> Cependant, l'ascension de la fusée d'artifice ainsi que l'effort de la pompe à feu nous prouvant que nous avons la ressource de nous procurer une puissance bien supérieure à celle que l'homme peut fournir, nous invitent en même temps à en adapter l'usage à cette navigation aérienne.
>
> En attendant que quelque savant mécanicien veuille s'occuper de cet objet important, nous avons imaginé, un de mes frères et moi, de renfermer dans un vaisseau léger un fluide spécifiquement moins lourd que l'air atmosphérique (1).

Ce frère dont il parle comme étant son collaborateur est Étienne, plus jeune que lui de cinq ans, et dont la collaboration vint en quelque sorte régulariser sa merveilleuse fécondité d'inventeur.

Étienne Montgolfier (fig. 16) est né en 1745. Il avait fait d'excellentes études au collège Sainte-Barbe à Paris et se destinait à l'architecture. Élève de Soufflot, il fit les plans de l'église de Faremoutiers et de la nouvelle fabrique de papier, au faubourg Saint-Antoine, de Réveillon, dont il devint l'ami. Il s'était lié avec Monge et Meusnier, et une brillante carrière s'ouvrait devant lui quand la mort d'un de ses frères aînés le fit rappeler à Vidalon-les-Annonay, où son père lui confia la direction de la manufacture.

Étienne se livra tout entier à ses nouveaux devoirs et perfectionna l'industrie des papiers, notamment les colles et les séchoirs.

Joseph lui ayant exposé ses idées de l'utilisation des forces naturelles, il s'enthousiasma de ces projets, et dès lors les deux frères mirent leurs idées en commun : c'est de cette féconde collaboration qu'est née l'aérostation ; et elle fut si intime qu'il est impossible de déterminer la part qu'y prit chacun. Ils ont d'ailleurs tous les deux constamment tenu à honneur de repousser les investigations de ce genre, et il convient de ne pas chercher à rompre ce faisceau généreux que l'amitié fraternelle s'est plu à consolider.

(1) Faujas de Saint-Fond, *Description des expériences de la machine aérostatique de MM. de Montgolfier*, t. II, p. 98.

Ils avaient souvent, dans leurs promenades, observé la formation et l'ascension des nuages et médité sur la suspension dans l'air de ces masses énormes.

Il semble que ce soit là le point de départ de leurs recherches sur l'aérostation.

Fig. 16. — Portrait d'Étienne de Montgolfier.

Dans le rapport des académiciens Le Roy, Tillet, Brisson, Cadet, Lavoisier, Bossut, Desmarets et Condorcet, en date du 23 décembre 1783, on lit en effet :

Il paraît que le point de vue sous lequel ils envisagèrent ce grand problème d'élever des corps dans l'air fut celui des nuages, de ces grandes masses d'eau qui, par des causes que nous n'avons pas encore pu démêler, parviennent à s'élever et à flotter dans les airs, et à des hauteurs considérables.

Ils essayèrent d'abord, pour imiter la nature, de gonfler une enveloppe légère avec de la vapeur d'eau ; mais celle-ci se condensait rapidement, et à peine soulevée de terre, l'enveloppe retombait dégonflée.

Mais l'idée une fois entrée dans leur cerveau ne les quittait plus, et, chacun de son côté, les deux frères ne perdaient plus de vue le grand problème.

A cette époque parut en France la traduction de l'ouvrage de Priestley : *Des différentes espèces d'air*, où il traitait des propriétés physiques des gaz, et notamment de l'hydrogène.

Étienne se trouvait à Montpellier quand il lut cet ouvrage. En revenant à Annonay, il réfléchissait sur ces propriétés des gaz, et c'est en montant la côte de Serrières qu'il fut frappé, dit-il dans son *Discours à l'Académie de Lyon*, de la possibilité de s'élever dans l'air en utilisant la légèreté spécifique d'un gaz plus léger que l'air.

Il n'est peut-être pas inutile d'exposer ici en deux mots la théorie de l'ascension des ballons, théorie qui découlait immédiatement des propriétés des gaz légers comme l'hydrogène, que Priestley venait de découvrir.

On connaît le principe d'Archimède, d'après lequel tout corps plongé dans un liquide subit de la part de celui-ci une poussée verticale, de bas en haut, égale exactement au poids du liquide déplacé. Ce principe est applicable aux gaz et en particulier à l'air atmosphérique : il en résulte que tous les corps terrestres plongés dans l'atmosphère éprouvent une poussée verticale dirigée de bas en haut, égale au poids de l'air qu'ils déplacent.

Cette poussée qu'éprouvent tous les corps plongés dans l'air est mise en évidence, dans tous les cours de physique, par le petit appareil appelé *baroscope* : deux sphères de volume différent (fig. 17), l'une pleine et l'autre creuse, sont suspendues aux deux extrémités du fléau d'une balance et se font exactement équilibre dans l'air ; mais vient-on à placer le baroscope sous la cloche d'une machine pneumatique, dès qu'on y fait le vide, on voit le fléau de la balance s'incliner du côté de la grosse sphère : celle-ci pèse donc, dans le vide, plus que la petite sphère ; et si, dans l'air, les deux boules se font exactement équilibre, c'est que la grosse subit une poussée plus considérable que la petite, en raison de son volume plus grand, et la différence des poussées éprouvées par les deux sphères est précisément égale à la différence des poids des deux boules dans le vide.

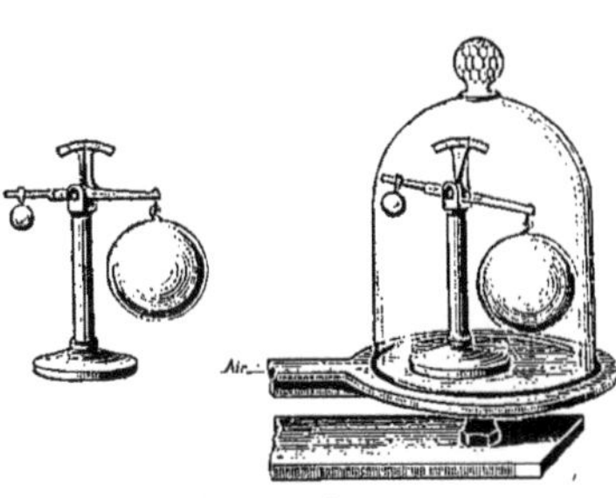

FIG. 17. — Baroscope.

On conçoit alors que si une enveloppe de grande dimension est remplie d'un gaz plus léger que l'air (et l'hydrogène est dans ce cas), la poussée verticale de bas en haut éprouvée par cette enveloppe ainsi gonflée peut être plus grande que le poids de cette enveloppe et du gaz qu'elle renferme. En d'autres termes, le poids en question peut être inférieur au poids de l'air déplacé. Dans ces conditions, en vertu du principe d'Archimède, le *ballon* ainsi gonflé de gaz léger montera dans l'atmosphère.

Il était donc naturel qu'un esprit aussi sagace que celui d'Étienne Montgolfier, en réfléchissant aux propriétés physiques des gaz légers, fut frappé de la possibilité de réaliser par ce moyen l'ascension des corps dans l'air.

Étienne se hâta de communiquer cette idée à son frère, qui, aussitôt, fut certain du succès : ils commencèrent par expérimenter l'hydrogène en essayant de gonfler avec ce gaz, qui est quatorze fois plus léger que l'air, des enveloppes en papier. Pas plus que Tibère Cavallo ils ne réussirent, à cause de la porosité de l'enveloppe ; mais, plus persévérants que le physicien anglais, ils ne se tinrent pas pour battus.

A quelque temps de là, Joseph, qui était à Avignon, est frappé d'une idée subite à la vue d'un peu de fumée qui s'élevait dans l'atmosphère. Il achète de l'étoffe, taille un cube, en assemble les côtés, et brûle un tas de papier sous l'orifice ménagé à la base : le léger parallélipipède se gonfle et monte au plafond. Aussitôt il écrit à Étienne :

> Prépare promptement des provisions de taffetas, de cordages, et tu verras une des choses les plus étonnantes du monde (novembre 1782) (1).

Il accourt aussitôt à Annonay, et les deux frères renouvellent secrètement l'expérience d'Avignon chez leur ami Ballioud, mais en gonflant cette fois leur petit aérostat avec la fumée produite par un mélange de laine et de paille humide, dans l'espoir d'obtenir une fumée à propriétés électriques, car ils attribuaient, semble-t-il, à l'électricité des nuages la cause de leur ascension dans l'atmosphère.

Un premier ballon n'atteignit qu'une faible hauteur et prit feu. Un second, de 20 mètres cubes, rompit ses attaches, s'enleva à près de 300 mètres de hauteur et vint tomber dix minutes plus tard sur les coteaux voisins. Aucun doute n'était plus permis : la navigation aérienne cessait d'être une chimère.

Les essais des deux frères, quelque secrets qu'ils aient voulu les tenir, n'avaient pu rester ignorés, et la curiosité était à son comble : de toute part on les pressait de faire une expérience publique. Elle eut lieu solennellement le 5 juin 1783 en présence de l'Assemblée des États particuliers du Vivarais, qui se trouvait alors réunie à Annonay.

Nous trouvons dans l'ouvrage de Faujas de Saint-Fond : *Description des expériences de la machine aérostatique*, le compte rendu de cette mémorable expérience, de laquelle date officiellement l'invention des aérostats :

> Quelle fut la surprise des députés, quelle fut celle des spectateurs, lorsqu'on vit sur la place publique une espèce de ballon de cent dix pieds de circonférence, retenu par son pôle inférieur sur un châssis en bois de seize pieds de surface ! Cette vaste enveloppe et son châssis pesaient cinq cents livres ; elle pouvait contenir vingt-deux mille pieds cubes de vapeur.

(1) D'après la *Biographie de Joseph de Montgolfier*, par M. de Gerondo.

Quel fut l'étonnement général lorsque les inventeurs d'une telle machine annoncèrent qu'aussitôt qu'elle serait pleine d'un gaz qu'ils avaient le moyen de produire à volonté, par le procédé le plus simple, elle s'enlèverait d'elle-même jusqu'aux nues ! Il faut convenir alors que, malgré la confiance qu'on avait aux lumières et à la sagesse de MM. de Montgolfier, cette expérience paraissait si incroyable à ceux qui allaient en être les témoins, que les personnes les plus instruites, celles mêmes qui étaient le plus favorablement prévenues, doutaient presque sans balancer de son succès.

Enfin, MM. de Montgolfier mettent la main à l'œuvre, ils procèdent au développement des vapeurs qui devaient produire le phénomène : la machine, qui ne présentait alors qu'une enveloppe de toile doublée en papier, qu'une espèce de sac gigantesque de trente-cinq pieds de hauteur, déprimé, plein de plis et vide d'air, se gonfle, grossit à vue d'œil, prend de la consistance, adopte une belle forme, se tend sur tous les points, fait effort pour s'enlever : des bras vigoureux la retiennent, le signal est donné, elle part et s'élance avec rapidité dans l'air, où le mouvement accéléré la porte, en moins de dix minutes, à mille toises d'élévation.

Elle décrit alors une ligne horizontale de sept mille deux cents pieds, et comme elle perdait considérablement de son gaz, elle descendit lentement à cette distance, et elle se serait sans doute soutenue bien plus longtemps en l'air, si l'on avait eu la facilité de porter dans son exécution la solidité et l'exactitude qu'elle exigeait ; mais le but était rempli, et cette première tentative, couronnée d'un aussi heureux succès, mérite à jamais à MM. de Montgolfier la gloire d'une des plus étonnantes découvertes...

Pour peu qu'on veuille réfléchir sur les difficultés sans nombre que présentait une expérience aussi hardie, sur la critique amère à laquelle elle exposait ses auteurs si elle eut manqué par quelque accident, sur les dépenses qu'elle a entraînées, l'on ne peut s'empêcher d'avoir la plus grande admiration pour les auteurs de la machine aérostatique.

Fig. 18. — Première expérience exécutée à Annonay (le 5 juin 1783).

Un procès-verbal signé des députés aux États du Vivarais fut aussitôt rédigé par le contrôleur général d'Ormesson, et envoyé à l'Académie des sciences de Paris. Dès les premiers jours de juillet, tout Paris était informé de l'événement, et l'émotion était grande dans toutes les sphères de la société.

Au chapitre suivant, nous suivrons les Montgolfier à Paris, et nous assisterons aux expériences qui furent faites devant le roi et devant les foules enthousiasmées. Avant de clore celui-ci, terminons en quelques mots la biographie des inventeurs, dont le nom brillera éternellement au Panthéon des sciences.

L'Académie des sciences de Paris, dans sa séance du 10 décembre 1783, décerna aux deux frères le titre de membre correspondant et, le 23 du même mois, leur attribua le prix fondé pour l'encouragement des sciences et des arts.

Le roi Louis XVI accorda à Étienne l'ordre de Saint-Michel ; Joseph reçut une pension de mille livres, et leur vénérable père, alors âgé de 83 ans, reçut des lettres de noblesse : la famille de Montgolfier eut dès lors pour devise : « *Sic itur ad astra.* »

Pendant les sombres jours de la Terreur, bien des coups frappèrent la famille de Montgolfier. Le patriarche de Vidalon-les-Annonay s'éteignit en 1793, à l'âge de quatre-vingt-treize ans. Plusieurs de ses enfants le suivirent de près.

Joseph, au milieu de la tourmente révolutionnaire, fut ce qu'il était toujours : sublime de courage et de dévouement, et sauva des proscrits au péril de sa vie.

Étienne, dénoncé comme suspect, ne dut son salut qu'à la protection de ses ouvriers, qui l'adoraient. Mais les malheurs de sa patrie et des siens altérèrent profondément sa santé : atteint d'une maladie de cœur, il voulut épargner à sa famille la douleur du spectacle de ses derniers moments et, sous prétexte d'affaires urgentes, il partit pour Annonay et succomba avant d'y atteindre, le 2 août 1799 à Serrières. Ses restes furent transférés à Davézieux-les-Annonay, paroisse des établissements de Vidalon.

Joseph fut profondément affecté de la perte de son frère : il ne tarda pas à renoncer à l'industrie pour aller s'établir à Paris, où il ne s'occupa plus que de travaux scientifiques. Sa renommée ne tarda pas à lui valoir d'être appelé à faire partie du bureau consultatif des arts et manufactures : nommé administrateur du Conservatoire des Arts et Métiers, il fut décoré de la Légion d'honneur en 1805, et enfin en 1807 élu membre de l'Académie des sciences.

Sur la fin de sa carrière, son invention du bélier hydraulique, fruit de longues études et de profondes méditations sur l'utilisation des forces de la nature, invention qu'il estimait lui-même supérieure à celle des aérostats, lui valut le Grand Prix attribué par le décret du 28 novembre 1809 à l'inventeur de la machine la plus importante pour les arts et les manufactures.

G. de la Landelle, dans son livre si intéressant intitulé : *Dans les Airs,* et auquel nous avons emprunté un grand nombre de renseignements biographiques sur les Montgolfier, raconte à ce sujet une curieuse anecdote, que nous cédons au plaisir de rapporter ici :

Joseph ayant fait exécuter son bélier hydraulique dans le jardin de la maison qu'il occupait rue des Juifs, n° 18, et sûr de sa découverte, en fait la description à l'Académie des sciences.

Sa communication est accueillie par des sourires d'incrédulité et de pitié ; on le regarde un peu comme un fou.

— Les principes fondamentaux de la science, s'écrie l'abbé Bossut, sévère examinateur, s'opposent absolument à ce que, par un moyen quelconque, l'eau puisse s'élever au-dessus de son propre niveau. La théorie de M. de Montgolfier est de tous points inadmissible. Les moyens employés et les résultats annoncés impliqueraient la possibilité du mouvement perpétuel, hérésie condamnée par le simple bon sens...

Joseph laisse dire, puis se contente d'annoncer à l'Académie qu'un bélier hydraulique est installé chez lui et qu'il prie l'Académie de nommer une commission pour venir l'examiner ; il insiste pour que son collègue, l'abbé Bossut, en fasse partie.

Peu de jours après, la commission, dont faisait partie Bossut, plus obstiné que jamais, se rendait rue des Juifs au Marais, où l'inventeur donna tout d'abord de nouvelles explications sur les effets de la chute d'eau et sur le jeu des soupapes.

Bossut, au lieu d'écouter, inspectait les localités, guettait et ne songeait qu'aux moyens de démasquer la mystification. Il ne permit pas qu'on procédât à l'expérience, monta dans la maison,

Fig. 19. — Le monument des Montgolfier à Annonay

en visita tous les recoins, s'attendant à y trouver quelque compère qui, avec une pompe ou autrement, essaierait d'induire les commissaires en erreur. — Enfin, quand il eut bien fureté sans rien découvrir de suspect, il revint, mais en soutenant toujours fort et ferme l'impossibilité absolue de l'expérience.

Il pérorait de la sorte sur la place même où, d'après l'inventeur, l'eau après avoir opéré son ascension, devait retomber en cascade de l'extrémité du tuyau sortant du toit :

« Éloignez-vous de grâce, mon cher collègue, lui dit Joseph, vous vous trouvez au plus mauvais endroit. Reculez de quelques pas.

— L'eau ne peut monter, donc elle ne risque pas de tomber de là-haut et de m'inonder, comme vous vous complaisez à m'en menacer.

— Je veux vous éviter un désagrément.

— Je n'en crains d'autre que d'avoir eu l'air de croire si peu que ce soit à votre prétendue cascade.

— Vous me désobligez infiniment, M. Bossut.

— Ce n'est pas mon intention, monsieur de Montgolfier; mais pour un empire, je ne bougerai d'ici !

— Procédons à l'expérience ! firent tous les commissaires.

— J'obéis, mais, mon cher M. Bossut, ajouta encore Joseph, recevez d'avance l'expression des regrets de mon bélier hydraulique. »

Sur ces mots, il déplaça le petit taquet qui empêchait la soupape de fonctionner. Un léger bruit comparable à celui d'un balancier de pendule se fit entendre. La machine marchait automatiquement, l'eau se prit à remonter dans les tuyaux la pente du jardin d'abord et puis la hauteur de la maison. L'on ne pouvait rien voir. L'opiniâtre Bossut ricanait : — Tic tac!... tic tac!... et puis ?

Mais arrivée au faîte, l'eau, tout à coup, dévale en masse aux éclats de rire de l'assistance. Elle tombe comme une douche sur la tête chauve de l'obstiné savant qui, trempé jusqu'aux os, prend la fuite avec humeur.

C'était le cas de faire preuve de bon caractère. Au lieu d'accepter galamment sa mésaventure, Bossut eut le mauvais goût de bouder, refusa d'assister à aucune autre expérience et ne voulut pas même signer le rapport constatant la belle découverte qui excitait l'enthousiasme de Laplace, de Monge, de Prony et du plus grand nombre de leurs illustres collègues (1).

Le 28 juin 1810, Joseph-Michel de Montgolfier, l'homme de génie, l'inventeur illustre, le courageux citoyen, l'une des gloires les plus pures de la France, rendait à Dieu sa puissante intelligence.

Dans les jardins de Vidalon-les-Annonay s'élève une pyramide triangulaire construite en 1819 et portant l'inscription :

AUX DEUX FRÈRES MONTGOLFIER,
LEURS CONCITOYENS RECONNAISSANTS

Enfin, le 13 août 1883, un monument (fig. 19) dû au talent du sculpteur Cordier a été érigé à Annonay au milieu de fêtes pompeuses auxquelles prirent part tous les corps savants jaloux de rendre hommage à la mémoire de ces deux hommes de bien « qui, confondant leurs talents et leurs cœurs, ont modestement conquis, il y a un « siècle, dans l'histoire des grands progrès de l'humanité, une place éclatante, une « gloire impérissable. »

(1) G. DE LA LANDELLE, *Dans les airs*, p. 93 et suiv.

CHAPITRE VII

CHARLES ET ROBERT

L'émotion à Paris. — Une souscription nationale. — Charles et les frères Robert. — Le premier ballon à hydrogène. — L'expérience du Champ de Mars du 27 août. — La terreur à Gonesse. — *L'Avertissement au peuple.* — Les ballons en baudruche. — Un ballon détrempé. — L'expérience de Versailles du 19 septembre. — Les premiers aéronautes, ou le mouton, le coq et le canard.

Nous avons dit combien le retentissement de l'expérience d'Annonay fut énorme, et quelle émotion s'empara du public à l'idée que la navigation aérienne était désormais un fait, car personne ne doutait que le plus difficile, l'ascension dans l'air, était réalisé, et que la direction n'était plus qu'un jeu.

Sur la demande du ministre comte de Breteuil, l'Académie nomma une commission qui résolut de faire venir à Paris MM. de Montgolfier pour répéter l'expérience du 5 juin aux frais de l'Académie.

Mais la lenteur des commissions était déjà ce qu'elle est maintenant, et l'impatience du public ne souffrait aucun retard.

Pour la satisfaire, un jeune savant, élève de Buffon et professeur au Jardin des Plantes, Faujas de Saint-Fond (fig. 20), qui a laissé d'intéressantes narrations de ces expériences, ouvre une souscription publique, véritable souscription nationale, où tout le monde accourt verser son obole. Dix mille francs sont réunis en quelques jours, et Faujas de Saint-Fond, pour réaliser l'expérience tant attendue, se met en rapport avec le physicien Charles et les frères Robert, habiles constructeurs qui avaient trouvé le moyen de dissoudre le caoutchouc et de rendre, avec cette solution, les étoffes imperméables au gaz.

Fig. 20. — Portrait de Faujas de Saint-Fond.

Le Pr Charles, jeune et ardent, se chargea de diriger la construction du ballon. Physicien très habile, Charles n'a rien publié de ses travaux et ne doit qu'à sa coopération aux débuts de l'aéronautique d'avoir arraché son nom de l'oubli. Il avait acquis comme professeur une notoriété considérable : ses leçons, qu'il faisait dans une salle du Louvre, attiraient une foule d'auditeurs avides de voir répéter les expériences d'électricité, si à la mode alors, et qu'il présentait au public avec une véritable maëstria, ne négligeant aucun effet pour frapper l'imagination de ses auditeurs.

Il était donc tout indiqué pour prendre en mains, en l'absence des Montgolfier, la direction de l'entreprise ; mais il eut le tort de vouloir réclamer pour lui-même et pour les frères Robert la priorité de l'invention, sous prétexte que, dès le mois de juin 1782, l'idée leur était venue d'utiliser le vernis au caoutchouc des frères Robert pour fabriquer un ballon à hydrogène : cela est très possible, fort probable même, étant donné que les esprits étaient tournés vers ce sujet, mais une idée n'est pas une expérience, et, sans les Montgolfier, qui dit que jamais Charles eût exécuté son projet, si tant est qu'il l'ait aussi nettement formé qu'il le prétendit plus tard.

Quoi qu'il en soit, sans perdre de temps à chercher quel pouvait être ce gaz au moyen duquel les Montgolfier avaient gonflé leur ballon, Charles décida de gonfler le sien avec de l'hydrogène, qui, plus de quatorze fois plus léger que l'air, ne pouvait manquer d'assurer le succès de l'expérience.

En moins de vingt-cinq jours, un globe sphérique en soie vernie au caoutchouc, de 12 pieds et 2 pouces de diamètre, fut construit et préalablement gonflé d'air, dans la cour de la maison habitée par les frères Robert sur la place des Victoires, où la foule se pressait pour le contempler.

Restait à le gonfler d'hydrogène : ce n'était pas la moindre difficulté de l'entreprise ; l'hydrogène était encore un gaz peu connu qui n'était pas sorti du laboratoire, où l'on ne le manipulait qu'avec d'extrêmes précautions ; et il s'agissait d'en obtenir près de quarante mètre cubes. Après de multiples essais, on procéda de la façon suivante (fig. 21) : un tonneau fut rempli d'eau et de limaille de fer, et l'on pratiqua dans le couvercle deux trous, l'un servant à recueillir le gaz formé, l'autre, fermé par un bouchon, servant à ajouter de l'eau et de l'acide sulfurique au fur et à mesure de l'épuisement de ces liquides ; un tuyau de cuir amenait le gaz dans le ballon. 500 kilogrammes de fer et 250 kilogrammes d'acide sulfurique furent ainsi dépensés pour gonfler un ballon qui soulevait à peine 9 kilogrammes. On eut à lutter contre une foule d'inconvénients provenant d'une préparation aussi primitive : l'échauffement était tel qu'il fallait refroidir le ballon avec une pompe, et que de la vapeur d'eau se formait dans le tonneau et était entraînée avec l'hydrogène ; elle se condensait ensuite, et il fallait de temps en temps la faire sortir par l'orifice de gonflement. On s'explique alors que quatre jours entiers furent employés à cette opération. Le quatrième jour enfin, le ballon aux deux tiers rempli flottait dans l'atelier des Robert. L'affluence du public était telle pendant ces préparatifs qu'il fallut faire appel à la force armée pour contenir la foule.

Laissons la parole à un témoin, le promoteur même de l'expérience, Faujas de Saint-Fond :

A sept heures (le 24 août 1783) le globe faisait effort contre les liens qui le retenaient. L'on prit les précautions les plus sûres pour qu'il n'arrivât aucun accident pendant la nuit ; le robinet fut soigneusement fermé, la clef fut emportée, et chacun se retira content.

Fig. 21. — Gonflement du premier ballon à hydrogène, par Charles, les frères Robert et un aide, du 23 au 26 août 1783.

L'on juge que le lendemain 25 ce fut à qui arriverait le premier pour rendre visite à la machine. Elle fut reconnue être dans le meilleur état : l'on y introduisit du gaz pour réparer les pertes inévitables qui s'étaient faites pendant la nuit, soit par des pores imperceptibles, soit par des trous d'aiguilles que la gomme élastique n'avait pas entièrement bouchés. On la pesa à six heures du matin, après l'avoir débarrassée de ses attaches, et quoiqu'elle ne fût pleine environ qu'à demi, elle enlevait 21 livres : comme le jour fixé pour l'expérience publique était indiqué au 27, on ne voulut pas la remplir davantage, crainte de la fatiguer. Pesée de nouveau à neuf heures du soir, elle n'enlevait plus que 18 livres, elle avait donc perdu dans 15 heures 3 livres de son poids, c'est-à-dire que l'équilibre en moins était rompu de 3 livres.

Le 26, le globe fut visité à la pointe du jour, et fut trouvé en très bon état ; il avait perdu de l'air inflammable dans les mêmes proportions que la veille. On se remit au travail pour augmenter le gaz, et dès huit heures du matin, on sortit le ballon de son harnais, on l'attacha à de petites cordes, et on eut le plaisir de le voir s'élever à plus de 100 pieds...

Le lendemain, à deux heures du matin, on commença le transport du ballon tout gonflé de la place des Victoires au Champ de Mars.

Il fut déposé (1) sur un brancard prêt à le recevoir, et disposé pour cet objet. Les mêmes lisières qui le tenaient suspendu dans la cour le rendirent stable et il entra en marche.

Rien de si singulier que de voir ce ballon ainsi porté, précédé de torches allumées, entouré d'un cortège et escorté par un détachement du guet à pied et à cheval ! Cette marche nocturne, la forme et la capacité du corps qu'on portait avec tant de pompe et de précaution, le silence qui régnait, l'heure indue, tout tendait à répandre sur cette opération une singularité et un mystère véritablement faits pour en imposer à tous ceux qui n'auraient pas été prévenus. Aussi, les cochers de fiacre qui se trouvèrent sur la route en furent si frappés, que leur premier mouvement fut d'arrêter leurs voitures et de se prosterner humblement, chapeau bas, pendant tout le temps qu'on défilait devant eux.

Enfin le ballon arriva par les rues des Petits-Champs, de Richelieu, de Saint-Nicaise, par le Carrousel, le Pont Royal, la rue de Bourbon et les Invalides à l'École militaire, où il fut déposé au milieu du Champ de Mars, dans une enceinte disposée pour le recevoir...

Dès l'instant où le jour parut, l'on s'occupa à faire du gaz ; à midi il était assez plein pour avoir une belle forme, il fallait peu de temps pour achever de le remplir ; mais l'on réservait au public le reste de l'opération, pour lui donner une idée de la manière dont on produisait le gaz.

Le Champ de Mars était garni de troupes, les avenues étaient gardées de tous côtés ; les ordres étaient donnés pour faciliter la marche des voitures et prévenir les accidents. A trois heures l'on vit le Champ de Mars se couvrir de monde ; les carrosses arrivaient de toute part, et bientôt ils ne purent aller qu'à la file. Les bords de la rivière, le chemin de Versailles, l'amphithéâtre de Passy étaient garnis d'une foule immense de spectateurs. L'hôtel de l'École Militaire et le Champ de Mars renfermaient la plus superbe et la plus nombreuse assemblée...

Il manquait cependant quelqu'un à cette superbe assemblée, et, le n° du 29 août du *Journal de Paris* le constate, Étienne Montgolfier, bien qu'il se soit fait connaître, se vit refuser impitoyablement l'accès de l'enceinte du Champ de Mars, lui à qui eût dû être réservée la place d'honneur ! Triste résultat des réclamations maladroites de Charles et des Robert.

A cinq heures, un coup de canon fut le signal que l'expérience allait commencer ; il servit en même temps d'avertissement pour les savants placés sur la terrasse du Garde-Meuble de la Couronne, sur les tours de Notre-Dame et à l'École militaire, et qui devaient appliquer les instruments et les calculs à leur observation. Le globe, dépouillé des liens qui le retenaient, s'éleva, à la grande surprise des spectateurs, avec une telle vitesse, qu'il fut porté en deux minutes à 488 toises de hauteur ; là il trouva un nuage obscur, dans lequel il se perdit ; un second coup de canon annonça sa disparition, mais on le vit bientôt percer la nue, reparaître un instant à une très grande élévation, et s'éclipser dans d'autres nuages.

(1) Faujas de Saint-Fond.

La pluie violente qui survint au moment où le globe s'élevait, ne l'empêcha pas de monter avec une extrême rapidité, et l'expérience eut le plus grand succès : elle étonna tout le monde. L'idée qu'un corps parti de terre voyageait dans l'espace avait quelque chose de si admirable et de si sublime, elle paraissait si fort s'écarter des lois ordinaires, que tous les spectateurs ne purent se défendre d'une impression qui tenait de l'enthousiasme. La satisfaction était si grande que les dames élégamment vêtues, les yeux dirigés sur le globe, recevaient la pluie la plus forte et la plus abondante sans se déranger, s'occupant beaucoup plus alors de voir un fait aussi surprenant que du soin de se garantir de l'orage.

Trois cent mille spectateurs, selon les évaluations, peut-être exagérées, faites par des témoins, assistaient à cette expérience.

Trop gonflé au départ, le ballon, qui était complètement clos, ne tarda pas à crever, et après trois quarts d'heure de marche, il descendit à cinq lieues de Paris, à Gonesse près d'Écouen, où se passa alors une scène de haut comique : terrifiés par la vue de cette énorme chose qui tombait du ciel, les paysans, persuadés que c'était un personnage diabolique qui s'échouait ainsi dans leur village, vont chercher le curé pour exorciser la bête ; celui-ci, aussi peu rassuré que ses paroissiens, s'approche en faisant mille détours, mais personne n'osait affronter de près l'animal, qui vivait encore. Un brave enfin se décide, avance de quelques pas et tire un coup de fusil sur l'innocent ballon qui, criblé de chevrotines, perd son gaz par mille blessures. Bientôt la foule se rue sur l'aérostat (fig. 22), et pour se venger de la frayeur qu'il leur avait inspirée, les habitants de Gonesse attachent à la queue d'un cheval les débris du premier ballon à gaz, qui est bientôt réduit en lambeaux !

On s'émut en haut lieu d'une si triste aventure, et pour en prévenir le retour, le gouvernement fit imprimer et répandre dans toute la France ce curieux *Avertissement au peuple* :

Paris, 27 août 1783.

Avertissement au peuple sur l'enlèvement des ballons ou globes en l'air. Celui dont il est question a été enlevé à Paris ledit jour, 27 août 1783, à 5 heures du soir au Champ de Mars.

On a fait une découverte dont le gouvernement juge convenable de donner connaissance, afin de prévenir les terreurs qu'elle pourrait occasionner parmi le peuple. En calculant la différence de pesanteur entre l'air appelé inflammable et l'air de notre atmosphère, on a trouvé qu'un ballon rempli de cet air inflammable devait s'élever de lui-même vers le ciel pour ne s'arrêter qu'au moment où les deux airs seraient en équilibre, ce qui ne peut être qu'à une très grande hauteur. La première expérience a été faite à Annonay, en Vivarais, par les sieurs Montgolfier, inventeurs. Un globe de toile et de papier, de cent cinq pieds de circonférence, rempli d'air inflammable, s'est élevé de lui-même à une hauteur qu'on n'a pu calculer. La même expérience vient d'être renouvelée à Paris (le 27 août, à 5 heures du soir), en présence d'un nombre infini de personnes. Un globe de taffetas enduit de gomme élastique, de trente-six pieds de tour, s'est élevé du Champ de Mars jusque dans les nues, où on l'a perdu de vue : il a été dirigé par le vent vers le nord-est, et on ne peut prévoir à quelle distance il sera porté. On se propose de répéter cette expérience avec des globes beaucoup plus gros. Chacun de ceux qui découvriront dans le ciel de pareils globes, qui présentent l'aspect de la lune obscurcie, doit donc être prévenu que, loin d'être un phénomène effrayant, ce n'est qu'une machine toujours composée de taffetas ou de toile légère recouverte de papier, qui ne peut causer aucun mal, et dont il est à présumer qu'on fera quelque jour des applications utiles aux besoins de la société.

La sphère aérostatique, ou globe volant, d'environ douze pieds de diamètre, pesant vingt-cinq à trente livres, abandonnée aux vents dans le Champ de Mars le 27 août 1783, à 5 heures du soir, par un temps pluvieux, est construite de taffetas gommé, bien clos à sa surface, de manière que l'air extérieur n'y pénètre pas. Il est rempli d'air inflammable, vapeur provenant d'une dissolution de limaille de fer avec l'huile vitriolique. En s'élevant, il a décrit une courbe parabolique dirigée du sud au nord et s'est enlevé très promptement dans les airs à perte de vue, et il est tombé à Gonesse le même jour, à six heures.

Lu et approuvé, ce 3 septembre 1783.

De Sauvigny.

Vu l'approbation, permis d'imprimer.
Le 3 septembre 1783.

Lenoir.

Fig. 22. — Descente du premier ballon à hydrogène à Gonesse, où il est mis en pièces par les paysans.

Cependant Étienne de Montgolfier qui, comme nous l'avons vu, était arrivé à Paris pour répéter l'expérience d'Annonay aux frais de l'Académie, avait été un instant découragé par la concurrence inattendue de Charles et des Robert; il trouva heureusement un aide et un encouragement auprès de son ami Réveillon, le fabricant de papier du faubourg Saint-Antoine, dont la ruine devait si tristement marquer les premiers jours de la Révolution.

Il se mit donc à l'œuvre et fit construire un aérostat de grand volume.

On était arrivé aux premiers jours de septembre, et, en attendant l'expérience promise, tous les Parisiens voulurent se payer le plaisir de lancer leur ballon. Après avoir en vain essayé de fabriquer de petits ballons en papier léger, un amateur, le baron de Beaumanoir, au dire du *Journal de Paris* du 11 septembre, réussit à lancer un petit ballon de dix-huit pouces de diamètre en baudruche et gonflé d'hydrogène. Ce fut alors une furie, et de toute part s'élevaient en l'air ces petits ballons microscopiques qu'on ne se lassait pas de voir s'envoler.

Le ballon que Montgolfier construisit rue de Montreuil, chez Réveillon, présentait la forme d'une pyramide de huit mètres de hauteur, surmontant un prisme de même hauteur, et terminée en bas par un tronc de cône de six mètres. Il était fait de toile d'emballage doublée de fort papier sur les deux faces.

La machine, dit Faujas de Saint-Fond, était peinte en bleu d'azur, et représentait une espèce de tente avec son pavillon et ses ornements en couleur d'or (fig. 23). Sa longueur totale était de 70 pieds et son poids de 1 000 livres. L'air qu'elle déplaçait pouvait être évalué à environ 4 500 livres, et la vapeur dont elle devait être remplie, étant une fois plus légère que l'air commun, ne pesait que 2 250 livres; il y avait donc un excès de légèreté de 1 250 livres; la machine pouvait donc enlever un poids de cette force.

Fig. 23 — Première montgolfière construite à Paris aux frais de l'Académie des sciences.

Les dimensions et le poids du ballon en rendaient la construction fort difficile, étant donné qu'on ne pouvait l'assembler qu'en plein air, et que le mauvais temps obligeait à le rentrer fréquemment à l'abri.

Le 11 du mois de septembre, le temps paraissait se disposer au beau; la machine étant entièrement finie fut mise en place et disposée pour faire les premières expériences. L'on en fit le soir même l'essai; l'on vit avec admiration cette belle machine se remplir en neuf minutes, se redresser sur elle-même, se tendre dans tous les points, et prendre la plus belle forme. Huit hommes qui la retenaient furent soulevés à plusieurs pieds, et elle se serait enlevée à une grande hauteur si on ne lui avait opposé de nouvelles forces.

Les commissaires de l'Académie furent invités à assister le lendemain à l'expérience qui leur était consacrée.

Des nuages épais se disposaient à couvrir l'horizon, et l'on était menacé d'orage. Cependant, l'on craignait qu'en différant encore, l'expérience fut rejetée trop loin; tout l'appareil était en état, il eût fallu du temps pour le démonter : l'on se décida donc à remplir le ballon.

Cinquante livres de paille sèche qu'on alluma par paquets et sur lesquels on jeta à diverses reprises une dizaine de livres de laine hachée, produisirent en dix minutes une vapeur si expansive et douée d'une telle force que la machine, malgré sa pesanteur, quoique déprimée et repliée sur elle-même, se redressa graduellement et comme par ondulation : son volume et sa capacité étonnèrent les spectateurs, et lorsqu'elle se fut développée en entier et qu'elle tendit à s'enlever, la surprise et l'admiration redoublèrent.

La machine perdit terre, et se soutint à plusieurs pieds avec une charge de 500 livres. Si l'on eût coupé dans ce moment les cordes qui la retenaient, elle allait s'enlever à une très grande hauteur. La pluie survint subitement ; alors le vent souffla avec impétuosité : le plus sûr moyen de sauver la machine était de la laisser partir. Mais comme elle était destinée à des expériences qui devaient avoir lieu à Versailles, on voulut ne pas l'abandonner, et les efforts qu'on fit pour l'obliger à descendre, joints à des coups de vent furieux et à la pluie qui l'inondait, la déchirèrent en plusieurs endroits. Comme l'orage redoubla et se soutint longtemps, il fut absolument impossible de la manœuvrer en cet état. Elle endura la pluie pendant plus de 24 heures : les papiers se décollèrent et tombèrent en lambeaux : le canevas fut mis à découvert, et cette belle et superbe machine, qui avait coûté tant de soins, fut détruite en très peu de temps.

L'expérience de Versailles, en présence du roi et de la cour, devait avoir lieu le 19. Loin de se laisser décourager par la destruction du ballon, Étienne Montgolfier et Réveillon mirent immédiatement un nouvel aérostat en construction, et cinq jours d'un travail acharné leur suffirent pour achever ce nouveau ballon, qui eut la forme sphérique et fut solidement construit en forte toile de coton peinte à la détrempe. Ils furent puissamment aidés par des amis dévoués, notamment MM. Argant, Quinquet et Lange, et le 18 au soir, la nouvelle machine put être essayée en présence des commissaires. Cette fois il n'y eut pas d'accident, et le 19 au matin on la transporta à Versailles.

Bleu, avec des ornements d'or figurant une tente splendidement décorée, le ballon avait, au dire de Faujas, 57 pieds de hauteur sur 41 de diamètre. Il fut disposé dans la grande cour du château, sur un immense échafaudage recouvert de toiles, et au centre duquel était ménagée une ouverture de quinze pieds de diamètre sous laquelle tout était disposé pour le gonflement. Cette estrade était gardée par une double enceinte de troupes qui contenait difficilement une foule immense accourue de Paris et des environs.

On avait disposé un panier en osier, sorte de nacelle, pour être placé sous le ballon au moment du départ : dans ce panier devaient être enfermés ceux qui allaient avoir l'honneur d'être les premiers aéronautes : un mouton, un coq et un canard !

A dix heures du matin, dit F. de Saint-Fond, la route de Paris à Versailles était couverte de voitures ; l'on arrivait en foule de toute part ; et à midi, les avenues, les cours du château, les fenêtres et même les combles, étaient garnis de spectateurs. Tout ce qu'il y a de plus grand, de plus illustre et de plus savant dans la nation semblait s'être réuni comme de concert pour rendre un hommage solennel aux sciences, sous les yeux d'une cour auguste qui les protège et les encourage.

Ce fut dans ce moment et au milieu de ce concours immense de citoyens de tout état, que leurs Majestés et la famille royale daignèrent se transporter dans l'enceinte, et voulurent bien pénétrer jusque sous la machine même pour en examiner les détails et se faire rendre un compte exact de tous les préparatifs de cette belle expérience.

A une heure moins quatre minutes, le bruit d'une boîte annonce qu'on va remplir la machine ; on la voit presque aussitôt s'élever, se gonfler et déployer avec rapidité les plis et replis dont elle est composée ; elle se développe en entier, sa forme plaît à l'œil, sa capacité imposante étonne : elle atteint déjà jusqu'au plus haut des mâts. Une autre boîte avertit qu'elle est prête à partir, et à la troisième décharge les cordes sont coupées et la machine s'élève pompeusement dans l'air (fig. 24), entraînant avec elle l'attirail dans lequel étaient renfermés un mouton et des volatiles.

Il s'en fallut de peu que l'expérience ne manquât : au moment où le ballon, complètement gonflé, allait être débarrassé de ses liens, un coup de vent vint le frapper; l'on dut peser sur les cordes pour le retenir, et deux déchirures de plus de deux mètres de long se firent au sommet. Étienne, heureusement, s'en aperçut : il augmenta le chauffage, hâta l'opération et fit tout lâcher; mais à cause des déchirures l'ascension ne dura que huit ou dix minutes et, après avoir plané un moment, le

Fig. 24. — Montgolfière lancée à Versailles en présence de la famille royale, le 19 septembre 1783.

ballon s'abaissa lentement et vint tomber à Vaucresson, à quatre kilomètres environ de son point de départ.

Deux gardes-chasse qui se trouvaient dans le bois virent l'aérostat descendre avec lenteur et se reposer sur les hautes branches des arbres qui ployèrent sous le poids. Le panier contenant les animaux toucha doucement la terre.

Faujas de Saint-Fond accourut à l'endroit où s'était faite la descente, avec l'abbé d'Espagnac, le chevalier de Lorimier, Brongniart et une foule d'autres. Le premier qui atteignit le ballon fut Pilâtre de Rozier, qui suivait avec ardeur ces premiers débuts de l'aérostation, dont il devait être le premier héros et le premier martyr.

CHAPITRE VIII

PILÂTRE DE ROZIER

Ascensions captives. — Un sport nouveau. — Les appréhensions de Louis XVI. — Le premier voyage aérien : Pilâtre de Rozier et le marquis d'Arlandes. — La traversée de Paris en ballon. — Une redingote en morceaux. — Un mot de Franklin. — L'ascension de Charles et Robert aux Tuileries. — Comment se conduit un aérostat dans les airs. — Les sensations d'un débutant. — Un voyage de neuf lieues. — Le soleil se couche deux fois. — Les regrets de la maréchale de Villeroi. — Poésies et chansons.

Après des expériences aussi multipliées, dit le *Rapport à l'Académie des sciences sur la machine aérostatique de MM. Montgolfier*, il n'était plus possible de douter des effets de l'aérostat de MM. de Montgolfier ; mais il était important de connaître plus particulièrement la nature de leurs procédés pour faire élever cette machine, et de constater surtout si, avec un aérostat d'une capacité suffisante, on pourrait enlever des hommes, et à quel point ils pourraient le gouverner, en observant cependant de le retenir jusqu'à un certain degré par des cordes, afin de ne rien hasarder dans ces premières expériences. M. de Montgolfier fit faire, pour remplir cet objet, un nouvel aérostat, plus grand encore que celui de l'expérience de Versailles, ayant quarante-cinq pieds de diamètre et soixante-dix pieds de haut : il était composé en quelque façon de trois parties : d'un cylindre, qui en faisait le corps du milieu, d'une portion de cône placée au-dessus, et d'une autre partie conique, dans une situation renversée, qui était au-dessous ; le petit diamètre de cette portion de cône était de quatorze pieds. A cette partie était adapté un cylindre en toile, autour duquel M. de Montgolfier fit attacher extérieurement une galerie d'osier, de deux pieds et demi de large, avec des appuis de trois pieds de haut ; il y avait en outre au milieu du vide formé par cette galerie une espèce de panier de fil de fer formant un réchaud, pour y brûler de la paille ou tout autre combustible lorsque la machine serait en l'air. En cet état, l'aérostat pesait aux environs de quatorze à quinze cents livres. Nous ne parlerons pas de quelques expériences préliminaires ; nous passerons tout de suite à celle qui fut faite en notre présence le 15 d'octobre.

M. Pilâtre de Rozier, qui le premier a proposé de monter dans la machine aérostatique abandonnée à elle-même, et qui en a fait publiquement la demande à l'Académie, le 30 du mois d'août, pour l'expérience qui devait s'en faire à Versailles les jours suivants ; enfin qui a montré tant d'activité et de courage dans toutes les expériences qu'on en a faites depuis ; M. Pilâtre de Rozier monta ce jour-là dans la galerie du nouvel aérostat ; on l'enleva à une hauteur de cent pieds, ou aux environs, la machine étant retenue à cette élévation par des cordes. Il nous parut entièrement le maître de monter ou de descendre, selon la quantité plus ou moins grande de feu qu'il entretenait dans le panier ou le réchaud de fer dont nous avons parlé : mais l'expérience du dimanche suivant démontra d'une manière encore plus sensible comment, par ce moyen, on pouvait régler les mouvements de l'aérostat pour s'élever ou s'abaisser. M. Pilâtre s'y étant placé, on mit un contrepoids dans un panier d'osier attaché à l'opposite, parce qu'on avait supprimé une partie de la galerie, à cause de sa pesanteur. La machine s'éleva promptement à la hauteur que permettait la longueur des cordes. Après y être restée quelque temps, on la vit redescendre, par la cessation du feu. Ayant été poussée par le vent sur les arbres d'un jardin voisin, on s'empressa de dégager les cordages qui la retenaient, et M. Pilâtre ayant renouvelé en même temps le feu, il la fit relever promptement, et on la ramena avec la plus grande facilité dans le jardin de M. Réveillon. Encouragés par des effets si propres à rassurer contre les dangers qu'on pouvait courir dans l'aérostat ainsi élevé en l'air, M. Giroud de Villette et M. le marquis d'Arlandes y montèrent successivement. Il est nécessaire de faire observer que, dans ces expériences, la machine fut élevée à trois cent vingt-quatre pieds, c'est-à-dire près de la moitié plus haut que les tours de Notre-Dame, et que M. Pilâtre de Rozier, par son activité et par son adresse à bien ménager le feu, la faisait monter, descendre, raser la terre, remonter encore; enfin lui donnait tous les divers mouvements de ce genre qu'il désirait (1).

Des lettres adressées au *Journal de Paris* par Montgolfier et par Giroud de Villette rendent hommage à l'intrépidité, au sang-froid imperturbable de Pilâtre de Rozier, affrontant ainsi les dangers d'un sport alors inconnu. Ce n'est pas sans motif que nous employons ce terme de *sport*, qui détonne il est vrai dans un récit se rapportant au XVIII siècle; mais, malgré son anachronisme, le terme s'applique admirablement aux expériences du jeune et intrépide Pilâtre de Rozier (fig. 25), qui semble s'être réincarné de nos jours, avec toutes ses qualités de sang-froid et de courage, dans cet autre héros du sport aéronautique, Santos-Dumont. Certain passage du rapport à l'Académie, où l'on voit Pilâtre dégager son ballon des branches d'arbres où il s'abat, semble vraiment dater d'hier.

Fig. 25. — Pilâtre de Rozier.

Quelques lignes de la lettre de Giroud de Villette sont intéressantes à citer, car elles montrent que l'idée de l'application des ballons captifs aux arts militaires s'était déjà présentée à l'esprit des premiers expérimentateurs.

Dès l'instant, dit-il dans sa lettre au *Journal de Paris*, je fus convaincu que cette machine peu dispendieuse serait très utile dans une armée pour découvrir la position de celle de son ennemi, ses manœuvres, ses marches, ses dispositions, et les annoncer par des signaux aux troupes alliées de la machine. Je crois qu'en mer il est également possible, avec des précautions, de se servir de cette machine.

Pilâtre de Rozier avait, nous l'avons vu, demandé à l'Académie, dès le 30 août, à faire une ascension libre : il ne perdait pas de vue son projet et insistait avec énergie pour qu'on le laissât exécuter l'ascension ; mais Montgolfier hésitait à prendre une telle responsabilité et il voulait encore, non sans raison, qu'il soit fait d'autres expé-

(1) Extrait des registres de l'Académie des sciences du 23 décembre 1783.

riences préliminaires avant de confier des vies humaines à un aérostat. Tout était tellement neuf dans cette navigation aérienne !

Le roi Louis XVI, ayant appris ces hésitations de l'homme qui avait le plus qualité pour apprécier les dangers de l'entreprise, intervint alors et, après mûr examen, il donna l'ordre au lieutenant de police de s'opposer au départ. Il autorisait seulement que l'expérience fût tentée sur deux condamnés auxquels il serait fait grâce de leur peine.

Pilâtre de Rozier s'indigne à cette idée. Quoi, de vils criminels, des hommes rejetés du sein de la société, auraient la gloire de s'élever les premiers dans l'air ! Non, non : il n'en sera point ainsi. Il demande, il invoque, il prie : il s'adresse à madame la duchesse de Polignac, gouvernante des enfants de France et toute-puissante à la Cour : M. le marquis d'Arlandes, ami des frères Montgolfier, qui avait déjà monté avec Pilâtre de Rozier à ballon captif, intervient lui-même. Il affirme qu'il n'y a point de danger : engage (ce qui était fort beau alors) sa foi de gentilhomme : et se propose enfin pour accompagner Pilâtre. Vaincu par de si honorables vouloirs, et en présence de tant d'insistance, on permet : et le premier voyage aérien a lieu le 21 novembre suivant, jour à jamais mémorable dans l'histoire des sciences (1) (fig. 26).

FIG. 26. — Ballon ayant servi à exécuter le premier voyage aérien.

Pendant les ascensions captives du faubourg Saint-Antoine, la foule de curieux avait été si grande et la circulation arrêtée de telle façon qu'on craignit des accidents résultant d'une affluence plus considérable encore, et l'ascension fut décidée pour les jardins de la Muette.

On possède la relation de ce premier voyage aérien écrite de la main même de l'un des voyageurs, le marquis d'Arlandes (fig. 27). On nous saura gré de la transcrire.

M. le Marquis d'Arlandes à M. Faujas de Saint-Fond.

Paris, le 28 novembre 1783.

Vous le voulez, mon cher Faujas, et je me rends d'autant plus volontiers à vos désirs, que par les questions que l'on m'adresse, par les propos invraisemblables que l'on fait tenir à M. Pilâtre et à moi, je sens qu'il est essentiel de fixer l'opinion publique sur les détails de notre voyage aérien.

Je vais décrire le mieux que je pourrai *le premier voyage que les hommes aient tenté* à travers un élément qui, jusqu'à la découverte de MM. Montgolfier, semblait si imparfait pour les supporter.

Nous sommes partis du jardin de la Muette à une heure cinquante-quatre minutes. La situation

(1) DUPUIS-DELCOURT, *Manuel d'aérostation*, p. 39-40.

de la machine était telle, que M. Pilâtre de Rozier était à l'ouest et moi à l'est ; l'aire du vent était à peu près nord-ouest. La machine, dit le public, s'est élevée avec majesté ; mais il me semble que peu de personnes se sont aperçues qu'au moment où elle a dépassé les charmilles, elle a fait un demi-tour sur elle-même ; par ce changement, M. Pilâtre s'est trouvé en avant de notre direction, et moi, par conséquent, en arrière.

Je crois qu'il est à remarquer que dès ce moment jusqu'à celui où nous sommes arrivés, nous avons conservé la même position par rapport à la ligne que nous avons parcourue. J'étais surpris du silence et du peu de mouvement que notre départ avait occasionné parmi les spectateurs ; je crus qu'étonnés et peut-être effrayés de ce nouveau spectacle, ils avaient besoin d'être rassurés. Je saluai du bras avec assez peu de succès ; mais ayant tiré mon mouchoir, je l'agitai, et je m'aperçus alors d'un grand mouvement dans le jardin de la Muette. Il m'a semblé que les spectateurs qui étaient épars dans cette enceinte se réunissaient en une seule masse, et que, par un mouvement involontaire, elle se portait pour nous suivre vers le mur, qu'elle semblait regarder comme le seul obstacle qui nous séparait. C'est dans ce moment que M. Pilâtre me dit :

Fig. 27. Le marquis d'Arlandes.

« Vous ne faites rien, et nous ne montons guère.

— Pardon, lui répondis-je. »

Je mis une botte de paille ; je remuai un peu le feu, et je me retournai bien vite, mais je ne pus retrouver la Muette. Étonné, je jetai un regard sur le cours de la rivière, je la suis de l'œil ; enfin j'aperçois le confluent de l'Oise. Voilà donc Conflans ; et nommant les autres principaux coudes de la rivière par le nom des lieux les plus voisins, je dis : Poissy, Saint-Germain, Saint-Denis, Sèvres ; donc je suis encore à Passy ou à Chaillot ; en effet, je regardai par l'intérieur de la machine, et j'aperçus sous moi la Visitation de Chaillot. M. Pilâtre me dit en ce moment :

« Voilà la rivière et nous baissons.

— Eh bien ! mon cher ami, du feu ! »

Et nous travaillâmes. Mais au lieu de traverser la rivière, comme semblait l'indiquer notre direction, qui nous portait sur les Invalides (fig. 28), nous longeâmes l'île des Cygnes ; nous rentrâmes sur le principal lit de la rivière, et nous le remontâmes jusqu'au-dessus de la barrière de la Conférence. Je dis à mon brave compagnon :

« Voilà une rivière qui est bien difficile à traverser.

— Je le crois bien, me répondit-il, vous ne faites rien.

— C'est que je ne suis pas aussi fort que vous, et que nous sommes bien. »

Je remuai le réchaud, je saisis avec une fourche une botte de paille, qui, sans doute trop serrée, prenait difficilement, je la levai et la secouai au milieu de la flamme. L'instant d'après, je me sentis enlever comme par dessous les aisselles, et je dis à mon cher compagnon :

« Pour cette fois, nous montons.

— Oui, nous montons, me répondit-il, sorti de l'intérieur, sans doute pour faire quelques observations. »

Dans cet instant, j'entendis, vers le haut de la machine, un bruit qui me fit craindre qu'elle n'eût crevé. Je regardai et je ne vis rien. Comme j'avais les yeux fixés au haut de la machine, j'éprouvai une secousse, et c'était alors la seule que j'eusse ressentie.

Fig. 28. — Traversée de Paris en ballon par Pilâtre de Rozier et le marquis d'Arlandes, le 21 novembre 1783.

La direction du mouvement était de haut en bas.

Je dis alors :

« Que faites-vous ? Est-ce que vous dansez ?

— Je ne bouge pas.

— Tant mieux, dis-je ; c'est enfin un nouveau courant qui, j'espère, nous sortira de la rivière. »

En effet, je me tourne pour voir où nous étions, et je me trouvai entre l'École Militaire et les Invalides, que nous avions déjà dépassés d'environ quatre cents toises. M. Pilâtre me dit en même temps :

« Nous sommes en plaine.

— Oui, lui dis-je, nous cheminons.

— Travaillons, me dit-il, travaillons. »

J'entendis un nouveau bruit dans la machine, que je crus produit par la rupture d'une corde. Ce nouvel avertissement me fit examiner avec attention l'intérieur de notre habitation. Je vis que la partie qui était tournée vers le sud était remplie de trous ronds, dont plusieurs étaient considérables. Je dis alors :

« Il faut descendre.

— Pourquoi ?

— Regardez, dis-je. »

En même temps, je pris mon éponge ; j'éteignis aisément le peu de feu qui minait quelques-uns des trous que je pus atteindre ; mais m'étant aperçu qu'en appuyant pour essayer si le bas de la toile tenait bien au cercle qui l'entourait, elle s'en détachait très facilement, je répétai à mon compagnon :

« Il faut descendre. »

Il regarda sous lui et me dit :

« Nous sommes sur Paris.

— N'importe, lui dis-je. Mais voyons, n'y a-t-il aucun danger pour vous ? êtes-vous bien tenu ?

— Oui. »

J'examinai de mon côté, et j'aperçus qu'il n'y avait rien à craindre. Je fis plus, je frappai de mon éponge les cordes principales qui étaient à ma portée : toutes résistèrent, il n'y eut que deux ficelles qui partirent. Je dis alors :

« Nous pouvons traverser Paris. »

Pendant cette opération, nous nous étions sensiblement approchés des toits ; nous faisons du feu, et nous nous relevons avec la plus grande facilité. Je regarde sous moi, et je découvre parfaitement les Missions-Étrangères. Il me semblait que nous nous dirigions vers les tours de Saint-Sulpice, que je pouvais apercevoir par l'étendue du diamètre de notre ouverture. En nous relevant, un courant d'air nous fit quitter cette direction pour nous porter vers le sud. Je vis, sur ma gauche, une espèce de bois que je crus être le Luxembourg.

Nous traversâmes le boulevard, et je m'écriai :

« Pour le coup, pied à terre. »

Nous cessons le feu ; l'intrépide Pilâtre, qui ne perd point la tête, et qui était en avant de notre direction, jugeant que nous donnions dans les moulins qui sont entre le petit Gentilly et le boulevard, m'avertit. Je jette une botte de paille en la secouant pour l'enflammer plus vivement ; nous nous relevons, et un nouveau courant nous porte un peu sur la gauche. Le brave de Rozier me crie encore :

« Gare les moulins ! »

Mais mon coup d'œil fixé par le diamètre de l'ouverture me faisait juger plus sûrement de notre direction, je vis que nous ne pouvions pas les rencontrer, et je lui dis :

« Arrivons. »

L'instant d'après, je m'aperçus que je passais sur l'eau. Je crus que c'était encore la rivière ; mais arrivé à terre, j'ai reconnu que c'était l'étang qui fait aller les machines de la manufacture de toiles peintes de MM. Brenier et Cie.

Nous nous sommes posés sur la Butte aux Cailles, entre le Moulin des Merveilles et le Moulin Vieux, environ à cinquante toises de l'un et de l'autre. Au moment où nous étions près de terre, je me soulevai sur la galerie en y appuyant mes deux mains. Je sentis le haut de la machine presser faiblement ma tête : je la repoussai et sautai hors de la galerie. En me retournant vers la machine, je crus la trouver pleine. Mais quel fut mon étonnement, elle était parfaitement vide et totalement aplatie ! Je ne vois point M. Pilâtre, je cours de son côté pour l'aider à se débarrasser de l'amas de toile qui le couvrait ; mais avant d'avoir tourné la machine je l'aperçus sortant de dessous en chemise, attendu qu'avant de descendre il avait quitté sa redingote et l'avait mise dans son panier.

Nous étions seuls, et pas assez forts pour renverser la galerie et retirer la paille qui était enflammée. Il s'agissait d'empêcher qu'elle ne mît le feu à la machine. Nous crûmes alors que le seul moyen d'éviter cet inconvénient était de déchirer la toile. M. Pilâtre prit un côté, moi l'autre, et en tirant violemment, nous découvrîmes le foyer. Du moment qu'elle fut délivrée de la toile qui empêchait la communication de l'air, la paille s'enflamma avec force. En secouant un des paniers, nous jetons le feu sur celui qui avait transporté mon compagnon, la paille qui y restait prend feu : le peuple accourt, se saisit de la redingote de M. Pilâtre et se la partage. La garde survient : avec son aide, en dix minutes, notre machine fut en sûreté, et une heure après, elle était chez M. Réveillon, où M. Montgolfier l'avait fait construire.

La première personne de marque que j'ai vue à notre arrivée est M. le comte de Laval. Bientôt après, les courriers de M. le duc et de Mme la duchesse de Polignac vinrent pour s'informer de nos nouvelles. Je souffrais de voir M. de Rozier en chemise, et, craignant que sa santé n'en fût altérée, car nous nous étions très échauffés en pliant la machine, j'exigeai de lui qu'il se retirât dans la première maison ; le sergent de garde l'y escorta pour lui donner la facilité de percer la foule. Il rencontra sur son chemin Mgr le duc de Chartres, qui nous avait suivis, comme l'on voit, de très près ; car j'avais eu l'honneur de causer avec lui un moment avant notre départ. Enfin, il nous arriva des voitures.

Il se faisait tard, M. Pilâtre n'avait qu'une mauvaise redingote qu'on lui avait prêtée. Il ne voulut pas revenir à la Muette.

Je partis seul, quoique avec le plus grand regret de quitter mon brave compagnon.

Un accident arrivé au départ, et dont il est fait mention au procès-verbal de cette ascension, avait failli tout compromettre : un instant avant de donner le signal du *lâchez tout*, un coup de vent frappa le ballon qui, retenu par les cordes, se déchira en un instant et peu s'en fallut qu'il ne brûlât. Des spectateurs comme il s'en trouve toujours, prêts à se réjouir du malheur des autres, s'empressèrent de courir à Paris annoncer la destruction de la machine.

Il n'en était rien : la déchirure fut vite réparée ; plusieurs grandes dames ne craignirent pas d'y prêter la main, et la seule conséquence de l'accident fut une heure de retard.

Le procès-verbal, signé du duc de Polignac, du duc de Guines, du comte de Polastron, du comte de Vaudreuil, de d'Hunaud, de Benjamin Franklin, de Faujas de Saint-Fond, de Delisle et de Le Roy, de l'Académie des sciences, constate que le ballon atteignit environ 3 000 pieds de hauteur et nous apprend que son volume était de 60 000 pieds cubes ; le poids qu'il enlevait était d'environ 16 à 1 700 livres.

On voit, par les noms des signataires de ce procès-verbal, que Benjamin Franklin avait été un témoin de cette ascension. On eût dit que le Nouveau-Monde avait délégué un de ses enfants les plus illustres pour assister à l'éclosion de la navigation aérienne.

On connaît le mot du grand physicien américain : « A quoi servent les ballons ?

disait devant lui quelqu'un. — A quoi, répondit Franklin, sert l'enfant qui vient de naître ? »

Cependant Charles (fig. 29) et les frères Robert avaient préparé de leur côté un voyage aérien, et peu de jours après leur expérience du Champ de Mars avaient publié dans les journaux le programme de leur expédition ; ils avaient ouvert une souscription pour construire un *globe de soie devant porter deux voyageurs*. Les 10 000 francs nécessaires furent rapidement réunis et un mois après, dès le 26 novembre, un ballon en soie de 9 mètres de diamètre était construit et exposé aux Tuileries.

Fig. 29. — Le physicien Charles.

Le gonflement fut long et laborieux et faillit même se terminer par une catastrophe, le feu ayant pris à l'un des tonneaux producteurs de l'hydrogène : une terrible explosion eut lieu, mais heureusement un robinet fermé à temps empêcha la catastrophe d'être complète.

L'ascension eut lieu au jardin des Tuileries, le 1er décembre 1783 (fig. 30), par une journée magnifique, devant une foule estimée à quatre cent mille personnes. L'aérostat était, avons-nous dit, en soie et se composait de fuseaux alternativement rouges et jaunes. La nacelle, en forme de char, était suspendue à un filet enveloppant toute la partie supérieure du ballon jusqu'à l'équateur.

*
* *

Il n'est pas inutile de remarquer, à la gloire du physicien Charles, que celui-ci créa du premier coup presque tout le matériel aérostatique avec une sûreté de vue véritablement admirable : c'est ainsi que pour cette ascension il imagina le filet, la soupape, l'appendice, le lest et se servit du baromètre pour suivre les mouvements verticaux du ballon et d'une ancre pour l'atterrissage. Sauf le cercle de suspension et le guide-rope, dont nous verrons plus loin l'usage, Charles avait donc créé de toutes pièces le ballon moderne : il s'était rendu compte de la nécessité du filet qui, enveloppant complètement le ballon et portant la nacelle, répartit également le poids de celle-ci sur toute la surface de l'aérostat. Il avait compris que si la montgolfière monte ou descend suivant la température de l'air chaud qui la gonfle et dont la force ascensionnelle est d'autant plus grande que l'air est plus fortement chauffé, il n'en va pas de même du ballon gonflé à l'hydrogène. Certes, le gaz est sensible aux changements de température et il suffit d'un rayon de soleil pour le dilater et provoquer une

Fig. 30. — Ascension de Charles et Robert aux Tuileries, le 1er décembre 1783.

ascension rapide, de même que l'interposition d'un nuage entre le ballon et le soleil amène une contraction du gaz qui provoque une descente souvent intempestive; mais ces circonstances sont indépendantes de l'aéronaute et constituent autant de difficultés que sa prévoyance doit s'attacher à combattre. En réalité l'ascension d'un aérostat ne s'obtient que par l'allègement du ballon, par le jet du lest, et sa descente par la diminution de la force ascensionnelle, par la perte du gaz (1) : de là cette nécessité d'avoir une provision de lest (sable fin tamisé placé dans des sacs) et de pouvoir à volonté donner au gaz une issue au moyen de la soupape supérieure, manœuvrée à l'aide d'une longue corde descendant jusque dans la nacelle.

Si nous ajoutons que la partie inférieure du ballon reste en communication avec l'atmosphère par une large ouverture dont le diamètre est d'environ le vingtième de celui du ballon lui-même, ouverture qui se prolonge par un tuyau en toile appelé *manche d'appendice*, nous aurons terminé la description du ballon tel que Charles l'a imaginé, et qui, à peu de choses près, est resté le même jusqu'à nos jours. Il est facile dès lors de se rendre compte de la manœuvre d'un aérostat au cours d'une ascension, et les quelques lignes qui vont suivre permettront non seulement de se faire une idée de la façon dont l'aéronaute procède pour effectuer le départ, pour se soutenir en l'air le plus longtemps possible et pour atterrir, mais encore de comprendre sans difficulté bien des détails que nous serons amenés à relater dans le récit d'ascensions célèbres à divers points de vue.

Notons tout d'abord qu'*un ballon est toujours entièrement gonflé au moment du départ*, n'en déplaise aux neuf dixièmes des traités de physique qui émettent en principe qu'un ballon ne doit être rempli qu'aux deux tiers. Cela est radicalement faux et c'est une idée à laquelle il faut renoncer définitivement : le gaz du ballon étant en communication permanente avec l'air extérieur par la manche d'appendice, lorsque la dilatation se produit, pour une cause ou pour une autre, l'excès de gaz s'échappe librement et l'enveloppe n'est jamais soumise à une tension dangereuse.

Donc le ballon est entièrement gonflé au moment du départ : les aéronautes sont dans la nacelle et avec eux un certain nombre de sacs de lest, de telle sorte que le ballon soit en équilibre au ras du sol. La force ascensionnelle est alors nulle : le ballon ne tend pas à s'élever, mais il ne pèse rien : un enfant soulèverait la nacelle sans effort. L'aéronaute sort alors de la nacelle un certain poids de lest représentant la force ascensionnelle qu'il veut avoir pour s'élever : cette force ascensionnelle est très variable et dépend des conditions dans lesquelles se fait le départ : si l'air est calme, si le terrain est bien découvert et qu'aucun obstacle à éviter n'existe à proximité, le départ se fera avec une force ascensionnelle de quelques kilogrammes seulement ; si au contraire le vent est violent, s'il y a des arbres, des maisons à peu de distance, si, en temps de guerre, on se trouve près de l'ennemi, il est clair que l'ascension devra être rapide et l'on partira avec une force ascensionnelle de 50 ou 60 kilogrammes et plus même.

(1) Nous verrons plus loin que l'on a cherché par différents moyens à obtenir ce résultat sans perdre de lest, ni de gaz ; ce que nous disons là ne s'applique donc pas à ces cas spéciaux qui, d'ailleurs, n'ont jamais conduit à des résultats pratiques.

Le ballon ainsi délesté au préalable est encore retenu à terre par quatre ou cinq personnes qui, au signal de « lâchez tout! » — le mot sacramentel qui ouvre aux aéronautes les routes du ciel, — lâchent toutes ensemble la nacelle du ballon. Celui-ci quitte alors le sol lentement ou rapidement suivant le poids de lest débarqué : le voici en l'air. Il monte, s'élève toujours... s'élève encore... Montera-t-il indéfiniment ? Non : à mesure que le ballon monte, la pression de l'air qui l'entoure diminue, ce qu'indique le baromètre installé dans la nacelle ; en vertu de cette diminution de la pression extérieure, le gaz du ballon se dilate et l'excès s'échappe par l'orifice de l'appendice ; mais comme le volume déplacé ne change pas, puisque le ballon est toujours également plein et que le poids de ce volume d'air déplacé va en diminuant, puisque sa densité décroît toujours, il arrive un moment où la force ascensionnelle, qui n'a cessé de décroître, devient nulle. Le ballon est en équilibre, il cesse de monter. Équilibre bien instable, d'ailleurs, et que bien des causes vont modifier.

Mais supposons pour l'instant que rien ne vienne changer ces conditions d'équilibre ; si l'aéronaute veut monter encore, il faut qu'il donne de nouveau à son ballon une force ascensionnelle qu'il n'a plus : pour cela le jet d'une poignée de lest suffit ; ainsi délesté, le ballon s'élève de nouveau pour s'arrêter bientôt si une nouvelle projection de lest ne vient encore une fois lui permettre de monter.

Si au contraire l'aéronaute veut descendre, il lui faut rendre l'aérostat plus lourd que le volume d'air déplacé. Or il ne peut plus agir sur le poids du ballon, car il ne peut embarquer dans sa nacelle de nouveaux sacs de lest ; mais il peut diminuer le volume d'air déplacé en dégonflant partiellement son ballon ; il ouvre donc la soupape supérieure : un certain nombre de mètres cubes de gaz s'échappent dans l'atmosphère et, l'équilibre étant rompu, le ballon commence à descendre. Mais alors il se passe un phénomène dont il importe de se rendre compte : tant que le ballon s'est élevé, son volume n'a pas varié : il est resté toujours plein ; mais dès qu'il commence à descendre, il cesse d'être entièrement gonflé et son volume diminue. Le gaz, en effet, se contracte en raison directe de la pression atmosphérique : comme, d'autre part, sa force ascensionnelle augmente en même temps en raison directe de cette même pression et que, en vertu de la loi de Mariotte, ces deux phénomènes se compensent exactement, il en résulte que le mouvement de descente une fois commencé ne s'arrêtera plus qu'au ras du sol si rien ne vient y faire obstacle. L'aéronaute doit donc, à un moment donné, jeter du lest s'il ne veut pas terminer son voyage aérien.

En pratique les choses ne se passent pas aussi simplement, et une foule de causes extérieures viennent provoquer soit l'ascension, soit la descente, en dehors de la volonté de l'aéronaute.

Les principales causes de descente sont : les déperditions de gaz par mille petits trous imperceptibles qui existent à la surface du ballon, surtout s'il est vieux et mal verni ; — le refroidissement quelquefois très rapide occasionné par un nuage venant inopinément arrêter les rayons du soleil ; — le passage du ballon au-dessus d'un cours d'eau ou d'une forêt, dont l'effet se fait sentir souvent à de grandes altitudes ; — la rencontre d'un courant d'air froid circulant au milieu de courants plus chauds, etc. ; — la surcharge provenant du dépôt de l'humidité sur la surface du ballon et des agrès pendant la traversée d'un nuage : ce dépôt peut atteindre 200 et même 250 grammes par mètre carré de surface, ce qui représente des surcharges dépassant parfois 100 ou 200 kilogrammes! — Enfin, et surtout, le dépôt de givre, cet ennemi terrible des ascensions à grande hauteur, qui, agissant à la fois par la surcharge énorme qu'il provoque et par le refroidissement intense du gaz, précipite le ballon à terre avec une rapidité foudroyante, qu'il est souvent difficile d'enrayer avant de toucher le sol.

Les causes d'ascension sont le contrepied des causes de descente : elles peuvent se résumer en une seule : le soleil. Le soleil qui dilate le gaz ; le soleil qui fait évaporer l'humidité ; le soleil qui fait fondre le givre ou la neige et qui vient au secours de l'aéronaute dont la provision de lest serait souvent insuffisante pour combattre les effets combinés du froid, de la pluie et de la neige.

En dehors du soleil, sur lequel il est prudent de ne jamais compter, l'aéronaute, on le voit, ne peut prolonger la durée de l'ascension qu'en jetant du lest continuellement pour enrayer les descentes ; et si l'on a bien compris comment un ballon cesse d'être entièrement gonflé dès qu'il a commencé à descendre, on se rendra compte que le grand art du pilote aérien consiste à éviter le plus longtemps possible un commencement de descente, car, à partir de ce moment, il faut jeter du lest, et encore jeter du lest pour continuer le voyage. C'est en évitant les oscillations en hauteur de l'aérostat que les longues traversées sont possibles, et, comme nous le verrons par la suite, c'est en partant le soir, de façon à profiter de toute la durée de la nuit pendant laquelle l'absence du soleil rend moins à craindre les brusques variations de température, que les ascensions à longue durée ont pu être réalisées ; c'est surtout en jetant du lest fréquemment, mais par petites quantités, de façon à se maintenir autant que possible à une hauteur invariable, et enfin en n'utilisant la soupape qu'en cas de nécessité absolue, et, s'il se peut, seulement au moment de la descente définitive.

Pour opérer cette dernière, l'aéronaute doit avoir conservé assez de lest pour éviter un contact brutal avec le sol : il doit choisir son endroit, abrité du vent, sur un terrain découvert, prairie ou terre labourée, et gagner le sol le plus doucement possible, par petits coups de soupape. Au moment opportun, il jette l'ancre, ouvre la soupape en grand, et bientôt le ballon maîtrisé gît à terre après avoir orgueilleusement plané dans les airs !

*
* *

Après cette digression, dont la nécessité se fera sentir pour la compréhension de ce qui suivra, nous reprenons le récit de la première ascension de Charles et de Robert.

A midi, les corps savants et les souscripteurs à *quatre louis* furent admis dans l'enceinte particulière autour du bassin. Les simples souscripteurs à trois francs se répandirent dans le reste du jardin. Au dehors, la foule était innombrable. Mais soudain, le bruit se répand que l'ascension n'aura pas lieu, que le roi vient de s'opposer au départ des aéronautes. La méchanceté publique s'en mêle ; on prétend que la défense royale a été secrètement sollicitée par Charles lui-même, et le quatrain suivant circule dans la foule :

Profitez bien, messieurs, de la commune erreur :
La recette est considérable.
C'est un tour de Robert le Diable
Mais non pas de Richard sans peur.

Charles, indigné, se rend chez le ministre baron de Breteuil, lui expose avec force que l'ordre du roi le déshonore et qu'il se brûlera la cervelle plutôt que de faillir à ses engagements. Le ministre se rend à ses raisons et prend sur lui de lever l'interdiction.

A une heure et demie, le canon annonce que l'ascension va s'exécuter. Avant de partir, Charles tient à réparer l'affront du 27 août, et, avec beaucoup d'à propos, il s'approche d'Étienne Montgolfier et, lui présentant la ficelle qui retient un petit ballon pilote, le prie de vouloir bien le lancer lui-même. « C'est à vous, dit-il, qu'il appartient de nous ouvrir la route des cieux. »

Dans la relation de son voyage, Charles a soin d'indiquer lui-même la pensée qui le guida en rendant ainsi hommage à Montgolfier : « J'ai voulu faire entendre qu'il avait eu le bonheur de tracer la route. Le globe échappé de ses mains s'élança dans les airs et sembla y porter le témoignage de notre réunion. »

Un second coup de canon annonça le départ, et le ballon s'éleva avec une lenteur majestueuse au milieu d'applaudissements immenses : les soldats présentaient les armes et les officiers saluaient de l'épée.

L'enthousiasme et l'émotion des aéronautes n'étaient pas moins vifs, et il est curieux d'en lire les accents dans le récit de Charles, parce qu'il rend bien les sensations qu'éprouve toujours le voyageur aérien la première fois qu'il goûte les joies d'une ascension.

Jamais rien n'égalera ce moment d'hilarité qui s'empara de mon existence lorsque je sentis que je fuyais de terre ; ce n'était pas du plaisir, c'était du bonheur... A ce sentiment moral succéda bientôt une sensation plus vive encore : l'admiration du majestueux spectacle qui s'offrait à nous. De quelque côté que nous abaissassions nos regards, tout était têtes ; au-dessus de nous, un ciel sans nuage ; dans le lointain, l'aspect le plus délicieux. « Oh ! mon ami, disais-je à M. Robert, quel est notre bonheur !... Comme le ciel est pour nous ! quelle sérénité ! quelle scène ravissante ! »

Des amis avaient rempli la nacelle de provisions de toutes sortes, comme pour un voyage au long cours : vins de Champagne, viandes froides, couvertures, fourrures, etc. Tout cela fera du lest : une couverture de laine est lancée à travers les airs ; elle se déploie majestueusement et vient tomber auprès du dôme de l'Assomption.

Le ballon arrivé à la hauteur de Monceaux resta un moment stationnaire, puis, entraîné par un vent modéré, traversa la Seine entre Saint-Ouen et Asnières, puis non loin d'Argenteuil, et passa au-dessus de Sannois, Franconville, Eau-Bonne, Saint-Leu-Taverny, Villiers, l'Ile-Adam et enfin Nesles, où se fit la descente.

Nous n'avons cessé, dit Charles, de converser avec leurs habitants, que nous voyions accourir vers nous de toute part ; nous entendions leurs cris d'allégresse, leurs vœux, leur sollicitude, en un mot l'alarme de l'admiration. Nous criions : Vive le Roi ! et toutes les campagnes répondaient à nos cris. Nous entendions très distinctement : Mes bons amis, n'avez-vous point peur ? n'êtes-vous point malades ! Dieu, que c'est beau ! Nous prions Dieu qu'il vous conserve. Adieu, mes amis ! J'étais touché jusqu'aux larmes de cet intérêt tendre et vrai qu'inspirait un spectacle aussi nouveau.

Les voyageurs continuaient à semer leur route de redingotes, manchons, habits, dont la nacelle était pourvue, et, arrivés près de Nesles, ils se décidèrent à descendre. L'atterrissage, favorisé par un temps calme, se fit avec une grande facilité.

Fig. 31. — Mgr le duc de Chartres et M. le duc de Fitz-James signent le procès-verbal qui constate l'arrivée de MM. Charles et Robert dans la prairie de Nesles, près d'Hedouville.

Un rideau d'arbres se présentait devant le ballon : une poignée de lest le fit franchir : « Le « char s'éleva par-dessus, en bondissant à « peu près comme un « coursier qui franchit « une haie », dit Charles qui raconte ainsi son arrivée :

Enfin nous prenons terre. On nous environne. Rien n'égale la naïveté rustique et tendre, l'effusion de l'admiration et de l'allégresse de tous ces villageois.

Je demandai sur-le-champ les curés, les syndics ; ils accouraient de tous côtés ; il était fête sur le lieu. Je dressai aussitôt un court procès-verbal (fig. 31), qu'ils signèrent (1). Arrive un groupe de cavaliers au grand galop ; c'était Mgr le duc de Chartres, M. le duc de Fitz-James, et M. Farrer, gentilhomme anglais, qui nous suivaient depuis Paris. Par un hasard très singulier, nous étions descendus auprès de la maison de chasse de ce dernier. Il saute de dessus son cheval, s'élance sur notre char, et dit en m'embrassant : « Monsieur Charles, moi premier ! »

Nous fûmes comblés de caresses par le prince, qui nous embrassa tous deux dans notre char et eut la bonté de signer notre procès-verbal : M. le duc de Fitz-James en fit autant ; M. Farrer le signa trois fois de suite...

(1) Voici le texte de ce procès-verbal :
« Nous soussignés, Charles, Robert, Jean Burgalet, curé de Nesles, et Charles Philippot, curé de Fresnoy, « Thomas Hutin, syndic perpétuel de ladite paroisse, et l'Heureux, curé d'Hedouville, certifions que la machine « aérostatique est descendue entre Nesles et Hedouville (environ neuf lieues de Paris), dans la prairie de Nesles,

Je racontai brièvement à Mgr le duc de Chartres quelques circonstances de notre voyage. « Ce n'est pas tout, Monseigneur, ajoutai-je en souriant, je m'en vais repartir.

— Comment, repartir?

— Monseigneur, vous allez voir. Il y a mieux : quand voulez-vous que je redescende ?

— Dans une demi-heure.

— Eh bien ! soit, Monseigneur, dans une demi-heure je suis à vous. »

Voilà donc Charles reparti seul ; le ballon s'élance comme un trait, et atteint en dix minutes plus de quinze cents toises. Charles s'agenouille au milieu de la nacelle, la jambe et le corps tendus en avant pour observer ses instruments : il a sa montre et un papier dans la main gauche, sa plume et le cordon de la soupape dans la main droite. Le froid était vif et sec, mais très supportable pour l'aéronaute.

J'interrogeais paisiblement alors, dit-il, toutes mes sensations, *je m'écoutais vivre*, pour ainsi dire, et je puis assurer que dans le premier moment je n'éprouvai rien de désagréable dans ce passage subit de dilatation et de température...

Je me relevai au milieu du char et m'abandonnai au spectacle que m'offrait l'immensité de l'horizon. A mon départ de la prairie, le soleil était couché pour les habitants des vallons, bientôt il se leva pour moi seul et vint encore une fois dorer de ses rayons le globe et le char. J'étais le seul corps éclairé dans l'horizon, et je voyais tout le reste de la nature plongé dans l'ombre. Bientôt le soleil disparut lui-même, et j'eus le plaisir de le voir se coucher deux fois dans le même jour...

C'était la première fois qu'un être humain assistait ainsi à un double coucher de soleil. Après avoir contemplé le spectacle sublime qu'il découvrait de la nacelle, le physicien Charles fut rappelé à lui par une vive douleur dans l'oreille droite, résultant de la dilatation de l'air contenu dans l'oreille interne. Se rappelant la promesse faite au duc de Chartres, il tira la soupape pour descendre, et manœuvrant habilement le lest et la soupape, il vint se poser doucement à une lieue environ du point de départ.

Les détails de cette belle ascension causèrent à Paris une sensation extraordinaire, et une foule enthousiaste fit une ovation au professeur à son retour à Paris : il fut porté en triomphe par le peuple et comblé d'honneurs par l'Académie des sciences, qui lui décerna le titre d'associé surnuméraire, ainsi qu'à Robert, à Pilâtre de Rozier et au marquis d'Arlandes. Le roi lui accorda une pension de deux mille livres, et voulut qu'il figurât à côté de Montgolfier sur la médaille frappée à l'occasion de l'invention des aérostats.

Il est curieux de constater que cette mémorable ascension n'eut pas de lendemain. Jamais Charles ne remonta en ballon ; on prétend qu'en descendant de la nacelle après sa seconde ascension, il avait juré de ne plus s'exposer à une si périlleuse expérience, tant avait été vive son impression lorsque le ballon, délesté du poids de Robert, l'avait emporté dans les airs avec une rapidité foudroyante.

De nombreuses estampes illustrèrent ce second voyage aérien. Au bas de l'une d'elles se lisent ces deux quatrains :

« à trois heures trois quarts. En foi de quoi nous avons signé ce procès-verbal, écrit dans le char aérostatique « par moi Charles.

« *Signé* : Charles, Robert, J. Burgalet, C. Philippot, T. Hutin, L'Heureux, duc de Chartres; duc de Fitz-« James; Farrer. »

Chacun admire ici-bas
Ces argonautes intrépides.
Et les coursiers les plus rapides
Jusqu'à Nesles suivent leurs pas.

Mais la frayeur est dans la lune,
Où le badaud et l'ignorant
Jugent l'aérostat errant
Une planète peu commune.

On se ferait difficilement une idée de l'état d'esprit où ces expériences successives avaient mis le public : il semblait qu'une ère nouvelle commençât pour le monde, et que rien désormais ne fût impossible à l'homme. Un fait entre mille nous peint ce sentiment général.

La vieille maréchale de Villeroi, octogénaire et malade, est conduite presque de force aux Tuileries pour assister à l'ascension de Charles ; elle ne croit pas aux ballons, mais à peine a-t-elle vu l'aérostat s'élever enlevant Charles et Robert que, passant sans transition de l'incrédulité la plus profonde à la confiance sans bornes dans la puissance du génie humain, elle tombe à genoux, les yeux baignés de larmes, et s'écrie : « Oui ! c'est certain maintenant ! ils trouveront le secret de ne plus mourir, et c'est quand je serai morte ! »

Les nombreuses poésies de l'époque témoignent encore de l'enthousiasme qui étreignait alors tous les cœurs. Voici quelques passages d'une poésie de Gudin de la Brenellerie adressée à Faujas de Saint-Fond sur le premier voyage aérien :

Le voilà donc trouvé ce secret étonnant
Qu'on chercha tant de fois, et toujours vainement,
Ce secret de planer dans le vaste atmosphère !
Si le premier mortel qui franchit l'onde amère
Insensible à l'effroi, renfermait dans son sein
Un cœur de diamant rempli d'un triple airain,
Quelle intrépide audace avez-vous donc dans l'âme,
Vous qui franchissez l'air sur des ailes de flamme ?...
... D'Arlandes, de Rozier,
Disciples généreux qu'a formés Montgolfier,
Rendez-nous familier cet art qui vient de naître :
De tous les éléments que l'homme enfin soit maître
Tous les arts aujourd'hui doivent vous célébrer ;
Le pinceau sur la toile en l'air doit vous montrer...

Dans une autre pièce de vers intitulée le *Globe de Charles et Robert*, le même Gudin de la Brenellerie s'exprime ainsi :

Ce globe qui s'élève, et qui perce la nue,
De l'empire des airs nous ouvre l'étendue.
L'homme de qui l'instinct est de tout hasarder,
Dont le sort est de vaincre et de tout posséder,
Lui qui dompta les mers, qui, méprisant l'orage,
Mit un frein à la foudre et dirigea sa rage,
Que peut-il craindre encore ?...

Suivez ce Montgolfier, qui d'une main certaine
A de la pesanteur enfin brisé la chaîne.
Partez, volez, cherchez, dans les plaines d'azur,
Un air moins variable, un horizon plus pur ;...
Agrandissez l'enceinte à nos aïeux prescrite,
Et du globe atteignez la dernière limite,..
J'anticipe les temps, je lis dans l'avenir,
Je prédis les succès dont vous allez jouir...

Dans une ode à Montgolfier, l'abbé Hollier célèbre la gloire des premiers aéronautes, gloire qui rejaillit sur leur patrie tout entière :

Lève ta tête enorgueillie,
France, applaudis à tes enfants :
Jamais la Grèce et l'Italie
N'ont vu les arts si triomphants.
Oh ! si du sein de leurs ténèbres
Pouvaient sortir ces morts célèbres,
De leurs temps visibles flambeaux,
Jaloux de ces hautes merveilles,
Oubliant leurs savantes veilles,
Ils rentreraient dans leurs tombeaux !

Le quatrain suivant nous apprend qu'en partant, Charles et Robert avaient jeté leurs chapeaux à la foule enthousiasmée :

A MM. Charles et Robert

Qui m'ont jeté leurs chapeaux en montant dans la nacelle.
(1er décembre 1783, aux Tuileries.)

Je garde vos chapeaux, et j'en aurai bien soin ;
Mes amis, je rends grâce au sort qui me les donne :
D'un chapeau qu'avez-vous besoin
Lorsque la gloire vous couronne ?

Delavoipierre.

Le voyage lui-même de Charles et Robert fut mis en chansons, et tout Paris répéta les couplets suivants :

L'Ariette du jour

Le Voyage du Globe, par M. B...

Chez ce monsieur Éole
Qui faisait tant le mutin,
Le Globe qui s'envole
Va nous tracer un chemin ;
Nous irons, quoi qu'on en dise,
Nous promener dans les airs
En arborant la devise
Des Charles et des Robert. (*bis.*)

On les a vus, sans crainte,
S'élever avec splendeur,
Notre âme était atteinte
Pour eux d'une juste peur ;
L'un et l'autre nous salue,
Au salut on applaudit ;
Le sabre en main, l'âme émue,
Le suisse le leur rendit.

Là, sur une montagne
Travaillaient des paysans :
Voir un globe en campagne
Effraie ces bonnes gens.
On leur dit d'un air affable :
Nous sommes Charles, Robert,
Vous êtes Robert le Diable
Qui voyage dans les airs.

En partant, nos pilotes
Avaient formé le projet
De laisser sur les côtes
Un d'eux pendant le trajet.
Près de Nesles, avec noblesse,
Là, le globe descendit ;
Là, Robert saute et délaisse
Charles qui, tout seul, s'enfuit.

Continuant sa route,
A l'hôtel il aborda,
D'un Anglais qui sans doute,
Elégamment le fêta :
Chantons ce hardi voyage
Qui surprendra l'univers.
Que tout Paris rende hommage
A Charles et aux Robert.

CHAPITRE IX

LES PREMIERS ESSAIS DE DIRECTION

Montgolfières, Charlottes et Robertines. — L'ascension du *Flesselles* à Lyon. — Un ballon qui va ventre à terre. — La première femme aéronaute. — Andreani et Gerli à Milan. — Xavier de Maistre aéronaute et aviateur. — La *Marie-Antoinette*. — Projets de direction. — Les ballons à voile. — L'aérostat de Carra. — Le vaisseau volant de Blanchard. — Les mésaventures de dom Pech. — Un amateur enragé. — Chansons et épigrammes. — Aimez-vous les ballons? On en a mis partout. — Guyton de Morveau et l'aérostat de l'Académie de Dijon. — La triste aventure de Miolan et Janinet. — Le premier aérostat allongé. — Comment le duc de Chartres se mit au-dessus de ses affaires. — Les aviateurs quand même. — L'invention de l'hélicoptère. — Launoy et Bienvenu.

Nous avons cru devoir exposer avec détail les premières expériences d'aérostation afin de permettre au lecteur d'assister à l'éclosion de cette science si belle de la navigation aérienne. Mais il serait impossible de suivre toutes les ascensions qui eurent lieu après celles-là. Elles se multiplièrent en effet dans de telles proportions que des volumes ne suffiraient pas à en donner même la nomenclature.

Partout on ne voit plus que lancement de ballons et que voyages aériens. Le ciel est sillonné tous les jours d'aérostats de toutes dimensions et de toutes couleurs. *Montgolfières, Charlottes* et *Robertines*, comme on disait alors, emportent dans les airs d'intrépides amateurs avides de se livrer aux émotions d'une ascension aérostatique.

C'est surtout en France que se manifeste la passion de l'aérostation, et il semble que la patrie des Montgolfier tienne à honneur de ne pas laisser à d'autres nations la gloire de conquérir l'empire de l'air.

> Les Anglais, nation trop fière,
> S'arrogent l'empire des mers :
> Les Français, nation légère,
> S'emparent de celui des airs (1).

L'Angleterre, en effet, n'avait pas encore suivi l'exemple et si, le 25 novembre 1783, elle eut le spectacle du lancement d'un ballon libre, ce fut un Italien, lequel acquit plus tard une certaine célébrité dans son art, le comte Zambeccari, qui exécuta l'expérience. Ce fut également un Italien, Lunardi (fig. 32), un des plus célèbres aéronautes de cette époque, qui, l'année suivante, le 14 septembre 1784, fit une ascension à Londres, la première qui eut lieu en Angleterre (fig. 33)(2).

FIG. 32. — Portrait de Lunardi.

C'est donc en France qu'il nous faut rester pour suivre les progrès de la navigation aérienne, et nous allons passer rapidement en revue les ascensions les plus célèbres qui précédèrent les premiers essais de direction. Les retentissantes expériences d'Annonay et de Paris, les voyages de Pilâtre de Rozier et de Charles avaient produit à Lyon une impression profonde. Les Montgolfier n'y étaient pas inconnus, et bientôt Joseph dut faire violence à sa modestie, qui l'avait jusque-là retenu dans l'obscurité, et venir à Lyon répondre à l'invitation pressante de ses amis et de toute la population.

Il se mit donc à construire un ballon qui devait être un chef-d'œuvre, mais n'était pas destiné tout d'abord à emporter des voyageurs. L'arrivée de Pilâtre de Rozier, ardent admirateur de Montgolfier, fit changer la nature de l'expérience, et on se décida à répéter l'ascension de la Muette.

Le ballon était de proportions gigantesques : il avait quarante-trois mètres de hauteur et trente-cinq de diamètre. Plus de trente personnes se disputaient l'honneur d'en être les passagers, et parmi eux le marquis de Laurencin, le marquis de Dam-

(1) Quatrain de l'époque.
(2) TIBÈRE CAVALLO, *Histoire et pratiques de l'aérostation.*

pierre, le comte de Laporte, le prince Charles de Ligne. On projetait de se rendre de Lyon à Avignon ou à Paris, suivant la direction du vent.

FIG. 33. — Ascension de Lunardi à Londres, le 14 septembre 1784.

Pendant trois mois le mauvais temps empêcha le départ d'avoir lieu, et le ballon souffrit beaucoup de ces retards. L'ascension avait enfin été fixée, quand la neige, qui tomba en abondance, vint encore retarder l'expérience. Aussi les Lyonnais, qui doutaient fort de la réussite, commencèrent à plaisanter, et le marquis de Laurencin reçut le quatrain suivant :

Fiers assiégeants du tonnerre
Calmez votre colère.
Eh ! ne voyez vous pas que Jupiter tremblant
Vous demande la paix par son pavillon blanc ?

FIG. 34. — Gonflement du *Flesselles* à Lyon. *(Collection Tissandier.)*

Enfin, le 5 janvier 1784, l'ascension eut lieu aux Brotteaux, devant plus de deux cent mille spectateurs enthousiasmés de la splendeur de la machine, dont les vastes dimensions et l'ornementation étaient véritablement imposantes (fig. 34).

Le *Flesselles*, du nom de l'intendant de la province, M. de Flesselles, emportait sept voyageurs : Joseph Montgolfier, Pilâtre de Rozier, le prince Charles de Ligne, le marquis de Laurencin, le marquis de Dampierre, le comte de Laporte d'Anglefort et le comte d'Entraigues. Au moment du départ, un huitième voyageur, le jeune Fontaine, escalada la galerie et imposa sa présence dans un ballon déjà trop chargé.

Le jeune Fontaine, attaché au service de Montgolfier, piqué du refus qu'on lui avait fait de l'admettre, eut la hardiesse de se percher sur le point le plus élevé de l'enceinte, et au moment où le globe, lancé de la place des Brotteaux devant deux cent mille spectateurs, passait près de lui, il fit un bond et tomba soudain au milieu des aéronautes étonnés : mais la secousse qu'il imprima à la machine rompit plusieurs mailles du filet et mit les voyageurs en grand danger, malgré les efforts de Joseph Montgolfier et du jeune Fontaine lui-même pour activer le feu de paille, afin de retarder la chute de la nacelle, sous laquelle coulait le Rhône. La multitude des spectateurs fut alors dans le plus vif effroi, et tous les bateaux voisins, se réunissant par un mouvement spontané, suivaient la marche du ballon, qui cependant parvint au confluent du Rhône et de la Saône (au-dessus de la pointe de terre) ; mais un coup de vent étant venu le chasser de cette heureuse position, le poussa sur les marais de Génissieux. La chute fut rude : Montgolfier eut trois dents cassées, le marquis de Laurencin un bras foulé, et les autres des contusions plus ou moins graves (1).

L'ascension avait duré un quart d'heure à peine, et la chute avait été occasionnée par une énorme déchirure de quinze mètres de long, à huit cents mètres de hauteur.

Les hardis aéronautes n'en furent pas moins accueillis avec transport et ramenés en triomphe à Lyon où, le soir au théâtre, le public les acclama avec un véritable délire.

Mais à Paris on fut plus sévère, et les malintentionnés s'en donnèrent à cœur joie. Le quatrain suivant fit fureur :

Vous venez de Lyon ? parlez-nous sans mystère :
Le globe est-il parti ? le fait est-il certain ?
— Je l'ai vu. — Dites-nous, allait-il bien grand train ?
— S'il allait !... Oh ! monsieur, il allait *ventre à terre* !

Lyon eut bientôt la gloire d'assister à l'ascension de la première femme aéronaute : le 24 juin 1784, Mme Thible, née Élisabeth Estrieux, s'éleva dans une montgolfière en présence du roi de Suède Gustave III. Elle s'éleva à 2 700 mètres et resta environ trois quarts d'heure en l'air.

Son exemple fut suivi l'année suivante par une jeune anglaise d'une grande beauté, mistress Sage qui, le 29 juin 1785, s'éleva près de Londres en compagnie de Lunardi et de M. Biggin (fig. 35).

C'est en Italie, à Milan, qu'eut lieu, le 25 février 1784, la quatrième ascension aérostatique. Elle fut exécutée par le chevalier Paul Andreani et les frères Gerli, architectes, qui construisirent une montgolfière de vingt mètres de diamètre. Les voyageurs restèrent deux heures en l'air et descendirent à la lisière d'un bois voisin de Milan.

Nous n'aurions garde de passer sous silence l'ascension que fit à peu près à cette époque le charmant auteur du *Voyage autour de ma chambre*.

L'expérience d'Annonay avait suscité à Chambéry, comme dans l'Europe entière,

(1) L'abbé FILHOL, *Histoire religieuse et civile d'Annonay*.

un vif sentiment d'admiration. Quelques jeunes gens, et à leur tête le chevalier de Chevelu, projetèrent d'ouvrir une souscription pour construire un ballon. Xavier de Maistre, alors volontaire au régiment de la marine sarde, et à peine âgé de vingt ans, était en permission à Chambéry. Il est un des premiers à adhérer au projet, et il se charge de rédiger le prospectus de *l'expérience aérostatique de Chambéry*.

Fig. 35. — Ascension de Lunardi, de M. Biggin et de Mme Sage.

Le ballon contiendra « 87 143 pieds cubes d'air raréfié et déplacera un poids de « 7625 livres d'air atmosphérique ». Il annonce le départ pour le 20 avril 1784 à l'enclos du Buisson-Rond.

Construit par des jeunes gens sans expérience, le ballon était trop lourd, et pour comble de malheur le feu en détruisit une partie. Sans se décourager, et malgré sarcasmes et railleries, Xavier de Maistre et ses compagnons réparèrent les avaries, allégèrent la galerie et, le 6 mai 1784, l'ascension eut lieu. Les voyageurs devaient être au nombre de trois : Xavier de Maistre, son ami le mathématicien Brun et le chevalier de Chevelu : mais le père de ce dernier s'opposa formellement au départ de son fils. Craignant pareille mésaventure, Xavier de Maistre garda le silence sur son projet de faire partie du voyage et parvint à se cacher au fond de la nacelle. A peine le ballon parti, il sort de sa cachette, prend le porte-voix, et crie de toutes ses forces : Honneur aux dames !

Le ballon atteignit une hauteur de près de 1 000 mètres.

Tandis que le ballon voyageait, raconte Xavier de Maistre, la mère de M. Brun, qui n'avait pas eu le courage d'assister au départ, aperçut son fils en l'air du milieu d'une place où elle passait par hasard. — Ah! mon Dieu! s'écria-t-elle, je ne verrai plus mon cher enfant! Elle ne le vit que trop tôt, car les provisions manquaient aux deux phaétons... On aurait pu augmenter considérablement la quantité de provisions.

Le volume des fagots trompa les yeux : c'est à peu près la seule faute qu'on ait commise, mais elle était considérable. Furieux de se voir forcés de toucher terre avec un ballon parfaitement sain, les voyageurs brûlèrent tout ce qu'ils pouvaient brûler. Ils avaient une quantité de boules de papier imbibé d'huile, beaucoup d'esprit de vin, des chiffons, un grand nombre d'éponges, deux corbeilles contenant le papier, deux seaux dont ils versèrent l'eau : tout fut jeté sur le foyer. Cependant le ballon ne put se soutenir en l'air au delà de vingt-cinq minutes, et il alla tomber à la tête des marais de Challes, à une demi-lieue en droite ligne de l'endroit du départ, mais après avoir éprouvé dans son cours deux ou trois déviations considérables... A l'instant où le ballon toucha terre, un carrosse conduit à toute bride s'empara des voyageurs, et fut bientôt suivi de tous les autres. On revint à Buisson-Rond : on fit monter les deux jeunes gens sur l'estrade, où ils furent présentés au public, fêtés, couronnés par Mme la comtesse de Cevin, par Mme la baronne de Montailleur, dont les charmants visages payèrent de la meilleure grâce la dette contractée par le *Prospectus* (1).

Un passage de l'*Expédition nocturne autour de ma chambre* (chap. IX) atteste que Xavier de Maistre s'occupa également du vol mécanique et qu'il construisit même un petit modèle d'oiseau artificiel.

... A peine eus-je ouvert un tiroir dans lequel j'espérais trouver du papier, que je le refermai, brusquement troublé par un des sentiments les plus désagréables que l'on puisse éprouver, celui de l'amour-propre humilié... Ce n'était cependant autre chose que les ressorts et la carcasse d'une colombe artificielle, qu'à l'exemple d'Archytas je m'étais proposé jadis de faire voler dans les airs. J'avais travaillé sans relâche à sa construction pendant plus de trois mois : le jour de l'essai venu, je la plaçai sur le bord d'une table, après avoir soigneusement fermé la porte, afin de tenir la découverte secrète et de causer une aimable surprise à mes amis. Un fil tenait le mécanisme immobile. Qui pourrait imaginer les palpitations de mon cœur et les angoisses de mon amour-propre lorsque j'approchai les ciseaux pour couper le lien fatal?... Zest!... le ressort de la colombe part et se développe avec bruit. Je lève les yeux pour la voir passer ; mais, après avoir fait quelques tours sur elle-même, elle tombe et va se cacher sous la table. Rosine (sa chienne) qui dormait là s'éloigne tristement. Rosine, qui ne vit jamais ni poule, ni pigeon, ni le plus petit oiseau sans les attaquer et les poursuivre, ne daigne pas même regarder ma colombe qui se débattait sur le plancher...

Rappelons encore, dans le cours de cette même année 1784, les ascensions de Bré-

(1) Lettre de S. à M. le comte de C. off(icier) dans la L(égion) des C(ampements) contenant une relation de l'expérience aérostatique de Chambéry. — Chez F. Pulhod, libraire relieur, rue Saint-Dominique (1784).

mond et Maret à Marseille ; de Rambaud à Aix ; de Darbelles, Desgrange et Chalfour à Bordeaux ; de l'abbé Carnus à Rodez, etc. ; à Nantes, enfin, où un magnifique aérostat à hydrogène, portant le nom glorieux de *Suffren* (fig. 36), fit plusieurs ascensions sous la direction de Coustard de Massy, du P. Mouchet, de l'Oratoire, et du marquis de Luynes.

FIG. 36. — Le *Suffren* à Nantes.

Le 23 juin 1784, Pilâtre de Rozier, accompagné du chimiste Proust, firent à Versailles, en présence de Louis XVI et du roi de Suède, une ascension mémorable au cours de laquelle ils parcoururent la plus grande distance qui ait été franchie dans une montgolfière : partis de Versailles dans le ballon *Marie-Antoinette*, ils descendirent à Chantilly, après avoir atteint près de 4 000 mètres de hauteur et avoir traversé des nuages de neige.

Cependant, quelque passionnantes que fussent ces ascensions, on ne se contentait déjà plus de monter simplement dans les airs ; on se lassait d'être ainsi le jouet des vents, et l'on voulait obtenir la direction.

Dès les premiers instants de l'aérostation, les Montgolfier s'étaient préoccupés de trouver le moyen de diriger leur machine au gré de ses voyageurs. Joseph mit donc son esprit d'invention à l'œuvre, mais son opinion fut bientôt que la direction absolue était une chimère.

« Je ne vois de moyen efficace de direction, a-t-il écrit à Étienne, que la connais- « sance des différents courants d'air dont il faudrait faire une étude ; il est rare qu'ils « ne varient point suivant les hauteurs. »

Il songea cependant à employer les plans inclinés, et imagina un aérostat très aplati maintenu dans un anneau elliptique, et que des cordages permettaient d'incliner dans le sens voulu. Il dépensa quarante mille francs en essais et ne réalisa qu'un modèle de petite dimension. Deux de ses frères, Jean-Pierre, son aîné, et Alexandre, chanoine d'Annonay, proposèrent pour la première fois la forme allongée, la forme poisson tant de fois essayée depuis.

Le physicien Charles se préoccupa également du problème de la direction, et nous trouvons dans la relation de son ascension cette phrase caractéristique : « Dès « ce moment je conçus peut-être un peu trop vite l'espérance de se diriger. Au « surplus ce ne sera que le fruit du tâtonnement, des observations et des expé- « riences les plus réitérées. »

En somme, l'idée de la direction hantait tous les esprits, et dès l'année 1783 commencent à éclore cette série de ballons dirigeables qui allaient bientôt devenir légion et qui, pour la presque totalité, ne sont que le fruit de l'ignorance et de l'incapacité. La plupart de ces projets nous sont parvenus grâce aux estampes, aux gravures de l'époque, que les auteurs répandaient à profusion.

Un Anglais, du nom de Martyn, publie ainsi une fort jolie gravure peinte, avec légende en anglais et en français, représentant un vaisseau aérien qui comprend un parachute, une voile principale, un foc et un gouvernail. C'est le premier de la série innombrable des ballons à voiles dont les auteurs montrent ainsi qu'ils n'ont jamais monté dans un aérostat, car ils auraient vu que, pour un ballon, il n'y a pas de vent, puisque, plongé entièrement dans l'air en mouvement, il participe à ce mouvement.

Le 23 janvier 1784, Tissandier de la Mothe, ancien « secrétaire des vaisseaux du Roy », adresse à l'Académie des sciences un projet d'aérostat à voiles dont la description est assez confuse. Il y est question de « six voiles en forme d'étoile de « la grandeur du globe et dont le mou- « vement à volonté en parcourant la « circonférence, horizontalement, suffi- « rait déjà pour le pousser à tous les « airs du vent ». Il y a encore une baguette ajustée à un mât et portant un soleil avec lequel « il serait très facile de « diriger le globe Montgolfier et de « tenir une route certaine à tous vents, « vent arrière, vent largue, virer vent « arrière même, vent devant et en général se servir du globe comme d'un vaisseau ».

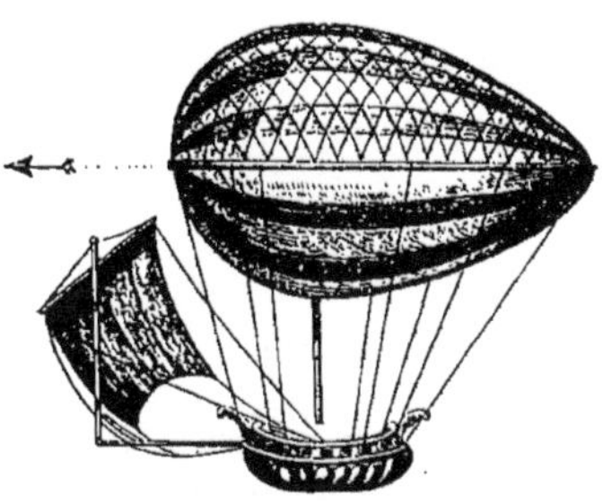

FIG. 37. — Ballon de Guyot (1784).

L'Académie, dans son rapport, avoua n'y rien comprendre et décida que « ce « mémoire ne méritait aucune approbation ».

Un certain M. Guyot publia un volume in-4° avec planches, intitulé : *Essai sur la construction des ballons aérostatiques et sur la manière de les diriger* (1), pour décrire un ballon ovoïde marchant le gros bout en avant, et muni d'une voile, naturellement (fig. 37).

C'est aussi la voile qui doit faire marcher l'appareil qu'un anonyme présente sous

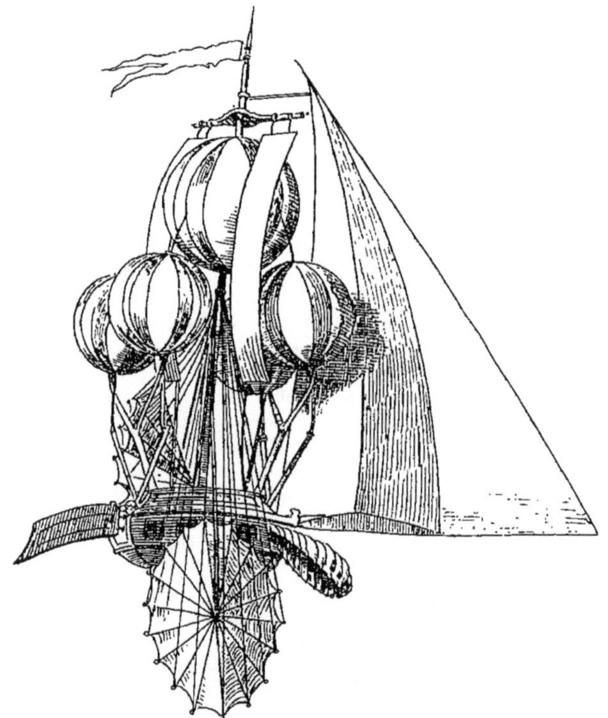

FIG. 38. — Le véritable navigateur aérien (anonyme, 1784).

le titre de : *Le véritable navigateur aérien*. Il se compose de cinq ballons (fig. 38) composés de trois enveloppes, taffetas, toile et peau (!), groupés autour d'un mât central qui sert aussi de support aux voiles.

Un projet, plus raisonnable parce qu'il indique la recherche d'un moteur autre que le vent, est celui du physicien Carra, qui présenta à l'Académie, le 14 janvier 1784, un mémoire sur la *Nautique aérienne*. L'appareil propulseur se compose de

(1) Collection Tissandier.

deux espèces de roues à aubes (fig. 39) en toile, dont la palette se replie dans le mouvement de retour. Ces roues, montées sur un même arbre, étaient mues par la main de l'aéronaute, moteur bien insuffisant, comme le démontrent les expériences que nous allons décrire.

Citons encore, parmi les projets de ballons dirigeables de cette époque, celui de l'architecte Masse, qui dotait son ballon, en guise de propulseurs, de gigantesques rames ayant la forme de pattes de cygne (fig. 40). Le moteur était toujours la force musculaire de l'homme.

En dehors de ces projets, qui n'eurent jamais de commencement d'exécution, un certain nombre de tentatives furent faites et, d'après leurs auteurs, suivies de succès partiels.

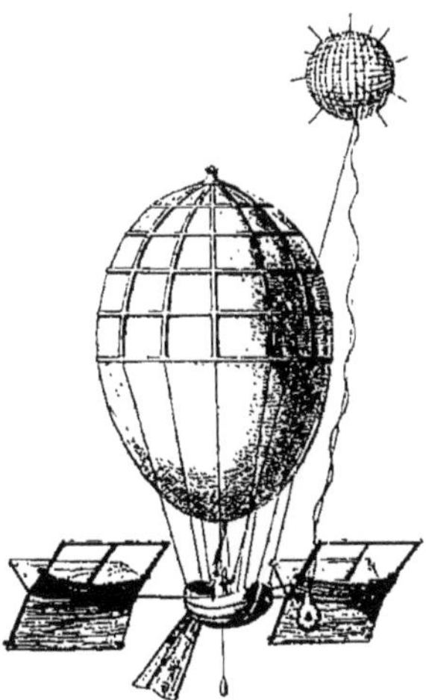

Fig. 39. — Ballon de Corra (1784).

Le premier aéronaute qui fit ainsi un essai de direction est le célèbre Blanchard, que nous avons vu poursuivre avec tant d'opiniâtreté la réalisation d'une machine volante plus lourde que l'air. Il s'empressa d'appliquer aux aérostats l'appareil qu'il avait conçu et fit, dans ces conditions, une première ascension au Champ de Mars, le 2 mars 1784. Le ballon qu'il montait était un ballon sphérique muni d'un parachute placé entre l'aérostat et la nacelle: celle-ci portait les ailes de la gondole volante au moyen desquelles Blanchard prétendait assurer sa direction. Un moine bénédictin, le physicien dom Pech, grand amateur de l'aérostation, devait l'accompagner dans cette ascension; mais le ballon, troué pendant les manœuvres, avait perdu du gaz et ne pouvait enlever les deux voyageurs; à peine se souleva-t-il de quelques mètres qu'aussitôt il retomba lourdement à terre. Dom Pech dut quitter la nacelle, et à peine eût-il débarqué qu'un exempt de police l'arrêta et le ramena à son couvent, d'où il était parti pour s'envoler avec Blanchard, malgré la défense expresse de son supérieur. Le pauvre moine fut, pour cette incartade, condamné à un an et un jour de cellule dans le couvent le plus éloigné de son ordre. La protection du cardinal de La Rochefoucault lui valut le pardon de ses supérieurs.

Cependant Blanchard avait rapidement réparé les avaries de son ballon.

Comme il allait repartir seul, un jeune et frénétique amateur veut à toute force prendre la place de dom Pech; il bouscule tout le monde, saute dans la nacelle et s'obstine à y rester malgré les efforts de Blanchard, qui engage une vraie lutte contre l'enragé : celui-ci tire son épée, brise le parachute et blesse au poignet l'infortuné aéronaute (fig. 41). Enfin la garde s'en mêle, le débarrasse d'un si dangereux compagnon, et Blanchard, enfin seul! parvient à s'envoler.

On a prétendu que ce jeune forcené n'était autre que Bonaparte, alors élève à l'École militaire de Brienne. Napoléon, dans ses mémoires, a pris la peine de démentir ce fait : le héros de l'aventure était un de ses camarades d'école, nommé Dupont de Chambont.

Blanchard s'éleva à près de quatre mille mètres de hauteur et vint s'abattre au bout d'une heure un quart, dans la plaine de Billancourt. Son ballon, trop gonflé au départ, avait failli crever en l'air.

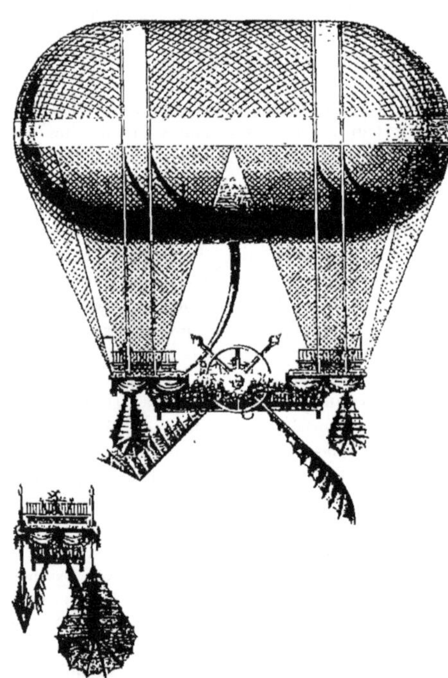

FIG. 40. — Ballon à rames de Masse (1785).

Il avait annoncé qu'il descendrait à la Villette; on voit qu'il atteignit au contraire le côté opposé de Paris. Il n'en prétendit pas moins avoir réussi différentes manœuvres de direction et avoir pu notamment louvoyer contre le vent, fait qui fut démenti par les physiciens qui avaient observé ses manœuvres. Aussi la raillerie et les épigrammes n'épargnèrent-elles pas le pauvre aéronaute, qui avait pris pour devise : *Sic itur ad astra*, et le quatrain suivant courut tout Paris :

Au champ de Mars il s'envola :
Au champ voisin, il resta là :
Beaucoup d'argent il ramassa.
Messieurs, *sic itur ad astra*.

On pourrait presque reconstituer toute l'histoire des premiers temps de l'aérostation avec les chansons de l'époque. C'est ainsi que nous trouvons le récit de cette ascension de Blanchard sur un éventail conservé dans la collection des estampes de la Bibliothèque nationale :

Blanchard allait, contre le vent,
Voler aux étoiles ;
Mais un militaire imprudent
Accourt en ce beau moment
Et casse les ailes
Au bateau volant, etc...

Une autre chanson, intitulée *La Physico-Mécanique*, célèbre le vaisseau volant de Blanchard :

Oh ! parbleu, voici du plaisant,
Vive la physique !
Le globe allait au gré du vent,
On le conduit maintenant
Par la mécanique
Du vaisseau volant, etc...

La mode était alors tellement à l'aérostation qu'on ne voyait partout que ballons et encore des ballons : les pièces de vers sur ce sujet sont innombrables, et nous aurions pu en citer quantité d'autres, celle-ci par exemple :

L'autre jour, quittant mon manoir,
Je fis rencontre sur le soir
D'un globiste de haut parage ;
Il s'en allait tout bonnement
Chercher un lit au firmament,
Et moi je lui dis bon voyage ! etc...

Les dessins, les estampes, les caricatures (fig. 42) sur les ballons s'éditent de tous côtés : l'ornementation s'en mêle, et l'on voit des meubles, des chaises, des pendules, des miroirs au ballon.

Fig. 41. — Dupont de Chambont perce de son épée le ballon de Blanchard.

Des faïences, des plats, des éventails (fig. 43), jusqu'à des boutons en porcelaine peinte retracent les ascensions de ces premières années. De magnifiques pièces, provenant des manufactures de Saint-Amand, de Nevers, de Strasbourg, de Lille, de Sinceny, d'Esmery-Hallon, de Desvres et de Hesdin, etc., ont été recueillies par de patients collectionneurs de documents aérostatiques. Parmi les collections particulièrement intéressantes nous citerons celles de MM. Nadar, Tissandier, Béreau, jardinier de la ville de Paris, Jules Lecocq de Saint-Quentin, etc. La plupart des épisodes que nous avons rapportés sont ainsi figurés sur ces faïences, qui constituent des documents aussi intéressants à consulter qu'agréables à voir, car quelques-unes ont une réelle valeur artistique.

Il n'y avait pas qu'à Paris que l'on se préoccupait de la direction des ballons, sans laquelle l'aérostation risquait de n'être qu'un amusement pour les fêtes publiques ; un savant physicien de province, Guyton de Morveau, avec l'appui moral et, ce qui est plus beau peut-être, avec l'appui financier de l'Académie de Dijon, fit construire un

Fig. 42. — Coiffures et vêtements *au ballon* (caricature).

magnifique aérostat à hydrogène, avec lequel il se livra à de nombreuses tentatives de direction en compagnie de l'abbé Bertrand et de Virly.

Fig. 43. — Éventail *au ballon*.
(Collection Tissandier.)

Guyton de Morveau a consigné les résultats de ses longs essais dans un volume in-8°, publié en 1785 sous le titre de *Description de l'aérostat de l'Académie de Dijon*.

L'appareil de direction imaginé par Guyton de Morveau consistait (fig. 44) en un cercle équatorial entourant complètement et en son milieu le ballon, qui était sphérique. Ce cercle portait deux grandes voiles rectangulaires tendues sur des châssis en bois et dont l'une, de sept pieds de haut sur onze de long, formait la proue du ballon, tandis que l'autre, d'une superficie de soixante-six pieds carrés formait le gouvernail. Sur le diamètre perpendiculaire à ces deux voiles, deux autres châssis, tendus de toiles d'une superficie de vingt-quatre pieds carrés, devaient battre l'air comme des ailes. Tous ces organes se manœuvraient au moyen de cordes et de poulies. Enfin, la nacelle portait elle-même deux petites rames.

Fig. 44. — Guyton de Morveau et l'aérostat de Dijon. (Expérience du 25 avril 1784.)

Guyton de Morveau prétend avoir obtenu quelques résultats satisfaisants par temps très calme, ce qui est fort possible malgré l'insuffisance notoire des moyens employés, car dans l'air absolument immobile, le moindre effort peut déplacer un ballon bien équilibré! Mais de là à la direction proprement dite, il y avait loin encore!

Pendant que ces essais se poursuivaient à Dijon, il n'était question à Paris que de la montgolfière dirigeable de l'abbé Miolan et de Janinet, dont la tentative allait se terminer par cet immense insuccès qui excita si longtemps la verve railleuse des Parisiens.

Miolan et Janinet avaient voulu expérimenter un système de propulsion dont l'idée première semble appartenir à Joseph de Montgolfier : la réaction sur l'air extérieur d'un courant d'air chaud sortant de la montgolfière par une ouverture latérale pratiquée dans la paroi du ballon. L'air chaud, l'air raréfié par le brasier placé au bas de l'aérostat servait ainsi à l'ascension et à la propulsion de la machine.

Les deux physiciens construisirent donc une immense montgolfière qui, d'après le *Journal de Paris*, ne mesurait pas moins de cent pieds de haut et quatre-vingt-quatre de diamètre au milieu. Un écran en forme de queue de poisson, placé sur la galerie inférieure, servait de gouvernail.

Le 11 juillet 1784, une foule immense se pressait au Luxembourg pour assister à l'expérience, mais au cours du gonflement, peut-être à cause du courant d'air créé par l'ouverture latérale, le feu prit soudain au ballon et le réduisit en cendres. La populace se rua sans pitié dans l'enceinte, mit tout le matériel en pièces et roua de coups les infortunés aéronautes, qui restèrent longtemps en butte aux railleries, aux caricatures et aux chansons.

On représenta l'abbé Miolan sous la forme d'un chat, et Janinet sous celle d'un âne, qu'une troupe de baudets entraînaient triomphalement à l'Académie de Montmartre.

Voici un spécimen des couplets qui coururent sur cette aventure :

Je me souviendrai du jour
Du globe du Luxembourg :
Que de monde il y avait
 Monsieur Janinet,
 Monsieur Janinet,
Que de monde il y avait,
Pour voir s'il s'envolerait !

Lassé d'avoir attendu,
Et de ne l'avoir point vu,
Chacun s'en allait disant :
 L'abbé Miolan !
 L'abbé Miolan !
Chacun s'en allait disant :
Qu'on nous rende notre argent !

Une autre chanson oppose à la déconvenue de Miolan et Janinet la gloire de Charles et Robert ; elle se termine ainsi :

Si donc messieurs les physiciens
Veulent faire des voyages aériens,
 Qu'ils imitent les Robert,
 Eh bien ?
Qui sont les rois des airs,
 Vous m'entendez bien !

La joie du public ne connut plus de bornes lorsqu'un faiseur d'anagrammes eût découvert que dans *l'abbé Miolan* il y avait *ballon abîmé* !

Quelques jours après cette lamentable expérience, le 15 juillet 1784, les frères Robert firent à Saint-Cloud, en compagnie du duc de Chartres, l'essai du premier ballon allongé qui ait été construit. Il s'appelait la *Caroline* et mesurait 18 mètres de long sur 12 de diamètre. Il était parfaitement équilibré grâce à un ballonnet à air placé à l'intérieur du grand ballon et qui devait permettre de monter et descendre sans perdre de gaz ni de lest. Ce ballonnet compensateur était dû à Meusnier, dont nous parlerons au chapitre suivant.

La nacelle était munie de rames et d'un gouvernail pour la direction de l'appareil.

A 8 heures, le duc de Chartres, accompagnant les deux frères Robert et Collin-Hullin leur beau-frère s'élevèrent en présence d'une foule de curieux accourus des environs. Trois minutes après le départ, l'aérostat disparaissait dans les airs et se trouvait pris dans une tourmente effroyable. Il ne s'agissait plus de se diriger, mais de se sauver : les rames et le gouvernail sont arrachés, et le ballonnet, détaché de ses liens pour être jeté également, vient par malheur obstruer complètement l'orifice inférieur. Le soleil échauffait le gaz du ballon qui, ne trouvant plus d'issue, gonflait l'enveloppe à la faire éclater. Déjà le baromètre accusait une hauteur de 4 800 mètres ! En face du danger qui les menaçait, le duc de Chartres saisit un drapeau, et, de la hampe, crève la partie inférieure du ballon, mais l'enveloppe se déchire sur une longueur de 3 mètres, et la chute est bientôt d'une rapidité effrayante ; elle se ralentit heureusement avant que le ballon n'ait touché terre, et le lest aidant, les quatre voyageurs sortent sains et saufs de cette périlleuse ascension qui n'avait duré que quelques minutes.

L'expérience n'ayant pas réussi, les aéronautes subirent le sort commun, et le duc de Chartres en particulier fut en butte aux plus violentes critiques, lui qui, en somme, avait fait preuve de courage et de sang-froid.

On dit qu'il avait ainsi rendu « les trois éléments témoins de la lâcheté qui lui était « naturelle ». On répéta, suivant le mot de Mme de Vergennes, que « apparemment « M. le duc de Chartres voulait se mettre au-dessus de ses affaires ».

Dans une satire contre lui se trouvent ces vers :

Comme il est fait, comme il se pâme !
On dirait qu'il va rendre l'âme !
— L'âme !... Oh ! qu'il n'est pas dans ce cas,
Peut-on rendre ce qu'on n'a pas ?

Une nouvelle expérience eut lieu à Paris le 19 septembre 1784, et le départ se fit du bassin des Tuileries : les cordes étaient tenues par le maréchal de Richelieu, le maréchal de Biron, le bailli de Suffren et le duc de Chaulnes.

Les voyageurs, les frères Robert et Collin-Hullin, partirent à onze heures cinquante et restèrent près de sept heures en l'air. Ils affirmèrent avoir réussi complètement leurs essais de direction et avoir obtenu une déviation de 22 degrés de la ligne du vent. Ils prétendirent même avoir réussi à parcourir une courbe fermée un peu avant l'atterrissage, en se servant de leurs rames.

« Nous rompîmes l'inertie de la machine, disent les frères Robert, et nous parcou-

« rûmes une ellipse dont le petit diamètre était d'environ mille toises. Outre le spectre « de notre machine sur le sol (son ombre), nous avions encore pour objet de com- « paraison les différentes pièces de terre, très distinctes les unes des autres, séparées « par des lignes droites (1). »

La descente eut lieu près d'Arras et, suivant Robert, les voyageurs purent éviter un moulin en se servant de leurs rames et du gouvernail.

Cette expérience est importante, non pas à cause des résultats obtenus qui sont évidemment exagérés, mais parce que pour la première fois un aérostat allongé s'était élevé dans les airs, muni d'un propulseur. C'était le germe des progrès qui seront réalisés un siècle plus tard.

Malgré l'enthousiasme qu'avait suscité l'invention des ballons, réalisant l'ascension dans les airs, tous les aviateurs n'avaient pas imité Blanchard, si franchement rallié au plus léger que l'air.

Le plus lourd que l'air avait encore ses partisans, et, chose curieuse, cette année 1784 vit le premier appareil purement mécanique s'élever par sa seule puissance.

C'est en effet le 28 avril 1784 que Launoy et Bienvenu présentèrent à l'Académie des sciences et firent fonctionner devant elle le premier hélicoptère qui ait volé.

Dans le n° du 19 avril, le *Journal de Paris* publiait la lettre suivante des deux inventeurs :

Aux Auteurs du journal.

Messieurs.

Nous ignorons quels sont les moyens dont M. Blanchard prétendait se servir pour s'élever en l'air sans le secours d'un aérostat, ni ceux qu'il a adoptés pour sa direction ; nous présumons qu'il a reconnu l'insuffisance des premiers, puisqu'il y a renoncé ; à l'égard des seconds, l'expérience n'ayant pu avoir lieu, on ne peut savoir ce qu'il en aurait obtenu. Voulez-vous bien nous permettre de prévenir le public, par la voie de votre journal, que nous croyons être parvenus à pouvoir élever en l'air et diriger dans l'atmosphère une machine par les seuls moyens mécaniques, sans le secours de la physique.

Notre machine, en petit, nous a parfaitement réussi. Cette tentative heureuse nous a déterminés à en exécuter une un peu plus grande, qui puisse mettre le public à portée de juger de la réalité de nos moyens. Nous nous proposons, d'après elle, de faire l'expérience en grand et de monter nous-mêmes dans le vaisseau. Nous n'avons, dans ce moment, d'autre but que de prendre date et nous attendons de votre goût pour les arts que vous ne nous refusiez pas cette faveur.

Nous avons l'honneur d'être, etc...

Signé: Bienvenu, machiniste, physicien, rue de Rohan, 18 ;
Launoy, naturaliste, rue Plâtrière, au bureau des eaux minérales.

Le *Journal de Paris* faisait suivre cette lettre d'une note dans laquelle les rédacteurs de ce journal disaient avoir été témoins eux-mêmes d'une expérience.

Nous ne pouvons dissimuler, disent-ils, que nous avons été singulièrement frappés de la simplicité du moyen qu'ils ont adopté, et nous attestons que cet essai, dans son état d'imperfection, s'est échappé plusieurs fois de nos mains et a été frapper le plafond.

Quelques jours après, Launoy et Bienvenu présentaient leur appareil à l'Académie

(1) Mémoire sur les expériences aérostatiques faites par MM. Robert frères, in-4, Paris, 1784.

des sciences, qui nomma une commission composée de MM. Cousin, Jeaurat, Meusnier et Legendre, et qui déposa le rapport suivant, daté du 1er mai 1784.

Nous, commissaires nommés par l'Académie, avons examiné une machine destinée à s'élever dans l'air ou à s'y mouvoir suivant une direction quelconque par un procédé purement mécanique et sans aucune impulsion initiale.

Cette machine (fig. 45), imaginée par MM. Launoy et Bienvenu, est une espèce d'arc que l'on bande en faisant faire à sa corde quelques révolutions autour de la flèche, qui est en même temps l'axe de la machine. La partie supérieure de cet axe porte deux ailes inclinées en sens contraire et qui se meuvent rapidement lorsqu'après avoir bandé l'arc, on le retient vers son milieu. La partie inférieure de la machine est garnie de deux ailes semblables qui se meuvent en même temps que l'arc et qui tournent en sens contraire des ailes supérieures.

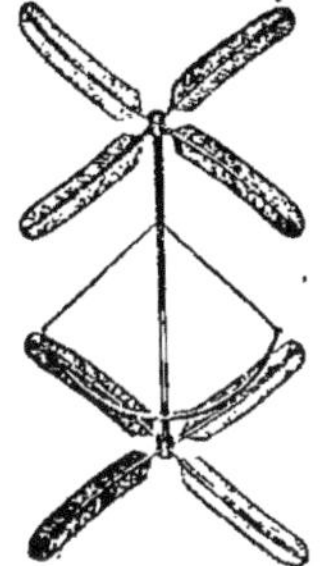
Fig. 45. — Le premier hélicoptère construit en 1784 par Launoy et Bienvenu

L'effet de cette machine est très simple; lorsqu'après avoir bandé le ressort et mis l'axe dans la situation verticale, par exemple, on a abandonné la machine à elle-même, l'action du ressort fait tourner rapidement les deux ailes supérieures dans un sens, et les deux ailes inférieures en sens contraire. Ces ailes étant disposées de manière que les percussions horizontales de l'air se détruisent et que les percussions verticales conspirent à élever le moteur, elle s'élève en effet, et retombe ensuite par son propre poids.

Tel a été le succès du petit modèle, du poids de trois onces, que MM. Launoy et Bienvenu ont soumis au jugement de l'Académie. Nous ne doutons pas qu'en mettant plus de précision dans l'exécution de cette machine, on ne parvienne facilement à en construire de plus grandes, et à les élever plus haut et plus longtemps; mais les limites en ce genre ne peuvent être que très étroites. Quoi qu'il en soit, ce moyen mécanique par lequel un corps semble s'élever de soi-même nous a paru simple et ingénieux.

Ainsi, au mois d'avril 1784, deux Français, Launoy et Bienvenu, ont réalisé le premier appareil d'aviation, plus lourd que l'air, s'élevant dans l'atmosphère en emportant son moteur et sans aucune impulsion préalable, réalisant ainsi ce que n'avaient fait qu'entrevoir Léonard de Vinci et Paucton.

Fig. 46. — Machine volante de Gérard (1784).

Mais cette invention tout à fait remarquable passa presque inaperçue: tous les esprits étaient tournés vers les ballons, et l'hélicoptère fut à peine remarqué; aussi, lorsque douze ans plus tard, sir Georges Cayley construisit à son tour un hélicoptère à arc, absolument analogue à celui de Launoy et Bienvenu, les Anglais proclamèrent que l'invention en appartenait à leur compatriote.

En 1870, Alphonse Pénaud, dont nous aurons à raconter les remarquables travaux, perfectionna beaucoup cet hélicoptère en employant comme moteur le caoutchouc tordu.

Citons encore, parmi les fidèles du plus lourd que l'air en 1784, Gérard, qui publia l'*Essai sur l'art du vol aérien*, où il donne le dessin d'une machine volante munie de grandes ailes (fig. 46), mais sans indiquer le mécanisme ni surtout le moteur qu'il comptait employer, et C.-F. Meerwein, architecte du prince de Galles, qui fit paraître l'*Art de voler à la manière des oiseaux*, in-8° de 48 pages avec deux planches hors texte où il donne le dessin d'un grand appareil de planement (fig. 47) formé de deux grandes ailes qu'un homme, fixé au milieu à l'aide de courroies, aurait fait manœuvrer avec les bras.

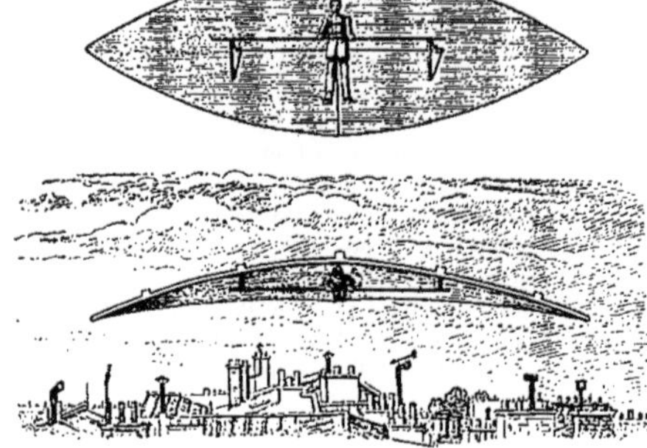

FIG. 47. — Appareil de Meerwein.

On voit que malgré tout, le succès des ballons n'avait pas entièrement étouffé les projets d'aviation.

CHAPITRE X

DE MEUSNIER A SCOTT

Les travaux du général Meusnier. — Un projet grandiose. — La voie tracée. — Rapport de Brisson à l'Académie. — L'aéro-montgolfière de Pilâtre de Rozier. — La première traversée de la Manche en ballon. — Blanchard et Jeffries. — Le don Quichotte de la Manche. — La catastrophe du 15 juin 1785 : mort de Pilâtre de Rozier et de Romain. — Le Dr Potain. — Les expériences d'Alban et Vallet à Javel. — Testu-Brissy et son cheval. — Les bonshommes en baudruche. — Le ballon planeur de Scott.

Nous avons vu au chapitre précédent que les frères Robert avaient exécuté la première ascension avec un aérostat allongé muni d'un ballonnet à air. Ils ne faisaient en cela que mettre en pratique les idées émises et exposées dans un mémoire à l'Académie des sciences par l'un de ses membres les plus illustres, Meusnier, alors lieutenant de génie et qui devint plus tard général au corps du génie militaire. On sait qu'il fut tué en 1793 à Mayence par un boulet prussien, et que le roi de Prusse, pour honorer ce grand homme que la France venait de perdre, avait fait cesser le feu pendant ses funérailles.

Dès les premières expériences qui démontrèrent la possibilité pour l'homme de s'élever dans les airs (1), le génie de Meusnier s'enflamma d'enthousiasme pour la grande découverte. On peut dire qu'il y pensa sans cesse, et que les problèmes que soulèvent l'aérostation et la navigation aérienne l'occupèrent jusqu'à la fin de sa vie...

Il étudia non seulement les formes générales les plus avantageuses à donner au navire aérien et à sa nacelle, ainsi que les dispositions qui devaient assurer la rigidité de la suspension de celle-ci et le minimum de fatigue pour l'enveloppe du ballon qui la supporte, mais encore les moyens pour obtenir le gonflement constant de l'aérostat et ses mouvements suivant la verticale, sans perte de gaz ni de lest. Il examina encore avec le plus grand soin les questions qui se rattachent à la pression des gaz sur leurs enveloppes et imagina une machine pour mesurer la résistance de celles-ci suivant les matières qui les forment. Il aborda enfin l'étude des moyens de locomotion du navire aérien et en donna une solution qui est restée la base de tous les travaux ultérieurs.

Toutes ces études furent résumées en quelque sorte dans un projet grandiose de machine aérostatique avec laquelle Meusnier voulait exécuter un voyage qui serait resté célèbre.

Meusnier, nous dit Monge, conçut le dessein d'entreprendre un grand voyage pour lequel il emploierait les différentes directions du vent et les petites déviations que pourraient lui procurer les rames.

Il voulait faire le tour de la terre au moyen d'un aérostat capable de porter vingt-quatre hommes d'équipage et six hommes d'état-major. Cet aérostat devait être composé de deux ballons oblongs contenus l'un dans l'autre.

Le ballon intérieur aurait renfermé de l'hydrogène et l'intervalle aurait contenu de l'air atmosphérique. De grands soufflets manœuvrés par l'équipage auraient introduit l'air atmosphérique pour augmenter le poids et faire descendre vers la terre, lorsqu'on aurait voulu jeter l'ancre. Des rames, en forme d'hélice et mises en rotation par l'équipage, auraient donné à la machine un petit mouvement perpendiculaire à la direction du vent et capable de faire gagner des vents favorables.

Le cas de chute en mer était prévu et les précautions nécessaires étaient prises.

Il paraît que le projet fut soumis à Louis XVI, qui l'admira. Mais la réalisation demandait une dépense si considérable qu'elle fut abandonnée.

Dans ce beau travail, on remarque surtout comme dispositions qui sont restées acquises à la science : la forme oblongue donnée à l'aérostat (fig. 48), la création de cette capacité intérieure destinée à contenir de l'air atmosphérique et dont on tire aujourd'hui si bon parti pour assurer la constance des formes du ballon, enfin l'emploi de l'hélice réalisée par des rames tournantes.

Aussi peut-on dire que les principes fondamentaux qui doivent présider à la construction des machines aérostatiques destinées à se mouvoir dans l'atmosphère ont été posés par Meusnier...

En résumé, on peut dire que, si les frères Montgolfier sont les glorieux initiateurs de l'aéronautique, Meusnier en est le législateur.

Dans le projet de Meusnier, l'enveloppe devant renfermer l'hydrogène devait être très légère et imperméable à ce gaz : c'était l'*enveloppe imperméable*. La seconde, dite *enveloppe de force*, eût été de toile grossière et très solide, fortifiée par un réseau de cordes, et imperméable seulement à l'air comprimé. C'est entre ces deux enveloppes que l'air comprimé jouait le rôle de lest et assurait en même temps la rigidité de formes de tout le ballon.

Toutes ces idées sont contenues dans huit documents dont les copies seules (car les originaux ont disparu) sont conservées au Ministère de la Guerre et à l'Établissement d'aérostation militaire de Chalais-Meudon.

(1) Discours prononcé par M. Janssen, président de l'Académie des sciences, à l'inauguration à Tours du monument du général Meusnier, le 29 juillet 1888.

Ces huit documents sont les suivants :

1° Précis des travaux faits à l'Académie des sciences pour la perfection des machines aérostatiques. Ce mémoire fut lu à l'Académie le 13 novembre 1784 :

2° État du poids des différentes parties d'un aérostat pouvant porter trente hommes pendant soixante jours :

3° État général des dépenses à faire pour la construction de cette machine ;

4° Calcul de sa stabilité et des moments d'inertie de toutes ses parties ;

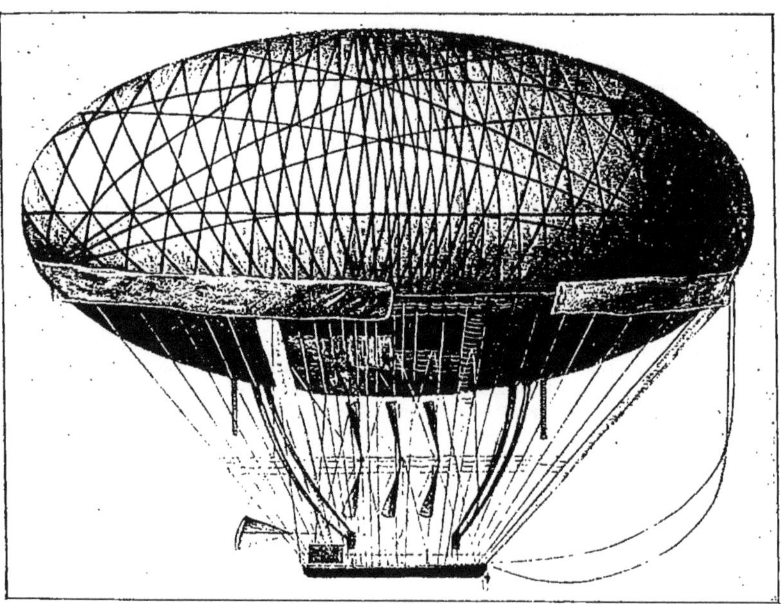

FIG. 48. — Projet de ballon du général Meusnier.

5°, 6° et 7°. Mémoires analogues aux trois précédents pour une machine susceptible de porter six hommes seulement :

8° Atlas relatif à la machine destinée à porter trente hommes.

Cet atlas contient seize planches de dessins relatives au projet du grand ballon et huit tableaux donnant les coefficients de résistance de diverses substances propres à entrer dans sa construction.

Une reproduction photographique en fut présentée en 1886 à l'Académie des sciences par le colonel Perrier (1).

(1) Voir *l'Aéronaute* d'octobre 1886.

L'histoire de ces documents est curieuse à rappeler : ils étaient restés à Cherbourg jusqu'à la mort du général Meusnier, au mois de juin 1793. C'est là que Monge les retrouva peu après ; il les déposa aux archives du Comité de salut public, le 7 brumaire an III. Un décret du 4 pluviôse de la même année ordonna qu'une copie en serait faite et envoyée à l'École aérostatique de Meudon et les originaux déposés à la Bibliothèque Nationale.

Le 4 thermidor an IV, le Directoire, estimant qu'il y avait intérêt à conserver secrets ces documents, les fit retirer de la Bibliothèque Nationale et placer dans ses archives. Les originaux furent encore remis, le 8 brumaire an VIII, à Prieur, ancien représentant du peuple, sous-directeur du génie à Paris : depuis cette époque on ne sait ce qu'ils sont devenus.

Deux copies avaient été faites au Dépôt des Fortifications : l'une resta au Ministère de la Guerre, et l'autre fut envoyée le 26 fructidor an VII à l'École du génie de Metz, où elle resta jusqu'en 1870. Sauvés des mains des Prussiens par le colonel Goulier, ces documents furent déposés à l'École d'application de Fontainebleau. De là, ils furent placés au Dépôt des Fortifications, qui eut ainsi deux copies de l'atlas de Meusnier. Celle qui venait de Metz fut envoyée en 1884 à l'Établissement de Chalais-Meudon, où elle est restée.

Les autres documents sont restés au Ministère de la Guerre, à la bibliothèque du génie, où malheureusement ils sont inaccessibles au public.

Dès 1784, le général Meusnier, complétant l'œuvre des Montgolfier, avait donc trouvé les trois conditions essentielles de la dirigeabilité : la forme allongée du ballon, le ballonnet compensateur gonflé d'air, et l'emploi d'un propulseur hélicoïdal. La voie était scientifiquement tracée, et c'est en la suivant que les savants aéronautes modernes ont donné la solution du problème, solution encore incomplète, mais déjà fort avancée.

Malheureusement, comme nous le verrons par la suite, la plupart des projets ou des tentatives de direction des ballons, conçus ou exécutés par des gens inexpérimentés et complètement étrangers aux sciences, n'offrent pas la moindre valeur pratique, et il est à remarquer que ceux-là seuls qui ont marché dans la voie indiquée par les travaux du général Meusnier ont obtenu des résultats de plus en plus encourageants. Il était donc de toute justice de mettre en relief les travaux de ce savant illustre autant que modeste.

Les idées de Meusnier furent encore exposées à l'Académie par Brisson, qui, le 24 janvier 1784, donna lecture d'un mémoire sur la *direction des aérostats*, dans lequel il préconise pour le ballon la forme cylindrique, la longueur étant de cinq ou six fois le diamètre, et les extrémités étant coniques. Il indique la nécessité d'employer une force motrice pour vaincre celle du vent. « Mais, ajoute-t-il, où trouverons-nous cette force motrice ?... J'avoue que je commence à en désespérer ». Il indique alors la solution consistant à chercher à différentes altitudes un vent de direction favorable, et mentionne, pour y parvenir, le procédé de Meusnier, de la poche à air atmosphérique permettant de monter et descendre sans perdre ni gaz ni lest.

On voit d'après ce qui précède que l'expérience des frères Robert fut inspirée par les projets de Meusnier, auquel ils empruntèrent la forme de leur ballon et le ballonnet compensateur.

La conclusion du rapport de Brisson, recommandant l'utilisation des courants d'air variables suivant l'altitude, avait donné à réfléchir à l'ardent Pilâtre de Rozier, qui rêvait de conquérir une gloire nouvelle. Dès les premiers jours du mois de septembre 1784, il conçut le projet de franchir la Manche de France en Angleterre en cherchant un vent favorable : mais au lieu de suivre le procédé indiqué par Meusnier pour chercher ce vent, il imagina d'associer le ballon à gaz et le ballon à air chaud, en plaçant le premier au-dessus du second. Ce dernier devait permettre de monter et de descendre, en réglant le feu, sans avoir à perdre le gaz du premier ballon. Selon le mot de Charles, c'était mettre un réchaud sous un baril de poudre.

Mais Pilâtre n'en était pas à une imprudence près. Il avait toujours montré une audace et une témérité incroyables, et les entreprises les plus hasardeuses étaient celles qui le tentaient le plus.

Né à Metz en 1756, on l'avait destiné à la chirurgie : son manque de dispositions pour cette profession, qui était alors si peu scientifique, lui fit abandonner les salles des hôpitaux pour le laboratoire d'un pharmacien où il prit le goût des sciences physiques. Bientôt après, il vint chercher fortune à Paris, où il débuta comme préparateur dans une pharmacie. Il ne tarda pas à sortir de sa médiocrité : il ouvrit des cours publics de physique ; ses expériences sur l'électricité lui attirèrent une certaine notoriété, et il obtint la place d'intendant du cabinet du comte de Provence.

Les expériences les plus dangereuses avaient le don de le tenter ; cent fois il faillit être foudroyé en répétant les expériences de Franklin et de Romas sur l'électricité atmosphérique. Dans des recherches sur les gaz délétères, il s'exposa maintes fois à être asphyxié. On raconte qu'un jour, voulant se rendre compte de la force d'explosion d'un mélange d'air et d'hydrogène, il en emplit sa bouche et alluma le dangereux mélange dont l'explosion lui fit sauter les deux joues.

Tel était l'homme qui le premier osa s'embarquer dans une montgolfière, et l'on comprend que le danger d'associer un ballon à gaz à un ballon à air chaud n'était pas pour le faire reculer.

Tout plein de son projet, il vint s'établir à Boulogne, où il fit connaissance d'un habitant de cette ville, Pierre-Ange Romain, ou Romain l'aîné, ancien procureur au bailliage de Rouen. Un traité d'association fut conclu entre Pilâtre de Rozier et Romain le 17 septembre 1784 pour la construction de la machine destinée à franchir la Manche. Pilâtre de Rozier, qui avait obtenu pour son projet des subsides du ministre Calonne, s'engageait par ce traité à payer à Romain, pour la construction de l'*aéro-montgolfière* (fig. 49), la somme de 7 400 livres, mais, dit-il, sous les conditions suivantes :

1° Que nous ne serons que deux dans ce voyage ; 2° que la montgolfière sera construite d'après la forme et les dimensions dont je serai convenu par écrit ; 3° qu'elle sera remplie de gaz inflammable pendant plusieurs jours, afin que je puisse juger si la rupture d'équilibre et les enveloppes sont suffisantes pour conserver le gaz, de manière à tenter cette expérience sans danger ; 4° que le lieu de l'expérience sera déterminé à ma volonté ; 5° enfin je m'oblige de payer cette somme de sept mille quatre cents livres avant notre départ qui sera fixé au plus tard à la fin d'octobre prochain ; ce qui se fera gratuitement pour le public.

La machine fut construite à Paris et transportée à Boulogne au mois de décembre

Fig. 49. — L'aéro-montgolfière de Pilâtre de Rozier et Romain.

1784. Elle était magnifiquement ornée, et sur la toile étaient peints ces deux vers en l'honneur du ministre qui avait fait les fonds de l'expérience :

Calonne, des Français soutenant l'industrie,
Inspire les talents, les arts et le génie.

L'ascension, qui devait avoir lieu le 1er janvier, ne put être exécutée à cause de la

FIG. 50. — Portrait de Blanchard.

direction dans laquelle soufflait le vent, et ce contretemps enleva à Pilâtre la gloire qu'il poursuivait.

En effet, le 7 janvier 1785, Blanchard, plus heureux que son rival, franchissait la Manche en ballon.

Blanchard (fig. 50) avait été froissé des railleries provoquées à Paris, puis à Rouen, par ses tentatives de direction : il était passé en Angleterre faire une série d'ascensions, et, voulant établir par un coup d'éclat l'excellence de son appareil de direction, il annonça dans les journaux anglais qu'il traverserait la Manche de Douvres à Calais. Le Dr américain Jeffries (fig. 51) s'offrit pour l'accompagner. Le vent qui empêchait Pilâtre de Rozier d'exécuter son programme était au contraire favorable aux desseins de Blanchard. Aussi celui-ci, profitant des circonstances propices, s'éleva-t-il le 7 janvier des environs de Douvres à une heure après midi (fig. 52).

Fig. 51. — Portrait du Dr Jeffries.

Le vent qui soufflait du Nord-Nord-Ouest emporta le ballon au-dessus des flots, mais bientôt les dangers commencèrent : le ballon se dégonflait rapidement, les aéronautes ne pouvaient se soutenir qu'en jetant continuellement du lest. Ils étaient à peine à moitié du parcours que déjà le lest manquait, et le ballon tombait toujours. Tous les ustensiles, les approvisionnements, les rames absolument inutiles, puis les ancres, les instruments, les vêtements mêmes sont successivement jetés à la mer, et le ballon, déjà en vue des côtes de France, descendait, descendait toujours. Le Dr Jeffries offrit alors courageusement à son compagnon de se jeter à la mer pour le sauver : mais Blanchard repoussa cette proposition, et forma le projet de couper les cordes qui retenaient la nacelle et de se cramponner aux mailles du filet pour achever la traversée. Déjà ils se préparaient à employer ce moyen extrême, quand le mouvement de descente s'arrêta de lui-même. Le ballon remonta un peu et en même temps le vent fraîchit. Les deux voyageurs étaient sauvés! A trois heures, ils passaient au-dessus de Calais et venaient atterrir un moment après dans la forêt de Guines.

Le succès de cette entreprise valut à Blanchard un surcroît de popularité et toutes sortes d'honneurs : la Ville de Calais lui décerna le titre de *citoyen de Calais* ; les lettres qui lui accordaient ce titre lui furent remises dans une boîte en or par le maire entouré des corps constitués. En outre, la municipalité lui acheta, moyennant trois mille francs et une pension de six cents francs, le ballon qui avait servi à ce voyage et qui fut déposé dans la principale église de Calais.

Enfin une colonne commémorative fut érigée dans la forêt de Guines à l'endroit où l'aérostat avait pris terre. Elle porte cette inscription :

Sous le règne de Louis XVI
MDCCLXXXV
Jean-Pierre Blanchard, des Andelys de Normandie
Accompagné de Gefferies, Anglais,
Partit du château de Douvres
Dans un aérostat,
Le sept janvier à une heure un quart ;
Traversa le premier les airs
Au-dessus du Pas-de-Calais,
Et descendit à trois heures trois quarts
Dans le lieu même où les habitants de Guines
Ont élevé cette colonne
A la gloire des deux voyageurs.

Le succès de Blanchard ne fut pas moins vif à Paris, où Louis XVI le reçut en audience et lui accorda une pension de douze cents livres. La reine mit pour lui sur une carte et lui abandonna le gain, qui fut considérable. De nombreuses estampes, gravures, faïences, etc. célébrèrent ce voyage ; au bas d'une gravure représentant le moment où le ballon arrive au-dessus des côtes de France, se lisent ces vers :

Le pêcheur qui sur l'eau tenait son bras tendu,
Laisse tomber sa ligne, il reste confondu.
Les yeux fixés au ciel, courbé sur sa charrue,
Le laboureur les voit et les suit dans la nue ;
Le timide berger les croit des immortels,
Et dans son cœur troublé leur dresse des autels.

Ce n'est peut-être pas de la haute poésie, mais l'intention était bonne, et le concert de louanges qui s'élevait de toutes parts n'était peut-être pas inutile pour empêcher Blanchard de trop sentir la piqûre des jaloux et des envieux qui lui décernèrent à cette occasion le titre de *Don Quichotte de la Manche*.

Pilâtre de Rozier, cependant, désespéré de s'être laissé devancer, accourut à Paris chez son protecteur Calonne, qui le reçut fort mal.

« Nous n'avons pas, lui dit-il, dépensé cent mille francs pour vous faire voyager avec l'aérostat sur la côte. Il faut utiliser la machine et passer le détroit. »

Pilâtre retourna donc à Boulogne décidé à tenter l'entreprise coûte que coûte, mais les mois succédèrent aux mois sans qu'un vent favorable lui permît de partir. Plusieurs fois l'occasion tant attendue sembla se présenter : mais au milieu des préparatifs le vent changeait et il fallait y renoncer. Toutes ces tentatives fatiguèrent le ballon, qu'il fallut réparer à plusieurs reprises. Des embarras d'argent vinrent encore rendre la situation plus pénible pour les deux associés, à tel point que lorsqu'ils partirent pour le voyage qui devait leur coûter la vie, ils étaient cités pour le lendemain devant la sénéchaussée de Boulogne, en paiement d'un mémoire de 383 livres 14 sous qu'ils devaient depuis trois mois.

Dans les archives de la Seine-Inférieure nous avons trouvé également la trace d'un mémoire de 1860 livres tournois dont un fabricant d'acide vitriolique de Deville réclamait le paiement à Pilâtre de Rozier.

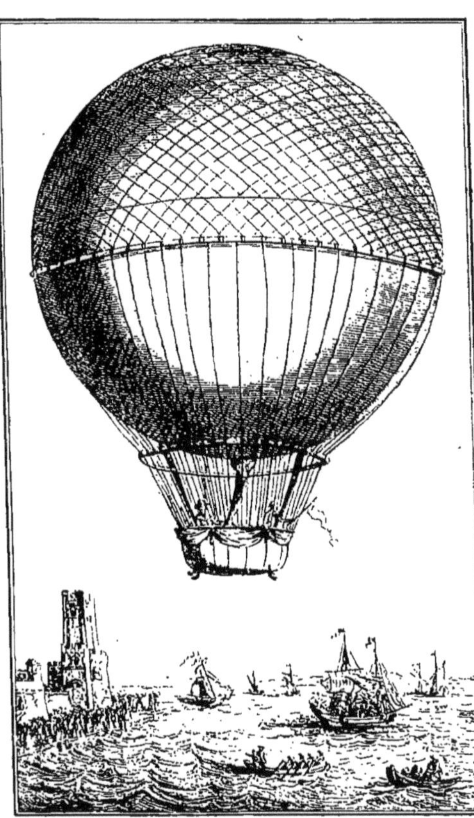

FIG. 52. — Départ de Blanchard et Jeffries.

Enfin, de toutes parts circulaient contre les deux aéronautes les chansons, les épigrammes et les brocarts les plus malveillants. La situation était donc extrêmement tendue ; aussi, sans différer plus longtemps, bien que le vent ne fût pas encore franchement favorable, le départ fut-il décidé pour le 15 juin. Les préparatifs commencèrent la veille. Le marquis de Maisonfort offrit deux cents louis pour être du voyage, mais Pilâtre refusa : « Je ne puis vous emmener, dit-il, car nous ne sommes sûrs ni du vent, ni de la machine : et nous ne voulons exposer que nous-mêmes. »

A 7 heures 7 minutes, écrit M. de Maisonfort au *Journal de Paris*, tout se trouva prêt, la galerie attachée, chargée de combustibles, de provisions et des deux infortunés aéronautes, M. Pilâtre de Rozier et M. Romain. La rupture d'équilibre fut de 30 livres, et l'aéro-montgolfière s'éleva majestueusement, faisant avec la terre un angle de 60 degrés. La joie et la sécurité étaient peintes sur le visage des voyageurs aériens, tandis qu'une inquiétude sombre paraissait agiter les spectateurs : tout le monde était étonné et personne n'était satisfait.

A deux cents pieds de hauteur, le vent du Sud-Est parut diriger la machine, et bientôt elle se trouva sur la mer. Différents courants, tels que le vent d'Est, l'agitèrent alors pendant trois minutes, ce qui m'effraya beaucoup. Le vent du Sud-Ouest devint enfin dominant, et le globe, en s'éloignant de nous par une diagonale, regagna la côte de France.

Dans ce moment, sans doute, M. Pilâtre de Rozier, ainsi que nous en étions convenus ensemble, voulant descendre et chercher un courant plus favorable, se sera déterminé à tirer la soupape qui, mal raccommodée et trop dure, aura exigé auparavant et des efforts et peut-être une secousse violente.

C'est alors que le taffetas a crevé, que la soupape est retombée dans l'intérieur du globe, et que l'air inflammable tendant à s'élever et voulant sortir par l'issue de dix pouces qui venait de se faire, l'enveloppe, pourrie par des essais inutiles et par un laps de temps considérable, a cédé et s'est seulement déchirée sans éclater, car un paysan, éloigné de cent pas, n'a entendu, m'a-t-il dit, qu'un bruit très léger, tandis qu'une détonation totale en devait produire un très fort.

J'ai vu, Monsieur, l'enveloppe de l'aérostat retomber sur la montgolfière. La machine entière m'a paru alors éprouver deux ou trois secousses ; et la chute s'est déterminée de la manière la plus violente et la plus rapide. Les deux malheureux voyageurs sont tombés et ont été fracassés dans la galerie et aux mêmes places qu'ils occupaient à leur départ.

Pilâtre de Rozier a été tué sur le coup, mais son infortuné compagnon a encore survécu dix minutes à cette chute affreuse ; il n'a pas pu parler et n'a donné que de très légers signes de connaissance.

J'ai vu, j'ai examiné la montgolfière, qui n'avait rien éprouvé de fâcheux, n'étant ni brûlée ni même déchirée, le réchaud, encore au centre de la galerie, s'est trouvé fermé au moment de la chute. La machine pouvait être à environ mille sept cents pieds en l'air : elle est tombée à cinq quarts de lieue de Boulogne et à trois cents pas des bords de la mer, vis-à-vis la tour de Crey.

Cette catastrophe épouvantable eut un douloureux retentissement dans la France entière et fit taire les méchants propos qui couraient sur Pilâtre de Rozier. L'élégie fit place à la satire, et pour perpétuer le souvenir de ces malheureux, deux monuments furent élevés, l'un sur le lieu même de la chute, peu éloigné, par une cruelle ironie du sort, du monument élevé à la gloire de Blanchard, l'autre dans le cimetière de Wimille, lieu de leur sépulture. Une autre inscription qui existe dans l'église de Wimille apprend que les amis de Romain et de Pilâtre de Rozier ont fondé à perpétuité une messe anniversaire dans cette église.

Ajoutons qu'un certain M. de Bièvre trouva, dans cette triste occasion, moyen de faire de l'esprit et s'écria, en apprenant la catastrophe du 15 juin :

> Je rends grâces aux dieux de n'être point Romain,
> Pour conserver encor quelque chose d'humain !

Deux jours après ces terribles événements, un autre aéronaute tentait une ascension maritime en Irlande. Le Dr Potain (fig. 53) s'élevait en effet de Dublin, le 17 juin 1785, dans l'intention de traverser le canal Saint-Georges, bras de mer qui sépare l'Irlande de l'Angleterre. Il avait muni son aérostat d'ailes analogues à celles de Blanchard, qui ne lui furent d'ailleurs d'aucune utilité. Il s'avança en effet assez loin au-dessus de la mer, mais des vents contraires le rejetèrent en Irlande, et il ne put réaliser son projet.

Le docteur Potain dut être extrêmement mortifié, dit une relation contemporaine, de se voir frustré de l'espérance qu'il avait eue que son ballon se dirigerait vers la mer, ayant toujours témoigné la plus grande envie qu'il prît cette direction, pour avoir la gloire de passer le canal et de descendre en Angleterre.

L'une des tentatives les plus sérieuses qui aient été faites à cette époque en vue de réaliser la direction des ballons est celle que firent avec le ballon le *Comte d'Artois* Alban et Vallet, directeurs d'une grande et importante fabrique de produits chimiques de Javel.

Fig. 53. — Le Dr Potain.

Ils se livrèrent d'abord sur la Seine à de nombreuses études du propulseur qu'ils avaient imaginé, en l'employant à cet effet à la propulsion d'un petit bateau : leur appareil formé de sortes d'ailes de moulin à vent (fig. 54) était une véritable hélice qui leur donna des résultats très appréciables dans l'eau. Ils adaptèrent alors cet appareil à la nacelle de leur ballon, et firent une série d'expériences sous les auspices du comte d'Artois, depuis Charles X. Ils firent d'abord des essais, l'aérostat étant retenu captif, et grâce à une absence complète de vent réussirent parfaitement à se déplacer en tous sens à volonté en présence du duc d'Angoulême et du duc de Berry, qui étaient présents avec leur mère, la comtesse d'Artois.

Ils essayèrent également des propulseurs en forme de rames, et au moyen d'un système de rames à jalousie dont les lames ne s'ouvraient que dans un certain sens, ils obtinrent des déplacements verticaux sans user de lest ni perdre de gaz.

« Par les moments de calme, disent Alban et Vallet, nous nous sommes promenés « dans l'enceinte de notre manufacture, et nous en avons fait plusieurs fois le tour « à volonté. »

Ils exécutèrent différentes ascensions libres, accompagnés plusieurs fois du futur roi Charles X, et assurent avoir obtenu quelques résultats de direction. Dans un de ces voyages, le 17 septembre 1785, ils atterrirent à Versailles et descendirent sans encombre dans la cour du château, où, en présence de Louis XVI, ils s'élevèrent et redescendirent trois fois de suite au moyen de leurs rames à persiennes.

Mais quelque encourageants qu'aient pu être les résultats obtenus par Alban et Vallet, l'insuffisance de la force musculaire, seul moteur qu'ils pouvaient employer, ne leur permit jamais de tenir tête à la plus légère brise.

Un émule de Blanchard, qui fut son rival dans l'aérostation foraine, Testu-Brissy, employa aussi vers cette époque un système de rames ou d'ailes d'une forme particulière qui ne lui donna du reste aucun résultat (fig. 55). Ce fut Testu-Brissy qui exécuta, le 18 juin 1786, la première ascension de nuit : parti du Luxembourg dans la soirée, il séjourna au milieu d'un orage pendant près de onze heures, et rapporta de son voyage quelques observations intéressantes sur l'électricité atmosphérique. Il acquit une certaine célébrité par ses ascensions équestres : il montait un cheval debout sur un simple plateau de bois enlevé par un ballon allongé ! Il gagna une grosse fortune à ce jeu dangereux. L'aérostation devenait en effet une profession lucrative : il n'y avait plus de fêtes sans ballons, et c'est de cette époque que datent les ballons en baudruche affectant les formes les plus fantaisistes. L'Homond, dont le fils fut depuis capitaine dans une compagnie d'aérostiers, fit ainsi partir successivement le *Vendangeur aérostatique*, un *Pégase*, une *Nymphe*, etc.

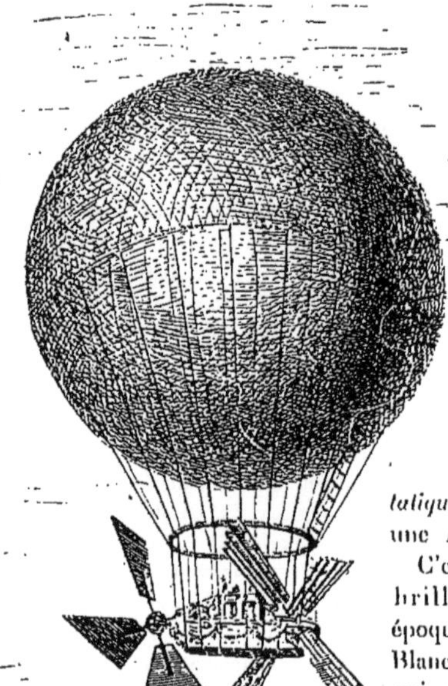

Fig. 54. — L'aérostat de Javel.

C'est la brillante époque de Blanchard, qui multiplie ses ascensions à Londres, où il emmène avec lui dans les airs Mlles Simonnet, ses compatriotes : à Lille (fig. 56), avec le chevalier de l'Épinard, etc. On le voit opérer à Bruxelles, Douai, Hambourg, Liège, Valenciennes, Nancy, Strasbourg, Nuremberg, Bâle, Mulhouse, Metz, Berlin, Varsovie, et l'on peut dire qu'il s'est élevé dans tous les cieux et sous toutes les latitudes, répandant partout le goût de l'aérostation.

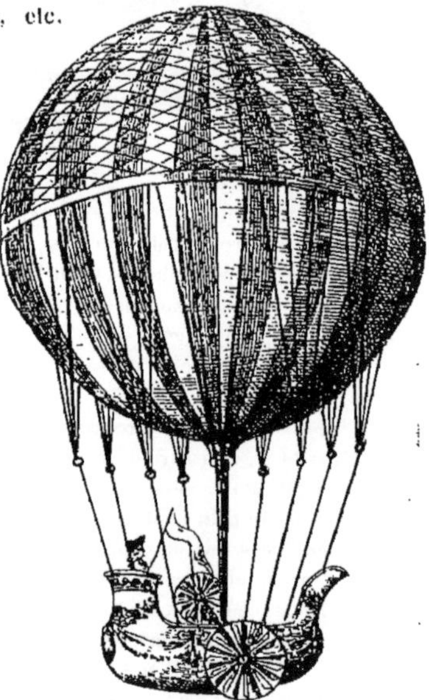

Fig. 55. — Aérostat de Testu-Brissy.

Des centaines de projets de direction éclosaient dans toutes les cervelles, projets qu'il serait fastidieux d'énumérer et qui d'ailleurs ont peu de valeur. Nous mentionnerons cependant le projet d'un officier de dragons, le baron Scott, qui, en 1789, exposa ses idées dans un mémoire intitulé *Aérostat dirigeable à volonté*, à Paris, 1 vol. in-8°

Fig. 56. — Ascension de Blanchard à Lille, le 25 août 1785.

avec deux planches. L'idée du baron Scott était de réaliser un *ballon planeur*, c'est-à-dire un ballon de forme allongée comme un poisson, auquel on pourrait donner telle inclinaison qu'on voudrait : si l'on suppose que le ballon est incliné l'avant plus haut que l'arrière, et si en même temps il possède une certaine force ascensionnelle, la pression de l'air sur la surface inclinée du ballon aura pour effet de le faire avancer en même temps qu'il montera ; si, à un moment donné, on incline au contraire le ballon, la partie antérieure vers le bas, et qu'on diminue la force ascensionnelle par un artifice quelconque, de façon à faire tomber l'aérostat, celui-ci, par le fait de la pression de l'air, avancera encore en avant en même temps qu'il descendra. On obtiendra de la sorte la progression en avant par montées et descentes successives : le navire aérien tirera des bordées, en quelque sorte, dans le sens de la verticale.

Le baron Scott réalisait ce procédé au moyen d'un navire aérien de grande dimension (fig. 57) formé d'une double enveloppe très solide et muni de trois ballonnets à

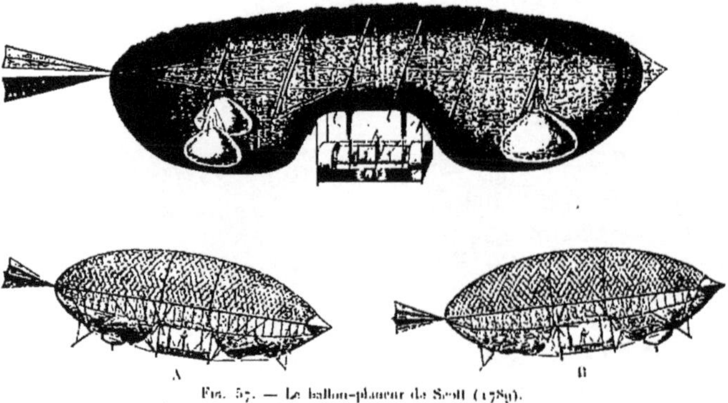

Fig. 57. — Le ballon-planeur de Scott (1789).
A, position descendante. B, position ascendante.

air, l'un à l'avant, deux autres à l'arrière, un peu suivant les idées du général Meusnier. En comprimant l'air dans l'un ou l'autre de ces ballonnets, il pensait obtenir, en même temps que l'ascension ou la descente, l'inclinaison voulue, ou, comme il le disait dans son mémoire, la position *ascendante* ou *descendante* qui devait assurer la progression du navire.

La nacelle était placée dans une cavité ménagée à cet effet à la partie inférieure de l'aérostat, et pouvait être recouverte de toiles qui l'enfermaient dans le corps même du ballon-poisson. Enfin un gouvernail et des rames de propulsion complétaient les moyens qu'il avait imaginés pour réaliser la direction complète dans l'atmosphère.

Les études du baron Scott dataient de l'année 1788. Il avait mûri son projet pendant plusieurs années. Quand il le publia en 1789, les grands événements qui se préparaient occupaient déjà les esprits et reléguaient au second plan le problème de la navigation aérienne. Le projet de Scott arrivait à une mauvaise heure : il n'eut même pas un commencement de réalisation.

CHAPITRE XI

LES AÉROSTIERS DE LA PREMIÈRE RÉPUBLIQUE

L'aéronaute nu, ou la *Déclaration des droits de l'homme* à 12 000 pieds d'altitude. — Guyton de Morveau et le Comité de salut public. — Lavoisier. — Coutelle et Conté. — Un commissaire peu commode. — Formation de la 1re compagnie d'aérostiers. — L'*Entreprenant* au siège de Maubeuge. — Le baptême du feu. — Un transport difficile. — Bataille de Fleurus. — Formation de la 2e compagnie d'aérostiers. — L'école de Meudon. — Siège de Mayence. — Un ennemi généreux. — Derniers exploits. — Une lettre de Hoche. — Campagne d'Egypte. — La montgolfière du Caire.

L'enthousiasme qui avait salué la découverte des ballons sombra comme tant d'autres choses dans la tourmente révolutionnaire ; l'éclosion des idées nouvelles, le triomphe de la liberté, le déchaînement de toutes les passions, des plus malsaines comme des plus généreuses, puis bientôt l'ardeur patriotique d'un peuple tout entier se levant pour courir aux frontières, tout ce formidable chaos qui accompagnait la chute du vieux monde sur les débris duquel une société nouvelle allait se fonder, tout cela, on le comprend, n'était pas favorable aux études scientifiques, ni aux expériences ayant pour but de continuer la conquête de l'air, qu'on croyait si proche en 1783.

D'ailleurs, il faut bien le dire, le peu de succès des premières tentatives de direction avait un peu refroidi les esprits, et si les ascensions aérostatiques intéressaient toujours le public, ce n'était plus qu'à titre de spectacle, et un départ de ballon était devenu le complément indispensable de toutes les fêtes publiques.

C'est ainsi que le 18 juillet 1791, le jour de la proclamation de la Constitution, il y eut une ascension aérostatique aux Champs-Élysées, à cinq heures trois quarts de l'après-midi. Le récit qu'en a fait l'aéronaute lui-même est un document intéressant par la naïveté un peu burlesque dont il est empreint.

Empoigné par la beauté du panorama qui se déroulait sous ses pieds, et pénétré de la mission qu'il remplissait à ce moment, l'aéronaute patriote poussa l'enthousiasme jusqu'à se déshabiller complètement dans sa nacelle, et là, dit-il, « je bus à la santé et à la liberté de tous les peuples de l'univers. Arrivé à 12 000 pieds à peu près, il était six heures, j'acquittai là, au nom de tous les Français, le devoir d'un patriote courageux et intrépide ; je lus à haute voix la *Déclaration des droits de l'homme* ; l'Éternel reçut mon serment, et je descendis en jetant çà et là des exemplaires de la Constitution ! »

Cependant les ballons allaient bientôt recevoir une nouvelle destination, qui allait montrer au monde étonné les ressources merveilleuses de notre génie national.

La France était alors assaillie de tous côtés, et pour faire face à ses ennemis aucun moyen n'était à négliger ; aussi le Comité de salut public avait-il créé une commission composée de Monge, Berthollet, Carnot, Fourcroy et Guyton de Morveau, et chargée d'appliquer au salut de la patrie les découvertes de la science.

Guyton de Morveau, qui, comme nous l'avons vu, avait une longue pratique des aérostats, proposa à ses collègues de faire usage de ballons captifs comme postes d'observation aux armées.

Déjà l'année précédente, en 1793, au siège de Condé, le commandant Chanal avait tenté de faire passer des dépêches au général Dampierre au moyen d'un ballon libre : malheureusement le ballon était tombé dans les lignes ennemies avec les dépêches dont il était porteur, et ce fut le prince de Cobourg qui profita des avis destinés au général Dampierre. La tentative ne fut pas renouvelée.

La proposition de Guyton de Morveau ne pouvait conduire à de pareils déboires, aussi fut-elle acceptée : mais le Comité de salut public imposa la condition que l'hydrogène serait préparé par un procédé ne nécessitant pas l'emploi de l'acide sulfurique : cet acide s'obtenait alors en partant de la combustion du soufre, et ce corps était à cette époque fort rare et très recherché en France pour la fabrication de la poudre.

Heureusement Lavoisier venait d'indiquer un autre mode de fabrication de l'hydrogène, basé sur la décomposition de la vapeur d'eau au contact de la limaille de fer portée au rouge. Guyton de Morveau alla donc trouver Lavoisier, et tous deux firent une expérience décisive montrant que l'on pouvait ainsi obtenir de grandes quantités d'hydrogène pur, en n'importe quel endroit. Sur la recommandation de Guyton de Morveau, le Comité de salut public chargea alors le physicien Coutelle (fig. 58) de tout disposer pour gonfler aux Tuileries un ballon de 9 mètres de diamètre. Aidé de ses amis, le Pr Charles et Jacques Conté qui allait devenir son collaborateur définitif, Coutelle gonfla le ballon, et la commission vint se rendre compte du succès de l'expérience. Aussitôt Coutelle reçut l'ordre de se rendre auprès du général Jourdan, commandant l'armée de Sambre-et-Meuse, en Belgique, et de lui proposer de munir son armée d'un aérostat captif.

FIG. 58. — Portrait de Coutelle.

Ce fut le commissaire de la Convention, Duquesnoy, qui reçut Coutelle : aux premiers mots de ballon captif, d'aérostat militaire, le farouche conventionnel le regarda de travers et parla tout d'abord de le faire fusiller comme suspect.

Par bonheur le général Jourdan ne fut pas du même avis : il se rallia immédiatement à la proposition qui lui était faite et engagea Coutelle à repartir pour Paris et en revenir avec le matériel nécessaire.

Coutelle fut alors chargé officiellement d'organiser l'aérostation militaire : on lui donna le petit château de Meudon pour ses travaux, et il reçut le titre de *Directeur des expériences aérostatiques*, avec Conté pour second.

Tous deux se mirent à l'œuvre : ils perfectionnèrent d'abord le générateur du gaz hydrogène et arrivèrent à gonfler leur ballon en moins de quinze heures ; mais l'enveloppe n'était pas assez imperméable pour conserver le gaz : leurs efforts se portèrent

FIG. 59. — Opération du vernissage d'un ballon captif militaire, à Meudon, par les procédés de Coutelle et de Conté (1794).

de ce côté, et ils découvrirent un vernis tellement parfait que les ballons militaires restèrent quelquefois deux mois gonflés en faisant campagne : à Meudon, on conserva ainsi des ballons tout gonflés pendant trois mois (fig. 59). Malheureusement le procédé est aujourd'hui perdu, et l'on est loin d'obtenir maintenant une telle imperméabilité.

Tout étant prêt, Coutelle et Conté firent des ascensions captives à la hauteur de 500 mètres en présence des membres de la commission, et, suffisamment édifié par ces expériences, le Comité de salut public, par un arrêté en date du 13 germinal an II (2 avril 1794), institua la première compagnie d'aérostiers, qui comprenait un capitaine, un lieutenant, un sous-lieutenant, un sergent-major, quatre sous-officiers et vingt-six soldats ou tambours. L'uniforme était « habit, veste et culotte bleus,

« passe-poil rouge, collets, parements noirs, boutons d'infanterie avec pantalon et « veste de coutil bleu pour le travail. » Le capitaine était Coutelle, et le décret d'organisation rattachait directement la compagnie d'aérostiers au commandant en chef de l'armée ou de la place où elle serait envoyée.

Les autres officiers de la compagnie étaient Delaunay et L'Homond, qui passèrent capitaines lorsque la seconde compagnie fut créée et que Coutelle fut promu chef de bataillon.

Un mois après le décret de formation de la compagnie d'aérostiers, on donna à Coutelle l'ordre de se rendre à Maubeuge, reprise par nos armes aux Autrichiens et menacée d'un nouveau siège de la part de ceux-ci.

Laissons parler Coutelle lui-même :

Arrivé à Maubeuge, mon premier soin fut de chercher un emplacement, de construire mon fourneau, de faire les provisions de combustible, et de tout disposer en attendant l'arrivée de l'aérostat et des appareils qui avaient servi à ma première expérience de Meudon.

Les différents corps de l'armée ne savaient de quel œil regarder des soldats qui n'étaient pas encore sur l'état militaire, et dont le service ne leur était pas connu. Le général qui commandait à Maubeuge ordonna une sortie contre les Autrichiens, retranchés à une portée de canon de la place. Je lui demandai à être employé avec ma petite troupe dans cette attaque. Deux des miens furent grièvement blessés, le sous-lieutenant reçut une balle morte dans la poitrine. Nous rentrâmes dans la place au rang des soldats de l'armée (1).

Cette histoire du baptême du feu des aérostiers n'est-elle pas admirable dans sa simplicité?

Le ballon l'*Entreprenant* étant enfin arrivé, le gonflement fut fait rapidement, et les opérations commencèrent : deux fois par jour Coutelle, qui fut plusieurs fois accompagné du général Jourdan lui-même, s'élevait pour observer les travaux des assiégeants. La manœuvre s'opérait dans le plus grand silence : le ballon était retenu par deux cordes attachées au filet et terminées en bas par une série de cordelettes que les soldats de la compagnie tenaient à la main. Combien l'opération devait être difficile, surtout si on la compare à la facilité que donnent aujourd'hui les treuils à vapeur employés dans les parcs d'aérostation militaire!

La communication entre l'officier placé dans la nacelle et les hommes restés à terre se faisait au moyen de signaux consistant en pavillons d'étoffes de formes et de couleurs différentes : c'était une sorte de télégraphie optique dont le code avait été réglé par Conté.

Lorsqu'un renseignement devait être communiqué au général en chef, l'officier qui observait griffonnait une note, la plaçait dans un sac lesté de sable, et jetait le tout hors de la nacelle. Une fois revenu à terre, un rapport détaillé était rédigé.

Nous trouvons quelques détails intéressants dans la brochure du baron de Selle de Beauchamp qui, entré comme simple soldat dans la première compagnie, servit ensuite comme lieutenant dans la deuxième.

Notre première ascension se fit au bruit du canon et aux hourras de la garnison de la place. Le rapport fait à la descente par l'officier du génie qui avait accompagné le capitaine fut tellement

(1) Récit du commandant Coutelle sur l'aérostation militaire aux armées de Sambre-et-Meuse et du Rhin.

clair et circonstancié, qu'il paraissait impossible désormais à l'ennemi de faire un mouvement qui ne fût pas aussitôt connu dans la place... L'effet moral produit dans le camp autrichien par ce spectacle si nouveau fut immense ; il frappa surtout les chefs, qui ne tardèrent pas à s'apercevoir que leurs soldats croyaient avoir affaire à des sorciers. Pour combattre cette opinion et relever leur courage, on résolut dans leur conseil d'abattre, s'il était possible, une aussi fatale machine ; or, dès qu'il fut reconnu que chaque jour l'aérostat s'élevait dans le même emplacement, derrière le même cavalier, ils firent placer deux pièces de canon dans un chemin creux, et lorsque l'aérostat s'éleva le matin majestueusement dans les airs, un premier boulet, passant au-dessus de l'enveloppe, alla tomber à toute volée dans le camp retranché, puis aussitôt un autre boulet frisa le dessous de la nacelle portant notre capitaine, qui accueillit la double détonation aux cris de : *Vive la République!* Cette explosion ne nous mit pas, nous autres, en si belle humeur, car nous calculions que, si l'effet des boulets manquait son but, l'ennemi pourrait bien s'aviser de procéder par la bombe ou l'obus, qui, tombant dans le jardin où nous tenions les cordes, auraient bien pu déranger le personnel et le matériel de l'ascension. Cette idée ne leur vint pas, ou plutôt on ne leur en donna pas le temps, car, dès le lendemain matin, on fit venir de Lille un certain sergent d'artillerie qui, sur le seul aspect du terrain, promit au général de démonter les pièces qu'on pourrait amener au lieu d'où elles avaient tiré; probablement cette promesse fut connue de l'ennemi, qui ne se représenta pas, et nous laissa dorénavant faire tranquillement nos observations (1).

Quelques jours après, Coutelle reçut l'ordre de se rendre devant Charleroi, que Jourdan voulait investir. Il était impossible de songer à emporter le matériel nécessaire pour le gonflement. De toute nécessité, il fallut donc transporter l'*Entreprenant* tout gonflé. C'était une étape de douze lieues à faire, après avoir franchi tous les obstacles que présentaient les abords d'une place forte en temps de guerre. L'entreprise était surhumaine. Elle réussit cependant!

L'expérience m'avait appris, dit Coutelle, ce qu'il fallait de force et d'adresse pour résister au vent ou pour se mettre en garde contre ses atteintes imprévues ; j'employai la nuit à disposer vingt cordes autour de l'équateur du filet, que je rendis solides par des attaches très rapprochées et des coulants ; chaque aérostier devait porter sa corde, la fixer et l'attacher au premier signal; la nacelle se suspendait et se détachait de la même manière : nous pûmes sortir de la place et passer assez près des vedettes ennemies à la pointe du jour.

Je voyageais avec le ballon à une élévation telle que la cavalerie et les équipages militaires pouvaient passer sous la nacelle : les aérostiers qui tenaient les cordes marchaient sur les deux bords de la route.

Le trajet dura quinze heures par une chaleur accablante dans des chemins couverts de la poussière noire du charbon que l'on extrayait des mines de Charleroi, et l'on devine quelle dut être la fatigue de ces trente hommes à demi nus et noirs comme des démons! Mais aussi quelle réception les attendait! Toute l'armée, musique en tête, vint à leur rencontre, et c'est aux accents des fanfares les plus entraînantes que la compagnie, avec son ballon intact, fut installée dans une ferme aux environs de Charleroi.

On eut le temps de faire une ascension le jour même ; le lendemain, Coutelle s'éleva dans la plaine de Jumet avec le général Morelot. Le jour suivant, la place capitulait.

(1) Souvenirs de la fin du XVIIIe siècle. Extrait des *Mémoires d'un officier des aérostiers aux armées de Sambre-et-Meuse*, par le baron DE SELLE DE BEAUCHAMP, in-12, Paris, 1853.

Fig. 60. — Bataille de Fleurus, 8 messidor an II (26 juin 1794), pendant laquelle le ballon captif militaire observe tous les mouvements de l'armée autrichienne.

Charleroi rendu, raconte de Selle de Beauchamp, nous reçumes l'ordre de nous reporter en avant avec le quartier général, qui s'établit au village de Gosselies, centre des opérations de l'armée; les Autrichiens s'avançaient de leur côté sous les ordres du général prince de Cobourg, et tout annonçait une collision prochaine... Nous couchâmes dans une grange, et dès 4 heures du matin, le 8 messidor (26 juin 1794), un aide de camp nous apporta l'ordre de nous rendre sur le plateau du moulin de Jumet, où se plaçait momentanément le quartier général... Nous trouvâmes au pied du moulin le général Jourdan et le représentant Saint-Just en grande conférence : ce dernier me parut un jeune homme d'une figure assez douce, peu imposante, sur le front duquel perçait quelque inquiétude ; mais, dans ce moment, nous ne songions qu'à déjeuner, pendant que notre capitaine et le général de division Morelot, élevés à plus de mille deux cents pieds, s'occupaient de leurs observations...

Le canon semblait se rapprocher dans toutes les directions, ce qui annonçait assez clairement que l'ennemi avançait, et deux heures ne s'étaient pas écoulées sans que le mouvement de retraite fût très prononcé; nous nous amusions cependant à considérer les nombreux prisonniers de toute arme que l'on amenait au quartier général : tous ces hommes de différentes nations, Hollandais, Allemands, Moldaves, Valaques, regardaient d'un œil stupide cette énorme machine élevée dans les airs, semblant s'y soutenir seule, car à peine apercevait-on les cordes : quelques-uns étaient prêts à se jeter à genoux et à l'adorer, tandis que d'autres, lui montrant le poing d'un air féroce, répétaient dans leur langue : Espions, espions, pendus si vous êtes pris...

Cependant l'aérostat restait immobile, et déjà la retraite s'effectuait sur toute la ligne; on voyait défiler au galop l'artillerie, les caissons, les vivandières; la route de Charleroi était obstruée, et nous entendions dire autour de nous que l'ennemi cherchait à la couper en nous rejetant sur la Sambre. L'inquiétude nous prit à notre tour : la perspective d'être pendus à nos propres cordes n'avait rien de réjouissant, et nous vîmes enfin, avec un sensible plaisir, le signal de descendre l'aérostat et de suivre le mouvement de retraite.

Il était cinq heures du soir, et la bataille semblait perdue, quand soudain l'armée autrichienne, qui ignorait la reddition de Charleroi, vint se briser devant cette place, et le feu de l'artillerie française installée dans la ville mit l'armée du prince de Cobourg dans la déroute la plus complète.

La journée était donc nôtre, ajoute de Selle de Beauchamp, nous rentrions à Charleroi mourants de faim et de fatigue : l'aérostat avait été élevé pendant dix heures consécutives (fig. 60), et sans prétendre ridiculement qu'on lui devait le gain de la bataille, on ne peut nier que son effet matériel et moral n'ait participé au succès : nous sûmes d'une manière positive que l'aspect de cette magnifique tour, improvisée au milieu d'une plaine où rien ne gênait l'observation, avait porté une espèce de découragement parmi les soldats étrangers, qui n'avaient aucune idée d'une chose pareille. Les mouvements de l'artillerie et des masses ennemies avaient été signalés au général Jourdan aussitôt qu'effectués, et s'ils étaient changés ou modifiés, une communication du général Morelot en prévenait sur-le-champ, et cet avantage était immense.

Après la bataille de Fleurus, la compagnie suivit l'armée française dans sa marche en avant. Aux environs de Namur, un coup de vent porta le ballon sur un arbre et le déchira du haut en bas. Aussitôt Coutelle retourne à Maubeuge où il comptait trouver un second aérostat, le *Céleste*, envoyé de Meudon. Ne le trouvant pas, il part à Paris et revient avec le nouveau ballon ; mais il était mal construit, de forme cylindrique et absolument impropre au service en campagne. Coutelle le renvoie donc à Meudon, répare promptement l'*Entreprenant* et reprend son service.

C'est pour parer autant que possible à ces accidents occasionnés par le vent que

Coutelle fit construire une sorte de tente-abri (fig. 61), composée d'une vaste bâche qui se fixait à l'équateur du ballon : des piquets fichés en terre retenaient le bas de cette bâche, et l'ensemble formé par le ballon et par sa tente-abri offrait au vent une grande résistance.

Arrivée enfin à Borcette, près d'Aix-la-Chapelle, où l'armée fit un assez long séjour, la compagnie d'aérostiers construisit un nouveau matériel et installa un établissement fixe pour les réparations et l'entretien. Sur ces entrefaites, Coutelle fut rappelé à Paris pour procéder à l'organisation définitive des deux compagnies d'aérostiers dont il avait le commandement suprême avec le grade de chef de bataillon.

Fig. 61. — Tente-abri mobile servant à abriter l'aérostat contre le vent violent.

Le 5 messidor an II (23 juin 1784) la Convention avait, en effet, décrété la formation d'une seconde compagnie d'aérostiers, sorte de dépôt placé à Meudon sous le commandement de Conté.

Quelques mois après, reconnaissant les services déjà rendus par la première compagnie à l'armée de Sambre-et-Meuse, la Convention avait rendu un décret en date du 10 brumaire an III (31 octobre 1784) créant l'*École nationale aérostatique de Meudon*, destinée à étudier les questions relatives à l'aérostation militaire et à devenir une pépinière d'officiers de cette arme. Ce décret, signé de Guyton, Fourcroy, Delmas, Prieur, Pelet, Merlin et Cambacérès, nommait Conté directeur et Bouchard sous-directeur de l'École. C'est de là que sortirent, après l'*Entreprenant* et le *Céleste*, les deux ballons destinés à la deuxième compagnie, l'*Hercule* et l'*Intrépide*.

Un décret rendu le 23 mars 1795 organisa complètement cette seconde compagnie. Coutelle, nous l'avons vu, eut le commandement de ces deux unités. Chaque compagnie fut composée de 55 hommes comprenant : un capitaine, deux lieutenants, un lieutenant quartier-maître, un sergent-major, un sergent, un fourrier, trois caporaux, un tambour et 44 aérostiers.

A titre de document, nous donnons les noms des officiers de ces deux compagnies.

Première compagnie : L'Homond, capitaine ; Plazanet et Gancel, lieutenants ; Varlet, quartier-maître.

Deuxième compagnie : Delaunay, capitaine ; de Selle de Beauchamp et Merle, lieutenants ; Deschard, quartier-maître (1).

Cette seconde compagnie fut dirigée sur l'armée du Rhin, et c'est elle que le commandant Coutelle accompagna : ils se rendirent à Mayence qu'assiégeait alors le général Lefebvre. Mais laissons la parole à Coutelle :

> Les généraux autrichiens et les officiers de leur armée ne cessaient pas d'admirer cette manière de les observer, qu'ils appelaient aussi savante que hardie. J'en ai reçu les témoignages les plus honorables toutes les fois que je me suis trouvé avec eux : « Il n'y a que les Français capables d'imaginer et d'exécuter une pareille entreprise », m'ont-ils répété, lorsque je leur ai dit qu'ils pouvaient en faire autant.

Dans une de ces reconnaissances sur Mayence, le vent était si fort que malgré une très grande force ascensionnelle, la bourrasque rabattit par trois fois le ballon jusqu'à terre et brisa en partie la nacelle.

> Chaque fois le ballon s'élevait avec une telle vitesse que soixante-quatre personnes, trente-deux à chaque corde, étaient entraînées à une grande distance... L'ennemi ne tira point. Cinq généraux sortirent de la place, en élevant des mouchoirs blancs sur leur chapeau : nos généraux, que j'en prévins, allèrent au devant d'eux. Lorsqu'ils se furent rencontrés, le général qui commandait la place dit au général français : « Monsieur le général, je vous demande en grâce de faire descendre ce brave officier ; le vent va le faire périr ; il ne faut pas qu'il soit victime d'un accident étranger à la guerre : c'est moi qui ait fait tirer sur lui à Maubeuge. »

On est heureux de rencontrer chez un ennemi ce sentiment chevaleresque provoqué par la bravoure et l'intrépidité du commandant des aérostiers. Ce n'est pas d'ailleurs la seule fois que Coutelle reçut ainsi l'hommage de l'admiration des officiers autrichiens. Un jour, il est envoyé dans leurs lignes comme parlementaire.

> Aussitôt, raconte-t-il, que les officiers autrichiens eurent appris que je commandais l'aérostat, je fus accablé de questions et de compliments ; un officier qui avait passé le fleuve avec moi observa que si mes cordes cassaient, je pourrais être exposé en tombant dans le camp ennemi. — Monsieur l'ingénieur aérien, répondit un officier supérieur, les Autrichiens savent honorer les talents et la bravoure ; vous seriez traité avec distinction. C'est moi qui vous ai aperçu et signalé le premier, pendant la bataille de Fleurus, au prince Cobourg, dont je suis l'aide de camp.
>
> Je lui observai qu'on ne devait pas, suivant l'usage, m'interdire l'entrée de la place, puisque, en m'élevant sur l'autre rive, je plongeais dans la ville.

(1) D'après de Gaugler, *Les compagnies d'aérostiers militaires sous la République*.

Le général qui commandait envoya le lendemain l'autorisation de me faire voir la place, si notre général consentait à m'y laisser entrer.

Il n'est pas inutile de rapprocher de cette conduite des Autrichiens celle des Allemands en 1870, qui prétendaient fusiller comme espions les aérostiers sortant de Paris assiégé et dont ils se saisirent. S'ils ne le firent pas, du moins les traitèrent-ils avec la dernière rigueur.

Bientôt terrassé par la fièvre, Coutelle dut s'arrêter à Frankental, où existait un établissement fixe, et après avoir échappé à la mort, il ne put que rentrer épuisé à Paris.

La compagnie passa l'hiver à Frankental, où elle remit tout le matériel en état. Au printemps, la campagne recommença. Une nuit, près de Manheim, un Autrichien parvint à s'approcher du ballon et l'atteignit d'un coup de fusil chargé à mitraille qui l'endommagea gravement. A peine réparé, le ballon fut dirigé sur Strasbourg avec la seconde compagnie, et on leur assigna comme résidence le petit village de Molsheim.

La campagne ayant recommencé avec Moreau comme général en chef, qui remplaçait Pichegru, les aérostiers suivirent l'armée à Rastadt, Stuttgard et arrivèrent avec le quartier général à Donawert, où les reconnaissances recommencèrent. A partir d'Augsbourg, la retraite de l'armée commença sur Strasbourg. Il était impossible de transporter le ballon tout gonflé : il fut donc vidé, et tout le matériel chargé sur un fourgon qui le transporta au parc de Molsheim. La campagne était finie pour la seconde compagnie : elle resta trois ans dans l'inaction, Hoche qui commandait alors l'armée ne voulant pas utiliser l'aérostat. Il demanda même le licenciement de la compagnie par la lettre suivante écrite au Ministère de la Guerre, le 30 août 1797, datée de Wetzlar.

Citoyen ministre,

Je vous informe qu'il existe à l'armée de Sambre-et-Meuse une compagnie d'aérostatiers, qui lui est absolument inutile ; peut-être pourrait-elle servir utillement (*sic*) dans la 17e division militaire, où le voisinage de la capitale et du thélégraphe (*sic*) pourrait lui faire faire des découvertes essentiles (*sic*) au bien public : je vous engage donc à me permettre de diminuer l'armée de cette troupe qui ne peut être qu'à sa charge.

L. Hoche.

Le licenciement ne fut pas accordé, mais la compagnie et son matériel ne furent plus employés.

La première compagnie, nous l'avons vu, était sous les ordres du capitaine l'Homond. Elle fit plusieurs reconnaissances à Worms, à Manheim et à Ehrenbreistein. A la bataille de Würtzbourg, après avoir été longtemps en l'air, l'aérostat fut endommagé pendant la retraite précipitée qui suivit, et Würtzbourg étant tombée aux mains de l'ennemi, la compagnie fut faite prisonnière avec tout son matériel.

Le traité de Leoben rendit la liberté aux aérostiers, et Conté qui, sur sa demande, devait faire partie de l'expédition d'Égypte, décida Bonaparte à emmener avec lui la première compagnie d'aérostiers. Coutelle s'embarqua avec elle à Toulon, et la compagnie se trouva au complet en Égypte. Malheureusement tout le matériel, le ballon, les appareils pour préparer l'hydrogène, tout cela était resté sur un bâtiment qui fut pris et coulé par les Anglais.

La compagnie fut donc licenciée et ses hommes répartis dans les régiments. Coutelle s'en alla faire un voyage d'exploration dans la Haute-Égypte, et Conté resta seul à l'état-major, où son génie inventif ne resta pas inoccupé. Bonaparte l'avait en haute estime ; il disait de lui : « Si les sciences et les arts venaient à se perdre, Conté les retrouverait », et Monge prétendait qu' « il avait toutes les sciences dans la tête et tous les arts dans la main ».

Le seul fait à rappeler de cette campagne d'Égypte est l'enlèvement d'une vaste montgolfière tricolore de 15 mètres de diamètre, dans une fête que Bonaparte donna au Caire ; il espérait par ce moyen frapper l'imagination des Orientaux ; mais les graves musulmans daignèrent à peine lever les yeux sur la machine qui s'élevait devant eux dans les airs.

A son retour d'Égypte, Bonaparte licencia définitivement les aérostiers militaires, fit fermer l'école de Meudon et vendre tous les instruments et le matériel aérostatique. Ce fut un physicien aéronaute, dont nous aurons à parler, Robertson, qui acheta l'*Entreprenant*, le glorieux aérostat de Fleurus !

CHAPITRE XII

GARNERIN, ROBERTSON ET ZAMBECCARI

Le parachute. — Évasion de Lavin. — Expériences de Sébastien Lenormand. — Les animaux de Blanchard. — Évasion de Drouet. — Jacques Garnerin et son chien fidèle. — L'expérience du 22 octobre 1797. — Un article du *Journal de Paris*. — Le citoyen Calais. — Le ballon d'Hénin. — Les premières ascensions scientifiques. — Humboldt et Bompland. — Le physicien Robertson. — La *Minerve*. — L'ascension de Biot et Gay-Lussac. — La chaise miraculeuse. — Zambeccari. — Une ascension périlleuse. — La lampe à esprit de vin mortelle. — Le ballon du sacre. — Le tombeau de Néron. — Napoléon et les aérostats.

L'année 1797 eut, pour la première fois, l'émouvant spectacle d'une descente en parachute.

L'idée du parachute n'était pas nouvelle ; dans la première partie de cet ouvrage nous avons signalé à plusieurs reprises l'existence ou tout au moins la description de cet appareil. Rappelons notamment que Léonard de Vinci en a laissé un croquis et une description, et que le Vénitien Fauste Veranzio a également donné un dessin fort net du parachute.

Sous Louis XIII, un habitant de la Savoie, nommé Lavin, incarcéré au fort Miolan pour s'être rendu coupable de faux, tenta une évasion au moyen du parachute. S'étant procuré un parapluie, il rattacha les extrémités des baleines au manche à l'aide de ficelles, et, cramponné à ce frêle appareil, il se précipita dans le vide du haut du fort. Il tomba sans se faire aucun mal dans le lit même de l'Isère qui coule au pied de la prison. Mais il ne tarda pas à être repris et emprisonné de nouveau, et la surveillance plus étroite dont il fut l'objet l'empêcha de renouveler sa tentative.

Nous avons vu également que Joseph de Montgolfier fit des expériences sur le parachute, et qu'il se précipita un jour du haut de sa maison à Annonay, muni d'un vaste parasol.

En 1783, un physicien du nom de Sébastien Lenormand, et qui fut plus tard professeur au Conservatoire des Arts et Métiers, fit une expérience à Montpellier en se jetant du haut d'un arbre, tenant de chaque main un parasol de trente pouces : il jeta ensuite divers animaux attachés à des parachutes du haut de la tour de l'Observatoire de Montpellier.

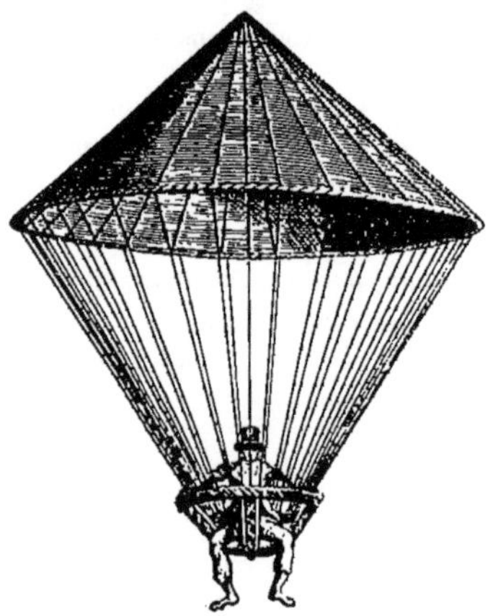

Fig. 62. — Parachute de Sébastien Lenormand (décembre 1783)

> D'après cette expérience, dit Lenormand, je calculai la grandeur du parasol capable de garantir d'une chute, et je trouvai qu'un diamètre de quatorze pieds suffisait, en supposant que l'homme et le parachute n'excèdent pas le poids de 200 livres, et qu'avec ce parachute un homme peut se laisser tomber de la hauteur des nuages sans risquer de se faire du mal (1).

Dans un mémoire qu'il adresssa à l'Académie de Lyon, en l'accompagnant d'un dessin (fig. 62), Sébastien Lenormand décrit ainsi son parachute :

> Je fais un cercle de 14 pieds de diamètre avec une grosse corde : j'attache fortement tout autour un cône de toile dont la hauteur est de 6 pieds : je double le cône de papier en le collant sur la toile pour le rendre imperméable à l'air ; ou mieux, au lieu de toile, du taffetas recouvert de gomme élastique. Je mets tout autour du cône des petites cordes, qui sont attachées par le bas à une petite charpente d'osier et forment avec cette charpente un cône tronqué renversé. C'est sur cette charpente que je me place. Par ce moyen, j'évite les baleines du parasol et le manche, qui feraient un poids considérable. Je suis sûr de risquer si peu, que j'offre d'en faire moi-même l'expérience, après avoir cependant éprouvé le parachute sur divers poids pour être assuré de sa solidité.

Il exécuta cette expérience à la fin de décembre 1783 en se jetant du haut de la grande tour de l'Observatoire de Montpellier.

L'aéronaute Blanchard ne tarda pas à donner aux Parisiens le spectacle du parachute, à titre d'amusement : il emmenait dans son ballon divers animaux qu'il lançait dans les airs attachés à de vastes parasols. Mais il ne semble pas avoir jamais eu l'idée de se confier à cet instrument pour descendre à terre en quittant son ballon dans les airs.

La gloire d'avoir réalisé cette expérience en grand revient à l'aéronaute Jacques Garnerin, qui l'exécuta le 22 octobre 1797.

(1) *Annales de physique et de chimie*, t. XXXVI, p. 97.

Déjà auparavant, en 1793, Garnerin, alors commissaire de la Convention à l'armée du Nord, ayant été fait prisonnier à Marchiennes et emprisonné à Bude, avait songé à s'enfuir en répétant l'expérience de Lenormand ; mais son projet fut découvert avant d'avoir été mis à exécution.

Drouet (le maître de poste de Sainte-Menehould qui avait arrêté dans sa fuite le roi Louis XVI à Varennes), tombé aux mains des Autrichiens alors qu'il était, lui aussi, commissaire à l'armée du Nord, ayant été enfermé à Spielberg, en Moravie, tenta également une évasion en parachute. Il fabriqua l'appareil qui devait lui rendre la liberté, avec les rideaux de son lit et, au milieu de la nuit, se jeta résolument dans le vide ; mais la chute ne fut pas heureuse : il se démit le pied en touchant terre, et fut ramené en prison ; il en sortit d'ailleurs l'année suivante, dans un échange de prisonniers.

Garnerin, ayant recouvré la liberté en 1797, ne perdit pas de vue l'instrument sur lequel il avait profondément réfléchi durant sa captivité, et fit d'abord quelques expériences sur des animaux. On raconte à ce sujet qu'ayant un jour jeté de la sorte son chien attaché à un parachute, l'animal ne tarda pas à disparaître dans un nuage épais : quelques moments après, Garnerin, dont le ballon se trouva plongé dans ce nuage, entendit tout à coup près de lui des aboiements répétés. Au bout d'un instant, les aboiements semblèrent venir du sommet du ballon : à ce moment l'aérostat sortait du nuage et Garnerin ne fut pas à moitié surpris d'apercevoir au-dessus de lui son fidèle toutou remuant la queue et aboyant joyeusement à la vue de son maître : le ballon était descendu plus vite que le parachute, et il atteignit la terre quelques instants avant lui. On devine la joie du fidèle animal qui, à peine descendu sur le sol, se précipita au devant de Garnerin, encore empêtré dans les liens qui l'attachaient au parachute.

Sûr enfin des qualités de cet appareil, Jacques Garnerin se décida à exécuter en public une descente de 1 000 mètres de hauteur. C'est le 22 octobre 1797 que cette mémorable expérience eut lieu. Il s'éleva à 5 heures du soir du parc Monceaux devant un public considérable, que la hardiesse de l'expérience remplissait d'un profond sentiment d'effroi : le silence planait sur cette multitude, silence qui se changea en cris de terreur lorsqu'on vit Garnerin, arrivé à environ 1 000 mètres d'altitude, couper les cordes qui le retenaient au ballon : celui-ci, trop gonflé, éclata presque aussitôt et tomba rapidement à terre, et, dans les premiers moments, le parachute tomba avec la même vitesse vertigineuse. Épouvantés, les spectateurs poussaient des cris d'effroi : des femmes s'évanouirent. Mais bientôt le parachute se déploya (fig. 63), et la vitesse de chute décrut très rapidement ; seulement comme Garnerin n'avait pas ménagé d'orifice au sommet de l'appareil pour assurer une issue à l'air comprimé, celui-ci, en s'échappant par les bords du parachute, lui imprimait des oscillations fort dangereuses. La nacelle arriva cependant à terre sans accident. Garnerin monta aussitôt à cheval et revint au parc Monceaux rassurer la foule sur son sort : on lui fit une ovation enthousiaste, et peu s'en fallut qu'il ne fût étouffé par les transports de la foule immense qui l'entourait pour le féliciter. L'astronome Lalande, qui avait assisté à l'expérience, courut à l'Institut en annoncer le succès à l'Académie des sciences.

Le *Journal de Paris* rendit compte de la descente de Garnerin en des termes trop curieux pour que nous hésitions à transcrire ici ce document :

On a tremblé, on a pleuré, on s'est évanoui à la vue du péril imminent que courait le jeune et intéressant physicien. Nous achevions de lire la relation de son voyage et de sa captivité, et, du point

Fig. 63. — Jacques Garnerin exécute la première descente en parachute, d'une hauteur de 1 000 mètres, le 22 octobre 1797.

de Montmartre où nous nous étions rendu le 1er brumaire, nous avons fermé les yeux au moment où l'aéronaute a coupé la corde : Malheureux ! nous sommes-nous écrié, c'est toi, ce n'est pas la Parque qui tranche le fil de tes jours ! Nous sommes rentré sans avoir eu le courage d'aller apprendre le résultat, en cherchant tristement à deviner comment un jeune homme, échappé aux horreurs de la plus longue et de la plus barbare captivité, et dont la vie pouvait être encore utile à la République, avait pu avoir seulement la pensée de l'immoler en une minute, à quoi, à qui, et par quel motif? Qu'il réussisse, on dira : Il a pourtant réussi, et voilà tout. Qu'il périsse, on dira : Qu'allait-il faire dans cette galère?

O Éléonore, qui vîtes partir des prisons de Bude ce Français devenu votre amant, avec espoir de le revoir un jour, eussiez-vous consenti à cette hasardeuse expérience?

Et vous, ami Horace, qui n'étiez pas le plus brave des Romains, sans pourtant être un Panurge, qu'eussiez-vous dit de l'auteur d'un pareil spectacle?

Vous traitiez de téméraire à triple cuirasse celui qui, le premier, brava les flots de la mer sur un bon navire : qu'eussiez-vous dit de l'enthousiaste Garnerin, s'élançant de la terre aux nues dans un frêle ballon, et s'en précipitant à l'aide de la plus frêle égide, d'un maudit parachute non même achevé ni perfectionné? — O Horace, pour parler bon français, vous eussiez dit : Cet homme a bien le diable au corps! C'est pour le coup que s'appliquerait votre mot : *Nil mortalibus arduum est, cœlum ipsum petimus stultitia.* Nous cherchions donc à nous expliquer cette inexplicable audace, et nous avons trouvé cette explication dans la relation que vient de donner le citoyen Garnerin de sa détention en Hongrie.

Nous avons admiré un jeune homme de 25 ans qui accepte du Comité de salut public, en 1793, une commission hasardeuse, qui fait la revue du camp de Bansonnet, qui se bat à Marchiennes, qui est pris par les Anglais, qui, interrogé par eux, fait les réponses dignes d'un fier républicain, livré ensuite par les Anglais aux Autrichiens, conduit à Bude, endurant dix-huit mois les traitements les plus barbares, n'ayant pas changé de paille, et n'ayant pas montré un instant de faiblesse, pas perdu un atome de la dignité française, etc.; et nous avons cessé d'appeler folie la descente de Monceaux.

Ce jeune homme, nous sommes-nous dit, n'aura pas voulu qu'un autre qu'un Français eût la gloire de l'expérience du parachute. Cela lui a suffi : gloire nationale d'une part, engagement personnel d'une autre. Et de là nous avons conclu que, quand même sa belle Éléonore eût été présente, elle n'y eût fait œuvre. Il n'y a amours qui tiennent contre une âme sincèrement éprise du nom français, sous quelque face qu'elle se présente.

Le succès de Garnerin fut énorme, et la foule se montrait toujours plus avide de cet émouvant spectacle, qu'il exécuta maintes fois au Champ de Mars avec un plein succès. Sa nièce, Elisa Garnerin, puis Blanchard et Mme Blanchard exécutèrent également un très grand nombre de descentes en parachute, et jamais aucun accident ne termina ces expériences : par contre, le parachute ne fut jamais employé, dans aucune ascension, comme moyen de sauvetage, et, à ce point de vue, sa valeur est presque nulle.

L'application du parachute à l'aérostation est à peu près le seul fait intéressant les progrès de la navigation aérienne à cette époque. A peine est-il besoin de rappeler le nom « du citoyen Calais qui fit au jardin Marbeuf, en 1801, une expérience de vol, « ridicule et malheureuse (1) », pas plus que celui d'un officier de dragons, le commandant F. Hénin, qui, en 1801, proposa un système de ballon dirigeable à l'aide de voiles et d'un vaste parachute retourné, placé sous la nacelle, dont le dessin figure dans son *Mémoire sur la direction des aérostats*, lu le 20 thermidor an X à la Société académique des sciences de Paris.

Mais, en 1802, nous voyons pour la première fois l'aérostation s'engager dans une voie féconde et recevoir une application qui, à elle seule, suffirait pour classer l'invention des ballons parmi les plus belles conceptions de l'esprit humain : nous

(1) Dupuis-Delcourt, *Manuel d'aérostation*. Collection Roret, p. 32.

voulons parler de l'utilisation des aérostats aux recherches scientifiques et à l'étude de la physique du globe et de la météorologie.

C'est en effet le 24 juin 1802 que deux savants physiciens, Humboldt et Bompland, exécutèrent la première ascension scientifique, en s'élevant à 5 878 mètres de hauteur, où ils firent de nombreuses observations sur la pression barométrique et la température.

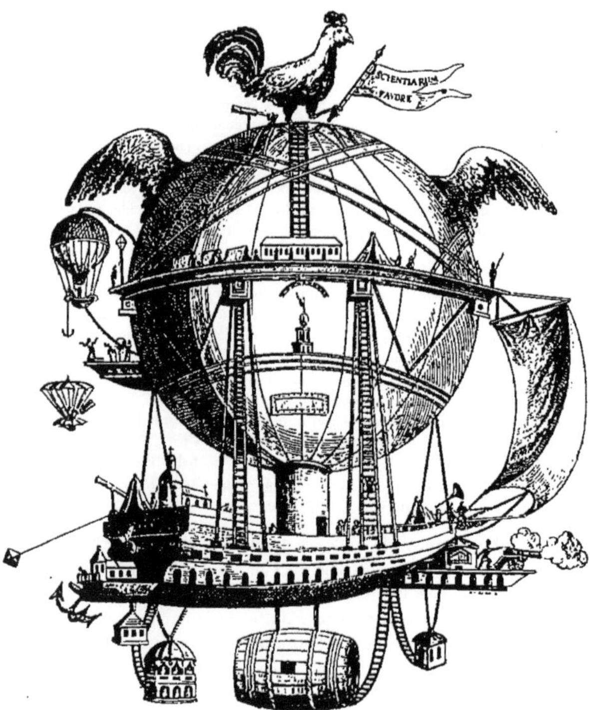

Fig. 64. — *La Minerve*, fantaisie scientifique du physicien aéronaute Robertson (1803)

L'année suivante, le physicien Robertson, celui que nous avons vu acquérir le ballon l'*Entreprenant* lors de la dispersion du matériel des aérostiers militaires, s'éleva à Hambourg, le 18 juillet 1803, avec son compatriote Lhoest. Robertson était né à Liège et avait fait son éducation à Louvain. Il se destinait à entrer dans les ordres, quand la Révolution française le détourna de ce projet. Il vint en France et se consacra à l'étude des sciences et spécialement des phénomènes électriques. Il fut même nommé professeur de physique dans un collège de province, mais il ne tarda pas à abandonner ce poste pour revenir à Paris. Il embrassa alors la carrière de l'aérostation, où il apporta les ressources de ses connaissances physiques. Il y apporta également un grain d'originalité, témoin la brochure célèbre sur un projet d'aérostat dirigeable (fig. 64) qu'il publia vers 1803 sous le titre de « *La Minerve*,
« vaisseau aérien destiné aux découvertes et proposé à toutes les Académies de
« l'Europe par le physicien Robertson. »

Ce projet était une gigantesque plaisanterie, comme on peut s'en convaincre par les quelques détails suivants : en haut de la machine est un coq, symbole de la vigilance ; « un observateur, intérieurement placé à l'œil de ce coq, surveille tout ce qui « peut arriver dans l'hémisphère supérieur du ballon ; il annonce aussi l'heure « à tout l'équipage. »

FIG. 65. — Jean-Baptiste Biot.

Au ballon est suspendu un véritable navire à trois ponts contenant un magasin pour les provisions, une cuisine, un laboratoire, une salle de réunion, un salon de musique, un atelier, etc., etc. Au-dessous du bâtiment enfin, un logement réservé « pour « quelques dames curieuses », logement éloigné du reste du navire, a soin d'expliquer Robertson, dans la crainte de donner « des distractions aux savants « voyageurs ! » La gravure qui accompagne ce projet vaut mieux d'ailleurs que toute description.

C'est dans le ballon l'*Entreprenant* que Robertson fit sa célèbre ascension du 18 juillet 1803. Il le dit expressément dans la relation de son voyage. « Ce ballon a été « construit, dit-il, avec les plus grands soins à Meudon, sous la direction de M. Conté : « il était destiné pour les armées. »

Le ballon atteignit la hauteur de 7400 mètres, au dire des aéronautes, qui furent fortement éprouvés par la raréfaction de l'air.

Roberston et son compagnon firent de nombreuses observations, principalement sur l'électricité et le magnétisme, et ils crurent remarquer un affaiblissement de la force magnétique du globe agissant sur l'aiguille aimantée, à peu près proportionnel à la hauteur au-dessus du niveau de la mer.

Ces observations et ces conclusions provoquèrent des discussions et des doutes dans le monde savant, et Robertson s'étant rendu en Russie, l'Académie des sciences de Saint-Pétersbourg lui demanda de contrôler ses observations au cours d'une nouvelle ascension dans laquelle il serait accompagné par l'un de ses membres, Saccharoff. Cette seconde ascension sembla confirmer les résultats déjà obtenus par Roberston ; mais à Paris, le fait de la décroissance du magnétisme avec la hauteur dans l'atmosphère fut combattu énergiquement par Laplace à l'Académie des sciences, qui résolut de faire exécuter une nouvelle ascension par deux de ses membres, Biot (fig. 65) et Gay-Lussac (fig. 66), afin de fixer définitivement un point si important de la physique du globe.

Conté fut chargé de la construction du ballon, et le départ, d'abord fixé au Luxembourg, eut lieu dans le jardin du Conservatoire des Arts et Métiers, le 20 août 1804.

Biot et Gay-Lussac, au cours de cette ascension demeurée célèbre, firent de très nombreuses observations de la plus haute importance. Ils démontrèrent que, contrairement aux suppositions de Robertson et de Saccharoff, la force magnétique ne décroît pas avec l'altitude, et se rendirent compte que l'erreur de ces physiciens provenait de la difficulté que présente l'observation de l'aiguille aimantée au milieu des oscillations et des rotations continuelles auxquelles l'aérostat est soumis. Ils remarquèrent que l'hygromètre accusait une diminution sensible de l'humidité de l'air à mesure que l'on s'élevait davantage ; enfin ils recueillirent d'intéressantes observations sur l'état électrique et la température de l'air à différentes altitudes.

Fig. 66. — Joseph-Louis Gay-Lussac.

Ils atteignirent, au cours de cette ascension, la hauteur de 3 977 mètres, et, désirant contrôler leurs observations en opérant à 6 000 mètres, ils convinrent de se laisser descendre à terre pour permettre à l'un d'eux de quitter la nacelle : l'autre serait remonté en profitant de l'allègement résultant de ce départ. Seulement personne ne s'étant trouvé à leur atterrissage pour aider à cette manœuvre, ils ne purent exécuter ce projet et terminèrent leur voyage à Mériville, petit village du département du Loiret, à dix-huit lieues de Paris.

Cette belle ascension, si riche en résultats scientifiques, fut renouvelée le 16 septembre 1804 par Gay-Lussac seul (fig. 67), qui atteignit 7 016 mètres au-dessus du niveau de la mer ! Il vérifia l'exactitude des observations précédentes, et rapporta des hautes régions où son ballon l'avait entraîné deux échantillons d'air puisés aux altitudes de 6 561 mètres et de 6 636 mètres. Ces échantillons, soumis ensuite à l'analyse au laboratoire de l'École polytechnique, donnèrent une composition absolument analogue à celle de l'air recueilli à la surface du sol.

Gay-Lussac termine ainsi la relation de ses expériences :

Voilà les deux principaux résultats que j'ai recueillis : j'ai constaté le fait que nous avions observé, M. Biot et moi, sur la permanence sensible de l'intensité de la force magnétique lorsqu'on s'éloigne de la surface de la terre, et de plus, je crois avoir prouvé que les proportions d'oxygène et d'azote qui constituent l'atmosphère ne varient pas non plus sensiblement dans des limites très étendues. Il reste encore beaucoup de choses à éclaircir dans l'atmosphère, et nous désirons que les faits que nous avons recueillis jusqu'ici puissent assez intéresser l'Institut pour l'engager à nous faire continuer nos expériences.

Ce vœu ne fut malheureusement pas écouté, et malgré les résultats de premier

FIG. 67. — Ascension de Gay-Lussac à Paris, le 16 septembre 1804.

ordre obtenus au cours de ces deux ascensions, l'aérostation scientifique subit un temps d'arrêt presque aussi long que l'aérostation militaire.

Avant de quitter Gay-Lussac et ses ascensions, rappelons l'anecdote contée par Arago sur le second voyage que nous venons de relater. Donc, suivant Arago, Gay-

Lussac voulant s'élever toujours plus haut, jeta par-dessus bord tout ce qui lui tombait sous la main, et entre autres ustensiles une chaise en bois blanc qui vint choir dans un buisson à quelques pas d'une jeune gardeuse de moutons. Grand émoi de la bergère pour qui l'aérostat, très élevé alors, demeurait absolument invisible. Évidemment la chaise tombait du paradis. Tout le village accourut voir la chaise miraculeuse, et l'on remarquait non sans étonnement que, pour un meuble appartenant au mobilier du paradis, cette chaise était bien grossière. Enfin les journaux, en publiant le récit circonstancié du voyage de Gay-Lussac, donnèrent le mot de l'énigme, et la chaise redevint ce qu'elle avait toujours été, un produit très ordinaire de l'industrie humaine.

Fig. 68 — Le comte François Zambeccari.

A peu près à l'époque où, en France, avaient lieu les ascensions scientifiques que nous venons de raconter, un noble habitant de Bologne, le comte François Zambeccari (fig. 68) entreprenait une série d'ascensions avec un système ayant quelque analogie avec l'aéro-montgolfière de Pilâtre de Rozier, et qui devait avoir pour son inventeur un résultat aussi funeste.

Le comte Zambeccari, qui, étant au service dans la marine royale d'Espagne, avait été pris par les Turcs en 1787, fut enfermé jusqu'en 1790 dans le bagne de Constantinople. C'est dans cet asile du malheur et de l'oisiveté, dit-il lui-même dans ses mémoires, qu'il médita profondément sur l'art aérostatique et qu'il conçut sa théorie pour la direction des aérostats. Son système consistait à obtenir à volonté des déplacements verticaux en faisant varier la température du gaz de l'aérostat au moyen d'une lampe à esprit-de-vin à vingt-quatre mèches : à l'aide d'un système ingénieux d'éteignoirs, il pouvait modifier le nombre des mèches allumées, de façon à échauffer plus ou moins le gaz du ballon. Il pensait alors qu'ayant bien équilibré son ballon à une certaine hauteur, la moindre impulsion donnée à la nacelle au moyen de rames devait le diriger comme il l'entendait. Cette partie de sa théorie ne tient pas debout, tandis que, à part le danger de tenir ainsi une lampe à esprit-de-vin allumée au voisinage d'une masse d'hydrogène, le moyen qu'il préconisait pour faire varier sa force ascensionnelle était parfaitement juste.

Au dire de certains témoins, Zambeccari, dans des expériences préliminaires, aurait obtenu un résultat parfait, revenant sans difficulté à son point de départ, ce qui paraît absolument invraisemblable.

Une première fois Zambeccari faillit brûler : au départ, son ballon heurta un arbre, la lampe se renversa, l'esprit-de-vin se répandit sur ses vêtements, et ce fut couvert de flammes que Zambeccari disparut aux yeux de la foule terrifiée. Il parvint cependant à se rendre maître du feu et réussit à redescendre, mais couvert de brûlures. Il n'en persista pas moins à exécuter son programme, et après des difficultés de toutes sortes qui compromirent sa fortune, il partit le 7 septembre 1804 à minuit, accompagné d'Andréoli et de Grassetti. « Nous nous élevâmes lentement, raconte Zambeccari, et planâmes très longtemps sur la ville ; mais soudain nous montâmes avec « une rapidité inconcevable, et un fort vent du Sud-Ouest nous porta en un instant « hors de la vue des spectateurs. »

L'ascension fut des plus mouvementées : entraînés d'abord à des hauteurs prodigieuses, les trois voyageurs, saisis par un froid insupportable, perdirent tout sentiment et ne sortirent de leur engourdissement qu'en s'apercevant qu'ils tombaient dans la mer Adriatique. Ils jetèrent précipitamment tout ce qui se trouvait dans la nacelle, lest, instruments, vêtements, etc.

Ainsi allégé, l'aérostat repartit tout d'un coup, mais il s'éleva de nouveau si rapidement et à une telle hauteur, que Zambeccari fut pris d'un vomissement considérable, et Grassetti d'un abondant saignement de nez ; leur poitrine était oppressée et leur respiration très difficile. Leurs vêtements trempés se couvrirent de glace, et pendant une demi-heure ils restèrent dans ces régions élevées où la lune leur paraissait couleur de sang. Mais bientôt la descente recommença, et ils tombèrent une seconde fois à la mer, l'eau leur arrivant à mi-corps.

Pendant plusieurs heures, les malheureux furent traînés et ballottés sur les flots. Au point du jour, ils se trouvaient seulement à quatre milles environ de Pesaro, lorsqu'un coup de vent les rejeta en pleine mer. Ils semblaient voués à une mort certaine, quand un navire les aperçut et envoya une chaloupe les recueillir. Il était temps : Grassetti ne donnait plus que quelques faibles signes de vie : Zambeccari lui-même avait les mains mutilées, et il dut subir l'amputation de trois doigts.

A peine remis, Zambeccari reprit ses expériences avec l'appui financier du roi de Prusse. Elles devaient le conduire à la mort. Le 21 septembre 1812, il fit une nouvelle ascension à Bologne : en quittant le sol, son ballon heurta un arbre, et le choc renversa la lampe à esprit-de-vin, qui incendia le ballon. Malgré ses efforts, Zambeccari ne put se rendre maître du feu, et il fut précipité à terre : quelques instants après il était mort!

En dehors de ces expériences, qui se terminèrent d'une façon si tragique, l'aérostation ne servit plus, à l'époque où nous sommes arrivés, qu'à ajouter aux fêtes publiques (fig. 69) un spectacle toujours émouvant. Garnerin était alors le favori des Parisiens, et ses ascensions étaient fréquentes. Il était devenu un peu l'aéronaute officiel ; aussi lorsque, à l'occasion de son sacre, Napoléon Ier voulut qu'une expérience aérostatique vînt ajouter son éclat aux fêtes qu'il donna à Paris, ce fut Garnerin qui fut chargé de cette partie du programme, et il reçut pour cela du gouvernement la somme de 23 500 francs.

A l'issue du feu d'artifice représentant le *Passage du mont Saint-Bernard*, au moment où le bouquet faisait éclater en l'air ses mille fusées, Garnerin lança du parvis Notre-

Dame un immense ballon tout pavoisé de drapeaux, et portant un aigle et une couronne impériale illuminée par trois mille verres de couleur. Le départ eut lieu à onze heures du soir au milieu des acclamations de tout Paris.

Fig. 69. — Lancement d'une montgolfière en Italie, à l'occasion d'une fête populaire et religieuse.

Le lendemain matin, à la pointe du jour, on vit, dans la campagne de Rome, un ballon tout pavoisé qui semblait se diriger sur la Ville Éternelle. Il plana un instant au-dessus de la coupole de Saint-Pierre et du Vatican, traversa la ville, toucha terre deux ou trois fois et s'abattit enfin dans le lac Bracciano.

On put lire alors l'inscription suivante tracée en lettres d'or sur sa surface : « *Paris, 25 frimaire an XIII, couronnement de l'empereur Napoléon par S. S. Pie VII.* »

C'était le ballon du sacre (fig. 70) qui, parti la veille au soir de Paris, apportait à Rome l'annonce du grand événement qui venait de s'accomplir ; à quelques heures d'intervalle, le messager céleste avait visité les deux capitales du monde.

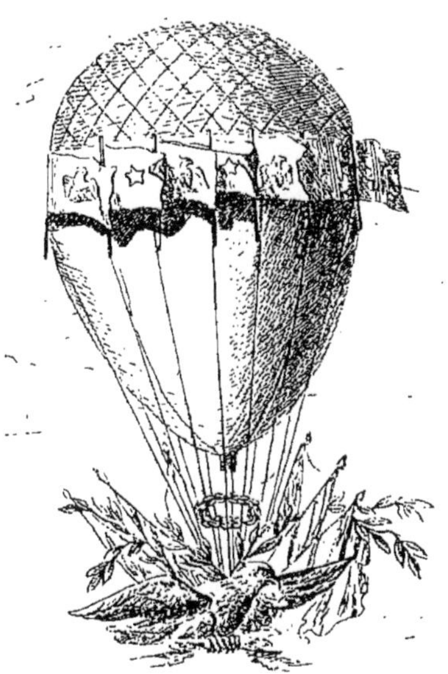

Fig. 70. — *Ballon du Sacre*, lancé à Paris par Garnerin, le 16 décembre 1804, et tombé le lendemain dans la campagne de Rome.

Une circonstance extraordinaire vint donner à cette ascension un nouvel intérêt et frapper d'une manière inattendue l'esprit de Napoléon. Dans les derniers moments de sa course vagabonde, le ballon, rasant le sol, rencontra un monument antique sur lequel s'accrocha et se rompit la couronne impériale, dont une partie resta fixée à un angle de ce monument : c'était le tombeau de Néron.

On devine les allusions qui furent faites à propos de cet incident, et les propos qui coururent au sujet de cette couronne impériale venant se briser sur le tombeau du tyran. Le bruit qui se fit autour de cette circonstance, assurément fort étrange, parvint aux oreilles de Napoléon : celui-ci, d'un esprit naturellement porté aux côtés mystérieux et fatidiques des événements, fut vivement frappé de l'incident et s'en montra tellement affecté et mécontent qu'il défendit qu'on lui parlât jamais de Garnerin et de son ballon, et depuis lors Garnerin cessa complètement d'être l'aéronaute officiel de l'Empire. Le dépit de Napoléon s'étendit d'ailleurs à toute l'aérostation, qui ne fut jamais en faveur auprès de lui.

Le ballon du couronnement resta jusqu'en 1814 suspendu à la voûte du Vatican à Rome : une inscription relatait son voyage et sa descente, mais elle était muette sur la circonstance du tombeau.

TROISIÈME PARTIE

PÉRIODE HÉROIQUE

LES DEUX ÉCOLES

CHAPITRE XIII

LES INVENTEURS MALHEUREUX

L'horloger Jacob Degen et le vol à tire-d'ailes. — Volera! Volera pas! — Un insuccès complet. — Le propulseur Guillaume. — La *Société des transports aériens*. — Le ballon planeur de Guillié. — Mme Blanchard. — Comment un aéronaute prend femme. — Catastrophe du 6 juillet 1819. — Napoléon III aéronaute. — Le ballon à chevaux de Génet. — Le Berrier et Lennox. — L'*Aigle*. — Une foule cruelle et stupide. — Les ballons-vis. — Le petit ballon de Lassie. — Eubriot. — Parachute de Cocking. — Les petits profits d'un aubergiste anglais.

Après l'enthousiasme des premières années qui suivirent l'invention des ballons, l'aérostation avait subi un temps d'arrêt pendant la tourmente révolutionnaire, qui vit cependant naître l'aérostation militaire et le parachute.

Le régime impérial, avec les grandes guerres qui l'accompagnèrent, ne fut pas non plus favorable aux progrès de la navigation aérienne. Napoléon Ier, d'ailleurs, n'aimait pas les ballons et leur garda toujours rancune de l'incident de la couronne impériale brisée sur le tombeau de Néron.

Bientôt, cependant, la recherche du grand problème vint de nouveau s'imposer à l'esprit des inventeurs, et les projets de direction des ballons vont peu à peu devenir légion ; mais ils ne seront plus seuls à occuper l'attention de la foule : l'aviation, un instant éclipsée par la retentissante découverte des Montgolfier, va rentrer en scène et s'imposer à son tour à la faveur publique.

La période qui s'ouvre comprend un demi-siècle d'efforts et de tentatives souvent remarquables, où les partisans du *plus lourd* et ceux du *plus léger* que l'air rivaliseront d'ingéniosité et de persévérance pour la conquête de l'atmosphère.

Ce grand mouvement ira en s'accentuant d'année en année, pour atteindre son apogée en 1852 pour les ballons, avec Giffard et son aérostat à vapeur, et une dizaine d'années plus tard, en 1863, pour les appareils mécaniques, avec Nadar et la phalange des aviateurs ardents et convaincus qui prennent pour devise : *Mort aux ballons!* C'est la période héroïque.

De 1808 à 1812, il ne fut question par toute l'Europe que des travaux de l'horloger viennois Jacob Degen, qui, au dire des journaux, s'était élevé en 1808 au moyen d'une machine de son invention.

Jacob Degen, né à Bâle, était, nous apprend G. de la Landelle, le fils d'un industriel que l'impératrice Marie-Thérèse appela en Autriche pour y introduire l'art de la rubannerie en soie. Il travailla près de son père jusqu'à l'âge de dix-neuf ans, mais un goût prononcé pour les arts mécaniques le décida à se faire horloger, et c'est en cette qualité qu'il s'était établi à Vienne. Dans cette ville, il assista à des ascensions aérostatiques exécutées par Blanchard et par Robertson, qu'il fréquenta particulièrement. Il s'enflamma d'ardeur pour l'aérostation et conçut le projet de donner une solution complète de la navigation aérienne.

Il construisit alors un appareil formé de grandes ailes-parachutes assez semblables à celles que Blanchard avait expérimentées lorsqu'il parvenait à s'enlever avec un contrepoids de six ou huit livres. Degen s'élevait avec son appareil, en s'aidant de même d'un contrepoids pesant $\frac{13}{24}$ de son poids et de celui de ses ailes. Il volait donc à moitié, et il espérait, en perfectionnant celles-ci, arriver à voler entièrement. Ces premières expériences exécutées au Prater, à Vienne, en 1808, furent l'objet d'une publicité considérable.

Voulant s'affranchir du contrepoids, Degen ne tarda pas à le remplacer par un ballon sphérique à hydrogène qui lui communiquait le supplément de force ascensionnelle qui lui manquait, et, après quelques expériences privées, il fit une tentative publique le 12 novembre 1808. Profitant d'un temps fort calme, il s'éleva, descendit, remonta à volonté, se déplaça de même, et remporta un succès fou. Plus de doute, la navigation aérienne était trouvée! On tenait la direction des ballons! Hélas! combien de fois l'a-t-on tenue déjà, cette fameuse direction des ballons!

L'empereur d'Autriche sanctionna les acclamations populaires en accordant à l'heureux inventeur une récompense de 4000 florins.

Mais il manquait à Degen la ratification de Paris. Il partit donc pour la France, et bientôt tout Paris fut dans l'attente de la grande expérience qui lui était promise.

> Volera-t-il? Ne volera-t-il pas? Voilà ce qu'on se dit depuis quelques jours dans les places publiques, dans les promenades, dans les salons dorés, dans les boutiques des marchands : volera-t-il, ne volera-t-il pas ! A quoi servent les journalistes s'ils ne parlent jamais qu'après l'événement ?

C'est ainsi que débute un article dans le *Journal de Paris* du 9 juin 1812 et dont l'auteur, détail piquant, n'est autre que le célèbre Jacques Garnerin.

Dans le n° du 10 juin, le *Journal de Paris* reproduisait textuellement l'affiche annonçant la prochaine ascension. En voici des extraits qui donnent quelques détails sur l'appareil :

> Ses ailes ont 22 pieds d'envergure et 8 pieds et demi dans leur plus grande largeur. Chaque

mouvement qu'il leur imprime déplace 130 pieds carrés d'air atmosphérique, et à chacun des battements, il pourrait enlever un poids de 160 livres, tandis que la force ascensionnelle du ballon dont il se sert n'est que de 90 livres environ : ce qui donne en faveur de ses ailes quand elles sont en mouvement une différence de 70 livres... Ce ballon ne lui est d'aucune utilité pour sa direction, mais il est obligé de l'employer comme contrepoids, pour le maintenir en équilibre et le soulager en même temps dans sa manœuvre ; du reste, il en est parfaitement le maître et le force à suivre tous ses mouvements.

M. Degen laisse aux Français l'honneur de la découverte sublime des ballons ; mais il réclame pour lui celle de la direction à volonté, que personne n'a encore pu trouver jusqu'à présent.

Les ailes qu'il employait (fig. 71) avaient, vues par dessous, la forme de feuilles de peuplier ; elles étaient formées de parties séparées imitant les plumes des ailes d'oiseau, et constituées par des bandes de taffetas montées sur des baguettes de jonc. Elles étaient fixées sur une espèce de collier et placées, par conséquent, au-dessus des épaules de l'opérateur. Des cordes aboutissant à ces ailes étaient attachées à deux traverses que Degen pouvait mettre en mouvement à l'aide des mains. Une traverse inférieure servait d'appui aux pieds, l'aéronaute étant ainsi dans la position verticale.

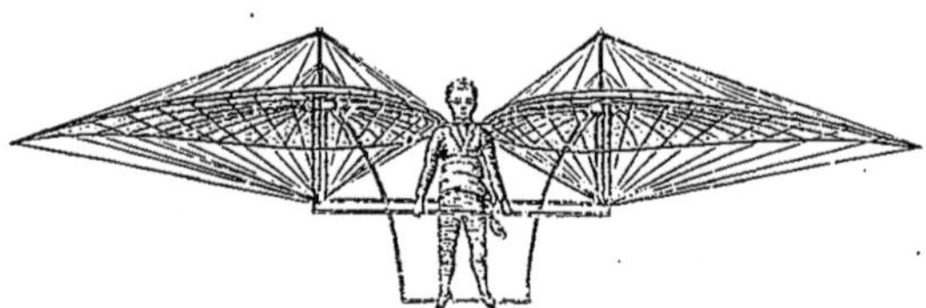

Fig. 71. — L'appareil volant de Jacob Degen.

L'expérience eut lieu le mercredi 10 juin 1812 à quatre heures de l'après-midi. Le *Journal de Paris* en donne un compte rendu humoristique dans son numéro du 16 juin. L'article est intitulé : *Donnons-lui sa revanche.*

Nos pères ont bien mal fait de mourir si vite. Pourquoi se sont-ils tant pressés? que de belles choses ils auraient vues s'ils avaient voulu se donner la peine d'attendre un instant ! Pauvres gens ! je les plains, ils marchaient : nous volons aujourd'hui. Cette découverte aurait dû être faite par un Français : nous sommes si légers ! mais la gloire en était réservée aux Allemands. C'est grâce à M. Degen qu'il est reconnu que l'homme est un volatile. L'illustre inventeur, fort de sa conscience et de ses ailes de 22 pieds d'envergure, s'est élevé majestueusement dans les airs, où je crois qu'il serait encore s'il ne s'était souvenu qu'il avait un petit compte à régler avec le caissier de Tivoli. Cependant, il faut bien en convenir, M. Degen n'a pas tenu ce qu'il nous avait promis : il devait, si j'ai bien lu son affiche, se diriger contre le vent : et de fort honnêtes gens prétendent que c'est le vent qui a dirigé M. Degen ; en vérité, ce vent du Nord est trop honnête : il a cru, sans doute, rendre un service au mécanicien de Vienne en le secondant de son mieux : ce n'était point là ce qu'on lui demandait. De son côté, M. Degen, en homme qui sait vivre, n'a point voulu contrarier un hôte aussi obligeant, et il a consenti pour cette fois seulement à faire toutes ses volontés ; mais il ne faut pas que le vent du Nord s'y habitue, sinon M. Degen partira par un vent du Midi, et au lieu d'aller de Tivoli à Chatenay, il pourrait bien venir de Chatenay à Tivoli, ce qui changerait sa direction.

Quoiqu'il en soit, et malgré toutes les plaisanteries qu'on a pu faire sur le vol à tire-d'ailes, il serait souverainement injuste de juger le mérite d'une invention d'après une seule expérience ; M. Degen a perdu la partie, donnons-lui sa revanche...

Le deuxième essai, fait le 7 juillet, ne fut pas plus heureux, et une troisième expérience, exécutée le 5 octobre au Champ de Mars (fig. 72), termina de la façon la plus malheureuse la carrière, à Paris, de l'infortuné inventeur.

M. Degen, dit le *Journal de Paris* du 6 octobre 1812, M. Degen, qui a été accueilli en France avec indulgence, a prouvé hier qu'il n'était qu'un misérable charlatan qui ne cherchait qu'à tromper le public ; ne pouvant remplir ses promesses, il a été exposé à l'indignation des spectateurs, et l'intervention de la police a été nécessaire pour prévenir les désordres auxquels il avait donné lieu. La recette a été saisie et envoyée au bureau de bienfaisance, de sorte que M. Degen n'a volé en aucune manière.

Le trait était sanglant, mais moins dur pour le pauvre aéronaute que ne le fut le

FIG. 71. — Expérience de Degen au Champ de Mars, le 5 octobre 1815 (caricature).

public du Champ de Mars, qui brisa les barrières, mit en pièces l'appareil et frappa même le malheureux Degen. Il fut bafoué, caricaturé et chansonné de mille manières. Une gravure (fig. 72) le représente brutalisé par la foule, avec cette légende non moins cruelle que la foule elle-même : « Nouvelle charrüe, sans brevet d'invention, « propre à labourer la terre sans chevaux, inventée par M. Deghen, célèbre mécanicien « allemand, essayée au Champ de Mars 5 octobre 1815. » Le théâtre des Variétés eut un succès fou avec une pièce intitulée le *Pâtissier d'Asnières*, dans laquelle l'acteur Brunet représentait Degen sous le nom de *Vol-au-Vent*.

Au dire de ceux qui connaissaient ses expériences de Vienne, Degen ne méritait pas cet indigne traitement, trop souvent réservé aux inventeurs malheureux.

La meilleure critique de son système est celle qu'en a faite le *Moniteur* du 13 juin 1812.

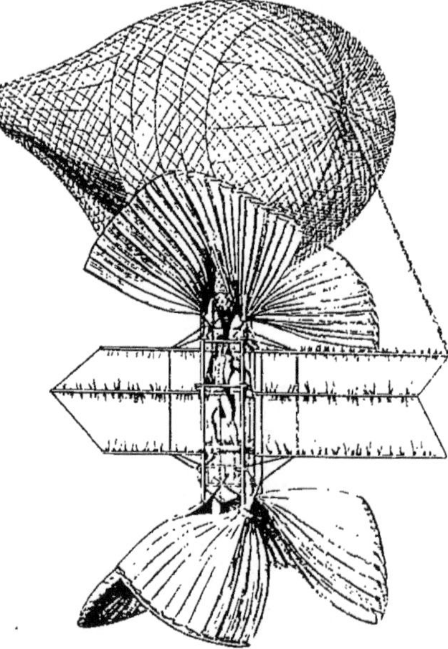

Fig. 73. — Ballon dirigeable de Guillaume (1816).

Il est étonnant, dit l'auteur de cet article, qu'avec les connaissances variées que M. Degen réunit, il n'ait pas reconnu, même avant son expérience, qu'en supposant à ses ailes la force nécessaire, non pour le soutenir, mais pour le diriger, *elles ne pourraient jamais en avoir assez pour entraîner avec elles dans leur direction le ballon qui soutient l'aéronaute*. Les enfants qui s'essayent à nager avec des appuis factices savent très bien qu'ils ne leur servent qu'en suivant le courant, et qu'*ils deviendraient un obstacle s'ils voulaient remonter ce courant*. La parité est ici fort loin d'être égale, mais la comparaison est tout à fait au désavantage du procédé de M. Degen.

C'était parler en véritable aviateur, et mettre le doigt sur la grosse difficulté de la direction des ballons, difficulté qui gît tout entière dans l'énorme surface que ceux-ci présentent au vent.

Ce fut aussi à des ailes (fig. 73) que Guillaume, en 1816, demandait la propulsion de son aérostat ; du moins celui-ci employait-il un aérostat allongé pour diminuer la résistance de l'air ; mais le moteur employé, la force humaine, était totalement insuffisant et sa tentative, faite au Champ de Mars, n'aboutit à aucun résultat.

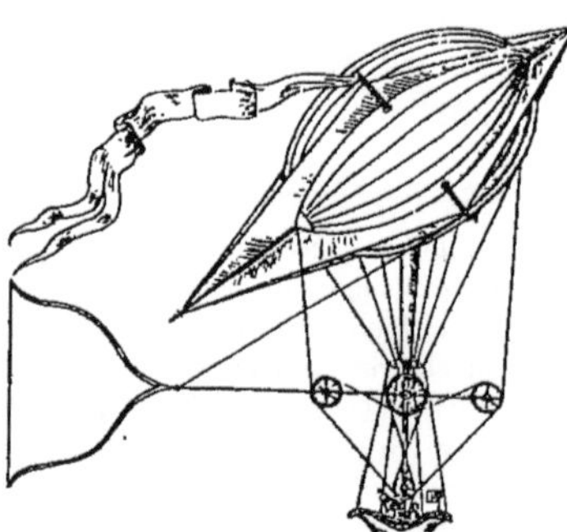

Fig. 74. — Projet de ballon planeur de Ch. Guillié (1816).

La même année, Pauly, de Genève, l'inventeur du fusil à piston, s'associa avec un Anglais, Egg, l'armurier du roi Georges IV, pour établir à Londres une *Société de Transports aériens*. Ils entreprirent la construction d'un immense ballon en forme de baleine et n'eurent absolument aucun succès.

Il convient de signaler encore le projet de ballon planeur de Ch. Guillié, en 1816, dans lequel un système de cordages et de poulies (fig. 74) permettait de faire varier l'inclinaison du ballon : celui-ci, de forme ovoïde, portait de vastes plans de planement offrant à l'air une grande résistance. Nous avons vu, à propos du projet du baron Scott, comment, dans l'idée des inventeurs, cette disposition devait permettre d'utiliser pour la propulsion les montées et les descentes successives de l'aérostat. Un vaste gouvernail devait permettre la direction.

Fig. 75. — Mme Marie-Madeleine-Sophie Armant, femme de l'aéronaute Blanchard.

Ce projet mérite d'être retenu, car nous retrouverons plus loin, dans *l'Avisol* de M. Arsène Olivier, cette idée reprise et d'ailleurs notablement perfectionnée.

De nombreux projets, dont aucun n'est à retenir et qui ne donnaient lieu d'ailleurs à aucune expérience, étaient publiés tous les jours, mais l'aérostation ne progressait pas, et si la faveur du public ne lui faisait pas défaut, elle ne se manifestait guère que dans les fêtes publiques. Nous n'avons donc pas grand'chose à glaner pendant ces années qui soit intéressant au point de vue de la navigation aérienne proprement dite.

Nous ne pouvons cependant passer sous silence la catastrophe du 6 juillet 1819, qui causa dans tout Paris une si profonde émotion et qui coûta la vie à une intrépide aéronaute, Mme Blanchard, la veuve du célèbre aéronaute dont nous avons raconté les travaux.

Marie-Madeleine Sophie Armant (fig. 75) était née le 25 mars 1778 près de La Rochelle ; très jeune elle avait épousé l'aéronaute Blanchard, dont elle n'a pas eu d'enfants.

Fig. 76. — Ascension de Mme Blanchard le 4 mai 1814 à l'occasion de l'entrée de Louis XVIII à Paris.

L'histoire de son mariage est curieuse à rappeler : elle fut demandée par son futur mari dès avant sa naissance. On raconte en effet que Blanchard, se trouvant un jour dans la campagne aux environs de La Rochelle, rencontra une robuste paysanne à laquelle il annonça qu'elle aurait prochainement une fille, et lui promit de revenir 16 ans plus tard pour l'épouser. Cette brave femme eut en effet une fille, et Blanchard, tenant sa parole, l'épousa en 1784.

Mme Blanchard ne tarda pas à embrasser la carrière de son mari, qui, après avoir gagné des millions avec ses ascensions, mourut dans la misère en disant à sa femme : « Tu n'auras après moi, ma chère amie, d'autre ressource que de te noyer ou de te pendre. » Elle fit mieux, et rétablit sa fortune en devenant l'aéronaute chérie du public (fig. 76).

C'était une femme petite, dit Dupuis-Delcourt, mais dont la taille bien prise et bien proportionnée n'était pas sans agrément ; elle était extrêmement brune et son visage était dépourvu de cette douceur, de cette grâce qui constituent principalement dans une femme la beauté ; mais sa physionomie était expressive : ses yeux vifs et noirs pétillaient de feu, et elle parlait avec animation.

Le 6 juillet 1819, elle s'éleva du milieu du Tivoli de la rue Saint-Lazare, où une foule énorme se pressait à l'occasion d'une fête de nuit. L'ascension se fit au milieu des flammes de Bengale, au bruit des fanfares et aux acclamations frénétiques du public. Bientôt du ballon lui-même partent des feux d'artifice, des gerbes d'étincelles et une pluie d'or qui soulèvent encore l'admiration de la foule. Mais soudain une flamme bleue et inattendue s'aperçoit dans la nacelle : on voit Mme Blanchard se lever, comprimer l'orifice inférieur du ballon, puis la flamme réapparaître au-dessus de celui-ci, et une immense colonne de feu s'élever au sommet de l'aérostat. L'hydrogène s'était enflammé au contact de la lance à feu servant à l'aéronaute à allumer les pièces d'artifice.

Cependant, à part un petit nombre de personnes qui se rendaient compte de ce qui arrivait, le public croyait à un nouveau spectacle, et les applaudissements redoublaient ! on criait : « Bravo ! vive Mme Blanchard ! »

Le ballon se dégonflait rapidement, mais la descente n'était pas rapide, et l'infortunée qui, résignée à son sort, s'était assise immobile dans la nacelle, aurait pu échapper à la mort. Un hasard malheureux vint au contraire dénouer tragiquement cette aventure : le ballon, peu à peu dégonflé, vint s'abattre sur le toit de la maison portant le n° 16 de la rue de Provence : la nacelle glissa sur le toit et rencontra un crochet qui l'arrêta brusquement. La secousse qui eut lieu projeta Mme Blanchard hors de la nacelle. On l'entendit crier : « A moi ! » et elle tomba la tête fracassée sur le pavé de la rue, où la ramassèrent des employés de Tivoli qui accouraient à son secours.

Lorsque la nouvelle de cette catastrophe arriva à Tivoli, à la joie la plus bruyante succédèrent la stupeur et la consternation, et la fête fut suspendue. Une souscription ouverte parmi les spectateurs produisit quelques milliers de francs qui furent consacrés à élever à la mémoire de Mme Blanchard un monument au Père-Lachaise, où elle fut enterrée le lendemain.

En 1825, un inventeur, qui acquit plus tard une grande célébrité, mais dans un ordre d'idées tout différent, le prince Louis-Napoléon Bonaparte, le futur empereur Napoléon III, dressa le projet d'un aérostat à hélice avec ballonnet intérieur gonflé d'air par une soufflerie. Outre son intérêt historique, ce projet est intéressant en ce sens qu'il montre que les idées du général Meusnier n'étaient pas perdues tout à fait.

Un physicien français, réfugié en Amérique pendant la Révolution, Edmond-Charles Génet, membre correspondant de l'Institut, publia en 1825 un projet d'aérostat dirigeable assez curieux ; le ballon avait la forme d'une coupole allongée et plate par-dessous : la partie inférieure était constituée par la nacelle, qui complétait la forme générale du navire aérien (fig. 77). L'appareil propulseur était formé de grandes roues à aubes n'agissant sur l'air que dans un sens, et actionné par un manège à chevaux : deux de ces animaux devaient, en effet, figurer au nombre de l'équipage.

La nacelle renfermait de plus un appareil à fabriquer de l'hydrogène, de façon à réparer en route les pertes de gaz. Enfin, un gouvernail à l'arrière assurait la direction du navire aérien. L'auteur, on le voit, s'était préoccupé de trouver une force motrice plus puissante que la force humaine, et il dit, dans son mémoire, que dès 1784 il avait indiqué l'emploi de la vapeur comme devant un jour être appliquée à la traction des aérostats. Charles Génet est donc, à ce point de vue, un précurseur à signaler.

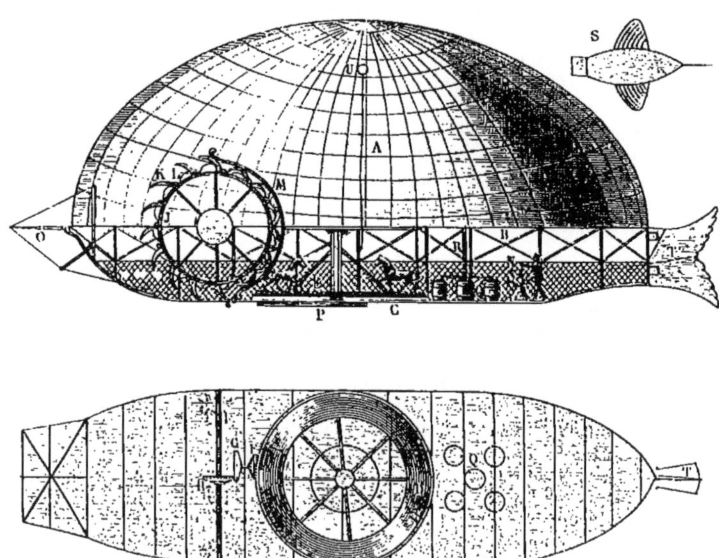

Fig. 77. — Ballon à chevaux de Génet.

Vue de côté et en plan d'un aérostat de 152 pieds de long sur 46 de large et 54 de haut, capable d'enlever 73 152 livres (mesures anglaises).

A, enveloppe aérostatique.
B, plateforme.
C, pont.
D, roue horizontale.
E, roue dentée de biais.
F, petite roue dentée de biais (3 pieds de diamètre).
G, seconde roue de biais (6 pieds de diamètre).
H, troisième roue de biais (6 pieds de diamètre).
I, arbre de roue.
J, roue aérienne (20 pieds de diamètre).
K, aubes ou palettes.
L, ressort.
M, frein.
N, roue pilote (5 pieds de diamètre).
O, coupe-vent.
P, ailes fermées.
Q, laboratoire.
R, robinets.
S, vue, à vol d'oiseau, de l'aérostat les ailes déployées.
T, queue ou gouvernail.
U, soupape de décharge.

En 1834 eut lieu une tentative dont les préparatifs eurent un retentissement considérable. Malheureusement, devant l'insuccès de l'expérience, la foule montra une fois de plus que si elle tient compte du succès, elle est en revanche, dans son ignorance, sans pitié pour les inventeurs malheureux, eussent-ils sacrifié temps et fortune à poursuivre leur idée. Et cependant que de progrès réalisés, que de résultats définitivement acquis grâce aux insuccès antérieurs. Dans le cours de l'année 1827, un médecin du Havre, le Dr Le Berrier, né à Melun, abandonnait l'exercice de sa profession pour se consacrer à la recherche de la navigation aérienne. Il employa plusieurs années à la construction d'un ballon dirigeable, et, sur le point de l'essayer, il eut la douleur de le voir mis en pièces par une tempête qui emporta le hangar où il était remisé.

Ruiné, mais non découragé, Le Berrier vient à Paris, multiplie ses démarches pour trouver un associé, et enfin, en 1830, a la joie de convertir à ses idées un ancien chef d'escadron, le comte de Lennox, qui met à sa disposition une fortune importante. Les deux associés firent ensemble une ascension à Paris, le 27 août 1832, et la construction du grand navire aérien commença.

Malheureusement, dit Dupuis-Delcourt, M. de Lennox, qui était riche alors, et d'un caractère généreux et facile, se laissa circonvenir ; il eut le tort d'éloigner, ou plutôt de laisser s'éloigner de lui le docteur Le Berrier, pour s'entourer d'hommes inexpérimentés, de parasites incapables.

Lennox continua donc seul la construction du navire aérien l'*Aigle* (fig. 78), et il répandit bientôt dans le public le prospectus suivant, qui donne la description de l'aérostat.

Société pour la navigation aérienne (1).

Note sur le premier ballon-navire l'*Aigle*, commandé par M. le comte de Lennox, MM. Guilbert, Orsi, Edan et Ph. Laurent. — M. Ajasson de Grandsagne emporte les instruments de physique pour faire des expériences correspondantes à celles qui seront répétées simultanément à l'Observatoire royal par M. Arago, dans le but de constater plusieurs faits importants de physique.

Premier voyage et manœuvres publiques au Champ de Mars, le 17 août 1834.

Ateliers de construction, Champs-Elysées, vis-à-vis le pont des Invalides.

Ballon-navire de 130 pieds de longueur sur 35 pieds de diamètre : forme d'un cylindre terminé par deux cônes, rempli d'hydrogène ; 2800 mètres cubes de capacité.

Un filet et des échelles de corde l'enveloppent entièrement. A l'intérieur il y a un second ballon contenant de l'air, de 200 mètres cubes, qui communique à l'extérieur au moyen d'un tuyau.

Nacelle de 66 pieds de longueur et 30 pouces de largeur, soutenue par des sangles attachées au filet, à 18 pouces de distance.

Vingt rames de 3 mètres carrés, construites à palettes mobiles pour agir dans différents sens.

Un long coussin, remplissant l'espace contenu entre le ballon et la nacelle, est soumis à l'action d'une pompe foulante et aspirante.

La force ascensionnelle du ballon (6500 livres) soutiendra la nacelle, les mécanismes, les instruments de physique et l'équipage.

Pour mieux étudier les courants atmosphériques et l'atmosphère en général, nous espérons nous élever et redescendre en comprimant plus ou moins, à l'aide de notre pompe, l'air contenu dans le ballon intérieur et dans le coussin de la nacelle.

Si nous trouvons un courant favorable, nous nous y maintiendrons en profitant de toute sa vitesse, qui peut dépasser cinquante lieues à l'heure.

Dans un temps calme ou par un vent ordinaire, nous ferons marcher nos rames et nos mécanismes ; nous ne ferions plus alors que deux ou trois lieues à l'heure.

(1) Collection Tissandier.

Dans les deux cas, nous croyons être maîtres de la direction.

Nous sommes déjà arrivés à d'importantes modifications, que nous proposons d'exécuter en grand d'après des modèles construits dans nos ateliers, et dans lesquels la force humaine est remplacée par un agent beaucoup plus puissant.

Nous recevrons toujours avec reconnaissance, au nom de la science aéronautique, qui se trouve aujourd'hui dans des voies de progrès, les conseils et les réflexions de tous ceux qui s'y intéressent.

On voit que Lennox considérait cette première expérience comme un essai préliminaire, et que, par la suite, il devait faire appel à un *agent beaucoup plus puissant que la force humaine.*

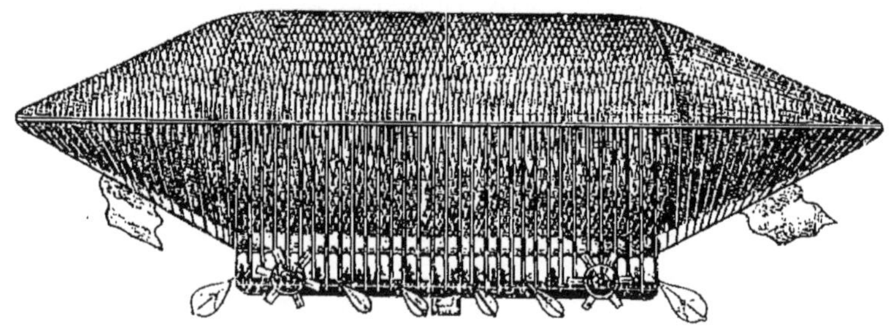

Fig. 78. — Ballon-navire l'*Aigle* du comte de Lennox (1834).

L'essai qui fut fait le 17 août 1834 fut déplorable. De grand matin, l'*Aigle* fut transporté au Champ de Mars; pendant le transport l'enveloppe fut déchirée! On ne laissa pas aux aéronautes le temps de faire les réparations nécessaires ; une foule immense, impatiente et hostile, accueillit par des huées l'aérostat à moitié dégonflé, se précipita dans l'enceinte, brisa et saccagea le ballon et le matériel, et impuissant devant la fureur idiote de la multitude, le comte de Lennox assista à la ruine de ses espérances et à l'anéantissement de ses travaux.

Les boulevards et la rue Royale étaient encore couverts d'une foule compacte de curieux se rendant tranquillement au Champ de Mars, que déjà l'appareil était en pièces et que, sur la place de la Concorde, des polissons exploitant le désastre vendaient pour 10 centimes aux passants de petits morceaux de l'étoffe imperméable (1).

Quelques mois après, le Dr Le Berrier mourait de douleur, et le comte de Lennox, complètement ruiné, était incapable de reprendre ses travaux.

Ah ! le métier d'inventeur n'est pas toujours drôle !

Le projet de Le Berrier et de Lennox avait certains mérites ; mais que dire d'idées comme celle de ce mécanicien nommé Pierre Ferrand, qui proposait, en 1835, de construire un ballon cylindrique garni sur toute sa longueur de voiles disposées en hélice ! Cette idée biscornue a séduit d'autres inventeurs, et a été reprise notamment par un inventeur nommé Lassie, mort fou d'ailleurs, en 1884, à l'âge de 79 ans, à l'hospice des Incurables.

Pendant sa longue existence, ce malheureux homme a supporté la misère.. repoussé de tous, ridiculisé, moqué, mais toujours calme et tranquille, déclarant que lui seul était possesseur du vrai moyen de diriger les ballons (2).

Voici un extrait de la note autographiée que colportait J.-B. Lassie.

Le navire aérien est un cylindre métallique de 32 mètres de diamètre et long de dix diamètres, ou 320 mètres. Quatre voilures de 9 mètres de hauteur sont soudées par-dessus, en formes de spirales faisant un tour et demi sur toute sa longueur : c'est donc une grande vis aérienne plus grande que le cylindre ou que le navire lui-même qui ne lui sert que d'axe : en faisant un tour et demi sur lui-même, il parcourt 320 mètres de distance : pour produire ce mouvement de rotation, 640 hommes placés au centre du gaz ou du cylindre, dans le tunnel ou tube métallique de 360 centimètres de diamètre, marchent circulairement au commandement du sifflet, comme les écureuils qui font tourner leur cage... Le gouvernail est un appareil cylindrique de 32 mètres de diamètre, qui ne tourne pas, mais qui se meut à droite et à gauche pour la direction. C'est dans son tunnel que sont logés les passagers de première classe, au nombre de 500, payant 100 francs par jour, ce qui donne 50 000 francs de recettes, de laquelle soustrayant 6 400 francs pour la dépense des 640 hommes faisant l'écureuil à 10 francs par jour, on a un bénéfice net de 43 609 francs ou 15 millions par an ou 15 fois le capital...

Le bon Lassie avait, on le voit, la folie des grandeurs : il a soin d'ailleurs d'ajouter : « C'est le plus petit qu'on puisse fabriquer. » Que serait-ce, mon Dieu ! s'il s'agissait d'un grand ballon !

Le ballon qu'Eubriot construisit en 1839 était plus raisonnable : il présente même une particularité intéressante : cet inventeur avait adopté une forme allongée dissymétrique, le bout avant étant plus gros que le bout arrière ; c'est la forme adoptée de nos jours pour les ballons dirigeables de Meudon, ceux-ci étant cependant plus effilés que le ballon d'Eubriot. Mais les moyens de propulsion adoptés, deux moulinets mus à bras d'homme, ne pouvaient pas donner de résultat, et la tentative faite au mois d'octobre 1839 n'eut en effet aucun succès.

Ce ne fut point non plus le succès qui couronna l'invention d'un Anglais du nom de Cocking, qui trouva la mort dans une expérience faite en Angleterre en 1836, en essayant un parachute de son invention.

Le parachute de Garnerin, comme aussi celui de Lenormand et tous ceux qui sont

(1) DE LA LANDELLE, *Dans les airs*, p. 136.
(2) *L'Aéronaute*, juin 1884.

d'un usage courant, offre à peu près la forme d'un cône dont le sommet est en haut. Il sembla à Cocking que cette forme était illogique et que l'appareil ne pouvait avoir

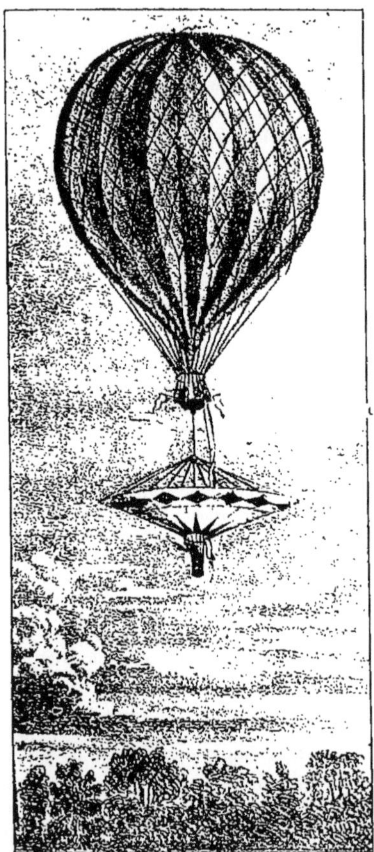

FIG. 79. — Ascension de Cocking dans son parachute.

FIG. 80. — Fatale descente en parachute où Cocking trouva la mort.

de stabilité pendant la descente qu'à la condition de renverser le cône et de lui mettre la pointe en bas (fig. 79). Il construisit donc un parachute en partant de cette idée, et, sans expérience préliminaire, se précipita dans le vide d'une hauteur de 1 000 mètres, et se tua (fig. 80).

Comme il avait payé de sa vie sa téméraire expérience, on n'eut pas assez de sarcasmes pour bafouer l'inventeur et sa théorie. « Ignorance », « folie », « déplorable appareil », « absurde » (1), etc., tout le vocabulaire usité en pareil cas tomba dru sur le pauvre aéronaute.

Cocking ne méritait pas ces jugements injustes. Sa théorie de l'équilibre des parachutes était parfaitement juste, et de nombreux et savants aviateurs ont pris sa défense.

L'un des auteurs anglais les plus compétents dans la matière, sir G. Cayley, parlant du parachute de Garnerin, dans le *Nicholson's journal*, en 1810, s'exprime ainsi :

« Les machines de ce genre, qui ont certainement été construites en vue de pro-
« curer une descente équilibrée, ont reçu, chose étonnante, la *pire des formes* qu'on
« puisse imaginer pour atteindre ce but. »

Et il démontre mathématiquement que la stabilité ne peut être obtenue qu'en renversant la surface du parachute. Il émet cet axiome :

« La forme conique avec le sommet de l'angle tourné en bas est la base principale
« de la stabilité en navigation aérienne (2). »

En France, Alphonse Pénaud, un de nos plus savants aviateurs, a montré par de nombreuses expériences la vérité de cette théorie.

Cocking n'était donc pas un fou ; mais il fut téméraire et eut le tort de jouer sa vie dans une expérience non préparée, avec un appareil bien conçu, mais mal exécuté. On raconte qu'il était sur le point de différer son ascension quand il entendit faire cette réflexion qu'il s'était trop avancé auprès du public pour pouvoir reculer.

Il s'enleva donc au Vauxhall de Londres, le 27 septembre 1836, avec l'aéronaute Green qui, à 1 000 mètres de hauteur, coupa la corde qui retenait le parachute avec Cocking. En une minute et demie, l'appareil s'étant comme replié sur lui-même, le malheureux aéronaute vint se broyer sur le sol à quelques pas de l'auberge de la *Tête de tigre* à Lee.

L'aubergiste, en bon Anglais pratique, tira parti de cette aubaine : il fit transporter chez lui le parachute brisé et le cadavre de Cocking, et moyennant trois pence, les curieux purent contempler l'appareil, et pour la même somme le cadavre. Cela rapporta 250 francs à l'honnête aubergiste.

(1) L. Figuier, *Les Merveilles de la science. Les Aérostats*, p. 529. — Bescherelle aîné, *Hist. des ballons*, p. 8.
(2) *Bulletin de la Société française de navigation aérienne*, II, p. 77.

CHAPITRE XIV

DUPUIS-DELCOURT

L'hélicoptère à réaction de Philipps. — Les aéroplanes de Henson et de Stringfellow. — L'oiseau artificiel de Duchesnay. — Marc Séguin et l'aviation. — Don Diego de Salamanque. — Le ballon d'Emile Gire. — Ballons-chapelets de Renon Grave. — Ballons-serpent de Monge. — Les vautours de Mme Tessiore. — Dupuis-Delcourt. — La flottille aérostatique. — Les ballons-paragrêle. — Histoire d'un ballon en cuivre. — Van Hecke et la Société générale de navigation aérienne. — Les ballons de l'Hippodrome. — Un aéronaute sur un clocher. — Le jeune Guérin ou l'aéronaute malgré lui. — Mort de Gale. — Green et le fou. — La ballomanie. Le Boissellofugue. — Ascensions scientifiques de Barral et Bixio. — Une chute de 6000 mètres. — John Welsh en Angleterre.

L'hélicoptère, dont la première idée remonte à Léonard de Vinci, qui a été réalisé pour la première fois par les Français Launoy et Bienvenu, et qui bientôt allait occasionner le plus formidable mouvement en faveur de l'aviation qui ait jamais eu lieu, l'hélicoptère fut l'objet d'une intéressante expérience faite en Angleterre en 1842.

Un inventeur anglais, Philipps, construisit un appareil métallique dont la description nous a été conservée par M. J. Bell Pettigrew.

Cet appareil se composait d'un générateur de vapeur sous lequel brûlait un mélange de charbon et de salpêtre; les gaz chauds dégagés par la combustion se chargeaient de la vapeur d'eau produite dans la chaudière, et ce mélange de vapeur et de gaz à haute pression s'élevait par un tuyau et se répartissait dans huit conduits servant en même temps de support à quatre palettes inclinées de 20 degrés sur l'horizon ; en s'échappant violemment par les orifices des huit tuyaux, le mélange faisait tourner les palettes avec une grande rapidité ; c'était, on le voit, un moteur à réaction, un éolipyle à grande vitesse, qui actionnait cet hélicoptère. D'après les récits de témoins oculaires, il se serait élevé à une grande hauteur et aurait traversé deux champs avant de retomber sur le sol.

L'année suivante, en 1843, il ne fut question que d'un nouvel appareil qui, assurait-on, allait définitivement résoudre le grand problème de la navigation aérienne. L'inventeur de cette machine était un Anglais, Henson, et son appareil était un *aéroplane* à vapeur. L'aéroplane, que nous voyons entrer en scène pour la première fois, n'était pas à proprement parler un appareil nouveau, car la plupart des machines essayées avant les Montgolfier pour voguer dans les airs étaient plus ou moins des aéroplanes ; presque tous ceux qui, depuis les temps les plus reculés, ont fait des tentatives de vol, n'ont en réalité fait que des expériences de glissement à l'aide de plans orientés convenablement.

Le parachute lui-même peut être assimilé à un aéroplane descendant verticalement, et cette assimilation est d'autant plus exacte que plusieurs fois les aéronautes qui ont utilisé le parachute ont obtenu des mouvements de translation à volonté, en inclinant le parachute dans le sens où ils voulaient se diriger.

C'est ainsi qu'Élisa Garnerin, ayant parié un jour d'atteindre en parachute un endroit désigné, atteignit à peu de chose près le but proposé en inclinant son

Fig. 81. — L'aéroplane à vapeur de Henson.

parachute : pour cela, elle pinçait les cordes de suspension du côté qu'elle voulait incliner, et obtenait ainsi un glissement sur l'air qui la portait dans la direction voulue. Ainsi utilisé, le parachute est un véritable aéroplane.

Enfin, le cerf-volant, connu et pratiqué dès la plus haute antiquité, au moins dans l'Extrême-Orient, est un véritable aéroplane captif.

L'aéroplane de Henson, le premier d'une série déjà longue, et qui n'a pas dit son dernier mot, avait cependant quelque chose de nouveau : il emportait, ou du moins il devait emporter sa force motrice, et dès lors, pouvant se mouvoir librement dans l'atmosphère, la réaction de l'air rencontré obliquement par la grande surface légèrement inclinée en avant devait assurer la sustention de l'appareil. C'était donc la suppression de l'aérostat, et la navigation aérienne par le *plus lourd que l'air*.

Voici, d'après un article publié par *l'Illustration* le samedi 8 avril 1843 la *description de la machine à vapeur aérienne de M. Henson*.

Que le lecteur se représente un vaste châssis en bois de 30 mètres de longueur et de 10 mètres de largeur, solide quoique léger, recouvert de soie ou de drap, remplissant l'office d'ailes, bien qu'il n'ait ni jointures, ni mouvement, et s'avançant dans l'atmosphère, un de ses côtés plus élevé que l'autre (fig. 81). Au milieu du côté inférieur s'attache une queue de 15 à 16 mètres de longueur, construite comme ce châssis ; au-dessous de cette queue est un gouvernail.

Enfin, au-dessous du châssis se trouvent suspendues la voiture destinée au transport des marchandises et des voyageurs et une machine à vapeur aussi puissante qu'elle est petite et légère, qui met en mouvement deux espèces de roues à vannes, semblables à des ailes de moulin à vent, de 7 mètres environ de diamètre et situées sous le châssis...

Fig. 82. — L'aéroplane débarquant ses voyageurs (Caricature).

Cependant, malgré sa légèreté, elle ne pourrait pas se soutenir longtemps sur l'air, elle descendrait peu à peu jusqu'à terre ; mais on remarquera, d'une part, qu'elle s'avance au milieu de l'atmosphère, sa partie antérieure légèrement élevée. Dans cette position, elle présente sa surface inférieure aux couches d'air qu'elle traverse ; la résistance que ces couches lui opposent l'empêche de tomber. D'autre part, elle est également soutenue par la rapidité de sa marche...

Sa machine, prête à partir, est lancée dans l'air de l'extrémité supérieure d'un plan incliné. A mesure qu'elle descend, elle acquiert la vitesse qui lui est nécessaire pour qu'elle puisse se soutenir sur l'atmosphère durant le reste du voyage. La résistance que l'air lui oppose ralentirait peu à peu sa vitesse : la machine à vapeur n'a d'autre but que de réparer constamment cette perte de vitesse. Un oiseau prend-il son vol du haut d'un arbre ou d'un rocher, d'abord il plonge dans l'air pour acquérir une certaine vitesse. Une fois ce mouvement imprimé, il a peu d'efforts à faire pour monter plus haut et augmenter la rapidité de sa course... M. Henson ayant lancé sa machine, lui donne, à l'aide de sa machine à vapeur, une force égale à celle des obstacles qu'elle doit surmonter.

La machine employée était une machine de 20 chevaux : la chaudière se composait d'une cinquantaine de cônes en cuivre tronqués et renversés, disposés autour et au-dessus du foyer : le condensateur était formé d'un faisceau tubulaire exposé au courant d'air produit par la course de l'aéroplane.

Fig. 83. — Le tour du monde en 48 heures (Caricature).

Ce projet fit grand bruit et passionna l'opinion publique, mais les essais auxquels l'appareil fut soumis ne donnèrent pas de résultat ; jamais la machine ne parvint à se soulever, ce qui n'empêcha pas l'imagination des caricaturistes de l'époque de nous montrer, en d'amusants croquis, la machine de Henson transportant autour du monde une cargaison de touristes (fig. 82 et 83).

Un autre constructeur anglais, Stringfellow, étudia la même année un autre aéroplane à vapeur, dans lequel les plans de sustention étaient superposés en trois étages : mais il s'en tint au projet, et aucune expérience ne fut tentée.

En France, les travaux des aviateurs se portaient de préférence vers les appareils imitant le vol des oiseaux ; c'est ainsi qu'en 1845 un mécanicien habile, du nom de Duchesnay, a construit, nous apprend Dupuis-Delcourt, qui assure l'avoir vu, un grand oiseau dont les ailes, recouvertes de plumes, avaient plus de dix mètres d'envergure : il exposa cette machine dans la principale salle de l'ancien cloître Saint-Jean-de-Latran, à Paris.

L'homme placé au centre de ce vaste appareil (1), en contre-bas de ses ailes, et dans de bonnes conditions d'équilibre, opérait ses mouvements avec assez de puissance pour obtenir des déplacements d'air considérable : et je crois qu'en plein atmosphère, M. Duchesnay parviendrait à réaliser ses idées relativement au vol d'imitation.

Peu après, vers 1846, Marc Séguin, le neveu et l'élève de Joseph de Montgolfier, fit des expériences d'hélicoptères qui eurent peu de succès : en 1849, il parvint à se soulever du sol au moyen d'ailes battantes fixées sur un châssis ; mais ces expériences ne sortirent pas du cercle des études de laboratoire.

Signalons enfin la machine à voler inventée en 1851 par un Espagnol, don Diego de Salamanque, qui, au dire des journaux de Madrid, aurait exécuté une expérience de vol parfaitement réussie, sur les bords du Mançanarez. L'appareil aurait été, pour cette expérience, confié aux mains de la fille de l'inventeur, la señorita Rosaura. Mais l'absence de tout détail précis sur cette expérience nous rend fort septiques sur sa réussite, car, comme dit l'autre, si c'était vrai, cela se saurait !

Revenons maintenant à nos ballons. On pense bien que pendant que les aviateurs poursuivaient leurs essais, les ballonniers ne restaient pas dans l'inaction : et, effectivement, les projets succédaient aux projets, et tous les jours un nouvel inventeur découvrait la direction des ballons. Nous allons examiner quelques-uns de ces projets.

Émile Gire, en 1843, publie à Paris un *Mémoire sur la direction des aérostats*, avec planches, s'il vous plaît, dans lequel il décrit en seize pages in-8° un ballon-éolipyle, redoutable machine de guerre au dire de l'inventeur, qui nous la représente bombardant du haut des airs une place forte qui n'en peut mais (fig. 84).

Avec Renou-Grave, en 1844, ce n'est plus d'un ballon qu'il s'agit, mais de dix ballons enveloppés dans un même filet et groupés de façon à former un ensemble allongé muni à l'avant et à l'arrière de deux mâts et de voiles. Ce système de *ballons-chapelets* rappelle l'idée encore plus étonnante du grand savant qui a nom Monge. Oui, Monge lui-même voulant, lui aussi, diriger les ballons, avait imaginé de réunir l'un derrière l'autre toute une série de ballons sphériques qui auraient ondoyé dans

(1) *Manuel d'aérostation*, p. 23.

l'air comme un serpent, et il pensait, en imitant les mouvements de l'anguille dans l'eau, progresser dans l'atmosphère !

En 1845, Mme Tessiore, née Vitalis, trouva la solution du problème d'une façon beaucoup plus simple : elle proposa de faire remorquer les ballons par des aigles ou des vautours. Quelque ingénieux que soit le procédé, il n'était pas absolument nouveau : dès l'année 1783, le publiciste Linguet avait déjà examiné cette solution : mais Mme Tessiore lui a donné tous les développements qu'elle comporte et a publié le projet d'un aérostat attelé à un gypaète, ce grand vautour des Alpes dont l'envergure atteint 4 mètres.

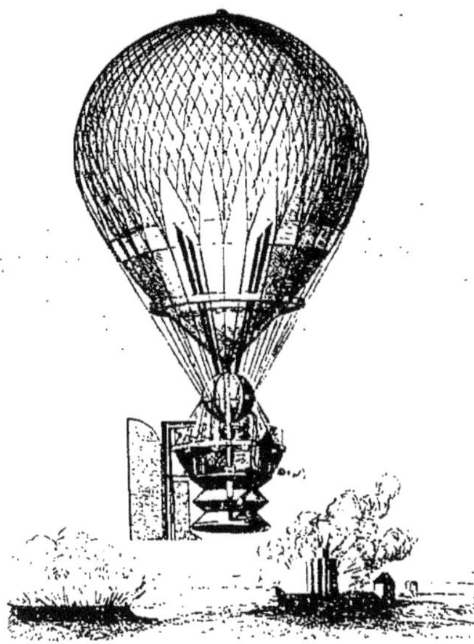

Fig. 84. — Le ballon à éolipyle d'Émile Gire (1843).

L'oiseau, dit Mme Tessiore, serait retenu à une assez longue distance de la nacelle par un trait qui partirait du collier qu'il aurait au cou en suivant sous les ailes, et qui viendrait passer dans un anneau tenant à la sangle qui passerait autour du ventre et des reins, laquelle serait retenue par l'effet des cuisses des ailes de l'oiseau quand il vole. Les rênes partiraient du bec, au moyen d'un anneau passant des deux côtés du bec, percé à cet effet, afin que la secousse devienne sensible au commandement de l'aéronaute : les rênes passeraient aussi sous les ailes, en suivant dans les anneaux du trait qui tiendraient à la sangle ainsi qu'au collier : tout le harnais doit être souple, léger et très solide. L'aéronaute, les rênes en main, tiendrait aussi une longue cravache, afin de cingler le vautour, dans le cas seulement où il verrait que l'oiseau prend une direction pour descendre se reposer sur un édifice ou sur des arbres.

La bonne dame ne se figurait pas que le meilleur moyen d'empêcher un oiseau de voler et d'en faire l'esclave des vents, c'est précisément de l'attacher à un ballon.

Vers la fin de l'année 1846 se forma en Belgique une *Société générale de navigation aérienne*, au capital de deux millions de francs. Le fondateur de cette société était le Dr Van Hecke, qui avait inventé un système ingénieux d'hélices horizontales, permettant de monter et descendre à volonté, et de chercher ainsi dans l'atmosphère un vent favorable. Il ne tarda pas à appeler auprès de lui et à s'associer un aéronaute français de grand mérite que nous avons déjà cité fréquemment, Dupuis-Delcourt.

C'est une des figures les plus intéressantes de l'histoire de l'aéronautique que celle de cet aéronaute passionné pour son art, auquel il sacrifia toute son existence et toutes ses ressources.

Né à Berne le 22 mars 1802, Dupuis-Delcourt (fig. 85), qui avait débuté dans la vie comme littérateur et avait même obtenu quelques succès au théâtre, se passionna bientôt pour l'aérostation, à laquelle il se consacra tout entier. Il avait connu Montgolfier et Charles, Robertson et Garnerin et avait rassemblé une collection très complète de documents aérostatiques. A l'âge de vingt-deux ans, il entreprit avec son ami Jean-Marie Richard une expérience demeurée célèbre avec un ballon principal entouré de quatre ballonnets beaucoup plus petits. Il avait donné à cet ensemble le nom de *flottille aérostatique*.

Son but était de rechercher des vents favorables à la direction qu'il se proposait de suivre : voici comment il décrit son appareil et le but qu'il cherchait à atteindre.

FIG. 85. — Dupuis-Delcourt.

Un ballon principal, de grande dimension, portait à sa base un cercle très résistant, d'où partaient quatre grandes vergues, s'écartant à angles droits les unes des autres, et munies à leurs extrémités de poulies renfermées dans leur chape en cuivre. Quatre ballons, de bien moindres dimensions que le ballon amiral (ils avaient chacun 4 mètres de diamètre seulement dans l'expérience du 7 novembre 1824), étaient placés à l'extrémité des vergues, retenus par des cordes passant sur la poulie correspondante et qui venaient s'enrouler sur les treuils ou moulinets placés à chacun des angles de la nacelle.

Les quatre ballons accessoires étaient destinés à prendre à volonté position à diverses hauteurs au-dessus du ballon principal. Ils pouvaient monter à 1 000 mètres environ, ou demeurer stationnaires à des hauteurs intermédiaires. Je les avais destinés à me servir d'indicateurs pour étudier et chercher les divers courants d'air à l'aide desquels j'aurais été au plus près de la route que je me proposais de suivre (1).

L'ascension eut lieu le 7 novembre 1824, chez le duc d'Aumont, à Montjean près de Paris : les aéronautes descendirent une heure après entre Thiais et Choisy-le-Roi. Les quatre petits ballons n'avaient pu être d'aucun secours : l'humidité avait fait gonfler les châssis en bois et les vergues, les poulies n'avaient pu fonctionner, et les ballonnets ne firent qu'entraver la manœuvre de l'aérostat principal : Dupuis-Delcourt termine ainsi sa relation :

« L'expérience eut donc un succès négatif sous ce rapport de la recherche et de « l'étude des courants atmosphériques. Tout reste à faire encore à ce sujet. »

(1) DUPUIS-DELCOURT, *Manuel d'aérostation*, p. 356.

Dupuis-Delcourt continua à pratiquer l'aérostation et acquit bientôt une grande renommée d'habileté et de sang-froid : il se trouva en rapports suivis avec un jeune savant, Marey-Monge, avec lequel il projeta la construction d'un système de ballons captifs (fig. 86) destinés à servir de paragrêle et de paratonnerre, et qui reçut le nom d'*électro-subtracteur*.

L'idée première de cet appareil se trouve dans une communication de Dupuis-Delcourt à l'Académie des sciences, en 1839 : il y revint en 1844, puis en 1846.

Il s'agissait de décharger les nuages orageux, dès le moment de leur formation, au moyen d'aérostats captifs armés de pointes, et reliés au sol par des conducteurs métalliques conduisant dans le sol l'électricité atmosphérique. Pour atteindre ce but, Dupuis-Delcourt et Marey-Monge voulaient construire des aérostats cylindriques terminés par deux cônes et entièrement en cuivre mince, qui semblait devoir conserver indéfiniment le gaz enfermé dans les ballons.

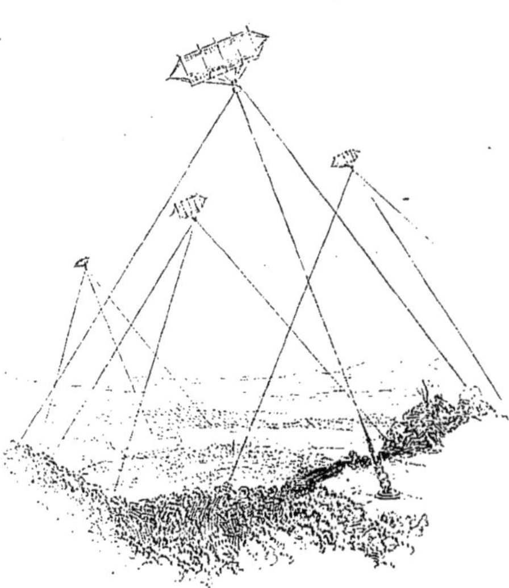

Fig. 86. — Les ballons-paragrêle de Dupuis-Delcourt.

Les deux associés voulurent d'abord expérimenter cet emploi du cuivre pour la fabrication d'un ballon, et ils entreprirent à frais communs la construction d'un aérostat en cuivre, complètement sphérique et de 10 mètres de diamètre. D'après les calculs de Marey-Monge, il devait avoir, rempli d'hydrogène pur, une force ascensionnelle de 346 kilogrammes.

Il fut construit en 1843 dans des ateliers situés impasse du Maine, et exposé au public une fois terminé. Un prospectus imprimé donnait à son sujet les renseignements suivants :

Cette machine aérostatique (fig. 87), de forme sphérique, de 10 mètres de diamètre, complètement en cuivre, offre l'imposant spectacle d'une surface métallique de 350 mètres carrés. Les soudures nécessaires à la réunion des pièces de cuivre qui la composent présentent un développement de près d'un kilomètre et demi de longueur. Les mardis et vendredis, à 2 heures, M. Dupuis-Delcourt fera la description détaillée des appareils et donnera les renseignements les plus étendus sur le but de l'expérience. Il indiquera comment elle intéresse au degré le plus élevé les progrès de la future aéronautique.

Près de 25 000 francs furent dépensés pour cette construction, et l'on dépensa encore 2 332 francs pour remplir le ballon d'hydrogène pur. Et encore ce remplissage fut incomplet. Fatigué et découragé, Marey-Monge abandonna l'entreprise. Resté seul, Dupuis-Delcourt, qui aimait son ballon comme un capitaine de vaisseau aime son navire, tenta l'impossible pour mener seul l'entreprise à bien. Il dut abandonner les ateliers de l'impasse du Maine, dont le loyer était écrasant, et fit transporter l'énorme sphère de cuivre à la fonderie du Roule, où il espérait l'achever.

Fig. 87. — Aérostat métallique de Dupuis-Delcourt et Marey-Monge. (Gravure extraite de *l'Illustration*.)

Coïncidence curieuse, ce fut dans la nuit du 27 août 1843, c'est-à-dire 61 ans jour pour jour après le transport nocturne du premier ballon à hydrogène des frères Robert et du physicien Charles, que le ballon de cuivre fit le trajet de l'avenue du Maine au faubourg du Roule, et à peu près dans le même appareil que le ballon de 1783.

Une de ces voitures de transport nommées *fardiers*, longue de plus de dix mètres, avait été disposée pour la circonstance. Des chevaux, des hommes, de grosses cordes disposées en haubans pour soutenir le pesant et fragile édifice, tout cela formait un cortège singulier, imposant toutefois ; et la surprise, l'étonnement des rares spectateurs qui en ont été témoins, montraient assez qu'ils reconnaissaient à ces signes les préparatifs d'un événement d'un grand ordre (1).

L'hiver de 1845 à 1846 fut long et rigoureux ; le cuivre du ballon avait beaucoup souffert pendant le transport ; à bout de ressources Dupuis-Delcourt dut abandonner la partie, et il eut la douleur de voir son œuvre anéantie sous le marteau des fondeurs.

Voici l'acte de décès du ballon en cuivre :

Je soussigné, reconnais avoir acheté de M. Dupuis-Delcourt, pour en opérer la fonte sans pouvoir

(1) *Le Moniteur parisien*, du 20 septembre 1844.

en faire aucun autre usage, un ballon de cuivre, lequel, mis en pièces, a pesé 310 kilogrammes, dont je lui ai remis immédiatement le montant.

Paris, le 12 janvier 1845. MONTEIL.

Peu de temps après, Dupuis-Delcourt était appelé en Belgique pour se charger de l'exécution des projets du Dr Van Hecke, et était nommé pour quinze ans l'ingénieur et le secrétaire général de la *Société générale de navigation aérienne*, qui d'ailleurs ne constitua jamais son capital et n'eut qu'une existence éphémère.

L'appareil de Van Hecke fut cependant construit et expérimenté avec un réel succès.

La question que s'est proposée M. Van Hecke, dit l'académicien Babinet dans son rapport à ce sujet à l'Académie des sciences, se réduit à trouver un moyen facile de monter et de descendre verticalement sans employer, comme on le fait ordinairement, une perte de lest ou une perte de gaz, l'une et l'autre évidemment irréparables (fig. 88).

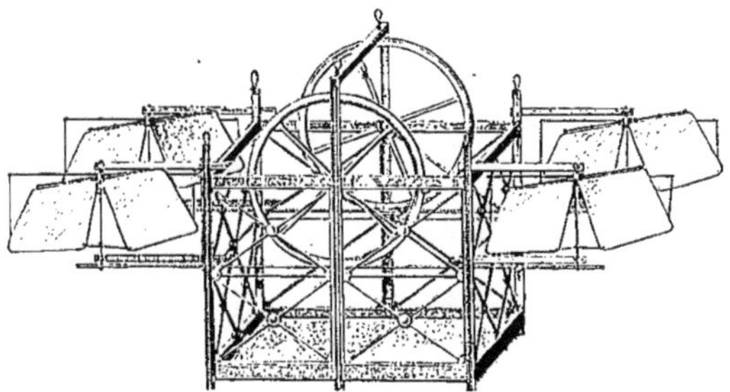

FIG. 88. — Hélices ascensionnelles du Dr Van Hecke, permettant à l'aérostat de monter et de descendre sans perdre de lest ni de gaz.

M. Van Hecke a cherché dans un moteur artificiel une force capable d'élever ou de déprimer l'aérostat à volonté, et il s'est adressé naturellement à l'un de ces moteurs qui, tels que les ailes du moulin à vent, l'hélice, les turbines, etc., transforment, sans réaction latérale, un mouvement rotatoire en mouvement rectiligne, suivant l'axe, ou réciproquement. Un appareil analogue, à ailes gauches, a été mis sous les yeux de votre commission, et, par sa réaction sur l'air, a produit facilement une force ascensionnelle ou descensionnelle de 2 à 3 kilogrammes, ce qui, avec les quatre moteurs pareils que M. Van Hecke adopte à sa nacelle, constituerait une force d'environ 10 à 12 kilogrammes. Ajoutons que cet effet, loin d'être exagéré, a été obtenu sans grand effort avec des ailes à peu près carrées, dont la dimension était seulement d'un demi-mètre de côté ; ainsi, rien n'empêche d'admettre qu'avec une puissance suffisante, on pourrait arriver à se procurer par ce procédé 50, 60 ou même 100 kilogrammes de lest ascendant ou descendant.

Au moment où les expériences allaient commencer à Bruxelles, un M. Van Esschen prétendit avoir un droit de priorité sur le procédé de Van Hecke et réclama un partage de bénéfices dans la future exploitation des airs ! C'était vendre la peau de l'ours !

Il fallut un rapport de l'Académie des sciences de Bruxelles pour mettre fin à la discussion, en constatant une profonde différence entre les deux systèmes.

L'expérience eut enfin lieu à Bruxelles, le lundi 27 septembre 1847.

Le ballon étant équilibré au ras du sol reçut au départ une forte impulsion de la part des spectateurs, et en même temps les hélices furent mises en mouvement. L'aérostat atteignit 1 100 mètres d'altitude, et sitôt que l'appareil fut arrêté, la descente commença : les aéronautes firent de nouveau tourner les hélices pour enrayer la descente : aussitôt, obéissant à l'action de celles-ci, le ballon s'arrêta, puis s'éleva de nouveau.

Cette première expérience était encourageante, et le Dr Van Hecke fit aussitôt construire une nouvelle nacelle munie d'hélices plus résistantes et d'un mécanisme plus robuste : mais faute de fonds il ne put continuer ses travaux ; aucune tentative n'eut lieu par la suite, et la *Société générale de navigation aérienne* s'éteignit avant même d'avoir vu complètement le jour.

Fig. 89. — Poitevin, l'aéronaute équestre.

Dupuis-Delcourt mourut le 2 avril 1864. Jusqu'à sa mort, il demeura l'aéronaute convaincu et persévérant dont nous avons retracé quelques-uns des travaux. Il fut l'aéronaute favori du roi Louis-Philippe et exécuta un très grand nombre d'ascensions.

Il n'est pas inutile de rappeler ici qu'à cette époque la vogue des ballons était aussi grande, plus peut-être, que pendant les premières années qui suivirent l'invention des aérostats. Le spectacle d'une ascension avait conservé tout son attrait auprès du public, et pas de semaine ne s'écoulait sans qu'un départ de ballons n'attirât la foule toujours plus avide de contempler les moindres détails de l'expérience.

C'était de l'Hippodrome, à Paris, que chaque dimanche partait le ballon hebdomadaire, conduit par Poitevin, Gale, Green, Margat, etc. Pour varier le spectacle, Poitevin (fig. 89), qui a laissé un nom dans la carrière aérostatique, et dont les traditions ont été continuées dans sa famille, Poitevin s'enlevait dans les airs monté sur un poney, *Blanche*, qui était suspendu au filet en guise de nacelle (fig. 90).

D'autres fois, c'étaient de légères ballerines qui, sous le nom de *Filles de l'Air*, s'élevaient, sans nacelle (fig. 91) couchées sur des nuages factices dans des poses gracieuses.

Heureux Paris, lisons-nous dans le *Courrier de Paris* du journal *l'Illustration* du 13 juillet 1850, on n'y vit plus qu'en l'air ; à chaque instant un nouveau ballon en part pour les étoiles, son horizon se peuple d'aéronautes... L'un s'enlève à l'Hippodrome comme la sylphide d'Opéra suspendue à un fil d'archal et dans l'attitude mythologique du messager des dieux ; un autre, encore plus audacieux, enfourche l'hippogryphe de Roland, et Paris voit un cheval nager dans le vaste éther.

Ces ascensions n'offrent aucun intérêt au point de vue des progrès de l'aéronautique, mais elles sont fertiles en incidents, comiques parfois et quelquefois tragiques. Un jour, un aéronaute de l'Hippodrome vient s'abattre dans un village de la Brie,

Fig. 90. — Ascension de M. Poitevin au Champ de Mars, le 14 juillet 1850. (Gravure de *l'Illustration*).

et opère si malheureusement sa descente qu'il reste cramponné sur le clocher de l'église ; à ses cris la population accourt et contemple avec effroi l'infortuné, qu'elle prend pour un sorcier ; il dut recourir à un conte fantastique pour amuser l'ignorance de ces paysans et obtenir d'être délivré de sa situation périlleuse.

Une autre fois, à Nantes, un aéronaute du nom de Kirsch préparait une ascension dans une montgolfière, quand celle-ci échappe aux mains de ceux qui la tenaient et s'enlève à l'improviste : par malheur, l'ancre qui rasait le sol accroche au passage le pantalon d'un spectateur, le jeune Guérin, âgé de douze ans, déchire la culotte jusqu'à la ceinture qui résiste, et voilà un aéronaute malgré lui emporté dans les airs jusqu'à 300 mètres de hauteur (fig. 92). Le pauvre enfant poussait des cris de terreur et se cramponnait désespérément à la corde de l'ancre. Après un quart d'heure de cette

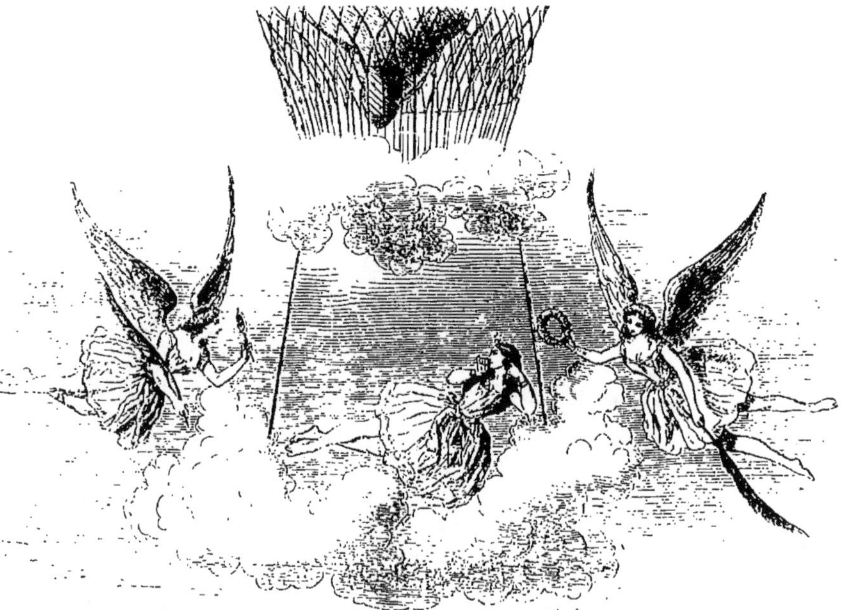

Fig. 91. — Ascension des Filles de l'air à l'Hippodrome, le dimanche 20 octobre 1850. (Gravure de *l'Illustration*.)

situation épouvantable, le ballon commença à descendre, et l'enfant tomba bientôt dans les bras d'une foule émotionnée au plus haut point, qui suivait en courant la montgolfière dans sa course.

Ce Kirsch est célèbre par ses mésaventures aérostatiques, et s'il connut souvent l'enivrement des applaudissements de la foule, il eut aussi ses heures de tristesse, où il souffrit de la cruauté du public. Il faisait généralement ses ascensions dans une montgolfière fortement chauffée au départ, mais qui s'enlevait sans emporter d'approvisionnement de combustible : l'ascension était donc fort courte et ne pouvait réussir qu'à la condition de surchauffer l'appareil au dernier moment. Un jour, dans le parc

Monceaux, devant un public considérable, à l'instant où, pour effectuer son ascension, Kirsch activait le feu, celui-ci se communiqua à la montgolfière, qui fut anéantie en un instant (fig. 93). Au lieu de plaindre le pauvre aéronaute, que cet accident privait de son gagne-pain, la foule stupide le hua, le traita de voleur et d'escroc, et ne s'apaisa qu'après que la police, ayant saisi la recette, fit rendre l'argent à la sortie.

Ces ascensions foraines eurent parfois des issues tragiques. L'aéronaute anglais Gale, qui fit plusieurs ascensions à l'Hippodrome, s'enleva sur un cheval à Bordeaux, le 9 septembre 1850 : étant descendu une heure après à quelques kilomètres de là, il désangla son cheval avec l'aide de sept ou huit paysans accourus à son aide : mais, par suite d'une fausse manœuvre, le ballon fut lâché, et, délesté du poids du cheval, il repartit avec une grande rapidité entraînant le malheureux Gale qui fut retrouvé le lendemain broyé sur le sol : il avait dû être précipité d'une grande hauteur car son corps était brisé et le ballon qui l'avait emporté ne fut retrouvé qu'à plus de deux kilomètres de l'endroit où Gale était étendu.

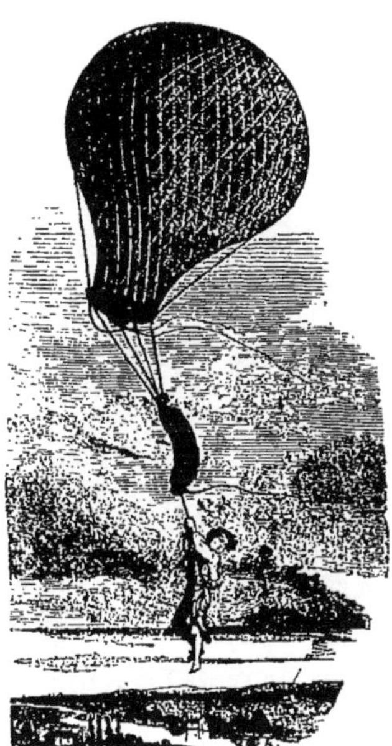

FIG. 94. — Ascension forcée du jeune Guérin à Nantes, le dimanche 16 juillet 1843. (Gravure de *l'Illustration*.)

Green, autre aéronaute anglais qui fut également attaché à l'Hippodrome, faillit perdre la vie dans des circonstances bien différentes. Il était parti du Vauxhall de Londres en compagnie d'un amateur payant qui semblait prendre un plaisir extrême à cette excursion aérienne : mais soudain le passager, tirant un couteau de sa poche, se met à couper froidement les cordes retenant la nacelle : c'était un fou !

Green, épouvanté, lui arrache des mains le couteau, qu'il jette dans l'espace ; cela ne faisait pas l'affaire du fou, qui se prépare à enjamber la nacelle pour plonger dans le vide. Le danger eut été aussi grand pour Green, car le ballon délesté de ce poids l'eût sans doute entraîné dans des régions mortelles. Avec un grand sang-froid, il feint alors d'entrer dans les vues de son compagnon et lui dit que pour faire une belle chute, il faut d'abord monter plus haut. Le fou y consent, et Green se hâte de tirer la soupape : il parvient enfin à gagner la terre sans que le monomane se soit aperçu de son stratagème. On juge du soupir de satisfaction que poussa l'aéronaute en regagnant le plancher des vaches ; il se montra dès lors plus circonspect dans le choix de ses compagnons de voyage.

De nombreuses caricatures datant de cette époque montrent à quel point florissait la *ballomanie*, pour employer la désignation qui sert de titre à toute une série de croquis dus au spirituel crayon de Cham (fig. 94), et publiés dans *l'Illustration* du 11 décembre 1847 : dans ces croquis se déroulent les mésaventures d'un brave bourgeois de Paris, M. Potard, qui, malgré les supplications de son épouse, s'envole dans les airs avec M. Green, est tour à tour gonflé comme le ballon lui-même, puis desséché comme un hareng, roué de coups par des paysans à l'atterrissage et dégoûté à jamais de sa passion pour les ballons.

La vogue des ballons en baudruche imitant la forme de personnages grotesques ou d'animaux variés était alors très grande, et bien souvent toute une ménagerie aérienne

FIG. 93. — Accident arrivé au ballon de M. Kirsch dans le parc de Monceaux. (Gravure extraite de *l'Illustration*.)

s'échappait ainsi des Arènes, portant l'effroi aux lieux où atterrissaient ces animaux fantastiques. Cham nous montre ainsi la terreur d'une famille de bons bourgeois voyant pénétrer par la fenêtre de la salle à manger un ÉLÉPHANT ! (fig. 95).

Un autre caricaturiste nous montre l'aéronaute Poitevin chargé d'une réparation à la lune et s'acquittant de sa mission : couché dans sa nacelle (fig. 96), il rattache à grand renfort de coups de marteau le satellite endommagé.

Le théâtre suivait, lui aussi, la mode aérostatique, et le Palais-Royal eut un succès fou avec *Un voyage entre ciel et terre*, dont l'action se passait tout entière dans la nacelle d'un ballon (fig. 97).

La ballomanie ne sévissait pas seulement sur les personnages de Cham, et bien

La Ballomanie, ou infortunes de M. Potard, caricatures par Cham

Jaloux des succès de M. Green, M. Potard s'amuse à faire voltiger de petits ballons dans son salon.

Il attache à l'un de ses ballons le chien de sa femme, lequel disparaît par la fenêtre.

Le lendemain matin, tous les grands journaux de Paris apprennent à leurs abonnés qu'un chien est tombé de la lune sur le fusil d'un factionnaire de Saint-Denis.

Encouragé par ces premières expériences, M. Potard s'occupe de perfectionner les parachutes.

Et, dans l'intérêt de la science, il se précipite du haut de l'escalier de sa bibliothèque.

A peine remis de sa chute, il monte au grenier et lance dans la cour le chat de son portier.

Grande stupéfaction du portier en voyant son chat se promener avec un parapluie.

M. Potard, de plus en plus satisfait, s'élance à son tour du cinquième, et court un grand danger.

Dès qu'il est remis de sa chute, il va prendre l'air aux Champs-Élysées, et lit l'affiche de l'Hippodrome. — Sa résolution est prise.

Madame Potard et sa bonne cherchent en vain à le dissuader d'exécuter son fatal projet.

Sourd à leurs prières, il se dirige vers l'Hippodrome, porteur du sac de 500 fr., prix fixé d'un voyage en ballon ;

Et s'élance dans la nacelle à côté de M. Green, aux applaudissements du public et à la grande douleur de Madame Potard.

La Ballomanie, ou infortunes de M. Potard (*Suite*).

Qui lui fait de tendres adieux et lui serre si fort la main,

Que le ballon s'enlevant, elle est enlevée avec lui.

Heureusement, M. Potard parvient à la déposer en passant au sommet d'un arbre des Champs-Élysées,

D'où un pompier l'aide à descendre.

Tranquillisé sur le sort de Madame Potard, M. Green déleste son ballon.

Cependant, le vent ayant dégonflé M. Potard, son chapeau vient tomber sur la tête de Napoléon, et sa perruque s'envole on ne sait où.

Arrivé à la hauteur de mille mètres, M. Potard est pris d'un effroyable saignement de nez.

Quinze cents mètres plus haut, il voit avec horreur tout son corps subir la même métamorphose que son nez.

Puis il diminue sensiblement avec la température. — Dans son désespoir, il offre 500 fr. à M. Green pour descendre.

Après divers accidents, le ballon s'abaisse au milieu d'une bande de paysans qui battaient du blé,

Et qui, effrayés de voir M. Potard tomber du ciel, se disposent à l'assommer.

M. Potard rentre chez lui à deux heures du matin, affligé de toutes sortes de maux, mais guéri de sa ballomanie.

Fig. 94. — La Ballomanie (gravures extraites de *l'Illustration*).

des cervelles d'inventeurs étaient atteintes de cette maladie. Que dire, en effet, de cette invention d'un M. Boisseau, de Tours, qui publie la description d'un nouveau ballon dirigeable qu'il baptise le *Boissellofugue*, destiné à aller de Paris à Pékin en 40 ou 50 heures, de Paris à New-York en 30 à 35 heures, etc.

Fig. 95. — Les aérostats des Arènes. — Visite inattendue d'un éléphant en baudruche. (Gravure de *l'Illustration*.)

L'inventeur nous apprend que des télescopes seront mis à la disposition des voyageurs, que tous les compartiments du Boissellofugue seront chauffés par un calorifère, que l'on trouvera un buffet amplement approvisionné, qu'un salon-concert existera aux premières où un *ventilophone* de son invention jouera différents morceaux composés exprès par le dit M. Boisseau, qu'il y aura un salon littéraire, une salle de jeu, plusieurs pianos, des cabinets réservés aux dames (*sic*), etc., etc. Un *stoppachute* placé en dessous amortira les chocs à l'arrivée. Tout est prévu : seulement, pour actionner cette immense machine, qui ne coûterait que quatre ou cinq millions, l'inventeur se contente de nous apprendre que, de chaque côté du Boissellofugue, seront adaptées cinq roues d'un grand diamètre en forme d'ailes de moulin à vent mises en rotation par la pression atmosphérique !?...

Fig. 96. — La lune étant décidément décrochée, M. Poitevin est chargé d'en aller poser une autre. (Gravure de *l'Illustration*.)

Il met en demeure le gouvernement de prendre en main la construction de sa machine et termine par ces mots qui sont tout un programme(1) : « Construisez simplement un Boissellofugue et lancez-le, l'espace est à vous ! ! »

Était-il beaucoup plus sensé, le projet gigantesque de Pétin, qui fit tant de bruit et occupa l'attention publique de 1849 à 1851 ? Les aventures de cet inventeur constituent une des pages les plus curieuses de l'histoire de l'aérostation, et on a peine à comprendre l'emballement de l'opinion sur un projet aussi pauvre d'idées, aussi dénué de sens commun.

(1) *L'Illustration*, 9 décembre 1848.

Avant de raconter l'histoire de Pétin et de ses ballons, nous ne saurions passer sous silence les magnifiques ascensions scientifiques exécutées à l'Observatoire de Paris en 1850 par MM. Barral et Bixio.

L'Académie des sciences avait décidé de faire étudier les phénomènes atmosphériques au cours d'une violente tempête. Dans ces conditions, l'ascension présentait de sérieux dangers au moment du départ et à celui de l'atterrissage.

Cette expédition fut préparée avec le plus grand soin : le savant physicien Regnault se chargea de rassembler et d'installer les instruments et appareils scientifiques destinés aux observations : Dupuis-Delcourt eut à fournir le matériel aérostatique : malheureusement, il ne disposait que d'un vieux ballon en fort mauvais état et trop grand pour le filet qui devait le recouvrir : aussi l'ascension faillit-elle amener une catastrophe. Elle eut lieu le 29 juin 1850, à 10 heures et demie du matin, dans la cour de l'Observatoire sous une pluie torrentielle et par un vent furieux, qui occasionna avant le départ une déchirure que l'on dut réparer en toute hâte.

FIG. 97. — Théâtre du Palais-Royal. Voyage entre ciel et terre. (Gravure de *l'Illustration*.)

Malgré ces circonstances défavorables, les deux savants donnèrent le signal du départ et s'enlevèrent avec une grande force ascensionnelle : le ballon partit comme une flèche (fig. 98) au milieu de la tempête, et disparut bientôt dans les airs. Il atteignit ainsi la hauteur de 5893 mètres : c'est à ce moment que les aéronautes s'aperçurent que le ballon, gonflé à éclater et comprimé par le filet trop étroit, était descendu sur le cercle autour duquel il formait hernie : ils voulurent ouvrir la soupape supérieure, mais la corde ne put fonctionner. M. Barral prit alors le seul parti possible : avec son couteau il ouvrit issue au gaz ; mais celui-ci en s'échappant avec force les asphyxia à demi, et l'enveloppe usée, ayant cédé sur une longueur de près de deux mètres, la descente s'accéléra avec une grande rapidité, et la terre sembla se précipiter sous les deux aéronautes ; avec beaucoup de sang-froid, ceux-ci jetèrent hors de la nacelle les couvertures, le lest, les provisions, tout, sauf les instruments, et parvinrent ainsi à enrayer la vitesse de la chute. Le ballon tomba à Lagny, en Seine-et-Marne, dans une vigne, quarante-sept minutes après le départ. En sept minutes, le ballon était descendu de près de six kilomètres de hauteur ! Malgré cette chute vertigineuse, les deux savants en furent quittes pour d'insignifiantes écorchures.

Loin de se montrer découragés par une ascension aussi périlleuse, les deux intrépides savants recommencèrent leur expérience un mois après, le 27 juillet 1850, en

FIG. 98. — Ascension de MM. Barral et Bixio, le 29 juin 1850. (Gravure de *l'Illustration*.)

partant encore de l'Observatoire ; mais, chose incroyable, ils se servaient encore du même matériel défectueux qui avait failli leur être si funeste.

Aussi, arrivés à 3750 mètres, le ballon se déchira ; malgré cela, à force de jeter du lest, ils continuèrent à monter et à se livrer à leurs observations. Ils eurent à traverser un nuage de cinq kilomètres d'épaisseur ; entrés dans ce nuage entre 2 000 et 2 500 mètres, ils n'en sortirent qu'à 7 000 mètres. Ils furent alors témoins d'un phénomène météorologique absolument extraordinaire : entre 6 400 mètres et 7 000 mètres, la température s'abaissa si rapidement qu'arrivés à cette hauteur, ils se trouvèrent exposés à un froid de — 39 degrés, c'est-à-dire presque à la limite de congélation du mercure : des multitudes de fines aiguilles de glace couvraient l'aérostat, les instruments et les aéronautes. La plus grande hauteur atteinte fut de 7 039 mètres ; les observations devinrent impossibles par un froid aussi rigoureux : il ne restait d'ailleurs plus que 4 kilogrammes de lest ! La descente commença alors, la chute plutôt, car les deux aéronautes durent encore sacrifier tout ce qui meublait la nacelle pour amortir le choc à l'arrivée, laquelle eut lieu au hameau de Peux, près de Coulommiers, en Seine-et-Marne. La distance parcourue horizontalement, au cours de cette ascension, avait été de 69 kilomètres en une heure et demie.

Deux ans après, en Angleterre, le comité de direction de l'Observatoire de Kew, près de Londres, fit exécuter des ascensions scientifiques par Welsh avec l'aide de l'aéronaute Green. Quatre ascensions eurent lieu les 17 et 26 août, le 21 octobre et le 10 novembre 1852. Les hauteurs atteintes furent de 5 950, 6 096, 3 850 et 6 990 mètres. M. Welsh constata, d'après la moyenne de ses observations, que la température de l'air s'abaissait assez régulièrement de un degré par 165 mètres d'élévation.

Nous verrons par la suite que ces ascensions scientifiques furent reprises en Angleterre et surtout en France, et que les résultats acquis au cours de ces expéditions ont démontré une fois de plus tout le secours que peut apporter l'aérostation à l'étude des sciences physiques.

CHAPITRE XV

DE PÉTIN A HENRI GIFFARD

Pétin ou le bonnetier-aéronaute. — *Au Franc-Picard.* — Théophile Gautier. — Un vaisseau aérien gigantesque. — Les désillusions de Pétin. — Le ballon-poisson de Samson. — La locomotive aérienne de Prosper Meller. — Un métropolitain aérien. — Le ballon Gaudin. — L'aérostat dirigeable de Jullien. — Une expérience mémorable. — Henri Giffard. — La vie d'un inventeur illustre. — Le premier ballon dirigeable à vapeur. — Le 24 septembre 1852. — Emile de Girardin. — Les brevets de Giffard. — Un projet grandiose. — Les derniers jours de Giffard.

Pétin ! Giffard ! Le rapprochement de ces deux noms caractérise bien l'époque à laquelle nous sommes arrivés dans cette rapide histoire de la navigation aérienne, époque de fièvre d'invention qui a gagné toutes les classes de la société : du modeste bonnetier au savant ingénieur, tout le monde a l'esprit tourné vers la recherche du grand problème.

En 1848 existait à Paris, dans la rue Rambuteau, au coin de la rue Beaubourg, un modeste magasin de bonneterie à l'enseigne du *Franc Picard*. Cet établissement commercial, dont les dehors n'avaient rien de la splendeur des magasins modernes, était la propriété d'un honnête marchand à l'air doux et grave, dont le front élevé et méditatif était encadré de longs cheveux blonds couvrant à moitié les oreilles. Ce bourgeois à l'air tranquille fut atteint tout à coup de la ballomanie, et bientôt dans la France entière, dans toute l'Europe même, on n'eût plus à la bouche que le nom de Pétin : c'était notre bonnetier de la rue Rambuteau.

Ernest Pétin (fig. 99) était né le 24 mars 1812 à Amiens. Il avait des opinions politiques très ardentes et faisait marcher de pair ce qui lui semblait le catéchisme de tout esprit libéral, à savoir : la médecine Raspail, le magnétisme et la direction des ballons. C'était pour lui affaire de dogme, et à ses yeux les hommes se divisaient en deux fractions : ceux qui acceptaient en entier le programme ci-dessus, et ceux qui ne l'acceptaient pas (1).

FIG. 99. — Ernest Pétin

Il prétendait que le roi Louis-Philippe n'avait pas voulu encourager la navigation aérienne parce qu'elle devait forcément amener la suppression des douanes. Louis-Philippe se trouvait ainsi rangé dans la catégorie de ceux qui n'acceptaient pas le programme libéral suivant Pétin : aussi n'y eut-il pas de citoyen plus heureux que notre bonnetier lorsque la révolution de 1848 eut renversé la monarchie constitutionnelle. Signalons en passant la curieuse caricature politico-aérostatique ci-contre (fig. 100) inspirée par ces événements, et qui dut remplir d'aise le cœur de Pétin.

En 1850, celui-ci obtint l'autorisation de faire des conférences sur son système de navigation aérienne dans les appartements princiers du Palais-Royal. Il eut un succès énorme : jamais pareille faveur n'accueillit un inventeur ; il semblait qu'il suffît que ledit inventeur ait été complètement étranger aux arts mécaniques pour qu'il ne fût pas permis de douter du mérite de son invention.

La presse ne s'occupait que de lui : la foule se pressait rue Marbeuf où il avait installé des ateliers pour construire son navire aérien, et le prince Bonaparte, alors président de la République, fut un de ses premiers visiteurs et souscripteurs.

Le célèbre écrivain Théophile Gautier fut un de ses plus chauds admirateurs, et il lui consacra un article spécial dans *la Presse* du 4 juillet 1850.

(1) *L'Aéronaute*, août 1878.

Ce n'est plus seulement, écrivait-il, un aérostat dans les conditions ordinaires : c'est une combinaison grandiose, c'est un véritable navire avec tous ses agrès, qu'on peut voir d'ailleurs, puisqu'il est exposé aux regards de tous, aux Champs-Élysées, rue Marbeuf. L'espoir de la navigation aérienne est là. Si le succès couronne ses efforts, gloire éternelle à M. Pétin !... Encore quelques jours et nous saurons à quoi nous en tenir : nous verrons enfin si le grand problème de l'aéronautique est trouvé. Tous les plus beaux discours ne valent pas une seule expérience. A l'œuvre donc, M. Pétin !

Pétin, retenez bien ce nom célèbre et qui ne peut manquer d'être immortel, lisons-nous dans *l'Illustration* du 13 juillet 1850. Pour trouver l'analogie de sa découverte, il faut remonter aux miracles de la Bible... Embarqué sur la machine de M. Pétin, vous roulerez plus sûrement que dans

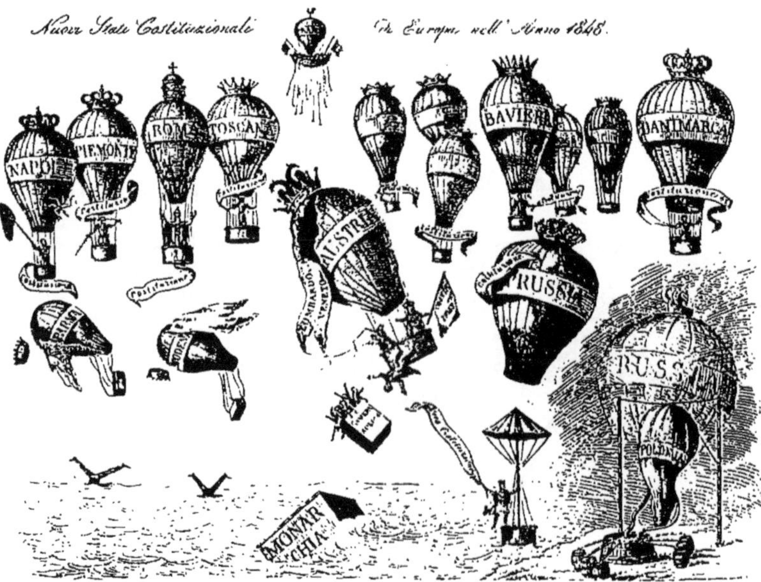

FIG. 100. — Caricature politique italienne sur les événements de 1848.

un wagon, plus commodément qu'à bord d'un bateau à vapeur, et vous irez beaucoup plus vite et beaucoup plus loin. Au moyen de ses appareils, l'inventeur défie la tempête, il paralyse les courants d'air, etc...

Tout le monde croyait à la solution complète du problème, et l'émotion du public était à son comble : le temps passait cependant, les mois s'écoulaient et l'expérience était toujours différée. La foi en Pétin n'en était pas ébranlée, témoin cet article de *l'Argus* du 14 septembre 1851.

Nous aurons dans quelques jours l'essai de navigation aérienne d'après le système Pétin, qui n'aboutit à rien moins qu'à la solution du problème de la direction des ballons...

Dans le cas de succès complet, aux termes du rapport de M. Reverchon, membre de l'Académie nationale, la locomotive aérostatique Pétin pourrait parvenir à parcourir quelque chose comme huit cents kilomètres à l'heure. Pauvre chemin de fer, qui parcourez à peine quarante kilomètres dans le même espace de temps! l'invention de Pétin menace de vous réduire à l'état de tortue. Où allons-nous, grand Dieu! où s'arrêtera-t-on?

Hélas! on n'alla pas loin : on ne partit même pas. Pétin ne put jamais expérimenter cette immense machine (fig. 101) qui se composait de quatre ballons sphériques attelés à une vaste charpente en bois, sur laquelle des plans inclinés pouvaient être disposés de façon à faire glisser obliquement la machine dans les mouvements de montée et de descente. Au centre de l'appareil, et de chaque côté, se trouvaient de vastes demi-sphères en toile agissant comme parachute pendant la descente, et comme paramonte pendant l'ascension : c'étaient ces demi-sphères qui, au dire de Pétin, créaient le point d'appui, le fameux point d'appui si nécessaire à la direction des aérostats. Enfin, sentant vaguement la nécessité d'un engin quelconque de propulsion, Pétin munissait sa machine de deux hélices mises en mouvement par des turbines placées autour des globes parachutes et paramontes, lesquelles turbines auraient tourné par l'effort de l'air traversé pendant les montées ou les descentes. Il ajoutait d'ailleurs que ses hélices pouvaient aussi être mues à la main ou par tout autre moyen mécanique.

Bref, tout cela constituait le système le plus pauvre que l'on puisse imaginer, et on reste confondu de voir sur quel piètre sujet l'opinion publique s'était emballée. D'ailleurs Pétin, qui était à peine capable de calculer la force ascensionnelle de ses ballons, n'avait pas d'idées très arrêtées sur son système, et il en changeait à tout moment les organes essentiels.

Après les triomphes du Capitole, Pétin connut bientôt le supplice de la roche Tarpéienne. La faveur du public l'abandonna : il fut attaqué avec perfidie et il se vit refuser la permission d'occuper le Champ de Mars pour y faire son expérience.

Cet homme de génie ne demandait pour prix de ses travaux que la faveur de s'enlever au Champ de Mars, ouvert tout le long de cet été aux saltimbanques de l'aérostatique : et savez-vous bien ce qu'on lui offre? Le polygone de Vincennes. Ces cinq ou six ballons qu'il a confectionnés à si grands frais, on lui en demande le sacrifice. A quoi bon cette demi-douzaine d'appareils en taffetas gommé? On vous en accorde deux, mon brave homme, et c'est tout ce qu'il est possible de faire pour vous. — Mais alors je ne peux pas partir sans exposer ma vie et, qui pis est, le succès de mon invention. — Eh bien, ne partez pas. — Et voilà justement pourquoi M. Pétin est parti... pour l'étranger (1).

Le pauvre inventeur passa en effet en Amérique. A New-York, il fit quelques ascensions avec un seul de ses ballons : à la Nouvelle-Orléans, il tenta d'enlever sa machine complète, mais ne put parvenir à gonfler tous ses ballons. Il tomba plusieurs fois à l'eau et faillit y rester. Il fit encore une dernière tentative à Mexico, et, ruiné, découragé, il rentra à Paris, où il fut heureux de trouver une modeste position dans le commerce pour gagner sa vie; il est mort misérablement, à Saint-Ouen, en 1878, obscur et oublié.

(1) *L'Illustration* du 2 octobre 1851.

Fig. 101. — Système de navigation aérienne, par M. Pétin. (Gravure de *l'Illustration*.)

A peu près à la même époque que Pétin, vers 1850, MM. Samson père et fils publièrent de nombreuses brochures sur un *ballon-poisson* flanqué d'ailes ascensionnelles et muni de roues à aubes pour la propulsion horizontale (fig. 102).

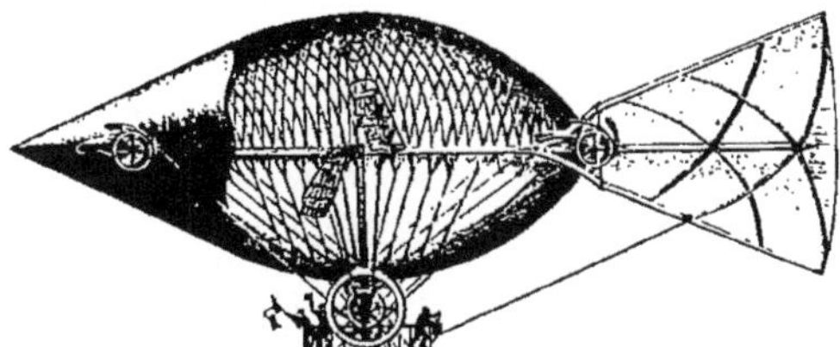

FIG. 102. — Ballon dirigeable de Samson père et fils.

En 1851, un mécanicien du nom de Prosper Meller proposa un système de ballons captifs glissant sur des câbles pour faire des transports aériens à itinéraires fixes : quelque chose comme un métropolitain aérien. Il publia également un projet de *locomotive aérienne*, consistant en un vaste ballon cylindrique terminé par deux cônes

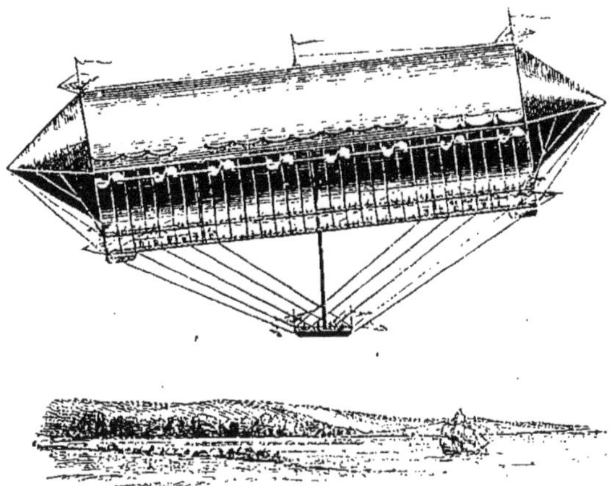

FIG. 103. — *Locomotive aérienne*, ballon en tôle de fer de Prosper Meller.

et construit en tôle de fer ! Ce ballon très allongé (fig. 103) aurait pris diverses inclinaisons à la montée et à la descente, et utilisé la réaction de l'air sur les surfaces obliques pour progresser. C'était reprendre l'idée du ballon planeur de Scott.

Citons encore, en 1851, le projet de Gaudin, consistant en un aérostat ovoïde traversé suivant son grand axe par un arbre de couche terminé par une hélice et mis en mouvement à bras d'homme au moyen d'un système de poulies et de courroies.

Au milieu de ces projets de peu de valeur que nous rappelons seulement au point de vue historique, nous allons rencontrer une expérience d'une réelle importance et qui peut être considérée comme le point de départ des aérostats dirigeables modernes. Nous voulons parler du remarquable ballon de Jullien, expérimenté à l'Hippodrome de Paris à la fin de l'année 1850.

Jullien était un modeste et laborieux chercheur, installé horloger à Villejuif. Il avait longuement médité sur la navigation aérienne, et, à la suite de patientes recherches sur la meilleure forme à donner aux ballons, sur les organes de propulsion à adopter, etc., il avait construit un petit ballon dirigeable (fig. 104) de sept mètres de long, ayant presque exactement la forme des ballons de Meudon, c'est-à-dire plus effilé à l'arrière qu'à l'avant; il avait adopté cette disposition après avoir expérimenté dans l'eau une série de fuseaux en bois taillés de différentes formes. Rien, dans son aérostat, n'avait été laissé au hasard.

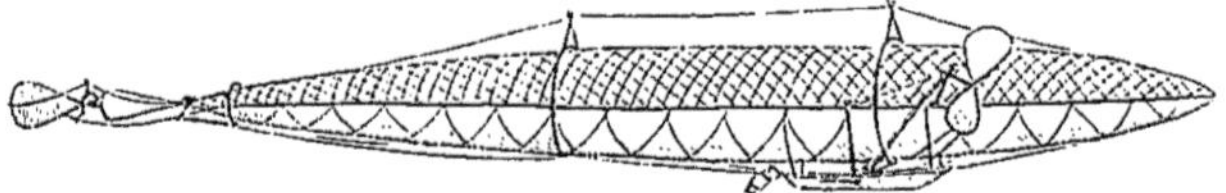

FIG. 104. — Le ballon dirigeable de Jullien.

Le 6 novembre 1850, Jullien convoqua à l'Hippodrome un certain nombre de journalistes et fit fonctionner son appareil en leur présence. Voici en quels termes *le Siècle*, par la plume d'un de ses rédacteurs, M. Pierre Bernard, rendit compte de l'expérience :

Le fait d'abord! Aujourd'hui, 6 novembre, un aérostat d'une forme excessivement simple et toute vivace a navigué dans le vent, selon la fantaisie de son inventeur et les indications de notre maître à tous : le public.

La Presse de son côté publia les renseignements fort intéressants suivants sous la signature de M. Julien Turgan.

A trois heures et demie, en présence de MM. Émile de Girardin, Louis Perrée, de Fiennes, Bernard, etc., M. Jullien a apporté, d'abord dans le manège, puis dans l'amphithéâtre de l'Hippodrome, un petit aérostat long de sept mètres, de forme oblongue, et, ayant monté un mécanisme bien simple, de son invention, il a abandonné l'appareil, qui s'est dirigé rapidement dans le sens désigné antérieurement.

Dans le manège, où il n'y avait pas de courant d'air, la chose paraissait fort simple; mais une fois dans l'amphithéâtre, notre étonnement fut au comble lorsque nous vîmes l'expérience se reproduire malgré un vent sud-ouest fort marqué. L'aérostat se dirigea *directement contre le vent*. On recommença en divers sens, et toujours l'expérience réussit.

On a tant de fois répété qu'il était impossible d'arriver à un tel résultat, qu'on se regardait les uns les autres sans vouloir absolument croire au spectacle que l'on avait sous les yeux, et qu'il a fallu recommencer plusieurs fois ces manœuvres pour nous convaincre du fait.

Les essais de mouvement circulaire ont été tentés, mais l'enceinte était trop restreinte, et l'on ne pouvait agir que par le gouvernail. Cependant plusieurs de ces tentatives ont réussi. C'est du reste l'appareil le plus simple du monde : une sorte de poisson cylindre à grosse tête, en baudruche, et cerclé par un équateur en bois auquel vient s'attacher un filet supérieur.

Vers le tiers antérieur de l'appareil se trouvent deux petites ailes composées chacune de deux petites palettes formant hélice. Ces palettes ont à peu près la forme d'une raquette à jouer au volant, de $0^m,22$ de diamètre longitudinal sur $0^m,20$ de diamètre transversal. Elles tournent avec rapidité et produisent ainsi le mouvement direct...

Un système composé de deux gouvernails, l'un vertical, l'autre horizontal, termine l'appareil.

N'anticipons pas sur les conséquences probables de cette simple expérience. Constatons seulement qu'aujourd'hui, mercredi 6 novembre, à trois heures et demie, une machine aérostatique s'est manifestement dirigée contre le vent, mue par un appareil d'une simplicité extrême.

L'expérience se renouvela le 7 novembre, puis le 10, qui était un dimanche : par suite d'un défaut d'équilibre, cette dernière expérience réussit moins bien, et le public, toujours ingrat, hua le pauvre inventeur. Le directeur de l'Hippodrome, M. Arnault, qui avait promis de faire les fonds pour construire, sur le modèle du petit aérostat, un ballon de 15 mètres de long, négligea de tenir sa promesse, et Jullien ne put jamais exécuter son appareil en grand.

Il ne tarda pas, d'ailleurs, à abandonner les ballons, et, à l'inverse de Blanchard, d'aérostier se fit aviateur. Nous le retrouverons bientôt à ce titre. Disons seulement dès maintenant que jamais le succès et la fortune ne couronnèrent les efforts de ce modeste et habile artisan, qui mourut en 1877 à l'asile de Sainte-Anne.

Le petit aérostat dirigeable qu'il avait construit était en somme extrêmement remarquable ; mais il empruntait sa force motrice à un ressort d'horlogerie, moteur absolument insuffisant pour un grand appareil ; si Jullien avait exécuté son ballon de façon à le rendre capable d'enlever deux personnes, il aurait donc eu à se préoccuper de la question force motrice, qui n'était pas résolue dans son petit modèle.

Il était réservé à un illustre ingénieur français, Henri Giffard, d'aborder pour la première fois cette redoutable question, et de lui donner la seule solution que comportait l'état de l'industrie à cette époque.

Le 24 septembre 1852, en effet, Giffard s'élevait dans les airs avec un aérostat allongé portant une machine à vapeur avec sa chaudière et son foyer.

Henri Giffard (fig. 105), que ses travaux sur l'aéronautique rangent à côté des Montgolfier et des Charles, est né le 8 janvier 1825 à Paris, où il fit ses études au collège Bourbon. Son goût pour la mécanique s'éveilla de bonne heure, et son génie inventif se révéla dès le début de sa carrière.

Comme beaucoup d'hommes éminents, il s'était instruit et formé lui-même, sans le secours d'aucune école spéciale. En sortant du collège, il avait demandé au rude labeur de l'atelier, au maniement de la lime et de l'étau, le sentiment intime et l'amour de la mécanique pratique, que le travail manuel peut seul enseigner. Il avait ensuite acquis, à force de persévérance et de capacité, les vastes connaissances scientifiques indispensables au succès de ses travaux ultérieurs (1).

(1) Discours prononcé à ses funérailles par M. Hervé Mangon, membre de l'Institut.

C'est aux ateliers du chemin de fer de Paris à Saint-Germain qu'il travailla ainsi comme simple ouvrier, et son bonheur fut grand quand il fut admis à conduire comme mécanicien les locomotives de ce premier chemin de fer français.

A dix-huit ans, Giffard commença à s'occuper de navigation aérienne, et pour connaître un peu cette atmosphère qu'il voulait conquérir, il exécuta quelques ascensions à l'Hippodrome avec Eugène Godard.

Il assista aux expériences de Jullien, et lui-même a raconté depuis qu'il avait tiré profit de l'observation de ce petit modèle.

En 1851, Giffard, qui était parvenu à réaliser une petite machine à vapeur de trois chevaux ne pesant que 45 kilogrammes, prit un brevet pour *l'application de la vapeur à la navigation aérienne*, dans lequel il décrivait un modèle d'aérostat allongé muni d'une machine à vapeur actionnant une hélice.

FIG. 105. — Henri Giffard.

N'ayant aucune fortune personnelle, il n'aurait pu réaliser son projet sans l'assistance de deux jeunes ingénieurs, alors élèves de l'École Centrale, David et Sciama, qui furent ses collaborateurs et ses bailleurs de fonds. Le ballon construit, ce fut à l'Hippodrome qu'eut lieu l'ascension en public, le 24 septembre 1852. Les spectateurs, fort peu nombreux, virent avec une admiration mêlée d'effroi l'audacieux ingénieur s'enlever avec une machine à vapeur en activité suspendue sous un aérostat gonflé de gaz d'éclairage. L'un des assistants était Émile de Girardin, et il publia dans *la Presse* du 26 septembre, sous le titre : *Le risque et l'invention*, un article débutant ainsi :

> Hier, vendredi 24 septembre, un homme est parti imperturbablement assis sur le tender d'une machine à vapeur élevée par un ballon ayant la forme d'une immense baleine, navire aérien pourvu d'un mât servant de quille et d'une voile tenant lieu de gouvernail.
>
> Ce Fulton de la navigation aérienne se nomme Henri Giffard.
>
> C'est un jeune ingénieur qu'aucun sacrifice, aucun mécompte, aucun péril n'ont pu décourager ni détourner de cette entreprise audacieuse, où il n'avait pour appui que deux jeunes ingénieurs de ses amis, MM. David et Sciama, anciens élèves de l'École Centrale.
>
> Il est parti de l'Hippodrome. C'était un beau et dramatique spectacle que celui de ce soldat de l'idée, affrontant, avec l'intrépidité que l'invention communique à l'inventeur, le péril, peut-être la mort ; car à l'heure où j'écris, j'ignore encore si la descente a pu s'opérer sans accident et comment elle a pu s'opérer...

Ce premier aérostat à vapeur de Giffard était allongé et terminé par deux pointes, l'avant et l'arrière étant absolument symétriques (fig. 106) ; la longueur de ce fuseau était de 44 mètres, et le diamètre au milieu de 12 mètres ; il cubait environ 2 500 mètres cubes. Le filet était relié à une longue perche horizontale en bois de 20 mètres de longueur formant la quille du navire aérien. Le gouvernail, formé d'une voile triangulaire, était en prolongement de cette quille.

A 6 mètres au-dessous de la traverse étaient suspendus le moteur à vapeur et tous les accessoires : la machine à vapeur était posée sur une sorte de brancard en bois dont le fond, garni de planches, servait de nacelle. La chaudière était verticale et à tirage renversé, la cheminée étant dirigée vers le bas. Le foyer et le cendrier étaient entièrement clos, pour éviter toute projection d'étincelles : le combustible employé était du coke de bonne qualité.

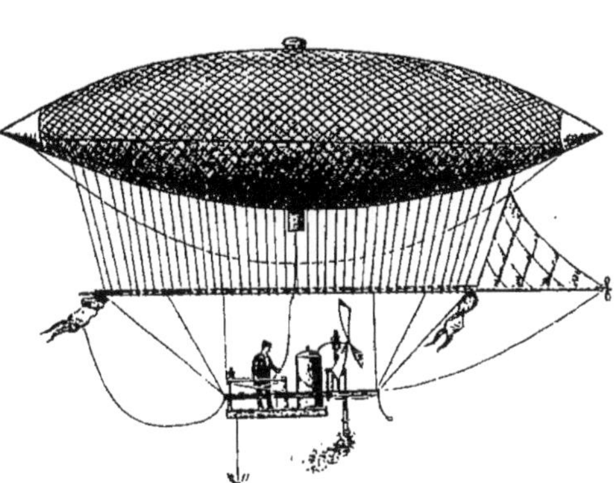

Fig. 106. — Premier ballon dirigeable à vapeur de Henri Giffard.

La machine à vapeur, composée d'un seul cylindre vertical, actionnait directement l'arbre coudé portant l'hélice : celle-ci était à trois branches de 3m,40 de diamètre, tournant à 110 tours par minute. La force de la machine était de 3 chevaux ; elle pesait avec la chaudière 159 kilogrammes. Voici d'ailleurs le détail des poids de tout l'appareil :

Aérostat avec la soupape	320kg
Filet	150
Traverse, corde de suspension, gouvernail, cordes d'amarrage	300
Machine et chaudière vide	150
Eau et charbon contenus dans la chaudière au moment du départ	60
Châssis de la machine, brancard, planches, roues mobiles, bâches à eau et à charbon	420
Corde traînante pour arrêter l'appareil en cas d'accident	80
Poids de la personne conduisant l'appareil	70
Force ascensionnelle nécessaire du départ	10
Total	1560kg

Il restait 248 kilogrammes pour les approvisionnements d'eau et de charbon. Giffard obtint, avec ce premier navire aérien, une vitesse de transport en tous sens de 2 à 3 mètres par seconde, résultat qu'il avait prévu par le calcul. L'aérostat obéissait d'ailleurs parfaitement à l'action du gouvernail. La force du vent l'empêchait de lutter directement contre celui-ci, mais il obtint facilement des déviations très appréciables. Laissons-lui raconter la fin de cette émouvante expérience :

Cependant la nuit approchant, je ne pouvais rester plus longtemps dans l'atmosphère ; craignant que l'appareil n'arrivât à terre avec une certaine vitesse, je commençai à étouffer le feu avec du sable ; j'ouvris tous les robinets de la chaudière ; la vapeur s'écoula de toutes parts avec un fracas horrible ; j'eus un moment la crainte qu'il ne se produisît un phénomène électrique, et pendant quelques instants je fus enveloppé d'un nuage de vapeur qui ne me permettait plus de rien distinguer. J'étais à ce moment à la plus grande élévation que j'aie atteinte : le baromètre marquait 1 800 mètres ; je m'occupai immédiatement de regagner la terre, ce que j'effectuai très heureusement dans la commune d'Élancourt, près Trappes, dont les habitants m'accueillirent avec le plus grand empressement et m'aidèrent à dégonfler l'aérostat. A dix heures, j'étais de retour à Paris (1).

Instruit par cette première expérience, Giffard construisit un second aérostat dirigeable de 70 mètres de longueur et 10 mètres seulement de diamètre au milieu : il cubait 3 200 mètres. Diverses modifications de détail portaient principalement sur le mode de suspension de la nacelle et sur le moteur : ce nouveau matériel fut achevé en 1855, et le départ eut lieu de l'usine à gaz de Courcelles. Giffard était accompagné cette fois de M. Gabriel Yon. La machine étant en pression au moment du départ, on vit l'aérostat tenir tête au vent pendant quelques instants, puis se laisser entraîner par le courant. Les résultats de cette seconde expérience ne firent que confirmer ceux de 1852. La descente fut assez périlleuse ; par suite de l'excès de longueur du ballon, celui-ci eut une tendance à prendre la position verticale, et, en touchant terre, il sortit du filet et se rompit en deux morceaux.

Giffard prit un second brevet, le 6 juillet 1855, sur son *système de navigation aérienne* (2), dans lequel il étudie dans toutes ses parties la construction d'un immense aérostat allongé, de 220 000 mètres cubes, mesurant 600 mètres de longueur totale et 30 mètres de diamètre maximum. La forme générale est celle du petit modèle de Jullien, plus renflée vers la partie antérieure, plus effilée à l'arrière. Il était prévu un poids de 30 000 kilogrammes pour le moteur seul, et Giffard établissait par le calcul que ce moteur pouvait communiquer au navire aérien une vitesse propre de 20 mètres par seconde.

Cependant tous ces travaux avaient endetté le jeune ingénieur, qui dut momentanément abandonner l'aéronautique ; il s'adonna alors à la construction de petites machines à vapeur à grande vitesse, qui commencèrent sa fortune : il put ainsi rembourser à ses amis David et Sciama les sommes que ceux-ci, confiants dans son génie, avaient mises à sa disposition. Bientôt il inventa cet appareil merveilleux qui devait lui apporter la gloire et la fortune : l'injecteur qui porte son nom.

A la tête d'une immense fortune, Henri Giffard revint à ses études aéronautiques, et, lors de l'Exposition universelle de 1867, il créa le premier ballon captif à vapeur,

(1) *La Presse* du 26 septembre 1852.
(2) Consulter *Le Génie industriel*, tome XXIX, Paris, 1855, p. 251.

qui fut bientôt suivi du captif de l'Exposition de Londres, en 1868, lequel cubait 12 000 mètres et coûta plus de 700 000 francs à son constructeur.

Dix ans plus tard, Giffard portait au plus haut point l'art aérostatique en construisant cette merveille de la mécanique moderne, le ballon captif de 25 000 mètres cubes de l'Exposition de 1878. Nous en étudierons en détail la construction à un chapitre ultérieur.

Tous ces travaux ne lui faisaient pas perdre de vue le problème de la direction des aérostats, qu'il avait abordé pour la première fois en 1852, et il se proposait de mettre à exécution un aérostat dirigeable de 50 000 mètres cubes, muni d'un puissant moteur à vapeur alimenté par deux chaudières qui devaient être chauffées l'une par du pétrole, l'autre par le gaz même du ballon, et tout était calculé de telle sorte que les pertes de poids et de force ascensionnelle se fissent exactement équilibre. La vapeur devait être condensée à la sortie des cylindres et renvoyée aux chaudières, pour éviter de ce côté toute perte de poids. Tout était prévu, calculé et déterminé jusque dans les moindres détails d'exécution, et le million nécessaire à la construction était tenu en réserve dans une banque de Paris.

Mais la maladie terrassa le grand inventeur avant qu'il ait réalisé ses projets : sa vue s'affaiblit graduellement, tout travail lui devint impossible, son caractère s'en ressentit et toute société lui devint insupportable. Il s'enferma dans une chambre obscure, fuyant la lumière qui blessait ses yeux, ne lisant plus, ne se livrant à aucune occupation. La folie vint effleurer ce puissant cerveau qui avait enfanté tant de merveilles, et le 15 avril 1882 Henri Giffard était trouvé mort chez lui asphyxié par le chloroforme. Il laissait à l'État une fortune de plusieurs millions, à charge de distribuer de nombreux legs à des sociétés savantes et 100 000 francs aux pauvres de Paris.

Citons, pour terminer sa biographie, ces paroles prononcées sur sa tombe par son disciple et ami Gaston Tissandier :

> Il dédaignait les honneurs, aimait par-dessus tout le travail. Ennemi des manifestations d'un luxe apparent, il se plaisait dans les pratiques d'une vie simple et laborieuse ; mais quand il s'agissait de faire des machines, le millionnaire reparaissait... Quand il fallait aider un ami ou faire acte de charité, il puisait l'or à pleines mains dans sa caisse. Il faisait des rentes à ses amis malheureux, et il possédait près de Paris une maison où l'on n'était admis comme locataire qu'à condition d'être pauvre et de ne jamais payer son terme.
>
> Henri Giffard se cachait pour faire le bien, et les belles actions dont sa vie abonde, il les accomplissait dans l'ombre.

CHAPITRE XVI

BALLONNIERS ET AVIATEURS

Le ballon-couronne. — M. de Crac aéronaute. — Un aquarium aérien : les ballons-poissons. — Projet Farcot. — Camille Vert. — Les stores de Gontier-Grisy. — Les aéroplanes. — Michel Loup. — Le parachute de Letur. — La catastrophe du 27 juin 1854. — Joseph Pline. — L'oiseau de Le Bris. — Raspail aviateur. — Aéroplane de du Temple. — Aéroplane Jullien. — Aéroplane Carlingford. — L'hélicoptère d'Henry Bright. — L'aéroplane de Bélégnie. — Brooklyn ou l'Américain volant.

Les belles expériences de H. Giffard avec l'aérostat dirigeable à vapeur ouvraient définitivement la voie aux inventeurs, et il semblait qu'il n'y avait plus qu'à marcher sur ses traces pour arriver, par des perfectionnements successifs, à la solution complète du problème. On pouvait donc espérer que désormais les projets allaient prendre un caractère plus scientifique et que les inventeurs allaient marcher sur les traces du grand ingénieur qui avait, avec tant d'éclat, indiqué la route à suivre.

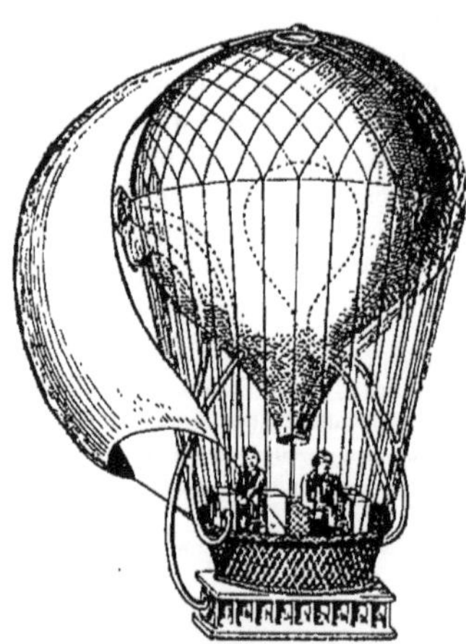
FIG. 107. — Ballon de Terzuolo (1855).

Il n'en fut rien, et l'on vit pendant quelques années un véritable débordement de projets aussi peu sérieux que la plupart de ceux qui étaient éclos aux débuts de l'aéronautique ; seule la forme allongée du ballon de Giffard semblait avoir frappé l'imagination des chercheurs, et chacun voulait à son tour lancer dans les airs un ballon-poisson. Signalons cependant, à titre d'exception, le projet de Treille et Meyer qui, en 1852, déclaraient tenir la solution du grand problème « par la substitution au « ballon sphérique du ballon en couronne ! » Signalons aussi le ballon de Terzuolo (1855), qui était tout bonnement sphérique : mais le mérite de l'invention résidait dans la façon véritablement ingénieuse dont l'auteur obtenait la propulsion de son aérostat : celui-ci était muni d'une voile (fig. 107), et, pour assurer en tous temps un vent favorable, M. Terzuolo installait dans la nacelle de son ballon un fort ventilateur qui soufflait sur la voile et la gonflait dans la bonne direction !

Comme le remarque fort judicieusement G. Tissandier, ce procédé de direction des ballons était renouvelé de celui qu'employa le baron de Crac pour se retirer d'une rivière où il risquait de se noyer : sortant un bras de l'eau, il se saisit par les cheveux et fut assez heureux pour se ramener sain et sauf sur le rivage !

Mais en général la forme poisson triomphait, et si tous les projets avaient abouti, l'atmosphère eût bientôt été transformée en un vaste aquarium.

Le ballon-poisson que Ferdinand Lagleize construisit en petit et exposa en septembre 1853 au jardin d'hiver des Champs-Élysées, à Paris, possédait même des nageoires latérales comme organes de propulsion et une queue servant de gouvernail (fig. 108).

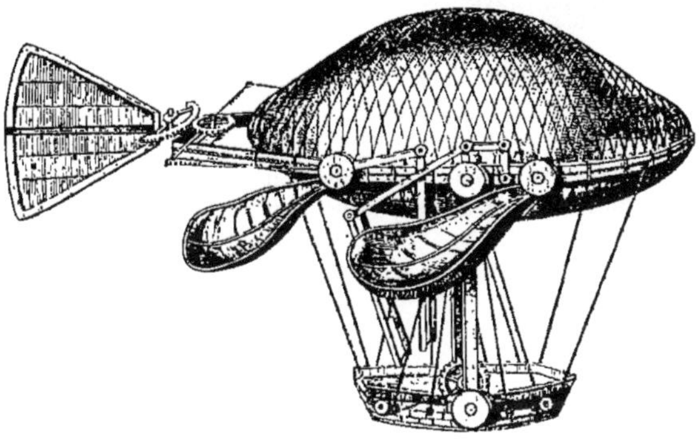

FIG. 108. — Ballon dirigeable de Ferdinand Lagleize (1853).

Celui que Pillet, professeur à l'École des apprentis de Cherbourg, proposa en 1857 sous le nom d'*aérodophore* était également muni de nageoires latérales : mais, de plus, la propulsion était demandée à une hélice placée à l'arrière même de l'aérostat, auprès de la queue formant gouvernail. Louis Pillet était d'ailleurs un homme de mérite qui s'était adonné avec passion à d'intéressantes observations sur l'hélice et sur la forme la plus convenable à donner à ses branches.

Un autre inventeur, Vaussin-Chéradame, commença vers cette époque, en 1858, à publier une série de projets de ballons-poissons de toutes formes et munis de propulseurs de toute espèce : hélices, rames, ailes, etc. : il est peu d'organe auquel il ne se soit adressé, et ses publications ont duré jusqu'en 1873.

En 1859, un savant et habile mécanicien horloger, Eugène Farcot, publia une brochure intitulée *La navigation atmosphérique*, dans laquelle il décrivait un ballon allongé mû par deux hélices placées à l'avant et actionnées par une machine à vapeur. Ce fut pour lui le point de départ de recherches intéressantes sur les moteurs légers, car il s'était bien vite rendu compte que, dans la direction des ballons, la question moteur prime toutes les autres. Au cours d'une expérience sur un moteur qu'il avait construit, il eut le pouce de la main gauche mutilé dans un engrenage, et il dut subir l'amputation : cela ne ralentit pas son zèle pour l'aéronautique, mais il ne tarda pas à se rallier à l'aviation et devint un des fervents apôtres de la Société d'aviation, que nous allons bientôt voir entrer en scène. Nous retrouverons également Eugène Farcot à propos des ballons du siège de Paris, dont il fut l'un des aéronautes.

Citons encore, parmi la foule de ballons-poissons, celui de Camille Vert (fig. 109), qui, construit en petit par son inventeur, était muni de deux hélices propulsives actionnées par une petite machine à vapeur. Ce modèle fut exposé en 1859 au palais de l'Industrie, où il reçut la visite de l'empereur Napoléon III. Une hélice horizontale, placée sous la nacelle, devait permettre de monter et descendre sans perte de lest ni de gaz.

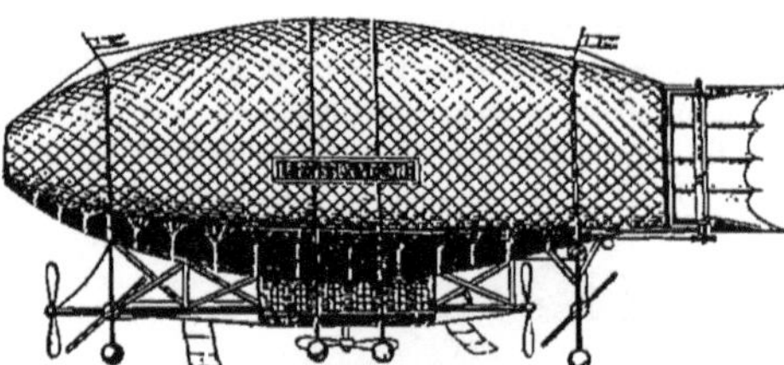

Fig. 109. — Le poisson volant de Camille Vert

En 1860, parut le *propulseur aérostatique* de Gontier-Grisy : cet étonnant appareil, qui devait remorquer les ballons de toutes formes, se composait de deux grands *stores* en toile (fig. 110) qui s'enroulaient et se déroulaient alternativement sur des tringles en fer ! Il faut croire que l'inventeur lui-même n'avait qu'une médiocre confiance dans la valeur de son propulseur, car deux ans plus tard, le même Gontier-Grisy publiait un nouveau projet de ballon dirigeable cylindrique à air comprimé, sous le titre de : « *aérostat propulsif avec moteur revolvo-comprimant !* »

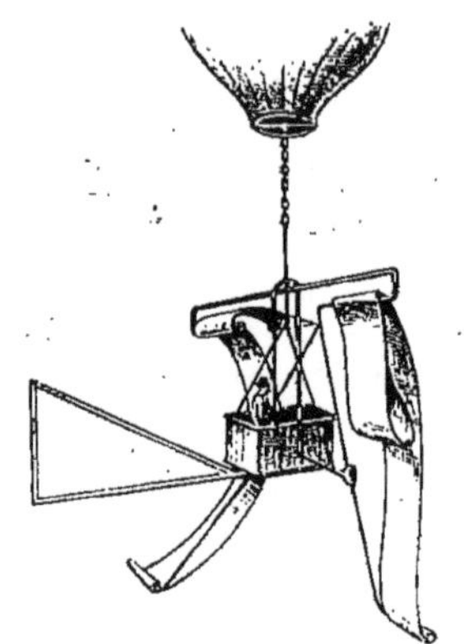

Fig. 110. — Propulseur aérostatique de Gontier-Grisy (1860.)

Nous pourrions encore parler d'une foule de projets, en somme peu intéressants, tels que ceux de John Henry Johnson, de Jean Giannetti, de B. Aldborough, de Curtis, de Ch. Stevens, de Desrivières, etc. ; mais nous préférons arrêter cette nomenclature, qu'il serait fastidieux de poursuivre : d'autres sujets plus intéressants méritent d'attirer notre attention.

Pendant que les ballonniers laissaient ainsi vagabonder leur riche imagination, les aviateurs poursuivaient patiemment leurs travaux, et nous avons à passer en revue une série de projets et d'expériences qui sont comme le prélude du grand mouvement en faveur du *plus lourd que l'air*, auquel nous consacrerons les chapitres suivants.

Nous avons vu qu'en Angleterre l'aéroplane s'était posé comme rival de l'aérostat avec Henson et Stringfellow. L'attention des aviateurs se porta donc de ce côté, et, en 1852, un inventeur français, Michel Loup, étudia un aéroplane de grandes dimensions formé d'un vaste plan de glissement (fig. 111) monté sur roues pour le départ et l'atterrissage, et propulsé par un système de deux ailes tournantes hélicoïdales : une queue formant gouvernail horizontal et vertical complétait l'ensemble de cet appareil qui, vu de profil, représentait assez exactement un oiseau dont la nacelle, contenant le moteur et l'aéronaute, eût formé le corps. Cet appareil ne fut d'ailleurs jamais expérimenté.

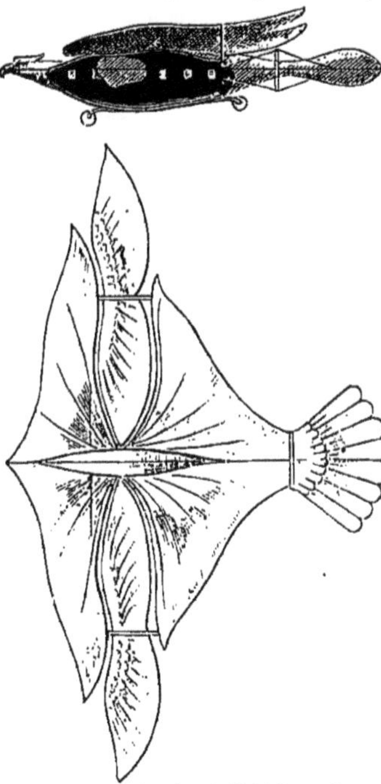

Fig. 111. — Aéroplane de Michel Loup (1853).

Il n'en fut pas de même de l'aéroplane de Letur, qui était plutôt un parachute dirigeable : et que son inventeur essaya en 1854 ; l'expérience d'ailleurs eut une fin tragique, comme nous allons le voir.

Letur avait imaginé de munir le parachute ordinaire de deux grandes ailes latérales auxquelles il pouvait donner un mouvement de translation de façon à diriger la descente vers un point déterminé. Il avait en somme pour but d'essayer un système de rames aériennes et de gouvernail de son invention, en les expérimentant pendant une descente en parachute : ce n'était là qu'une expérience préliminaire qui devait le renseigner sur la valeur des organes qu'il avait inventés en vue de réaliser un système plus complet de navigation aérienne. C'était opérer avec prudence : malheureusement un accident impossible à prévoir amena une catastrophe qui ne résulta nullement de son invention.

Après avoir exhibé son appareil (fig. 112), à la fin de mai 1853, à l'Hippodrome de Paris où le duc de Gênes, accompagné de l'aide de camp de l'empereur, vint le visiter, Letur passa en Angleterre et se fit enlever le 27 juin 1854 avec son parachute dirigeable attaché sous la nacelle du ballon de W.-H. Adam.

Nous trouvons dans le *Sun* le récit de la catastrophe qui se produisit alors :

Lorsque le ballon fut arrivé au-dessus de Tottenham, M. Adam, l'une des personnes qui occupaient des places dans la nacelle, trouvant l'endroit favorable, se prépara à descendre. Il coupa deux des cordes qui attachaient le parachute au ballon ; mais il s'aperçut que la troisième corde était engagée dans l'appareil de la machine.

Tout près de la station du chemin de fer de Tottenham, deux employés du chemin de fer s'étaient d'abord saisis de l'ancre attachée au parachute. M. Adam, pour éviter les dangers que présentaient des arbres dans le voisinage, se mit à jeter du lest ; néanmoins, on heurta les arbres.

Le parachute fut ballotté avec une grande violence dans les branchages que l'on entendait craquer de la station, à la distance d'un quart de mille. Cependant M. Adam parvint à descendre sur le champ, tout près de la station de Marshlane. Les ancres du parachute étant demeurées attachées à des branches, à peu de distance de l'endroit où M. Adam et son ami étaient descendus, ceux-ci s'empressèrent de courir au secours du malheureux Français, qui n'avait pas voulu quitter le parachute et s'y tenait accroché avec force.

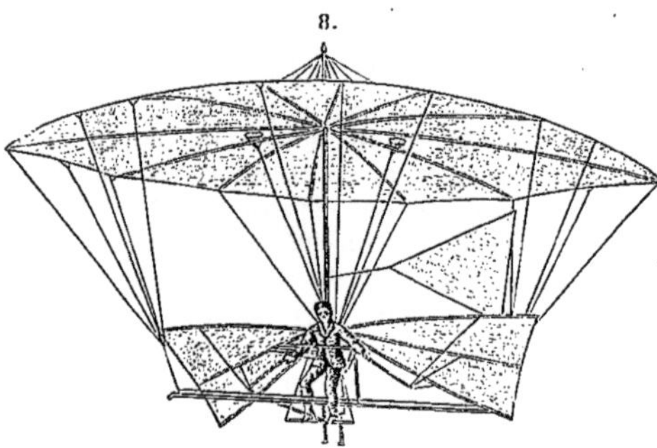

Fig. 112. — Appareil de Letur, dans lequel il trouva la mort, le 27 juin 1854.

Une foule immense fut bientôt sur le théâtre de l'accident, et l'on parvint après beaucoup d'efforts à dégager le malheureux M. Letur qui, n'ayant pas perdu connaissance, quoique fortement brisé par de nombreuses contusions, poussait des cris et des gémissements. On le transporta à la taverne du chemin de fer près de la station. M. Barrett, propriétaire, le fit placer dans une chambre. On courut chercher un médecin.

Le malheureux était couvert de contusions, mais sans blessure grave apparente. Des lésions internes existaient néanmoins, et Letur ne tarda pas à expirer dans les bras de son ami M. Franchel. Il avait alors quarante-neuf ans et laissait une famille dans l'indigence.

L'enquête faite par le coroner sur les causes de l'accident confirma les détails donnés par le *Sun* : l'appareil de Letur n'était pour rien dans la catastrophe dont il fut la victime ; la corde qui reliait le parachute à la nacelle du ballon s'était trouvée engagée dans l'appareil de façon à ne plus pouvoir en être séparée, d'où cet épouvantable traînage au milieu des arbres et des obstacles contre lesquels se brisa l'infortuné Letur.

En 1855, M. Joseph Pline fit breveter, sous le nom d'*aéroplane*, un appareil mixte, moitié ballon, moitié aéroplane proprement dit, formé d'un vaste aérostat présentant une grande surface horizontale, à bords effilés, rigide à l'avant et souple à l'arrière.

Cet aérostat se composait d'une multitude de cellules imperméables disposées à peu près comme les alvéoles d'une ruche d'abeilles, et il devait se mouvoir obliquement dans l'air, en glissant ; mais il est bon d'ajouter que, dès cette époque, Pline considérait cet appareil comme un instrument d'étude devant conduire à l'aéroplane plus lourd que l'air, l'hydrogène n'étant pas nécessaire à soutenir et diriger dans l'air un vaste plan comme celui qu'il proposait.

Faute d'avoir trouvé des capitaux suffisants pour soumettre ses idées à l'expérience, l'inventeur ne put construire son appareil, mais il ne cessa de poursuivre l'étude de l'aéroplane sous toutes ses formes.

Nul mieux que lui, dit de la Landelle, ne possède la question, et dans son ensemble et dans ses moindres détails. Il a fait une étude approfondie de tous les organes du vol chez les êtres iptères, de la marche des courants aériens, des nuages, des projectiles, des graines, etc., et cette étude prolongée est devenue d'une précision telle qu'il peut déterminer à l'avance comment va tomber, tourner, tourbillonner, planer, glisser, rebondir, en un mot se conduire dans l'air, soit calme, soit agité, un papillon sec qu'il lance ou laisse choir, une aile d'oiseau, deux ailes reliées ensemble, une graine, une feuille d'arbre, une feuille de papier, de carton, de bois ou de métal affectant une forme déterminée : surface plane ou gauche, angulaire, curviligne, héliçoïde (1).

Les petits appareils de planement désignés sous le nom de *papillons de Pline* (fig. 113) sont bien connus de tous ceux qui s'occupent d'aviation, et rien n'est si gracieux que les évolutions dans l'air de l'un de ces petits planeurs découpés dans une feuille de papier, imitant un papillon ou un oiseau les ailes étendues et légèrement

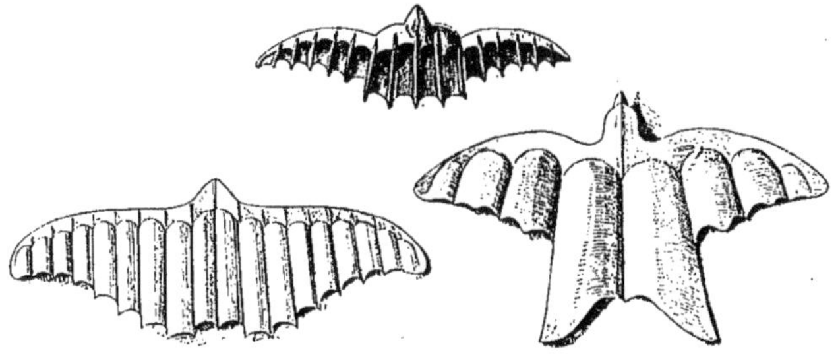

Fig. 113. — Papillons de Pline.

relevées de chaque côté du corps, que Joseph Pline laissait tomber du haut de sa chaise pendant les séances de la *Société française de navigation aérienne*. Le léger papillon semblait plonger vers le sol, puis se relevait en décrivant une courbe, ondulait deux ou trois fois et venait en glissant sur l'air se poser légèrement sur le sol.

Joseph Pline fabriqua aussi en 1858 un petit hélicoptère à double hélices, mues par un ressort d'horlogerie.

Un autre aviateur français, Jean-Marie Le Bris, fit en 1857 d'intéressantes expériences de planement à l'aide d'un grand oiseau artificiel qu'il avait construit. G. de la Landelle, qui était allé tout exprès à Brest pour voir l'appareil de Le Bris qui se trouvait en 1876 remisé dans les magasins des Ponts et Chaussées, en a donné la description suivante :

L'oiseau artificiel (fig. 114) avait un corps en forme de sabot, long d'un peu plus de quatre mètres, sur un mètre et quart en sa plus grande largeur... Il pèse en tout quarante-deux kilogrammes, dont cinq pour les ferrures et quatre pour les forts leviers servant à la manœuvre des ailes.

(1) G. de la Landelle, *Aviation*, p. 168.

Celles-ci, fixées sur des nervures en bois flexible, avaient chacune sept mètres de longueur, d'un bout à l'autre de l'envergure : en tenant compte de la largeur de la nacelle, on trouve quinze mètres passés, ce qui, avec le dessein de faire du vol à voiles, n'est aucunement exagéré.

Un petit mât incliné planté à l'avant du sabot-nacelle et représentant le cou de l'oiseau était muni d'un poulinage et d'un système de cordelettes, correspondant aux ailes et aux leviers, en sorte que, sans grands efforts, Le Bris pouvait varier l'inclinaison de ses vastes plans d'environ vingt mètres carrés (1).

Nous avons, dans un autre ouvrage (2), fait le récit d'une première expérience faite avec cet appareil à Trefeuntec, près de Douarnenez, expérience dans laquelle l'aéroplane de Le Bris, demeuré captif, relié qu'il était par un câble à une charrette attelée qui le remorquait, se comporta comme un véritable cerf-volant.

FIG. 114. — Appareil volant de Jean-Marie Le Bris.

Encouragé par ce premier essai, Le Bris se confia de nouveau à son appareil et prit son vol d'une certaine hauteur en faisant face au vent : cette fois encore l'aéroplane se comporta comme un cerf-volant, mais comme un cerf-volant auquel la corde de retenue viendrait à manquer brusquement : l'oiseau factice tomba sur le sol et se brisa, et Le Bris lui-même eut la jambe cassée.

Beaucoup plus tard, en 1868, à Brest, il renouvela ses tentatives, mais jamais dans d'aussi bonnes conditions que dans la première expérience de Trefeuntec. Une seule fois, il parvint à se faire enlever par le vent s'engouffrant sous les ailes : il atteignit une dizaine de mètres et vint en planant se reposer doucement à terre, à vingt-cinq ou trente mètres plus loin. Enfin, dans une dernière expérience où il avait essayé de faire enlever l'appareil à vide, celui-ci tomba et se brisa complètement, sauf la nacelle qui resta à peu près intacte.

Le Bris, qui avait consacré tout son avoir à ces coûteux essais, retourna dans son pays natal, désespérant de jamais réussir. Il s'engagea pendant la guerre de 1870, et vint finir tristement ses jours à Douarnenez, en remplissant les fonctions modestes de sergent de ville. C'est en cette qualité qu'il fut assailli un soir par une bande de vauriens qui l'assommèrent. Le courageux marin breton dont les sauvetages ne se comptaient plus mourut des suites de ce guet-apens au mois de mars 1872, à l'âge de cinquante-quatre ans.

Nous avons vu que Pétin méprisait profondément tous ceux qui ne croyaient pas aveuglément comme lui au magnétisme, à la direction des ballons et à la médecine Raspail. Il devait certainement ignorer à quel point Raspail différait de lui sur le second article de son *Credo*. En fait de navigation aérienne, Raspail, en effet, ne partageait pas les idées de Pétin. Celui-ci était ballonnier, Raspail était aviateur.

(1) G. DE LA LANDELLE, *Dans les airs*, p. 208.
(2) *Les Cerfs-volants*, un volume in-8° chez *Nony et Cie*, Paris.

Nous trouvons en effet à la page 13 du tome II de son *Histoire naturelle de la santé et de la maladie* (1857), le curieux passage suivant :

La chauve-souris ou rat volant du soir (Vespertilio) (fig. 115) est une espèce de rat qui vole, mais qui n'a que cela de commun avec les animaux qui ont des ailes ; en place d'ailes, elle a un parachute dont les baleines ne sont autres que les os de ses deux membres antérieurs : une large membrane qui part de son coccyx s'étend de chaque côté jusqu'à l'extrémité de ses trois longs doigts, le pouce restant libre en forme de crochet. C'est en étendant ou en repliant ce vaste parachute que ce rat voyage dans les airs comme s'il avait des ailes.

FIG. 115. — Le rat volant (Vespertilio).

L'homme qui voudra parvenir à voler dans les airs n'aura qu'à s'organiser un appareil mécanique entièrement semblable à celui de la chauve-souris : Icare ne fût pas tombé s'il avait pris une chauve-souris et non une moquette pour modèle. On doit se faire à ce sujet un parachute articulé et capable d'obéir à tous les mouvements que décrit la chauve-souris pour fendre les airs, s'abattre, s'élever et prendre toutes les directions possibles ; et comme les jambes de l'homme sont trop développées pour cet équilibre, il faudra que la membrane s'attache non seulement au coccyx, mais encore le long des jambes. Tout le mécanisme du mouvement consistera ensuite à battre l'air pour s'élever ; à s'abandonner à son propre poids, le parachute étendu, pour se diriger ; à replier plus ou moins ses ailes pour descendre plus ou moins vite ; à les ployer un peu d'un côté pour tourner de l'autre, etc.

Ces idées de Raspail sont très rationnelles : l'homme est un mammifère : sa constitution se rapproche donc beaucoup plus de celle des cheiroptères que de celle des oiseaux. Il est donc très logique de chercher à copier le vol de la chauve-souris plutôt que le vol de l'oiseau, qui est certainement plus parfait, mais aussi plus difficile à imiter.

En 1857, un jeune lieutenant de vaisseau, M. Félix du Temple, prit un brevet d'invention pour un aéroplane qui mérite que nous nous y arrêtions un instant, car c'est le premier aéroplane français vraiment bien étudié : Félix du Temple fut d'ailleurs aidé dans ses travaux par son frère M. Louis du Temple, capitaine de frégate, et auteur d'un *Cours de machine à vapeur*. L'étude de cet aéroplane conduisit naturellement les inventeurs à s'occuper des moteurs légers, et les amena à inventer la remarquable chaudière multitubulaire qui porte leur nom.

Dans le brevet qui nous occupe et qui fut pris le 2 mai 1857 sous le n° 32031 (brevet pour un *Appareil de locomotion aérienne par imitation du vol des oiseaux*), du Temple expose d'abord ses observations sur le vol plané.

En général, dit-il, l'oiseau, surtout celui de grande taille, ne s'élève et ne vole qu'en raison d'une vitesse acquise ; cette vitesse il la prend pour s'élever, soit en courant sur la terre ou sur l'eau, soit en se précipitant d'un point culminant.

Une fois arrivé à une certaine hauteur qui lui permette de voler horizontalement, d'un coup d'aile il se donne de la vitesse, étend ses ailes et sa queue de manière à former avec elles un plan aussi parfait que possible et marche ainsi en avant sans mouvement d'ailes apparent et sans tomber d'une manière sensible. Il est clair que s'il avait un moyen de se procurer de la vitesse indépendamment de ses ailes, il n'aurait pas besoin de les mouvoir et continuerait de voler horizontalement tant que la vitesse serait la même. La partie antérieure de son corps et du plan de ses ailes est alors plus élevée que la partie postérieure : en d'autres termes, l'oiseau fait avec le plan de ses ailes et de sa queue déployées un angle aigu avec l'horizon.

L'air, s'engageant sous les ailes et la queue avec la vitesse que l'oiseau s'est imprimée, détermine une force normale au plan de ces ailes et de cette queue. Cette force produit une composante verticale qui détruit la pesanteur de l'oiseau : c'est exactement l'effet produit par le vent sur un cerf-volant ; seulement, dans le cas qui nous occupe, c'est la surface qui va au devant de l'air et qui frappe l'air.

Le centre de gravité est toujours au-dessous et dans la verticale du centre de résistance produit par les ailes et la queue déployées. Il n'y a de stabilité pour l'oiseau qu'à cette condition.

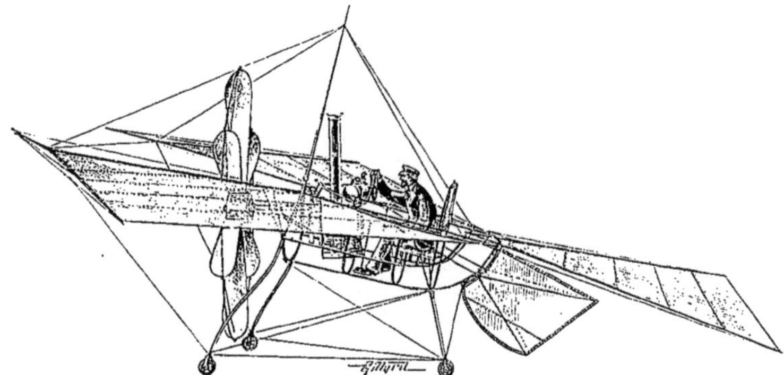

Fig. 116. — Aéroplane à vapeur de du Temple.

Partant de ces observations, du Temple réalisait son aéroplane de la façon suivante (fig. 116) :

1° Une nacelle ou une coque pouvant renfermer un moteur, nacelle remplaçant le corps de l'oiseau ;

2° Deux ailes fixes, analogues à celles de l'oiseau planant ;

3° Une queue horizontale mobile et une queue verticale mobile également ; ces deux organes, permettant la direction dans le sens vertical comme dans le sens horizontal, remplacent la queue unique de l'oiseau qui, pouvant l'orienter dans tous les sens, réalise avec un seul organe la direction verticale et horizontale ;

4° Trois pattes ou pieds montés sur des roues pour prendre de la vitesse sur le sol comme fait l'oiseau en courant avant de prendre son vol.

5° Une hélice actionnée par un moteur quelconque, vapeur, électricité, air comprimé, etc., et donnant la vitesse nécessaire à la sustension et à la propulsion. L'hélice agissant d'une façon continue supplée à l'immobilité des ailes qui ne servent qu'à la sustension de l'aéroplane, tandis que dans l'oiseau les ailes servent en même temps à donner la vitesse à l'animal.

On voit que, dans son projet, du Temple suivait pas à pas l'œuvre de la nature. La nacelle avait 4m,30 de long sur 1m,86 de large et 1m,40 de creux, et était construite en matériaux légers ; elle devait contenir la chaudière et le moteur.

Les ailes devaient avoir 17 mètres de long et être formées de nervures en bois. Celle-ci supportaient un réseau de cordes servant de support à la toile gommée qui formait le plan de sustension. La queue était construite de même.

L'hélice se composait d'une roue de 4 mètres de diamètre portant de légères pales en bois mince disposées obliquement comme des ailes de moulin à vent ; le pas de l'hélice ainsi formée était de 7 mètres, dont 3 décimètres seulement étaient employés.

L'inventeur prévoyait une force de 6 chevaux, nécessaire et suffisante, selon lui, pour imprimer à l'appareil pesant 1 000 kilogrammes une vitesse de 9 mètres par seconde ; l'angle sous lequel il comptait faire avancer l'aéroplane variait de 3° à 35 ou 40°. Il estimait à 35° l'angle sous lequel la force nécessaire à soulever l'appareil serait minima : c'était donc l'angle à utiliser au départ et à l'atterrissage.

Pendant plus de vingt années les deux frères du Temple ont poursuivi l'étude de cet appareil, en modifiant les détails de construction tout en conservant la forme générale, expérimentant différents moteurs, des hélices, etc. Ils ont construit et essayé de petits modèles d'étude actionnés par des ressorts d'horlogerie, mais malgré leurs longues et savantes recherches ils n'ont jamais réalisé le grand aéroplane que nous venons de décrire.

L'aéroplane trouva bientôt un nouvel adepte dans Jullien, cet horloger de Villejuif dont nous avons cité le remarquable petit aérostat dirigeable. En 1858, Jullien construisit un petit modèle d'aéroplane à moteur de caoutchouc qui pesait 36 grammes seulement et mesurait 1 mètre de longueur. Les propulseurs étaient des hélices à deux pales droites; il volait sous un angle de 10° et parcourait en cinq secondes une distance de 12 mètres : la force dépensée était de 72 grammètres par seconde (1). Le moteur était actionné par une lanière de caoutchouc enroulée et tendue sur deux cônes d'égal diamètre disposés comme des fusées de montre, de façon à fournir un travail constant.

Jullien avait projeté de construire un modèle plus grand, pesant 200 grammes et devant voler vingt secondes, mais il ne le réalisa pas.

A peu près à la même époque, en Angleterre, Carlingford fit breveter un aéroplane à hélice (fig. 117) mû par la force humaine, qui présentait un point intéressant : comme l'a si bien observé F. du Temple, la grande difficulté à vaincre aussi bien pour les oiseaux que pour les appareils d'aviation, c'est le départ : Carlingford tournait la difficulté en suspendant son aéroplane à une espèce d'escarpolette qui le lançait violemment dans l'air avec une vitesse considérable, laquelle suffisait au départ. L'aéronaute n'avait plus alors qu'à entretenir la vitesse acquise pour continuer à se soutenir et à progresser.

(1) D'après G. DE LA LANDELLE : rapport du Conseil d'administration sur le deuxième exercice (1865) de la *Société d'encouragement pour l'aviation*.

Nous trouvons, en 1859, en Angleterre également, un brevet très intéressant pris par un ingénieur du nom de Henry Bright, pour un appareil d'aviation qui est un véritable hélicoptère. Il se compose en effet essentiellement de deux grandes roues horizontales placées l'une au-dessus de l'autre et portant une série de voiles légèrement inclinées comme les ailes d'un moulin à vent : ces roues sont fixées sur deux arbres concentriques qui peuvent être animés d'un mouvement de rotation en sens contraire de façon à éviter tout mouvement de giration du navire aérien. Mais la question du moteur n'est même pas abordée dans ce brevet, qui n'en constitue pas moins une étude curieuse d'un hélicoptère à deux hélices tournant en sens contraires.

Dans le projet de John Smythies, datant de 1860, le moteur est au contraire spécialement étudié, et l'inventeur demande à des ailes artificielles la propulsion de son appareil. Ce dernier fut d'ailleurs l'objet de nombreux perfectionnements de la part de son auteur, et nous l'examinerons un peu plus en détail dans un chapitre suivant.

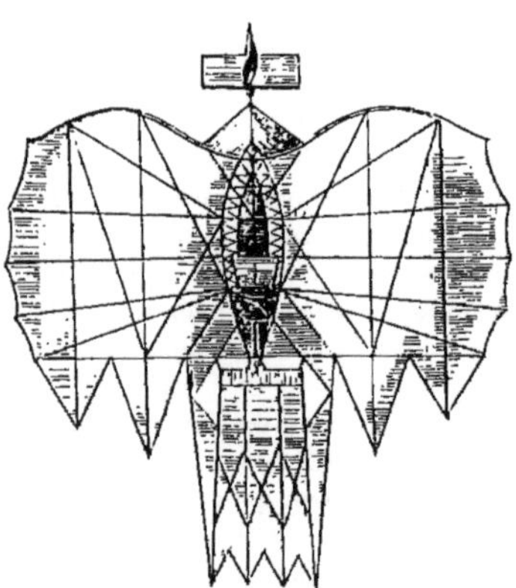

FIG. 117. — Aéroplane de Carlingford.

Pendant cette même année 1860, le capitaine de frégate Béléguic proposa un aéroplane à hélice propulsive agissant, non pas librement dans l'air, mais entre deux surfaces planes ; il avait cherché à assurer l'équilibre latéral de son aéroplane en le constituant par deux surfaces inclinées l'une vers l'autre : deux plans formant dièdre. C'est, remarquait Béléguic, la disposition donnée par la nature aux oiseaux planeurs : « Si l'on examine bien l'oiseau pendant son vol, on remarque que sa figure « générale représente assez exactement une accolade, le corps placé au milieu et « au bas, les extrémités des ailes relevées. » Mais Béléguic reconnaissait franchement que cette disposition n'assurait pas à l'appareil l'équilibre longitudinal, équilibre qui, nous le verrons, ne fut trouvé que plus tard par un aviateur de très grand mérite, Alphonse Pénaud.

Nous citerons enfin, pour terminer, l'expérience exécutée à New-York en 1863 par Brooklyn, qui, muni d'ailes battantes de faible envergure, se précipita du haut de la tour de Great John Street et parvint à glisser obliquement jusque sur le sol ; mais une seconde expérience fut moins réussie : une des ailes se faussa pendant la descente, et Brooklyn fut heureux de s'en tirer avec une aile, non... une jambe cassée.

CHAPITRE XVII

LA SAINTE HÉLICE

Gustave de Ponton d'Amécourt. — Spiralifères et strophéors. — Gabriel de la Landelle. — Une vieille famille bretonne. — Les aéronefs de l'avenir. — Premiers hélicoptères. — Projet de Liais. — L'arche de Noé. — Hélicoptère à vapeur de Ponton d'Amécourt. — Nadar survint! — L'homme qui tutoie de Villemessant. — La photographie aérostatique. — Le *Manifeste de l'automotion aérienne*. — La Sainte-Hélice. — L'académicien Babinet. — La souris et l'éléphant. — L'éponge de la Landelle.

« *On cherchera vainement à résoudre le problème de la navigation aérienne tant qu'on ne commencera pas par supprimer le ballon.* » Celui qui hardiment posait ce principe et résumait ainsi en quelques mots sa profession de foi, était le vicomte Gustave de Ponton d'Amécourt. Depuis l'année 1853, il cherchait le moyen de s'élever et de se diriger dans les airs à l'aide d'un appareil mécanique plus lourd que l'air.

Après avoir longuement mûri son idée, il avait dressé le plan d'un appareil composé de deux hélices horizontales concentriques, superposées et tournant en sens contraires ; une autre hélice placée à l'arrière devait servir de propulseur ; enfin un gouvernail était disposé pour la direction.

M. d'Amécourt soumit son projet à un savant ingénieur sorti de l'École Polytechnique, M. Oppermann, qui l'encouragea vivement à persévérer dans cette voie : mais, faute de temps, celui-ci dut décliner la collaboration qui lui était offerte.

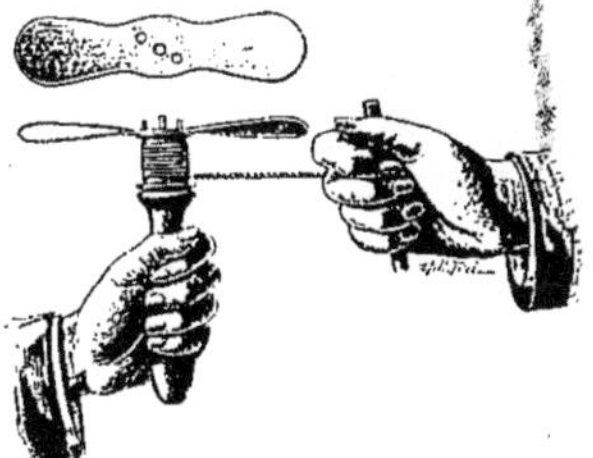

FIG. 118. — Spiralifère.

Sur ces entrefaites, un jouet nouveau, le *spiralifère*, fit son apparition ; à vrai dire ce jouet était connu depuis longtemps sous le nom de *strophéor*, seulement le strophéor était en ferblanc, tandis que le spiralifère était en carton. On sait que ces petits appareils (fig. 118) consistent en une légère hélice mise en rotation très rapide au moyen d'une ficelle ; la réaction de l'air sous les branches de l'hélice soulève celle-ci à des hauteurs parfois considérables.

Ce jouet était la confirmation de la puissance ascensionnelle de l'hélice aérienne. Il devait donc logiquement encourager Ponton d'Amécourt dans ses travaux : ce fut le contraire qui eut lieu. Il s'imagina que son idée était désormais dans le domaine public, que bientôt l'hélicoptère allait victorieusement prendre possession de l'empire des airs, et, découragé par l'inutilité de ses travaux et de ses études, il allait pour toujours en abandonner l'idée quand, par hasard, au mois de mars 1860, il montra son dessin d'hélicoptère à l'un de ses amis d'enfance, Gabriel de la Landelle.

Une courte biographie de celui qui allait devenir l'*apôtre de l'aviation* ne sera pas déplacée ici : né à Montpellier le 14 mars 1812 d'une vieille famille bretonne, Gabriel de la Landelle (fig. 119) s'est fait un nom dans la littérature du XIXe siècle : ancien officier de marine, il n'a cessé d'aimer la mer et les matelots, dont il a fait le sujet de tous ses livres : *la Gorgone*, *Une haine à bord*, *les Quarts de nuits*, *Jean Bart*, etc., et surtout ses *Chants marins*, qui sont de monuments élevés à notre marine, dont il restera le romancier et le poète.

Fig. 119. — Gabriel de la Landelle.

Il appartenait d'ailleurs à une vieille famille de marins illustres : son aïeul avait servi sous les ordres du grand bailli de Suffren : un la Landelle avait été le compagnon de Duguay-Trouin.

A Brest, à Saint-Malo, ces la Landelle avaient d'héroïques attaches militaires. Le fameux Du Couëdic, habitué à faire son logis de son navire, n'avait pas de pied-à-terre à Brest. Lorsqu'après l'immortel combat de la *Surveillante* contre le *Québec* il fut ramené blessé à mort : « Où vous conduire, commandant? » lui demanda-t-on. Il répondit : « Chez mon ami la Landelle. »

L'ami la Landelle de Du Couëdic de Kergaloner était le grand-père de notre vieux confrère la Landelle (1).

Avec de pareils ancêtres, Gabriel de la Landelle devait être marin : sa santé délicate semblait s'opposer à ce qu'il pût résister au dur métier de la mer : mais si

(1) Jules Claretie, discours prononcé aux funérailles de G. de la Landelle.

l'enveloppe était frêle, l'âme était fortement trempée, et le jeune homme s'embarqua sur le vaisseau-école l'*Océan*.

Il voyagea quelques années à bord de l'*Aigrette* et de l'*Atalante*, fit campagne, eut la fièvre jaune, et quitta la marine avec le grade d'enseigne de vaisseau. La guerre de 1870 le trouva près de la soixantaine, mais toujours ardent, et il demanda à reprendre du service : on lui donna l'épaulette de lieutenant de vaisseau et un poste à la défense du 5e secteur pendant le siège de Paris.

La guerre achevée, la Landelle reprit la plume et recommença la série de ses romans maritimes : il est mort le 19 janvier 1886, honoré, aimé de tous ceux qui l'ont connu, laissant le souvenir d'un homme d'honneur et d'un cœur vraiment français.

Tel était l'homme qui, en 1860, reçut de son camarade et ami Ponton d'Amécourt la confidence du projet de l'hélicoptère. La Landelle s'enthousiasma aussitôt. Séduit par le côté ingénieux de l'idée, comme il le dit lui-même, il ne peut comprendre que l'inventeur en reste là : il le presse de passer du projet à l'exécution, et déjà son imagination ardente lui montre ouverte la voie des airs :

Fig. 130. — Appareil dessiné par de la Landelle en frontispice de son livre : *Aviation*.

Bientôt, écrit-il, on aura des aéronefs de luxe et des aéronefs de transport en commun (fig. 130), des aéronefs de cabotage et de long cours, des trains de plaisir aériens, une poste aérienne pour les dépêches, des aéronefs de chasse contre les bêtes féroces, des aéronefs de sauvetage contre les inondations, les naufrages et les incendies..... enfin tous les gouvernements créeront un ministère de l'*aviation*, comme ceux des puissances maritimes ont un ministère de la marine (1).

Harcelé sans relâche par son bouillant ami, Ponton d'Amécourt se décide enfin, au mois d'avril 1861, à prendre un brevet pour son hélicoptère, et déjà il ressent l'angoisse de tout inventeur sur le point de réaliser ses idées : « La grande agonie « va commencer, écrit-il à la Landelle ; mes amis m'abandonneront-ils ? »

Voulant, comme il le dit lui-même, *se mettre en règle avec la science*, il s'adressa à un savant mathématicien, Landur, qui s'attacha à calculer les effets ascensionnels de l'hélice ; mais la théorie, les calculs, les formules, tout cela ne faisait pas l'affaire

(1) De la Landelle, *Aviation*, p. 14 et 15.

de la Landelle qui, lui, voulait des expériences, et qui, impatienté de voir son ami et collaborateur s'enfoncer dans la partie mathématique de la question, se décida à marcher de l'avant. Ayant déniché chez un serrurier son voisin, M. Alphonse Moreau, un ressort d'horlogerie actionnant une tige verticale, il y adapta des ailettes de spiralifères et reconnut, en plaçant son petit appareil sur une balance, que pendant les quatre minutes que mettait le ressort à se dérouler, il y avait un allègement de près de cinq grammes ! Il n'en fallut pas plus pour porter à son comble l'enthousiasme de la Landelle :

Victoire ! Triomphe ! s'écrie-t-il... Ces cinq grammes de diminution du poids total équivalaient pour moi à la certitude de s'élever mécaniquement dans les airs, de doter l'humanité de la faculté tant enviée aux oiseaux depuis l'antiquité la plus reculée de circuler librement dans l'atmosphère... Je diminuais mon poids d'un soixantième. Paf ! je me voyais aux nues (1).

Voilà donc la Landelle fier, ivre de joie, qui transporte un peu partout son spiralifère à ressort et sa balance et qui répète son expérience, s'attendant, avoue-t-il ingénument, à être acclamé comme un nouveau Christophe Colomb. Hélas ! on lui rit au nez ou peu s'en fallut : on l'accusa de *vouloir s'enlever par les cheveux !* Sans se laisser démonter, il embauche son voisin Alphonse Moreau, et chaque jour ils essayent de nouvelles formes d'hélices : ailettes droites, courbes, gauches, plates, minces, toutes les combinaisons possibles et impossibles sont tour à tour essayées.

Ils construisirent pour ces expériences une machine à bras d'homme posée sur une bascule, et ils constatèrent des allègements de 10 à 15 kilogrammes sur les 160 que pesait la machine et l'homme qui la manœuvrait. M. de Ponton d'Amécourt fit fabriquer de son côté un petit hélicoptère à ressort d'horlogerie muni de deux hélices contrariées, qui, pendant cinq secondes, s'allègeait de 40 à 60 grammes sur 320.

Une circonstance imprévue vint encore paralyser l'ardeur des inventeurs : le 23 juin 1861, *la Patrie* publiait un long article du savant astronome M. Liais, établissant que le meilleur procédé de navigation aérienne consistait dans l'emploi de deux hélices verticales concentriques et tournant en sens inverses, d'une hélice propulsive horizontale et d'un gouvernail. C'était mot pour mot le projet de l'hélicoptère de Ponton d'Amécourt. Grand émoi de celui-ci et de son fidèle ami ! Des indiscrétions ont pu se commettre ! M. Liais a pu avoir entendu parler de leurs travaux ! La question d'antériorité allait se poser. Et vite la Landelle de rassembler des attestations certifiant que, bien avant le 23 juin, les signataires ont eu connaissance des projets de Ponton d'Amécourt et de la Landelle : ce curieux certificat porte une foule de noms connus : Émile Richebourg, Louis Énault, Emmanuel Gonzalès, Léo Lespès, Ponson du Terrail, etc., etc., bref toute la Société des gens de lettres, dont faisait partie la Landelle : mais de toutes parts surgissent les antériorités ; on remet au jour l'hélice aérienne de Léonard de Vinci, le ptérophore de Paucton, les hélicoptères de Launoy et Bienvenu, de G. Cayley, de Robertson ; on découvre qu'en 1823 un Bolonnais, Vittorio Sarti, a décrit un *aereoveliero* composé de deux hélices concentriques, que Cagnard de Latour en 1839, Bourne en 1843, Vignal

(1) De la Landelle, *Dans les airs*, p. 177.

en 1851, etc., ont inventé et réinventé l'hélicoptère, bref que cet appareil est connu, archiconnu et que l'invention de Ponton d'Amécourt n'a rien de nouveau. « Je n'ai rien inventé ! » écrit celui-ci découragé. « Laissez donc ! riposte de la Landelle, il y « avait dans l'arche de Noë deux hélicoptères, le mâle et la femelle, dont la Genèse « a omis de parler et d'où descendent tous ceux-là. »

Et partant de cette boutade, il s'attache à remonter le moral de son associé, lui démontre avec une chaleur communicative que le véritable inventeur n'est pas celui qui découvre un trésor, mais bien celui qui le met en valeur, que sans son projet d'hélicoptère, sans leurs expériences, personne ne soupçonnerait même l'existence des appareils similaires imaginés précédemment, et que rien n'était fait encore tant qu'il restait quelque chose à faire. Il fait si bien qu'il arrache une fois encore son compagnon à l'inaction, et il parvient à grouper autour d'eux un petit cercle d' « amants de l'Idée ». Des réunions ont lieu chez de la Landelle, où l'on discute, où l'on se passionne, où l'on examine les appareils rudimentaires qu'il s'agissait de perfectionner.

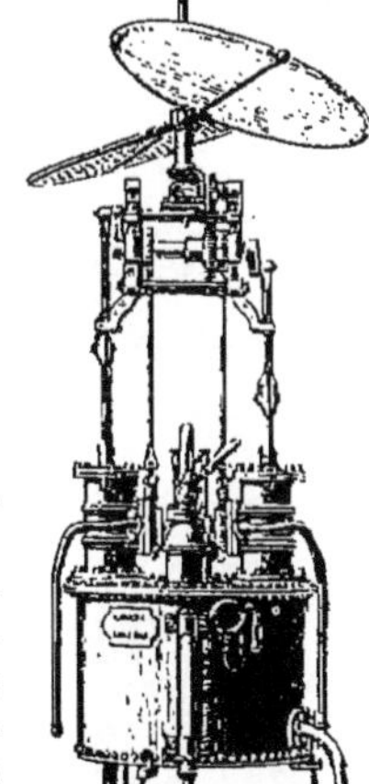

Fig. 121. — Hélicoptère à vapeur de Ponton d'Amécourt.

Un habile horloger mécanicien d'Arras, nommé Joseph, s'engage à construire un hélicoptère moins primitif, capable de s'enlever avec sa force motrice. Il réalise un premier modèle le 29 avril 1862, puis quelque temps après, un second modèle plus perfectionné et qui se soutenait quelques secondes en l'air.

Le 3 juin 1862, une séance eut lieu au Comité des inventeurs présidé par le baron Taylor, où, pour la première fois en public, fonctionnèrent les hélicoptères. Une seconde expérience publique eut lieu le surlendemain au Cercle de la Presse scientifique, où la Landelle se chargea d'exposer et de défendre les idées de Ponton d'Amécourt. Celui-ci, d'ailleurs, s'était remis courageusement à l'œuvre; il avait imaginé une chaudière à serpentin qui devait servir de générateur à un hélicoptère à vapeur ; il en confia l'exécution à Joseph, qui mit six mois à fabriquer l'appareil : cet hélicoptère à vapeur (fig. 121) existe encore : c'est une vraie merveille de mécanique et de précision. La chaudière et le bâti sont en aluminium, les cylindres sont en bronze, et le mouvement des pistons est transmis par des engrenages à deux hélices superposées de 264 centimètres carrés de surface et dont l'une tourne en sens inverse de l'autre. L'appareil entier, vide, pèse 2kg,70 : la chaudière a 8 centimètres de hauteur sur 10 de diamètre ; la hauteur totale est de 62 centimètres.

Le 21 mai 1863, on fit l'essai de la petite machine à vapeur, mais sans les ailes : elle fonctionna parfaitement, mais le 28 le serpentin s'avaria, et il fallut le remplacer par un serpentin en cuivre.

Il ne restait plus qu'à essayer l'appareil complet et à juger de son effet au point de vue de l'ascension : mais Ponton d'Amécourt, qui relevait d'une maladie grave, était absent de Paris : il semblait de nouveau découragé par l'indifférence des uns et les railleries des autres : ses amis ne l'appelaient en plaisantant que *Ponton-Ballon*, et après avoir fait de gros sacrifices pour l'exécution de ce petit hélicoptère à vapeur, au moment de l'expérimenter, il songeait à renoncer à la partie.

Fig. 122. — Félix Tournachon Nadar.

« Mais Nadar survint !

« Par son énergique impulsion il devait relancer
« vaillamment dans les airs
« notre aéronef plus qu'à
« demi naufragé. »

C'est dans ces termes que la Landelle rend hommage au rude jouteur, à l'ardent champion du *Plus lourd que l'air* qui, au moment où tout semblait perdu par le découragement de l'inventeur, allait créer autour de l'Idée la formidable agitation qui gagnerait le monde entier.

Félix Tournachon Nadar (fig. 122) est assurément l'une des plus curieuses figures, et non la moins sympathique, que nous offre l'histoire de l'aérostation. Homme d'imagination, littérateur et artiste, Nadar était avant tout un homme d'action. Nature ardente et enthousiaste, vivant, comme il le dit lui-même, dans une maison de verre, la bourse ouverte à tous ses amis, toujours prêt à rendre service ou à s'élancer tête baissée dans une aventure sans issue, Nadar, dont Jules Verne a pu faire, sans beaucoup forcer la note, le personnage de Michel Ardan qui s'embarque dans un boulet pour aller dans la lune, Nadar était bien l'homme qu'il fallait pour prendre en main le drapeau du *Plus lourd que l'air*.

Jamais, raconte la Landelle, je n'avais pénétré dans son intérieur de famille, ni lui dans le mien. Et cependant nous avons l'un et l'autre le droit de nous dire facilement abordables et franchement hospitaliers... Quoique nous ne nous vissions pas trois fois l'an, il avait pris l'habitude de me tutoyer.

Cette habitude de tutoiement était un des traits de son caractère, et il avoue dans les *Mémoires du Géant* qu'il était le seul homme de la création qui ait jamais dit *tu* à Villemessant, qui d'ailleurs lui répondait *vous*.

De la Landelle s'étant trouvé par hasard en relations avec lui, lui offrit sa brochure l'*Aéronef* et l'invita à venir assister aux expériences des modèles d'hélicoptères. Nadar vint ainsi visiter le petit appareil à vapeur et, mis au courant des « em- « barras de la caisse » qui empêchaient les expériences en grand, il promit de s'en occuper : il exposa à la Landelle un projet d'exploitation d'un ballon gigantesque pour gagner les fonds nécessaires.

Fig. 123. — Eugène Godard.

Nadar n'était pas, en effet, un novice en aérostation. Dès l'année 1859 il avait pensé à appliquer les ballons à la photographie dans le but d'obtenir des plans photographiques qui seraient d'un grand secours pour les levés topographiques. Il prit même un brevet pour la *photographie aérostatique*, qu'il songeait à appliquer également à l'art militaire. Il fit quelques expériences dans ce but en accompagnant dans leurs ascensions les deux frères Eugène (fig. 123) et Jules Godard, aéronautes de l'Hippodrome. Ces essais lui valurent, en 1859, la proposition d'accompagner l'armée d'Italie en qualité de photographe-aérostier : mais les résultats qu'il avait pu obtenir, à une époque où la photographie instantanée au moyen des plaques sèches au gélatino-bromure d'argent n'existait pas encore, n'étaient pas assez encourageants, et il refusa les ouvertures qu'on lui avait faites.

L'expérience qu'il avait acquise au cours de ces ascensions l'avait convaincu de « l'absolue et ridicule impossibilité de lutter contre le moindre courant d'air avec cette « surface énorme d'une part, si légère de l'autre, qui est un ballon. »

Il partageait donc, à ce point de vue, les idées de Ponton d'Amécourt et de la Landelle ; aussi dès que l'accord fut fait entre eux trois, Nadar commença-t-il d'agir avec une activité prodigieuse.

Mettant au service de la cause commune son vaste atelier de photographie, il y donna rendez-vous, le 30 juillet, à tout ce que Paris renfermait d'illustrations dans la science, l'industrie, les lettres et la presse. C'est à cette mémorable séance que fut donnée lecture du célèbre *Manifeste de l'automotion aérienne* qui, traduit dans toutes les langues, fut publié dans la presse de tous les pays du monde, et qui a réellement fait époque dans l'histoire de la navigation aérienne.

Ce qui a tué, depuis quatre-vingts ans tout à l'heure qu'on la cherche, la direction des ballons, c'est les ballons.

En d'autres termes, vouloir lutter contre l'air en étant plus léger que l'air, c'est folie.

A la plume, — *levior vento*, si le physicien laisse parler le poète, — à la plume vous aurez beau ajuster et adapter tous les systèmes possibles, si ingénieux qu'ils soient, d'agrès, palettes, ailes, rémiges, roues, gouvernails, voiles et contre-voiles, vous ne ferez jamais que le vent n'emporte pas du coup ensemble, au moment de sa fantaisie, plume et agrès.

Le ballon, qui offre à la prise de l'air un volume de 600 à 1 200 mètres cubes d'un gaz de dix à quinze fois plus léger que l'air, le ballon est à jamais frappé d'incapacité native de lutte contre le moindre courant, quelle que soit l'annexe en force motrice de résistance que vous lui dispensiez.

De par sa constitution et de par le milieu qui le porte et le pousse à son gré, il lui est à jamais interdit d'être vaisseau : il est né bouée et restera bouée.

La plus simple démonstration arithmétique suffit pour établir irréfragablement, non seulement l'inanité de l'aérostat contre la pression du vent, mais dès lors au point de vue de la navigation aérienne, sa nocuité.

Étant donnés le poids qu'enlève chaque mètre cube de gaz et la quotité de mètres cubés par votre ballon d'une part et, d'autre part, la force de pression du vent dans ses moindres vitesses, établissez la différence — et concluez.

Il faut reconnaître enfin que, quelle que soit la forme que vous donniez à votre aérostat, sphérique, conique, cylindrique ou plane, que vous en fassiez une boule ou un poisson, de quelque façon que vous distribuiez sa force ascensionnelle en une, deux ou quatre sphères, de quelque attirail, je le répète, que vous l'attifiez, vous ne pourrez jamais faire que 1, je suppose, égale 20, — et que les ballons soient vis-à-vis de la navigation aérienne autre chose que les bourrelets de l'enfance.

POUR LUTTER CONTRE L'AIR, IL FAUT ÊTRE SPÉCIFIQUEMENT PLUS LOURD QUE L'AIR.

De même que, spécifiquement, l'oiseau est plus lourd que l'air dans lequel il se meut, ainsi l'homme doit exiger de l'air son point d'appui.

Pour commander à l'air, au lieu de lui servir de jouet, il faut s'appuyer sur l'air, et non plus servir d'appui à l'air.

En locomotion aérienne comme ailleurs, on ne s'appuie que sur ce qui résiste. L'air nous fournit amplement cette résistance, l'air qui renverse les murailles, déracine les arbres centenaires et fait remonter par le navire les plus impétueux courants.

De par le bon sens des choses, — car les choses ont leur bon sens, — de par la législation physique, non moins positive que la légalité morale, toute la puissance de l'air, irrésistible hier quand nous ne pouvions que fuir devant lui, toute cette puissance s'anéantit devant la double loi de la dynamique et de la pondération des corps, et, de par cette loi, c'est dans notre main qu'elle va passer.

C'est au tour de l'air de céder devant l'homme : c'est à l'homme d'étreindre et de soumettre cette rébellion insolente et anormale qui se rit depuis tant d'années de tant de vains efforts. Nous allons à son tour le faire servir en esclave, comme l'eau à qui nous imposons le navire, comme la terre que nous pressons de la roue.

Nous n'annonçons point une loi nouvelle : cette loi était édictée dès 1768, c'est-à-dire quinze ans avant l'ascension de la première montgolfière, quand l'ingénieur Paucton prédisait à l'hélice son rôle futur dans la navigation aérienne.

Il ne s'agit que de l'application raisonnée des phénomènes connus.

Et quelque effrayante que soit, en France surtout, l'apparence seule d'une novation, il faut bien en prendre son parti si, de même que les majorités du lendemain ne sont jamais que les minorités de la veille, le paradoxe d'hier, est la vérité de demain...

J'arrive à MM. de Ponton d'Amécourt, inventeur de l'*Aéronef*, et de la Landelle, dont les efforts considérables, depuis trois années, se sont portés sur la démonstration pratique du système, à l'obligeance desquels nous devons la communication d'une série de modèles d'hélicoptères s'enlevant automatiquement en l'air avec des surcharges graduées.

Si des obstacles que j'ignore, des difficultés personnelles ont empêché jusqu'ici l'idée de prendre place dans la pratique, le moment est venu pour l'éclosion.

La première nécessité pour l'automotion aérienne est donc de se débarrasser d'abord absolument de toute espèce d'aérostat.

Ce que l'aérostation lui refuse, c'est à la dynamique et à la statique qu'elle doit le demander.

C'est l'hélice, — la Sainte-Hélice! comme me disait un jour un mathématicien illustre — qui va nous emporter dans l'air; c'est l'hélice, qui entre dans l'air comme la vrille entre dans le bois, emportant avec elles, l'une son moteur, l'autre son manche.

Vous connaissez ce joujou qui a nom *spiralifère*?

— Quatre petites palettes, ou, pour mieux dire, spires en papier bordé de fil de fer prennent leur point d'attache sur un pivot de bois léger.

Ce pivot est porté par une tige creuse à mouvement rotatoire sur un axe immobile qui se tient de la main gauche. Une ficelle enroulée autour de la tige et déroulée d'un coup bref par la main droite lui imprime un mouvement de rotation suffisant pour que l'hélice en miniature se détache et s'élève à quelques mètres en l'air, — d'où elle retombe, sa force de départ dépensée.

Veuillez supposer maintenant des spires de matière et d'étendue suffisantes pour supporter un moteur quelconque, vapeur, éther, air comprimé, etc.... que ce moteur ait la permanence des forces employées dans les usages industriels, et en le réglant à votre gré comme le mécanicien fait de sa locomotive, vous allez monter, descendre ou rester immobiles dans l'espace, selon le nombre de tours de roues que vous demanderez par seconde à votre machine.

Mais rien ne vaut, pour arriver à l'intelligence, ce qui parle d'abord aux yeux. La démonstration est établie d'une manière plus que concluante par les divers modèles de MM. de Ponton d'Amécourt et de la Landelle.

Ce manifeste, reproduit à des milliers d'exemplaires, fut comme un coup de tonnerre : l'indifférence du public était vaincue, et, adversaires ou partisans de l'aviation, tout le monde s'occupait de la question.

Bientôt un nouveau venu vint prêter son concours et l'appui de son nom à la jeune école. Voici comment Nadar raconte l'entrée en scène de ce nouveau champion :

Deux jours après, entrait chez moi un vieillard, grand et fort, un peu voûté, de figure singulièrement intelligente, les cheveux gris emmêlés sur le front, décoré.

— Je viens vous dire que vous avez raison! me dit sans autre bonjour ce personnage. — Mais vous usez bien inutilement de l'encre pour prouver l'absurdité des prétendus directeurs de ballons. Si ces imbéciles-là veulent voir clair, ils n'ont qu'à ouvrir les yeux! — Je m'appelle Babinet (1).

C'était, en effet, le célèbre académicien (fig. 124), qui, avec une ardeur toute

(1) Nadar, *Mémoires du Géant*, p. 148.

juvénile, se jetait dans la mêlée et prenait en main, au point de vue scientifique, le drapeau du *Plus lourd que l'air*.

Le dimanche suivant, Babinet faisait sa leçon à l'Association polytechnique sur la question de l'aviation, et présentait lui-même les hélicoptères de Ponton d'Amécourt et de la Landelle à un public nombreux qui se pressait dans le grand amphithéâtre de l'École de médecine.

Fig. 124. — Babinet.

C'est à cette occasion qu'il énonça ces fameux aphorismes qui devinrent les maximes fondamentales de la nouvelle école d'aviation :

Votre hélice qui, sans moteur extérieur, enlève une souris, emportera dix fois plus aisément un éléphant.

— Dès que vous avez obtenu l'élévation, vous avez employé et placé là un capital de force que vous n'avez plus qu'à dépenser comme vous l'entendez.

— Nous avons là, Messieurs, ville gagnée !... La cause est plus qu'entendue, et ce n'est plus que l'affaire de la technologie; j'en mettrais ma tête à couper !

Le 6 août, pour continuer l'histoire de cette époque si curieuse, le petit hélicoptère à vapeur fut enfin expérimenté en présence de Ponton d'Amécourt, la Landelle, Nadar et Lanbereau : la chaudière étant mise en pression, la vapeur agit sur les pistons, les hélices se mirent à tourner, et l'ensemble de l'appareil qui, avec le foyer et l'eau du générateur, pesait à peu près 3 kilogrammes, s'allégea d'environ un quart. L'enthousiaste Nadar fit serment que la machine avait percé la voûte du ciel ! et impatient de réaliser le grand hélicoptère qui devait l'enlever dans les airs avec ses compagnons, il se lança à corps perdu dans l'entreprise du *Géant*, qui devait gagner le capital nécessaire à la construction de l'aéronef.

Babinet de son côté continuait sa campagne en faveur des hélicoptères et consacrait à cette question son bulletin scientifique au *Constitutionnel*, dans le numéro du 15 août, puis dans celui du 29 août, où il affirmait de la façon la plus formelle la possibilité de la navigation aérienne par l'hélice. De nombreux articles parurent ainsi sous sa signature, que nous ne citerons pas, car ils n'offrent pas d'intérêt particulier ; mais nous voulons reproduire au moins l'anecdote suivante si souvent rappelée et qui garde un charme particulier sous la plume de Nadar : elle est absolument typique comme argument en faveur du *Plus lourd que l'air*, suivant les idées de cette époque :

Mon coadjuteur précieux, G. de la Landelle, revenait un jour de chez un homme des plus intelligents, maître horloger-mécanicien, qui, après tant d'autres et comme encore tant d'autres, s'obstine depuis plusieurs années, — par grand'perte d'argent et de temps, — à courir après un système d'aérostat dirigeable...

Et mon la Landelle s'en revenait à son logis, le nez en terre, triste et se demandant combien de fois il fallait donc répéter les mêmes choses pour arriver à les faire entendre.

Tout à coup se présente une échelle qui lui barre le trottoir.

Au moment où il s'écarte, une éponge tombe à ses pieds. — Un ouvrier marchait à côté de lui.

— Hé ! la coterie ! — crie à celui-ci l'autre du haut de son échelle. — Passe-moi donc mon éponge !

Le compagnon d'en bas ramasse l'éponge, puis relève la tête.

L'autre était tout au bout de la grande échelle, occupé aux persiennes d'un second étage...

Ce que voyant, celui qui avait ramassé l'éponge, *la trempe au ruisseau*, et SUFFISAMMENT ALOURDIE ALORS, la lance... (1).

CHAPITRE XVIII

LE GÉANT

Une épopée. — Les *Mémoires du Géant*. — *L'Aéronaute*. — Un ballon gigantesque. — Embarras et difficultés. — Une lettre de Sardou. — Les collaborateurs de Nadar. — Une nacelle vitrée. — *Le Hanneton*. — Les cannes Nadar. — Premier voyage du *Géant*. — Une vision de l'Apocalypse. — Meaux ! — Second voyage du *Géant*. — La revanche de Meaux. — Le *Traînage en Hanovre*. — La Société d'encouragement. — Le bilan du *Géant*. — 42 abonnés. — Une lettre de Nadar.

Raconter l'histoire du *Géant* après Nadar lui-même, c'est vouloir refaire l'*Iliade* après Homère ou *Notre-Dame de Paris* après Victor Hugo. Nous ne l'entreprendrons donc pas. Véritable épopée de l'aérostation, l'histoire du *Géant* ne peut être faite que par Nadar ; c'est donc à lui que nous laisserons la parole, nous contentant de

(1) NADAR, *Le droit au vol*, Paris, 1865, p. 8.

résumer en quelques pages les *Mémoires du Géant,* auxquels, pour le surplus, nous renvoyons le lecteur.

L'idée qui amena Nadar à cette entreprise colossale fut, avons-nous dit, de réaliser par cette exploitation le premier capital nécessaire à la construction d'un aéronef.

Je me suis dit, raconte-t-il dans le *Droit au vol,* que je gagnerais moi-même le premier argent nécessaire à la constitution de notre premier capital d'essai. Une fois *ma dette* payée par quelques premières dizaines de mille francs, alors il me serait peut-être permis de faire appel à l'aide de tous pour ce grand intérêt de tous.

Je savais quel est l'éternel, l'insatiable empressement du public devant le moindre spectacle aérostatique. — Je me dis que, pour réaliser la conquête de l'air par les appareils PLUS LOURDS QUE L'AIR, — pour tuer les ballons qui nous ont fait perdre, sur une fausse piste, ces quatre-vingts dernières années, nos plus riches en science acquise, je ferais un ballon, — *le dernier ballon !* — dans des proportions tellement extraordinaires qu'il réaliserait ce qui n'a jamais été qu'un rêve dans les journaux américains : un ballon haut comme les deux tiers des tours Notre-Dame : — qui, dans sa maison d'osier à deux étages, emporterait trente-cinq, quarante passagers avec le simple gaz d'éclairage, et plus de cent avec le gaz hydrogène pur; qui pourrait enfin, grâce à son énorme force ascensionnelle représentée par le poids de son lest, rester deux, trois, quatre jours et autant de nuits en l'air, et accomplir dès lors de véritables voyages au long cours.

Et tout seul, tête baissée, je me lançai dans cette grande entreprise du *Géant,* qui promettait de si beaux résultats, — et qui n'a été jusqu'ici que désastreuse.

On était alors au mois d'août 1863, et Nadar tenait à commencer ses ascensions avant l'hiver : or, il s'agissait de calculer, couper, assembler et coudre un ballon double de 6 000 mètres cubes, de faire construire l'immense filet, la nacelle en osier, le cercle et la soupape, etc., puis de trouver un emplacement favorable, faire choix du personnel, préparer la publicité indispensable et surtout arriver à être prêt avant les premières neiges.

Tout cela ne suffisant pas à son besoin d'activité, Nadar résolut de lancer immédiatement le premier numéro de *l'Aéronaute,* moniteur de la future société d'aviation, qui devait tirer à cent mille exemplaires !

Ce fut alors que je m'avisai, pour la première fois, de penser à un petit empêchement préalable à la façon de cet inconvénient qui entravait si fâcheusement la brave jument de Roland dans l'exercice de ses merveilleuses qualités.

— La jument était morte.

— Je n'avais pas d'argent.

Or il s'agissait d'une dépense première de quelque chose comme une cinquantaine de mille francs, selon ce que j'entrevoyais.

Et, ainsi qu'il m'arrive généralement quand je me mets à entrevoir des chiffres, ces *cinquante mille francs* devaient être cent mille à un moment donné, — pour atteindre finalement la somme de DEUX CENT MILLE au total.

Confiant dans son étoile et dans la cause qu'il défendait, Nadar ne se laisse pas arrêter par ce manque de fonds ; encouragé par la souscription des trois premières personnes auxquelles il s'adresse (total 10 500 francs), il achète immédiatement la soie, installe un atelier pour confectionner le ballon, commande le filet à la maison Yon, met en mains la nacelle, le cercle et la soupape, et commence ses démarches pour avoir l'emplacement nécessaire aux futures ascensions.

Il pense d'abord au champ de courses de Longchamp, enlève l'acquiescement de MM. Daru, Ch. Laffitte, Mackensie, Delamarre, de Galliera, mais tout s'écroule devant le refus implacable du baron Lupin !

Repoussé de Longchamp, il se précipite à Vincennes : accordé presque immédiatement. Mais!... on met comme condition que Nadar verse 10 000 francs à l'effet de créer un prix nouveau en son honneur ! Un Prix Nadar ! Épouvanté, il s'enfuit, mais n'a toujours pas de terrain.

Et pendant ces démarches, le ballon se terminait, et l'argent manquait pour payer les fournisseurs. Alors commence pour Nadar une vie de fièvre et d'angoisses qui ne lui laissent pas une minute de répit.

Quel mois! et qui saura jamais, qui pourra jamais soupçonner les efforts, la tension d'esprit, les bouillonnements de cerveau, les insomnies brûlantes, la fièvre permanente de ce cruel mois, fouaillé, comme par l'urticaire, de la nécessité de faire jaillir chaque soir de mon imagination l'argent exigé par les paiements du lendemain !

A ces tracas d'argent se joignaient des préoccupations d'un autre ordre, provenant de divergences d'opinion avec son constructeur, Louis Godard (fig. 125), au sujet des dimensions de la soupape, qui était beaucoup trop petite eu égard au volume de l'aérostat. Talonné par le temps, et ne pouvant diriger lui-même la construction, Nadar dut se résigner à s'en rapporter à son entrepreneur, et, comme nous le verrons, ce fut à cette circonstance que remonte la cause de la catastrophe finale.

FIG. 125. — Louis Godard.

Enfin Nadar avait à supporter les mille petits ennuis de la célébrité : la verve railleuse de ses concitoyens n'était pas sans l'irriter, car, comme il l'avoue ingénument, si, en sa qualité de caricaturiste, il aimait à se moquer de son prochain, il n'aimait pas du tout être raillé par les autres. Et Dieu sait s'il était alors le point de mire des vaudevillistes et des caricaturistes ses confrères. Clairville et Dornay faisaient jouer à Déjazet *Monsieur Nanar*, où le héros, en vareuse blanche, courait après son hélice, poursuivi par un client tenace qui s'obstine à faire faire son portrait. Cham traçait dans *le Charivari* des croquis dans ce goût :

« Un monsieur à un photographe : — Monsieur, je désirerais avoir mon portrait ? — Rien de plus facile, monsieur ! Prenez donc la peine de monter ! »

Et au fond, un ballon.

André Gill représentait *Nadar heureux*, cramponné sans nacelle au filet d'un ballon ! Et combien d'autres encore pourrait-on citer, s'inspirant de la devise : *Plus lourd que l'air !* (fig. 126).

Cependant le temps passait, et à tout prix il fallait un emplacement pour les ascensions. Un seul terrain pouvait convenir : le Champ de Mars ! Mais une grosse difficulté se dressait : Nadar, d'esprit et d'allures indépendants, était mal vu du pouvoir, et pour rien au monde il n'eût voulu faire les démarches nécessaires. Ce fut Victorien Sardou qui sauva la situation.

Sardou se trouvait être voisin de campagne du maréchal Magnan. Il se chargea d'obtenir les autorisations nécessaires et annonça le succès de sa démarche par la charmante lettre suivante, qui ménageait avec tant de délicatesse l'humeur indépendante de Nadar.

Fig. 126. — Plus lourd que l'air.

Marly-le-Roi, jeudi 17.

Mon cher ami,

Enlevé, le ballon !... J'ai vu hier au soir le maréchal, qui te donne tout le Champ de Mars. C'est solennellement promis, mais il désire te voir pour te remettre la permission écrite en mains propres. Va donc le voir aujourd'hui à la Place, de midi à deux heures : il t'attend. *Je ne saurais d'ailleurs assez te répéter que tu n'as rien à demander*, que la chose est accordée...

Et là-dessus, bonne poignée de main, courage, en avant !

Ton dévoué de cœur,

Vict. Sardou.

P. S. Si tu as encore besoin de moi ?...

Restait la question du gaz : là encore les difficultés étaient nombreuses, mais grâce au concours d'amis dévoués elles furent toutes levées en temps utile.

Nadar obtint l'autorisation d'exécuter immédiatement les tranchées nécessaires et de poser les conduites de gaz sur le sol, en ne les enfouissant que sous les voies traversées, ce qui simplifia considérablement le travail ; mais il fallut voir la Préfecture de la Seine, les Ingénieurs de la Ville, les administrateurs de la Cie du gaz, etc. Aussi lorsque le premier coup de pioche fut donné en présence de tous les chefs de service dont l'acquiescement avait été nécessaire, Nadar ne put s'empêcher de s'écrier avec un grand éclat de rire :

— Quand je pense à tout ce gros monde que j'ai remué depuis quinze jours, quand je vois tous ces gens très sérieux arriver tous, comme au doigt et à l'œil, pourque ma volonté soit faite, — ma volonté à moi, sans science, sans influence, sans prestige aucun, — il y a des moments où je me demande si je ne suis pas fou, — ou à défaut de moi si ce n'est pas eux ?

Puis, reprenant son sérieux :

Ni eux, ni moi, ajoute-t-il, — c'est le PLUS LOURD QUE L'AIR qui commence à avoir raison !

La première ascension était annoncée pour le 4 octobre ; ces derniers jours furent passés dans une fièvre d'activité dévorante ; mille détails d'organisation surgissaient au dernier moment. Nadar avait commandé 400 000 billets d'entrée.

Aidé de ses intimes, nuit et jour on découpait, timbrait et comptait ces 400 000 billets, on s'occupait des affiches, des annonces, de l'organisation des contrôles, etc... Parmi ces collaborateurs dont le concours lui fut si précieux, Nadar crayonne en passant le portrait de quelques-uns d'entre eux : il faut lire dans les *Mémoires du Géant* le croquis de Théobald Saint-Félix, « un Robespierre-Ouistiti » et le récit de sa première entrevue avec Nadar au Pré-Catelan devant une montgolfière où Saint-Félix devait s'embarquer ; et la description de Feray « barbe blonde en toute « venue, chauve comme dix académiciens, » toujours nu-tête, toujours courant et remuant et que peint ce seul trait : « Cet ange de la calvitie, ce genou exaspéré « exerce une profession honorable en même temps qu'inouïe : — de plus en plus « invraisemblable, l'honnête et chauve Feray vend de l'eau *pour conserver les « cheveux !* »

Mais c'est surtout son ami Delessert, directeur de la maison Godillot, avenue Dauphine, où le *Géant* avait été transporté et exposé, qui se multiplie pour assurer le succès de l'expédition. Delessert est le type de l'homme que rien n'embarrasse, qui a voyagé partout, qui a tout vu, et que rien n'effraye : « Il eût improvisé un dîner à « trois services aux derniers jours du siège de Mayence, comme il vous inventerait « une salade de romaine au milieu des sables du Sahara. »

Delessert s'était constitué l'armateur du *Géant* et comme tel s'occupait des approvisionnements et de l'aménagement de la nacelle. Et c'était à chaque instant de nouvelles trouvailles : paniers de vaisselle, conserves fumées, légumes, fourneaux à alcool, verrerie : verres à bordeaux, à champagne et à liqueurs ! Nadar voulut d'abord modérer ce beau zèle, mais il dut s'avouer vaincu :

Si je m'avisais de lui faire observer que les atterrissages d'aérostats ne sont pas respectueux envers les assiettes, je trouvais une heure après le vitrier en train de poser des vitres à nos petites fenêtres (textuel).

— Des vitres à une nacelle de ballon, bon Dieu !

Je vis bien à ce dernier coup que je n'avais plus rien à dire, et je me résignai à contempler — et à me taire.

Enfin le grand jour est arrivé ! Dès le lever du soleil, Nadar court au Champ de Mars. Mais quelles sont ces immenses affiches qui voisinent avec celles annonçant la première ascension du *Géant !*

ASCENSION
D'UN HOMME
Sans ballon, sans ailes, sans hélice
sans mécanisme, sans corde, sans balancier
et même sans bretelles.

Le jour où M. Nadar s'enlèvera dans les airs à l'aide de *sa seule Hélice aérienne*, M. Le Guillois s'engage à le suivre immédiatement, à la distance de 100 mètres au moins, partout où il ira, sans le moindre appareil ascensionnel, aussi nu que la décence le permettra, etc...

Cela était signé : LE HANNETON, *Journal des Toqués*. De cela, il n'y a qu'à rire ; mais bientôt, dans l'enceinte même du Champ de Mars, ce sera une véritable invasion de camelots criant à tue-tête : *Nadar-Ballon*, chanson de l'Alcazar ! *l'Aéronaute* « le *Journal de* « *Monsieur Nadar !* » etc. Nadar par ci, Nadar par là. Nadar en frémit d'impatience et d'irritation : « J'entends même un animal : « — Si je l'avais tenu ! « — hurler : les *Cannes* « *Nadar !* »

FIG. 127. — Le départ du Géant (Caricature).

Puis des difficultés imprévues : des services qui fonctionnent mal ; des billets d'entrée manquent en certains points, des contrôles sont insuffisants ; la foule force les barrières... « Un monsieur, d'une politesse exquise, choisit cet « instant pour venir me « demander, la bouche en « cœur : — « A quel endroit du ballon je place mon hélice ?... »

Le départ était annoncé pour cinq heures (fig. 127) : il n'eut lieu qu'à six heures un quart. La nacelle contenait en tout treize voyageurs dont une femme, Mme la princesse de la Tour d'Auvergne, qui avait payé mille francs sa place.

Lâchez tout !
Les chefs d'équipe et les artilleurs de la garde lâchèrent tout, — comme un seul homme.
Le *Géant* ressentit comme une légère secousse, si légère qu'elle fut à peine perceptible.
Et il commença à monter...

Mais lentement, lentement, avec gravité, comme avec précaution, semblant tâter sa route...

Un immense hourra, des milliers d'applaudissements retentirent....

Nous montions majestueux... On eût dit que le *Géant* soulevait avec peine, de son énorme crâne, la voûte immense.

L'assourdissante clameur de deux cent mille voix paraissait augmenter.

Elle augmentait en effet d'un formidable appoint, du « — Ah !!!... » de toute l'infinie population, refoulée, tassée, les pieds meurtris depuis le matin, autour de l'enceinte et des voies adjacentes, et que notre ascension graduée délivrait.

Nous montions...

Le bruit effroyable, soutenu, semblait nous suivre et monter avec nous.

Nous regardions, penchés sur le bordage, ces milliers de visages, tous braqués des mille points du plateau en mille angles aigus dont nous étions l'unique sommet.

Nous montions...

La cime des arbres qui bordent d'un double rang le Champ de Mars dans sa longueur était déjà au-dessous de nous... Nous atteignions le niveau de la coupole de l'École Militaire.

L'exécrable tapage montait toujours avec nous...

. . . .

— Allons bon !!! — s'écria à côté de moi une voix terrible.

Nous fîmes tous un soubresaut, — sauf la dame, qui rêvait aux horizons, accoudée des deux mains sur le bord.

Si absorbée qu'elle fût, je l'aurais cependant défiée de ne pas se retourner à ce cri.

C'était le cri d'Eugène Delessert.

Parbleu !

— Qu'est-ce qu'il y a ? lui demandai-je.

Comment !! ce qu'il y a ? — Il y a que j'ai oublié LA PINCE A SUCRE !!!... Le départ de Delessert était gâté !

Bientôt le soleil disparaît à l'horizon : la nuit allait venir rapidement. Avant que l'obscurité soit complète, les voyageurs se mettent à table et font honneur aux provisions de Delessert, qui sort des profondeurs de la cantine une bouteille de champagne, puis une seconde ; mais prudemment Nadar met un terme à ces libéralités, et pour plus de sûreté descend à fond de cale fermer à clef la cambuse. Quand il remonte sur le pont, Delessert avait déjà commencé une distribution non annoncée de mirlitons, trompettes d'un sou et crécelles ! C'est un véritable enfant terrible, que Delessert. Il lui vient une autre idée : c'est de jeter par-dessus le bord la bouteille vide de champagne.

Tu ne te rends donc pas compte, malheureux ! que ta bouteille lancée doit arriver à terre et que sous ces nuages, à la place où elle tombera, — il peut se trouver quelqu'un !...

— Oh ! — répond-il vaguement et comme absorbé dans son idée fixe, — *dans un chapeau, ça ne s'entendrait pas...*

Le soleil était couché depuis longtemps. La nuit devenait de plus en plus noire ; le *Géant* montait toujours et traversait une brume opaque qui se condensait en eau sur le ballon, sur le filet, sur la nacelle : l'eau ruisselait sur les aéronautes qui devant cette obscurité complète, absolue, restaient silencieux tous, Delessert lui-même !

Nous montions toujours, trop absorbés pour ne pas oublier toute notion de l'heure, toute préoccupation de notre altitude ; — pleins de stupeur, — hagards, — interrogeant les profondeurs de ces ombres formidables...

Tout à coup, à ma gauche, le prince de Wittgenstein s'écrie à mi-voix :

— Le ballon ! monsieur, regardez le ballon !

Je lève les yeux, nos compagnons aussi...

O splendeurs !... — Je vois le globe que je cherchais en vain tout à l'heure : mais ce globe n'est plus le même ! — Je le vois, — tout d'argent, — baigné dans une lueur phosphorescente d'apothéose... — Le filet, les cordages sont d'argent, d'argent le cercle, — et d'argent battant neuf, brillant, palpitant comme du mercure... — Aux cordages sont restés accrochés des spumes floconneux de nuages...

Devant nous, dans une mer de nacre et d'opale, deux bandes lumineuses superposées : — au-dessous, d'ocre rouge, — au-dessus, de mine orange. — flamboyantes, aveuglantes. Toutes deux, inégales dans leur parallélisme, semblent pouvoir s'embrasser entre les deux bras... — A quelle distance de nous sont-elles ? Vais-je les toucher de la main, ou des immensités de lieues m'en séparent-elles ?...

Plus de plan, pas un soupçon de perspective, baignés que nous sommes dans ces lueurs limbiques, dans ces indicibles et confuses clartés !

Une transfiguration polaire !

— L'Apocalypse !!!...

Ce ne fut que beaucoup plus tard, au déballage et au récolement du matériel, que l'on put s'expliquer comment le *Géant* s'était élevé à une telle hauteur que, le 4 octobre, sur notre hémisphère, les voyageurs avaient pu retrouver à huit heures et demie du soir le soleil, auteur de ce spectacle féerique et inoubliable. « *Il manquait à l'appel deux bouteilles et deux chapeaux !...* »

Delessert avait suivi son idée.

Après avoir atteint cette altitude qui avait procuré aux passagers cette vision merveilleuse d'un second coucher du soleil, le *Géant*, alourdi par la masse d'eau condensée à sa surface, descendit avec une grande rapidité, et bientôt la nacelle heurta violemment le sol. Nadar, entourant de ses bras la princesse, se cramponne aux cordages en la protégeant de son mieux.

— N'ayez pas de crainte, madame, lui dit-il.

— Mon Dieu ! monsieur, répond comme dans son salon la plus tranquille voix du monde —, que d'excuses j'ai à vous faire pour tous les embarras que je vous cause !

Heureusement il n'y a pas de vent, car la soupape est trop petite pour dégonfler rapidement l'aérostat, et le *Géant* tarde à être maîtrisé ! Enfin il gît de son long dans un champ. Il est neuf heures et demie.

Des paysans arrivent dans l'ombre.

— Où sommes-nous ?

— Vous êtes à Barcy, à deux pas du grand marais. — Si vous étiez tombés là, vous y seriez pour longtemps !

— Quelle est la ville la plus proche ?

— Meaux !!!

— Quel coup d'assommoir !

Tant de combinaisons, tant de préparatifs, tant de peines, tant de fracas, — et jusqu'à un plaidoyer contre l'Atlantique ! — pour tomber à Meaux !!!...

Nadar ne sut que quelques jours après la raison de la brièveté de ce voyage : le poids de la corde de la soupape était trop considérable pour la force des ressorts en caoutchouc qui la tenaient fermée, et le *Géant* était parti du Champ de Mars avec la *soupape toute grande ouverte !*

En somme ce premier voyage du *Géant* était un demi-échec, mais Nadar n'était pas homme à s'avouer vaincu et immédiatement il prépara sa revanche.

Malgré les sarcasmes injustes qui l'assaillirent, malgré la déception occasionnée par le chiffre de la première recette (36000 francs), malgré les difficultés de toutes sortes que lui créa le directeur de l'Hippodrome, M. Arnaud, qui voulait à toute force que le *Géant* partît de son établissement, et auquel Nadar proposait ironiquement de faire enlever l'Hippodrome par le *Géant*, malgré les efforts que fit ledit M. Arnaud pour empêcher une nouvelle ascension en tentant de débaucher au dernier moment les frères Godard, le second voyage du *Géant* eut lieu le 18 octobre, en présence d'une foule considérable dans laquelle, en simples spectateurs, étaient l'empereur Napoléon III et le jeune roi de Grèce, qui, au moment du départ du *Géant*, lui jetèrent ce souhait :

« — Bon voyage, monsieur Nadar ! »

FIG. 128. — Jules Godard.

Neuf passagers étaient à bord : Nadar accompagné cette fois de sa jeune femme, qui, pressentant un malheur, avait tenu à suivre son mari pour partager ses dangers, Louis et Jules Godard (fig. 128), Gabriel Yon, Saint-Félix, de Montgolfier, Lucien Thirion et Eugène d'Arnoult.

Le voyage se fit d'abord sans incidents notables : la nuit arrivant, les passagers s'installent rapidement et dînent un peu vite : Delessert n'est plus là pour présider au festin et pour improviser un concert, et chacun est pénétré de la pensée de « venger « Meaux ! » A l'aide du porte-voix, Nadar hèle à terre pour se rendre compte de la route suivie : parfois la réponse lui vient avec un éclat de rire d'un nuage voisin : c'est Camille Dartois et l'oncle Fanfan Godard qui, partis des Invalides en même temps que le *Géant*, accompagnent celui-ci dans le ballon ordinaire des fêtes officielles, l'*Aigle*.

Dix heures... onze heures... La nuit empêche de rien distinguer sur la terre.

Où est-on ? Le vent n'a-t-il pas changé et ne porte-t-il pas en plein Océan ?

Ce n'est pas sans une certaine angoisse que les voyageurs se posent ces questions.

Enfin, à un dernier appel, une réponse rassurante :

— Ho... hé... ho ! ! ! où sommes-nous ?
— Erquelines !
Et le digne douanier, — il paraît que c'était un douanier, — juge nécessaire d'ajouter :
Belgique ! ! !

Bientôt Bruxelles est reconnue, puis Malines la catholique. L'honneur du *Géant* est sauf. Il plane maintenant sur la Hollande, puis la nuit se fait moins noire, l'aube commence ; voilà le jour enfin. Le soleil ne tarde pas à dilater le gaz et l'immense ballon atteint et dépasse quatre mille mètres d'altitude. Mais un nouveau danger menace alors les voyageurs : la dilatation du gaz devient inquiétante. L'enveloppe se gonfle jusqu'à éclater : entre chaque maille du filet elle capitonne avec violence. A regret Nadar donne l'ordre d'ouvrir la soupape. La descente commence, s'accélère bientôt, devient chute, et il est impossible de l'enrayer : la terre semble se précipiter sous la nacelle.

— Tenez-vous bien ! Tenez-vous bien !

— Ah ! ! !... Telle a été l'effroyable violence du choc que toutes les mains, descellées, ont lâché prise — et plusieurs en sont renversés... l'aérostat a rebondi d'un gigantesque élan...

— Attention !... — Tenez-vous bien ! ! !...

Des villages, des vergers filent sous nous... comme des éblouissements...

— Tenez-vous bien ! ! !...

Seconde secousse, non moins formidable... Le *Géant*, qui n'en a que l'écho, en frémit dans tout l'ensemble de sa manœuvre...

L'amarre de notre première ancre, comme un simple fil, vient de se briser : nous ne nous en sommes même pas doutés.

Le vent furieux qui nous emporte redouble...

Notre seconde ancre est déjà par dessus le bord, filée par Jules et Yon...

Le ballon se rapproche de terre...

— Tenez-vous bien ! ! !...

Tous les muscles sont tendus, les mains crispées sur les cordes...

Un choc encore !... Puis un autre, — puis un autre, coup sur coup.

— La seconde ancre est perdue ! s'écrie Jules. — Nous sommes tous morts ! ! !

Cri plus qu'inutile ! — L'évidence est là !...

Car vient de commencer cette course furibonde, échevelée, qui a nom le *traînage*...

Il faut lire en entier dans les *Mémoires du Géant* le récit dramatique du traînage dans les plaines du Hanovre, récit qu'on ne peut résumer, et que, faute de place, nous ne pouvons transcrire en entier. Rien de tragique jusque dans les moindres détails comme cette lutte des neuf passagers contre la mort qui les guette à chaque minute, à chaque seconde. Les chocs de la nacelle sur le sol sont si fréquents, si répétés, que Nadar les compare à la grêle. Il a saisi dans ses bras sa jeune femme, la tient serrée contre sa poitrine pour lui faire un rempart de son corps.

Ayant charge de deux corps, ma part est la plus lourde, et il me semble que chacun de ces horribles ébranlements est le dernier que j'aurai pu soutenir... — Mais c'est aussi la pauvre créature — que j'étreins contre ma poitrine, entre mes deux bras autour d'elle soudés comme du fer aux câbles du cercle, — c'est elle aussi qui ravive à chaque affaissement la source de ma force déjà vingt fois épuisée.

A ce regard doux et profond du pauvre être broyé, mais résigné toujours et muet, à cette suprême et fervente communion de nos deux âmes, — je sens bien que la vie même de celle-ci est ma vie, et que ma mort seule sera, puisqu'elle l'a voulu, sa mort ; — et cette mort, à mon tour, je la défie bien de nous séparer, car elle n'a que le droit de nous prendre ensemble !

Un moment il semble que tout est fini : le *Géant* se précipite droit sur une ligne de chemin de fer au point précis où va se trouver, au même instant, un train qui avance à toute vapeur. Un cri s'échappe de toutes les poitrines! Il a été entendu! La locomotive ralentit sa marche, s'arrête et recule enfin tout juste à temps pour livrer passage..... Le *Géant* passe entraînant derrière lui fils et poteaux télégraphiques.

Mais le traînage continue : la corde de la soupape ayant échappé des mains de Louis Godard, le ballon ne se dégonfle pas. A tout prix, il faut rattraper cette corde.

— Jules!... monte sur le cercle!... s'écrie Louis.

Le jeune homme lève les yeux. — et sa tête se baisse avec découragement.

— Impossible! a-t-il répondu d'une voix étranglée...

Pourtant c'est là, là seulement pour tous, que peut s'entrevoir une lueur de salut...

— Monte!!! dit l'aîné.

Obéissant, il tente — et d'un choc, retombe haletant sur notre plate-forme oblique.

— Monte!!!

— Je ne pourrai jamais! — dit l'autre avec désespoir... — je suis trop las!

Il essaye encore pourtant... — et retombe encore...

C'était trop certain! Pourquoi alors cette tentative folle? Notre destin à tous n'est-il donc pas décidé? Est-il une puissance humaine qui puisse nous arracher à l'arrêt prononcé?...

— Monte!!! — dit l'aîné encore. — Monte!!!

Deux voix que je connais s'élèvent :

— Ne montez pas, Jules! Vous vous tuez!

— Ne montez pas, monsieur!..

Pour la troisième fois, le jeune homme est en l'air... sur les épaules d'Yon et de Thirion, les plus valides et les moins empêchés, qui sont parvenus à se rapprocher sous lui. — l'échelle vivante se tasse et se relève, — il se hisse rapidement au cordage tendu... — il monte... — un dernier effort, encore!...

Il y est!!!

Nos poitrines se dégagent...

Bientôt il a saisi la corde rebelle, qu'il passe à son frère et à Yon au-dessous de lui. — La voici, enfin! arrêtée et tendue!...

Le drame n'est pas terminé : la soupape insuffisante pour l'issue du gaz ne peut dégonfler assez vite le gigantesque aérostat, et le traînage ne se ralentit pas encore. Les malheureux brisés, meurtris, les membres rompus, les muscles déchirés, ne peuvent plus résister, et l'un après l'autre sont projetés sanglants hors de la nacelle : à chaque victime qu'il abandonne sur sa route, le monstre, allégé, reprend de nouvelles forces et poursuit sa course furieuse.

Un cri étranglé, strident, lamentable :

— Arrêtez!... Arrêtez!...

Arrêter! — Le pauvre insensé!

C'est le malheureux Saint-Félix, faible et chétif, détaché du bord par une de ces nouvelles secousses, — et que la nacelle est en train d'écraser...

Disparu!

Plus horrible encore, cet autre cri :

— Grâce!...

C'est Montgollier, pris à son tour sous l'angle de l'énorme masse. — Je ne vois que le haut de son corps, — va-t-il être en deux coupé? — et ses grands yeux noirs, épouvantablement ouverts, qui se trouvent tournés vers moi...

Encore un de moins!

Bientôt Nadar et sa femme restent seuls à bord. Le *Géant* est loin d'être épuisé, et les deux malheureux paraissent voués à une mort certaine. Tout espoir semble bien perdu, et la scène prend soudain un caractère tragique véritablement effrayant. Tenant toujours sa femme dans ses bras pour la garantir des chocs épouvantables que reçoit la nacelle dans cet horrible traînage, Nadar se rend compte tout à coup que cette protection va, au contraire, devenir un danger terrible pour celle qu'il veut sauver au prix de sa propre existence :

... Déjà je respire à peine... — Mes bras, ces bras qui l'entourent et qui ne la tenaient jamais assez étroitement tout à l'heure, je veux les dégager, — en vain ! — les écarter d'elle, ces bras qui l'oppriment, qui la serrent davantage de seconde en seconde, — qui vont l'étouffer... Toute ma force centuplée, toute ma volonté éperdue se tendent pour résister à l'étranglement de cet étau, — de cet assassin qui me veut complice... — Efforts dérisoires !... sous l'effroyable, incommensurable poids qui nous écrase, — c'est moi qui l'étoufferai plus vite !.... La force surhumaine la tue... — par moi !

J'entends comme un murmure, le râle d'une plainte étranglée... — la première !... — la dernière !!!... — Une lourde main, une main de fonte rapproche, froisse durement ma tête contre sa tête... Ses cheveux dénoués, mouillés se collent contre mon visage... dans ma bouche entrés, ils m'étranglent... — Je sens dans nos deux poitrines des craquements sinistres... — Un flot de sang a jailli de sa bouche : mes yeux qui s'obscurcissent n'ont vu devant eux — vaguement — qu'une large tache rouge qui, — comme l'huile qui gagne... semblait se répandre sur un plan grisâtre, vertical...

L'ombre augmente... — Ici c'est la Mort ! — Tout mon être s'anéantit... La nuit s'est faite... Je ne pense plus... Je ne sens plus...

Ce fut un vrai miracle qu'aucune des victimes de ce sombre drame n'ait péri. Quelques heures après, les neuf voyageurs se trouvaient réunis dans une cabane de bûcheron. Nadar avait été relevé inanimé dans l'herbe, couvert de plaies et de contusions et une jambe cassée : Mme Nadar, retrouvée sous la nacelle du *Géant* enfin vaincu (fig. 129), était étouffée, à demi broyée, mais sans blessures graves. Le pauvre Saint-Félix avait le bras droit cassé, littéralement décortiqué ! Montgolfier et les autres étaient meurtris et écorchés, mais en somme tous étaient vivants.

Les blessés furent transportés à Hanovre, où les soins les plus empressés leur furent prodigués : le roi et la reine leur adressèrent chaque matin et chaque soir des profusions de fleurs et de fruits : l'ambassadeur de France, le marquis de Ferrière Le Vayer, et l'ambassadrice accoururent des premiers leur apporter leurs soins et se mettre à leur disposition. De toutes parts les sympathies affluaient auprès de Nadar et le consolaient de ses déboires ; mais ce à quoi il fut le plus sensible, ce fut cette phrase écrite dans *le Constitutionnel :*

« *La catastrophe du Géant est, à la lettre, un malheur public.*

Signé : Babinet, *de l'Institut.* »

Au mois de novembre, Nadar, à peine remis de ses blessures, se rendit à Londres exhiber le *Géant* au Palais de Cristal : après avoir encaissé 19 000 francs il rentra en France ayant dépensé 200 000 francs environ dans cette entreprise qui rapporta en tout 79 000 francs, soit une perte sèche de 121 000 francs.

Malgré cet écrasant déficit, plein de confiance dans l'Idée, Nadar parvient à créer la *Société d'encouragement pour la navigation aérienne par le moyen d'appareils plus lourds que l'air,* et à sa tête s'inscrivent ces noms glorieux : Babinet, Barral, Taylor, etc... Chaque vendredi, la Société se réunit chez Nadar qui, malgré l'insuccès financier du *Géant*, peut s'écrier avec un noble orgueil : « Je vous dis que l'agitation « est créée ! »

Il entreprit encore trois ascensions avec le *Géant* : l'une à Bruxelles, le 24 septembre 1864, qui se termina à Ypres, non loin de la mer, à 10 heures du soir, et dans laquelle

FIG. 129. — La catastrophe du *Géant* dans la plaine du Hanovre le 19 octobre 1863.

Camille Dartois remplaçait les Godard dans la manœuvre du ballon ; — la seconde à Lyon faillit avoir un dénouement fatal, par suite d'un traînage de nuit à travers un bois de pins dans l'Ardèche : — la troisième enfin à Amsterdam : le *Géant* emporté sur le Zuyderzée, puis repoussé vers la terre, tomba dans le lac de Harlem, où les voyageurs purent être recueillis.

Enfin, en 1867, le *Géant* passa aux mains d'une compagnie, qui l'exploita pendant l'Exposition universelle.

Malgré tant d'efforts, malgré tant de courage et de dévouement mis au service d'une noble cause, l'agitation créée par Nadar ne dura pas : l'indifférence du public, un instant secouée par l'ardeur des promoteurs de l'hélicoptère, reprit bientôt le dessus, et l'oubli se fit momentanément autour de l'Idée.

L'Aéronaute tiré, pour son premier numéro, à 100 000 exemplaires, n'avait réussi à grouper que 42 abonnés ! et lorsque cinq ans plus tard le Dr Hureau de Villeneuve demanda à Nadar l'autorisation de reprendre le titre de *l'Aéronaute* pour la nouvelle revue qu'il fondait, il en reçut la réponse suivante, qui est comme la conclusion de cette histoire :

FIG. 130. — Nacelle du *Géant* après la catastrophe.

Paris, le 29 mars 1868.

Monsieur,

Vous voulez bien me demander de vous céder le titre du journal *l'Aéronaute* que vous désirez faire renaître.

Ma réponse vous était acquise d'avance dans cette ligne inscrite en tête des numéros par moi publiés en 1863 :

La reproduction de tous les articles de l'Aéronaute *est libre et gratuite*.

L'enfant que je n'ai pu faire grandir est dès à présent à vous, Monsieur, et c'est moi qui vous remercie de l'adoption.

Grâce au généreux enthousiasme de notre époque pour la plus grande des questions qui la touchent, j'étais arrivé au chiffre de 42 abonnés (je dis quarante-deux !) au bout de cinq numéros qui m'avaient coûté quelque dix mille francs, sans parler du reste. Mais vous ne me ferez pas ici, Monsieur, l'offense de croire à un regret de ma part : ce nombre de 42 m'honore. Il est des terrains où il n'est pas sans gloire d'être battu...

Ainsi Nadar, malgré toute son énergie, avait dû s'avouer vaincu ; mais cette défaite qui n'avait rien que d'honorable valait mieux qu'une victoire sans lendemain, car elle a préparé les triomphes futurs.

Il serait injuste, en effet, de prétendre que cette agitation fut complètement stérile : il est incontestable, au contraire, que toutes ces idées jetées au vent de la publicité et des discussions pendant ces trois années ont germé depuis, et le sillon péniblement creusé par la phalange ardente des aviateurs a été fécondé par le temps. Il nous est resté tout au moins de cette grande époque, comme un monument impérissable, cette admirable publication commencée en 1864 par de Ponton d'Amécourt, de la *Collection de Mémoires sur la locomotion aérienne sans ballons*, mémoires où se retrouvent les noms de Babinet, Landur, Emm. Liais, Giffard, L. Franchot, Ramon de Morènes, A. Gérardin, etc., ainsi que le compte rendu des expériences de Ponton d'Amécourt avec le concours de Toussaint, Froment, Barriquand, A. Moreau, Huault, Joseph, Landur, Caseaubon, Sandoz, de Louvrié, Leulier et Lafaurie, dont nous avons raconté quelques-unes.

Non, l'Idée n'est pas morte ! Et c'est avec raison que le premier apôtre de l'aviation, le vieux de la Landelle, groupant autour de lui le petit noyau des convaincus, garda jusqu'à la mort sa foi robuste, sa foi de breton dans l'avenir du *Plus lourd que l'air*, et s'il n'a pas vu la réalisation de ses espérances, du moins conserva-t-il toujours la conviction qu'un jour viendrait où « la pratique de l'aviation fermera l'ère mitrailleuse de la barbarie raffinée pour entr'ouvrir celle de la civilisation naissante et de la paix » (1).

(1) *Pigeon vole*, par G. DE LA LANDELLE. Paris, 1868.

QUATRIÈME PARTIE

PÉRIODE SCIENTIFIQUE ET MILITAIRE

LE SIÈGE DE PARIS

CHAPITRE XIX

ASCENSIONS SCIENTIFIQUES

Une famille d'aéronautes. — L'*Aigle* d'Eugène Godard. — Quelques ballons dirigeables. — Ballons métalliques. — Smitter et Rochefort. — Le premier ballon captif à vapeur de H. Giffard. — Le ballon-haricot! — Hélicoptère de Crocé-Spinelli. — *Aéroscaphe* de Louvrié. — L'exposition aéronautique de Londres. — Machine de Kaufmann. — Aéroplane Stringfellow. — Ascensions de Glaisher. — Les dents de Coxwell. — Ascensions de M. Camille Flammarion. — W. de Fonvielle et le *Géant*. — Gaston et Albert Tissandier. — Gustave Lambert et le *Pôle Nord*.

Après les fiévreuses années dont nous avons retracé l'histoire dans les derniers chapitres de la précédente partie, les tentatives de navigation aérienne furent moins nombreuses. L'aérostation ne fut pas pour cela négligée ; mais il semble que l'agitation en faveur du *Plus lourd que l'air*, sans avoir convaincu les chercheurs de la possibilité de trouver dans cette voie la solution complète du problème, leur avait néanmoins démontré l'inanité des tentatives de direction des ballons.

Toutefois ceux-ci vont jouer un rôle grandiose sur la scène du monde : nous allons les voir d'abord au service de la science, qui demandera à ces admirables observatoires aériens un moyen d'investigation dans les hautes régions de l'atmosphère, et nous allons assister à de nombreuses ascensions scientifiques de la plus haute importance ; puis bientôt la patrie en danger va, comme sous la première République, faire appel aux aérostats, et nous verrons les aérostiers de 1870, non moins intrépides que ceux de 1793, montrer à la face du monde étonné de quels sacrifices, de quels héroïsmes est capable notre race dans les moments critiques de son histoire ; et c'est aux aérostats du siège de Paris que sera due la création définitive de l'aérostation militaire, non seulement en France, mais dans tous les pays du globe.

C'est ce double caractère scientifique et militaire qui distingue cette nouvelle période de l'histoire des ballons : la navigation aérienne proprement dite, c'est-à-dire la direction dans les airs, y fera relativement peu de progrès ; mais en revanche les services rendus par l'aérostation à la science et à la patrie seront considérables.

Au commencement de l'année 1864 parut à Paris le premier numéro (ce fut d'ailleurs le seul) d'un nouveau journal aérostatique, le *Montgolfier*, dont le directeur était un aéronaute déjà célèbre et qui a fait souche d'aéronautes. Eugène Godard : nous avons eu l'occasion de parler de lui, notamment à l'occasion des voyages du *Géant*, et nous estimons qu'une courte notice biographique n'est pas déplacée ici pour présenter à nos lecteurs celui qui ouvrit en quelque sorte à sa famille la carrière aéronautique. Fils d'un maître maçon nommé Pierre-Edme Godard, Eugène naquit aux Batignolles le 27 août 1827. Il travailla d'abord comme dessinateur chez un architecte, et le spectacle d'une ascension en 1845 éveilla en lui la vocation aérostatique. Avec une ténacité remarquable, il construisit lui-même une montgolfière dans laquelle il s'éleva publiquement aux Batignolles, vers le milieu de 1846.

Fig. 131. — Fanfan et Pierre-Edme Godard.

Dès lors Eugène Godard ne fut plus qu'aéronaute : il construisit bientôt une seconde montgolfière, puis un ballon à gaz, et son exemple entraînant tous les siens, ses deux frères Louis et Jules, puis son père Pierre-Edme et son oncle Fanfan (fig. 131) embrassèrent aussi la profession d'aéronaute. Plusieurs des filles de ceux-ci suivirent leur exemple, et bientôt la famille entière des Godard, dont le nom ne tarda pas à être populaire dans l'Europe entière, eut exécuté des centaines et des centaines d'ascensions : l'une d'elles faillit avoir une issue funeste : Mme Fanny Godard (fig. 132) tomba en pleine mer Baltique, où elle fut heureusement recueillie par une barque de pêcheurs.

Ajoutons que la liste des Godard aéronautes n'est pas close ici, et nous retrouverons encore des Godard parmi les aéronautes modernes, où ils tiennent de nos jours la place la plus honorable.

Cependant Eugène Godard avait conservé un faible pour les montgolfières, qui avaient été ses premiers ballons : aussi lorsqu'en 1864 il fit paraître le premier numéro du *Montgolfier*, ce fut pour présenter au public une montgolfière nouvelle, mais une montgolfière dépassant par ses dimensions tout ce qui avait été fait jusqu'à ce moment.

La montgolfière *L'Aigle* (fig. 133) cubait en effet 14 000 mètres, et mesurait, sans compter la nacelle, 35m.72 de hauteur et 23m.50 de diamètre. Elle était construite en cretonne apprêtée pesant 245 grammes le mètre carré, ce qui donnait pour le ballon entier un poids de 1 496 kilogrammes ; en y ajoutant le poids de la nacelle, de l'appareil de chauffage, des agrès, du combustible et de huit voyageurs, on arrivait au poids total de 3812 kilogrammes.

FIG. 132. — Mme Fanny Godard

L'appareil de chauffage était constitué par un calorifère à triple enveloppe surmonté d'une cheminée pénétrant dans l'intérieur du ballon : une toile métallique placée sur le sommet de la cheminée garantissait de tout danger d'incendie. Le combustible employé était de la paille de seigle, dont 250 kilogrammes suffisaient à gonfler cette énorme sphère qui se tenait en équilibre lorsque la température intérieure était de 72 degrés. Une température de 100 degrés lui donnait un excédent de force ascensionnelle de plus de 1 000 kilogrammes.

Eugène Godard fit plusieurs ascensions avec ce magnifique ballon et démontra ainsi que les montgolfières peuvent, dans certains cas, rendre de réels services et que c'est à tort, peut-être, que les ballons à gaz les ont rejetées presque entièrement dans l'oubli. En tout cas, cette vaste construction aérostatique est assurément plus intéressante que la plupart des projets, peu nombreux d'ailleurs, de ballons plus ou moins dirigeables que nous rencontrons à cette époque-là.

Parmi ces derniers, nous citerons cependant le projet de Paul Haenlein, breveté en Angleterre en 1865, d'un aérostat ayant la forme d'un ellipsoïde, d'un paraboloïde ! ou d'un hyperboloïde ! ! ! ou encore quelque chose approchant de ces figures géométriques ! ! ! le tout bien entendu muni d'hélices et de gouvernail comme tout ballon dirigeable qui se respecte.

Ce projet renferme cependant un détail intéressant : Haenlein propose comme moteur une machine à gaz empruntant le gaz directement au ballon qu'un ballonnet compensateur maintient complètement gonflé. Il poursuivit d'ailleurs ses études à ce sujet, et nous aurons à reparler des expériences qu'il fit en 1872 avec son aérostat dirigeable.

En 1865, Delamarne, en France, construisit un aérostat dirigeable baptisé l'*Espé-*

FIG. 133. — L'*Aigle*, montgolfière de 14 000 mètres cubes, construit par Eugène Godard.

rance, muni d'hélices de propulsion et d'ascension. Il cubait 2 000 mètres cubes et fut expérimenté au Luxembourg le 2 juillet 1865. Au cours de cette ascension, le ballon suivit d'ailleurs exactement la direction du vent, qui l'emporta du côté de Vincennes, où il descendit auprès du polygone.

L'idée des aérostats métalliques due, nous l'avons vu, à Dupuis-Delcourt et Marey-Monge, fut reprise en 1865 par Chéradame, puis par Renucci : seulement Chéradame proposait le cuivre et Renucci le fer : toute une batterie de cuisine !

Le projet de Smitter, en 1866, fit sensation à l'époque, grâce surtout à l'appui que lui donna Henri Rochefort. Le célèbre pamphlétaire s'emballa sur le ballon Smitter, un peu comme fit Théophile Gautier pour le projet Pétin, et lui consacra dans *le Soleil* du 14 mai 1866 un long article où il proclamait que le mérite de l'inventeur était d'avoir compris « qu'un ballon ne peut pas plus être dirigé par sa nacelle qu'un gros navire par le canot qu'il traîne après lui ». Partant de ce principe. Smitter avait imaginé de rendre son ballon rigide au moyen d'une légère ossature métallique qui portait l'hélice propulsive à son extrémité (fig. 134). Il fit en vain appel au public pour réunir les fonds nécessaires à la construction en grand de son aérostat.

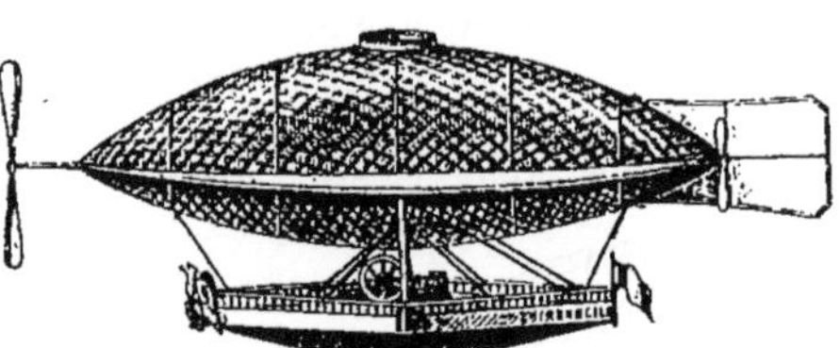

FIG. 134. — Ballon dirigeable de Smitter (1866)

Henri Paulus, en 1867, fit breveter un ballon dirigeable procédant du même ordre d'idées, en ce sens que, pour ne pas faire remorquer le ballon par la nacelle, il reliait l'une à l'autre d'une façon absolument rigide : le moteur était une machine à vapeur dont la chaudière et le foyer étaient enfermés dans une cage à toiles métalliques, comme une lampe Davy : l'appareil fut exécuté, mais il ne put jamais s'enlever à cause de son poids beaucoup trop considérable.

C'est au cours de cette année 1867, à l'occasion de l'Exposition universelle, que Henri Giffard construisit son premier aérostat captif à vapeur, établi aux portes de l'Exposition, dans la cour de l'usine Fland, avenue de Suffren.

Nous nous proposons de décrire en détail le magnifique ballon captif de l'Exposition de 1878 ; nous ne nous arrêterons donc pas à la description de celui de 1867. Disons seulement qu'il cubait 5 000 mètres cubes (fig. 135), et qu'il pouvait enlever dans les airs une vingtaine de personnes. Un câble de 330 mètres de longueur le retenait captif, et était manœuvré par une machine à vapeur de 50 chevaux.

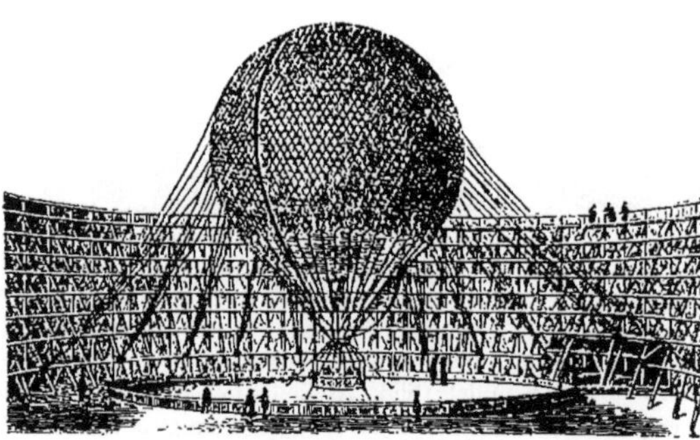

FIG. 135. — Ballon captif à vapeur construit à Paris par H. Giffard pour l'Exposition universelle de 1867.

N'oublions pas de mentionner, avant de quitter les ballons, le projet Deminne, en 1869, qui se distingue de tous les autres par sa forme bizarre : M. Deminne, dédaignant la forme poisson, inventa le *ballon-haricot*. Pourquoi cette forme étrange, et que vient faire ici ce légumineux ? Quoi qu'il en soit, le ballon-haricot de Deminne devait être muni d'ailes fixes agissant comme des plans inclinés, et d'hélices mues par une machine à gaz Lenoir : enfin l'emploi du gaz ammoniac pour gonfler le haricot devait permettre, grâce à l'extrême solubilité de ce gaz, de monter et descendre sans perte de lest ni de gaz : ce dernier procédé, d'ailleurs ingénieux, tout au moins en théorie, ne lui appartenait pas : il était dû à un ingénieur distingué, M. Ch. Tellier, qui l'avait présenté à l'exposition de Londres, dont nous allons parler.

Le ballon-haricot à gaz ammoniac fut construit et expérimenté en petit, et fonctionna parait-il assez bien, mais dans l'air calme d'une chambre close, ce qui ne prouve absolument rien.

Du côté des aviateurs, il convient de signaler quelques travaux intéressants : en 1868, un savant ingénieur, élève de l'École Centrale, et que nous retrouverons au cours de cet ouvrage, Crocé-Spinelli, prit un brevet pour un *navire aérien* qui ne fut, malheureusement, jamais exécuté, mais qui constituait un projet des plus sérieux et très consciencieusement étudié.

Le navire de Crocé-Spinelli (1) se composait d'une coque métallique formée d'une carcasse en tôle mince galvanisée recouverte à l'intérieur et à l'extérieur par des feuilles de cuivre, laissant entre elles un espace libre dont nous verrons tout à l'heure l'utilité.

L'ascension était obtenue au moyen de deux grandes hélices horizontales, de 7m,20 de diamètre, actionnées directement par deux machines à vapeur oscillantes. La vapeur provenant de la chaudière, après avoir travaillé dans les cylindres de ces machines, se rendait dans les parois creuses de la coque du navire aérien, où elle se condensait : on voit que la coque dont nous venons de donner plus haut le mode de construction jouait le rôle d'un vaste aéro-condenseur par surface. L'eau provenant de la vapeur ainsi condensée était recueillie à la partie inférieure de l'aéronef et renvoyée à la chaudière.

Deux hélices plus petites que les hélices de sustention servaient à la propulsion : elles devaient mesurer 1m,90 de diamètre et être actionnées par deux autres moteurs à vapeur : entre ces hélices, le gouvernail pour la direction de tout l'appareil.

Le brevet que nous analysons entre dans une foule de détails de construction : forme du navire effilé en coupe-vent dans le sens de la marche, garnitures en bois pour éviter l'échauffement, arbres creux, etc... Enfin deux ailes mobiles en tôle d'acier, formant parachute, ajoutaient à la sécurité de l'ensemble. La chaudière devait être à tirage forcé par injection d'air au moyen d'un ventilateur en lames d'acier de 0m,46 de diamètre tournant à 1 200 tours.

Les hélices d'ascension, tournant en sens inverse l'une de l'autre, tournaient à 250 ou 300 tours par minute pour l'ascension, et, en marche normale, à 150 ou 200 tours seulement. Elles étaient prévues à 6 bras, et d'un pas de 2 mètres : les petites hélices, tournant à 600 tours par minute, avaient 3m,60 de pas.

(1) Brevet du 23 juin 1868, n° 81425.

Le poids du navire entier était de 2 817 kilogrammes : en ajoutant les poids des approvisionnements (eau et combustible) et de cinq hommes pour la manœuvre, on atteignait au total le poids de 4 093 kilogrammes.

Crocé-Spinelli avait calculé qu'une force de 300 à 400 chevaux suffirait à enlever cette masse dans les airs, et il estimait à 150 ou 200 kilomètres à l'heure la vitesse qu'il eût pu atteindre dans ces conditions.

Il est regrettable que ce projet si intéressant n'ait pas été réalisé, car, étudié comme il l'était, il aurait certainement conduit à des résultats intéressants. Il réalisait à peu près complètement le programme de Ponton d'Amécourt et de ses collaborateurs, et rien, dans ce projet, n'avait été livré au hasard.

A côté de cet hélicoptère à vapeur, il convient de mentionner le projet du grand aéroplane que fit breveter presque en même temps un homme de valeur, ardent partisan du vol plané, Jean-Charles de Louvrié. Observateur sagace et mathématicien pratique, de Louvrié s'est attaché toute sa vie à réfuter les théories désespérantes de Navier et autres savants qui concluaient à donner à l'hirondelle une force de un treizième de cheval-vapeur pour pouvoir voler, et il a rompu des lances à la *Société française de navigation aérienne* pendant de nombreuses années pour défendre ses idées et ses théories sur le vol à voiles à l'aide de plans immobiles.

La grande difficulté à vaincre, dans ce cas, c'est le départ, et, comme l'a si bien établi un autre aviateur de grand mérite, le comte d'Esterno, les grands oiseaux planeurs n'y réussissent qu'à l'aide du vent qui les enlève, ou au prix de violents efforts qui cessent lorsqu'ils ont atteint une certaine hauteur. En somme l'obstacle à surmonter, c'est le *vol du départ*.

Dans son projet d'*Aéroscaphe*, Ch. de Louvrié comptait réaliser le vol du départ soit à l'aide du vent, soit, à son défaut, par la réaction de fusées puissantes ou l'action momentanée d'une hélice propulsive actionnée par un moteur à air chaud. L'appareil en lui-même (fig. 136) consistait essentiellement (1) en une vaste surface plane formant un angle dièdre très ouvert dont l'arête devait être dans le lit du vent ou de la marche, et maintenue dans l'air de façon à former avec l'horizon un certain angle : cette position devait être assurée par un gouvernail et un poids mobile. Le tissu constituant la surface de l'aéroplane devait être imperméable à l'air et à l'eau, et maintenu absolument rigide à l'aide d'une série de rayons en bambous, un peu à la façon d'un vaste parapluie.

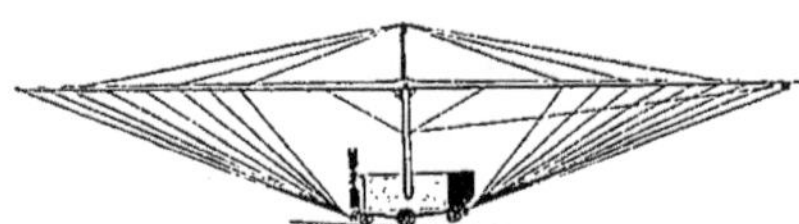

FIG. 136. — Aéroscaphe de Louvrié.

On peut dire, pour résumer d'un mot le système de Louvrié, que son appareil était un grand cerf-volant dièdre sans queue ni ficelle de retenue, mais dont l'inclinaison était assurée par un système de lest mobile.

Ce projet ne fut d'ailleurs pas exécuté, et, avant de construire un appareil de grande dimension, il eût été nécessaire de faire des expériences sur des modèles beaucoup

(1) Brevet du 3 novembre 1868, n° 83069.

plus restreints. C'est d'ailleurs la méthode que de Louvrié lui-même a préconisée maintes fois dans ses nombreux articles en faveur du vol à voiles dont il demeura toute sa vie le champion résolu et convaincu.

L'année 1868 marqua une date mémorable dans l'histoire de la navigation aérienne : ce fut cette année que s'ouvrit la première exposition d'aéronautique. Elle eut lieu à Londres au Palais de Cristal de Sydenham, sous les auspices de la Société aéronautique de la Grande-Bretagne. Cette société s'était fondée à Londres au moment où la Société d'aviation créée par Nadar était dans l'ardeur des premières luttes en faveur du *Plus lourd que l'air*, et il est certain que c'est au grand mouvement créé dans le monde entier par le *Manifeste de l'autolocomotion aérienne* qu'est due la fondation de la Société anglaise, à la tête de laquelle s'inscrivirent les plus grands noms de l'aristocratie anglaise : le duc d'Argyll, le duc de Sutherland, lord Grosvenor, l'illustre Glaisher, dont nous allons raconter les belles ascensions scientifiques, et tout l'Observatoire de Greenwich.

A peine formée, la Société aéronautique anglaise voulut affirmer son existence et organisa l'exposition du Cristal-Palace, où la France se fit représenter par le Dr Abel Hureau de Villeneuve, le fondateur du second *Aéronaute*, en qualité de commissaire accrédité : celui-ci publia un rapport très détaillé et très documenté sur l'exposition, dans les numéros de *l'Aéronaute* de 1868 à 1871.

Sans entrer dans le détail des appareils présentés à cette première exposition, nous dirons seulement qu'une large part y était réservée aux moteurs légers, pour lesquels un concours spécial était ouvert : le modèle en aluminium de l'hélicoptère à vapeur de Ponton d'Amécourt y figurait, mais ne participa point au concours, dont le prix de 100 livres sterling fut remporté par un remarquable moteur à vapeur construit par Stringfellow, l'auteur de l'aéroplane dont nous avons parlé dans un chapitre précédent.

L'appareil le plus intéressant, — en raison tout au moins du bruit qui s'était fait autour de son apparition, — que l'exposition de Londres mit en lumière et remit à sa place, si nous osons risquer ce calembour, était la fameuse machine volante de Kaufmann, brevetée à Paris le 6 janvier 1868 (1), et qui, au dire de son inventeur, était « prête à courir sur terre, à s'élever dans les airs et à avancer sur l'eau, et, dans tous les cas, à s'élever et à descendre à volonté ».

Pour réaliser ce programme grandiose, Kaufmann avait conçu une sorte de coque insubmersible (fig. 137) munie de roues et d'ailes, les unes fixes, les autres mobiles, le tout actionné par une machine à vapeur.

Sur terre, le navire roulait sur ses roues, prenait une certaine vitesse, et lorsque la fantaisie l'en prenait, quelques battements d'ailes l'enlevaient dans les airs : voulait-on goûter de la navigation maritime ? L'oiseau se faisait poisson, descendait se poser sur l'eau, et les roues de tout à l'heure se transformant en roues à aubes, donnaient au navire la propulsion.

Pouvait-on douter des qualités merveilleuses de la machine de Kaufmann, lorsque,

(1) Brevet no 79100. JOSEPH-MAYERS KAUFMANN, *Moyens et appareils perfectionnés permettant de voyager dans l'air, sur terre ou sur l'eau.*

près du modèle réduit présenté à l'Exposition aéronautique, on voyait une photographie représentant l'appareil voguant majestueusement dans l'espace au-dessus d'un bras de mer? Mais, en regardant d'un peu près, on apercevait sur l'épreuve photographique la trace mal effacée de cordes tenant la machine suspendue au plafond de l'atelier du photographe, pendant qu'une toile peinte figurait, derrière la machine volante, une mer et un ciel de fantaisie.

FIG. 137. — Machine volante de Kaufmann.

Le modèle exposé fut en vain mis à l'épreuve; avec une obstination remarquable la machine de Kaufmann se refusa non seulement à s'envoler, mais même à naviguer sur l'eau ou simplement à rouler sur terre.

L'aéroplane à plans superposés de Stringfellow était également exposé, sous forme de modèle réduit, et fut soumis à quelques essais : suspendu par deux poulies à un fil de fer horizontal, l'appareil s'avançait sous l'action de ses hélices propulsives; mais le soulèvement, ou simplement l'allègement de l'ensemble était nul, la vitesse obtenue étant tout à fait insuffisante pour que la réaction de l'air agissant sous les plans inclinés puisse réaliser l'ascension de l'aéroplane.

En somme l'Exposition aéronautique de Londres eut une importance capitale en ce qu'elle fut la première de ce genre et qu'elle ouvrait la voie aux futures expositions, en montrant dans la navigation aérienne avec ou sans ballons un nouveau champ offert à l'activité et à la science humaines, et surtout, en ce qu'elle témoignait de l'intérêt que portaient à cette question des savants de la valeur de ceux qui en avaient été les organisateurs.

Mais au point de vue pratique, le résultat était nul, ou du moins négatif : cette Exposition montrait que tout était à faire encore, et que, au point de vue de la navigation aérienne, on n'était guère plus avancé qu'au lendemain de la découverte des Montgolfier.

Mais si l'aérostation n'avait pas encore tenu toutes les promesses du début, elle avait au moins mis aux mains des physiciens un admirable instrument d'étude, et maintenant nous allons voir rapidement le magnifique essor que prit à cette époque l'aérostation scientifique.

Depuis les ascensions de Barral et Bixio, en 1850, et de Welsh, en 1852, aucune expérience de ce genre n'eut lieu pendant les dix années qui suivirent. L'aérostation restait toujours un spectacle plein d'attrait pour le public, mais n'offrant aucun intérêt scientifique. Il serait injuste cependant de méconnaître que les ascensions foraines constituaient une véritable école d'aérostation pratique, et c'est parmi les aéronautes de métier, dont beaucoup étaient devenus des pilotes aériens d'un réel mérite, que les physiciens trouvèrent le personnel qui leur était indispensable pour leurs ascensions scientifiques. C'est ainsi que se formèrent à la pratique de leur art les Godard, Duruof, Poitevin, G. Mangin, etc., qui presque tous, à l'heure où Paris assiégé était isolé du monde, vinrent offrir leurs services au gouvernement de la Défense nationale et rendirent ainsi à la patrie les plus grands services.

FIG. 138. — M. Glaisher, directeur du Bureau météorologique de Greenwich.

La série des ascensions scientifiques dont nous voulons parler maintenant débuta en Angleterre, en 1861, avec M. Glaisher, le savant directeur du Bureau météorologique de Greenwich (fig. 138), sous les auspices et avec le secours pécuniaire de l'*Association britannique pour l'avancement des sciences*.

M. Glaisher exécuta pendant les années 1861, 1862 et 1863 une trentaine d'ascensions, avec l'aéronaute anglais Coxwell (fig. 139) pour pilote.

La plus célèbre de ces ascensions fut celle du 5 septembre 1862, au cours de laquelle les hardis explorateurs s'élevèrent à plus de 8838 mètres! Parvenus à cette formidable hauteur où régnait un froid de 24°, M. Glaisher perdit connaissance, et Coxwell, à demi paralysé, put à peine s'occuper de régler la marche de l'aérostat, qui continua à monter encore. M. Glaisher, en tenant compte de la vitesse d'ascension au moment de son évanouissement, crut pouvoir évaluer à 11 000 mètres la hauteur atteinte au cours de cette ascension, mais rien n'est moins probable, ni même vraisemblable, et il est prudent, dans ces sortes de questions, de ne pas se fier à des évaluations que rien ne contrôle (1). Coxwell crut bon de rendre cette ascension plus dramatique encore en racontant que, ne pouvant plus se servir de ses mains gelées, il dut, pour arrêter le mouvement d'ascension, saisir avec ses dents la corde de la soupape et ouvrir celle-ci par la force de la mâchoire. Il n'est pas facile d'aller voir si l'on revient vivant d'une ascension à 11 000 mètres de hauteur, mais sans s'élever si haut

FIG. 139. — Coxwell, aéronaute anglais.

(1) Voir à ce sujet l'*Aéronaute* d'avril 1876, p. 103 et suivantes.

au-dessus du commun des mortels, il est aisé de se rendre compte que ce procédé pour ouvrir une soupape d'aérostat est tout simplement impossible.

Les expériences et les observations de Glaisher portèrent principalement sur la loi de décroissance de la température suivant les hauteurs atteintes, sur la décroissance de l'état hygrométrique de l'air, sur les variations du potentiel électrique, sur la propagation verticale du son, etc. Il se livra, en outre, à de nombreuses observations physiologiques d'un réel intérêt, et enfin à l'étude du spectre solaire.

Fig. 140. — M. Camille Flammarion.

Quelques années plus tard, un jeune astronome, devenu célèbre depuis, M. Camille Flammarion, ouvrit en France la série des ascensions scientifiques. Depuis longtemps, il aspirait après le bonheur de faire des ascensions aérostatiques et de se rapprocher ainsi du ciel, qu'il aimait tant à étudier comme astronome. Désirant reprendre les études de Glaisher et suivre le programme des expériences à faire en ballon, qu'Arago avait tracé lors des ascensions de MM. Barral et Bixio, M. Camille Flammarion (fig. 140), alors âgé de 25 ans, et président de la Société aérostatique de France, avait obtenu du ministre de la guerre, le maréchal Vaillant, l'autorisation de se servir de l'aérostat que l'empereur Napoléon III avait fait construire pour la guerre d'Italie, et qui, n'ayant jamais servi, était remisé au garde-meuble. Il était construit en soie double et cubait 800 mètres cubes.

La première ascension eut lieu le 30 mai 1867, et fut suivie d'une douzaine d'autres ascensions ayant le même caractère scientifique : cette belle série de voyages aériens, qui enrichirent la science d'une foule d'observations de premier ordre sur la physique du globe, ne fut interrompue que pendant la guerre de 1870 : les résultats des expériences et observations scientifiques de ces ascensions ont été publiés par l'Académie des sciences. Ils portent principalement sur l'état hygrométrique de l'air, sur l'accroissement du pouvoir diathermane de l'air et de la radiation solaire avec l'altitude, sur la circulation des courants et les mouvements généraux de l'atmosphère, sur les variations de la température, sur la forme, la hauteur, les dimensions des nuages, enfin sur les lois générales de l'acoustique, de l'optique, de l'astronomie, etc...

Le récit de ces ascensions, publié par M. Camille Flammarion, fourmille d'anecdotes, de récits pittoresques, de détails amusants, et constitue une lecture des plus attachantes (1).

Plusieurs de ces ascensions eurent lieu la nuit, et rien n'est poétique comme la sensation éprouvée par l'aéronaute planant ainsi au-dessus d'un monde endormi, et assistant ensuite au réveil de la nature.

A travers la nuit transparente, notre esquif aérien vole. En bas, un silence absolu ; en haut, les constellations scintillantes... Vénus vient de se lever. Étoile blanche, elle brille dans l'aurore dorée comme une flamme plus pure encore. Mercure se lèvera trop tard pour être visible. Mars était couché avant minuit. Saturne descend à l'occident. Mais le sceptre de cette nuit appartient à Jupiter... Vers trois heures, les étoiles s'éteignirent l'une après l'autre. Arcturus s'évanouit la dernière, mais la lune et Jupiter restèrent lorsque toute l'armée céleste se fut enfuie aux approches du jour...

Le silence *absolu* qui s'étendait sur la nature pendant la nuit commence après trois heures à se laisser entrecouper par quelques notes douces et lointaines. A trois heures vingt minutes, le chant des oiseaux s'annonce avec plus de vivacité. Leur voix est pure dans l'ordre du son comme l'aurore dans l'ordre de la lumière. Ils chantent tous avec joie, et les notes limpides de leurs petites gorges s'envolent avec candeur dans l'atmosphère baignée de clarté...

Le voyage du 14 juillet 1867 fut particulièrement remarquable : partis de Paris à 5 heures 22 du soir, les aéronautes descendirent le lendemain matin vers 6 heures à Solingen, près de Dusseldorf, en Prusse, ayant parcouru à vol d'oiseau 550 kilomètres en 12 heures et demie, et ayant passé au-dessus de Rocroy, Liège, Aix-la-Chapelle et Cologne.

Citons ce détail saisissant : au point du jour, les voyageurs aériens entendent le canon tonner sous eux. Quelques heures après, ils surent que « c'était l'artillerie de « Muhlheim qui s'exerçait *pour la guerre prochaine...* » Nous savons maintenant quelle devait être cette guerre prochaine !

Dans le cours de l'année 1867, le *Géant* exécuta trois ascensions scientifiques sous la direction de M. Wilfrid de Fonvielle (fig. 141), qui a continué pendant de longues années les explorations de l'atmosphère en ballon, et qui fut plusieurs fois le compagnon et le collaborateur de l'un des aéronautes les plus célèbres et les plus savants, Gaston Tissandier (fig. 142).

C'est le 16 août 1868 que le savant fondateur de *la Nature* débuta dans la carrière aéronautique, qu'il devait illustrer par ses travaux et ses explorations scientifiques. Gaston Tissandier raconte dans l'*Histoire de mes ascensions* que sa *vocation aérienne*

(1) Camille Flammarion, *Voyages aériens*, Paris, 1881.

remonte aux jours de son enfance, époque à laquelle il occupait ses loisirs d'écolier à confectionner de petits ballons en baudruche gonflés avec de l'hydrogène qu'il fabriquait lui-même.

Né à Paris en 1843, il avait manifesté de bonne heure de grandes dispositions pour la chimie et les études expérimentales ; il entra dans le laboratoire de M. Dehérain, d'où il passa bientôt comme préparateur au laboratoire de l'Union nationale : l'année suivante il en était nommé directeur. Mais la passion dominante de sa vie, l'aérostation, ne tarda pas à s'emparer du jeune et distingué chimiste qui, après s'être enthousiasmé pour Nadar et le *Géant*, fit ses débuts en 1867 dans le premier ballon captif à vapeur de Henri Giffard. Mais cette ascension ne pouvait lui donner qu'un avant-goût des jouissances aérostatiques, et il désirait ardemment faire une véritable ascension quand, se trouvant à Calais le 12 août 1868, il apprit qu'un aéronaute qu'il ne connaissait nullement alors, J. Duruof, devait s'élever à Calais même le 15 août. Se mettre à la recherche de Duruof, faire sa connaissance et se faire agréer comme compagnon de voyage, fut pour Gaston Tissandier l'affaire d'un quart d'heure, et le dimanche suivant, à quatre heures après midi, il s'élançait dans les airs à bord du *Neptune* ! Ce fut le début brillant d'une longue série de voyages aériens, qu'aucun péril, aucun obstacle ne put interrompre jusqu'à la mort, qui seule vint terminer en 1899 une carrière admirablement remplie. Nous n'étendrons pas davantage cette courte notice biographique, car si la vie d'un travailleur comme Gaston Tissandier se raconte par l'exposé de ses travaux, la suite de ce volume sera en grande partie la biographie de ce courageux et savant pionnier

FIG. 141. — M. Wilfrid de Fonvielle.

de la navigation aérienne. Mais ce que ne dirait pas le récit de ses ascensions et de ses expériences, et ce que nous ne voudrions pas omettre de rappeler dans ces lignes consacrées à Gaston Tissandier, c'est l'extrême affabilité de son caractère et les qualités de cœur qui lui attachaient tous ceux qui l'approchaient : c'est la bienveillance de son accueil : c'est le charme de sa conversation : c'est enfin la droiture et la noblesse de son caractère, qui faisaient qu'on désirait le connaître quand on ne l'avait pas encore vu, et qu'on désirait acquérir son amitié quand on avait eu l'honneur de faire sa connaissance.

Si sa carrière fut courte, dit de lui son collaborateur et ami M. W. de Fonvielle, elle a été si pleine d'œuvres, de services rendus, de beaux exemples et si parfumée des plus beaux et des plus doux sentiments, que sa mémoire provoquera toujours un souvenir ému de reconnaissance et de haute sympathie (1).

FIG. 142. — Gaston Tissandier.

Sa première ascension, celle de Calais, eut un intérêt considérable par suite de la présence de deux courants d'air existant à deux altitudes différentes, et qui permirent aux aéronautes de se laisser entraîner à 25 ou 30 kilomètres au-dessus de la mer du Nord pour revenir ensuite à terre en profitant du vent inférieur. Jamais l'existence de vents opposés n'avait été mise à profit d'une façon si judicieuse et en même temps si hardie.

L'année suivante, le 13 septembre 1868, Gaston Tissandier partait du Conservatoire des Arts et Métiers dans le même *Neptune* conduit encore par Duruof ; ce fut dans cette ascension que commença sa collaboration avec M. W. de Fonvielle pour l'exploration en commun de l'atmosphère et l'étude des phénomènes météorologiques, collaboration féconde en résultats et qui fait honneur aux deux savants aéronautes.

Le 8 novembre de la même année, à bord de l'*Union*, commandé par Gabriel Mangin (auquel, pour le dire en passant, nous devons notre initiation à l'aérostation pratique lors d'une ascension que nous fîmes sous sa direction à Caen en 1883), com-

(1) *L'Aéronaute*, novembre 1899.

mença une autre collaboration non moins féconde en résultats : Gaston Tissandier était en effet accompagné de son frère Albert (fig. 143), architecte de grand talent, qui n'avait pu résister longtemps à suivre l'exemple de son cadet. Comme nous le verrons plus loin, c'est à cette collaboration de deux frères, unis par la plus étroite amitié et par une féconde communauté d'idées et de talents, qu'est due l'invention du si remarquable aérostat dirigeable électrique construit et expérimenté en 1883 et qui marqua un progrès considérable dans l'art aéronautique. Aussi passionné que son frère pour l'aérostation, M. Albert Tissandier mit au service de cette science son talent de dessinateur et rapporta de ses ascensions une collection de dessins et d'aquarelles du plus haut intérêt et qui forment une série de documents d'une importance considérable.

FIG. 143. — M. Albert Tissandier.

Quelle variété dans ces paysages aériens, véritablement fantastiques par les mille aspects sous lesquels l'aéronaute contemple le ciel ! Cirques grandioses formés par les nuages, auréoles magiques entourant l'ombre de l'aérostat, fantasmagorie des couchers de soleil, féeries des clairs de lune, pluies de météores, tout cela a été fixé par le crayon et le pinceau de M. Albert Tissandier avec la plus scrupuleuse exactitude, et constitue un musée aérostatique absolument remarquable. Nous n'en pouvons donner qu'un faible aperçu (fig. 144, 145 et 146).

L'un des voyages les plus émouvants fut celui du dimanche 7 février 1869. Partis à 11 heures 35 de l'usine de la Villette à Paris, MM. Gaston Tissandier et Wilfrid de Fonvielle parcoururent avec leur ballon l'*Hirondelle*, en battant 700 mètres, 80 kilomètres en 35 minutes. Le vent était extrêmement violent et le ballon, en mauvais état, ne put se soutenir plus d'une demi-heure en l'air.

L'*Hirondelle* approche de terre, l'ancre est jetée, et la nacelle vient se heurter contre le sol avec une force incroyable ; je me pends de toutes mes forces à la corde de la soupape, et je vois que Fonvielle est couvert de sang. Le cercle lui a frappé le front et y a ouvert une blessure profonde, le sang jaillit en abondance. Le choc a été terrible, sec et impitoyable, la nacelle a heurté la terre comme un projectile.

Elle rebondit comme une balle et les secousses que nous éprouvons sont atroces. Notre ancre voltige au dessus des champs et ne veut pas mordre ; on dirait un bouchon de liège pendu à un fil! Nous sommes saisis par une force épouvantable, qui tantôt nous fait rebondir dans l'espace et tantôt nous précipite contre la terre.

C'est le traînage qui commence au milieu d'un ouragan furieux (1).

Le ballon parcourut près de 4 kilomètres en quatre ou cinq minutes, et fut enfin arrêté sur le territoire de Neuilly-Saint-Froment grâce à l'aide que lui apportèrent, non sans danger, les habitants de cette commune.

Par une curieuse rencontre, l'ascension suivante, exécutée le 11 avril de la même année par G. Tissandier et W. de Fonvielle à bord de l'*Union* conduit par G. Mangin, fut remarquable par l'extrême lenteur du courant aérien qui emporta les aéronautes : partis à 3 heures de l'après-midi de l'usine à gaz de la Villette, ils prirent terre à cinq heures et demie, à 900 mètres seulement de leur point de départ : l'atterrissage eut lieu en effet dans le cimetière de Clichy.

FIG. 144. — Cirque de nuages. (Dessin de M. A. Tissandier.)

L'ascension du 27 juin 1869 mérite que nous nous y arrêtions. Jamais, même en y comprenant le *Géant*, aérostat aussi volumineux n'avait été conduit dans les airs. Le *Pôle Nord*, en effet, dont nous allons rapidement raconter le voyage, cubait 11 000 mètres cubes. Il avait été construit par Henri Giffard pour servir comme ballon captif à Londres ; mais il n'était pas assez imperméable pour conserver son gaz pendant la durée d'une exploitation de ballon captif, et l'on dut construire un second ballon pour Londres. Le premier, étant devenu disponible, était excellent pour un voyage aérien libre. Gaston Tissandier et W. de Fonvielle demandèrent donc à Henri Giffard de leur confier cet immense aérostat pour une série d'ascensions scientifiques. L'éminent ingénieur y consentit avec empressement.

Mais le gonflement d'un pareil aérostat entraînait des dépenses considérables, et il

(1) GASTON TISSANDIER, *Histoire de mes ascensions*.

devenait indispensable de recourir au public payant pour couvrir les frais des ascensions projetées. Tenant essentiellement, d'autre part, à n'en pas faire l'objet d'une spéculation, les promoteurs de l'entreprise songèrent à attribuer les bénéfices éventuels à l'expédition au pôle Nord que préparait alors avec tant de dévouement et d'énergie Gustave Lambert.

C'était une entreprise tout à fait analogue à celle de Nadar et du *Géant*. Elle eut, il faut l'avouer, à peu près les mêmes résultats financiers. Après d'innombrables démarches auprès des bureaux du ministère de la Guerre, de la Place de Paris, de la Préfecture de Police, etc., pour avoir la libre disposition du Champ de Mars, après

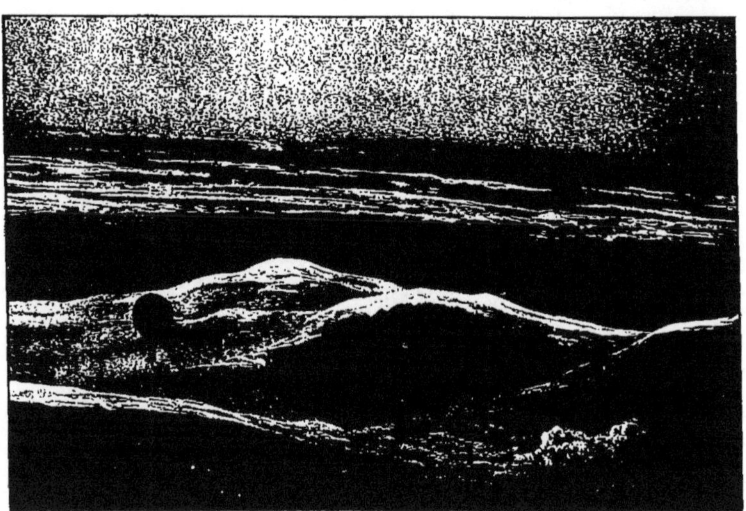

FIG. 145. Paysage aérien : montagnes de nuages. (Dessin de M. A. Tissandier.)

des difficultés de toutes sortes avec l'administration des douanes qui voulait prélever des droits exorbitants sur le ballon, quoique fabriqué en France, parce qu'il revenait d'Angleterre, l'ascension eut lieu le 27 juin. L'équipage comprenait neuf voyageurs : MM. Gaston Tissandier ; W. de Fonvielle ; Sourel, astronome ; Amédée Tardieu, docteur en médecine, chargés des opérations scientifiques avec l'aide de MM. Moreau, architecte ; Menue et Tournier, chimistes. M. Albert Tissandier devait exécuter les dessins météorologiques : MM. Gabriel Yon et Gabriel Mangin étaient attachés à l'expédition comme aéronautes ; ce dernier seul prit part au voyage (1), et dut être aidé dans ses manœuvres par MM. Menue et Moreau.

(1) Voir pour les détails *Histoire de mes ascensions*, par Gaston Tissandier.

L'Académie des sciences avait dressé le programme des expériences et des recherches physiques, météorologiques et physiologiques qu'il s'agissait d'entreprendre.

Plus de cent mille personnes se pressaient autour du Champ de Mars le jour de l'ascension : mais dix mille à peine pénétrèrent dans l'enceinte payante ! Les neuf dixièmes voulaient bien jouir du spectacle imposant de ce gigantesque aérostat de 11 000 mètres cubes enlevant dans les airs plus de 6 500 kilogrammes, mais se refusaient à apporter leur obole à la grande et belle expédition de Gustave Lambert !

Le départ eut lieu à sept heures du soir seulement, et se fit avec une vitesse qui

Fig. 146. — Paysage aérien ; plaine de nuages. (Dessin de M. A. Tissandier.)

compromit le succès du voyage : en moins de trois minutes, le *Pôle-Nord* atteignit l'altitude de 2 850 mètres ! Après avoir assisté à un magnifique coucher du soleil, les voyageurs durent se résigner à descendre avant que la nuit fût complète : la quantité de lest disponible ne permettait pas d'entreprendre un voyage de nuit, et il eût été impossible de songer à un atterrissage en pleine obscurité avec un aussi gros ballon. La descente eut donc lieu à Auneau, petite ville de la Beauce (Eure-et-Loir).

Cette ascension fut la seule que fit le *Pôle-Nord* : l'énorme cube de cet aérostat entraînait des frais trop considérables que la recette obtenue n'avait pu couvrir ; les résultats scientifiques du voyage furent peu nombreux ; ils se bornèrent à quelques observations physiologiques du Dr A. Tardieu et à quelques paysages aériens exécutés par M. Albert Tissandier. Mais cette ascension n'en offre pas moins un intérêt considérable au point de vue aéronautique, puisque jamais ballon de ce volume n'avait encore été conduit dans les airs.

Quant à Gustave Lambert, qui rêvait pour la France la gloire de la découverte du pôle Nord et qui s'était dévoué avec tant d'ardeur et de désintéressement à cette grande idée, on sait qu'il tomba, l'année suivante, frappé au cœur d'une balle prussienne.

CHAPITRE XX

LES BALLONS DU SIÈGE DE PARIS

L'aérostation militaire depuis la première République. — Les ballons militaires en Amérique. — Paris investi. — Les ballons captifs. — Construction des ballons-poste. — Organisation de la poste aérienne. — Dépêches microscopiques. — Les pigeons-voyageurs. — La colombophilie dans l'antiquité. — 300000 lettres sur un pigeon. — Les premiers départs de ballons. — Voyage de Gambetta. — Départ de M. Janssen. — De Paris à Tournai en 3 heures. — Voyage de la *Ville d'Orléans* en Norvège. — Les ballons prisonniers. — Prince et Lacaze perdus en mer!

L'École aérostatique de Meudon, supprimée dans un moment de mauvaise humeur, ne devrait-elle pas être reconstituée? Attendra-t-on qu'une guerre éclate pour former des aéronautes, pour improviser des ballons? Ce serait une imprudence, une folie des plus grandes, car dans notre siècle les guerres vont vite, et le sort d'un empire pourrait bien avoir été décidé pendant qu'on ajusterait ensemble les fuseaux d'un ballon!

Ces lignes prophétiques furent écrites *huit mois avant la guerre de* 1870 par Gaston Tissandier, et les événements devaient trop malheureusement leur donner raison. Quand la guerre éclata, il n'y avait plus en France la moindre trace de la savante organisation des aérostiers militaires que Coutelle et Conté avaient fondée sous la première République.

Il est juste d'ajouter, d'ailleurs, qu'il en était de même dans tous les pays du monde, et l'histoire de l'aérostation militaire depuis la Révolution jusqu'en 1870 tient en peu de lignes.

En 1812, les Russes avaient projeté de bombarder l'armée française par des projectiles lancés du haut d'un ballon : celui-ci fut construit à Moscou, et pouvait, dit-on, enlever cinquante hommes; mais des expériences préliminaires ne réussirent pas, et le projet fut abandonné. Une curieuse gravure du 13 prairial an XI, qui existe dans la collection Tissandier, semble avoir inspiré ce projet des Russes : elle représente (fig. 147) une armée française traversant le Pas-de-Calais pour opérer une descente en Angleterre à l'aide de gigantesques ballons rappelant par leur forme l'aéro-montgolfière où l'infortuné Pilâtre de Rozier trouva la mort.

En 1815, Carnot fit exécuter quelques reconnaissances en ballon captif à Anvers assiégé, où il commandait alors la place.

Pendant la campagne d'Algérie, l'aéronaute Margat fut autorisé à suivre le corps expéditionnaire avec son ballon : celui-ci fut expédié à Alger, mais il ne fut pas même débarqué.

Fig. 147. — L'armée française envahissant l'Angleterre par la voie des airs. (Caricature de l'An XI.)

Le 22 juin 1849, pendant le siège de Venise par les Autrichiens, les assiégeants tentèrent un bombardement aérien au moyen de petits ballons portant des bombes incendiaires munies de mèches allumées : ils en lancèrent, paraît-il, près de deux cents, mais le vent ramena ces engins d'un nouveau genre sur le camp autrichien, qui eut à supporter les coups destinés aux assiégés. Inutile de dire que la tentative ne fut pas renouvelée.

Signalons une expérience du même genre exécutée en 1854 à l'arsenal de Vincennes à Paris, à l'aide d'un ballon captif, expérience qui n'aboutit à rien de pratique.

En 1859, Napoléon III fit confectionner un ballon captif de 800 mètres cubes destiné à l'armée d'Italie. Cet aérostat, construit en soie avec beaucoup de soin, parvint sur le lieu des opérations le lendemain de la victoire de Solférino : il ne fut donc pas utilisé, et fut ramené en France sans avoir été gonflé. D'ailleurs les généraux du second Empire prétendaient qu'on ne pouvait attendre aucun service des aérostats militaires.

Le seul emploi qui ait été réellement fait des ballons militaires eut lieu en Amérique en 1861 et 1862. Un aéronaute américain, La Mountain, parti en ballon libre du camp des Unionistes sur le Potomac, s'éleva à 1 500 mètres au-dessus des lignes ennemies, et, après avoir longuement observé la position et les forces de celles-ci, parvint à opérer sa descente à Maryland, d'où il transmit au général Mac Clellan le résultat de sa reconnaissance.

Un autre aéronaute américain, Allan, de Rhode-Island, avec l'aide du professeur Lowe, de Washington, imagina de faire communiquer un ballon captif avec le quartier général par un télégraphe électrique, et le procédé réussit à merveille.

Au mois de mai 1862, l'armée unioniste, commandée par Mac Clellan, faisait le siège de Richmond. Un ballon captif muni d'un appareil photographique fut lancé au-dessus de la place, et l'on put obtenir une vue en perspective de tout le terrain entre Richmond et Manchester à l'Ouest, et Chikahominy à l'Est. Tous les détails topographiques, cours d'eau, bois, chemins de fer, routes, etc., étaient admirablement rendus, et les emplacements des troupes, des batteries d'artillerie, etc., furent reportés avec grand soin. Deux épreuves furent tirées de cette photographie : l'une resta dans le ballon captif, et l'autre fut remise au général Mac Clellan. Elles étaient divisées en 64 carrés numérotés identiquement sur chaque épreuve. Dès lors, tous les mouvements de l'ennemi étaient instantanément signalés par l'aéronaute, grâce à l'appareil télégraphique installé à bord de la nacelle. Mac Clellan, profitant de ces renseignements, put opposer partout les forces nécessaires aux tentatives des assiégés, dont aucun mouvement ne pouvait plus lui échapper.

La démonstration de l'utilité des aérostats aux opérations militaires était faite une fois de plus et de la manière la plus complète ; pourtant la leçon fut perdue, car pas un ballon militaire n'existait en France quand, le 15 septembre 1870, les uhlans furent signalés aux portes de Paris. Bientôt l'investissement fut complet ; le 19 septembre, la voiture postale qui, la veille encore, avait emporté hors Paris des ballots de dépêches, dut rétrograder ; le 20, de tous les courriers envoyés dans toutes les directions, un seul nommé Létoile parvint jusqu'à Évreux, et le 21 un employé de la Poste pouvait dire avec stupéfaction : « Je n'oserais affirmer qu'une souris pourrait « maintenant franchir les lignes prussiennes ! » Paris était bloqué !

Dès le lendemain du 4 septembre, Nadar, impatient de rendre service à la Défense nationale, avait adressé à l'autorité militaire un mémoire sur l'emploi de ballons captifs pour observer les mouvements de l'armée prussienne : puis, sans attendre la réponse à ses propositions, il s'installe à ses frais sur la place Saint-Pierre à Montmartre : il y gonfle le *Neptune* que lui prête Duruof, avec l'aide de celui-ci, de Camille Dartois (fig. 148) et de quelques amis. Le général Trochu lui donne alors une quarantaine d'hommes dont douze marins, pour aider aux manœuvres. Le *Neptune*, bien réparé par Duruof, resta gonflé quinze jours et exécuta un grand nombre d'ascensions qui ne furent pas sans utilité.

Eugène Godard installa boulevard d'Italie son ballon la *Ville de Florence* et M. de Fonvielle fit de même à Vaugirard avec le *Céleste*, que Henri Giffard avait mis à la disposition du gouvernement : celui-ci mit alors à la tête du service des ballons captifs le colonel Usquin, et un quatrième observatoire allait être confié à G. Tissandier, quand l'organisation des ballons-poste transforma ces aérostats captifs en messagers.

Fig. 147. — Camille Dartois.

Il y avait alors à Paris six autres aérostats : l'*Impérial* qu'il fut impossible de remettre en état de servir, l'*Union*, appartenant à G. Mangin et qu'un accident malencontreux survenu au dernier moment rendit également inutilisable ; le *Napoléon* et l'*Hirondelle* à Louis Godard, le *ballon captif de l'Exposition de* 1867 à H. Giffard ; enfin un petit ballon de 400 mètres cubes appartenant à Duruof. C'était tout le matériel aérostatique existant à Paris (1), où pourtant les bonnes volontés ne faisaient pas défaut : de courageux aéronautes s'offraient au gouvernement pour traverser les lignes en ballon, et parmi eux, il convient de citer M. Gabriel Mangin, dont les démarches répétées auprès de l'administration des Postes amenèrent celle-ci à envisager sérieusement la question d'organiser la poste aérienne. Bientôt M. Rampont, qui était à la tête de cette administration et qui fut le véritable organisateur de la poste aérienne, décida d'établir un service régulier de ballons postaux : il fallut donc créer le matériel qui manquait.

La construction des aérostats fut alors confiée à Eugène et Jules Godard, qui s'installèrent à la gare d'Orléans (fig. 149), et d'autre part à G. Yon et Camille Dartois, dont l'atelier était à la gare du Nord.

(1) La plupart de ces détails et quelques-uns de ceux qui vont suivre proviennent des *Souvenirs d'un aéronaute : En ballon pendant le siège de Paris*, par G. Tissandier. — Paris, 1871, et de documents fournis par MM. Th. et G. Mangin.

Nous trouvons dans le *Journal officiel de Paris* du 2 mars 1871 les détails suivants relatifs à ce matériel aérostatique :

Les ballons devaient être de la capacité de 2 000 mètres cubes, en percaline de première qualité, vernis à l'huile de lin, munis d'un filet en corde de chanvre goudronnée, d'une nacelle pouvant contenir quatre personnes et de tous les apparaux nécessaires : soupape, ancre, sacs de lest, etc.

Les ballons devaient supporter l'expérience suivante : remplis de gaz, ils devaient demeurer pendant dix heures suspendus, et, après ce temps d'épreuve, soulever un poids net de 500 kilogrammes.

Les dates de livraison étaient échelonnées à époques fixes : 50 francs d'amende étaient infligés aux constructeurs pour chaque jour de retard. Le prix d'un ballon remplissant ces conditions était

FIG. 149 — Construction des ballons du siège à la gare d'Orléans par Eugène et Jules Godard.

de 4 000 francs, dont 300 francs pour l'aéronaute, que procurait le constructeur. Le gaz était à part. C'est ce prix qui a été primitivement payé par la direction générale des Postes, au comptant, aussitôt l'ascension effectuée, le ballon hors de vue. Il a été réduit postérieurement à 3 500 francs, plus 500 francs dont 300 francs pour le gaz et 200 francs pour l'aéronaute. A ces frais, il faut ajouter des sommes pour valeur d'accessoires, dont le montant a varié de 300 à 600 francs par ascension. Le *Davy*, ne cubant que 1 200 mètres cubes, n'a coûté que 3 800 francs.

Les constructeurs livrèrent environ soixante de ces ballons : ceux des frères Godard étaient à côtes bleues et jaunes ou rouges et jaunes ; ceux de G. Yon et C. Dartois étaient blancs.

Nous avons vu, d'après le *Journal officiel de Paris*, que les constructeurs devaient s'occuper de recruter les aéronautes formant l'équipage des ballons-poste. Sur les soixante-huit ballons qui partirent pendant le siège, trente furent conduits par des marins transformés en *loups-aériens* (fig. 150). Quelques leçons préliminaires initiaient les novices à ce nouveau métier : une nacelle était pendue à une poutre de la gare, l'élève aéronaute y grimpait, criait : « lâchez-tout ! » jetait du lest, tirait une corde de soupape, puis jetait une ancre, et était sacré aéronaute !

Fig. 150. — Un *loup-aérien* : « Mon laissez passer? Tiens! le v'là! » Assiette peinte par Draner. (Collection Tissandier.)

Au moment du départ d'un ballon-poste, les ballots de lettres (fig. 151) étaient apportés par M. Béchet, sous-directeur des Postes, ou par M. Chassinat, directeur des Postes de la Seine; M. Hervé-Mangon, présent à tous les départs, donnait les renseignements météorologiques sur la direction et l'intensité du vent, de façon à indiquer aussi exactement que possible à l'aéronaute la durée probable de son voyage pour atterrir au delà des lignes prussiennes.

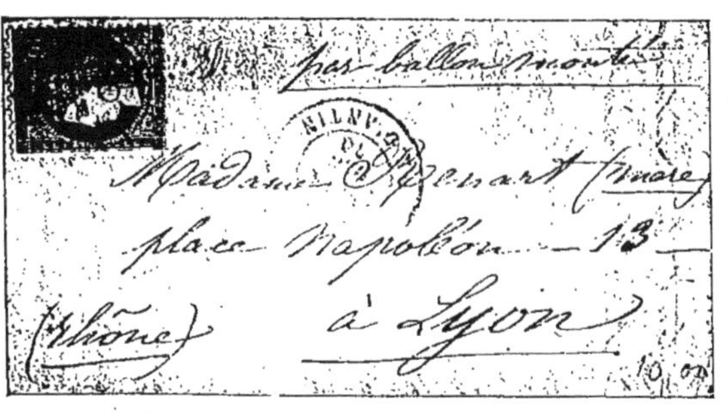

Fig. 151. — Fac-similé d'une enveloppe de lettre *par ballon monté*.

Ainsi les communications se trouvaient assurées de Paris assiégé avec les départements. Nous allons voir maintenant comment les communications inverses furent obtenues. Voici en quels termes M. Rampont exposa cette seconde face du problème devant la *Société française de navigation aérienne*, dans la séance solennelle du 27 novembre 1874.

Il restait à trouver le moyen de recevoir des départements des nouvelles et des dépêches : l'emploi des pigeons-voyageurs se présenta naturellement à l'esprit : et, dès le 25 septembre, trois d'entre eux furent emportés par le ballon la *Ville de Florence* ; il en revint ce même jour deux, dont un seul était porteur d'une dépêche ; elle annonçait l'heureuse arrivée du ballon la *Ville de Florence* à Vernouillet (Eure-et-Loir). Mais une question inquiétante se présenta : existait-il à Paris un nombre important de pigeons-voyageurs? M. Garnier-Pagès nous donna sous ce rapport de précieuses indications, et un service de dépêches de pigeons-voyageurs ne tarda pas à être établi entre les départements et Paris. Les pigeons étaient emportés de Paris par les ballons de la poste et y revenaient ensuite porteurs d'un message attaché à une plume principale de la queue. Les dépêches écrites à la main sur papier pelure, aussi léger que possible, ne pouvaient être qu'en petit nombre. Aussi à Tours, comme à Paris, on chercha le moyen d'augmenter la quantité de dépêches confiées à un pigeon, sans augmenter le volume et le poids du message. A Tours, on l'a réduit par la photographie en continuant à produire les dépêches sur papier ; à Paris, on arriva à les photographier sur une pellicule mince et solide (fig. 152 et 153) par le procédé photomicroscopique. M. Dagron (fig. 154), inventeur des procédés les meilleurs, partit en ballon, le 12 novembre, avec mission d'appliquer sa méthode à la confection des dépêches de toute nature. Des difficultés de plus d'un genre s'opposèrent d'abord à son application ; mais enfin sa supériorité fut reconnue, et bien que modifiée au point de vue microscopique, cette méthode n'en donna pas moins la possibilité de faire porter par un pigeon un message composé de plus de 40 000 dépêches (1).

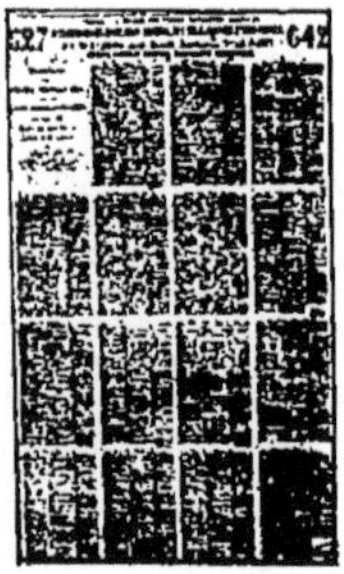

FIG. 152. — Fac-similé d'une pellicule de photographie microscopique constituant une dépêche expédiée à Paris par pigeon-voyageur pendant le siège.

Grenade-sur-Adour. — Darrieu, 97, rue saint-lazare, nouvelles appartement Nicol, envoyé cartes un, trois, partout oui. Louis exempté, candidat, Vacquez part fois. — Gabrielle. | Darrieu, 97, rue saint-lazare. Vacquez part fois, Alfred limoges, Louis exempté, futur candidat, ou pense à toi, consulte l efraue. — Gabrielle.

Bourdeilles, 29 nov. — Dériequehem, 10, rue demours, les ternes, paris, enfants à figeac, bien portants. — Delhau. |

Beaumont, 29 nov. — Babuty, saint-placide, 31, portons bien — Sarah. |

Lelude, 28 nov. — Mme Dusommerard, hôtel cluny, enfants belgique très-bien. Juigné blessé bras. — Talhouet. — Gourdin, sentier, 33, tous très bien lude. — Clémencer. | Kerleux, 14, rue taitbout, paris. Wilhelmine et famille santé très-bonne. Alodie et René également, avons reçu lettres. |

Villefranche-sur-Saône, 28 nov. — Pouthus, boulevard sébastopol, 7, tout va bien giuiel, soyez tranquille, les vôtres auront tout nécessaire. — Terrel. |

St-André-de-Cubzac, 29 nov. — Xavier, 24, enghien, jones rose, embrasse père, espoir. — Louise. |

Givors, 28 nov. — Pitras, maréchal logis, 2e pontonniers mobile rhône, novembre, familles bien, Elise confiance, tes amis bien. — Boiron. |

Vichy, 28 nov. — M. Laiseau, 26, vieille-du-temple, sans nouvelles, écrivez. — Mosnier. |

Lannion, 26 nov. — Petitou, 18, notre-dame-de-lorette, bien portantes, bébé janvier. — Marie.

Dieppe, 27 nov. — Lebon, rue de chabrol, 30, envoie quatrième dépêche, reçu photographie, lettres 20, répondu carte, tous bien portants. — Aline, dieppe, 27. Charles, 11, monceau, paris, dieppe exil, portons bien, écrivez. — Castille. | Vée, 24, vieille-du-temple tous très bien dieppe. — Guy. |

FIG. 153. — Agrandissement d'un des carrés (seizième partie) de la dépêche ci-contre.

(*Documents Dagron. Phot. Lazallo, Paris.*)

L'idée de se servir des pigeons pour porter des dépêches n'était certes pas nouvelle ; elle remonte à la plus haute antiquité : on raconte qu'un jeune athlète, vainqueur aux jeux olympiques, annonça aux siens sa victoire en lâchant un pigeon qu'il avait

(1) *L'Aéronaute*, janvier 1875.

emporté, et à la patte duquel il avait attaché un ruban écarlate, signe de son triomphe. Les pigeons-voyageurs furent également employés à Rome au temps des empereurs. Au moyen âge, les croisés trouvèrent la colombophilie pratiquée par les musulmans au siège de Jérusalem. En 1575, au siège de Leyde, les assiégés communiquaient à l'aide de pigeons avec le prince d'Orange. En 1594, fait curieux à rappeler, Paris, assiégé par Henri IV, employait les pigeons-voyageurs pour franchir les lignes de l'assiégeant. Le résultat de la bataille de Waterloo fut apporté à Londres par ces messagers ailés. Mais jamais, on peut le dire, l'organisation d'un service postal par pigeons ne fut aussi complet que pendant le siège de Paris en 1870.

Après M. Rampont, l'honneur de cette organisation revient à la Société *l'Espérance*, seule société colombophile existant alors à Paris, et à son bureau composé de MM. Cassiers, président ; Van Roosebeke, vice-président ; Derouard, secrétaire, et Traclet, trésorier. MM. Cassiers et Van Roosebeke se rendirent à Tours par ballon avec chacun une trentaine de pigeons, et se mirent à la disposition de M. Steenackers, directeur général des Postes et Télégraphes. Celui-ci ouvrit alors au public la poste colombophile, les dépêches étaient taxées à 0 fr. 50 par mot.

FIG. 154. — M. Dagron, inventeur du procédé photo-microscopique pour les dépêches portées par les pigeons-voyageurs pendant le siège de Paris

Malheureusement le mauvais temps, la neige, le brouillard égarèrent un grand nombre de pigeons ; et sur 363 pigeons lancés sur Paris, 57 seulement regagnèrent leur colombier.

Le lâcher des pigeons se faisait aussi près que possible de Paris, et MM. Van Roosebeke et Cassiers, qui étaient chargés de ce soin, exposèrent plus d'une fois leurs jours en s'aventurant ainsi auprès des lignes prussiennes.

A Paris, M. Derouard s'occupait de la surveillance des pigeonniers et de la réception des pigeons. Il était chargé en outre du recrutement des messagers ailés comme en fait foi la lettre de service (fig. 155) à lui délivrée par le ministre de l'Intérieur, Léon Gambetta. Nous devons à l'obligeance de M. Derouard lui-même de pouvoir donner le fac-similé photographique de cette pièce intéressante. Le lecteur remarquera la curieuse faute qui s'est glissée dans le libellé du cachet apposé au bas et à gauche de cette lettre de service, et qui porte ces mots : DIRECTEUR GÉNÉRALE DES LIGNES TÉLÉGRAPHIQUES.

Nous avons dit que les messages ainsi apportés étaient constitués par une mince pellicule sur laquelle étaient photographiées les dépêches publiques et privées. Celles-

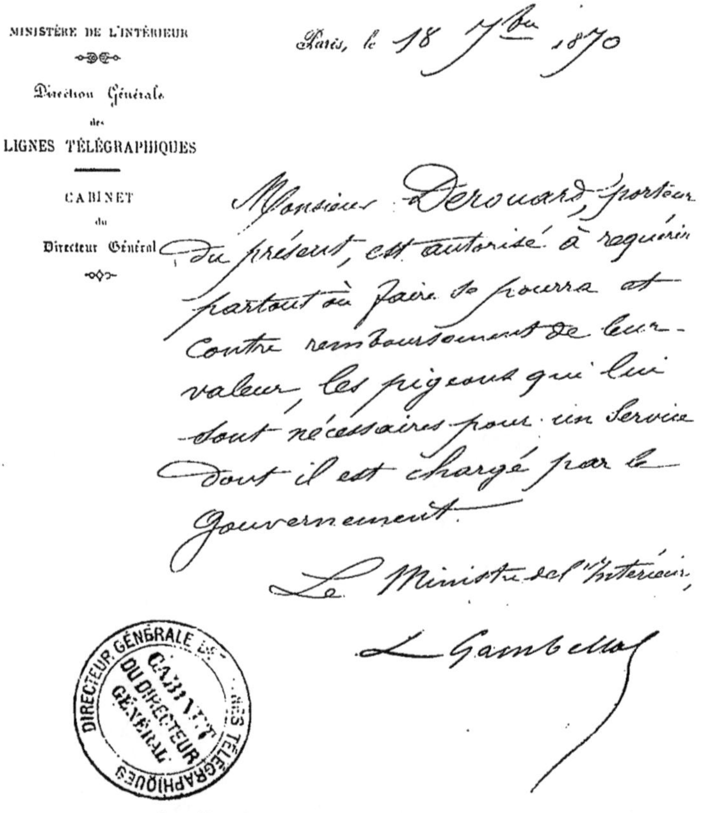

MINISTÈRE DE L'INTÉRIEUR

Direction Générale des LIGNES TÉLÉGRAPHIQUES

CABINET du Directeur Général

Paris, le 18 7bre 1870

Monsieur Derouard, porteur du présent, est autorisé à requérir partout où faire se pourra et contre remboursement de leur valeur, les pigeons qui lui sont nécessaires pour un service dont il est chargé par le Gouvernement.

Le Ministre de l'Intérieur,

L. Gambetta

DIRECTEUR GÉNÉRALE DES LIGNES TÉLÉGRAPHIQUES — CABINET DU DIRECTEUR GÉNÉRAL

FIG. 155. — Fac-similé de la lettre de service de M. Derouard.

ci, adressées à Tours, étaient transcrites sur une grande feuille de papier à dessin qui contenait jusqu'à 20 000 lettres ou chiffres. Cette feuille était réduite par la micro-photographie en un petit cliché ayant à peu près le quart de la superficie d'une carte à jouer : tirée sur la pellicule de collodion, elle ne pesait que quelques centigrammes.

A Paris, la dépêche apportée par pigeon était projetée sur un écran par un appareil de projection très puissant (fig. 156, p. 251) ; il ne restait plus alors qu'à recopier les dépêches et à les faire parvenir à leurs destinataires.

Chaque pigeon pouvait emporter une vingtaine de ces pellicules, formant un total de 300 000 lettres ; près de CENT MILLE dépêches ont été ainsi envoyées à Paris pendant le siège. Le service du départ, pour la partie photographique, était dirigé par MM. Dagron et Fernique. A Paris, MM. Cornu et Mercadier s'occupaient de la projection agrandie des pellicules : le tube qui les contenait était détaché soigneusement de la plume du pigeon et fendu avec un canif ; on plaçait alors dans une cuvette remplie d'eau additionnée de quelques gouttes d'ammoniaque la pellicule enroulée, elle s'y déroulait puis était immédiatement placée entre deux verres : aussitôt sèche, on la portait à l'appareil d'agrandissement.

Telle était l'admirable organisation de ce service de la poste aérienne qui a préservé Paris investi de l'isolement complet du reste de la France.

Le premier départ de ballon-poste eut lieu le 23 septembre à 7 h. 45 du matin. Il était monté par J. Durnof, qui emportait avec lui 125 kilogrammes de dépêches. Il descendit sans incident à 11 heures à Cracouville, près Évreux. On raconte que, comme il passait au-dessus de Versailles occupée par les Prussiens, Bismarck, furieux de voir ainsi l'aérostat franchir les lignes d'investissement, eut l'audace de s'écrier : « Ce n'est pas loyal ! » et il prétendit faire fusiller comme espion tout aéronaute qui serait capturé !

Deux jours après, le 25 septembre, M. Gabriel Mangin partait à 11 heures du boulevard d'Italie dans la *Ville de Florence*, accompagné d'un certain M. Lutz, dont la conduite fut assez singulière pour qu'on l'ait pris un moment pour un espion prussien. Le ballon, qui avait à bord 300 kilogrammes de dépêches et trois pigeons, descendit à Vernouillet près Triel, en Seine-et-Oise, à peu de distance de l'ennemi. G. Mangin dut replier précipitamment son ballon et le cacher chez des paysans.

Le 29 septembre, Louis Godard partait de la Villette à 10 h. 30 avec M. Courtin dans deux ballons accouplés, le *Napoléon* et l'*Hirondelle*, baptisés pour la circonstance les *États-Unis*. Ils essuyèrent quelques coups de feu de la part des Prussiens et atterrirent à Magnanville, à 3 kilomètres de Mantes.

Le 30 septembre, Gaston Tissandier partait seul dans le *Céleste*, ballon de 750 mètres qui était en si triste état qu'il fallut, pendant le gonflement, boucher une multitude de trous avec de la colle et des bandes de papier. Parti à 9 h. 50 du matin, il se maintint à 1 600 mètres d'altitude pour franchir les lignes ennemies : à cette hauteur, il distinguait parfaitement les officiers prussiens sortant de Trianon et le visant avec leurs lorgnettes. Gaston Tissandier jeta alors par poignées une proclamation imprimée en allemand et en français, et dont il avait emporté 10 000 exemplaires. Cette proclamation était un appel à la concorde entre les deux peuples « dupes de ceux qui les gouvernent ». Elle se terminait par ces mots :

La France défendra pied à pied son foyer, elle ne se laissera rien enlever de son sol ; mais aussi elle prend l'engagement de respecter celui de ses voisins. Elle leur propose une alliance fraternelle.

Que l'Allemagne ne soit pas plus longtemps l'esclave d'une ambition aveugle ; qu'elle ne lui donne plus ses enfants à égorger !

Belles paroles que le vent emportait, et qui ne pouvaient avoir aucun effet sur un ennemi que la victoire ne faisait que rendre plus barbare.

Plusieurs salves furent tirées sur l'aérostat, mais ne purent l'atteindre à cette hauteur, et devant l'inefficacité du fusil, on sait que M. de Bismarck commanda à son fournisseur ordinaire, M. Krupp, un engin spécial, le fameux *mousquet à ballons*, qui fit bientôt partie du parc de siège des Allemands. Dès qu'un ballon était signalé, le mousquet à ballons était envoyé dans la direction suivie par celui-ci et immédiatement mis en batterie. Les résultats furent toujours nuls : néanmoins, pour éviter que les ballons ne servissent de cibles aux Prussiens, on les fit partir la nuit.

Le *Céleste* atterrit enfin sans encombre auprès de Dreux, et Gaston Tissandier se fit aussitôt conduire au bureau de poste de cette ville, où les trente mille lettres qu'il avait à bord furent remises entre les mains du directeur des Postes, légèrement ahuri, il faut bien l'avouer, de ce supplément de besogne inattendu : trente mille coups de timbre humide à frapper ! Il fallut embaucher un personnel supplémentaire.

Nous ne suivrons pas en détail les 68 ballons du siège de Paris dans leurs voyages par-dessus l'armée prussienne : nous nous contenterons de donner un résumé des ascensions dans un tableau récapitulatif que l'on trouvera ci après.

Ce tableau, véritable historique abrégé des ballons du siège, est dû aux patientes recherches de MM. G. et Th. Mangin, qui, pendant trente années, ont multiplié leurs démarches, leurs correspondances, ont réuni des documents authentiques, interrogé les témoins les plus sûrs pour fixer d'une façon définitive l'une des pages les plus glorieuses de l'histoire de Paris. L'original de ce travail colossal a été offert par eux à l'administration des Postes et au Musée Carnavalet, et, malgré la concision des renseignements qu'il donne sur chaque ascension, ce tableau n'en est pas moins le compte rendu le plus fidèle de l'aérostation pendant le siège de Paris.

HISTORIQUE DES BALLONS DU SIÈGE DE PARIS, 1870-1871

ADMINISTRATION GÉNÉRALE DES POSTES

Ernest Picard, Membre du Gouvernement de la Défense nationale, Ministre des Finances ; — Germain Rampont, Directeur général des Postes ; — Steenackers, Mercadier, Directeurs des lignes Télégraphiques ; — Chassinat, Directeur du département de la Seine ; Hervé-Mangon, Ingénieur.

ENTREPRISE ET CONSTRUCTION DES BALLONS-POSTES

Place Saint-Pierre (Montmartre) ; — *Gare du Nord* ; — *Gare d'Orléans* ; — *Gare de l'Est (Strasbourg)* ;
Nadar ; — Jules Duruof ; — Gabriel Yon ; — Camille Dartois ; — Eugène et Jules Godard.

LISTE COMPLÈTE DES BALLONS, AÉRONAU

NUMÉROS D'ORDRE	DÉPART	DATE	HEURE	BALLONS	CUBE	PROPRIÉTAIRES	AÉRONAUTES	
		1870.						
0	Usine à gaz de Vaugirard.	21 septembre.	»	L'Union.	1 100^{mc}	Gabriel Mangin.	»	»
1	Place Saint-Pierre.	23 id.	7^{h}45^m m.	Le Neptune.	1 200	Administration des Postes.	Jules Duruof.	125
2	Boulevard d'Italie.	25 id.	11 » m.	La Ville de Florence.	1 400	Ministère des Trav. publics.	Gabriel Mangin.	304
3	Usine à gaz de La Villette.	29 id.	11 30 m.	Les États-Unis.	1 540	Administration des Postes.	Louis Godard.	58
4	Usine à gaz de Vaugirard.	30 id.	9 30 m.	Le Céleste.	700	Giffard, offert aux Postes.	Gaston Tissandier.	80
5	Boulevard d'Italie.	30 id.	Midi.	Ballon non dénommé, n° 1.	125	Administration des Postes.	*Ballon de papier emportant :*	4
6	Place Saint-Pierre.	7 octobre.	11^h » m.	L'Armand Barbès.	1 200	Administr. des Télégraphes.	Trichet.	100
7	Id.	7 id.	11 05 m.	Le George Sand.	1 200	Passagers américains.	Révilliod.	»
8	Usine à gaz de La Villette.	9 id.	2 45 s.	Ballon non dénommé, n° 2.	1 200	Piper.	Racine.	70
9	Gare d'Orléans.	12 id.	8 30 m.	Le Washington.	2 045	Administration des Postes.	Albert Bertaux.	300
10	Place Saint-Pierre.	12 id.	9 » m.	Le Louis Blanc.	1 200	Administr. des Télégraphes.	Farcot.	125
11	Gare d'Orléans.	14 id.	9 45 m.	Le Godefroy Cavaignac.	2 045	Administration des Postes.	Edme Godard père.	400
12	Id.	14 id.	1 15 s.	Le Christophe Colomb.	2 045	Id.	Albert Tissandier.	400
13	Id.	16 id.	7 20 m.	Le Jules Favre, n° 1.	2 045	Id.	L. Mutin, dit Petit Louis Godard.	195
14	Id.	16 id.	9 50 m.	Le Jean Bart.	2 045	Id.	Labadie.	270
15	Usine à gaz de La Villette.	17 id.	10 » m.	La Liberté.	5 000	Henri Giffard.	»	»
16	Jardin des Tuileries.	18 id.	11 45 m.	Le Victor Hugo.	2 000	Administration des Postes.	Nadal.	440
17	Gare d'Orléans.	19 id.	9 10 m.	Le Lafayette.	2 045	Id.	Jossec.	350
18	Jardin des Tuileries.	22 id.	11 30 m.	Le Garibaldi.	2 000	Id.	Iglésia.	450
19	Gare d'Orléans.	25 id.	8 30 m.	Le Montgolfier.	2 045	Id.	Hervé.	395
20	Id.	27 id.	9 » m.	Le Vauban.	2 045	Id.	Guillaume.	270
21	Usine à gaz de La Villette.	27 id.	Midi.	La Normandie.	2 000	Entreprises particulières.	René Cuzon.	»
22	Gare du Nord.	29 id.	Midi.	Le Colonel Charras.	2 000	Administration des Postes.	Gilles.	460
23	Gare d'Orléans.	2 novembre.	8^{h}45 m.	Le Fulton.	2 045	Id.	Le Gloennec.	250
24	Gare du Nord.	4 id.	9 » m.	Le Ferdinand Flocon.	2 000	Administr. des Télégraphes.	Loisset.	130
25	Gare d'Orléans.	4 id.	2 15 s.	Le Galilée.	2 045	Administration des Postes.	Husson.	420
26	Gare du Nord.	6 id.	9 45 m.	La Ville de Châteaudun.	2 000	Id.	Bosc.	453
27	Usine à gaz de La Villette.	7 id.	10 » m.	Ballon non dénommé, n° 3.	1 200	Piper.	Piper.	»
28	Gare d'Orléans.	8 id.	8 30 m.	La Gironde.	2 045	Administr. des Télégraphes.	Galley.	60
29	Id.	12 id.	9 15 m.	Le Daguerre.	2 045	Administration des Postes.	Jubert.	260
30	Id.	12 id.	9 20 m.	Le Niepce.	2 045	Id.	Pagano.	»
31	Gare du Nord.	18 id.	11 15 s.	Le Général Ulrich.	2 000	Id.	Lemoine père.	80
32	Gare d'Orléans.	21 id.	1 » m.	L'Archimède.	2 045	Id.	Buffet.	220
33	Usine à gaz de Vaugirard	23 id.	11 » m.	L'Égalité.	3 000	Passagers américains.	Wilfrid de Fonvielle.	»
34	Gare du Nord.	24 id.	11 40 s.	La Ville d'Orléans.	2 000	Administration des Postes.	Rolier.	250
35	Gare d'Orléans.	28 id.	11 15 s.	Le Jacquard.	2 045	Id.	Prince.	250
36	Gare du Nord.	30 id.	11 30 s.	Le Jules Favre, n° 2.	2 000	Id.	Martin.	50
37	Id.	1er décembre.	5 15 m.	La Bataille de Paris.	2 000	Administr. des Télégraphes.	Poirrier.	»
38	Gare d'Orléans.	2 id.	6^h » m.	Le Volta.	2 045	Ministère de l'Instruction publique.	Chapelain.	»

PASSAGERS	NOMBRE DE PIGEONS	COLOMBOPHILES	ATTERRISSAGE	HEURE	DISTANCE PARCOURUE	DURÉE DU VOYAGE
Le ballon s'étant déchiré pendant l'opération du gonflement, l'ascension fut remise.				»	»	»
»	»	»	Château de Gracouville, à 6^{km} d'Évreux (Eure).	11^h » m.	104^{km}	3^h 15^m
Lutz.	3	Van Roosebeke.	Les Plantes-Daroches, à 1^{km} de Vernouillet, près Triel (Seine-et-Oise).	2 30^m s.	30	3 30
Courtin.	6	Cassiers 3, Traclet 3.	Magnanville, à 3^{km} de Mantes (Seine-et-Oise).	1 30 s.	58	3 »
»	3	Van Roosebeke.	Entre le chemin de Saint-Jamet et de Morouval, près Dreux (Eure-et-Loir).	11 50 m.	81	2 20
kilogrammes de cartes postales.	»	»	Tombé dans les lignes ennemies à 2^{km}.	»	»	1 »
L. Gambetta, E. Spuller.	16	Cassiers 4, Traclet 12.	Bois Favier, forêt d'Épineuse, à 1^{km} d'Épineuse (Oise).	3 30 s.	98	4 30
Reynolds, May, Cuzon aîné.	18	Derouard 12, Cassiers 3, Traclet 3.	Cremery, à 6^{km} de Roye, près Montdidier (Somme).	4 » s.	120	4 55
Piper, Friedmann.	»	»	Ferme de Chantournelle, entre Pierrefitte et Stains (Seine).	3 05 s.	12	» 20
Lefaivre, Van Roosebeke.	25	Van Roosebeke 12, Cassiers 13	Riot-d'Avesnes-lez-Aubert, près Carnières (Nord).	11 30 m.	204	3 »
Traclet.	8	Traclet 6, Janody 2.	Béclers, province de Hainaut (Belgique).	Midi 30.	290	3 30
Kératry, Estancelin, Cochut.	4	Cassiers 2, Derouard 2.	Brillon, à 9^{km} de Bar-le-Duc (Meuse).	2^{h}45^{m}s.	256	5 »
Ranc, Ferrand.	10	Derouard.	Les Argensoles, près Montpothier, à 11^{km} de Nogent-sur-Seine (Aube).	5 » s.	114	3 45
Malapert, Bureau, Ribot.	6	Derouard.	Foix-Chapelle, près Chimay, prov. de Hainaut (Belgique).	Midi 20.	298	5 »
Daru, Barthélemy.	4	Cassiers.	Ferme d'Errecheilles, près Dinant, province de Namur (Belgique).	2^{h}45^{m}s.	328	4 55
Ballon échappé par la violence du vent sans sa nacelle ; tombé entre Bobigny et le Bourget (Seine).				»	11	»
»	6	Cassiers 3, Derouard 3.	La Croix-de-Murger, à Cœuvres (Aisne).	5 30 s.	117	5 45
Antonin Dubost, Gaston Prunières.	6	Cassiers 3, Derouard 3.	Bois du Ravelin, à Lonny, près Mézières (Ardennes).	11 20 m.	256	2 10
De Jouvencel.	6	Van Roosebeke 2, Cassiers 2, Derouard 2.	La Demi-Lune, à Quincy-Ségy, près Meaux (Seine-et-Marne).	1 30 s.	40	2 »
Lapierre, Le Bouédec	2	Derouard.	Heiligenberg, près Strasbourg, Alsace-Lorraine.	11 40 m.	503	3 10
Reitlinger, Cassiers.	23	Balny 14, Cassiers 3, Taillet 4, Derouard 2.	Bois de Vigneulles, forêt de Lamarche, près Commercy (Meuse).	1 » s.	370	4 »
Wœrth, Manceau, Oudin.	7	Hermitte.	Ferme d'Hennemont, à 26^{km} de Verdun (Meuse).	3 05 s.	255	3 05
»	6	Derouard 2, van Roosebeke 4.	Montigny-le-Roi, à 22^{km} de Langres (Haute-Marne).	5 » s.	308	5 »
Cézanne.	6	Tétard.	Cossé, à 8^{km} de Chemillé, près Cholet (Maine-et-Loire).	2 30 s.	345	5 45
Lemercier de Jauvelle.	6	Pichon.	Les Pierres-Blanches, à Nort, près Châteaubriant (Loire-Inférieure).	3 45 s.	392	6 45
Antonin.	6	Garnier-Pagès.	Fresnay-le-Gilmert, à 11^{km} de Chartres (Eure-et-Loir).	6 » s.	88	4 15
»	6	Van Roosebeke 3, Derouard 3.	Réclainville, à 28^{km} de Chartres (Eure-et-Loir).	5 » s.	106	7 15
Friedmann, Juteau.	2	»	Ferme d'Egrenay, entre Brie-Comte-Robert et Combs-la-Ville (Seine-et-Marne).	2 » s.	36	4 30
Herbault, Barry, Gambès.	»	»	Ferme de Gaudreville-la-Rivière, à 14^{km} d'Évreux (Eure).	3 40 s.	117	6 10
Nobécourt, Pierron et son chien.	30	Nobécourt 17, Laurent 13	Ferme de Jossigny, à 21^{km} de Meaux (Seine-et-Marne).	11 » m.	42	1 45
Dagron, Fernique, Poisot, Gnocchi.	»	»	Coole, à 14^{km} de Vitry-le-François (Marne).	3 30 s.	196	6 10
J. Bienbar, Chaponille Thomas.	34	Bègue 10, Laurent 4, Vauris 8, Cassiers 7, Caillat 2, Derouard 3.	Luzarches, à 32^{km} de Pontoise (Seine-et-Oise).	8 » m.	36	8 45
Saint-Valry, A. Jaudas.	21	Saint-Valry 16, Deshayes 5.	Castebré, province du Limbourg hollandais (Pays-Bas).	6 45 m.	400	6 45
Villantrais, Dubreuil, Bunel, Rouzé.	12	Derouard.	Louvain, province de Brabant (Belgique).	2 15 s.	225	3 15
Béziers.	6	Deshayes 3, Vauris 3.	Lifjeld « Mont-Lid », province de Telemarken, près Kongsberg, à 100^{km} S. O. de Christiania (Norvége).	3 20 s.	3132	14 40
»	»	»	Perdu en mer en vue du cap Land's End (Angleterre).	»	740	»
Ducauroy.	10	Peteers 3, Bègue 7.	Kerdavid, c^{ne} de Locmaria, à Belle-Ile-en-Mer (Morbihan).	8 » m.	548	8 30
Lissajoux, Hioux.	»	»	Grand-Champ, à 14^{km} de Vannes (Morbihan).	Midi.	460	6 45
J. Janssen.	»	»	Savenay, à 25^{km} de Saint-Nazaire (Loire-Inférieure).	11^{h}30^{m}m.	466	5 30

NUMÉROS D'ORDRE	DÉPART	DATE	HEURE	BALLONS	CUBE	PROPRIÉTAIRES	AÉRONAUTES	POIDS des dépêches	PASSAGERS	NOMBRE DE PIGEONS	COLOMBOPHILES	ATTERRISSAGE	HEURE	DISTANCE PARCOURUE	DURÉE DU VOYAGE
		1870.													
39	Gare d'Orléans.	5 décembre.	1h » m.	Le Franklin.	2045mc	Administration des Postes.	Pierre Marcia.	[illegible]	D'Andrécourt.	6	Goyet.	Saint-Aignan, à 13km de Nantes (Loire-Inférieure).	8h » m.	403km	7h »
40	Id.	7 id.	1 » m.	Le Denis-Papin.	2045	Id.	Domalin.	55	Montgaillard, Delort, Robert.	3	Derouard.	La Ferté-Bernard, à 31km de Mamers (Sarthe).	6 30 m.	170	5 30
41	Gare du Nord.	7 id.	6 » m.	L'Armée de Bretagne.	2000	Administr. des Télégraphes.	Surel Demonchamps.	[illegible]	Alavoine.	6	Goyet.	Bois-Moine, à Bouillé-Loretz, près Bressuire (Deux-Sèvres).	11 » m.	355	5 »
42	Id.	11 id.	2 15 m.	Le Général Renault.	2000	Administration des Postes.	Joignerey.	[illegible]	Wolff, Lermajat.	12	Cassiers 6, Caillat 2, Vauris 2, Becherous 2.	Baillolet, à 9km de Neufchatel-en-Bray (Seine-Inférieure).	5 30 m.	145	3 15
43	Id.	15 id.	4 45 m.	La Ville de Paris.	2000	Id.	Delamarne.	65	Billebault, Lucien Morel.	12	Pichon 4, Scanbaret 4, Têtard 4.	Sinn, près Wetzlar, duché de Nassau (Allemagne).	11 » m.	510	6 15
44	Gare d'Orléans.	17 id.	1 20 m.	Le Parmentier.	2045	Id.	Louis Paul.	[illegible]	Lepère, Desdouet.	4	Van Roosebeke 2, Deshayes 2.	Gourgançon, près Épernay (Marne).	9 » m.	150	7 40
45	Id.	17 id.	1 25 m.	Le Gutenberg.	2045	Id.	Perruchon.		D'Alméida, Lévy, Louisy.	6	Vauris 5, Deshayes 1.	Ferme de Montepreux, près Épernay (Marne).	9 » m.	200	7 35
46	Id.	18 id.	5 » m.	Le Davy.	2045	Id.	Chaumont.	[illegible]	Deschamps.	»	»	Mare de la Chaume, à Fussey, à 10km de Nuits-Saint-Georges (Côte-d'Or).	10 45 m.	331	5 45
47	Gare du Nord.	20 id.	2 30 m.	Le Général Chanzy.	2000	Id.	Léopold Verrecke.	[illegible]	De l'Épinay, Jullac, Joufreyon.	4	Vandenheuvel.	Gientach, près Rothenbourg, en Bavière (Allemagne).	10 » m.	760	7 30
48	Gare d'Orléans.	22 id.	2 » m.	Le Lavoisier.	2045	Id.	Sauveur Ledret.	175	Raoul de Boisdeffre.	6	Laurent 3, Nobécourt 3.	La Ménitré, à 7km de Beaufort (Maine-et-Loire).	9 » m.	290	7 »
49	Gare du Nord.	23 id.	4 45 m.	La Délivrance.	2000	Id.	Édouard Gauchet.	[illegible]	Reboul.	4	Derouard.	L'Anglais, près La Boissière-des-Landes et La Roche-sur-Yon (Vendée).	10 45 m.	450	6 »
50	Gare d'Orléans.	24 id.	3 » m.	Le Rouget de l'Isle.	2045	Administr. des Télégraphes.	Yahn.	»	Glachant, Garnier.	4	Van Roosebeke.	Loisivrière, près La Ferté-Macé (Orne).	9 » m.	[illegible]	6 »
51	Id.	27 id.	3 45 m.	Le Tourville.	2045	Administration des Postes.	Moutet.	[illegible]	Miège, S. Delaleu.	4	Bègue.	Toulondie, à Eymoutiers, près Limoges (Haute-Vienne).	1 » s.	433	9 15
52	Id.	29 id.	4 » m.	Le Bayard.	2045	Id.	Reginensi.	[illegible]	Ducoux.	4	Pergeaux.	Saint-Julien-des-Landes, à 7km de La Motte-Achard (Vendée).	10 » m.	462	6 »
53	Gare du Nord.	31 id.	5 » m.	L'Armée de la Loire.	2000	Id.	Lemoine fils.	[illegible]	»	»	»	Montbizot, à 17km du Mans (Sarthe).	1 » s.	231	8 »
		1871.													
54	Id.	3 janvier.	6 45 m.	Le Merlin de Douai.	2000	Edmond Tarbé.	Edmond Tarbé.	»	Griseaux.	»	»	Forêt de Longchamps, à 5km de Massay, près Vierzon (Cher).	3 30 s.	211	8 45
55	Gare d'Orléans.	4 id.	4 » m.	Le Newton.	2045	Administration des Postes.	Aimé Ours.	310	Amable, Brousseaux.	4	Nobécourt.	Champlier dit Gabriel, près Digny et Dreux (Eure-et-Loir).	11 15 m.	110	7 15
56	Id.	9 id.	3 50 m.	Le Duquesne.	2045	Id.	Richard.	155	Aymond, Chemin, Lallemagne.	4	Pichon.	Ferme Saint-Jean, à Puiseulx, à 12km de Reims (Marne).	11 » m.	167	7 10
57	Gare du Nord.	10 id.	3 30 m.	Le Gambetta.	2000	Id.	Charles Duvivier.	[illegible]	Lefebure de Fourcy.	3	Derouard.	Ouanne, près Avallon (Yonne).	2 30 s.	200	11 »
58	Gare d'Orléans.	11 id.	3 30 m.	Le Kléber.	2045	Id.	Roux.	160	Dupuy.	3	Pergeaux.	Montigné, à 10km de Laval (Mayenne).	9 15 m.	283	5 15
59	Id.	13 id.	Minuit 30.	Le Monge.	2045	Guignier.	Raoul.	»	Guignier, J. Carnaud.	2	Têtard.	Entre Arpheuilles et Clion, près Châteauroux (Indre).	8 » m.	293	7 30
60	Gare du Nord.	13 id.	3h 30 m.	Le Général Faidherbe.	2000	Administration des Postes.	Van Seymortier.	60	Hurel et 5 chiens (Petit Claire 1, Maréchal 3, Nicolas 1).	2	Têtard.	La Caborne, à Saint-Avit-de-Soulège, près Libourne (Gironde).	2 » s.	577	10 30
61	Gare d'Orléans.	15 id.	3 » m.	Le Vaucanson.	2045	Id.	André Clariot.	75	Valade, Delente.	3	Nobécourt.	Erquinghem-Lys, près Armentières (Nord).	11 » m.	250	8 »
62	Gare du Nord.	16 id.	7 » m.	Le Steenackers.	2000	Administr. des Télégraphes.	Vibert.	»	Gobron.	»	»	Hynd, près Harderegh, province de Hollande septentrionale (Pays-Bas).	10 » m.	552	3 »
63	Id.	18 id.	3 30 m.	La Poste de Paris.	2000	Administration des Postes.	Turbiaux.	70	Clairay, Cavailhon.	3	Goyet.	Mercelo, près Venraai et Horst, province du Limbourg hollandais (Pays-Bas).	10 » m.	500	6 30
64	Id.	20 id.	5 15 m.	Le Général Bourbaki.	2000	Id.	Théodore Mangin.	125	Boisenfray.	4	Baloy.	Aumenancourt Le Grand, à 16km de Reims (Marne).	2 15 s.	162	9 »
65	Gare de l'Est.	22 id.	3 15 m.	Le Général Daumesnil.	2045	Id.	Robin.	280	»	3	Goyet.	Marchienne-au-Pont, à 2km de Charleroi, province de Hainaut (Belgique).	8 » m.	277	4 45
66	Id.	24 id.	3 » m.	Le Torricelli.	2045	Id.	Bely.	230	»	3	Caillat.	Le Bouquet-Waré, à Fumechon, près Clermont (Oise).	11 » m.	193	8 »
67	Gare du Nord.	27 id.	3 30 m.	Le Richard Wallace.	2000	Id.	Émile Lacaze.	220	»	2	Derouard.	Perdu en mer dans la baie d'Arcachon (Gironde).	»	780	»
68	Gare de l'Est.	28 id.	5 45 m.	Le Général Cambronne.	2045	Id.	Tristan.	20	»	»	»	Mayenne (Mayenne).	1 » s.	253	7 15

Exécuté par MM. Théodore et Gaston MANGIN.

D'après les documents de MM. Gabriel et Théodore MANGIN frères.

Un certain nombre de ces ascensions du siège méritent cependant un peu plus qu'une simple mention.

L'ascension du 7 octobre fut particulièrement importante ; ce fut ce jour-là que l'*Armand Barbès*, conduit par l'aéronaute J. Trichet, emporta en province Gambetta, ministre de l'Intérieur, et son secrétaire Spuller.

Le départ de Gambetta avait été décidé par le gouvernement de la Défense nationale dans la dernière semaine du mois de septembre 1870. Gambetta avait la mission spéciale de créer, d'organiser et de grouper autour de lui tous les éléments de force disponibles dans les départements, pour les amener au secours de la capitale.

Pendant plusieurs jours, les conditions météorologiques n'étant pas favorables au départ, celui-ci dut être différé ; ces contretemps contrariaient vivement Gambetta, qui redoutait que la population et les curieux qui se pressaient chaque jour plus nombreux à la place Saint-Pierre à Montmartre, où devait se faire le départ, n'en vinssent à penser et à dire qu'il ne savait prendre un parti. Il décida donc de partir coûte que coûte le vendredi 7 octobre. Nous trouvons dans *le Gaulois* du même jour le récit de ce départ fameux :

Une foule énorme attendait ce matin, sur la place Saint-Pierre, à Montmartre, le départ des ballons l'*Armand Barbès* et le *George Sand* ; ce n'était pas un vain sentiment de curiosité qui excitait l'avide anxiété de cette population ; on venait d'apprendre que chacun de ces aérostats emportait des voyageurs entreprenant courageusement ce périlleux voyage avec d'importantes missions.

Dans la nacelle de l'*Armand Barbès* (fig. 157), conduit par M. Trichet, prirent place Gambetta et son secrétaire Spuller ; dans celle du *George Sand*, dirigé par M. Révilliod, montèrent MM. May et Raynold, citoyens américains, chargés d'une mission spéciale pour le gouvernement de la Défense, et un sous-préfet.

On remarquait dans l'enceinte Charles et Louis Blanc, MM. Rampont et Charles Ferry, et le colonel Usquin.

MM. Nadar, Dartois et Yon dirigeaient, avec l'autorité et l'entrain qu'on leur connaît, le double départ.

Les dernières poignées de main échangées au milieu de l'émotion générale, au cri de « lâchez tout ! » les deux ballons s'élevèrent majestueusement.

Il était onze heures dix minutes.

Un immense cri de : « Vive la République ! » retentit sur la place et sur la butte ; les hardis voyageurs agitaient leurs chapeaux, et leurs voix répétaient comme un écho lointain le cri de la foule.

Par une illusion d'optique, lorsque les ballons franchirent la butte Montmartre, ils se dirigèrent vers le Nord-Est, l'on crut qu'ils descendaient et allaient échouer dans la plaine. La foule désespérée, anxieuse, tumultueuse, escalada la butte. Les factionnaires marins eurent toutes les peines du monde à la retenir : il fallut qu'elle vît les deux ballons continuer leur route poussés par un vent qui (d'après les observations faites) filait dix lieues à l'heure.

Le 11 octobre, on lisait dans le *Journal officiel* (édition de Paris) la dépêche suivante apportée la veille par un joli pigeon gris, compagnon de voyage de Gambetta, qui, depuis lors, porta le nom glorieux du grand patriote :

Montdidier (Somme), 8 heures du soir. — Arrivé après accident en forêt à Épineuse. Ballon dégonflé. Nous avons pu échapper aux tirailleurs prussiens et, grâce au maire d'Épineuse, venir ici, d'où nous partons dans une heure pour Amiens, d'où voie ferrée jusqu'au Mans et à Tours. Les lignes prussiennes s'arrêtent à Clermont, Compiègne et Breteuil, dans l'Oise. Pas de Prussiens dans

Fig. 156. — Agrandissement à l'aide d'un puissant appareil de projection d'une pellicule photographique portant les dépêches microscopiques apportées à Paris par les pigeons-voyageurs.

la Somme. De toutes parts on se lève en masse. Le gouvernement de la Défense nationale est partout acclamé. — Léon GAMBETTA.

Le voyage de l'*Armand Barbès* avait été très accidenté. Lorsque, en 1893, M. Spuller fut nommé président de la *Société française de navigation aérienne*, il fit dans la séance du 6 juillet un récit très circonstancié de cette ascension, récit trop long pour que nous le transcrivions ici, mais auquel nous empruntons les principaux détails de cette traversée émouvante.

Trichet, qui conduisait l'*Armand Barbès*, était un brave aéronaute qui avait déjà exécuté 73 ascensions, mais qui se contentait généralement de s'élever en l'air devant son public et de descendre à terre sitôt hors de la vue des spectateurs. Cette fois, il s'agissait de rester longtemps en l'air pour éviter de tomber entre les mains des Prussiens : cela chiffonnait un peu le bon Trichet, qui sortait ainsi de ses habitudes, et il fallait que Gambetta lui répétât sans cesse qu'il devait se maintenir en l'air le plus longtemps possible. En passant au-dessus d'Argenteuil, le ballon essuya les premiers coups de fusil, mais il était hors de portée. Cependant cela fit un peu perdre la tête à Trichet, qui, sans prévenir, fit presque toucher terre. Il était midi et demi, et l'on était auprès de Villiers-le-Sec : la campagne était pleine de travailleurs qui accoururent auprès du ballon : « Vous venez de « Paris ? Que s'y passe-t-il ? Que va-t-il arriver ? Faut-il espérer ? Faut-il craindre ? « Paris tiendra-t-il longtemps ? » Gambetta se nomme et est acclamé par les paysans. « Amis ! leur dit-il, cela va très bien ! Courage et espoir ! nous en viendrons à bout. « Mais dites-nous sur quel point nous sommes ? Les Prussiens sont-ils loin d'ici ? — « Les Prussiens ? Ils sont là à deux pas et vous êtes en pleine invasion ! »

La situation était périlleuse. On jette du lest, des vêtements, et le ballon s'enlève d'un bond à 2 200 mètres. Creil est dépassé, Creil rempli de troupes allemandes et d'immenses approvisionnements. Bientôt une ville se présente ; il semble bien que c'est Beauvais. Se croyant en sûreté, Trichet, cette fois, exécute sa descente définitive dans une ferme pleine de francs-tireurs dont le concours va être précieux. Mais quoi ! les francs-tireurs courent aux faisceaux, arment leurs fusils et tirent sur le ballon ! C'étaient des Prussiens. Les balles sifflent autour de la nacelle, et le ballon est traversé. Gambetta se fâche, Trichet jette tout ce qui reste de lest, et l'aérostat remonte à 7 ou 800 mètres. Pendant trois quarts d'heure, l'*Armand Barbès* plane au-dessus des troupes allemandes, attendant un coup de vent libérateur. Cependant le ballon qui perd son gaz ne peut plus se maintenir. La descente devient obligatoire, et elle a lieu dans le bois de Favières, sur le territoire d'Épineuse. Le ballon s'accroche dans les branches d'un grand chêne, et les voyageurs descendent à terre, ne sachant pas encore s'ils étaient au milieu des Français ou des Prussiens ; mais leur angoisse ne fut pas longue, et au cri de : « Vive la France ! » poussé par Gambetta d'une voix tonnante, répondirent mille cris enthousiasmés de : « Vive la France ! Vive Paris ! »

Recueillis par M. Dubus, maire d'Épineuse, Gambetta et Spuller purent gagner Montdidier puis Amiens, et par Rouen et la Normandie, gagner Tours où siégeait alors la délégation de la Défense nationale.

Après le ministre patriote, prenant la voie des airs pour franchir le cercle de fer

FIG. 157. — Départ de Gambetta et de Spuller à bord de la nacelle de l'*Armand Barbès*, le 7 octobre 1870.

qui étreignait Paris et aller dans toute la France ranimer le courage de ses enfants et rallier autour du drapeau ses derniers défenseurs, nous allons voir le savant astronome chargé par l'Académie des sciences d'une mission scientifique se rendre au poste qui lui est assigné avec ses instruments et ses appareils, par la même voie des airs, la seule qui restait libre encore, et montrer au monde étonné que ni les revers des armes, ni les horreurs d'un siège barbare ne pouvaient empêcher la science française de remplir son devoir comme aux jours de sa prospérité : le 2 décembre 1870, le *Volta* quittait la gare d'Orléans emmenant l'illustre astronome M. Janssen avec les instruments nécessaires à l'observation de l'éclipse totale de soleil qui devait avoir lieu le 22 décembre et être visible en Algérie.

Fig. 158 — M. Janssen, de l'Institut, parti de Paris en ballon pour aller observer l'éclipse totale de soleil

M. Janssen (fig. 158) avait été désigné pour cette expédition scientifique, à cause de ses belles découvertes lors de l'éclipse de 1868, qu'il avait été observer dans l'Inde.

Des savants anglais s'étaient offerts pour lui procurer un sauf-conduit lui permettant de traverser les lignes prussiennes : M. Janssen refusa. Il préféra ne rien devoir à l'ennemi implacable qui foulait alors le sol de sa patrie : il aima mieux tenter les chances d'un voyage en ballon et risquer, s'il tombait dans les mains de l'ennemi, de passer devant un conseil de guerre qui l'eut interné jusqu'à la fin de la guerre dans quelque forteresse prussienne.

M. Janssen a rendu compte de cette expédition à l'Académie des sciences. Rien n'est émouvant comme ce récit, simple exposé des phases du voyage, mais qui tire son intérêt de sa simplicité même ; c'est bien la narration fidèle d'une exploration scientifique faite par un savant qui ne cherche aucun effet, mais qui atteint, presque sans le vouloir, à un haut degré d'intérêt et d'émotion par le contraste frappant entre le calme du savant, notant avec le même soin que dans son laboratoire les indications du baromètre ou du thermomètre, les effets du rayonnement atmosphérique, les mouvements de giration de l'aérostat, etc., et les horreurs de la guerre qui se déroulent sous ses pieds, le tumulte du bombardement le fracas de la canonnade, les environs de Paris dévastés !...

Après avoir rappelé l'intérêt qu'offrait l'observation de l'éclipse du 22 décembre et la difficulté que présentait le départ de la mission à cause du blocus de Paris, M. Janssen continue ainsi :

Cependant, dans une pensée de dévouement à la science, et jugeant que, dans les circonstances présentes, il était bon que la France n'abdiquât aucun rôle, surtout dans l'ordre intellectuel, je m'offris à l'Académie des sciences et au Bureau des longitudes pour accomplir ce voyage, et afin de n'avoir rien à solliciter de la puissance qui nous faisait une guerre si persistante et si impitoyable, je proposai de suivre la voie aérienne pour traverser les lignes prussiennes.

Cette proposition fut accueillie. A la demande de l'Académie et du Bureau, le ministre de l'Instruction publique voulut bien me charger de cette mission, et y ajouter le don du ballon qui devait me transporter.

Je n'avais jamais fait d'ascension libre, et depuis longtemps Paris n'avait plus d'aéronaute expérimenté à envoyer en province : mais je ne crus pas devoir m'arrêter devant cette difficulté, et convaincu que des connaissances théoriques mûrement acquises et l'expérience des voyages suffiraient à me donner le sang-froid et les inspirations nécessaires à la bonne conduite de mon aérostat, j'en pris la direction. Je pense que le résultat m'a donné raison.

Les instruments emportés comprenaient : un télescope de 37 centimètres d'ouverture réduit à ses organes essentiels ; un télescope de 16 centimètres complet ; une lunette de 108 millimètres d'ouverture ; enfin une collection d'appareils spectroscopiques pour l'étude de l'auréole solaire, des polarimètres, baromètres, etc... En outre, une série complète d'outils et de garnitures de rechange devait permettre de remédier à tout accident. Tous ces appareils étaient emballés séparément, et noyés dans des rognures de papier, dans de solides caisses en bois vissées et cerclées de fer.

Le bagage était arrimé autour de la nacelle, et un peu au-dessus du fond de celle-ci, de manière à ne pas porter dans les chocs. Dans ce voyage, j'étais accompagné d'un marin, le nommé Chapelain, matelot fusilier de la *Zénobie*, détaché au moment du siège au fort de Montrouge.

Le départ du *Volta* eut lieu le 2 décembre à six heures du matin, de la gare d'Orléans. M. Dumas, secrétaire perpétuel de l'Académie des sciences, me fit l'honneur d'y assister, ainsi que MM. Ch. Sainte-Claire Deville, Hervé-Mangon, Gostynski, Leroux, etc.

Emporté par un vent de 80 kilomètres à l'heure, le *Volta* traversa rapidement les lignes d'investissement, passa au nord du Mans, au-dessus de Château-Gontier, et atterrit heureusement, après un court traînage, à Briche-Blanc, non loin de Saint-Nazaire : tous les instruments étaient intacts. Un train spécial conduisit à Nantes l'intrépide savant, qui gagna Tours le jour même, puis Bordeaux et Marseille, où il s'embarqua pour Oran.

Certains ballons du siège de Paris exécutèrent des traversées vraiment extraordinaires. Le *Louis-Blanc*, conduit par E. Farcot, fut porté en trois heures de Paris à Tournai, en Belgique, où l'atterrissage se termina par un traînage épouvantable qui faillit causer la mort des aéronautes. Dans le récit plein d'humour qu'il a fait de ce voyage, Farcot raconte qu'au plus fort du traînage, il lui semblait voir la figure railleuse de Nadar lui dire ironiquement : « Eh bien, mon cher, persistez-vous à vouloir diriger ces machines-là ? »

L'accueil qu'il reçut du peuple belge fut véritablement touchant. Il put constater alors, comme le firent d'ailleurs tous les aéronautes du siège qui tombèrent en pays étranger, combien les sympathies universelles allaient à la France vaincue mais héroïque, à Paris assiégé mais indomptable.

Malgré moi j'oubliais les malheurs de la France en entendant autour de moi les souhaits et les encouragements que l'on me chargeait d'emporter de l'autre côté de la frontière. Conduit par un ami, un aveugle accourait pour entendre une voix française, pour toucher un ballon qui venait de France. Il me fallait épancher ma joie! J'aperçois une grosse fille à bonne figure épanouie qui regardait bouche béante! Je la prends par la tête et je lui donne un large baiser en ajoutant : « Prenez, cela vient de Paris, par le chemin du ciel! »

Le voyage de la *Ville-d'Orléans* fut plus extraordinaire encore : parti le 24 novembre à 11 h. 45 du soir de la gare du Nord, ce ballon tombait le lendemain à 1 heure du soir sur le mont Lifjeld, près Kongsberg, province de Telemarken, à 100 kilomètres S.-O. de Christiania, en Norvège! Le ballon était monté par MM. Paul Rolier, ingénieur, et Léon Bézier, franc-tireur. Entraînés par un violent vent du Sud, les aéronautes se trouvèrent bientôt au-dessus de la mer du Nord : l'obscurité était complète autour d'eux, et ils ne cessaient d'interroger anxieusement leurs appareils (1) pour se rendre compte s'ils montaient ou descendaient (fig. 159). Entendant mugir les vagues au-dessous d'eux, ils se crurent perdus et lâchèrent leurs pigeons en leur confiant leurs adieux à la patrie! Mais saisis par un vent d'Ouest, ils furent rejetés sur la Norvège et atterrirent sur un plateau glacé couvert de neige, loin de toute habitation. Mourant de faim et de froid, écrasés de fatigue, les deux aéronautes se laissèrent tomber dans la neige, évanouis. Revenus à eux, ils marchèrent six heures sans rencontrer âme qui vive. Ils s'abritèrent dans une cabane abandonnée pour passer la nuit. Le lendemain ils se remirent en marche et, dans une seconde cabane, trouvèrent du feu et quelques aliments qui leur sauvèrent la vie. Deux bûcherons survinrent, stupéfaits de trouver ces deux étrangers dont ils ne comprenaient pas la langue. La conversation se borna à une mimique expressive. Les bûcherons comprirent au moins que les étrangers mouraient de faim et de fatigue, et leur prodiguèrent les soins les plus empressés avant de les conduire à la ville la plus prochaine, d'où ils gagnèrent Kongsberg, Drammen, puis Christiania. Là, un accueil enthousiaste leur était réservé. La nouvelle de leur arrivée les y avait précédés, et toute la population acclamait sur leur passage les deux Français miraculeusement descendus dans les plaines glacées du Nord. Des banquets leur furent offerts, pendant lesquels les étudiants venaient donner des sérénades ; des souscriptions pour les victimes de la guerre étaient ouvertes spontanément ; de toutes parts arrivaient à leur adresse des télégrammes, des cadeaux, des souvenirs, et les démonstrations les plus touchantes furent prodiguées à la France dans la personne des aéronautes pendant toute la durée de leur séjour en Norvège.

Pareille réception fut faite aux passagers de l'*Archimède*, MM. Buffet, Saint-Valry et Jaudas qui, partis de la gare d'Orléans le 24 novembre, à minuit 45, descen-

(1) Outre le baromètre, les aéronautes ont à leur disposition plusieurs procédés rapides et pratiques pour se rendre compte des mouvements verticaux de l'aérostat : une longue banderolle, qui se relève si le ballon descend ; une flèche légère, suspendue à un fil à l'extérieur de la nacelle et qui oscille au moindre mouvement vertical ; enfin de petits morceaux de papier à cigarettes, que l'aéronaute jette de temps en temps et qui s'éloignent de sa main en sens opposé au mouvement que possède le ballon. Ces trois procédés sont figurés sur la gravure ci-contre (fig. 159).

dirent six heures plus tard à Castebré, en Hollande. Ils avaient donc quitté Paris une heure seulement après la *Ville d'Orléans* : mais ils purent atterrir dès le lever du soleil avant que le vent les eût portés sur la mer du Nord.

Accueillis avec transport par les Hollandais puis par les Belges, leur rentrée en

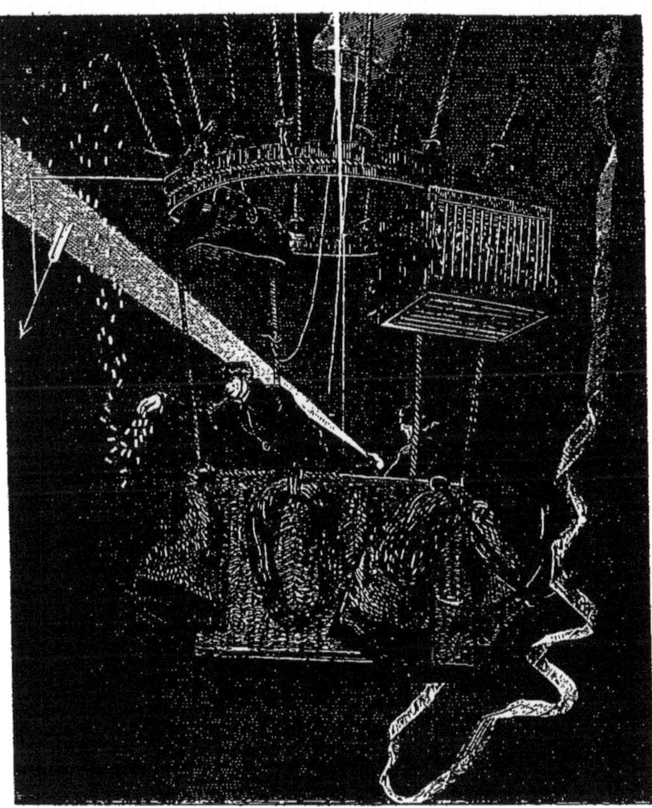

Fig. 159. — Voyage de la *Ville d'Orléans*, dans la nuit du 24 novembre 1870. Les aéronautes, entraînés sur la mer du Nord, suivent anxieusement les mouvements verticaux de l'aérostat.

France fut une vraie marche triomphale au milieu de ces populations qui saisissaient avec empressement l'occasion de témoigner leur sympathie pour notre malheureux pays en proie à l'invasion.

Moins heureux que les aéronautes descendus en Hollande ou en Norvège, les passagers de cinq ballons furent faits prisonniers par les Prussiens.

La *Normandie*, partie le 27 octobre, vint tomber dans la ferme d'Hennemont, à 26 kilomètres de Verdun ; il ne restait alors à bord que M. Manceau, qui se brisa la jambe en tombant et faillit être assommé par des paysans. Sauvé par le curé du village, qui réussit, malgré la proximité de l'ennemi, à prendre les dépêches et à les

Fig. 160. — Le matelot Prince, à bord du *Jacquard*, tombe en plein Océan et périt dans les flots au large de Plymouth le 29 novembre 1870.

porter à destination, le malheureux Manceau, dénoncé par un traître, est saisi par les uhlans et, malgré sa blessure, emmené à coups de crosse jusqu'à Mayence, où il est jeté dans un cachot : on l'y laisse pendant deux jours sans nourriture avant de le faire passer en conseil de guerre. Il eût été fusillé s'il n'avait pu prouver, par un contrat d'association qu'il portait sur lui, qu'il était un simple négociant. Il fut interné à Mayence jusqu'à la fin de la guerre.

Le 4 novembre, le *Galilée*, monté par MM. Husson et Étienne Antonin, fut pris près de Chartres par les Prussiens : M. E. Antonin parvint cependant à leur échapper, mais Husson fut emmené en captivité.

Le *Daguerre*, monté par MM. Jubert, Pierron et Nobécourt, fut pris également en descendant près de Ferrières.

Le quatrième ballon fait prisonnier fut la *Ville de Paris* : parti le 15 décembre, à 4 h. 45 du matin, sous la conduite de l'aéronaute Delamarne, il tomba à une heure à Sinn près Wetzlar (Nassau). Les passagers, MM. Lucien Morel et Billebault, faillirent être fusillés comme espions, et subirent les traitements les plus odieux.

Fig. 161. — La médaille commémorative des aéronautes du siège de Paris.

Enfin, le 20 décembre, le *Général Chanzy*, parti à 2 h. 30 du matin, sous la conduite de M. Verrecke, vint tomber à 10 h. 45 à Rothenbourg, en Bavière, et ses passagers, MM. de l'Épinay, Julliac et Joufryon, furent internés en Allemagne.

Ce furent les seules captures faites par les Prussiens. Par les odieux traitements qu'ils infligèrent aux courageux aéronautes dont ils purent se saisir, montrèrent la rage que leur causait cette magnifique organisation de la poste aérienne du siège de Paris, qui restera comme l'une des plus belles pages de l'histoire militaire et scientifique de notre pays.

Il nous reste à signaler la perte de deux ballons tombés en mer, en plein Océan, peut-être à des centaines de lieues de la côte !

Le *Jacquard* partit le 15 novembre à 11 heures du soir, de la gare d'Orléans. Le marin Prince était seul à bord ; plein d'enthousiasme, il s'écria en partant : « Je veux faire un immense voyage ! On parlera de mon ascension ! » Pauvre Prince ! Il fit en effet un immense voyage, et on parlera toujours de son ascension. La nuit était noire, le vent violent. Un navire anglais l'aperçut au large de Plymouth. Personne depuis ne l'a revu. Emporté par le vent au-dessus de l'Océan, il a dû lutter contre la mort jusqu'à la dernière minute, jetant son lest, ses dépêches, ses agrès, pour prolonger la vie de son ballon : puis à bout de gaz, celui-ci est tombé à la mer ; accroché au filet, l'infortuné Prince (fig. 160) a vu la mort le saisir lentement par le froid, par la faim peut-être, et l'Océan s'est refermé à jamais sur ce naufragé des airs.

Le 27 janvier, le soldat E. Lacaze, parti seul à bord du *Richard Wallace* à 3 h. 30 du matin, passa au-dessus de Niort où il semblait vouloir atterrir ; par suite d'une manœuvre inexplicable, il jeta alors un sac de lest et s'éleva à une grande hauteur : on le vit à La Rochelle s'éloigner au-dessus de l'Océan, et comme pour l'infortuné Prince, on ne l'a plus revu jamais ; il trouva son tombeau dans l'immensité des flots !

Pour perpétuer le souvenir des services rendus à la patrie par les aéronautes pendant le siège de Paris, le conseil municipal fit graver en 1875 par le sculpteur Chaplain une médaille commémorative (fig. 161) qui fut distribuée par les soins de M. le préfet de la Seine à tous ceux qui, pendant l'année terrible, avaient su, par leur dévouement et leur courageuse intrépidité, empêcher l'investissement moral de Paris et son isolement du reste de la France.

CHAPITRE XXI

LES AÉROSTIERS MILITAIRES DE 1870

Tentatives de rentrée à Paris en ballon. — Projet des frères Tissandier. — Le *Jean Bart* à Chartres, au Mans et à Rouen. — Essais infructueux. — Les aérostiers militaires à l'armée de la Loire. — La *Ville de Langres*. — Quartier aérostatique du château du Colombier. — Transport et catastrophe du *Jean Bart*. — La *République universelle* et la déroute d'Orléans. — Organisation définitive des aérostiers militaires. — Le général Chanzy et la deuxième armée de la Loire. — Bataille du Mans. — Rennes et Laval. — L'armistice. — Les ballons de la Commune.

Les aérostats ayant fourni le moyen de quitter Paris assiégé et de franchir le cordon de troupes allemandes qui enveloppait la capitale d'une gigantesque ceinture de fer et de feu, il devait venir à l'esprit que l'on pouvait, par le même moyen, passer au-dessus des lignes prussiennes pour rentrer dans Paris ; il suffisait de profiter d'un vent favorable, et, bien que cette seconde face du problème fût infiniment plus délicate que la première, il n'était pas impossible de réussir. On conçoit aisément qu'il était plus difficile de rentrer dans Paris en ballon que dans sortir : dans ce dernier cas, en effet, il s'agissait de partir d'un point donné pour atterrir à un point quelconque, et par toute direction du vent la solution était très simple ; dans l'autre cas, au contraire, il s'agissait d'atterrir en un point donné en partant d'un point quelconque choisi d'après la direction du vent. On ne pouvait, dans ces conditions, espérer réussir qu'en multipliant autour de Paris des postes aérostatiques en chacun desquels un ballon se tiendrait prêt à partir au premier vent favorable. Ce fut précisément ce que proposa au gouvernement de Tours Gaston Tissandier, qui, à peine arrivé à Dreux, s'était avec son matériel dirigé sur Tours par Argentan et le Mans.

On va envoyer (1), disait-il, des ballons et des aéronautes à Orléans, à Chartres, à Évreux, à Dreux, à Rouen, à Amiens, dans toutes les villes non occupées par l'ennemi, dans toutes celles qui sont proches de Paris et où le gaz ne fait pas défaut.

Chaque aéronaute aura une bonne boussole, et, connaissant l'angle de route vers Paris, observera les nuages tous les matins au moyen d'une glace horizontale fixe où sera tracée une ligne se dirigeant au centre de Paris. Quand il verra les nuages marcher suivant cette ligne, c'est-à-dire quand la masse d'air supérieure se dirigera sur Paris, il gonflera son ballon à la hâte, demandera à Tours, par télégraphe, des instructions, des dépêches, et il partira. Son point de départ est à vingt lieues de Paris environ : il va chercher une ville qui, en y comprenant les forts, offre une étendue de plusieurs lieues ; n'a-t-il pas bien des chances de la rencontrer dans ces circonstances spéciales ? S'il passe à côté, il continuera son voyage et descendra plus loin, en dehors des lignes prussiennes. Quand le vent sera du Nord, le ballon d'Amiens pourra partir ; lorsqu'il soufflera du Sud ou de l'Ouest, les aérostats d'Orléans et de Dreux se trouveront prêts. Avec une douzaine de stations échelonnées sur plusieurs lignes de la rose des vents, les tentatives seront nombreuses.

L'une d'elles aura de grandes chances de succès, surtout si la persévérance ne fait pas défaut et si l'on ne craint pas de renouveler fréquemment les voyages. Si un ballon est assez heureux pour passer au-dessus de Paris, il descendra dans l'enceinte des forts. Là, la campagne est assez vaste pour que l'atterrissage soit facile. Au pis aller, il pourra risquer la descente sur les toits si le vent n'est pas trop rapide. Enfin, s'il manque l'entrée, il aura la sortie pour lui, où de nouveaux forts le protègeront. Dans tous les cas, il lui sera possible de lancer par-dessus bord des lettres et des dépêches.

Le plan de G. Tissandier ayant été accepté, on décida de construire immédiatement un certain nombre de ballons : Duruof, aidé de L. Godard et de G. Mangin, alors sortis de Paris, furent chargés de la construction et G. Tissandier fut envoyé à Lyon pour acheter l'étoffe nécessaire. Il revient bientôt à Tours avec deux mille huit cents mètres de soie rose et bleue, et un aérostat de 1 200 mètres est mis en construction dans la salle du théâtre de Tours.

Cependant, Albert Tissandier qui avait quitté Paris le 14 octobre avec le *Jean Bart* et était descendu près de Nogent-sur-Seine, rejoint son frère à Tours, et les deux frères, brûlant du désir d'être les premiers à tenter le retour à Paris, demandent une entrevue à Gambetta qui venait aussi d'arriver à Tours. Gambetta les accueille avec affabilité, les félicite de leur courageux projet et leur remet le mot suivant à l'adresse de M. Steenackers :

« Je prie M. Steenackers d'activer le projet si courageux de M. Tissandier. »

(1) G. Tissandier, *En ballon pendant le siège de Paris*, p. 19.

La nouvelle de la tentative ne tarde pas à être connue dans Tours, où elle produit une émotion considérable. Les lettres, les paquets, les commissions les plus singulières accablent bientôt les frères Tissandier : un brave bourgeois arrive un matin à six heures les supplier d'emporter la clef de son appartement pour voir si son mobilier est en bon état et rassurer sa bonne qui doit être inquiète sur son sort!

Le vent paraissant favorable et le ballon en construction n'étant pas prêt, Albert Tissandier va à Dijon chercher le *Jean Bart*. C'est de Chartres que doit avoir lieu la première tentative. On y est le 20 octobre, et, pour gonfler le ballon, il faut suspendre le service d'éclairage pendant toute la nuit du 19 au 20 octobre. A midi, le ballon est prêt à partir ; M. Révilliod doit le monter. Malgré la tempête qui augmente de minute en minute, il allait enjamber la nacelle, quand arrive un officier porteur d'une lettre du commandant Duval : « M. l'aéronaute est prévenu que s'il ne peut partir immédiatement, il doit brûler son ballon et ses dépêches, afin de les sauver des mains de l'ennemi. » Mais le départ est impossible : le vent a projeté le ballon contre un arbre, la soupape est arrachée, l'aérostat se dégonfle. En hâte, on le plie, on arrime le matériel dans la nacelle : à tout prix, il faut le sauver. Comment faire ? Les trains ne partent plus, le télégraphe est coupé, les troupes ont évacué Chartres, et la nuit arrive.

A force de recherches, G. Tissandier trouve enfin un voiturier intelligent qui consent à tenter le sauvetage du matériel à la faveur de l'obscurité et, après bien des transes, on arrive sains et saufs à Dreux, et de là on rentre à Tours.

La seconde tentative va avoir lieu au Mans, où le *Jean Bart* est amené le 23 octobre. Gonflé le 30, il exécute quelques ascensions captives, mais le vent souffle du Nord-Ouest, et l'on ne peut songer à faire une tentative sérieuse ; l'aérostat est confié à un poste de zouaves pontificaux qui viennent d'arriver de Rome avec Charette.

Cependant le temps passe, et devant la persistance du vent Nord-Ouest, Gaston et Albert Tissandier prennent le parti d'aller tenter l'aventure à Rouen. Ils laissent donc au Mans Révilliod et Mangin avec un ballon et vont en Normandie avec le *Jean Bart*. Ils sont à Rouen le 2 novembre.

Le ballon, installé dans la grande salle de bal du Château-Baubet, est ventilé et verni à neuf avec l'aide des facteurs de la poste, puis gonflé de façon à être prêt à partir à tout instant. Bientôt plus de cent mille lettres venant de tous les points de la France sont apportées aux aéronautes, qui passent leurs journées à observer la direction des nuages.

Enfin, le 7 novembre au matin, un ancien marin qui aide à la manœuvre accourt tout ému : « Messieurs, je crois que le vent souffle vers Paris : voyez donc si je ne me trompe pas ! » Un rapide examen montre qu'en effet le courant supérieur souffle directement dans la direction de Paris.

Les derniers préparatifs sont faits rapidement : un télégramme est envoyé à Tours pour annoncer le départ, télégramme auquel il est répondu presque aussitôt par celui-ci :

Extrême urgence. Rouen de Tours. — Directeur général à inspecteur Rouen. — Dites à Tissandier de partir et de dire à Paris, à nos amis, que nous sommes prêts à mourir tous pour sauver l'honneur du pays.

A onze heures et demie, au milieu d'une foule considérable en proie à une émotion bien compréhensible, le *Jean Bart* s'élevait dans les airs, et, parvenu à 1 200 mètres de hauteur, piquait droit sur Paris.

A midi, le gouvernement de Tours en était informé par dépêche :

Rouen, 7 novembre, midi.

Inspecteur Rouen à directeur général Télégraphes à Tours. Le ballon le *Jean Bart* monté par MM. Tissandier frères est parti à 11 heures et demie se dirigeant sur Paris, au milieu des acclamations.

Vent favorable. Temps brumeux, ils font bonne route. Ces messieurs emportent lettres, paquets et dépêches.

Fig. 162. — Le *Jean Bart* veillé, la nuit du 7 au 8 novembre 1870, par les gardes-nationaux de Romilly-sur-Andelle. (*Croquis de M. A. Tissandier.*)

La brume s'épaissit de plus en plus et le *Jean Bart*, plongé dans le brouillard à 2 300 mètres d'altitude, semble absolument immobile. Les aéronautes, qui ne distinguent plus la terre ne peuvent savoir s'ils sont toujours dans la bonne direction. Le seul parti à prendre est de patienter une heure ou deux et de descendre assez près de terre pour voir où l'on sera, parti dangereux cependant, car il est à craindre que l'on ne se trouve alors au milieu des Prussiens. Il n'y a cependant rien autre chose à tenter avec ce brouillard qui couvre la terre.

Après trois heures de voyage, le *Jean Bart* est doucement amené en vue de terre. Hélas ! quelle désillusion ! Le vent a changé, et les aéronautes sont auprès des Andelys. A quoi bon continuer dans ces conditions ? Le plus sage est d'atterrir et d'attendre l'occasion d'une nouvelle tentative. La descente se fit à Pose, et le ballon fut remorqué à bras d'hommes à Romilly-sur-Andelle, où il passa la nuit dans une prairie, solidement fixé à terre, et gardé par des gardes nationaux (fig. 162).

Le lendemain, grâce à l'obligeance d'un usinier, le *Jean Bart* avait récupéré ses pertes de gaz, et, espérant trouver dans les hautes régions un courant plus favorable, les deux intrépides aérostiers s'élancent une seconde fois dans les airs à 4 heures 30 du soir. Ils vont jusqu'à 3 200 mètres à la recherche du vent propice sans le trouver : ils sont au contraire entraînés vers l'Océan : il faut donc définitivement renoncer à rentrer cette fois à Paris.

La descente eut lieu dans la Seine (fig. 163), où le ballon fut recueilli par des mariniers qui le halèrent sur le rivage à Heurteauville (fig. 164). Le lendemain le *Jean Bart* était dégonflé et embarqué sur un chaland qui l'emmenait à Rouen par la Seine.

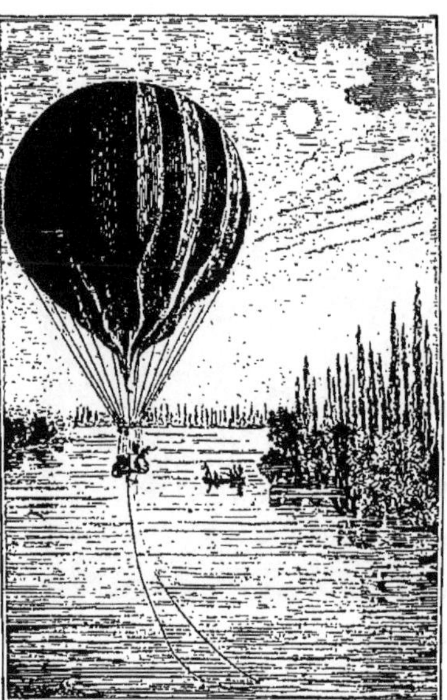

Fig. 163. — Le *Jean Bart* descend dans la Seine, où il est recueilli par des mariniers. (*Dessin de M. A. Tissandier*.)

Les tentatives de rentrée à Paris par la voie des airs ne furent pas renouvelées : le service des pigeons-voyageurs venait d'être organisé, et le retour à Paris d'un aérostat n'offrait plus le même intérêt.

On était au lendemain de la victoire de Coulmiers et de la reprise d'Orléans. L'armée de la Loire réclamait le concours des aérostiers, et l'ordre arriva à G. et A. Tissandier de se transporter à Orléans avec le *Jean Bart*. Une nouvelle campagne allait commencer pour eux.

Le rôle des aérostats militaires sur les champs de bataille de la guerre de 1870 fut, comme nous allons le voir, bien modeste : mais ce ne fut ni le défaut de courage des aérostiers, ni de la part des généraux le manque de désir de les utiliser, qui empêchèrent les ballons de rendre aux armées en campagne les services qu'on était en droit d'en attendre : seulement ils ne purent entrer en ligne qu'après les premiers désastres, et, comme le remarque fort justement G. Tissandier, « vers la fin de cette guerre malheureuse on n'a trouvé presque nulle part, hélas ! « un véritable champ de bataille, on n'a vu guère que des *champs de déroute !* »

En même temps que les frères Tissandier étaient appelés avec le *Jean Bart* à l'armée de la Loire, MM. Révilliod et Mangin étaient envoyés avec le *George Sand* à Amiens à l'armée du Nord. Le *George Sand* fut gonflé, mais ne fut pas amené à temps sur le champ de bataille et fut inutilisé.

M. Révilliod alla alors rejoindre dans l'Est l'armée du général Bourbaki à Besançon. Le commandant en chef de l'armée de l'Est comptait beaucoup sur les services du ballon militaire : mais celui-ci arriva au moment où la déroute commençait et il ne put même être gonflé.

Il en fut de même du ballon envoyé à Lyon avec MM. Gilles et Farcot. L'occasion ne vint jamais pour eux de procéder au gonflement.

MM. Duruof et de Fonvielle se mirent à la disposition du général Faidherbe avec

FIG. 164. — Le *Jean Bart*, lesté de sacs de sable, passe la nuit du 9 novembre 1870 à Heurteauville, sur les bords de la Seine. (*Croquis de M. A. Tissandier*).

deux ballons ; mais ils n'arrivèrent à l'armée que quelques jours avant l'armistice, et ne purent donc être employés.

Seuls, les aérostats de l'armée de la Loire purent exécuter un assez grand nombre d'ascensions captives à Orléans, au Mans et à Laval : malgré cela, comme nous allons le voir, le résultat de ces expériences, au point de vue militaire, fut de peu d'importance.

Persuadé que l'aérostation pouvait rendre d'immenses services aux armées en campagne, le gouvernement de Tours, pendant que s'exécutaient les tentatives de rentrée à Paris, avait organisé une première équipe d'aérostiers militaires.

Les aéronautes Duruof et Bertaux, assistés des marins Jossec, Labadie, Hervé et Guillaume, sortis de Paris en ballon, avaient été envoyés à Orléans avec le ballon de soie construit à Tours et baptisé la *Ville de Langres*.

Le mardi 16 novembre, le ballon fut gonflé pour la première fois. A une heure précise, la *Ville de Langres*, montée par deux marins et retenue à 30 mètres de hauteur par quatre câbles fixés au cercle et manœuvrés par 150 hommes du 39e de ligne, est remorquée à travers mille obstacles jusqu'à Saran, près de Cercotte, où se trouvent les derrières de l'armée française. Il était alors 3 heures de l'après-midi, et immédiatement une ascension d'essai est tentée.

A l'aide de poulies fixées sur des plateaux de bois chargés de pierres, l'aérostat captif peut être monté ou descendu à volonté par les soldats de manœuvre. La première ascension s'exécute à 200 mètres de hauteur, pour vérifier le matériel et exercer la troupe.

Le lendemain, M. Bertaux, accompagné d'un télégraphiste, M. Regnault, s'élève à 180 mètres avec un appareil Morse dans la nacelle, qui se trouve de la sorte reliée télégraphiquement avec Tours. Ils peuvent ainsi télégraphier directement à M. Steenackers :

« Nous sommes en l'air à 180 mètres de haut, nous découvrons fort bien la « plaine, mais un brouillard épais nous cache la forêt. Nous recommencerons expé- « rience par temps plus clair. »

Vingt minutes après, la réponse arrivait dans la nacelle même de l'aérostat :

« Nous vous félicitons, tenez-nous au courant de tous vos essais. »

Six ascensions eurent lieu pendant cette journée : M. Aubry, chef du service télégraphique à l'armée de la Loire, et un capitaine d'état-major montèrent l'un après l'autre avec M. Bertaux.

Le 19 novembre, en présence de ces expériences parfaitement concluantes, ordre était donné de porter la *Ville de Langres* à Gidy au milieu de l'armée. Mais le ballon a perdu une partie de son gaz, et il est prudent de procéder à un second vernissage avant d'entrer en campagne. Il est donc dégonflé et ramené à Orléans pour cette opération, et le 20 le ballon reverni et tout gonflé est transporté à Gidy, où il arrive à la nuit tombante après un transport des plus pénibles à cause de la violence du vent.

L'armée française campée à Gidy fait un accueil enthousiaste au ballon, et le lendemain 21, l'ascension a lieu au milieu des cris de joie et d'admiration des soldats. Mais le vent est de plus en plus fort, le ballon oscille au bout du câble, le cercle craque et bientôt se brise sous l'action de la tempête, et pour sauver le ballon il faut le dégonfler rapidement.

Deux jours après, la *Ville de Langres* complètement réparée était regonflée et transportée à quatre kilomètres d'Orléans, au château du Colombier, devenu le quartier central des aérostiers militaires, où ceux-ci devaient attendre les ordres du général en chef de l'armée de la Loire.

C'est là que le 21, G. et A. Tissandier rejoignent les premiers aérostiers avec le *Jean Bart*, qu'ils se mettent immédiatement en mesure d'approprier à ses nouvelles fonctions.

Le mardi 29 novembre, après mille difficultés administratives pour avoir le gaz nécessaire, le *Jean Bart* est gonflé et, maintenu par quatre cordes que retiennent 150 mobiles ; il est transporté au château du Colombier, au prix de fatigues énormes pour ces pauvres gens si peu habitués à la rude manœuvre d'un ballon captif par grand vent.

Le soir même, un télégramme apporte l'ordre du général d'Aurelles de Paladine de transporter le *Jean Bart* au camp de Chilleur, à douze kilomètres de là. A sept heures du matin une compagnie de mobiles sous les ordres d'un capitaine commence le transport : en avant a été expédié tout le matériel nécessaire pour fabriquer de l'hydrogène pur destiné à parer aux pertes de gaz : il y a dix touries d'acide sulfurique et 1 000 kilogrammes de zinc.

Le vent gêne encore la manœuvre, et un moment le succès paraît compromis : une branche d'arbre sur laquelle le ballon est projeté le crève près de l'appendice. A force de bras on le ramène à terre, et malgré le vent qui couche parfois l'aérostat sur le sol, le brave Jossec, grimpé dans le cercle, arrive après mille efforts à étrangler l'appendice au-dessus de la blessure.

Mais ce n'est que le commencement des difficultés qui attendent les courageux aérostiers ; le vent ne fait qu'augmenter d'intensité, l'étoffe commence à mollir et à donner prise au vent, et bientôt le transport devient impossible ; il faut attendre que la tourmente ait passé. A tout prix cependant il faut gagner le camp de Chilleur ; le général d'Aurelles a peu de confiance dans les ballons, et il ne faut pas qu'un échec soit le résultat d'une première expérience. Aussi, après un peu de repos la marche est-elle reprise : les deux frères Tissandier sont dans la nacelle, littéralement gelés par le vent glacial qui souffle en tempête. Les chemins détrempés sont couverts d'une boue gluante qui rend la marche plus pénible encore.

Les mobiles sont éreintés et ne tirent plus que mollement ; à peine font-ils un kilomètre à l'heure : il faut au moins gagner Rebréchien où l'on trouvera de quoi manger, et la nuit arrive ! Le ballon se découpe sur le ciel, immense silhouette noire qui se balance en l'air comme un fantôme. A 7 heures la lune se lève et illumine alors l'aérostat, auquel elle communique un éclat métallique. Les feux du petit village de Rebréchien apparaissent enfin. Il faudra y passer la nuit, car les hommes à bout de forces peuvent à peine encore remorquer le *Jean Bart* contre le vent.

Le ballon est solidement amarré au sol ; la nacelle est enterrée tout entière et remplie de pierres et de lest ; de plus une solide corde amarrée au cercle est fixée à une ancre enfouie en terre. Le *Jean Bart* est bien définitivement immobilisé. Hélas ! le lendemain matin à 6 heures le vent fait rage, le ballon est secoué, roulé sur lui-même, aplati presque par la bourrasque ; une rafale survient qui enlève comme un fétu de paille le ballon, la nacelle, le lest, les pierres et la terre qui la remplissent, l'ancre pesante enfouie dans le sol, quelque chose comme deux ou trois mille kilogrammes, et projette le tout à 100 mètres de là. L'étoffe se déchire depuis l'appendice jusqu'à la soupape, et le ballon dégonflé s'affaisse à terre. Tant de peines et d'efforts pour aboutir à cette catastrophe !

Un télégramme est envoyé à Tours, et la compagnie tout entière rentre à pied à Orléans. La réponse du directeur des Télégraphes les y attendait :

« Je vous envoie six ballons : crevez-en autant que vous voudrez, mais réussissez ! »

Nobles paroles qui réconfortent au lieu de décourager, et qui ne pouvaient mieux s'adresser qu'à nos aérostiers.

Dès le lendemain, à peine remis de leurs fatigues, ils s'occupent de mettre en état un nouveau ballon, la *République universelle*, sorti de Paris le 19 octobre. Il est gonflé le samedi 3 décembre, et à 3 heures de l'après-midi le transport commence par un temps favorable. Comme la nuit arrive, on fait halte près d'un petit hameau à 1 kilomètre du château du Colombier, pour gagner le camp de Chilleur le lendemain matin.

A minuit, les hommes de garde viennent réveiller les officiers. Que se passe-t-il donc ? On entend un bruit singulier : des roulements de voitures, des bruits de pas qui se rapprochent. Bientôt on aperçoit un sinistre défilé de voitures, de canons et de caissons, de cavaliers et de fantassins confondus dans un inexprimable désordre. C'est la déroute qui commence ! L'armée de la Loire, victorieuse à ses débuts, est déjà terrassée !

A 5 heures du matin le défilé lugubre continue, plus effrayant encore ; la *République* est toujours gonflée. Que faire ? Va-t-on se laisser prendre par les Prussiens ? Mais qui sait si au dernier moment le ballon ne pourra être utilisé ? Après tout, si le danger d'être pris devient imminent, il restera toujours la ressource de couper les cordes et de filer à la barbe des Prussiens ! Enfin un ordre arrive : il faut dégonfler rapidement le ballon et le transporter de l'autre côté de la Loire, où l'armée se rassemble. Une charrette est réquisitionnée ; le ballon dégonflé, le filet, la nacelle sont chargés et le matériel est emporté en toute hâte au milieu des projectiles prussiens qui commencent à pleuvoir. Mais il faut prendre la file au milieu des voitures de toute espèce qui encombrent les routes ; à l'entrée d'Orléans, le courant s'arrête pendant une heure tant la foule est considérable. Enfin on arrive à la gare, où sont déjà Bertaux, Duruof, les colombophiles Van Roosebeke et Cassiers ; tout le matériel est sauvé et mis dans un fourgon qui va faire partie du dernier train que l'on peut former ; celui-ci part enfin à 5 heures et demie, laissant la gare remplie de malheureux blessés qui vont connaître les horreurs de la captivité !

A minuit le train s'arrête à Vierzon, d'où l'on repart à 4 heures du matin pour Tours, où va s'organiser définitivement le service des aérostiers militaires.

Le ministre de la guerre, à la date du 1er décembre, avait en effet nommé au grade de capitaine les aéronautes G. et A. Tissandier, J. Révilliod, A. Bertaux, Poirrier, Nadal, J. Duruof et G. Mangin, à la solde de 10 francs par jour plus une indemnité d'entrée en campagne de 600 francs.

Deux équipes sont alors formées : la première, commandée par les frères Tissandier ayant sous leurs ordres les matelots Jossec et Guillaume, eut comme ballons la *Ville de Langres* et le *Jean Bart*. La deuxième, commandée par MM. Révilliod et Poirrier, avec les marins Hervé et Labadie, eut deux ballons de 2 000 mètres cubes. MM. Duruof et Mangin furent envoyés le premier à Lille, le second à Bordeaux pour former le dépôt et s'occuper du matériel : M. Bertaux remplit les fonctions de trésorier et M. Nadal fut chargé des opérations du gonflement.

On compléta cette organisation par la création d'un colonel et d'un commandant complètement étrangers à l'aérostation et dont le principal mérite fut de rester tout le temps de la campagne à Poitiers, bien loin des champs de bataille !

Après un voyage inutile à Blois, les aérostiers furent dirigés sur le Mans pour être mis à la disposition du général Marivaux, commandant l'armée de Bretagne. Le dimanche 18 décembre, tout le matériel était prêt à entrer en campagne (fig. 165) et

Fig. 165. — La salle des bâches à la gare du Mans. Réparation de *La Ville de Langres*. (Croquis de M. A. Tissandier.)

la *Ville de Langres* exécuta un certain nombre d'ascensions captives au Mans, en attendant d'être envoyée aux avants-postes.

Le 20 décembre, le général Chanzy (fig. 166) arrivait lui-même au Mans avec la deuxième armée de la Loire. Aussitôt G. Tissandier se présente au général en chef. Le général Chanzy fut, dès ses premiers mots, frappé des services que les ballons captifs pourraient lui rendre, et voulut immédiatement assister à une ascension. Malgré un vent violent qui rendait celle-ci des plus périlleuses, Albert Tissandier s'éleva à 100 mètres de hauteur : une rafale poussa le ballon sur un peuplier qui cassa comme un fétu de paille (fig. 167), et il fallut ramener l'aérostat à terre. Malgré ce contretemps, le général Chanzy se retira enthousiasmé en se promettant d'utiliser ces mer-

observatoires. Mais le vent tourna de plus en plus à la tempête, et il fallut se décider à dégonfler le ballon pour ne pas le voir mettre en pièces.

Le matin du 11 janvier 1871 la canonnade se fit entendre autour du Mans :

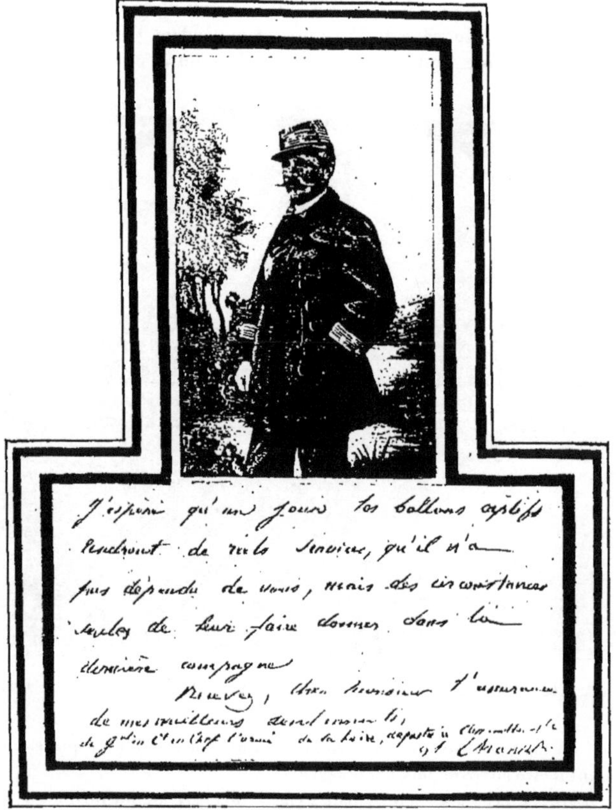

J'espère qu'un jour les ballons captifs
rendront de réels services, qu'il n'a
pas dépendu de vous, mais des circonstances
seules de leur faire donner dans la
dernière campagne
Recevez, cher Monsieur, l'assurance
de mes meilleurs sentiments,
[illegible] en Chef l'armée de la Loire, député [illegible]
Chanzy

Fig. 166. — Portrait du général Chanzy et fac-similé d'une lettre écrite par lui après la guerre à Gaston Tissandier.

c'était la bataille du Mans qui commençait au pied des collines que domine Yvré-l'Évêque. Toute la journée le combat fut acharné, et lorsque la nuit arriva, l'armée prussienne qui, nulle part, n'avait gagné de terrain, commençait à battre en retraite !

A minuit, Gaston Tissandier recevait par une estafette la lettre suivante :

11 janvier 1871.

2e Armée de la Loire,

Le général en chef.

Monsieur,

Je crois que le moment est venu de mettre à profit les renseignements que l'emploi des ballons captifs peut fournir sur les positions de l'ennemi. En conséquence, je vous prie de vouloir bien venir demain au quartier général, à 8 heures et demie du matin, conférer avec mon chef d'état-major

FIG. 167. — Expérience d'ascension captive faite au Mans par Albert Tissandier en présence du général Chanzy. *(Croquis de M. A. Tissandier.)*

général, au sujet des expériences aérostatiques que vous pouvez organiser pour étudier le terrain autour du Mans.

Recevez, Monsieur, l'assurance de ma considération.

Le Général en chef.

P. O. Le général chef d'état-major,

VUILLEMOT.

A M. Tissandier, chargé des reconnaissances aérostatiques de la 2e Armée.

Hélas! quand le lendemain matin à 8 heures Tissandier se présente au quartier général, il y trouve l'ordre de se replier avec tout son matériel sur Laval : pendant la nuit, les Prussiens ont tourné les positions françaises. Les mobilisés ont lâché pied à

4 heures du matin près de Pontlieu, et la retraite a commencé à 5 heures du matin ! A 7 heures du soir, les aérostiers entrent à Laval ; le 16 au matin, ils sont dirigés avec leur matériel sur Rennes, où ils restent dix jours attendant des ordres. Enfin, le 27 janvier, ils reçoivent ce télégramme :

Général Chanzy à Tissandier, aérostier à Rennes.

Prière venir ici de suite avec tous les ballons : vous vous entendrez avec l'amiral pour observer les mouvements ennemis sur la rive gauche en avant de Laval.

Le 28 janvier, G. Tissandier se présente au général Chanzy. Il reçoit l'ordre de gonfler de suite trois ballons : l'un restera à Laval à la disposition du général Colomb ; les deux autres seront mis à la disposition de l'amiral Jauréguiberry.

Le lendemain matin, 29 janvier, la *Ville de Langres* était gonflée et à 4 heures après midi elle exécutait trois ascensions. Enfin la campagne allait donc commencer sérieusement pour les aérostiers militaires ! Comme ceux-ci échangeaient ces réflexions, survint un capitaine de la ligne.

« Vous ne savez pas la grande nouvelle !

— Qu'y a-t-il ?

— La guerre est finie ! Un armistice vient d'être signé ! »

Le mardi 31 janvier l'armistice était officiellement annoncé, et l'ordre était donné de dégonfler la *Ville de Langres*.

Telle fut, au point de vue aérostatique, la campagne néfaste de 1870 ! Si les services rendus aux armées furent de peu d'importance, la faute n'en revient pas, on le voit, aux courageux aéronautes, qui firent tous leurs efforts pour venir en aide à la patrie en danger ! Mais un service comme celui des ballons militaires ne s'improvise pas à l'heure du péril ; aussi nous verrons dans le chapitre suivant que les leçons de l'année terrible n'ont pas été perdues et qu'une magnifique organisation existe actuellement dans notre armée. Mais avant de clore ce chapitre, il nous reste à dire deux mots des ballons de la Commune.

Lorsque l'insurrection fut maîtresse de Paris, assiégé de nouveau, mais cette fois par l'armée française, le gouvernement de la Commune publia le décret suivant, qui constitue l'unique pièce relative à l'histoire de l'aérostation à cette sombre époque. Elle figure au *Journal officiel de la Commune*, à la date du 20 avril 1871.

La Commune de Paris.

Considérant :

Que des dépenses importantes ont été faites par l'ex-gouvernement dit de la Défense nationale pour les services aérostatiques postaux ;

Que, par suite de la désertion de l'ex-gouvernement, dit de la Défense nationale, sur ce point des services publics, comme sur tous les autres, une quantité de ballons construits, représentant une dépense de plusieurs centaines de mille francs, payés des deniers de la nation, se trouvent actuellement disséminés en plusieurs endroits et exposés aux détournements ;

Qu'il importe d'urgence de réunir sous le contrôle de la Commune, en des mains sûres, d'inventorier et de préserver ce matériel, auquel sont venus s'adjoindre les ballons expédiés en province pendant le siège de Paris ;

Considérant que l'ex-gouvernement, dit de la Défense nationale, qui, en fait, gouverne toujours à Versailles, a supprimé, dans une intention facile à comprendre, tout échange de nouvelles, journaux, correspondances privées, toutes communications intellectuelles entre Paris et les départements, comptant ainsi se réserver impunément la trop facile distribution des calomnies destinées à égarer l'opinion publique en province et à l'étranger ;

Que la Commune de Paris a, tout au contraire, le plus grand intérêt à ce que la vérité soit connue, et à faire connaître à tous et ses actes et ses intentions ;

Considérant que l'aérostation est naturellement et légitimement appelée en ces circonstances à rendre des services en répandant partout la lumière salutaire ;

Considérant enfin que, dans l'état de guerre offensive déclarée et poursuivie par le gouvernement de Versailles, il est important à la défensive d'utiliser les observations aérostatiques militaires, systématiquement et intentionnellement repoussées pendant la durée du siège de Paris, et alors, en effet, inutiles à ceux qui devaient livrer Paris ;

Arrête :

1° Une Compagnie d'aérostiers civils et militaires de la Commune de Paris est créée ;

2° Cette compagnie se compose provisoirement d'un capitaine, d'un lieutenant, d'un sous-lieutenant, d'un sergent, de deux chefs d'équipe et de douze aérostiers ;

3° La solde du capitaine est de 300 fr., du lieutenant 250 fr., des équipiers 150 fr. par mois ;

4° La compagnie des aérostiers civils et militaires de la Commune de Paris relève directement du commandement de la Commission exécutive ;

5° Le citoyen Claude-Jules Durnof est nommé capitaine des aérostiers civils et militaires de la Commune de Paris.

Le citoyen Jean-Pierre-Alfred Nadal est nommé lieutenant-magasinier général.

Paris, le 20 avril 1871.

La Commission exécutive,

Avrial, F. Cournet, Ch. Delescluze, Félix Pyat, G. Tridon, A. Vermorel, E. Vaillant.

Les aérostiers qui se présenteront pour faire partie de la compagnie devront s'adresser, pour leur inscription immédiate, au capitaine Durnof seul.

La compagnie des aérostiers de la Commune n'exista d'ailleurs que sur le papier, et aucune ascension n'eut lieu.

CHAPITRE XXII

L'AÉROSTATION MILITAIRE MODERNE

L'aérostation militaire en France. — La catastrophe de l'*Univers*. — Le colonel Laussedat. — L'Établissement de Chalais-Meudon. — Les parcs aérostatiques. — Expériences de tir sur ballons captifs. — Ballons aux manœuvres et au Tonkin. — Un aérostier trop lourd. — La revue de Châlons. — L'aérostation maritime au parc de Lagoubran. — Ballons captifs russes. — Matériel G. Yon et Lachambre. — Ballons italiens en Abyssinie. — Ballons autrichiens. — Les ballons militaires des autres puissances. — Ballons anglais. — Guillaume II aéronaute manqué. — Ballons cerfs-volants allemands. — Le *Drachen-Ballon*. — Le ballon cerf-volant de Louis Godard.

Les leçons de l'année terrible ne furent pas perdues, et l'on sait avec quelle patriotique ardeur la nation tout entière travailla à se refaire une armée plus forte, plus disciplinée qu'avant 1870. L'aérostation militaire ne fut pas oubliée, et en 1874 une commission, dite Commission des communications aériennes, fut chargée de s'occuper de cette question. Elle avait à sa tête le savant colonel Laussedat (fig. 168), qui, dès le début, s'assura la collaboration du capitaine Ch. Renard et du capitaine de La Haye.

La commission entreprit tout d'abord une série d'expériences d'aérostation militaire et d'ascensions libres. L'une d'elles faillit avoir une issue funeste : le 8 décembre 1875, le ballon l'*Univers* s'élevait à 11 h. 5 du matin ayant à bord le colonel Laussedat, le commandant Mangin, les capitaines Renard et Bittard, le lieutenant Bastoul et M. A. Tissandier. E. Godard, aidé de l'aéronaute Térès, était chargé de la manœuvre.

Fig. 168. — Le colonel Laussedat.

L'*Univers*, qui cubait 3 000 mètres, atteignit en trente-cinq minutes l'altitude de 230 mètres. Tout à coup on vit le ballon se dégonfler : la partie inférieure de son étoffe se releva brusquement et en quelques instants la nacelle touchait terre avec violence dans un jardin maraîcher, près du fort de Vincennes (fig. 169). Le colonel Laussedat et le commandant Mangin avaient la jambe cassée : le capitaine Renard, une fracture du péroné avec entorse aux deux pieds : le capitaine Bitard, une entorse ; E. Godard, une grave contusion du genou, et Térès, des contusions à la poitrine : seuls le lieutenant Bastoul et A. Tissandier restaient indemnes après cette chute terrible. On constata qu'une déchirure existait de la soupape à l'équateur et que l'un des clapets de la soupape était ouvert.

A peine remis de cet accident, qui avait failli être une véritable catastrophe, le colonel Laussedat adressa au ministre de la Guerre un rapport détaillé contenant un projet complet d'organisation de l'aérostation militaire, et comprenant d'une part la création de ballons libres pour les places fortes et de ballons captifs pour les armées en campagne, et d'autre part la mise à l'étude d'un aérostat dirigeable. Il demandait en outre un vaste terrain pour exécuter toutes les expériences nécessaires. Le général Berthaut, alors ministre de la Guerre, accédant en partie aux conclusions de ce rapport, mit à la disposition de la Commission le parc de Chalais, à Meudon, et les fonds nécessaires pour commencer les expériences.

En quelques mois l'Établissement aérostatique militaire de Chalais-Meudon était organisé : il comprenait des ateliers pour la couture et pour la fabrication des vernis imperméables, des appareils pour la fabrication de l'hydrogène, un laboratoire de physique et de chimie et un observatoire météorologique. On se préoccupa tout d'abord de créer les parcs de ballons captifs, comprenant un matériel roulant pour la manœuvre des ballons en campagne, avec treuil à vapeur traîné par des chevaux comme un caisson d'artillerie.

En 1880, ce matériel fut essayé avec succès aux grandes manœuvres, et l'Établissement de Chalais construisit immédiatement toute une série de parcs de ballons captifs. Nous ne suivrons pas en détail le développement de l'aérostation militaire, et nous nous contenterons de donner un aperçu de l'organisation actuelle de l'aérostation dans l'armée française, en empruntant une partie des renseignements qui vont suivre à une conférence faite en janvier 1900 par M. le capitaine de territoriale Jacques Courty (1).

Fig. 169. — La catastrophe de l'*Univers* (8 décembre 1875)
Assiette peinte par M. Albert Tissandier.

Chaque parc aérostatique comprend deux ballons normaux, un ballon auxiliaire et un ballon gazomètre, tous sphériques.

Le *ballon normal* cube 540 mètres, et a par conséquent 10 mètres de diamètre ; gonflé à l'hydrogène pur, il peut enlever deux aéronautes ; le *ballon auxiliaire* ne cube que 260 mètres et n'enlève qu'un observateur, mais il a l'avantage d'être infiniment plus maniable et de se manœuvrer à bras d'hommes.

Enfin, le *ballon-gazomètre* cube 60 mètres et sert à parer aux pertes éprouvées par les ballons proprement dits : ce ballon gazomètre est d'ailleurs supprimé lorsque le parc comporte des voitures à tubes remplis de gaz hydrogène comprimé.

Dans certaines places fortes de la frontière il existe des parcs de ballons libres en

(1) Publiée chez B. Brunel et Cie, à Paris.

coton de 980 mètres cubes destinés à mettre en communication avec le territoire français une place assiégée.

Deux points sont particulièrement intéressants dans la construction des ballons captifs : la soupape et la suspension de la nacelle.

La soupape due au colonel Ch. Renard (fig. 170) est à deux actions : l'une momentanée à débit gradué pour la manœuvre de route : ce résultat est obtenu par le jeu d'une commande pneumatique composée d'une poire en caoutchouc placée à portée de la main de l'aéronaute et d'un tube de caoutchouc qui la relie à la soupape : — l'autre définitive pour le dégonflement complet au moment de l'atterrissage, et qui consiste à arracher par une traction opérée sur une cordelette spéciale, une calotte de caoutchouc obturant la base d'un cylindre par lequel s'échappe le gaz.

FIG. 170. — Soupape Renard.

La suspension de la nacelle a été étudiée en vue d'obvier à l'inconvénient résultant de l'inclinaison qu'elle prenait lorsque le ballon était couché par l'action du vent, et des mouvements de giration de tout l'ensemble.

Voici la disposition imaginée par le colonel Ch. Renard (fig. 171) : le filet qui enveloppe le ballon est terminé, comme dans tous les aérostats, par un cercle de suspension AB ; une série de cordes partant de ce cercle le relie à une barre droite CD d'où partent deux faisceaux de suspentes aboutissant à une autre barre qui forme l'un des côtés du trapèze de suspension MNPQ, dans l'intérieur duquel la nacelle, suspendue à la barre MN par des cordes croisées, peut se mouvoir librement et conserver la position verticale malgré l'inclinaison souvent considérable que prend parfois le câble de retenue amarré lui-même à la barre inférieure PQ du trapèze de suspension.

Le système de suspension de Meudon que nous venons de décrire a été fréquemment modifié par différents constructeurs. Nous citerons notamment la suspension Hervé (fig. 172), fort judicieusement établie, la suspension Yon, que nous verrons plus loin en étudiant le matériel russe, la suspension Lachambre, enfin la suspension Besançon, spécialement étudiée pour les ballons captifs à bord des navires.

La nacelle est carrée, confectionnée en osier et maintenue par un cadre en frêne et un cadre en fer doux ; elle contient des soutes pour le lest, les drapeaux-signaux, les portefeuilles pour les cartes, les instruments d'observation et les agrès d'arrêt (ancre et guide-rope) ; enfin une table ronde en osier, servant à poser les cartes, forme boîte pour ranger les instruments fragiles.

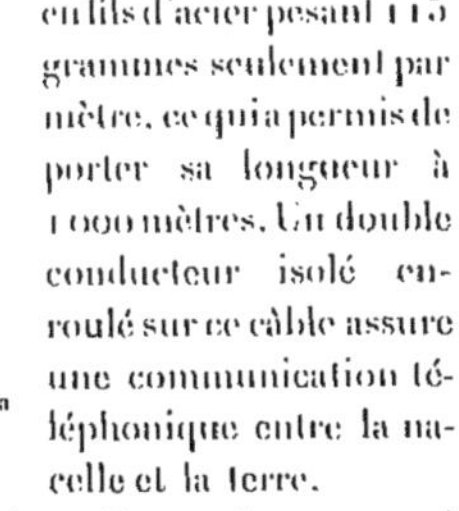

Fig. 171. — Schéma de la suspension de Meudon.

Le *guide-rope*, longue corde de 100 à 150 mètres destinée à agir comme frein par son frottement sur le sol à la descente, et à ralentir considérablement le traînage, est en fibre de coco.

L'ancre Renard (fig. 173) est une sorte de herse à crochets pesant 45 kilogrammes et qui, déployée, mesure 5 mètres de longueur. Ces engins ont pour but d'opérer la descente et l'atterrissage en toute sécurité si une rupture du câble de retenue venait à transformer l'ascension captive en ascension libre.

Le câble de retenue, primitivement en chanvre d'une longueur de 500 mètres et pesant 200 grammes au mètre, est maintenant en fils d'acier pesant 115 grammes seulement par mètre, ce qui a permis de porter sa longueur à 1 000 mètres. Un double conducteur isolé enroulé sur ce câble assure une communication téléphonique entre la nacelle et la terre.

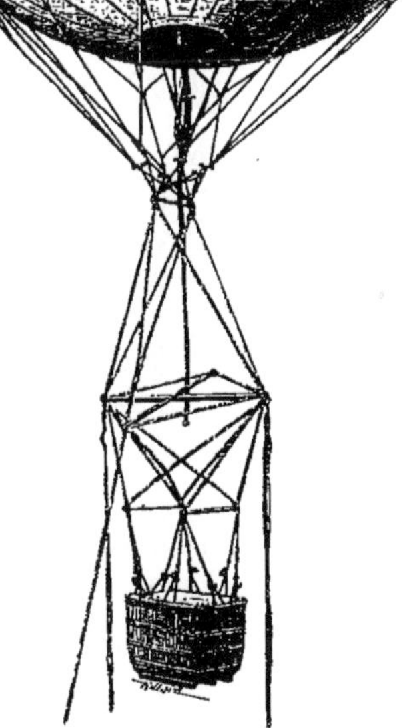
Fig. 172. — Suspension Hervé.

Un *parc aérostatique* (fig. 174) comprend encore trois voitures *techniques* ; ce sont :

La *voiture-treuil*, portant un moteur à vapeur horizontal actionnant un tambour sur lequel est enroulé le câble du ballon captif. Ce câble passe sur une poulie universelle permettant de suivre toutes les directions et inclinaisons que prend le ballon. Au moyen d'un mécanisme spécial, le mécanicien de la voiture-treuil est absolument maître du ballon, qui monte, s'arrête, descend avec la plus grande facilité ;

La *voiture-fourgon*, portant 1 tonne de combustible et 300 litres d'eau. Elle est munie d'une poulie qui est utilisée pour faire franchir des obstacles au ballon captif ;

La *voiture d'agrès*, qui transporte tous les accessoires utiles pour le gonflement, l'arrimage, etc. Elle renferme 2 ballons normaux, 1 ballon auxiliaire, 2 nacelles, des câbles de rechange, agrès, tente-abri, etc., et le ballon-gazomètre si le parc en comporte.

Les *parcs de campagne ordinaires* possèdent un générateur à hydrogène (fig. 175) monté sur un chariot à quatre roues, pouvant fournir, par la réaction de l'eau acidulée sur le zinc, 250 à 300 mètres cubes d'hydrogène à l'heure. On préfère de beaucoup maintenant le système des *parcs à hydrogène comprimé* qui disposent de 5 voitures (fig. 176) portant chacune 8 tubes contenant de l'hydrogène comprimé à 200 kilogrammes (1). 16 tubes suffisent pour gonfler en moins d'une demi-heure un ballon normal. Ces tubes sont cylindriques, en tôle d'acier, et mesurent 4 mètres de longueur et $0^{m}27$ de diamètre intérieur. L'hydrogène y est comprimé au moyen de pompes puissantes, soit à Chalais, soit dans des stations-magasins où se trouvent les appareils nécessaires.

La construction de ces tubes, soumis à des pressions intérieures énormes, est des plus délicates, et le début de leur emploi a été marqué par plusieurs explosions épouvantables. Néanmoins ce procédé de transport de l'hydrogène comprimé est actuellement d'un usage courant, et les armées anglaises et italiennes l'ont employé dans leurs campagnes du Soudan et d'Abyssinie.

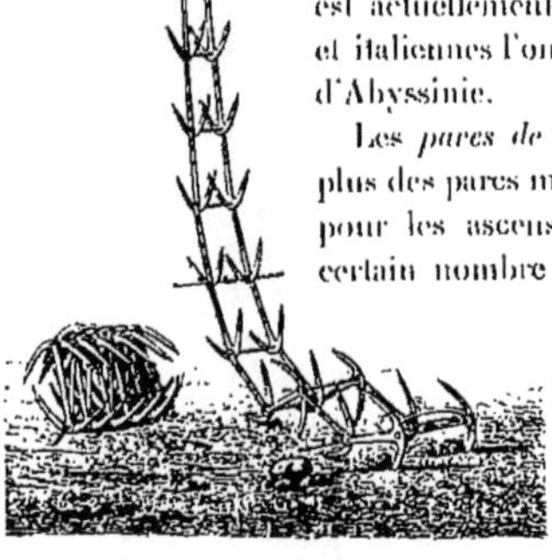
FIG. 173. — Ancre-herse Renard.

Les *parcs de forteresse*, avons-nous dit, sont pourvus, en plus des parcs mobiles de ballons captifs, d'un matériel complet pour les ascensions libres. Ce matériel comprend outre un certain nombre de ballons en coton de 980 mètres cubes, un appareil à production de l'hydrogène, un hangar pour opérer le gonflement et une usine à vapeur pour actionner les pompes, le ventilateur, etc.

Il existe quatre de ces parcs, établis dans les places fortes suivantes : Verdun, Épinal, Toul et Belfort. Les parcs de Versailles, Montpellier, Arras et Grenoble, où sont les écoles régimentaires du génie, sont mobilisables et destinés à quatre corps d'armée de première ligne. Le recrutement des aérostiers militaires affectés à ces places de guerre pour assurer le service des ascensions libres est réglé par l'Instruction ministérielle du 20 mars 1902 :

Les aéronautes militaires sont désignés dès le temps de paix, et proviennent des hommes de tous grades et de toutes armes de la réserve et de l'armée territoriale, ou classés dans les services auxiliaires, ayant obtenu un certificat d'aptitude à la conduite des aérostats libres.

(1) Quand nous parlons de pressions, nous les évaluons en kilogrammes par centimètre carré, comme on le fait maintenant. Un kilogramme, à ce point de vue, diffère peu d'une atmosphère. On sait en effet qu'une atmosphère exerce sur un centimètre carré la même pression que 76 centimètres cubes de mercure, c'est-à-dire une pression de $76 \times 13{,}591$ grammes ou $1^{kg},0329$.

Un examen a lieu une fois par an, au mois d'avril, pour l'obtention de ce certificat : avant l'examen, les candidats sont convoqués pour une période d'instruction au bataillon d'aérostiers à Versailles.

Les aéronautes ayant subi avec succès les épreuves prescrites obtiennent le titre de *breveté aéronaute* et sont versés dans le génie et affectés au 1er régiment de cette arme ; ils sont ensuite répartis entre les différentes places fortes.

En campagne, l'officier aérostier est uniquement chargé de la conduite de l'aérostat captif. Il est accompagné alors d'un officier chargé des observations, généralement un officier d'état-major, qui reste en communication téléphonique avec le général en

FIG. 174. — Un parc aérostatique en campagne.

chef. Il prend au besoin des vues photographiques du terrain qu'il est chargé d'observer.

On voit quel admirable observatoire et quel engin redoutable à ce point de vue est devenu le ballon captif militaire ; aussi s'est-on préoccupé, dans tous les pays, des moyens de le détruire, et de nombreuses expériences ont eu lieu en France, en Allemagne, en Autriche, en Russie, pour se rendre compte des conditions dans lesquelles un ballon captif pouvait être atteint. On a reconnu bien vite que le fusil était absolument impuissant contre le ballon : celui-ci serait-il traversé par 200 balles et plus que la perte de gaz en résultant ne l'empêcherait nullement de rester en l'air un temps assez long et d'opérer sa descente en toute sécurité. Le seul ennemi réel du ballon est l'obus à balles ou *schrapnel*, et encore faut-il un concours de circonstances assez rare pour que l'aérostat soit réellement en péril.

Sans entrer dans le détail des expériences qui ont eu lieu, disons seulement qu'un ballon planant à 800 mètres d'altitude et éloigné de 5 000 mètres d'une batterie ennemie ne court aucun danger, surtout si le treuil qui le retient captif ne reste pas stationnaire. A 3 kilomètres de distance de l'ennemi et à l'altitude de 300 mètres, le ballon est touché, mais dans des proportions trop faibles pour amener sa chute immédiate. Plus rapproché de l'ennemi, il entre dans une zone absolument dangereuse.

Cette magnifique organisation des ballons captifs militaires a été mise à l'épreuve bien des fois aux grandes manœuvres, et la facilité du transport (fig. 177), du gonflement, de l'ascension et de l'observation a été démontrée de la façon la plus complète. Citons entre autres les manœuvres de 1891 au cours desquelles, à Colombey, le général de Galliffet resta 2 heures 1/2 dans la nacelle à 400 mètres d'altitude. A Vandœuvre, le ballon servit au général Davoust pour signaler des engagements de cavalerie qui avaient lieu à plus de 9 kilomètres.

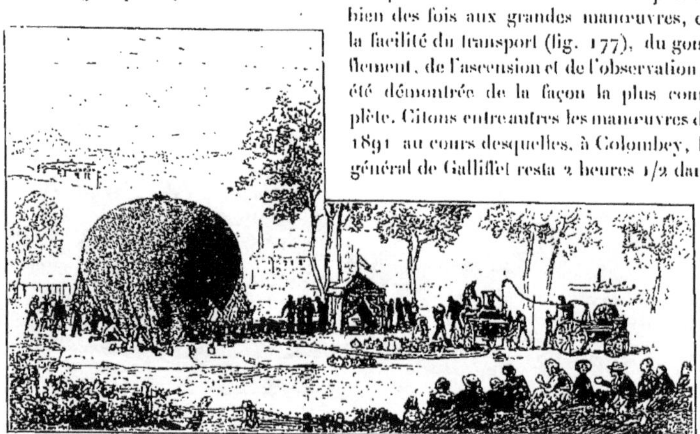

FIG. 175. — Gonflement en campagne, à l'aide du générateur à hydrogène.

Au cours de la campagne du Tonkin, les parcs aérostatiques ont fait leurs preuves sous le commandement du capitaine Cuvelier. Deux aérostats furent amenés de France : le premier, dont le câble permettait de s'élever à deux cents mètres de hauteur, permettait d'explorer le pays en présence de l'ennemi : le second ne servait que de ballon-réservoir pour remplacer les pertes de gaz du premier. Le lest placé dans la nacelle suffisait à tenir ces deux ballons en équilibre au ras du sol, et quelques soldats pouvaient les tirer sur la route.

Il est curieux de citer, à ce propos, l'article suivant d'un journal chinois de Pékin, intitulé : *Tze-lin hou-pao* (nº du 22 mars 1884).

Les Français ont apporté en Annam pour leur servir pendant les opérations militaires des ballons qui présentent une grande utilité (fig. 178). Dans la guerre qui s'est livrée jadis entre la

France et l'Allemagne, les deux nations en possédaient, s'appliquant à se conformer à la parole de Confucius : Que celui qui veut faire un ouvrage parfait aiguise d'abord son outil. — Il n'est aucun engin de guerre inventé par les Occidentaux que la Chine ne s'approprie aujourd'hui ; mais nous n'avons pas encore de ballons. Il y a beaucoup de nos compatriotes qui ignorent ce que sont ces ballons. On emploie pour les fabriquer de la soie de la meilleure qualité ; l'intérieur est rempli de gaz produit au moyen de substances chimiques. Au-dessous est suspendu un panier où l'on s'assied, et où l'on place de lourdes pierres : on jette ces dernières quand on veut faire monter l'aérostat ; et lorsqu'on veut descendre, on ouvre une soupape et le gaz s'échappe. Voilà le résumé de ce qu'on peut dire des ballons.

Nous n'aurons garde de passer sous silence une anecdote se rapportant à l'aéro-

FIG. 176. — Voiture d'un parc à hydrogène comprimé (modèle de l'armée française).

station militaire, et qui montre que certaines qualités physiques sont indispensables pour être un bon officier aéronaute :

Aux grandes manœuvres de 1895, le général Dragomiroff assistait avec le général Saussier aux opérations, sur le terrain, d'un parc aérostatique. Il témoigna le désir d'accomplir une ascension, et aussitôt le ballon, déjà occupé par un capitaine du génie, fut amené à terre pour prendre à bord le général russe. Au commandement de « lâchez tout », le ballon oscilla, s'éleva lentement à une dizaine de mètres, et, à la surprise générale, ne voulut pas monter plus haut. On eut bientôt l'explication de ce fait étrange : le général Dragomiroff était d'une telle corpulence, et, il faut bien le dire, le capitaine du génie de son côté avait un cube si considérable, que le poids des deux aéronautes rendait l'ascension impossible. Il fallut ramener le ballon à terre, et, pour enlever dans les airs le général russe, le capitaine du génie dut céder sa place à un lieutenant ayant sur son supérieur l'avantage d'être mince et léger. Malgré

FIG. 177. — La compagnie d'aérostiers fait franchir, pendant une marche, une ligne télégraphique au ballon attaché à sa voiture-treuil.

un vent violent l'ascension put alors se faire, et le général Dragomiroff revint à terre salué par les ovations de la foule et enchanté de son excursion aérienne.

Et puisque nous sommes sur le terrain franco-russe, rappelons, avant de terminer

Fig. 178. — Gravure chinoise représentant les aérostats captifs pendant la campagne du Tonkin.

cette rapide étude de l'aérostation militaire, la présence si remarquée d'un parc aérostatique à la célèbre revue passée par le tsar à Châlons en 1896. Le ballon, monté par le capitaine Boutticaux, défila à 100 mètres d'altitude devant la tribune d'honneur. Un quart d'heure après, l'aérostat monté par les capitaines P. Renard et Goujon exécuta une ascension libre et plana longtemps au-dessus du terrain de la revue.

Les résultats si remarquables obtenus par les ballons captifs militaires (résultats confirmés récemment lors de l'expédition de Chine, en 1900, où ils jouèrent un rôle brillant) amenèrent à penser que ceux-ci pourraient être employés avec le

FIG. 179. — Grandes manœuvres navales de 1891, en rade de Toulon : l'escadre force la passe.

même succès à bord des cuirassés. De cette idée est née l'aérostation maritime. Une école d'aérostation maritime fut installée à Toulon, sous la direction du lieutenant Serpette qui, en 1890, fit d'intéressantes expériences.

Le 6 septembre, le lieutenant Serpette établissait des communications entre un ballon captif amarré à bord de la batterie flottante l'*Implacable* et les vaisseaux-écoles la *Couronne* et le *Saint-Louis*. Il démontra également que de la nacelle d'un ballon captif on pouvait suivre les évolutions d'un sous-marin complètement immergé et invisible, par conséquent, à l'équipage d'un navire.

Ces expériences intéressantes ont été poursuivies avec succès au parc de Lagoubran par le lieutenant de vaisseau Rageot de Latouche, qui, après des essais d'ascensions captives à diverses altitudes, de manœuvres d'embarquement et de débarquement, etc., exécuta le 24 novembre une ascension libre au-dessus de la mer, ascension dans laquelle il était suivi par le torpilleur 139. Après 1 heure 1/2 de voyage, la descente s'est opérée à 12 milles au Sud du cap Cépet, où le torpilleur a recueilli le lieutenant Rageot de Latouche et son aérostat.

FIG. 180. — Ballon captif à bord d'un cuirassé *(Cliché Louis Godard.)*

Citons encore les ascensions maritimes captives exécutées en 1891 (fig. 179), puis en 1895 par l'escadre de réserve de la Méditerranée sous les ordres du vice-amiral Gervais, entre la Corse et les côtes de Provence : elles ont démontré la valeur des observations ainsi faites à l'aide de ballons captifs, qui peuvent, à une distance considérable, observer tous les mouvements d'une flotte ennemie. La Marine possède maintenant un service d'aérostation captive (fig. 180) parfaitement organisé, et le parc de Lagoubran, avec des officiers d'élite comme ceux que nous avons cités et auxquels il convient d'ajouter le lieutenant Tapissier, ne le cède en rien aux parcs d'aérostation de l'armée de terre.

Vienne le jour où la patrie devra faire appel au concours de tous ses enfants pour la lutte suprême, et les armées de mer comme celles de terre auront en main un service d'observatoires aériens dont l'organisation, poussée jusqu'à la perfection dans ses moindres détails, rendra des services incalculables pour la conduite des opérations militaires.

Cet exposé ne serait pas complet si, après avoir étudié l'aérostation militaire en France, nous ne disions pas quelques mots de ce qui s'est fait, dans cet ordre d'idées, dans les armées étrangères. Un fait digne de remarque est que, sauf en Angleterre, en Autriche et en Allemagne, les premiers parcs aérostatiques de toutes les nations étrangères ont été construits en France, la plupart sur les plans de l'ingénieur Gabriel Yon, dont l'établissement aérostatique, actuellement dirigé par M. Ed. Surcouf, est un modèle d'organisation et de fabrication hors ligne.

C'est ainsi qu'en 1885, le gouvernement russe commanda à M. Gabriel Yon un parc de forteresse et un parc de campagne qui ont servi de modèles aux autres construits en Russie par l'École d'instruction d'aérostation militaire.

En 1899, un détachement d'instruction d'aérostiers militaires a été formé à Saint-Pétersbourg et, au mois de mai 1890, ce service a été complètement organisé. Il comprend :

1° Un parc aérostatique d'instruction, à peu près analogue à notre Établissement de Chalais-Meudon ;

2° Des sections aérostatiques de forteresse, qui font partie intégrante des places auxquelles elles sont affectées. L'effectif d'une section en temps de paix est de 3 officiers et 52 sous-officiers et soldats ; sur le pied de guerre, cet effectif devient de 5 officiers et 136 sous-officiers et soldats.

Le matériel des sections de forteresse se compose de 6 aérostats captifs de 640 mètres cubes et de 3 aérostats libres de 1 100 mètres cubes. Un générateur à hydrogène existe dans chaque section ;

3° Des sections aérostatiques de campagne, n'existant pas en temps de paix, et qui seraient, en cas de guerre, formées par le parc d'instruction.

Nous avons dit que le premier matériel aérostatique avait été fourni au gouvernement russe en 1885 par M. Gabriel Yon. Ce matériel comprenait un chariot portant le générateur à gaz hydrogène pur (fig. 181), un treuil à vapeur monté également sur un chariot à quatre roues, et un aérostat en soie de Chine de 550 mètres cubes.

Le générateur, du poids de 2 800 kilogrammes, pouvait fournir 250 à 300 mètres cubes d'hydrogène pur par heure : le gaz, produit par la réaction de l'eau acidulée sur de la tournure de fer, était lavé et séché avant d'entrer dans le ballon.

Le treuil à vapeur se composait d'une chaudière verticale à tubes Field et d'un moteur à deux cylindres développant cinq chevaux. Le câble, de 500 mètres de longueur, passait sur une poulie à mouvement universel pouvant prendre toutes les dispositions. Ce câble contenait un double conducteur électrique mettant la nacelle (fig. 182) en communication téléphonique constante avec le sol. Tout ce matériel, étudié et construit par M. Gabriel Yon et son collaborateur M. Corot, fut essayé en France en présence du général Boreskoff, qui termina les expériences par une ascension libre avec G. Yon et Louis Godard, fils de l'aéronaute que nous avons cité à propos du *Géant*.

En 1888, le gouvernement russe fit construire un nouveau parc aérostatique en France par MM. Lachambre frères ; ce matériel, semblable dans ses grandes lignes à celui de G. Yon, fut expérimenté à l'usine à gaz de la Villette par le général Fédéorof.

Cet officier fit également une ascension captive avec ce nouveau ballon militaire, qui, construit pour enlever un seul observateur, cubait 350 mètres.

Le parc d'instruction aérostatique russe construit maintenant son matériel lui-même. Il a procédé également à des tentatives d'aérostat dirigeable avec un immense ballon à hélice, *la Rossija*, enlevant 16 personnes et une machine de 50 chevaux ; mais les expériences faites n'ont abouti à aucun résultat sérieux.

L'Italie adopta, en 1885, le parc aérostatique de Gabriel Yon que nous avons décrit à propos du matériel russe. Cette puissance a, depuis, remplacé le générateur à hydrogène par des tubes à hydrogène comprimé, contenant $3^{mc},7$ de gaz à 120 kilogrammes : ces tubes ont $2^{m},45$ de long et $0^{m},145$ de diamètre. Ils pèsent cha-

FIG. 181. — Générateur à hydrogène pur, construit pour l'armée russe par G. Yon.

C. Arrivée de l'eau pour laver le gaz.
B. Sortie de l'eau de lavage.
A. Évacuation de l'eau chargée de sulfate de fer.
D. Sortie du gaz épuré.

cun 40 kilogrammes, et il en faut 150 pour gonfler un ballon normal de 536 mètres cubes.

Lors de la campagne d'Abyssinie, l'Italie commanda en France trois ballons captifs légers, dont deux cubaient respectivement 310 mètres et 260 mètres et le troisième 50 mètres seulement : ce dernier aérostat portait à l'intérieur une lampe électrique de 75 bougies et était destiné à transmettre des signaux de nuit.

L'Autriche-Hongrie ne possède de matériel aérostatique que depuis 1890. Elle a depuis fondé un établissement à Kornenbourg.

L'Espagne, la Suède et Norvège, le Danemark, la Belgique, la Roumanie, la Suisse ont également commandé leur matériel en France.

Les États-Unis, qui avaient si brillamment utilisé les aérostats pendant la guerre de Sécession, ne possédaient aucun parc aérostatique lorsqu'éclata la guerre de Cuba, et ils durent en commander en France : le général Shafner employa ainsi deux aérostats de 520 mètres cubes au siège de Santiago : le gonflement était assuré par des tubes à hydrogène comprimé.

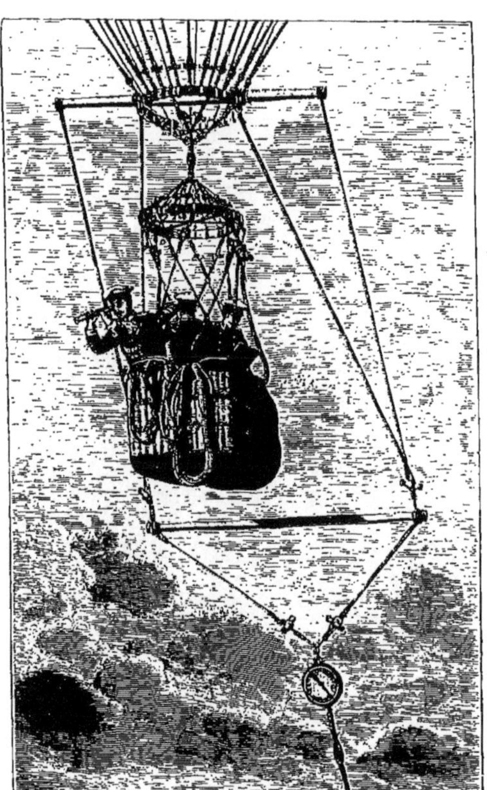

FIG. 182. — Nacelle de l'aérostat construit pour l'armée russe par G. Yon.

Le Japon a acheté un parc G. Yon en 1891. La Chine enfin a, depuis 1886, son parc aérostatique. L'histoire de la livraison de ce matériel aux autorités chinoises de Tien-Tsin touche à l'opérette-bouffe. Un aéronaute français, M. Pillas-Panis, avait été chargé d'accompagner le matériel jusqu'à destination et de procéder à des expériences sur place. La première ascension eut lieu en présence des mandarins, des généraux chinois et des colonies étrangères.

Au moment où le ballon s'éleva dans les airs, raconte M. Pillas-Panis, contentement général, cris, prosternation : le canon tonnait, les tambours battaient, le clairon sonnait. Le ballon, pavoisé aux couleurs françaises et chinoises, dut être ramené à 200 mètres en raison du vent trop violent. A ce moment les Européens se rapprochèrent, tandis que les Chinois se sauvaient... Au premier abord, l'aérostat, comme me l'ont expliqué plus tard des hommes logés dans l'École militaire, était considéré comme une machine infernale. Le lendemain lundi, trois ascensions furent faites en présence d'un mandarin expédié de Pékin pour me remplacer. Ce mandarin, qui était venu à Paris en 1878, avait été nommé général aéronaute parce qu'il avait vu fonctionner à cette époque le grand ballon captif de la cour des Tuileries. Il monta avec moi dans la nacelle, où il se trouva indisposé jusqu'à s'évanouir (1).

L'Angleterre s'est mise de bonne heure à étudier l'aérostation militaire. En 1878, un établissement analogue à celui de Meudon a été annexé à l'arsenal de Woolwich, sous la direction du major Templer et des capitaines Elodale et Lee. Les ballons anglais sont plus gros que nos ballons français. Ils cubent de 400 à 1000 mètres. L'hydrogène employé est produit par la réaction de la vapeur d'eau sur de la tournure de fer portée au rouge. Les fours destinés à cette fabrication en campagne sont

Fig. 183. — Transport d'un ballon militaire anglais, pendant la campagne du Transvaal.

démontables et peuvent être transportés sur des chariots. Les Anglais emploient d'ailleurs maintenant les tubes à hydrogène comprimé. C'est ainsi qu'ils ont procédé lors des campagnes du Soudan, de l'Afghanistan, du Zululand, et plus récemment dans l'Afrique du Sud.

C'est en Angleterre qu'on a cherché pour la première fois à associer le cerf-volant au ballon captif pour permettre à celui-ci de se maintenir en l'air malgré la violence du vent ; à cet effet, un gigantesque cerf-volant en soie tendue sur deux traverses de bambou placées en croix est attaché au flanc de l'aérostat, qui se trouve abrité par cet écran. L'effort du vent sur la surface inclinée du cerf-volant tend alors, non plus

(1) *L'Aéronaute*, mars 1888, p. 55.

à coucher le ballon captif vers le sol, mais à soulever le cerf-volant : dans ces conditions, loin d'être un obstacle à l'ascension, le vent devient un auxiliaire. Tel est le ballon dû au capitaine Douglas.

Cette idée d'associer le cerf-volant au ballon captif a été, en Allemagne, le point de départ de travaux et de recherches qui ont abouti à la création du type actuel du ballon captif militaire allemand, le ballon cerf-volant ou *drachen-ballon* du capitaine von Parseval. C'est par ce matériel allemand, très original et très curieux, que nous terminerons cette étude de l'aérostation militaire moderne.

Dès l'année 1871, au lendemain même de nos désastres, le grand État-major allemand, frappé des services que les ballons avaient rendus à Paris assiégé, créa à Berlin

Fig. 184. — Gonflement en campagne d'un aérostat au moyen de ballons réservoirs, aux grandes manœuvres allemandes.

une Commission chargée d'étudier la question de l'aérostation militaire. En 1881, un établissement calqué sur celui de Meudon fut établi à Berlin : mais c'est seulement en 1884 que le ministre de la Guerre, général Bronsart von Schellendorf, constitua un corps d'aérostiers comprenant à cette époque 3 officiers et 29 sous-officiers et soldats : cet effectif a été porté en 1893 à 4 officiers et 119 hommes. Il est chargé de construire le matériel et de former les aérostiers. Il n'est pas inutile d'ajouter à ce propos que le gouvernement allemand, sous l'impulsion même de l'empereur, fait tous ses efforts pour encourager et développer l'aérostation, à laquelle il consacre des sommes importantes. Guillaume II est, dit-on, un fervent de la navigation aérienne, et il brûlerait du désir de s'élever dans les airs ; mais sa grandeur l'attache au sol ! On raconte que pendant un séjour qu'il fit à Héligoland vers 1891, il voulut profiter de la présence d'un ballon captif installé dans l'île pour goûter des joies de l'atmosphère,

Mais un projet si téméraire souleva dans son entourage une tempête de protestations. Non ! il ne pouvait ainsi exposer, lui, l'empereur et roi, une vie si précieuse ! Le général von Haucke, emporté par son amour pour Sa Majesté qui, intrépide, ne voulait rien entendre, osa la saisir dans ses bras et la supplier de renoncer à un projet aussi audacieux. Touché jusqu'aux larmes par cette insistance dramatique, le magnanime empereur embrassa le général et, pour lui témoigner sa reconnaissance, lui remit le collier en diamants de l'Ordre de la maison des Hohenzollern ! Et voilà comment Guillaume II ne monta pas en ballon, et comment le général von Haucke fut décoré !

Tout d'abord les parcs aérostatiques allemands différaient peu des nôtres, et leurs ballons militaires, fréquemment employés aux manœuvres, n'offraient rien de particulier (fig. 184). Un capitaine d'infanterie bavarois, M. von Parseval, ayant constaté que lorsque la vitesse du vent dépasse 10 mètres à la seconde les oscillations du ballon captif en rendent l'utilisation très difficile, chercha à supprimer cet inconvénient et fut conduit, comme Douglas en Angleterre, à utiliser les propriétés ascensionnelles du cerf-volant. A dire vrai, l'idée du ballon cerf-volant est beaucoup plus ancienne : dès l'année 1844, un Français ingénieur des mines, M. Abel Transon, publiait dans le *Magasin pittoresque* un article fort intéressant sur les ballons cerfs-volants, article accompagné d'une jolie gravure, et dans lequel il citait deux expériences d'appareils de ce genre. Dans le projet Transon, le cerf-volant accouplé au ballon avait la forme générale d'un parapluie.

Le capitaine von Parseval a cherché non pas à associer un cerf-volant à un ballon, mais à construire un appareil participant à la fois du ballon et du cerf-volant, tout en restant distinct de l'un et de l'autre. Il a alors imaginé de construire un aérostat cylindrique terminé par des calottes hémisphériques : le câble de retenue est fixé vers l'avant de cet aérostat, et la nacelle vers l'arrière. Pour que le vent agisse sur la surface de ce cylindre comme sur un cerf-volant, il incline simplement le grand axe du cylindre (fig. 185). Il est indispensable, tout d'abord, que le ballon soit indéformable et que l'étoffe reste tendue ; en d'autres termes le ballon doit se maintenir toujours exactement gonflé. L'emploi du ballonnet compensateur à air était tout indiqué, mais l'inventeur a imaginé une disposition automatique des plus ingénieuses. Une description complète du ballon va faire saisir cette disposition. Le cylindre avec ses deux calottes mesure 14^{m},30 de longueur et 6^{m},20 de diamètre : il cube 600 mètres et est fixé à l'extrémité du câble K à l'aide de pattes d'oie qui s'attachent, sur le ballon, à une ceinture de toile à voile AB. Cette ceinture supporte également les suspentes de la nacelle N. A la partie inférieure du cylindre, un gouvernail G, constitué par une poche en toile gonflée par

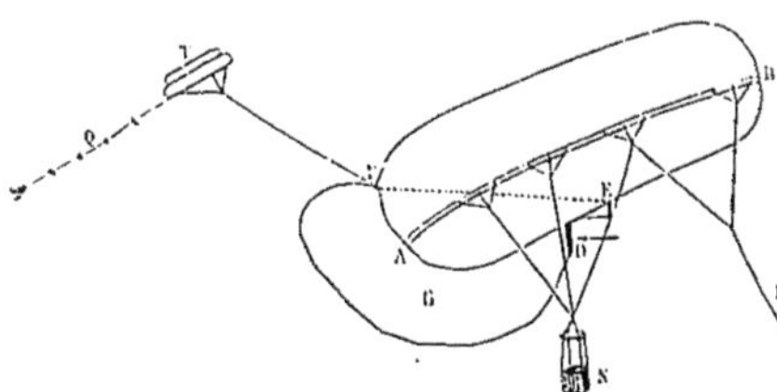

Fig. 185. — Le *Drachen-Ballon*, ou ballon cerf-volant de l'armée allemande.

l'air qui s'engouffre par l'ouverture O, sert à maintenir l'ensemble dans le lit du vent : l'effet de ce gouvernail ne suffisant pas à empêcher les oscillations latérales, on a été conduit à relier l'arrière du ballon cerf-volant à un petit ballon auxiliaire T composé de deux tores tangents et offrant une grande surface sous un petit volume : ce ballonnet directeur est lui-même muni d'une queue Q, semblable à celle des cerfs-volants ordinaires.

Reste à obtenir la rigidité du grand ballon : pour cela, il existe suivant EF une cloison flexible divisant la capacité totale du ballon en deux parties dans le rapport de 1 à 3 : lorsque le gaz a son volume maximum, le diaphragme EF s'applique presque complètement contre la surface du ballon ; mais si une condensation par exemple vient à réduire le volume du gaz, l'air s'engouffrant par l'orifice E vient gonfler le ballonnet ; cet orifice E est muni d'un entonnoir à clapet qui retient l'air emprisonné dans le ballonnet ; une soupape de sûreté lui permet cependant de sortir si la pression dépasse une certaine limite. On conçoit que, par ce dispositif très ingénieux, le ballon conserve sa forme absolument rigide.

La première expérience de ce *drachen-ballon* (fig. 186) date des grandes manœuvres de 1897 : les corps allemands qui en étaient pourvus purent fournir, chaque jour, des renseignements à l'État-major, tandis que les Bavarois, qui avaient un ballon sphérique, ne purent en tirer aucun parti à cause de la violence du vent.

La même année, à Kiel, lors des manœuvres navales, le temps était très mauvais : à peine l'escadre fut-elle sortie du port que le ballon sphérique fut déchiré par le vent qui, par instant, atteignait 25 mètres par seconde : pendant ce temps, le *drachen-ballon* faisait son ascension avec la plus grande facilité.

Il est juste de reconnaître cependant que le ballon cerf-volant a de nombreux inconvénients : son poids plus grand et la complication de son équipement le rendent bien inférieur à nos ballons sphériques par un temps calme ; il nécessite de plus des câbles de retenue beaucoup plus forts, et partant plus lourds : sa supériorité n'apparaît en somme que par les vents très rapides, et l'on est en droit de se demander alors si, dans ce cas, il ne serait pas plus simple de supprimer complètement le ballon et de s'en tenir au cerf-volant seul comme moyen d'ascension. Nous avons vu, dans un autre ouvrage (1), que les ascensions en cerf-volant sont absolument pratiques et réalisables, et la véritable solution de l'aérostation militaire serait peut-être d'adjoindre aux parcs de ballons captifs des cerfs-volants qui serviraient les jours de grand vent.

Les *drachen-ballon*, brevetés dans tous les pays sous le nom du constructeur Riedinger d'Augsbourg, sont employés maintenant en Italie, et vont être adoptés en Suisse et en Autriche. Ajoutons que nos constructeurs français, et notamment M. Surcouf, sont en mesure d'établir des ballons cerfs-volants au moins égaux, sinon supérieurs aux drachen-ballons allemands. M. Louis Godard fils, de son côté, a imaginé et construit un ballon cerf-volant tout différent du ballon allemand, et qui présente un certain intérêt (fig. 187 et 188) : la forme générale en est ovoïde, et il se termine, à la partie inférieure, par une quille rigide formée d'une perche légère Q servant en même temps de

(1) J. Lecornu, *Les cerfs-volants*, 1902.

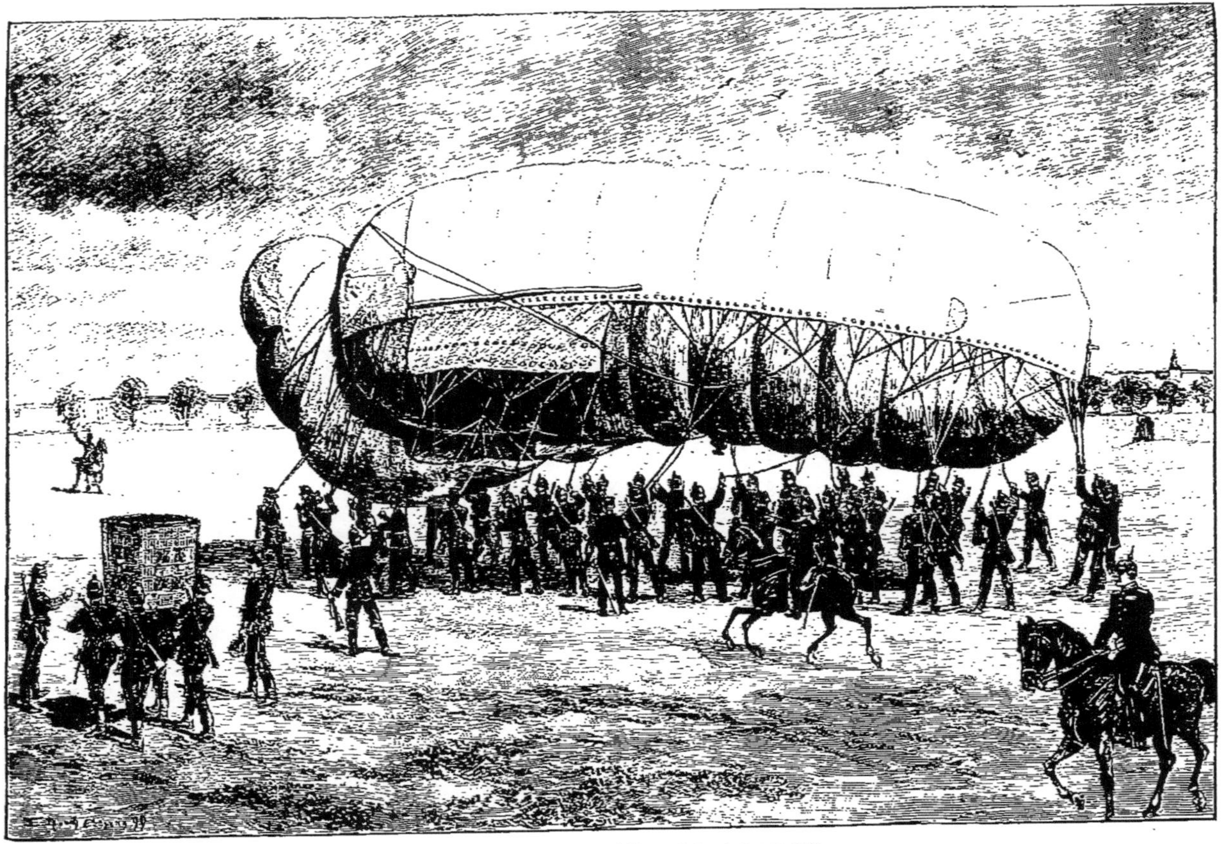

Fig. 186. — Transport d'un *drachen ballon* sur le terrain de manœuvre

perche de suspension de la nacelle N ; celle-ci est en outre suspendue, par l'intermédiaire de la perche Q, à un système de suspentes de sécurité qui viennent se rattacher à une bande de renforcement *ab* consolidée par un tube d'aluminium épousant la forme du ballon. Ce dernier n'a pas de filet, mais il est recouvert d'une housse qui l'enveloppe complètement et vient se rattacher à la perche Q. Le ballonnet à air *b* sert comme dans le ballon allemand, à maintenir la rigidité de l'ensemble ; il est rempli automatiquement par l'air qui vient s'engouffrer dans l'embouchure métallique E, munie d'un clapet de retenue. Le trop-plein de l'air s'échappe d'ailleurs par l'orifice S,

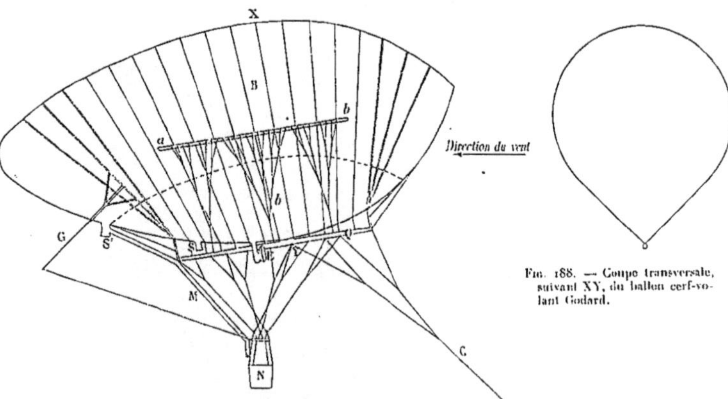

Fig. 187. — Ballon cerf-volant ovoïde de Louis Godard.

Fig. 188. — Coupe transversale, suivant XY, du ballon cerf-volant Godard.

munie d'une soupape automatique. Enfin, un plan en toile tendue sur un cadre d'aluminium joue le rôle de gouvernail G. Il est manœuvré de la nacelle, et sert à assurer l'inclinaison voulue du ballon que retient le câble C fixé, par une patte d'oie, à la partie antérieure de la perche de suspension.

L'avantage que présente ce ballon cerf-volant sur le drachen-ballon allemand, c'est d'être aussi parfaitement utilisable par calme absolu que lorsqu'il y a grand vent. Tandis que, dans le premier cas, le ballon allemand perd tous ses avantages et devient presque inutilisable, le ballon de Louis Godard fonctionne aussi bien que le ballon sphérique ordinaire.

CHAPITRE XXIII

L'AÉROSTATION APRÈS LA GUERRE

Une nuée d'inventeurs. — Le ballon dirigeable de Dupuy de Lôme. — Vingt ans après Giffard ! — L'expérience du 2 février 1872. — Le ballon de Haenlein. — Quelques idées bizarres. — Le projet de Gabriel Yon. — Reprise des ascensions scientifiques. — Sivel et Crocé-Spinelli. — La catastrophe du *Zénith*. — Un drame dans les airs. — Un triomphe posthume. — Le grand ballon captif à vapeur de l'exposition de 1878. — Une merveille aérostatique. — Le coup de vent du 18 août 1879. — Ballon et pigeons.

Le siège de Paris avait mis en évidence les services que l'aérostation pouvait rendre à une place forte assiégée, et nous avons vu quel magnifique parti le gouvernement de la Défense nationale avait su tirer des ballons libres pour le service des correspondances entre la capitale investie et le reste du territoire. On conçoit aisément qu'en face de ces événements l'imagination des inventeurs ait été singulièrement surexcitée. Une quantité innombrable de projets de ballons dirigeables prit naissance à cette époque, et tous les jours des inventeurs convaincus apportaient leurs idées au gouvernement : une commission avait été organisée au sein de l'Académie des sciences pour examiner ces projets, et Dieu sait quelles idées bizarres se firent jour devant la commission ! Un monsieur propose un jour de ravitailler Paris en y faisant entrer un convoi de cent mille montgolfières portant cent mille bêtes à cornes ! Un autre veut atteler à un aérostat deux mille pigeons pour le remorquer. La plupart rêvent de ballons à voiles : M. Sorel combine des voiles et des hélices ; M. Deroïde munit son ballon de plans inclinés, et adjoint au ballon à hydrogène un ballon à ammoniaque pour faire varier la force ascensionnelle de son navire aérien. M. Bouvet obtient ce résultat par l'action de la chaleur : c'est le gaz même du ballon qui sert de combustible, etc...

Le seul projet qui mérite d'être étudié, et qui fut d'ailleurs réalisé aux frais du gouvernement, est celui de Dupuy de Lôme.

Charles-Henry-Laurent Dupuy de Lôme (fig. 189) s'est acquis une réputation méritée comme ingénieur des constructions navales. Il est l'auteur de cuirassés à grande vitesse qui ont consacré à jamais sa réputation. Né aux environs de Lorient le 16 octobre 1816, il est mort à Paris le 1er février 1885. Fils d'un officier de marine, il était passionné pour les choses de la mer, et, pendant le siège de Paris, il faisait partie du Comité de Défense : comme tel, il eut à examiner la plupart des projets extravagants des inventeurs de ballons dirigeables. C'est alors qu'il conçut lui-même un projet d'aérostat destiné à mettre en communications régulières Paris et la province. Il présenta son projet à l'Académie des sciences, qui l'adopta, et le gouvernement de la Défense nationale ouvrit un crédit de 40 000 francs pour sa réalisation.

Dupuy de Lôme se mit à l'œuvre au commencement de novembre 1870 ; mais son navire aérien était à peine terminé que la capitulation de Paris et la signature de l'armistice le rendirent inutile, et ce ne fut que le 2 février 1872 que l'aérostat fut essayé. Son prix de revient avait de beaucoup dépassé le crédit alloué : le surplus fut payé par l'Académie et par l'inventeur lui-même.

Disons tout d'abord que le projet du célèbre académicien n'avait pas rencontré un accueil très enthousiaste de la part des gens compétents. Outre la véhémente protestation de Nadar qui, en sa qualité d'aviateur convaincu, n'admettait pas qu'un gouvernement quelconque employât l'argent des contribuables à faire construire un nouveau *ballon-poisson*, on reprochait, non sans raison, à Dupuy de Lôme de ne tenir aucun compte des travaux antérieurs, et notamment de méconnaître à ce point les belles expériences de Giffard, que vingt ans après l'ascension célèbre du premier aérostat à vapeur, il comptait obtenir la direction d'un aérostat avec la seule force humaine appliquée à la mise en mouvement d'une hélice.

Fig. 189. — Dupuy de Lôme.

Malgré ces critiques, il est juste de reconnaître que le navire aérien de Dupuy de Lôme constituait un travail très sérieux, très étudié, et que la suspension de la nacelle au moyen du *filet à balancine*, qui assurait sans brancard la solidarité complète de la nacelle et du ballon, était absolument nouvelle et parfaite comme solution de ce point du problème. Dans ce système de suspension (fig. 190), les points P et Q de la nacelle sont reliés à deux points A et B du ballon, de telle façon que les verticales PV, QV' soient toujours comprises à l'intérieur des angles APB et AQB, quelle que soit l'inclinaison que prenne le ballon. Dans ces conditions, le poids de la nacelle tend tous les cordages, et l'ensemble possède la même rigidité que si la suspension était assurée par des barres rigides. Il y avait ainsi deux systèmes de suspentes : les suspentes extérieures AP, BQ formant le filet porteur, et les suspentes intérieures BP, AQ, formant le filet des balancines : ces dernières cordes se croisaient toutes en un point M qui, en pratique, avait été relevé pour ne pas gêner les aéronautes.

Le ballon de Dupuy de Lôme (fig. 191) mesurait 36^{m},12 de pointe en pointe et 14^{m},84 de diamètre fort : il avait la forme géométrique engendrée par un arc de cercle tournant autour de sa corde et dont la flèche est à peu près le cinquième de la longueur de cette corde. Il cubait en tout 3454^{mc},40 : le ballonnet à air, destiné à maintenir l'enveloppe rigide, occupait $\frac{1}{10}$ de ce volume total.

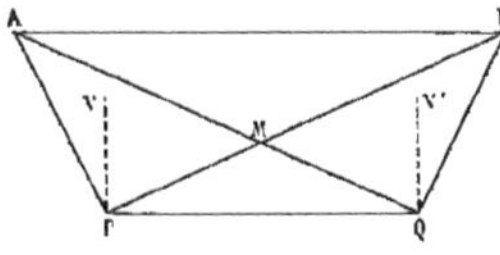

Fig. 190. — Schéma de la suspension par filets triangulaires.

L'axe de l'hélice propulsive placée dans la nacelle se trouvait à 20^{m},45 en dessous de l'axe du ballon : l'hélice mesurait 9 mètres de diamètre, et son pas était de 8 mètres. Cette hélice recevait un mouvement de rotation, dont la vitesse était de 21 tours par minute, d'un équipage de huit hommes agissant sur les manivelles d'un treuil moteur.

L'ascension eut lieu le 2 février 1872. Le ballon monté par Dupuy de Lôme, M. Zédé, officier de marine, G. You et onze hommes de manœuvre, s'éleva à 1 heure après midi du fort de Vincennes. Les résultats ne furent pas très brillants : il soufflait un vent de 15 mètres et la vitesse communiquée par l'hélice à l'aérostat n'était que de 2^{m},80 : dans ces conditions, on ne pouvait espérer de résultats très concluants, et l'on se borna à constater une déviation de 10 à 12° sur la direction du vent.

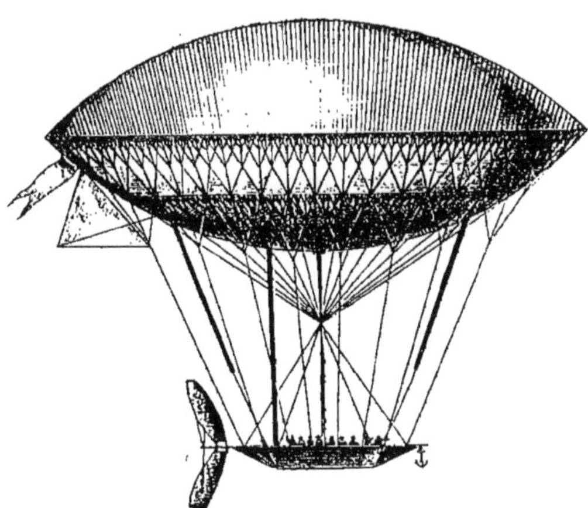
Fig. 191. — Ballon dirigeable de Dupuy de Lôme.

Mais, en revanche, la stabilité du navire aérien était parfaite, et l'opération de l'atterrissage se fit avec un plein succès, malgré le vent violent, à 3 heures du soir, à Mondécourt, sur les confins de l'Aisne et de l'Oise.

Il est certain que si Dupuy de Lôme avait disposé d'un hangar lui permettant de conserver son ballon prêt à partir à tout instant, et de choisir un jour de calme absolu, il eût pu, même avec cette faible vitesse de 2m,80 par seconde, évoluer en tous sens et rentrer à son point de départ. Son expérience aurait eu alors un énorme retentissement, et l'on eût proclamé, dans toute la presse, que Dupuy de Lôme avait trouvé la direction des ballons! En réalité il n'aurait rien fait de plus que ce qu'il a fait le 2 février 1872 : il a obtenu, par l'effet de l'hélice actionnée par 8 hommes, une vitesse propre de 2m,80 ; tel est le résultat auquel il est arrivé.

Il eût assurément obtenu mieux avec un moteur à vapeur ; mais bien qu'il eût manifesté l'intention de reprendre ses expériences avec un pareil moteur, il ne répéta jamais son expérience de 1872.

On raconte qu'étant un jour à la chasse par un temps de violente tempête, le vent soufflant à une vitesse de 30 mètres à la seconde, il fut frappé par la vue de perdreaux qui remontaient le lit du vent en avançant de 3 mètres à la seconde : ils volaient donc à raison de 33 mètres! Cette rapidité obtenue sans efforts par de médiocres volateurs impressionna vivement le savant ingénieur, qui comprit dès lors que de pareilles vitesses, nécessaires pour naviguer dans les airs par tous temps, sont impossibles pour les ballons et que seuls les appareils plus lourds que l'air peuvent espérer vaincre l'air. C'était d'ailleurs la conclusion à laquelle était arrivé Giffard, qui pensait avec raison qu'au delà de 12 mètres de vitesse la force employée pour la propulsion suffisait à la sustentation.

A peu près à la même époque que l'expérience de Dupuy de Lôme en France, un aéronaute allemand dont nous avons déjà parlé, P. Haenlein, entreprit à Vienne, puis à Brünn en Moravie, des expériences de navigation aérienne avec un grand ballon cylindro-conique de 50m,40 de longueur sur 9m,20 de diamètre, et cubant 2 227 mètres. Une société s'était formée pour couvrir les frais de l'expérience et plus de 200 000 francs furent ainsi dépensés en pure perte.

Le propulseur était une hélice actionnée par un moteur à gaz à quatre cylindres. On eut d'abord beaucoup de peine à réaliser l'ascension. Le matériel était trop pesant et le gaz trop dense : le ballon s'obstinait à rester à terre ; il fallut supprimer une grande partie des appareils, tels que le réfrigérant, les garde-fous de la nacelle, tout le lest, etc. Enfin le 13 décembre 1872 on put faire quelques expériences en maintenant captif le navire aérien ; mais les résultats obtenus furent tout à fait insignifiants, et les bailleurs de fonds s'étant lassés, le ballon d'Haenlein en resta là.

Il n'y a pas à s'arrêter longtemps au projet de ballon en aluminium de Micciollo-Picasse (1871) portant une hélice à chaque extrémité du ballon lui-même, pas plus qu'à celui de M. Cordenous, qui voulait construire un ballon ellipsoïdal à axe central rigide portant à l'arrière l'hélice de propulsion ; l'idée de placer ainsi l'hélice sur l'axe même du ballon entraîne nécessairement l'obligation d'une série de pièces rigides qui alourdissent considérablement l'ensemble et le mettent dans de très mauvaises conditions, et cela sans aucun profit, car il suffit d'assurer la solidarité complète entre le ballon et la nacelle portant l'organe de propulsion pour que celui-ci soit aussi efficace sur la nacelle que sur le ballon.

Et que dire du projet de M. Fayol ? Il est vraiment trop curieux pour le passer entièrement sous silence :

C'est, dit l'auteur, un animal qui a quarante kilomètres, dix lieues de longueur. Il va de Paris à Philadelphie en Amérique en six heures de temps... Sept galeries superposées qui s'étendent dans toute sa longueur déterminent sa hauteur. Il porte dans son ventre sept mille machines à vapeur, lesquelles travaillent toutes à comprimer de l'air dans les oreilles, qui sont au nombre de deux mille. Il y a sept mille chauffeurs, un à chaque machine ; ils sont commandés par un seul homme placé à la tête de l'animal, entre les deux yeux. Cet homme transmet sa volonté par l'électricité aux sept mille chauffeurs (1).

En 1877, le vice-amiral russe Sokovnine publie en brochure un projet de navire aérien assez original : il propose de construire un aérostat (fig. 192) en feuilles de carton-pierre, substance élastique et légère, mais dont il ne donne pas la composition.

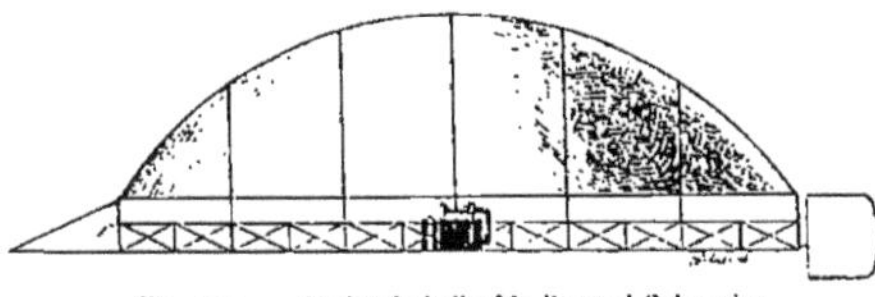
Fig. 192 — Projet de ballon de l'amiral Sokovnine

La forme est à peu près celle du ballon de Dupuy de Lôme dont on aurait supprimé la moitié inférieure ; le ballon aurait ainsi une surface convexe en dessus et plane en dessous. L'intérieur devait être séparé par cinq cloisons transversales et une longitudinale, et ces compartiments remplis de gaz ammoniac. Le moteur adopté par l'amiral russe est un moteur à réaction projetant de l'air comprimé qui serait conduit sur les deux côtés de la nacelle, placée sous le ballon, par deux tubes recourbés en acier, et dont les buses dirigées en arrière lanceraient deux courants d'air parallèles devant faire progresser le navire aérien avec une vitesse de 19 mètres à la seconde.

Ce projet assez bizarre de l'amiral russe n'a d'ailleurs jamais été exécuté.

Nous n'essaierons pas d'allonger cette nomenclature de projets de ballons plus ou moins dirigeables, elle remplirait des volumes entiers ; il y a cependant bien des idées amusantes et il y aurait certainement un livre curieux à écrire sur la mentalité des inventeurs en matière d'aéronautique.

Nous ne pouvons cependant passer sous silence le projet extrêmement remarquable d'aérostat à vapeur publié en 1880 par M. Gabriel Yon (fig. 193), le collaborateur de Giffard et de Dupuy de Lôme, l'habile constructeur de ballons captifs militaires dont nous avons cité le nom plusieurs fois au cours de cet ouvrage. Gabriel Yon avait adopté un certain nombre de dispositions du ballon de Dupuy de Lôme, entre autres le mode de suspension de la nacelle au moyen du filet à balancines. En dessous de l'aérostat allongé (fig. 194) était tendu une voile verticale formant quille et terminée à l'arrière par un gouvernail triangulaire. La propulsion devait être obtenue au moyen de deux hélices latérales placées à droite et à gauche du ballon, et à hauteur de la quille du navire aérien. Le moteur prévu était une machine à vapeur à tirage renversé, comme dans le ballon Giffard. Ce projet était

(1) *Le voyageur aérien*, par Fayol, 1 vol. Paris, 1875.

parfaitement étudié jusque dans ses moindres détails, et il est très regrettable que l'auteur, qui était parfaitement capable de le réaliser, n'ait pu, faute de ressources financières suffisantes, construire le ballon et l'expérimenter : il eût certainement obtenu des résultats qui l'auraient classé au rang des Giffard, des Dupuy de Lôme, des Tissandier et des Renard.

On voit par ces nombreux projets et essais que l'aérostation était, après la guerre, plus à l'ordre du jour qu'elle ne l'avait jamais été : mais il est à remarquer que les services que cette science avait rendus à la patrie aux heures terribles de 1870 avaient eu pour effet de ramener sur elle l'attention et la faveur du public, sans en faire à nouveau un simple spectacle forain. L'engouement dont l'aérostation est alors l'objet se traduit au contraire par l'intérêt que prend le public aux côtés sérieux de cette science. On se passionne pour les projets de direction, on s'intéresse à la création des parcs de ballons captifs militaires, on suit attentivement les expériences scientifiques que recommencent bientôt les physiciens, et lorsque se produira la catastrophe du *Zénith*, que nous allons relater tout à l'heure, la France entière sera secouée d'un frisson de pitié en apprenant la mort des martyrs de la science aérostatique !

Fig. 193. — Gabriel Yon.

Dès l'année 1872, les ascensions scientifiques entreprises par Camille Flammarion, Tissandier, W. de Fonvielle, et que la guerre avait brutalement interrompues, recommencèrent avec les mêmes explorateurs. Quelques-unes de ces ascensions furent intéressantes à divers titres : le 8 juin 1872, à bord du ballon la *Léo*, G. Tissandier, accompagné du vice-amiral Roussin, fit une belle observation de l'*auréole des aéronautes* (fig. 195), curieux phénomène d'optique analogue à celui connu sous le nom de *spectre d'Ulloa* (du nom du physicien qui en a donné la première explication), et qui a donné tant de célébrité à la montagne du Brocken, dans le Hartz en Hanovre, où il s'observe fréquemment.

Dans l'ascension du 16 février 1873, le *Jean Bart*, revenu de ses campagnes militaires, se trouva plongé dans un véritable nuage de glace : la température s'abaissa brusquement de près de 20° et le ballon, les agrès, les voyageurs furent en quelques instants couverts de cristaux de givre : des phénomènes électriques intenses furent observés en même temps, et le voyage faillit se terminer par une catastrophe, car la condensation du gaz et le poids du givre eurent pour effet de précipiter le ballon à terre avec une rapidité telle que les aéronautes eurent à peine le temps d'enrayer la chute, et que la nacelle frappa violemment la terre. L'un des voyageurs fut même projeté hors de la nacelle. Aucun ne fut blessé cependant, mais un tel exemple montre bien quelle attention de tous les instants doit apporter l'aéronaute à la marche de son aérostat, car là haut les surprises sont fréquentes, et un moment d'inattention peut entraîner de terribles conséquences.

Parmi les voyages aériens de M. Camille Flammarion, l'un de ceux qui eurent le plus de retentissement, bien qu'il n'eût pas de caractère scientifique bien marqué, fut celui du 28 août 1874 qui le mena de Paris à Spa : pour la première fois, en effet, s'accomplissait dans les airs un voyage de noces.

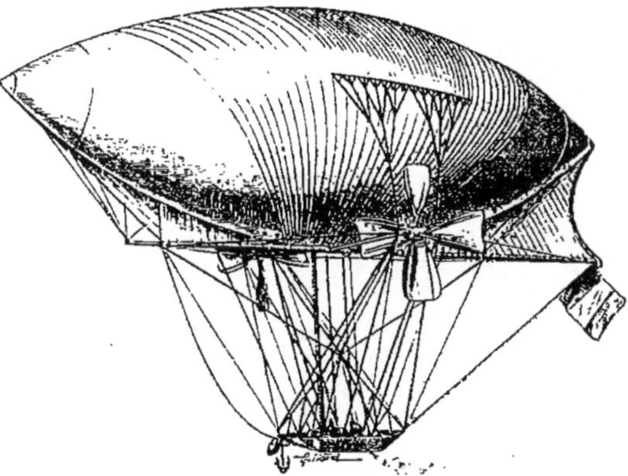

Fig. 194 — Projet de ballon dirigeable à vapeur de Gabriel Yon.

N'est-il pas naturel, dit à ce propos l'aimable astronome, que, pour un voyage de cette nature, on préfère le mode de locomotion le plus agréable, le plus magnifique, le plus charmant et le plus enchanteur ? Or, ni le plus moelleux compartiment de première classe, ni le landau le plus fièrement attelé, ni même la gondole de Venise glissant avec mystère sur l'onde silencieuse ne valent l'essor magique de l'aérostat à travers les plaines limpides de l'azur, et il n'y a rien de trop surprenant à ce qu'une jeune femme qui aime à cultiver son esprit soit désireuse de partager des émotions nouvelles, et de prendre sa part des contemplations grandioses que l'esquif aérien réserve à ceux qui lui confient un instant leur destinée... Quoi de plus naturel pour un astronome et sa compagne que de s'envoler ainsi par le chemin des oiseaux ? Nous désirions aller à Spa : nous y allâmes en ballon, portés par les ailes du vent à travers la nuit solennelle, bercés entre les nuées vaporeuses vaguement éclairées par les rayons argentés de la lune... C'était là, en vérité, un mode de locomotion si bien approprié à l'état de nos esprits que, si quelque chose peut étonner, c'est de ne pas le voir choisi par tous ceux qui aiment le beau et qui le comprennent. Mais c'est peut-être la faute des femmes... car, si elles le désiraient (1)...

Toutes ces ascensions scientifiques, si fécondes en résultats d'observation sur la météorologie et la physique du globe, amenèrent la *Société française de navigation aérienne* à étudier un programme complet des recherches et des observations à faire en ballon. Elle avait alors à sa tête des savants comme M. Janssen, Hervé-Mangon.

(1) C. Flammarion, *Voyages aériens*, 1881.

Paul Bert, et comptait dans son sein d'intrépides pionniers de la science comme Sivel, Tissandier, Jobert, Crocé-Spinelli, Ch. du Hauvel, A. Pénaud, Pétard, etc.

Il fut décidé, en 1874, que des ascensions purement scientifiques seraient organi-

Fig. 195. — L'auréole des aéronautes. *(Dessin de M. A. Tissandier.)*

sées, et que l'on se proposerait d'étudier l'atmosphère, d'une part au moyen d'ascensions de longue durée, d'autre part au moyen d'ascensions à grande hauteur. Ces deux modes d'exploration devaient en effet donner d'utiles observations se rapportant à de vastes étendues en largeur et en hauteur.

L'Académie des sciences, l'Association scientifique de France et l'Association française pour l'avancement des sciences prêtèrent leur concours à la réalisation de ce programme, et de nombreux savants et ingénieurs parmi lesquels il convient de citer MM. Dumas, Hervé-Mangon, Janssen, H. Giffard, Paul Bert, Dupuy de Lôme, Hureau de Villeneuve, d'Eichtal, Marey, Houel, Lavalley, F.-R. Duval, Dailly, Chabrier, assurèrent l'exécution de l'entreprise.

En 1874, une première ascension à grande hauteur fut exécutée le 22 mars par Sivel (fig. 196) et Crocé-Spinelli (fig. 197), à bord de l'*Étoile polaire*, aérostat de 2 800 mètres appartenant à Sivel. Sur les conseils de M. Janssen, la nacelle avait été capitonnée intérieurement, et, dans le but de s'élever le plus haut possible sans crainte d'asphyxie, les aéronautes avaient emporté avec eux des sacs d'oxygène dont l'inspiration, suivant les expériences de Paul Bert, permet de résister à des dépressions considérables.

FIG. 196. — Sivel.

Partis de la Villette à 11 heures 33 du matin, les aéronautes s'élevèrent à l'altitude de 7 300 mètres, et vinrent atterrir à 2 h. 12 près de Bar-sur-Seine, après un parcours de 190 kilomètres. Au cours de ce magnifique voyage, les deux savants aéronautes firent une ample moisson d'observations du plus haut intérêt qui sont relatées dans les *Comptes rendus de l'Académie des sciences*.

Deux nouvelles ascensions furent alors décidées, pour lesquelles Sivel construisit un excellent ballon de 3 000 mètres cubes, le *Zénith*. La première de ces ascensions, celle de longue durée, eut lieu le 23 mars 1875. Le *Zénith* emportait dans sa nacelle Gaston et Albert Tissandier, Sivel, Jobert et Crocé-Spinelli. Le départ eut lieu de l'usine à gaz de La Villette à 6 heures 20 minutes du soir : la descente n'eut lieu que vingt-deux heures et quarante minutes plus tard à Montplaisir non loin d'Arcachon. C'était la première fois qu'un aérostat restait si longtemps dans les airs sans toucher terre ! Les observations furent excessivement nombreuses et variées, elles portèrent principalement sur la spectroscopie, l'hygrométrie, l'électricité atmosphérique, la température, les différents courants aériens. De curieux halos et croix lunaires furent observés au cours de ce voyage, et dessinés avec une grande fidélité par M. Albert Tissandier.

Devant l'importance des résultats obtenus, on décida d'exécuter sans retard la seconde partie du programme, et l'ascension à grande hauteur fut décidée pour le 15 avril 1875. La veille, à la séance de la *Société française de navigation aérienne*, Crocé-Spinelli, enthousiasmé par l'idée du voyage projeté, développait devant ses collègues le programme des expériences et des observations qu'il se proposait de faire. Quelques membres de la Société semblaient avoir le pressentiment de la catastrophe qui devait terminer cette ascension fatale.

M. Hervé-Mangon. — J'engage nos collègues à garder le plus de lest possible pour leur descente. *Je leur recommande de ne pas monter plus haut que 7 500 mètres.* Cette altitude est bien suffisante pour les observations à faire.

M. Hureau de Villeneuve. — Je vois avec peine nos collègues partir à trois dans cette ascension : ils n'auront pas assez de lest pour leur descente et je crains qu'ils ne se blessent en tombant (1).

Le départ eut lieu le jeudi 15 avril à 11 h. 35 de l'usine à gaz de La Villette, dans des conditions excellentes et par le plus beau temps possible. Les trois aéronautes, Crocé-Spinelli, Gaston Tissandier et Sivel étaient pleins de joie et d'espoir... Le lendemain à midi, une dépêche de Gaston Tissandier apprenait à la *Société française* la mort de ses deux compagnons !

Fig. 197. — Crocé-Spinelli.

Nous cédons la parole au survivant de ce drame émouvant :

Dès les premiers moments de l'ascension... Sivel prend le soin prudent de descendre la corde d'ancre et de tout préparer pour l'atterrissage. A peine sommes-nous à 300 mètres au-dessus du sol qu'il s'écrie avec joie :

« — Nous voilà partis, mes amis ! je suis bien content. »

Et un peu plus tard, regardant l'aérostat arrondi au-dessus de la nacelle :

« — Voyez le *Zénith*, comme il est bien gonflé : comme il est beau ! »

Crocé-Spinelli me disait :

« — Allons, Tissandier, du courage. A l'aspirateur, à l'acide carbonique !... »

A l'altitude de 3 300 mètres, le gaz s'échappait avec force de l'appendice béant au-dessus de nos têtes. L'odeur était prononcée, et sans que Sivel et moi en ayons été incommodés, je dois signaler les lignes suivantes que je trouve écrites sur le carnet de Crocé-Spinelli :

« 11 *heures 57 minutes, H. 500. Température +1°. Légère douleur dans les oreilles. Un peu oppressé. C'est le gaz.* »

J'ajouterai que le *Zénith* n'avait pas été entièrement gonflé pour laisser une large place à la dilatation...

C'est à l'altitude de 7 000 mètres, à 1 heure 20 minutes, que j'ai respiré le mélange d'air et d'oxygène, et que j'ai senti, en effet, tout mon être, déjà oppressé, se ranimer sous l'action de ce cordial ; à 7 000 mètres, j'ai tracé sur mon carnet de bord les lignes suivantes : *Je respire oxygène. Excellent effet.*

A cette hauteur, Sivel, qui était d'une force physique peu commune et d'un tempérament san

(1) Séance du 14 avril 1875.

guin, commençait à fermer les yeux par moments, à s'assoupir même et à devenir un peu pâle. Mais cette âme vaillante ne s'abandonnait pas longtemps aux mouvements de la faiblesse ; ... il voulait, cette année, monter à 8 000 mètres, et quand Sivel voulait, il eût fallu de grands obstacles pour entraver ses desseins.

Crocé-Spinelli avait depuis longtemps l'œil fixé au spectroscope. Il paraissait rayonnant de joie et s'était écrié déjà :

« — Il y a absence complète des raies de la vapeur d'eau. »

... J'arrive à l'heure fatale où nous allons être saisis par la terrible influence de la dépression atmosphérique. A 7 000 mètres, nous sommes tous debout dans la nacelle ; Sivel, un moment engourdi, s'est ranimé ; Crocé-Spinelli est immobile en face de moi.

« — Voyez, me dit ce dernier, comme ces cirrus sont beaux ! »

C'était beau, en effet, ce spectacle sublime qui s'offrait à nos yeux... Le ciel, loin d'être noir et foncé, était bleu clair et limpide : le soleil ardent nous brûlait le visage. Cependant le froid commençait à faire sentir son influence, et nous avions antérieurement déjà placé nos couvertures sur nos épaules. L'engourdissement m'avait saisi, mes mains étaient froides, glacées... J'écrivais machinalement sur mon carnet.

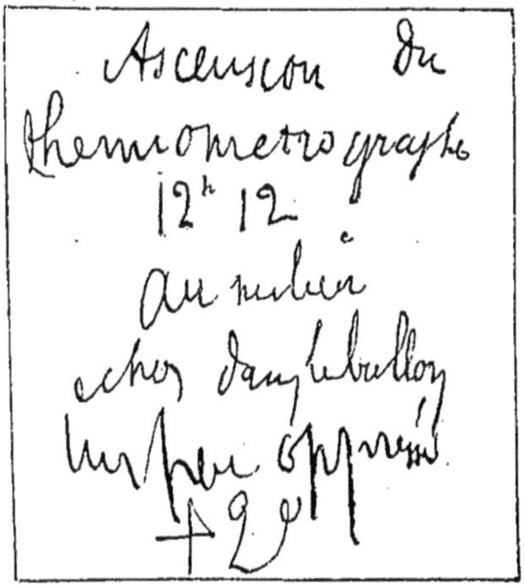

« *J'ai les mains gelées. Je vais bien. Nous* « *allons bien. Brume à l'horizon avec petits* « *cirrus arrondis. Nous montons. Crocé souffle.* « *Nous respirons oxygène. Sivel ferme les yeux,* « *Crocé aussi ferme les yeux. Je vide aspi-* « *rateur. Temp. : — 10° ; 1h.20m ; H. 320.* « *Sivel est assoupi... 1h,25m, temp. : — 11°.* « *H. 300. Sivel jette lest. Sivel jette lest.* » (Ces derniers mots sont à peine visibles).

Sivel, en effet, qui était resté quelques instants comme pensif et immobile, fermant parfois les yeux, venait de se rappeler sans doute qu'il voulait dépasser les limites où planait encore le *Zénith*. Il se redresse ; sa figure énergique s'éclaire subitement d'un éclat inaccoutumé : il se tourne vers moi et me dit :

Fig. 198. — Autographe de Crocé-Spinelli lors de l'ascension mortelle du *Zénith*.

« — Quelle est la pression ?

« — 300 (7 540 mètres d'altitude environ).

« — Nous avons beaucoup de lest, faut-il en jeter ? »

Je lui réponds :

« — Faites ce que vous voudrez. »

Il se tourne vers Crocé et lui fait la même question. Crocé baisse la tête en signe d'affirmation très énergique...

Bientôt je veux saisir le tube à oxygène, mais il m'est impossible de lever le bras. Mon esprit cependant est encore très lucide. Je considère toujours le baromètre ; j'ai les yeux fixés sur l'aiguille, qui arrive bientôt au chiffre de la pression 290, puis 280 qu'elle dépasse.

Je veux m'écrier :

« — Nous sommes à 8 000 mètres ! » (Voir le diagramme, fig. 200.)

Mais ma langue est comme paralysée. Tout à coup, je ferme les yeux et je tombe inerte, perdant absolument le souvenir. Il était environ 1 heure 30 minutes.

A 2 heures 3 minutes, je me réveille un moment. Le ballon descendait rapidement. J'ai pu couper un sac de lest pour arrêter la vitesse, et écrire sur mon registre de bord les lignes suivantes, que je recopie :

Fig. 199. — L'ascension du 16 avril 1875. Gaston Tissandier, Sivel et Crocé-Spinelli dans la nacelle du *Zénith*.

« *Nous descendons ; température* : — 8° : *je jette lest. H* 315. *Nous descendons. Sivel et Crocé encore évanouis au fond de la nacelle. Descendons très fort.* »

A peine ai-je écrit ces lignes qu'une sorte de tremblement me saisit, et je retombe affaibli encore une fois... Quelques moments après, je me sens secouer par le bras, et je reconnais Crocé, qui s'est ranimé : « Jetez du lest, me dit-il, nous descendons. » Mais c'est à peine si je puis ouvrir les yeux, et je n'ai pas vu si Sivel était réveillé... Je retombe dans mon inertie plus complètement encore qu'auparavant, et il me semble que je m'endors d'un sommeil éternel.

Que s'est-il passé ? Il est certain que le ballon délesté, imperméable comme il l'était, et très chaud est remonté encore une fois dans les hautes régions.

A 3 heures 30 minutes environ, je rouvre les yeux. Je me sens étourdi, affaissé, mais mon esprit se ranime. Le ballon descend avec une vitesse effrayante ; la nacelle est balancée fortement et décrit de grandes oscillations. Je me traine sur les genoux et je tire Sivel par le bras, ainsi que Crocé.

« — Sivel ! Crocé ! m'écriai-je, réveillez-vous ! »

Mes deux compagnons étaient accroupis dans la nacelle, la tête cachée sous leurs couvertures de voyage. Je rassemble mes forces et j'essaie de les soulever. Sivel avait la figure noire, les yeux ternes, la bouche béante et remplie de sang. Crocé avait les yeux à demi fermés et la bouche ensanglantée.

Raconter en détail ce qui se passa alors m'est impossible... J'étais comme fou, je continuais à appeler : Sivel ! Sivel !...

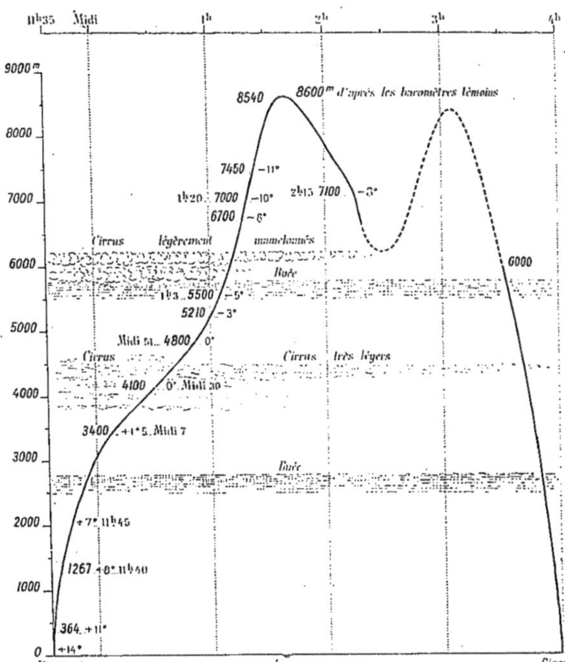

FIG. 200. — Diagramme barométrique de l'ascension du *Zénith* (15 avril 1875).

La descente du *Zénith* eut lieu près de la petite ville de Ciron (Indre). Le choc à terre fut extrêmement violent, et il s'en fallut de peu que G. Tissandier ne pérît lui-même. Des habitants de Ciron accoururent à son secours et furent frappés d'horreur devant les cadavres des deux infortunés et le désespoir du survivant. Les corps de Crocé-Spinelli et de Sivel furent transportés dans une grange, et Tissandier entraîné presque de force dans une maison hospitalière. En proie à une fièvre ardente, il ne cessait de crier : « Sivel, Crocé, où êtes-vous ! »

Le 18 avril il put rentrer à Paris avec les restes de ses deux compagnons, qu'une foule émue attendait à la gare d'Orléans.

La nouvelle de la catastrophe produisit une émotion intense dans Paris et dans la France entière, et plus de vingt mille personnes suivirent les funérailles de Sivel et de Crocé-Spinelli, qui eurent lieu le 20 avril au Père-Lachaise. Le Président de la République et les ministres de la Guerre et de l'Instruction publique s'y firent représenter ; une délégation de l'Académie des sciences, des membres du Parlement, la plupart des membres de la *Société de navigation aérienne*, une foule de savants, d'ingénieurs, de rédacteurs des principaux journaux de Paris se pressaient autour des cercueils des

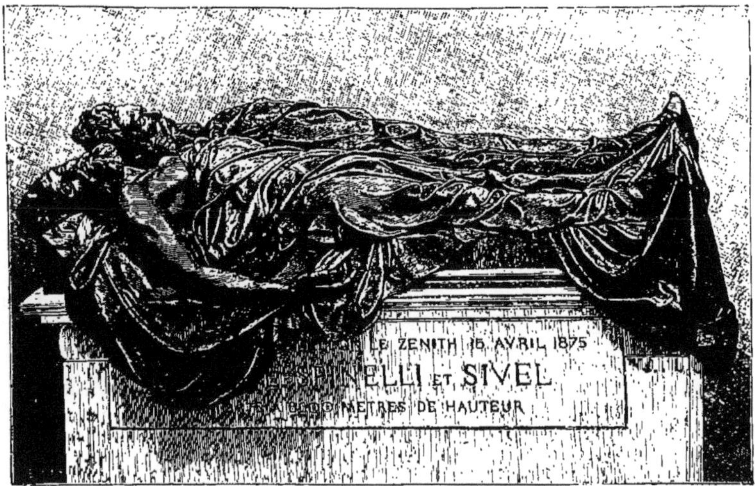

FIG. 201. — Monument élevé au Père-Lachaise à la mémoire de Sivel et Crocé-Spinelli.

intrépides explorateurs des hautes régions de l'atmosphère, qui avaient trouvé la mort en voulant arracher de nouveaux secrets à la Nature.

Dans un discours ému, M. Hervé-Mangon, président de la *Société de navigation aérienne*, retraça en ces termes le caractère des deux martyrs de la science :

Joseph Crocé-Spinelli avait à peine trente ans ; il était encore élève à l'École Centrale des Arts et Manufactures en 1866. Depuis cette époque, il se livrait avec passion à l'étude de la physique du globe et de l'aéronautique. Oublieux de ses intérêts personnels, il donnait à la science son ardeur et son travail incessant.

L'École Centrale, qui a doté la France depuis quarante-cinq ans d'un si grand nombre d'hommes et d'ingénieurs éminents, placera Crocé au nombre des élèves dont elle peut s'honorer à bon droit ; ses camarades jeunes et vieux ne l'oublieront pas.

Crocé avait deux passions, dont une seule eût suffi pour lui donner une grande valeur : il aimait la science de toutes ses forces : il aimait surtout notre chère France de tout son cœur. S'il se sacrifiait à la science, c'est parce qu'il savait qu'elle grandit le pays où on la cultive avec ardeur et désintéressement. Confident, dans ces derniers temps, des pensées intimes de Crocé, je peux dire à l'honneur de sa mémoire que le patriotisme était le véritable mobile de toutes ses actions.

M. Sivel, officier de marine, venait d'atteindre sa quarantième année. Il avait été appelé, par un irrésistible attrait, à s'occuper de navigation aérienne. L'inconnu semblait le fasciner... Il voulait sonder les profondeurs inconnues de l'atmosphère, où la mort l'attendait.

Une instruction solide, une expérience sanctionnée par le succès de près de deux cents ascensions faisaient de M. Sivel l'un des membres les plus utiles de la Société. La droiture de son caractère, son courage, le charme de ses manières, le faisaient aimer de tous... On doit à M. Sivel plusieurs inventions utiles au progrès de l'aérostation. Il suffit de citer ici son *ancre-cône* et son *guide-rope à frotteurs*.

Fig. 202. — Monument de Ciron où a eu lieu la descente du *Zénith* après la catastrophe du 15 avril 1875.

Une souscription publique ouverte par la *Société française de navigation aérienne* produisit en quelques jours une somme de 91 948 francs ! Elle permit de venir en aide aux familles des deux aéronautes, et d'élever à ceux-ci un tombeau (fig. 201), véritable œuvre d'art, qui existe au Père-Lachaise.

Un monument (fig. 202), dû au beau talent architectural de M. Albert Tissandier, fut élevé à Ciron, au lieu même de la catastrophe. On lit sur sa face postérieure l'inscription suivante :

SIVEL (HENRI-THÉODORE)
né le 10 novembre 1834
Dans la commune de Sauve, département du Gard
Mort en ballon le 15 avril 1875.

CROCÉ-SPINELLI (JOSEPH-EUSTACHE)
Ingénieur des Arts et Manufactures, né le 10 juillet 1845
à Montbazillac, département de la Dordogne
Mort en ballon le 15 avril 1875.

Il était réservé à Crocé-Spinelli de se survivre par ses travaux scientifiques. Deux mois après le drame, l'Académie des sciences, dans sa séance annuelle du 21 juin 1875, décernait les prix de mathématiques sur le sujet suivant mis au concours l'année précédente : « *Donner une théorie mathématique du vol des oiseaux.* » Le prix fut partagé et attribué à deux mémoires, l'un du savant Alphonse Pénaud, l'autre dû à la collaboration du Dr A. Hureau de Villeneuve et de Crocé-Spinelli. Ce dernier, après sa mort, était donc proclamé lauréat de l'Institut. Son collaborateur, à la tête d'une députation de la *Société française de navigation aérienne*, se rendit à l'issue de la séance de l'Institut au cimetière du Père-Lachaise, et, avec une émotion profonde, déposa la palme académique sur le tombeau de Crocé-Spinelli.

FIG. 203. — Gaston Tissandier faisant une ascension au-dessus de Paris.

La catastrophe du *Zénith* semblait devoir mettre un terme à des ascensions aussi périlleuses. Il n'en fut rien, et nous dirons à la gloire de notre pays qu'au lendemain même des funérailles des deux aéronautes, vingt-sept jeunes gens s'offrirent spontanément au président de la *Société française* pour continuer les expériences d'ascensions à grande hauteur, et Gaston Tissandier lui-même échappé par miracle à la catastrophe qui lui coûta d'ailleurs la perte à peu près complète du sens de l'ouïe, reprenait dès le

FIG. 204. — Le ballon captif à vapeur Giffard installé dans la cour des Tuileries pendant l'Exposition universelle de 1878. *(Collection Tissandier.)*

29 novembre 1875 la série de ses ascensions scientifiques avec son frère Albert et Duté-Poitevin le beau-frère du regretté Sivel.

A ces travaux d'aérostation scientifique se rattache, par la perfection de sa construction, par l'étude raisonnée et minutieuse jusque dans ses plus infimes détails, le merveilleux aérostat captif à vapeur construit en 1878 par l'illustre ingénieur Henri Giffard. On n'a jamais fait, on ne fera jamais mieux comme construction aérostatique, que ce gigantesque ballon de 25 000 mètres cubes qui enlevait dans les airs 25 000 kilogrammes à 500 mètres de hauteur. Tout était prévu, étudié, combiné avec une science et un art que l'on peut imiter, mais que l'on ne peut dépasser.

Une description complète de cette merveille aérostatique nous entraînerait trop loin,

FIG. 205. — Équipe de femmes transportant un hémisphère du ballon Giffard. (*Croquis de M. A. Tissandier.*)

et nous nous contenterons d'une rapide étude du grand ballon captif de 1878 (fig. 204) ; pour le surplus, nous renvoyons le lecteur à la notice très complète qu'a publiée sur ce sujet M. G. Tissandier (1).

Le ballon formait une sphère immense de 36 mètres de diamètre et était muni de deux soupapes métalliques, une en haut pouvant être ouverte par les aéronautes, l'autre en bas s'ouvrant automatiquement sous l'effort de la dilatation du gaz. L'aérostat, amarré à terre, formait au-dessus du sol un dôme monumental de 55 mètres de hauteur. L'étoffe qui le constituait pesait à elle seule 5 300 kilogrammes. Elle était constituée par sept tissus superposés dans l'ordre suivant en allant de l'intérieur à l'extérieur du ballon :

(1) Gaston TISSANDIER, *Le grand ballon captif à vapeur de M. Henri Giffard*. 1879.

1° Une mousseline ; 2° une couche de caoutchouc ; 3° un solide tissu de toile de lin aussi résistant dans le sens du fil que dans celui de la trame ; 4° une seconde couche de caoutchouc naturel ; 5° une seconde toile de lin semblable à la première ; 6° une couche de caoutchouc vulcanisé ;

Fig. 206. — Nacelle du grand ballon captif à vapeur de H. Giffard.

7° une mousseline extérieure vernie à l'huile de lin siccative. Toute cette enveloppe était en outre revêtue d'une couche de peinture au blanc de zinc.

Cette étoffe, confectionnée par M. Rattier, fabricant de caoutchouc, a exigé plus de cinq mois de fabrication : elle fut livrée au commencement d'avril 1878 et soumise immédiatement à des essais de résistance et de solidité, et à une opération spéciale d'étirage destinée à prévenir toute déformation ultérieure. La sphère, qui mesurait en nombre rond 4 000 mètres carrés, a été constituée par 104 fuseaux formés chacun de 14 pièces. La couture de ces 1 456 morceaux d'étoffe a été exécutée à la machine à coudre par 40 ouvrières et a demandé plus de 50 000 mètres de fil ! Toutes les coutures ont été renforcées par deux bandes, l'une intérieure, formée de mousseline collée avec de la dissolution de caoutchouc, et l'autre extérieure, comprenant une couche de caoutchouc vulcanisé interposé entre deux mousselines. La longueur totale de ces bandes atteignait 15000 mètres et elles pesaient 350 kilogrammes.

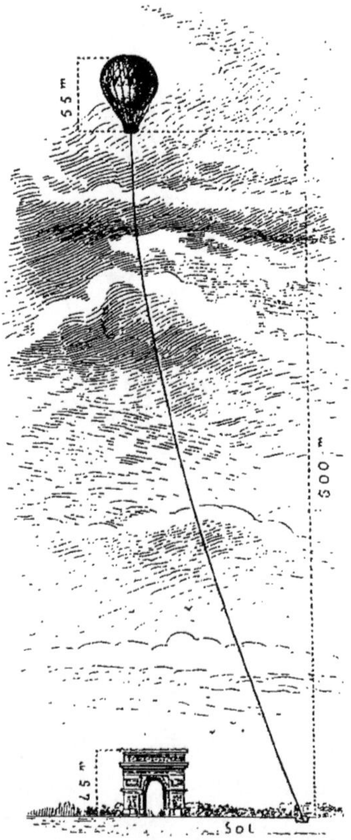

Les deux hémisphères du ballon ont été terminés le 25 mai et ont été aussitôt vernis puis peints au blanc de zinc dans la cour des Tuileries (fig. 205). Tout ce travail a été achevé le 11 juillet et le gonflement à l'hydrogène a commencé aussitôt. L'hydrogène était produit dans un appareil spécial, par la réaction de l'eau acidulée sur la rognure de fer : on consomma pour cette opération 190 000 kilogrammes d'acide sulfurique à 52° et 80 000 kilogrammes de tournure de fer. M. H. Giffard dirigeait lui-même cette fabrication d'hydrogène avec le concours de M. Corot, ingénieur de la maison Flaud et Cohendet.

L'immense filet qui enveloppait l'aérostat, et qui pesait 3300 kilogrammes, a été construit par la maison Frété, sous la direction de M. Gabriel Yon 110 ouvriers furent employés à ce travail, qui nécessita 26 000 mètres de cordes de 11 millimètres de diamètre. Le filet terminé ne contenait pas moins de 52 000 mailles, et chaque entrecroisement des cordes était enveloppé d'un morceau de peau de gant destiné à éviter l'usure de l'étoffe du ballon aux points de contact avec le filet. Tout un système de cordes et de poulies reliait ce filet aux cordes du cercle de suspension de la nacelle.

Celle-ci (fig. 206) était construite en bois de noyer et avait une forme annulaire de 6 mètres de diamètre. Elle formait donc une sorte de balcon circulaire de 1 mètre de large où pouvaient prendre place quarante voyageurs. Les soutes de la nacelle renfermaient des sacs de lest, des grappins, des ancres, des guide-rope, en un mot tout le matériel nécessaire à une ascension libre. Elle pesait, ainsi arrimée, 4 950 kilogrammes.

FIG. 207. — Le ballon captif de l'exposition de 1878 au bout de son câble.

Les soupapes étaient entièrement métalliques et mesuraient, la soupape supérieure $0^m,55$ de diamètre, et la soupape inférieure $0^m,80$.

La nacelle était fixée à un premier grand cercle en bois de 6 mètres de diamètre, suspendu lui-même à deux cercles de tôle d'acier qui portaient d'autre part les câbles rattachant le tout au filet; c'est au plus petit de ces deux cercles d'acier que venait se fixer le câble d'amarrage,

Fig. 208. — L'installation du matériel, treuil et machines, du ballon captif de 1878.

par l'intermédiaire d'un peson suspendu au centre de l'espace annulaire de la nacelle. Ce peson était formé de deux cylindres d'acier reliés entre eux par seize ressorts d'acier : le cylindre supérieur était fixé à un plateau métallique relié au petit cercle, et le cylindre inférieur était relié au câble. Cet ensemble formait un puissant dynamomètre donnant à chaque instant l'effort de traction du ballon sur le câble. Tout ce matériel de suspension (cordes d'attache du filet, cercles, peson, etc.) pesait 3 650 kilogrammes.

Le câble, d'une longueur totale de 600 mètres, et qui, par suite de l'allongement, atteignit 660 mètres, a été construit à Angers par MM. Besnard-Genest et Bessonneau ; il était conique et son diamètre allait de $0^m,065$ à la partie inférieure, jusqu'à $0^m,085$ à la partie supérieure. Il pesait 3 000 kilogrammes et résista, aux essais, à 28 000 kilogrammes de traction. Or le ballon captif n'exerçait jamais sur le câble une traction supérieure à 8 ou 9 000 kilogrammes. On voit que la sécurité était complète : malgré cela tout était prévu, nous l'avons dit, pour une ascension libre en cas de rupture du câble, et à chaque ascension, la nacelle avait à son bord deux au moins des trois aéronautes chargés des manœuvres : MM. Eugène et Jules Godard, et Camille Dartois.

Le câble du ballon captif passait, à terre, dans la gorge d'une poulie à mouvement universel, spécialement étudiée pour suivre tous les mouvements de l'aérostat. Cette poulie avait $1^m,60$ de diamètre et était scellée au fond de la cuvette conique au-dessus de laquelle la nacelle de l'aérostat venait se poser. Après avoir passé sur cette poulie, le câble suivait un tunnel souterrain de 60 mètres de longueur et venait s'enrouler sur le treuil à vapeur qui manœuvrait l'immense globe avec la plus grande facilité.

Le tambour de ce treuil, qui était creux et en fonte, mesurait 10 mètres de largeur et $1^m,70$ de diamètre, et sa surface était creusée de 108 tours de spires dans lesquelles le câble s'enroulait. La machinerie comprenait deux machines à vapeur de 300 chevaux et un frein régulateur à air inventé par H. Giffard, pour régler le déroulement du câble.

Toute cette installation (fig. 208) était une vraie merveille de précision et d'ingéniosité et digne de la réputation de l'illustre ingénieur et de ses collaborateurs, MM. G. You, Corot, Godard frères et Camille Dartois.

Plus de 35 000 personnes furent ainsi enlevées à 500 mètres dans les airs pendant le cours de l'Exposition de 1878. L'exploitation avait duré 100 jours pendant lesquels il ne put y avoir d'ascensions que 72 jours seulement. Il y eut en tout un millier d'ascensions réalisées. La dernière eut lieu le 4 novembre : le 7 le ballon était dégonflé.

Une seconde série d'ascensions se fit l'année suivante. Cette seconde campagne du grand ballon captif à vapeur se termina par le déchirement de l'aérostat, le 18 août 1879 à 4 heures 35 du soir, au cours d'une violente tempête ; cet accident n'eut d'ailleurs aucune suite fâcheuse, le ballon étant alors à terre.

Les partisans du *Plus lourd que l'air* ne manquèrent pas de remarquer que pendant que la bourrasque mettait ainsi en pièces l'aérostat le plus solide et le mieux construit qui ait jamais existé, des pigeons volaient librement autour de l'énorme ballon et se jouaient de la tempête, qui était impuissante à paralyser leur vol.

CHAPITRE XXIV

L'AVIATION DE 1870 A 1880

Le Dr A. Hureau de Villeneuve. — Le *planophore* d'A. Pénaud et l'équilibre longitudinal. — Vincent de Groof, l'homme volant. — L'hélicoptère Renoir. — *L'antropostrouche* de Ch. du Hauvel. — Les oiseaux mécaniques. — Le chéiroptère du Dr H. de Villeneuve. — L'aéroplane Pénaud et Gauchot. — L'aéroplane Moy et Shill. — L'aéroplane Serge Mikounine. — Les idées d'Édison. — L'hélicoptère à vapeur de Enrico Forlanini. — L'hélicoptère Castel. — L'hélicoptère Melikoff. — Les petits hélicoptères Dandrieux. — Les travaux de M. Marey. — La chronophotographie du vol des oiseaux.

Si les dix années qui suivirent l'année terrible furent marquées par de réels progrès dans l'aérostation, cette période ne fut pas moins remarquable par les travaux des aviateurs, qu'il nous reste à examiner. Il semble que la guerre de 1870 ait été comme le coup de fouet qui fait avancer une nation dans la voie du progrès : un instant abattue par les revers, la France s'est relevée plus vaillante que jamais, et la grandiose Exposition de 1878 vint affirmer devant l'univers étonné la puissance et le génie de notre race. Dans toutes les branches de la science et de l'industrie l'activité fut incroyable et les développements rapides : comme nous venons de le voir, la science aéronautique ne fut pas en dehors de ce mouvement général. Il n'est donc pas étonnant que les travaux des partisans du *Plus lourd que l'air* aient été, pendant ces dix années, plus nombreux et plus intéressants que jamais : sans avoir l'ampleur ou plutôt la publicité de l'agitation du temps de Nadar, le mouvement en faveur des appareils d'aviation fut à cette époque extrêmement remarquable et fécond, et de même que le nom de Nadar restera attaché à l'agitation de 1862 en faveur du *Plus lourd que l'air*, le nom du Dr Hureau de Villeneuve sera inséparable de cette période de nouvelle activité dans l'étude du problème de l'aviation.

Né à Paris le 19 août 1833, le Dr Abel Hureau de Villeneuve (fig. 209) était le fils d'un chirurgien militaire des armées de Napoléon Ier. Médecin distingué lui-même, ami des modestes et des pauvres, il avait toujours eu la passion de la navigation aérienne, ou plutôt de l'aviation, car il fut et demeura toute sa vie le champion convaincu de l'aéronautique par les moyens purement mécaniques. Physiologiste et anatomiste comme il l'était, il préconisait les appareils imitant le vol des oiseaux, et il était parvenu à construire des oiseaux artificiels absolument extraordinaires, sur lesquels nous aurons à revenir. Il avait fondé en 1868 le journal *l'Aéronaute*, qui, sous son habile direction, était devenu une véritable encyclopédie de la navigation aérienne. Il avait su attirer et intéresser à cette question qui le passionnait une phalange de penseurs et d'ingénieurs et leur communiquait sa foi inébranlable dans le succès futur.

En 1872, il mit son journal à la disposition de la *Société française de navigation aérienne* qui venait de se fonder, et à laquelle il donna dès lors la meilleure partie de son temps.

En 1875, l'Académie des sciences lui attribuait, nous l'avons vu, l'un des grands prix de mathématiques pour sa *Théorie du vol des oiseaux*, en collaboration avec Crocé-Spinelli.

Il était secrétaire général de la Société française de navigation aérienne et de la *Commission permanente civile d'aéronautique*, et secrétaire du comité d'admission de la classe 34 à l'Exposition de 1900, lorsque la mort vint le frapper subitement à Paris le 2 juin 1898.

Fig. 209. — Le Dr Hureau de Villeneuve.

Quelque temps auparavant, comme s'il avait eu le pressentiment de sa fin prochaine, il avait légué à la Société de navigation aérienne son recueil *l'Aéronaute* et ses belles collections. Le nom d'Abel Hureau de Villeneuve demeurera parmi les précurseurs et les inventeurs qui auront contribué le plus à la solution du grand problème qu'avec une conviction inébranlable il entrevoyait comme prochaine. Cette conviction, il cherchait à la faire partager à tous ceux qui l'approchaient, et il prodiguait les encouragements et les conseils à ceux qui venaient le consulter. Bien qu'il fût lui-même, comme nous l'avons dit, partisan de l'imitation du vol des oiseaux, il n'écartait pas les autres solutions, et c'est ainsi qu'il accueillit avec tant de faveur les travaux d'un autre savant aviateur dont nous avons déjà cité le nom, Alphonse Pénaud.

Celui-ci avait, en 1870, imaginé d'appliquer la force emmagasinée dans un caoutchouc tordu à actionner de petits hélicoptères, et il pensa utiliser le même moteur à l'aéroplane. Mais là, une grosse difficulté se présentait, l'équilibre. Sans équilibre, l'appareil, incapable de fournir la moindre course, tombait à terre malgré son propulseur et son plan incliné. Après quelques recherches, Pénaud imagina un organe très simple remplissant le but désiré. C'est un petit gouvernail horizontal incliné vers le dessous du plan sustenteur placé devant lui et dont l'effet est de maintenir fixe la direction de ce plan sustenteur. C'est en somme un organe analogue à la queue d'un oiseau qui plane et qui maintient la direction des ailes pendant le planement.

C'est au mois d'août de l'année 1871 qu'A. Pénaud présenta son charmant petit aéroplane à hélice (fig. 210), qu'il baptisa le *Planophore*. Il se composait d'une tige de $0^m,50$ de longueur recourbée à ses deux extrémités pour recevoir les deux bouts du caoutchouc moteur portant d'un côté l'hélice propulsive. Celle-ci était unique, bien que l'on admette avec raison que pour éviter la rotation de l'appareil sur lui-même, tout appareil aérien à hélice doive porter un nombre pair d'hélices tournant en sens contraires; en augmentant l'envergure du plan de sustention, Pénaud démontra qu'une seule hélice est parfaitement suffisante. Au milieu à peu près de la tige formant l'épine dorsale de l'appareil, se trouvait le plan sustenteur mesurant $0^m,45$ d'envergure et $0^m,11$ de largeur; les bouts étaient relevés légèrement, ce qui concourait à empêcher le chavirement de l'appareil: entre le plan et l'hélice se trouvait le gouvernail, ayant à peu près la même forme que le plan de sustention, mais beaucoup plus petit; le tout pesait 16 grammes, dont 5 pour le caoutchouc moteur.

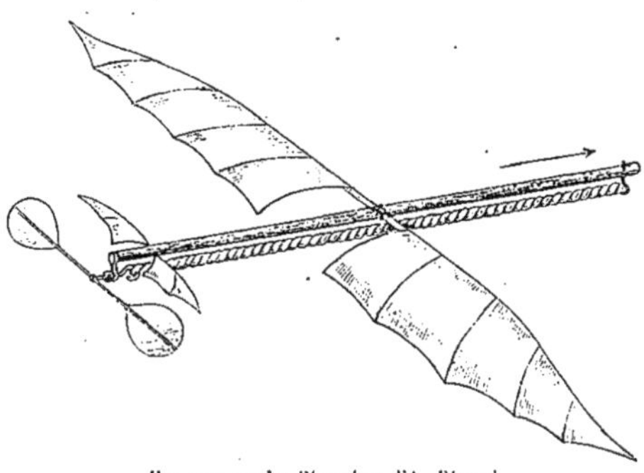

FIG. 210. — Le *Planophore* d'A. Pénaud.

Si, après avoir fait tourner l'hélice 240 fois environ sur elle-même, on abandonne le planophore à lui-même dans une position horizontale, on le voit descendre un instant, puis, sa vitesse acquise, se relever et décrire d'un mouvement régulier, à sept ou huit pieds du sol, une course de 40 mètres environ et qui dure 11 secondes. Pendant tout ce temps, le gouvernail réprime les inclinaisons ascendantes ou descendantes dès qu'elles se produisent, avec une exactitude parfaite, et l'on observe alors assez souvent des oscillations dans le vol, comme nous en voyons décrire aux passereaux et principalement au pic-vert. Enfin, lorsque le mouvement est sur sa fin, l'appareil tombe doucement à terre, suivant une ligne oblique, restant lui-même parfaitement d'aplomb (1).

Ce petit appareil réalisait un progrès immense, car, pour la première fois, l'équilibre longitudinal était obtenu, et ce seul résultat mériterait que le nom d'A. Pénaud restât inscrit au livre d'or de l'aviation.

Fils du vice-amiral Pénaud, il se destinait à la carrière maritime, et il était entré à l'École navale, quand une maladie de la hanche l'estropia pour la vie : il dut renoncer à être officier de marine. Il s'adonna alors à l'étude de l'aviation, et presque à ses

(1) Note d'A. PÉNAUD dans *l'Aéronaute* de janvier 1872.

débuts il trouvait l'équilibre longitudinal automatique. Nous verrons tout à l'heure qu'il construisit un oiseau à ailes battantes très intéressant. Il avait concouru en même temps que Crocé-Spinelli et le Dr H. de Villeneuve pour le grand prix de mathématiques sur la *théorie du vol des oiseaux*; son mémoire fut primé par l'Académie des sciences en même temps que celui de ses deux concurrents et amis.

Au mois de décembre 1873, A. Pénaud avait proposé avec le Dr H. de Villeneuve d'entreprendre l'étude de la théorie du vol des oiseaux à l'aide de la photographie instantanée. C'était émettre l'idée si féconde en résultats que, peu après, M. Marey allait mettre en pratique d'une façon si brillante.

Cette question du vol des oiseaux était alors toute d'actualité; nous savons que, pour le Dr Hureau de Villeneuve, là était la solution de l'aéronautique, et, à côté de ses travaux personnels dont nous reparlerons dans un instant, il convient de citer les recherches et les études de savants comme M. Marey, professeur au Collège de France, qui venait de publier son livre si intéressant la *Machine animale*, — comme M. Pettigrew, professeur à Édimbourg, auteur de la *Physiologie des ailes*, — comme M. Harting, d'Amsterdam, qui avait formulé d'une façon mathématique la loi déjà mise en évidence par M. de Lucy (1), et d'après laquelle le rapport de la surface des ailes au poids de l'être volant est d'autant plus faible que celui-ci est plus fort et plus pesant, — comme M. Ch. du Hauvel, le savant et distingué ingénieur des Arts et manufactures dont les travaux si personnels et si originaux ont établi la réputation, — et comme tant d'autres qui s'adonnaient avec passion à l'étude et à l'observation du vol.

A côté de ces noms d'hommes éminents et consciencieux dont les recherches sont marquées au coin de la rigueur scientifique, l'histoire de la navigation aérienne nous amène à citer celui d'un homme qui attira sur lui l'attention publique aussi fortement que l'avait fait, soixante ans auparavant, le Viennois Jacob Degen, et qui, pas plus que ce dernier, n'était qualifié pour acquérir une telle célébrité. Mais l'esprit de la foule est ainsi fait : elle ignore jusqu'au nom des savants consciencieux qui travaillent à la solution du plus grand des problèmes qui intéressent l'humanité, et elle accorde sa faveur au bateleur sans talent qui fait monnaie avec ses exercices purement acrobatiques.

En 1872, un Belge nommé Vincent de Groof imagina un appareil de vol (fig. 211) tenant le milieu entre le parachute et la machine à ailes battantes, et composé de deux

(1) M. de Lucy a porté ses investigations et ses patientes recherches sur une foule d'êtres qui volent, et a mesuré pour chacun d'eux la surface des ailes et le poids de l'animal; pour établir ensuite une comparaison entre toutes ces observations, il a rapporté toutes ces mesures à un type idéal pesant uniformément 1 kilogramme. Voici quelques chiffres ainsi obtenus :

ESPÈCES	POIDS DE L'ANIMAL	SURFACE DES AILES	SURFACE POUR 1 KILOGRAMME
Cousin	3 milligrammes.	30 millim. carrés.	10 mètres carrés.
Papillon	20 centigrammes.	1 663 millim. carrés.	8mq 1/3.
Pigeon	290 grammes.	750 centim. carrés.	2 586 centim. carrés.
Cigogne	2 265 grammes.	4 506 centim. carrés.	1 988 centim. carrés.
Grue d'Australie	9 500 grammes.	8 543 centim. carrés.	899 centim. carrés.

vastes ailes de 11 mètres et d'une queue de 9 mètres. Il prétendait se faire enlever par un ballon et, parvenu à une certaine hauteur, exécuter une descente libre dans une direction déterminée. Il voulut commencer ses expériences à Bruxelles en 1873, mais par trois fois il échoua et, comme jadis Degen, fut bafoué et brutalisé par la foule, qui trouvait n'en avoir pas pour son argent.

Rebuté par ses concitoyens, de Groof passa en Angleterre et s'entendit avec un aéronaute anglais, M. Simmons, pour exécuter ses expériences dans les jardins de Cremorne, à Londres.

Une première expérience eut lieu au mois de juin 1873. Mais, ainsi que l'enquête le prouva par la suite, l'appareil resta suspendu au ballon tout le temps de l'ascension : ce qui n'empêcha pas de Groof de publier le lendemain dans tous les journaux qu'il s'était séparé du ballon à 1 000 pieds de hauteur et qu'il était descendu à terre avec son appareil. Le fait, répétons-le, était absolument faux, mais l'assertion de de Groof avait pour but d'attirer à la seconde expérience un public nombreux et... payant.

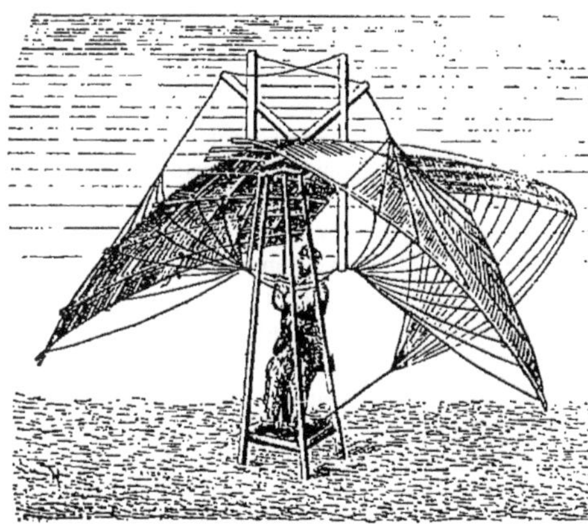

Fig. 211. — Appareil de de Groof

La seconde expérience de l'*Homme volant* eut lieu le 5 juillet 1874. Elle eut une issue fatale. Il semble bien prouvé, par les dépositions recueillies par le coroner qui fut chargé de l'enquête, que, pas plus cette fois que la première, Vincent de Groof n'avait l'intention de tenter sa périlleuse expérience ; mais soit que la corde qui le retenait au ballon ait cassé, soit que le nœud d'attache ait glissé, le malheureux homme volant se trouva précipité dans le vide avec sa machine et vint se briser le crâne à quelque distance de Chelsea. Il n'avait alors que 35 ans. C'était un ancien cordonnier qui se disait architecte-arpenteur. Il avait déjà proposé sa machine en 1864 à la Société d'aviation, qui l'avait fait construire à ses frais comme appareil d'études pour mesurer à terre l'allègement produit par les ailes, mais nullement comme appareil pouvant réaliser le vol par la seule force musculaire. Cela ne faisait pas l'affaire de de Groof, qui ne voyait dans sa machine qu'un prétexte à exhibitions payantes, et il repartit dans son pays avec l'appareil en question, dont il voulut, malheureusement pour lui, tirer le parti qu'il avait en vue. Il serait difficile, on le voit, de faire de cet infortuné cordonnier un martyr de l'aviation !

Mais quittons les *faits divers* et revenons aux travaux sérieux. Nous avons tout d'abord à signaler un projet très intéressant d'hélicoptère présenté au commencement de 1872 par M. Renoir.

L'hélicoptère Renoir se compose de deux grandes hélices tournant en sens contraire et donnant à la fois la sustention et la propulsion. A cet effet, l'arbre des hélices, au lieu d'être fixe, est à inclinaison variable, et peut prendre soit la position verticale pour l'ascension sur place, soit une position inclinée pour faire avancer dans l'air l'appareil en même temps qu'il le soutiendrait (1). M. Renoir a poussé très loin l'étude de l'hélice aérienne, et on lui doit notamment des expériences très curieuses sur une hélice à collerette canalisant en quelque sorte les filets d'air comprimé par les branches de l'hélice, de façon à éviter les déperditions dues à la force centrifuge.

Citons encore les études très remarquables de M. Ch. du Hauvel sur un appareil à ailes battantes appelé par son auteur l'*antropostrouche* (ou homme autruche) destiné à étudier expérimentalement les meilleures formes à donner à des ailes artificielles, et sur un projet d'aéronef de 10 000 kilogrammes. Mais, pour intéressants qu'ils soient au point de vue théorique, ces travaux ne peuvent nous arrêter dans un ouvrage simplement historique, et nous arriverons rapidement aux très remarquables oiseaux mécaniques construits par Alphonse Pénaud, H. de Villeneuve, Jobert, etc.

A la séance générale solennelle de la *Société française de navigation aérienne* tenue le 27 novembre 1874, sous la présidence de M. Hervé-Mangon, A. Pénaud fit, sur les appareils d'aviation, une conférence au cours de laquelle, après avoir présenté et fait fonctionner ses petits hélicoptères et aéroplanes à caoutchouc tordu, dont nous avons déjà parlé, il produisit les oiseaux mécaniques dont nous allons maintenant entretenir le lecteur.

Déjà, en 1870, M. Marey, comme confirmation de sa théorie sur le vol, avait réalisé un petit insecte artificiel à air comprimé, qui s'allégeait du 1/3 de son poids et volait en battant des ailes. En 1871, le Dr Hureau de Villeneuve et A. Pénaud, chacun de leur côté, appliquaient leurs théories sur l'aile (différentes l'une de l'autre, ne l'oublions pas) à la construction d'oiseaux mécaniques qui furent fabriqués l'un et l'autre par l'habile mécanicien Jobert. La différence essentielle entre les deux modèles est que dans l'oiseau du Dr H. de Villeneuve les axes de rotation étaient obliques entre eux et avec l'axe du corps de l'oiseau, tandis que dans l'appareil de Pénaud ces axes étaient parallèles entre eux et avec l'axe du corps, et tandis que dans le premier de ces oiseaux artificiels les changements de plan des ailes étaient causés par la direction de l'articulation de l'épaule, dans le second ces changements de plan étaient obtenus par la mobilité du voile de l'aile et des petits doigts formant la nervure ou le support de cette aile.

Ces deux appareils furent présentés pour la première fois le même jour, 20 juin 1872, à la *Société de navigation aérienne*, puis à la séance publique dont nous venons de parler, le 27 novembre 1874.

L'oiseau de H. de Villeneuve avait une puissance de coup d'aile tout à fait remar-

(1) Voir *l'Aéronaute* de février 1872.

quable : à chaque battement le corps se soulevait avec force, et il s'enlevait verticalement à 1 mètre de hauteur, puis redescendait en faisant parachute. L'oiseau de Pénaud, au contraire, ne s'élevait pas verticalement, mais il se transportait rapidement dans le sens horizontal ou suivant une inclinaison de 15 à 20°, atteignait 2 mètres au haut de sa course et réalisait un vol de 12 à 15 mètres.

Puis ce fut M. Gauchot qui, en 1874, construisit un oiseau de 1m,20 d'envergure, véritable merveille mécanique, dont les ailes étaient animées d'un mouvement elliptique absolument analogue à celui des oiseaux : suspendu par un fil au plafond d'une chambre, cet oiseau s'élevait rapidement jusqu'à détruire entièrement la tension de ce fil par la seule action du battement de ses ailes puissantes.

Enfin, la même année, M. Tatin, habile mécanicien horloger et aviateur de grand mérite, produisit également un oiseau (fig. 212) pesant 5 grammes à peine, admirablement construit et qui fonctionnait supérieurement.

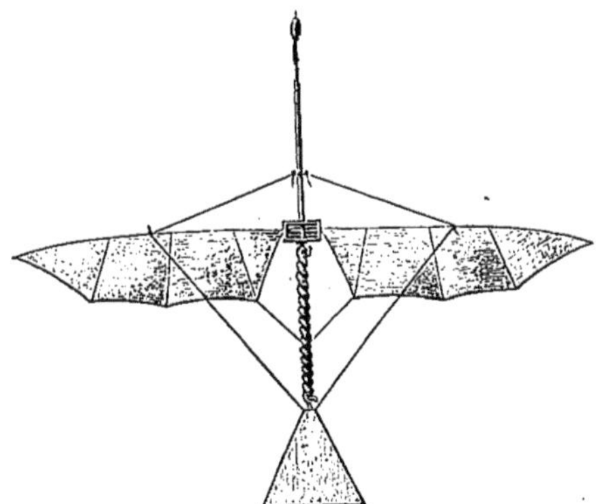

Fig. 212. — Oiseau artificiel de M. V. Tatin

Citons encore l'appareil construit par M. Jobert réalisant d'une façon très ingénieuse, par le jeu même de la bielle motrice, le changement de plan nécessaire à l'action de l'aile.

Tous ces appareils démontraient d'une façon absolue la possibilité de réaliser mécaniquement le vol artificiel, et, avec une patience, une sagacité, un talent d'observation et surtout un véritable génie inventif, le Dr Hureau de Villeneuve poursuivit sans relâche le perfectionnement de son appareil.

Le 15 janvier 1876, il présenta à la *Société de navigation aérienne* un nouveau modèle déjà très perfectionné et réalisant le vol à une vitesse de 10 mètres par seconde ; ce petit appareil volait avec une telle puissance qu'on ne pouvait l'expérimenter dans une pièce close sans le briser, car il s'élançait comme une flèche et venait infailliblement s'écraser contre les murs.

Perfectionnant toujours ses oiseaux artificiels, H. de Villeneuve construisit enfin cette étonnante chauve-souris qui, le 31 mai 1887, au congrès des Sociétés savantes, partie des mains de son inventeur, traversa toute la grande salle de la Sorbonne et vint se poser doucement sur le bureau du président, M. Milne-Edwards, aux applaudissements du public. Il entreprit alors la construction d'un grand appareil à ailes battantes de 16 mètres d'envergure, muni d'un moteur de 20 chevaux et devant porter trois hommes. Mais il ne put conduire jusqu'au bout ce travail — que lui seul était capable de mener à bonne fin — car la mort vint le surprendre.

Tous ces appareils d'aviation et bien d'autres encore, que nous sommes obligés de passer sous silence pour ne pas allonger outre mesure ces descriptions, prouvaient d'une façon irréfutable la possibilité de la navigation aérienne sans ballons ; aussi à la séance générale de la Société, le 3 décembre 1875, A. Pénaud après avoir fait une fois encore voler ses appareils de démonstration, pouvait-il dire avec certitude :

Vous le voyez donc, le problème de l'aviation, du *Plus lourd que l'air*, suivant une expression déjà populaire, est résolu en principe dans ses trois formes principales : l'hélicoptère, l'aéroplane et l'oiseau mécanique. Les questions fondamentales d'équilibre, de soutien et de propulsion sont éclairées. La vraie théorie du vol est connue... La démonstration est faite.

Il faut maintenant remplacer les ressorts par des moteurs thermiques dont l'action soit continue et la puissance suffisante. Il faut donner aux appareils, dans leur ensemble et dans leurs détails, des formes qui les rendent propres à porter des voyageurs. Il faut les munir de moyens de départ et d'atterrissage !

Joignant l'exemple au précepte, Alphonse Pénaud prenait, en collaboration avec un autre savant aviateur, M. Paul Gauchot, le 17 février 1876, un brevet pour un aéroplane à vapeur (fig. 213), à deux hélices propulsives, étudié dans toutes ses parties et répondant à toutes les faces du problème. Cet aéroplane était prévu pour pouvoir se poser sur l'eau ou au contraire descendre sur la terre ferme ; dans ce cas des pattes à roulettes se repliant pendant le vol étaient disposées sous la nacelle : deux gouvernails horizontaux et un gouvernail vertical assuraient l'équilibre et la direction de l'aéronef; ces trois gouvernails était manœuvrés par un seul et même guidon tenu en main par le pilote. Les inventeurs avaient calculé qu'une force de 20 à 30 chevaux était nécessaire pour voler avec une vitesse de 25 mètres à la seconde, les plans de sustention attaquant l'air sous un angle de 2° environ. Ce très intéressant projet ne fut malheureusement jamais mis à exécution ; mais il est probable que, sans réaliser du premier coup le vol parfait, il eût conduit ses auteurs à des résultats très encourageants.

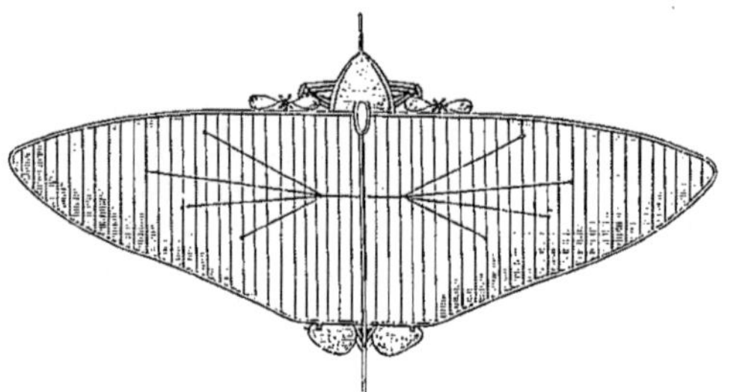

Fig. 213. — Aéroplane d'A. Pénaud et P. Gauchot.

En Angleterre, l'aéroplane était, à cette époque, l'objet de travaux importants de la part de savants aviateurs comme Wenham, qui expérimentait un système de plans minces superposés ; comme Moy et Shill, qui construisirent un appareil de planement (fig. 214) propulsé par deux vastes hélices à six branches lequel, lors d'une expérience faite en 1874, s'allégea de 120 livres. La Société aéronautique de la Grande-Bretagne encourageait fort, d'ailleurs, les travaux d'aviation : elle avait à sa tête des hommes dont la compétence égalait le dévouement à la science : MM. Pettigrew, le rival de

M. Marey dans l'étude graphique du vol des oiseaux : Brearey, l'âme de la Société anglaise, qui étudia le projet d'un grand oiseau à vapeur : sir G. Cayley, le théoricien profond, etc. L'école d'aviation anglaise était, on doit le dire, à la hauteur

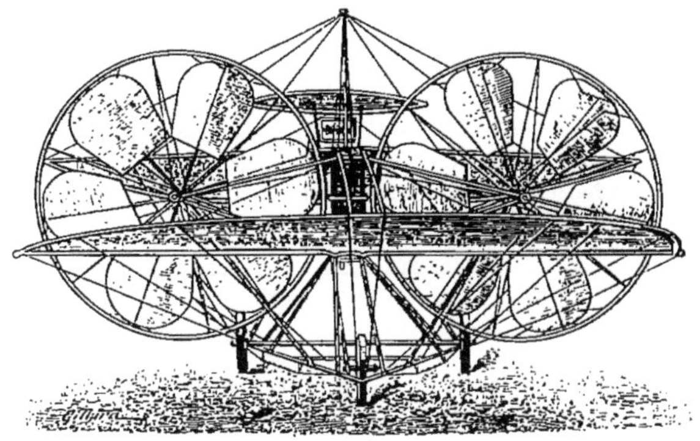

FIG. 214. — Aéroplane de Moy et Shill.

de l'école française, et les travaux qu'elle a faits sur les lois de la résistance de l'air et la théorie du vol ne le cèdent en rien à ceux faits en France.

Dans les autres pays étrangers, l'aviation était moins en faveur, et les travaux exécutés beaucoup moins importants. En Russie, M. Serge Mikounine entreprit la construction d'un vaste aéroplane en 1877 ; mais bientôt après, il abandonnait son projet pour se rallier aux idées alors le plus en faveur en France, l'imitation du vol des oiseaux : il réalisa d'abord un oiseau de 2 mètres d'envergure, copié sur celui du Dr H. de Villeneuve, puis se lança dans la fabrication d'un appareil devant emporter un homme, appareil qu'il ne put mener à bonne fin, la mort étant venue interrompre ses travaux.

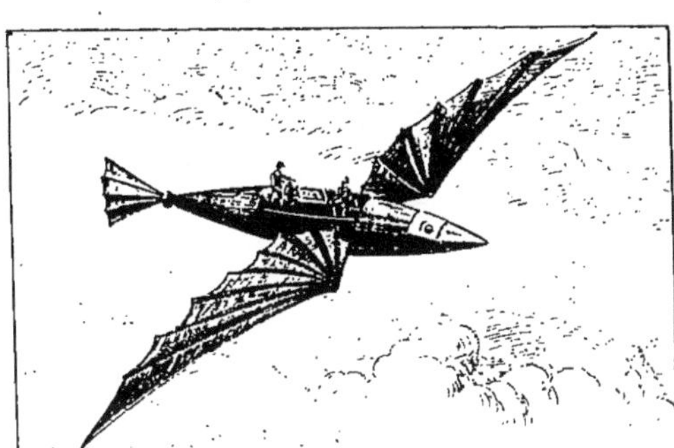

FIG. 215. — Canot volant d'Edison (d'après le *Daily Graphic*).

Peut-on citer au nombre des aviateurs le grand inventeur américain Edison ? On ne prête qu'aux riches, dit-on, et si un inventeur fut jamais riche d'idées et d'inventions remarquables, c'est bien le magicien de Menlo Park ! On a donc prêté, gratuitement peut-être, à Edison des projets d'aéronefs plus ou moins merveilleux. Le *Daily Graphic* de New-York portant la date plutôt fâcheuse du 1er avril 1880 contient en effet un long article illustré dans lequel, sous la forme classique de l'*interview*, Edison expose ses projets d'appareils aériens devant franchir en 12 heures au plus la distance de New-York à Paris. D'après cet article, l'inventeur américain se proposerait d'imiter le vol des oiseaux, mais il paraît ignorer complètement les travaux faits en France et en Angleterre, et cette ignorance lui fait avancer comme siennes des idées devenues banales ou des opinions reconnues fausses par tous les aviateurs et les théoriciens. Les gravures qui accompagnent cet article représentent un canot aérien (fig. 215) muni de deux ailes évidemment trop petites pour porter l'appareil et ses deux voyageurs, et un gigantesque navire à six ailes assez semblables à celles d'un chéi-

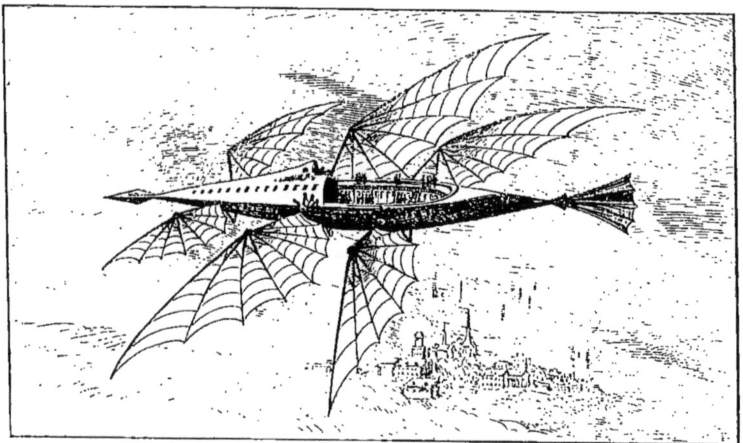

Fig. 216. — Grand navire aérien d'Edison (d'après le *Daily Graphic*).

roptère (fig. 216) ; un autre dessin montre un projet d'embarcadère élevé d'une centaine de mètres en l'air pour le départ et l'atterrissage des navires aériens (fig. 217). Enfin, une dernière gravure montre un automate volant achevé, mais au repos. En somme beaucoup de promesses, d'idées et surtout d'aperçus d'avenir, mais aucune expérience sérieuse, aucun appareil à point. On est donc en droit de se demander si tout cela est bien sérieux.

Quelques mois plus tard, le *New-York Herald* du 3 août 1880 publiait une autre interview du même Edison en contradiction absolue avec celle du *Daily Graphic*. Il ne s'agissait plus ni d'ailes artificielles, ni de gigantesques aéronefs volant dans les airs avec une vitesse de 3 ou 400 kilomètres à l'heure, mais d'un bien modeste appareil d'essai consistant en une hélice horizontale mue par un moteur électrique ! De tout cela on peut conclure que l'illustre inventeur a, comme tant d'autres, songé à la navigation aérienne, mais qu'il n'a rien produit, rien imaginé de sérieux dans cette question, à laquelle il semble être tout à fait étranger. Ce n'est pas de Menlo Park que s'élèvera dans les airs le premier aéronef qui fera le tour du monde.

FIG. 217. — Embarcadère pour aéronefs (d'après le *Daily Graphic*)

Bien plus intéressants sont les travaux d'un ingénieur italien, M. Enrico Forlanini, ancien lieutenant du génie : il construisit en 1877 un très remarquable hélicoptère à vapeur qui, le premier, quitta le sol et vola librement en emportant son moteur et son générateur. Cet hélicoptère (fig. 218) ressemble beaucoup à celui de Ponton d'Amécourt, dont nous avons parlé précédemment : mais au lieu d'alimenter le moteur à vapeur (fig. 219) par une chaudière à serpentin, M. Forlanini emploie comme générateur de vapeur une petite sphère creuse remplie aux 2/3 d'eau surchauffée portée préalablement à la pression de 8 kilogrammes (1). Seulement on voit immédiatement que, tandis que l'hélicoptère français était muni non seulement de sa chaudière, mais aussi de son foyer, l'hélicoptère italien n'emportait qu'une chaudière sans foyer.

Une autre différence entre les deux appareils est celle-ci : dans celui de Ponton d'Amécourt, le moteur actionne deux hélices tournant en sens contraires ; dans l'hélicoptère d'Enrico Forlanini, une seule hélice est mise en mouvement ; l'autre, plus grande que la première, est fixée au bâti même du moteur, qu'il empêche de tourner quand l'hélice ascensionnelle est mise en mouvement. Dans une expérience faite en présence du Pr Giuseppe Colombo et relatée dans le journal *Il Politecnico* du mois de décembre 1877, cet hélicoptère s'est élevé à treize mètres de hauteur et s'est maintenu vingt secondes en l'air. Vingt secondes, c'est bien peu, mais il n'en est pas moins vrai qu'un appareil d'aviation mû par la vapeur a quitté le sol par le seul effort de ses organes de vol ; résultat consi-

(1) Voir la note de la page 278.

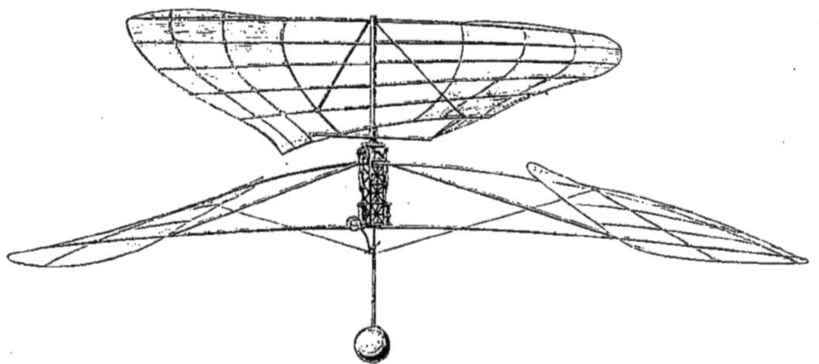

Fig. 218. — Hélicoptère à vapeur d'Enrico Forlanini.

dérable, car il prouve par l'expérience la possibilité de la navigation aérienne par les moyens purement mécaniques. Aussi, rendant compte de cette mémorable expérience, le Dr H. de Villeneuve écrivait-il avec raison : « *L'aviation expérimentale vient de faire un grand pas. Une expérience vient de démontrer ce que les calculs affirmaient.* »

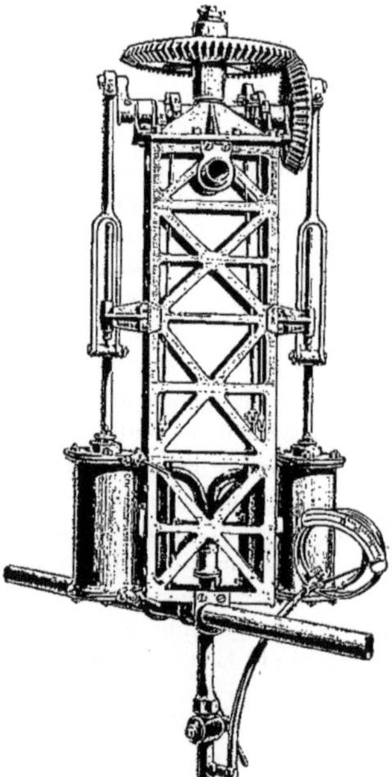

Fig. 219. — Moteur de l'hélicoptère Forlanini.

Ajoutons que cet hélicoptère valut à son inventeur, en 1879, un prix de 1500 francs de l'Institut lombard de Milan.

A peu près à la même époque que M. E. Forlanini, un habile aviateur français, M. P. Castel, ingénieur des Arts et Manufactures, avait construit un intéressant hélicoptère (fig. 220) mû par l'air comprimé et qui donna des résultats très sérieux ; il se composait de huit hélices à deux pales découpées dans de la tôle et recouvertes de parchemin : les deux hélices de droite tournaient en sens opposé à celui des hélices de gauche, et le mouvement leur était communiqué par un cylindre moteur placé à la partie inférieure de l'appareil. Ce cylindre marchait à air comprimé ; il recevait cet air d'un soufflet compresseur relié au cylindre par un long tube de caoutchouc gainé d'une forte toile. L'hélicoptère ne devait donc pas enlever son générateur, qui en était indépendant, et il était monté sur roues pour le départ qui, grâce à la faculté que possé-

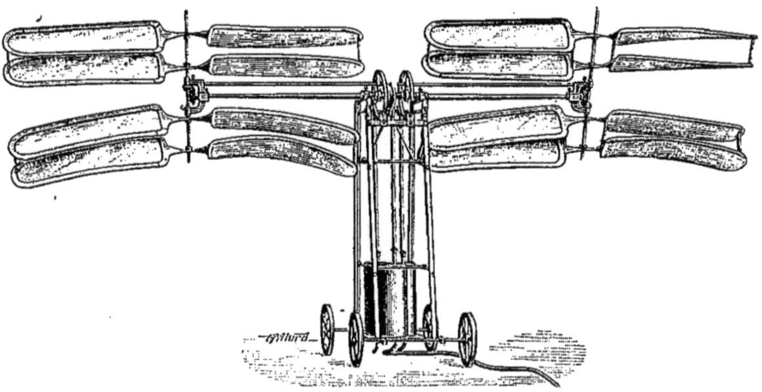

Fig. 220. — Hélicoptère à air comprimé de P. Castel.

daient les axes des hélices de prendre une certaine inclinaison, se faisait non pas verticalement, mais horizontalement. Cet appareil, qui pesait 22kg,300, alla se briser contre un mur, lors des essais qui en furent faits.

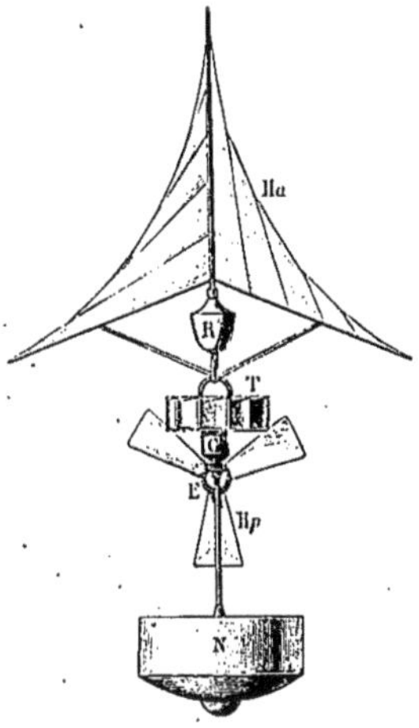

Un ingénieur des Ponts et Chaussées, M. J. Mélikoff, produisit aussi en 1879 un projet très étudié d'hélicoptère à vapeur d'éther (fig. 221), qui présentait quelques particularités intéressantes : le moteur était constitué par une turbine à réaction T, actionnée par les explosions successives, dans une chambre C, d'un mélange d'air et de vapeur d'éther provenant d'un réservoir supérieur R ; l'hélice ascensionnelle H*a* était formée de deux surfaces de paraboloïde hyperbolique, réunies ensemble par leurs concavités en forme de cône ou pyramide à base carrée en projection, et formant ainsi un parachute à surface d'hélice : l'appareil était ainsi susceptible de descendre avec sécurité sans faire tourner le moteur, l'organe d'ascension formant lui-même parachute. Une seconde hélice ordinaire à trois branches et à axe horizontal H*p*, servait à la propulsion. Cet hélicoptère assurément très original n'a d'ailleurs pas été construit.

Fig. 221. — Hélicoptère à vapeur d'éther de J. Mélikoff.

H*a* hélice ascensionnelle.
H*p* hélice propulsive.
E roue et pignon d'engrenage.
T turbine à réaction.
R réservoir à éther.
C chambre d'explosion du mélange d'air et de vapeur d'éther.
N nacelle.

On voit que l'hélicoptère avait encore ses partisans : l'invention du caoutchouc tordu, comme moteur de petits modèles, invention due à A. Pénaud, avait permis de vulgariser ces charmants appareils d'aviation, et un habile constructeur français, M. Dandrieux, avait ainsi fabriqué toute une série d'hélicoptères à hélices en baudruche qui avaient dans le public un grand succès. Il en avait fait de toutes formes (fig. 222), depuis l'hélicoptère-avocat dans lequel l'hélice tournante prenait l'aspect des balances traditionnelles de la justice, jusqu'à l'hélicoptère-papillon ou l'hélicoptère-abeille. Ces petits jouets vendus très bon marché avaient au moins le mérite de rendre palpable la possibilité d'enlever en l'air des appareils pesants, et s'ils faisaient l'amusement des enfants, ils donnaient à réfléchir aux grandes personnes.

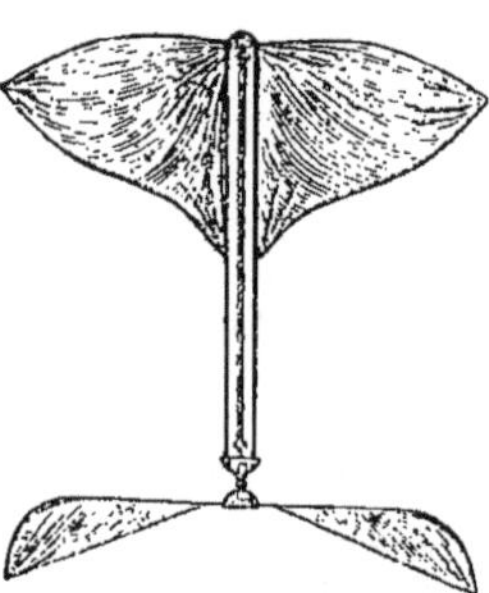

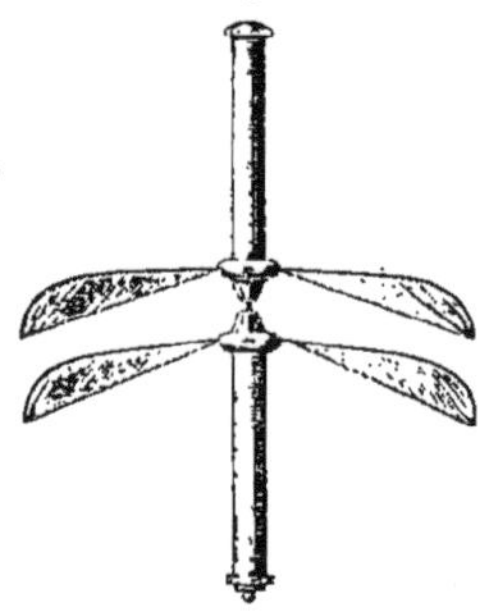

On doit au même constructeur un très curieux oiseau mécanique qui ne bat que d'une aile; il n'en vole pas moins très bien. A la vérité les deux ailes battent, mais une seule est actionnée par le petit moteur à caoutchouc, et l'autre, fixée sur le corps de l'oiseau, bat par réaction.

Fig. 222. — Différents modèles d'hélicoptères à caoutchouc de Dandrieux.

Nous voudrions, avant de clore ce chapitre sur les travaux d'aviation pendant cette période, nous étendre autant qu'ils le méritent sur les beaux travaux de M. Marey qui a créé l'étude expérimentale du vol des oiseaux par la chronophotographie; mais la description de ses méthodes et de ses instruments, l'analyse de ses théories et de ses expériences nous entraîneraient trop loin et sortiraient du cadre de cet ouvrage. Il suffit d'ailleurs de regarder les admirables épreuves photographiques obtenues par M. Marey, pour saisir la portée de ses travaux. On voit le vol de l'oiseau décomposé en quelque sorte et fixé sur la plaque photographique dans une succession de poses extrêmement rapprochées qui donnent toutes les positions prises par l'aile pendant le vol.

Le grand intérêt de la méthode chronophotographique est qu'elle permet d'étudier les mouvements d'un oiseau entièrement libre, et d'analyser avec toute la précision d'une analyse scientifique « les mouvements des ailes par rapport à l'oiseau et les déplacements de l'oiseau lui-même dans l'espace (1) ».

Pour arriver à cette analyse rigoureuse, M. Marey a recueilli sur la bande pelliculaire de ses appareils jusqu'à dix images pour un seul battement d'ailes, ce qui nécessita une succession de 50 épreuves par seconde. Le résultat obtenu présente une certaine confusion (fig. 223), parce que la succession des images est si rapide qu'il y a superposition de celles-ci. (Notons que sur la figure que nous donnons la confusion

FIG. 223. — Attitudes successives du goëland dans un coup d'ailes (50 images par seconde). Confusion produite par la superposition des images. (*Expériences de M. Marey.*)

est en partie supprimée grâce à une habile retouche qui donne plus de clarté à l'ensemble). Néanmoins les images offrent une représentation parfaite du vol de l'oiseau.

Par un artifice ingénieux dont la description demanderait trop de détails pour être faite ici, M. Marey est arrivé à tourner la difficulté et à espacer les images successives de façon à obtenir une série d'attitudes nettement isolées les unes des autres. Toutes les phases du mouvement de l'aile sont ainsi admirablement reproduites avec la plus grande netteté (fig. 224).

Poussant plus loin sa méthode d'investigation, M. Marey est enfin arrivé à représenter le vol de l'oiseau dans l'espace, au sens géométrique du mot, en prenant simultanément trois séries d'images à l'aide de trois appareils disposés de telle façon que le vol de l'oiseau est obtenu (fig. 225) en projection sur un plan horizontal (images A), sur un plan vertical parallèle à l'axe du vol (images B) et enfin sur un

(1) M. MAREY, *Cours d'histoire naturelle des corps organisés* professé au Collège de France.

plan vertical oblique par rapport à cet axe (images C). Le rapprochement des épreuves ainsi obtenues a permis à M. Marey de modeler des figures en relief reproduisant

FIG. 224. — Vol d'un pigeon décomposé par la chronophotographie. (*Expériences de M. Marey.*)

une série d'attitudes successives d'un oiseau pendant le vol, attitudes se succédant à 1/50 de seconde. Il est impossible de pousser plus loin l'étude et la représentation

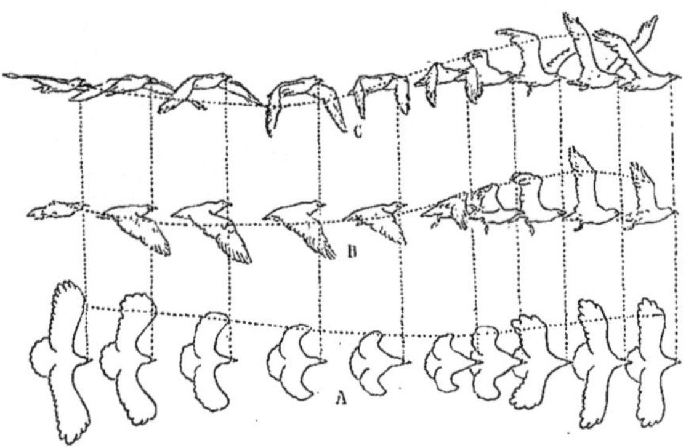

FIG. 225. — Tableau des attitudes successives d'un goéland et trajectoires d'un point de son aile, projetées en A sur un plan horizontal; en B, sur un plan vertical parallèle à l'axe du vol; en C, sur un plan vertical oblique par rapport à cet axe. (*Expériences de M. Marey.*)

du vol, et ces magnifiques travaux sont comme le couronnement des travaux antérieurs sur le vol des oiseaux, poursuivis depuis tant d'années par de savants observateurs, physiologistes et mathématiciens, dont nous n'avons pu citer que quelques-uns.

CINQUIÈME PARTIE

PÉRIODE MODERNE

LES GRANDS DIRIGEABLES ET LE SPORT AÉRIEN

CHAPITRE XXV

LA DIRECTION DES BALLONS

Le premier aérostat électrique en 1881. — Un peu de théorie. — Les expériences des frères Tissandier. — Le ballon de Meudon *La France*. — Gambetta et les ballons dirigeables. — L'ascension triomphale du 9 août 1884. — Les voyages du ballon Renard et Krebs. — Ballons planeurs. — L'*Avisol*. — Le lenticulaire de Capazza. — Le ballon Debayeux. — L'*Espérance* de Pompéien Piraud. — La *Compagnie universelle auxiliaire de l'aérostation dirigeable*. — Le ballon Thayer. — Le saucisson du Pr Wellner.

La période moderne de l'histoire de la navigation aérienne s'ouvre véritablement avec l'apparition du petit aérostat électrique de Gaston et Albert Tissandier, à l'Exposition d'électricité de 1881.

Ce petit ballon allongé, gonflé d'air, actionné par un minuscule moteur électrique portant une hélice aérienne, était attelé à un manège au milieu de la grande nef du Palais de l'Industrie et tournait sous l'effort de son hélice, avec une vitesse de 3 mètres par seconde. Ce petit appareil de démonstration portait en germe tous les perfectionnements apportés à la direction des ballons au cours de ces vingt dernières années ; c'était le point de départ des travaux qui allaient faire entrer définitivement la navigation aérienne par ballons dans la voie des progrès si rapides dont nous sommes les témoins et qui semblent devoir nous conduire au but à bref délai !

Mais avant de décrire le ballon dirigeable moderne, avant de passer la revue de ces vastes navires aériens qui satisfont plus ou moins complètement aux conditions du problème, il n'est pas inutile d'exposer en quelques mots ce qu'on entend au juste par aérostat dirigeable, ce qu'on doit exiger d'un ballon pour qu'il puisse prétendre à la qualification de dirigeable, en un mot ce en quoi consiste exactement le problème de la direction des ballons.

Dans une conférence qu'il fit en 1886 à la *Société de secours des Amis des sciences*, M. le commandant (maintenant colonel) Ch. Renard a admirablement exposé ce que nous voudrions expliquer à notre tour, et, si la place ne nous faisait défaut, nous reproduirions en son entier ce document si clair et si précis, qu'à notre grand regret nous devons nous borner à résumer trop brièvement.

Un aérostat flottant dans l'air est en équilibre aussi instable qu'une bouée flottant entre deux eaux ; la moindre surcharge la précipiterait au fond de la mer ; le moindre allègement la ferait remonter à la surface de l'eau. Il en est ainsi d'un ballon, qui, nous l'avons vu précédemment, ne se soutient quelques heures dans l'atmosphère que par le jeu incessant de la soupape et du lest ; on conçoit dans ces conditions que la durée d'une ascension soit forcément très limitée. De là, pour la réalisation de la navigation aérienne par ballons, une première condition à remplir : obvier à l'*instabilité en altitude*. Mais nous allons rencontrer un nouvel obstacle à vaincre.

Si nous supposons un ballon ordinaire en équilibre parfait dans un air absolument calme, il est évident que le moindre effort de propulsion pourra le faire mouvoir à volonté : c'est ce qu'obtenaient, nous l'avons vu, Alban et Vallet à Javel ; mais on conçoit que l'effet du propulseur sera plus énergique si, au lieu de donner au ballon la forme sphérique, qui offre à la résistance de l'air une surface énorme, on lui donne une forme allongée, ce qu'on a appelé justement la forme *poisson*. Et de fait, un ballon dirigeable est un aérostat allongé muni d'un propulseur et d'un gouvernail. Mais c'est alors qu'apparaît la nouvelle difficulté à vaincre, *l'instabilité longitudinale :* aussitôt que le ballon devient flasque, soit par l'effet d'une contraction du gaz, soit par suite d'une perte de ce gaz, s'il s'incline tant soit peu en avant ou en arrière, tout le gaz, qui tend à s'élever le plus possible, se précipite vers l'extrémité soulevée, ce qui a pour effet de la relever de plus en plus ; il en résulte que l'instabilité d'un aérostat allongé est aussi grande que celle d'un fléau de balance au centre duquel on aurait placé en équilibre un poids libre de rouler sur lui ; si peu que le fléau s'inclinera d'un côté, on verra aussitôt le poids descendre de ce côté et faire pencher le fléau jusqu'à la position verticale. C'est absolument ce qui arriva à Giffard lors de son expérience de 1855 ; on se rappelle qu'à la descente, au moment de toucher le sol, le ballon s'inclina tellement qu'il sortit du filet et se rompit en deux.

Pour obvier à cet inconvénient capital, Dupuy de Lôme, reprenant l'idée du général Meusnier, qui, disons-le cependant, ne l'avait pas conçue dans ce but, employa un ballonnet intérieur, gonflé d'air, qui maintient constamment le ballon complètement plein. De plus, le savant ingénieur, dont nous avons raconté la belle expérience de 1872, avait adopté pour remédier à ce défaut de stabilité la liaison de la nacelle au ballon au moyen de la *suspension par réseaux triangulaires* que nous avons précédemment décrite succinctement.

On peut dire, comme conséquence de ce qui précède, qu'on aura construit un ballon dirigeable lorsqu'on aura donné à l'aérostat une forme allongée analogue à celle des poissons — qu'on aura assuré la permanence de sa forme au moyen d'un ballonnet compensateur — qu'on aura relié invariablement la nacelle au ballon par une suspension triangulaire rigide — qu'on aura installé un propulseur, hélice ou autre, commandé par un moteur aussi puissant que léger — et qu'on aura enfin placé à l'arrière un gouvernail permettant de changer à volonté la direction de la route. On le voit, rien n'est moins mystérieux qu'un ballon dirigeable, mais...

Car il y a un mais ; nous avons supposé jusqu'à présent que notre ballon allait se mouvoir dans un air parfaitement calme. Dans cette hypothèse, notre ballon dirigeable se dirigera effectivement suivant notre volonté et reviendra sans difficulté à son point de départ, avec une certaine vitesse qui sera celle que l'organe de propulsion pourra lui imprimer.

Mais en pratique, il faut compter avec la vitesse de l'air dans lequel notre ballon dirigeable va essayer de se diriger. On sait en effet que l'air n'est jamais immobile, et qu'il se déplace au contraire avec une vitesse souvent considérable. Ce déplacement de l'air, c'est ce que nous appelons le VENT !

Le vent ! voilà le grand obstacle, le grand ennemi de notre ballon dirigeable, et suivant que la vitesse du vent sera inférieure, égale, ou supérieure à celle de notre aérostat, celui ci se dirigera complètement, partiellement, ou... pas du tout.

Il faut, en effet, distinguer entre la *vitesse propre* du ballon, qui est celle que lui communique son appareil de propulsion, et la *vitesse réelle par rapport au sol*, qui résulte à la fois de la vitesse propre et de la vitesse du vent. Pour bien comprendre cette notion qui est fondamentale, supposons que de deux ballons placés côte à côte dans une atmosphère absolument calme, l'un soit un ballon ordinaire ne se déplaçant pas, et l'autre soit un dirigeable ayant une certaine vitesse propre que nous appellerons *v*, vitesse avec laquelle il s'éloigne en ligne droite du ballon ordinaire; au bout d'une heure, les deux ballons seront écartés d'une distance *v* égale précisément à la vitesse du ballon dirigeable, évaluée en kilomètres à l'heure. Il est clair que, quelle que soit la direction qu'ait prise le dirigeable, il se trouvera toujours, au bout d'une heure, à la distance *v* du premier. Nous disons donc, d'une façon générale, qu'au bout d'une heure, le dirigeable occupera l'un des points du cercle décrit autour du ballon fixe comme centre avec un rayon égal à sa vitesse propre.

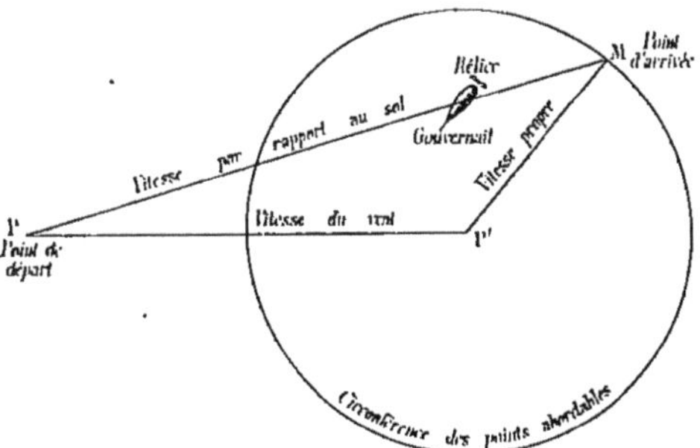

FIG. 226. — Composition de la vitesse propre d'un ballon dirigeable et de la vitesse du vent.

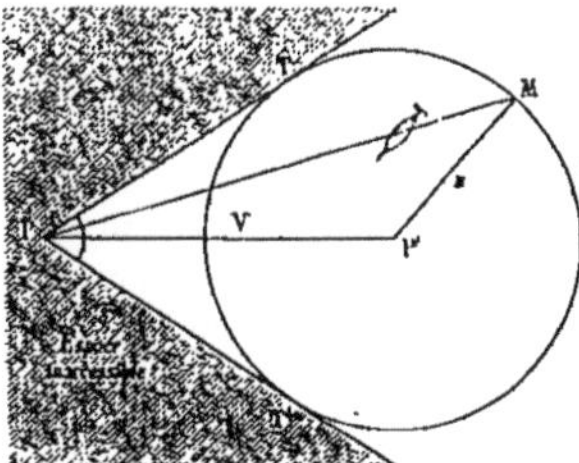

FIG. 227. — Premier cas : $V > v$.

Ceci posé, supposons maintenant qu'il règne un vent soufflant avec une vitesse V exprimée en kilomètres à l'heure (fig. 226). Il est clair qu'au bout d'une heure le ballon ordinaire, qui tout à l'heure était en P avec le dirigeable, est venu en P', la distance PP' étant précisément égale à la vitesse du vent, V. Pendant ce temps, le ballon dirigeable a marché avec une vitesse *v* telle qu'au bout de l'heure il se trouve, comme nous l'avons dit plus haut, sur le cercle décrit autour de P' avec un rayon *v* ; il sera par exemple en M. Le trajet réel parcouru par le dirigeable est alors PM, et cette portion de droite représente la *vitesse par rapport au sol*. Le cercle sur lequel se trouve le ballon est appelé, pour une cause évidente, le *cercle des points abordables*.

Ceci bien compris, les trois cas qui peuvent se présenter s'expliquent d'eux-mêmes.

1er Cas. — *La vitesse du vent est plus grande que la vitesse propre* : $V > v$ (fig. 227). — Le cercle des points abordables est alors compris dans l'angle formé par les tangentes menées de P à ce cercle, et cet angle constitue l'*angle abordable* ; tout l'espace compris en dehors de cet angle ne peut être atteint par notre ballon dirigeable, impuissant à lutter avec sa vitesse propre contre la vitesse du vent.

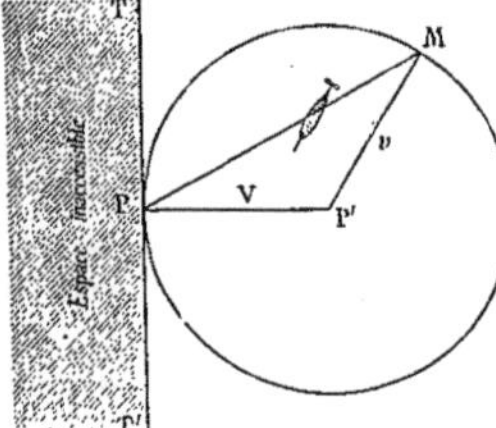

Fig. 228. — Deuxième cas : $V = v$.

2e Cas. — *La vitesse du vent est égale à la vitesse propre* : $V = v$ (fig. 228). — On ne peut plus mener qu'une seule tangente du point P puisque, les deux vitesses étant égales, le cercle abordable passe par ce point P. Notre dirigeable pourra alors gagner tout point situé à droite de cette tangente, mais ne pourra jamais atteindre un point situé à gauche : l'angle abordable devient égal à deux angles droits, et l'espace est partagé en deux zones égales, dont une seule constitue le domaine de notre ballon.

3e Cas. — *La vitesse propre du ballon surpasse celle du vent* : $V < v$ (fig. 229). — Dans cette hypothèse heureuse, il est évident que notre dirigeable pourra se déplacer dans telle direction qu'il voudra, évoluer en tous sens et revenir à son point de départ, le point P étant cette fois contenu à l'intérieur du cercle abordable.

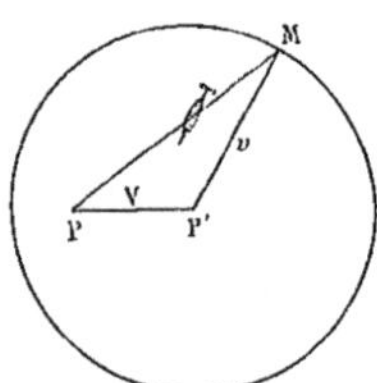

Fig. 229. — Troisième cas : $V < v$.

Dans ce cas, mais dans ce cas seulement, notre ballon sera bien dirigeable. Est-ce bien vrai ? Ne voit-on pas au contraire qu'il ne le sera ni plus ni moins que dans le second ou dans le premier cas. Ses qualités, en effet, seront les mêmes dans les trois cas, mais ce qui aura changé, ce seront les circonstances extérieures, c'est-à-dire la force, la vitesse du vent. Il est facile alors de se rendre compte en quoi un ballon dirigeable peut être supérieur à un autre, en supposant bien entendu que les conditions de stabilité, de rigidité dans sa suspension, etc., soient aussi parfaitement remplies dans tous les cas. La seule supériorité réelle consistera dans la *vitesse propre* dont pourra être animé le ballon dirigeable.

Ainsi un ballon qui, possédant une vitesse propre de 6 mètres, irait, par un vent de 2 ou 3 mètres par seconde, doubler la tour Eiffel et reviendrait à son point de départ, serait infiniment moins parfait qu'un ballon qui serait emporté par une tempête de 30 mètres à la seconde, mais qui, au sein de la tourmente, se déplacerait lui-même avec une vitesse de 10 mètres à la seconde. Seulement le premier fonctionnant en temps calme reviendrait à son point de départ, ce qui frapperait vivement l'attention de la foule, tandis que le second, malgré ses qualités beaucoup plus grandes, serait traité avec un souverain mépris par l'opinion publique.

En fait de ballons dirigeables, ne vous occupez donc jamais des parcours plus ou moins étonnants qu'ils ont effectués ; cherchez seulement à connaître la vitesse propre qu'ils possèdent. C'est le seul point intéressant, à condition toutefois, répétons-le, que les qualités d'équilibre et de suspension soient parfaitement réalisées.

Cette petite théorie bien simple va nous permettre de nous faire une idée des progrès réalisés en matière de ballons dirigeables. Rappelons tout d'abord que Henri Giffard avait obtenu près de 3 mètres par seconde en 1855 et que Dupuy de Lôme, en 1872, réalisa avec un moteur humain une vitesse propre de $2^m,80$.

Nous arrivons aux expériences du ballon dirigeable électrique des frères Tissandier, faites en 1883 et en 1884. Le point de départ de ces expériences fut le petit aérostat de l'Exposition d'électricité de 1881. Encouragés par les résultats obtenus, Gaston et Albert Tissandier entreprirent à frais communs la construction d'un grand dirigeable (fig. 230) mû par l'électricité. Leur ballon avait une forme semblable à celle des ballons de Giffard et de Dupuy de Lôme ; il avait une longueur de 28 mètres de pointe en pointe et 9m,20 de diamètre au milieu. il était entièrement construit en percaline rendue imperméable par l'application d'un vernis spécial.

Il cubait 1 060 mètres. La nacelle (fig. 231), fort élégamment construite à l'aide de bambous assemblés, consolidés par des cordes et des fils de cuivre recouverts de

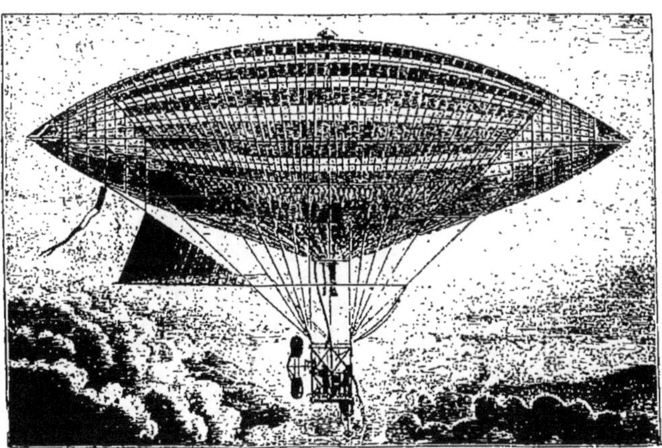

Fig. 230. — Aérostat dirigeable électrique de Gaston et Albert Tissandier.

gutta-percha, avait la forme d'une cage. Le fond et la partie basse des côtés étaient remplis par une vannerie d'osier. A 2 mètres au-dessus de la nacelle, les cordes de suspension étaient reliées entre elles par une couronne de cordages horizontale, sur laquelle étaient fixés les engins d'arrêt. Le filet était remplacé par une housse de suspension parfaitement lisse épousant exactement la forme du ballon. La nacelle était suspendue très bas au-dessous de l'aérostat, ce qui lui donnait une certaine stabilité longitudinale : cependant l'absence du ballonnet compensateur eût rendu l'ascension dangereuse si le ballon avait possédé un plus grand volume.

Le moteur électrique était du type Siemens donnant une force de 1 cheval 1/2 sous le poids de 45 kilogrammes. La source d'électricité était une pile aux bichromates alcalins fort ingénieusement construite (1). Tout le matériel aérostatique pesait

(1) Voyez *Les ballons dirigeables*, par Gaston Tissandier, Paris, 1885.

FIG. 231. — La nacelle du ballon dirigeable des frères Tissandier.

704 kilogrammes. En y ajoutant le poids de deux voyageurs et le lest enlevé, on arrivait à un total de 1 240 kilogrammes.

Le gaz hydrogène pur nécessaire au gonflement était produit par un grand appareil de fabrication continue, imaginé par Gaston Tissandier et établi par lui dans son atelier aérostatique d'Auteuil. L'hydrogène résultait de la décomposition de l'eau acidulée par de la tournure de fer, et la production atteignait 300 mètres cubes à l'heure.

La première expérience eut lieu le lundi 8 octobre 1883 à 3 heures 20 de l'après-midi. Les deux frères étaient seuls à bord : Albert s'occupait des manœuvres aérostatiques et Gaston de la partie électrique, c'est-à-dire en somme des expériences de direction. Au cours de cette première ascension, l'hélice de 2^m,80 de diamètre, tournant avec une vitesse de 180 tours à la minute, avec un travail effectif de 100 kilogrammètres, permettait au ballon de tenir franchement tête au vent qui soufflait à raison de 3 mètres par seconde, et lorsque le ballon descendait le courant d'air, il déviait notablement du lit du vent sous l'effet combiné de l'hélice et du gouvernail. La descente eut lieu sans encombre à 4 heures 35 près de Croissy-sur-Seine.

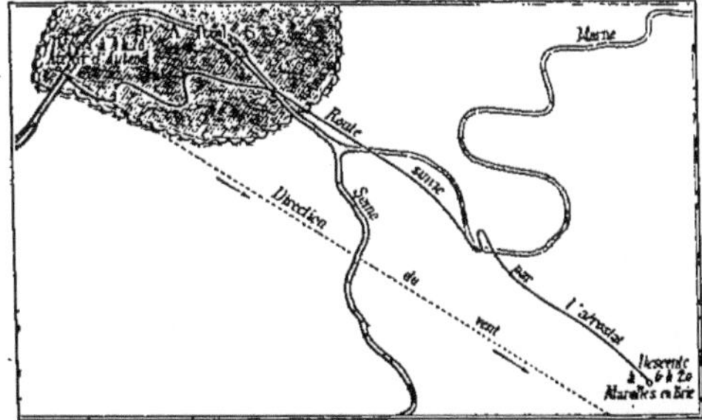

FIG. 232. — Carte du voyage aérien du ballon Tissandier le 26 novembre 1883.

Après avoir apporté quelques modifications de détail notamment au gouvernail, les deux frères Tissandier firent une seconde expérience le 26 novembre 1883 ; cette fois l'essai fut beaucoup plus concluant. Ils étaient accompagnés d'un ancien marin, M. Lecomte, qui était chargé spécialement de la manœuvre du gouvernail. La vitesse de l'hélice était plus grande que dans la première expérience : elle atteignait 200 tours à la minute. Dans ces conditions l'aérostat, après avoir suivi un moment la direction du vent, a viré de bord et, décrivant un demi-cercle, a navigué vent debout ; la vitesse propre de l'aérostat était alors de 4 mètres environ, et celle du vent de 3 mètres par seconde : on voit qu'il restait une vitesse relative de 1 mètre par seconde qui permit au ballon de se maintenir au-dessus de Grenelle et de remonter jusqu'au-dessus de l'église Saint-Lambert. Une seconde fois, au-dessus du quartier du Luxembourg la même manœuvre fut répétée, et pendant dix minutes on vit le navire aérien, absolument maître de sa direction, remonter franchement le lit du vent (fig. 232). Cette manœuvre fut répétée une troisième fois au-dessus de La Varenne-Saint-Maur, et avec une facilité bien plus grande parce que le vent était presque nul ; si la nuit n'avait été si proche, le ballon dirigeable eût pu revenir sur Paris et rentrer à son garage ; mais il était 6 heures du soir, le soleil était couché et l'on ne pouvait songer à exécuter des manœuvres de nuit. Il fallut atterrir : la descente eut lieu près du bois Servon à Marolles-en-Brie (Seine-et-Oise)

Telles furent les très intéressantes tentatives de MM. G. et A. Tissandier qui, avec un dévouement à la science aéronautique que l'on ne saurait trop louer, dépensèrent plus de 50 000 francs de leurs deniers dans ces expériences. Ils ne disposaient malheureusement pas des millions de leurs heureux imitateurs et ne purent poursuivre plus longtemps ces coûteuses études. Ils n'en ont pas moins rendu un immense service à l'aérostation et ouvert la voie où triomphèrent bientôt les capitaines Renard et Krebs, auxquels avec une générosité que l'on est heureux de signaler, ils rendirent hommage en ces termes, au lendemain de la triomphante expérience que nous allons raconter :

MM. les capitaines Renard et Krebs ont brillamment démontré que l'hélice pouvait être placée à l'avant et qu'il était possible de rapprocher considérablement la nacelle d'un aérostat pisciforme auquel elle est attachée : ils ont obtenu, grâce à l'emploi d'un moteur très léger, une vitesse propre qui n'avait jamais été atteinte avant eux.

Nous rendons hommage au grand mérite de l'œuvre de MM. Renard et Krebs, comme ces savants officiers l'ont fait eux-mêmes à l'égard de l'antériorité de nos essais, en ce qui concerne l'application de l'électricité à la navigation aérienne (1).

Fig. 233. — Le capitaine (actuellement colonel) Ch. Renard.

C'est le 9 août 1884, dix mois jour pour jour après la première expérience de l'aérostat Tissandier, que, suivant les expressions de M. Hervé-Mangon s'adressant à l'Académie des sciences le 18 août, pour la première fois, un ballon véritablement dirigeable s'est élevé dans les airs, a suivi un itinéraire fixé à l'avance et est revenu prendre terre au point même d'où il était parti.

Nous avons vu, dans un chapitre précédent, que, grâce à l'initiative du colonel Laussedat, la vaste propriété de Chalais-Meudon avait été convertie en usine aérostatique, pour la construction des parcs d'aérostation militaire ; mais les ballons captifs n'absorbaient pas toute l'activité des officiers placés à la tête de cet établissement, et dès l'année 1878, les capitaines Charles Renard (fig. 233) et La Haye avaient dressé les plans d'un aérostat dirigeable, pour lequel le colonel Laussedat demanda un crédit qui fut d'ailleurs purement et simplement rejeté par les bureaux de la Guerre.

S'il faut en croire M. B. de Grilleau, auteur d'articles parus à cette époque dans le

(1) *Comptes rendus de l'Académie des sciences* (séance du 29 septembre 1884).

Figaro, le capitaine La Haye, passant par-dessus la voie hiérarchique, fit demander une entrevue à Gambetta pour l'intéresser à la question. L'entrevue fut accordée.

Les capitaines Renard et La Haye se présentèrent donc devant le grand tribun, qui les écouta avec intérêt : « Tout cela me paraît fort raisonnable, dit-il ; que vous faut-il pour faire l'essai ? » Les deux officiers indiquèrent succinctement les conditions dans lesquelles le ballon dirigeable pouvait être construit. Entre autres choses, ils demandaient la libre disposition d'une partie de la grande galerie du Champ de Mars aussitôt après l'Exposition de 1878.

« Que comptez-vous faire de cette galerie ? demanda le tribun intrigué.

— Une gare, où l'aérostat gonflé attendra l'occasion opportune de démontrer que les ballons sont dirigeables.

— Du moment où c'est une affaire d'*opportunité*, dit en riant Gambetta, j'en fais mon affaire. Combien coûtera l'essai ?

— Deux cent mille francs.

— Je vous les promets. »

Fût-ce la suite de ce manquement à la discipline, résultant de la démarche du capitaine La Haye en dehors de la voie hiérarchique ? Toujours est-il que ce dernier reçut bientôt l'ordre de rejoindre son régiment à Montargis. Il fut remplacé à Meudon par le capitaine Arthur Krebs. Le colonel Laussedat lui-même ne conserva pas la direction de l'Établissement de Meudon et fut mis à la tête du service de la télégraphie optique.

Ce n'est qu'en 1882 que les capitaines Renard et Krebs purent enfin commencer leurs travaux en vue de la construction d'un aérostat dirigeable. Après quelques essais préparatoires, la construction du célèbre ballon *La France* commença en 1883.

La forme du ballon de Meudon est à peu près exactement celle du petit aérostat de Jullien dont nous avons parlé précédemment : plus gros à l'avant qu'à l'arrière, il mesure 50^{m},42 de longueur et 8^{m},40 de diamètre maximum ; il cube ainsi 1 864 mètres (fig. 234). Entièrement construit en ponghée, le ballon supporte une nacelle allongée de 33 mètres de long, 2 mètres de haut et 1^{m},40 de large, formée de quatre perches rigides en bambou réunies par des montants transversaux ; les parois sont tendues extérieurement de ponghée pour présenter une surface lisse offrant au vent le moins de prise possible.

L'hélice est en avant de la nacelle et mesure 7 mètres de diamètre. La suspension de la nacelle à la housse enveloppant l'aérostat est faite au moyen de cordes légères réunies par une corde transversale oblique réalisant la suspension triangulaire rigide. Le moteur électrique, de la force de 8,5 chevaux mesurés sur l'arbre de l'hélice, est actionné par une pile puissante et légère due au capitaine Renard. Enfin la permanence de la forme, nécessaire à la stabilité, est assurée par un ballonnet compensateur placé à l'intérieur du ballon. Le poids total enlevé, y compris les aéronautes et le lest, est de 2 000 kilogrammes. Tout étant prêt vers le mois de mai 1884, le ballon fut gonflé et remisé dans son hangar en attendant le jour propice, c'est-à-dire sans vent. Ce jour se présenta le 9 août, et à 4 heures du soir l'aérostat *La France* s'élevait pour la première fois dans les airs :

Le ballon n'emportait que deux aéronautes, le capitaine Krebs et moi (1). Nous avions peu d'ambition et nous voulions seulement faire une excursion fermée de quelques kilomètres.

Bien que nous n'ayons pas osé employer ce jour-là toute notre force motrice, le résultat dépassa nos espérances.

Dès que nous eûmes atteint la hauteur des plateaux boisés qui environnent le vallon de Chalais, nous mîmes l'hélice en mouvement et nous eûmes la satisfaction de voir le ballon obéir immédiatement et suivre facilement toutes les indications du gouvernail. Nous sentîmes que nous étions absolument maîtres de notre direction et que nous pouvions parcourir l'atmosphère dans tous les sens aussi facilement qu'un canot à vapeur peut évoluer sur l'eau calme d'un lac. Néanmoins nous avions hâte de rentrer au port. Il nous semblait si extraordinaire de nous diriger librement dans l'air que nous craignions de nous faire illusion et que nous éprouvions le besoin de nous donner à nous-mêmes la démonstration pratique que nous avions préparée pour les autres.

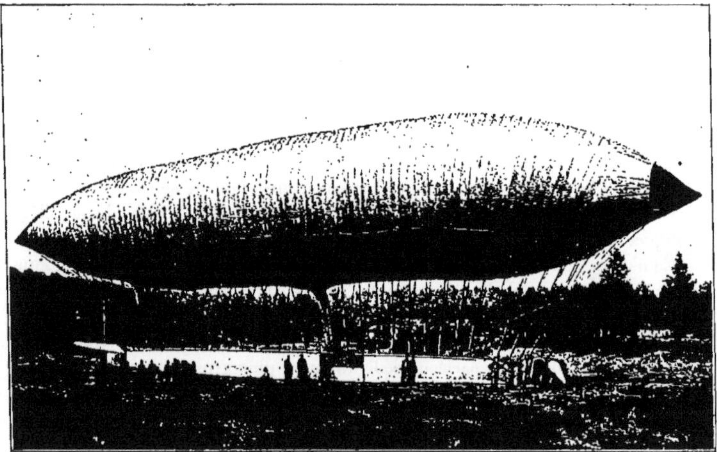

Fig. 234. — *La France*, ballon dirigeable de Renard et Krebs, vu de côté.

Aussi, après avoir atteint Villacoublay, effectuâmes-nous notre virage et dirigeâmes-nous notre cap sur cette pelouse de départ sur laquelle nous voulions redescendre, malgré les écueils dont elle est entourée.

Bientôt nous la vîmes se rapprocher de nous, les murs du parc de Chalais furent de nouveau franchis et notre port d'atterrissage apparut à nos pieds, à 300 mètres au-dessous de notre nacelle.

L'hélice fut alors ralentie, un coup de soupape détermina la descente, pendant qu'à l'aide du propulseur et du gouvernail le ballon était maintenu sur la verticale du point où nous attendaient nos aides. — Tout se passa suivant nos prévisions, et la nacelle vint se poser doucement sur la pelouse d'où elle était partie (fig. 235).

Telle fut cette première ascension où l'on vit pour la première fois un ballon véritablement dirigé évoluer librement dans l'air et revenir à son point de départ.

(1) Conférence faite à la *Société de secours des Amis des sciences*, par le commandant Renard le 8 avril 1886.

L'aérostat avait parcouru $7^{km},600$ (mesurés sur le sol) en 23 minutes. L'expérience avait eu pour témoins tous les habitants de Meudon qui s'étaient portés en foule sur les coteaux avoisinants et qui saluaient d'acclamations enthousiastes le navire

FIG. 235. — Le ballon *La France* rentrant au parc de Chalais-Meudon.

aérien. Quant aux gamins du pays, nous raconte le reporter du *Figaro* déjà nommé, ils ne virent dans le ballon dirigeable que sa forme de poisson, et accueillirent son retour par le cri traditionnel des marchands de marée : « Il arrive... Il arrive ! »

La nouvelle de cette mémorable expérience eut un retentissement considérable. Ce fut un emballement général. Tous les journaux (politiques, s'entend) publièrent à l'envi que le *secret de la direction des ballons* venait d'être découvert !

Nous savons maintenant à quoi nous en tenir sur ce *secret* : la réussite éclatante et indiscutable de l'ascension du 9 août tient uniquement à ce que les capitaines Renard et Krebs, disposant d'un hangar où l'aérostat tout gonflé attendait le moment favorable, ont pu faire leur expérience un jour de calme presque absolu.

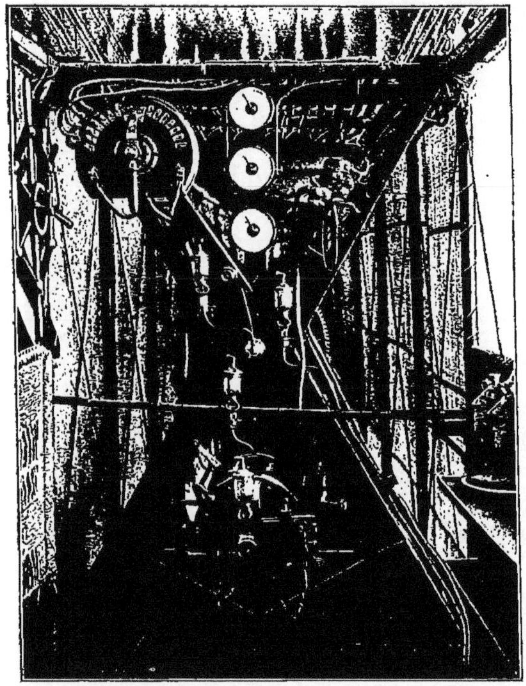

Fig. 236. — Intérieur de la nacelle de *La France* : on voit en bas le moteur électrique, au-dessus les appareils de mesure, en haut à gauche le commutateur à touches.

La seconde sortie de *La France* eut lieu le 12 septembre en présence du général Campenon, ministre de la Guerre ; mais ce jour-là, le vent soufflait avec assez de force, et le ballon, emporté à la dérive, ne put tout d'abord que faire tête au vent et résister au courant sans avancer ; voulant à tout prix triompher du vent, le capitaine Renard fit comme ces marins qui chargent les soupapes de leurs chaudières au risque de faire sauter la machine et le bâtiment : il fit agir sur le moteur toutes les piles à la fois. Sous l'action du courant intense ainsi développé, l'hélice accéléra son allure et le ballon commença son mouvement sur Chalais. Mais en même temps le moteur électrique (fig. 236), traversé par un courant trop intense, s'échauffa à un tel point qu'il fallut stopper à la hâte : le moteur allait prendre feu !

Un quart d'heure après, l'aérostat prenait terre à Vélizy, à 5 kilomètres de Meudon, et était ramené à son hangar par les soldats du génie.

C'était en somme un accident sans importance, mais l'effet sur le public fut désastreux. Il fallait effacer cette mauvaise impression ; un nouvel anneau fut demandé à M. Gramme, et, le 8 novembre 1884, le ballon monté par MM. Renard et Krebs partit droit sur Boulogne, exécuta son virage au-dessus de Billancourt et rentra à

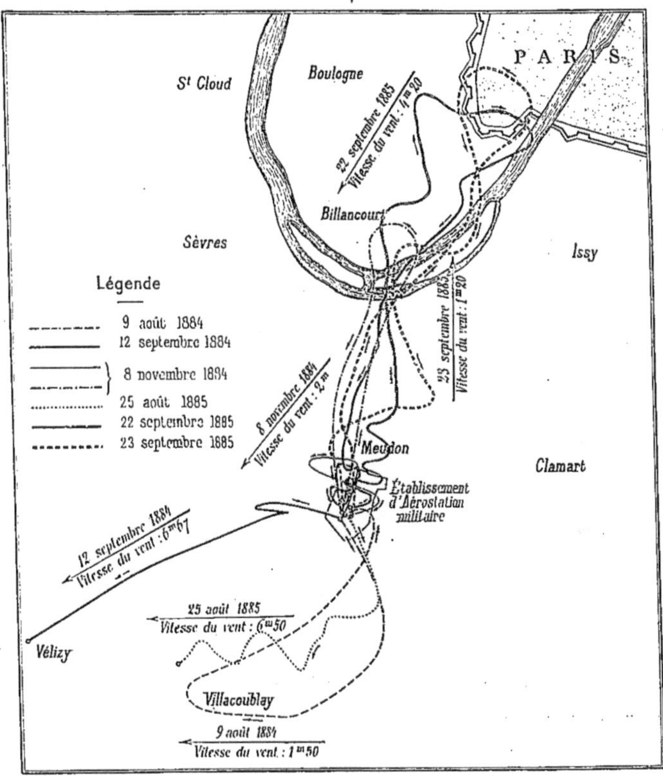

FIG. 237. — Carte des voyages du ballon *La France*.

Chalais sans la moindre difficulté, après avoir réalisé une vitesse propre de 6m,30. Une seconde ascension aussi heureuse eut lieu dans l'après-midi du même jour.

Quelques modifications de détail permirent d'augmenter la puissance du moteur et d'emmener un troisième voyageur, M. Duté-Poitevin, aéronaute civil attaché à l'Établissement de Chalais. Trois ascensions eurent alors lieu en 1885. Le 25 août, la vitesse du vent étant de 7 mètres, l'aérostat, qui ne disposait que de 6m,30, ne put rentrer à son point de départ. Notons en passant qu'il réalisait cependant un grand progrès sur l'expérience du 9 août 1884 au cours de laquelle sa vitesse propre n'était que de 4^m,80. La descente eut lieu à Villacoublay.

Les ascensions des 22 et 23 septembre 1885 furent les plus remarquables : le ballon partit vent debout et vint jusqu'à Paris en décrivant une courbe élégante qui prouvait de la manière la plus frappante la puissance du moteur et la docilité de l'aérostat. Puis après avoir franchi les fortifications, il revint vent arrière à Chalais en moins d'un quart d'heure (fig. 237). Dans cette dernière ascension la vitesse propre du ballon fut la plus grande qui ait été atteinte au cours de cette série d'expériences : on obtint en effet 6^m,50 par seconde.

Depuis cette époque le ballon *La France* n'a pas exécuté de nouvelles sorties. A quoi bon d'ailleurs ? Cet aérostat qui n'était qu'un appareil de démonstration a atteint complètement le but proposé : admirablement étudié et construit, possédant une stabilité tout à fait remarquable, il a réalisé une vitesse de 6^m,50 qui n'avait jamais été atteinte. Son rôle était fini, et, à l'appareil de démonstration, il fallait maintenant substituer le véritable navire aérien, pouvant réaliser des vitesses de 12 à 15 mètres qui lui permettraient de se diriger plus de huit fois sur dix. C'est uniquement maintenant une question de moteur; aussi, comme nous le verrons plus loin, les résultats si intéressants obtenus par M. Santos-Dumont sont dus uniquement à l'emploi du moteur à pétrole si léger et si puissant qui lui a permis d'augmenter légèrement la vitesse obtenue en 1884 par MM. Renard et Krebs, et en 1885 par les frères Renard : le capitaine Krebs, en effet, affecté au régiment des sapeurs-pompiers de Paris, avait été à cette époque remplacé à Meudon par le capitaine Paul Renard, qui est resté depuis attaché à l'Établissement.

Fig. 238. — Le capitaine (maintenant commandant) Paul Renard.

Le silence s'est fait depuis sur les travaux des frères Renard, dont l'aîné est maintenant colonel et le cadet, commandant (fig. 238). Est-ce à dire que les deux savants officiers se reposent sur leurs lauriers ? Non certes, ils n'ont jamais cessé de travailler à la réalisation d'un grand aérostat dirigeable, le *Général Meusnier*, bien supérieur à tout ce qui s'est fait depuis; mais si le secret de leurs travaux est bien gardé, si aucune expérience publique n'a jusqu'à ce jour fait connaître les résultats acquis, nous savons cependant que quelque chose existe à Meudon qui, vienne le jour du danger, rendra à la patrie des services incalculables !...

Les expériences retentissantes des Tissandier et des officiers de Meudon donnèrent, comme il fallait s'y attendre, un nouvel élan aux inventeurs de ballons dirigeables : mais la plupart se contentèrent d'exposer des théories, de dessiner des projets, et bien peu allèrent jusqu'à l'exécution. Cela nous permettra de passer rapidement sur ces travaux.

Quelques inventeurs proposaient d'associer les deux principes du *plus lourd* et du *plus léger* que l'air, en employant un aérostat sans force ascensionnelle dont l'ascension serait provoquée par un agent mécanique, vieille idée que nous avons déjà rencontrée plus d'une fois, notamment dans le ballon du Dr Van Hecke, et qui revient périodiquement sous une forme ou sous une autre, sans être pour cela plus féconde en résultats.

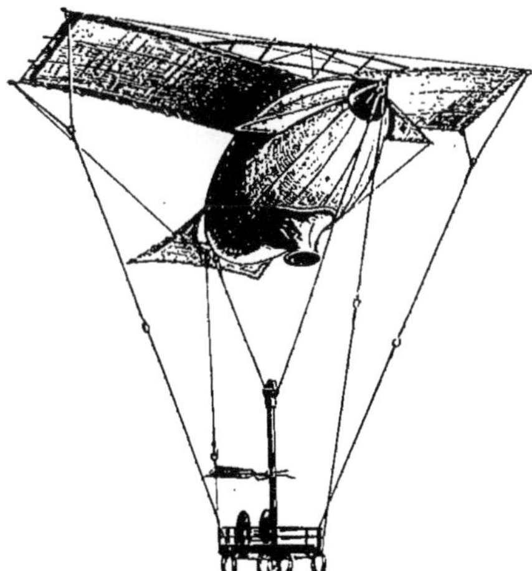

Fig. 239. — L'*Avisol*, ballon planeur de M. Arsène Olivier.

Dans le projet de M. Duponchal, ingénieur en chef des Ponts et Chaussées, la montée et la descente de l'aérostat s'obtenaient en variant la température du gaz du ballon, et l'auteur comptait obtenir la propulsion en inclinant dans un sens ou dans l'autre l'aérostat lui-même : ce projet se rapprochait beaucoup du projet du baron Scott, dont nous avons parlé au chapitre X.

Un autre ingénieur de mérite, M. Arsène Olivier, publia en 1884 un projet analogue quant au principe, mais tout différent quant au mode de construction et aux moyens adoptés pour la manœuvre : il rappelle plutôt par certains côtés le projet de ballon planeur de M. Ch. Guillié (voir fig. 74, p. 139).

Le ballon Olivier, baptisé par son auteur l'*Avisol* (Avis-Olivier), a la forme d'un oiseau dont le corps serait constitué par un ballon à carcasse métallique et rigide fort bien comprise d'ailleurs pour conserver la permanence de sa forme et les ailes formées de vastes surfaces légèrement cintrées ; une queue et un avant-bec complétaient la ressemblance avec l'oiseau qui pouvait prendre toutes les positions possibles pour réaliser, d'après l'inventeur, le vol ascendant, le vol descendant, le vol plané ou le vol tournant. Les inclinaisons nécessaires correspondant à ces vols différents étaient obtenues (fig. 239) par un jeu de cordes et de poulies manœuvrées de la nacelle. Enfin, pour réaliser la montée ou la descente, une hélice à axe vertical serait actionnée par un moteur à vapeur ou électrique. Mais c'est précisément là le point faible du système. Quel que soit le moyen de propulsion choisi, pour réaliser des vitesses propres suffisantes pour maîtriser les vents ordinaires, il faut un moteur léger et puissant, en sorte que l'on retombe avant tout sur cette question du moteur qui n'est qu'effleurée dans le projet, curieux d'ailleurs, de M. Olivier.

Avec le ballon Capazza, nous sommes encore dans les ballons planeurs plus lourds et plus légers que l'air, mais cette fois l'auteur a voulu sortir des sentiers battus et a imaginé un appareil tout à fait original. Le ballon *lenticulaire* de Capazza (fig. 240) est un aérostat à poids constant, mais à volume variable. Il est évident que le poids ne variant pas, les changements de volume entraîneront forcément des variations considérables dans la force ascensionnelle. Le ballon ayant d'autre part une forme très aplatie, la forme d'une lentille, il suffira de l'incliner dans un sens ou dans le sens opposé au moyen d'un lest mobile, pour que la réaction de l'air pendant les montées et les descentes amène le glissement sur l'air, c'est-à-dire la progression du ballon. Celui-ci devait se composer de deux calottes coniques en acier très aplaties, réunies par une partie flexible formant soufflet ; à l'aide d'un cabestan les aéronautes écartaient ou rapprochaient les deux calottes et faisaient varier ainsi le volume, et par conséquent la force ascensionnelle.

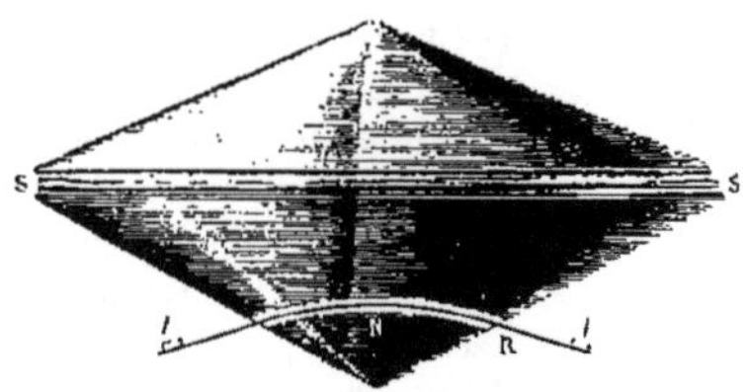

FIG. 240. — Ballon lenticulaire métallique à soufflet de Capazza.
S Soufflet. R Rail tournant.
N Nacelle. l Lest mobile sur le rail.

On pouvait encore faire monter ou descendre l'aérostat en projetant hors de la nacelle des sacs de lest suspendus à des parachutes reliés à la nacelle par une longue corde : pendant le déroulement de la corde le ballon délesté monte : puis le poids du lest se faisant de nouveau sentir, le ballon descend.

A vrai dire, ce curieux projet, qui est décrit tout au long avec beaucoup d'enthousiasme dans la *Guerre en ballons* du capitaine Danrit, n'était pas absolument inédit, car il se rapproche beaucoup d'un projet d'aérostat-aéroplane de M. Pline, dont nous avons déjà parlé, et d'un autre projet datant de 1883 et présenté par le capitaine G. Phérékyde, de l'armée roumaine, qui adoptait lui aussi la forme lenticulaire, mais cherchait la propulsion dans l'effort produit par une hélice refoulant l'air dans un tube central traversant tout le ballon, et susceptible de prendre toutes les directions possibles pour jouer en même temps le rôle de gouvernail.

Avec M. Debayeux, nous rentrons dans les ballons dirigeables ordinaires, mais l'inventeur, repoussant l'hélice comme organe de propulsion, plaçait à l'avant de l'aérostat lui-même un ventilateur, qui devait, suivant lui, faire un vide devant l'aérostat et l'attirer en quelque sorte en avant. Grâce au concours de capitalistes, parmi lesquels on peut citer M. F. Gower, l'inventeur du téléphone de ce nom, M. Debayeux fit tout d'abord édifier à Villeneuve-Saint-Georges un vaste hangar qui coûta 30 000 francs, et construisit un aérostat en baudruche de 3 000 mètres cubes. Après avoir dépensé plus de 200 000 francs en essais infructueux, il fallut renoncer à ces expériences coûteuses et absolument stériles : le ballon à lui seul avait coûté 55 000 francs !

En 1883, un inventeur que ses travaux rangent plutôt parmi les aviateurs, M. Pompéien Piraud, voulut appliquer à un aérostat de forme allongée un propulseur à ailes battantes qu'il étudiait plus spécialement pour un appareil *Plus lourd que l'air* : c'était commettre l'erreur de ceux qui veulent attacher un ballon à un oiseau pour faciliter son vol ; l'aigle lui-même est impuissant à remorquer l'aérostat auquel on l'attelle. Il ne paraît pas d'ailleurs qu'aucune expérience de direction ait été faite avec ce ballon, *l'Espérance,* qui exécuta un certain nombre d'ascensions ordinaires à Lyon et à Valence.

En somme, les tentatives faites pour diriger un aérostat par un autre moyen que l'hélice ont toujours été infructueuses, et il ne semble pas qu'il y ait avantage à abandonner un organe qui a brillamment fait ses preuves.

Toutes ces expériences avaient, on le conçoit, donné une nouvelle faveur à la question de la navigation aérienne. Après le succès du ballon de Meudon, le problème paraissait si près d'être résolu qu'un habile industriel crut le moment favorable pour battre monnaie sur l'emballement général, et il lança une émission publique pour la fondation de la *Compagnie universelle auxiliaire de l'aérostation dirigeable.* Après avoir réussi à faire un certain nombre de dupes, notre homme eut le malheur de voir le parquet lui demander quelques explications. Burgue, c'était le nom du fondateur de la Compagnie, exposa alors que son projet consistait à favoriser le développement de l'aérostation dirigeable en se chargeant de régler par avance toutes les questions d'expropriations ! — Mais quelles expropriations ? lui demandait-on. — Les expropriations pour la route des aérostats. Le propriétaire d'un champ possède le sous-sol de son terrain jusqu'au centre de la terre ; à plus forte raison possède-t-il l'espace au-dessus du même terrain. En naviguant dans les airs les aérostiers violent cette propriété ; de là des indemnités, des droits à payer, en un mot des expropriations à poursuivre, etc...

L'ingénieux Burgue avançait sur son siècle, et le tribunal de Beaune, au mépris de l'évidence, le condamna à deux mois de prison ! Avouez que le nom de cette victime de l'aérostation mérite de ne pas tomber dans l'oubli.

Un projet qui fit assez de bruit à l'époque où il parut, c'est-à-dire vers 1885, est celui du général Russel Thayer, de Philadelphie. Nous disons projet, bien qu'à croire les journaux américains, l'aérostat eût été construit et expérimenté avec tant de succès que le ministre de la Guerre à Washington aurait commandé à l'inventeur un colossal ballon de son système, pouvant enlever 7 000 kilogrammes ! Mais comme rien n'est sorti de tout cela, nous sommes en droit d'être un peu sceptiques sur les mérites du ballon Thayer.

Il se composait d'un aérostat fusiforme de 72 mètres de long supportant une nacelle assez semblable à une embarcation, par l'intermédiaire d'une housse ou chemise en toile enveloppant à la fois le ballon et la nacelle. L'appareil moteur consistait en un moteur à acide carbonique comprimant de l'air qui, sortant brusquement par un tube dirigé vers l'arrière de la nacelle, provoquait par réaction la propulsion de l'aérostat. Tout cela paraît peu sérieux et bien inférieur en tout cas aux ballons à hélice, et malgré le tapage fait autour du ballon Thayer à son apparition, on n'entendit parler d'aucune expérience concluante.

Parmi la multitude de ballons dirigeables ou soi-disant tels qui virent le jour à cette époque, nous citerons encore le *ballon-saucisson* du Pr Wellner de l'École supérieure technique de Brünn, qui fit construire à Berlin, en 1883, aux frais de l'Association allemande pour les progrès de l'aéronautique, cet étonnant aérostat assez semblable, comme le montre le dessin (fig. 241), à un saucisson mal fait ou plutôt à une langue fumée. Inutile de dire que cet appareil, qui rentrait dans la catégorie des ballons planeurs, c'est-à-dire progressant dans l'air en utilisant les montées et les descentes verticales, transformées, par la forme même donnée au ballon, en montées et descentes inclinées, n'eut absolument aucun succès : un premier modèle se refusa obstinément à quitter le plancher des vaches : un second modèle daigna quitter le sol, mais ne put exécuter aucune manœuvre de direction. Dégoûté de la charcuterie aérostatique, le Pr Wellner se fit aviateur, sans beaucoup plus de succès d'ailleurs.

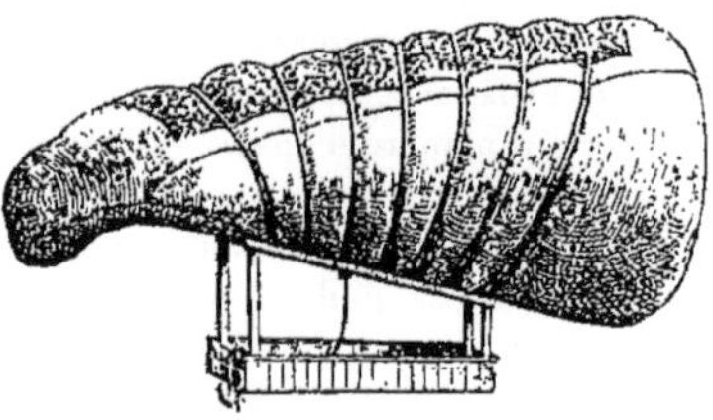

FIG. 241. — Ballon-saucisson du Pr Wellner.

Tous ces insuccès contiennent cependant un enseignement : toutes les tentatives de ballons dirigeables conçues en dehors des principes posés par ce que nous sommes tentés d'appeler l'École française d'aéronautique n'ont abouti à aucun résultat. C'est dans la voie tracée par le général Meusnier, par Jullien, par Giffard, précisée par les savants travaux de Dupuy de Lôme, et par les expériences des frères Tissandier, que les officiers de Meudon ont rencontré le succès éclatant des magnifiques ascensions du ballon *La France* : et c'est en ne s'écartant pas de cette voie que M. Santos-Dumont, appliquant à un aérostat de forme analogue à celle de ses illustres devanciers le moteur puissant et léger que l'automobilisme a fait naître pour ses besoins, a obtenu les brillants résultats que l'on connaît et que nous relaterons dans un chapitre suivant.

CHAPITRE XXVI

L'AÉROSTATION SCIENTIFIQUE

Les dernières ascensions scientifiques. — Les voyages de l'*Horizon*. — Un jambon tombé du ciel. — L'ascension du Dr Berson. — A 9 150 mètres d'altitude. — Les ballons-sondes. — L'*Aérophile* de M. Hermite. — 18 kilomètres au-dessus de la Terre! — Le *Balaschoff*. — Les ascensions astronomiques. — La chasse aux étoiles filantes. — Les débuts de Mlle D. Klumpke. — L'aérostation médicale. — Les globules rouges du sang. — La photographie aérostatique. — Les Expositions et les Congrès d'aéronautique. — *Le régime juridique des aérostats*. — Les ballons et la conférence de La Haye.

Les progrès réalisés à cette époque dans la direction des aérostats ne sont pas les seuls travaux aérostatiques dignes d'attirer l'attention.

Sans doute l'aérostation figurait toujours dans le programme des réjouissances publiques et gardait sa faveur auprès de la foule. L'audace des aéronautes forains allait même en grandissant, et de déplorables accidents en étaient souvent la conséquence. C'est ainsi qu'au Mans, le 4 juillet 1880, le ballon, en fort mauvais état d'ailleurs, de l'aéronaute Petit s'étant déchiré en l'air, le malheureux fit une chute de 1 600 mètres et se tua ; que le 8 août de la même année, alors que le vent portait vers la mer, Charles Brest étant parti follement de Marseille, à bord du *Nautilus*, sans prendre aucune précaution ni du matériel spécial pour les descentes en mer, se perdit dans la Méditerranée. On retrouva plus tard le ballon et la nacelle sur les côtes de la Corse.

Un accident plus dramatique encore arriva le 31 octobre 1880. Un gymnaste du nom de Navarre s'éleva cramponné à un trapèze sous une montgolfière, la *Vidouvillaise*, cubant 2 500 mètres. Le départ eut lieu à Courbevoie; arrivé à 600 mètres de hauteur, le malheureux Navarre lâcha prise et vint se fracasser sur le sol. La montgolfière délestée fit un bond dans l'espace et alla retomber à Paris, sur la place Saint-Michel. La victime de cette catastrophe avait reçu 50 francs pour exécuter cet exercice aussi stupide que dangereux.

Cette même *Vidouvillaise* faillit causer un accident aussi dramatique à son propriétaire M. Gratien, lors d'une fête publique en 1883. En lançant sa montgolfière il eut deux doigts pris par une corde qui s'entortilla autour de ses phalanges, et fut ainsi enlevé et suspendu en l'air dans cette situation épouvantable pendant près de vingt minutes. La corde qui le retenait se tordant et se détordant tour à tour imprimait au malheureux une rotation continue et rapide qui lui enlevait presque tout sentiment. La victime de ce drame échappa cependant à la mort et en fut quitte pour quelques semaines de séjour à l'hôpital : les doigts avaient été sciés jusqu'aux os!

Mais à côté de ces réjouissances aérostatiques, réjouissances souvent funèbres, nous venons de le voir, nous assistons, pendant cette dernière période de l'histoire de la navigation aérienne, à une série d'ascensions purement scientifiques aussi remarquables que celles des années précédentes par les résultats qu'obtiennent les observateurs aériens.

L'aérostation n'est plus suspecte à la science officielle, et une foule de savants se font honneur d'employer ce merveilleux outil d'investigation scientifique. Nous ne pouvons nous attacher à mentionner toutes les ascensions entreprises par les physiciens, les chimistes, les météorologistes, les physiologistes, les astronomes ; aussi nous contenterons-nous d'en citer quelques-unes des plus intéressantes.

Le 20 octobre 1881, MM. Duté-Poitevin et Ch. du Hauvel firent un voyage de Paris à Cleuville près d'Yvetot pour mettre en pratique leurs théories sur la conduite d'un aérostat en vue de réduire autant que possible les oscillations verticales du ballon, qui ont pour effet de diminuer la durée de l'ascension. Les frais de l'expérience furent couverts par la *Société française de navigation aérienne*, et l'ascension du 20 octobre confirma pleinement les idées des aéronautes.

FIG. 242. — David Napoli.

MM. Wilfrid de Fonvielle et Brissonnet fils, avec la *Comète de 1881*, exécutèrent une remarquable ascension le 25 janvier 1882 pour étudier un brouillard intense qui subsistait depuis plus de trois semaines sur Paris.

MM. Napoli, Drzewiecki et du Hauvel, le 22 juin 1882, étudièrent la formation des nuages et d'un orage dans une ascension de Paris à Amiens ; et puisque le nom de David Napoli vient ainsi sous notre plume, nous tenons à saluer en passant le nom de cet homme de bien, de cet ingénieur hors ligne qui offre le plus parfait exemple de ce que peut l'énergie et le travail mis au service d'une belle intelligence : né à Naples le 27 avril 1840, David Napoli (fig. 242), seul survivant des trois enfants d'un brodeur, se trouve orphelin à dix-neuf ans, sans appuis, ne possédant pour toute fortune que 22 francs ! Il vient à Paris, se fait naturaliser Français (et il montra en 1870 combien il aimait sa patrie d'adoption), entre aux ateliers des chemins de fer de l'Est comme apprenti ajusteur, et, bientôt distingué par ses chefs qui l'estiment d'autant plus qu'ils le connaissent mieux, il s'élève aux plus hauts degrés de la hiérarchie, devient inspecteur général et chef du laboratoire des essais de la Compagnie de l'Est. Napoli, esprit extrêmement fin et ingénieux, devint un physicien et un électricien de grand mérite, et ses inventions sont nombreuses dont la nomenclature serait hors de propos ici. Rappelons seulement la grande part qu'il a prise dans l'établissement du *wagon-dynamomètre*, véritable chef-d'œuvre de mécanique qui lui valut en 1882 la croix de chevalier de la Légion d'honneur. Ses travaux aéronautiques portèrent principalement sur l'étude des lois de la résistance de l'air, et la mort vint le surprendre le 29 mai 1890 au moment où il préparait des expériences du plus haut intérêt sur cette question, à l'aide d'un appareil de son invention qui devait être expérimenté sur un wagon marchant à une vitesse connue sur une voie ferrée construite en ligne droite.

David Napoli, qui était également musicien et sculpteur de grand talent, fut président de la *Société française de navigation aérienne*, et nous venons de voir qu'il s'adonna aussi à l'aérostation scientifique qui, comme toutes les grandes choses, passionnait sa vaste intelligence.

Fig. 243. — Le marquis A. de Dion.

Des recherches très intéressantes en vue de réaliser des ascensions à très longue durée furent entreprises en 1883 par M. le marquis A. de Dion (fig. 243) avec son ballon l'*Horizon* qui, le 11 mars 1883, emportant MM. de Dion, Ch. du Hauvel et A. Duté-Poitevin, parcourut 482 kilomètres en onze heures, de Paris à Aarau, en Suisse. Ce ballon, qui exécutait ainsi son premier voyage, avait déjà une histoire : il devait partir le 25 février avec le marquis de Dion et M. Reimbielinski, et tout était prêt pour l'ascension quand soudain, rompant ses liens, il s'échappa tout seul, emportant la nacelle, les instruments, les provisions et les vêtements des aéronautes. Le fugitif vint atterrir quelques heures plus tard à Marolles (Seine-et-Oise) avec des avaries insignifiantes.

L'ascension du 11 mars faillit mal tourner : après le magnifique parcours de 480 kilomètres dont nous avons parlé, les aéronautes, ayant encore une forte provision de lest, pensaient continuer leur voyage toute la nuit, quand ils furent assaillis par une tourmente de neige qui remplit la nacelle et couvrit le ballon d'une telle masse que celui-ci, malgré le délestage de tout ce qui pouvait être jeté, tomba à terre avec une effrayante rapidité. Personne ne fut sérieusement blessé, mais les trois passagers furent contusionnés, leurs vêtements mis en lambeaux et le matériel très endommagé.

L'*Horizon*, grâce à la libéralité du marquis de Dion, fut bientôt remis en état et prêt à de nouvelles campagnes : le 29 juillet, à 10 heures du soir, il repartait emportant dans sa nacelle MM. de Dion, Reimbielinski, Franchette et du Hauvel, et après une nuit passée en l'air, descendait à 6 heures du matin près de Bruxelles. Au moment de l'atterrissage, alors qu'il fallait rapidement jeter du lest, le marquis de Dion, trouvant un magnifique jambon oublié dans les soutes, le jette aux pieds d'un brave paysan qui, enchanté de l'aubaine, agitait ses deux bras, tenant d'une main son chapeau et de l'autre le jambon tombé du ciel, en criant : « Merci, savez-vous ! »

Dr Assmann Dr Kremser Dr Syring O. Baschin Dr Kölke Cap. Gross Dr Berson

FIG. 244. — Les passagers du *Phénix* et du *Humboldt*.

L'ascension du *National*, les 2 et 3 octobre 1884, mérite également d'être mentionnée : le *National*, monté par MM. H. Hervé et Lair, partit de Paris à 10 heures 15 du soir de l'usine de La Villette, et descendit à 9 heures 40 du matin à Westheim en Bavière, après un parcours de 440 kilomètres. Outre les observations météorologiques ordinaires, les aéronautes s'étaient proposé d'expérimenter un matériel nouveau (soupape, ancre, etc.) en vue de rechercher les moyens les plus efficaces de prolonger le séjour d'un aérostat en l'air. On voit qu'ils y ont brillamment réussi.

Citons enfin la belle ascension à grande hauteur de MM. Jovis et Mallet, à bord du *Horla*, le 13 août 1887, dans laquelle l'altitude de 7 100 mètres fut atteinte, ce qui est absolument remarquable pour un aérostat de 1 600 mètres cubes seulement, gonflé au gaz d'éclairage. Le chemin parcouru classe également cette ascension parmi les plus belles, puisque, parti de La Villette à 7 heures du matin, le *Horla* prenait terre quatre heures plus tard, 400 kilomètres plus loin, à Sainte-Ode, dans le Luxembourg belge.

Mais l'ascension à grande hauteur la plus remarquable fut celle qu'exécuta en Allemagne, le 4 décembre 1894, M. le Dr A. Berson, à bord du ballon le *Phénix*, sous les auspices de la *Société allemande pour le progrès de la navigation aérienne*. Cette société, qui fonctionne à Berlin et qui reçoit de l'empereur Guillaume II une subvention annuelle de 50 000 marks, compte parmi ses membres des savants de haute valeur tels que MM. Assmann, Kremser, Syring, O. Baschin, capitaine Gross, Dr Köbke, etc. (fig. 244). Elle a exécuté au cours de ces dernières années de très nombreuses ascensions scientifiques avec d'excellents aérostats de 2 à 3 000 mètres cubes comme le *Humboldt* (fig. 245), dont la nacelle constitue un véritable laboratoire aérien, le *Germania*, l'*Albatros*, le *Posen*, etc., enfin le *Phénix*, cubant 2 600 mètres, dont nous allons raconter brièvement la mémorable ascension du 4 décembre 1894.

Le Dr Berson partit seul à 10 heures 28 du matin, n'emportant qu'un guide-rope de 41 kilogrammes pour tout engin d'arrêt. En un quart d'heure, le *Phénix* atteignit 2 000 mètres; une heure après le départ, il était à 5 000 mètres; la température s'abaissait déjà à — 18°; à 11 heures 49, à 6 000 mètres de hauteur, le thermomètre marquait — 25°,5. A midi, l'altitude étant de 6 750 mètres et le froid de — 29°, le Dr Berson commença à respirer de l'oxygène, et l'action du gaz fut excellente; à midi 25, le ballon montant toujours planait à 8 000 mètres et le thermomètre indiquait — 39°.

A 8 200 mètres environ, dit le Dr Berson, je ne pouvais manquer de songer aux deux chercheurs français morts à cette altitude pour le service de la science; à près de 8 500 mètres, j'atteignis aussi la plus grande hauteur que Glaisher, le 5 septembre 1862, put lire sur son baromètre avant de tomber dans un profond évanouissement dont il revint seulement lorsque son compagnon eut arrêté le ballon dans son essor... La température était, à ce moment, descendue à — 42°.

A midi 49 minutes, par conséquent 2 heures 20 minutes après le commencement de l'ascension, le baromètre indiquait une hauteur véritable de **9 150** mètres.

Le thermomètre était descendu à — **47°,9** !...

Le ballon s'arrêta alors: il ne me restait que six grands sacs de lest et un petit, et je ne devais plus toucher à cette réserve nécessaire à la sécurité de la descente et de l'atterrissage...

A la hauteur maxima de 9 150 mètres, je trouve la note: « Je me sens singulièrement bien (*lächerlich wohl*). — beaucoup mieux qu'un peu avant. »

Après avoir quelque temps plané à cette formidable altitude) où jamais aucun être vivant n'était parvenu), le *Phénix* commença à descendre assez lentement. Le froid terrible pénétrait le hardi aéronaute, qui grelotait sous son épaisse pelisse de fourrure. Le *Phénix* prit terre enfin à 3 heures 45 minutes à Schönwohld, non loin de Kiel. La montée avait duré 2 heures 20 minutes, la descente 3 heures, le chemin parcouru, en projection sur le sol, était de 310 kilomètres!

Mais ces hauteurs ne paraissaient pas suffisantes; dans leur désir de sonder les hautes régions de l'atmosphère au delà même des régions accessibles à l'homme, les savants de tous pays ont cherché à faire voyager des ballons emportant des appareils enregistreurs à des hauteurs bien plus considérables. L'idée des *ballons-sondes* remonte à l'origine même de l'aérostation. On lit en effet dans les mémoires lus en 1783 par Le Monnier à l'Académie des sciences :

Quelques génies plus perçants ont proposé de lancer les aérostats à ballons perdus, garnis de baromètres et de thermomètres, afin de reconnaître, par cette voie, l'état des parties les plus élevées de

Fig. 245 — L'aérostat *Le Humboldt*.

notre atmosphère : déjà sont indiqués les moyens de reconnaître les termes que le mercure aura parcourus dans ces tubes à l'aide d'un fil d'or plongeant dans la graduation d'un baromètre renversé à deux colonnes ; déjà nous connaissons d'autres moyens industrieux pour les thermomètres qui indiqueraient les degrés de froid de la partie la plus élevée de notre atmosphère.

Dans sa séance du 3 décembre 1873, la *Société française de navigation aérienne* discuta cette question des ballons-sondes, que M. Jobert exposait avec sa compétence habituelle, et Alphonse Pénaud émettait dès cette époque l'idée que l'on pouvait ainsi étudier l'atmosphère à plus de 10 000 mètres de hauteur. Crocé-Spinelli s'occupa également de cet intéressant problème, mais la question n'était pas mûre.

L'idée fut reprise un peu plus tard, en 1881, par M. Mouillard; mais ce n'est qu'en 1892 qu'elle se précisa: des communications furent adressées à l'Académie des sciences par le commandant Ch. Renard, par MM. G. Yon, Capazza et Hermite.

Ce dernier fit mieux d'ailleurs, et commença des expériences le 17 septembre 1892 à Noisy-le-Sec avec un ballon en papier verni emportant un baromètre témoin. Le 27 novembre, un petit ballon en papier simplement enduit de pétrole atteignit 9 000 mètres de hauteur et tomba à Sainte-Florence (Vendée) à 350 kilomètres de Paris.

FIG. 246. — M. Hermite

C'est donc à M. Hermite (fig. 246) que revient l'honneur d'avoir le premier réalisé l'exploration de l'atmosphère par ballon-sonde, méthode qui ne tarda pas à prendre une extension considérable et qui vint enrichir la science de documents de la plus grande valeur.

Aidé de M. Besançon, et grâce à la libéralité du prince Roland Bonaparte, toujours disposé à se mettre au service des grandes questions scientifiques qui le passionnent, M. Hermite est parvenu à réaliser des expériences suivies de ballons-sondes à l'aide du ballon l'*Aérophile* (fig. 247), spécialement construit dans ce but. Le 18 février 1897, la hauteur de 15 500 mètres fut atteinte et les enregistreurs accusaient, à cette altitude, une température de — 66°. De l'air, puisé automatiquement à cette hauteur, fut analysé par M. Müntz de l'Institut. L'appareil de prise d'air avait été construit spécialement pour cet usage par M. L. Cailletet.

Ces expériences sont devenues internationales, et, à des dates fixées, des ballons-sondes sont envoyés dans les airs, en même temps, de toutes les capitales du monde savant. C'est ainsi qu'en Allemagne, le ballon-sonde le *Cirrus* a atteint le 6 septembre 1894 la hauteur de 18 450 mètres ! et fait des parcours qui ont dépassé 900 et 1 000 kilomètres. La température la plus basse observée a été de —67° à 18 500 mètres d'altitude (Voir fig. 248 et 249 des reproductions de diagrammes ainsi obtenus).

Les explorations par sondes aériennes sont poursuivies d'une façon absolument méthodique en France par le savant directeur de l'Observatoire de Trappes, M. L. Teisserenc de Bort. Il les emploie concurremment avec ses admirables cerfs-volants météorologiques qui lui servent à contrôler les diagrammes rapportés par les ballons-sondes. Il est en effet très important d'avoir ainsi un point de comparaison avec les documents fournis par les sondes : aussi, tel qu'est maintenant organisé le service international des explorations aériennes, les lancers de ballons-sondes qui se font simultanément à Paris, Strasbourg, Berlin, Saint-Pétersbourg, etc., sont-ils accompagnés d'ascensions d'aérostats montés qui s'efforcent de s'élever le plus haut pos-

FIG. 247. — Le premier *Aérophile* (expérience du 21 mars 1893).

sible. C'est ainsi qu'au lancer du 24 mars 1899, M. Besançon (fig. 250), désigné par M. Bouquet de la Grye, président de la Commission scientifique à Paris, partit avec l'astronome M. G. Le Cadet à bord du *Balaschoff* (fig. 251) en même temps qu'en Allemagne partait M. Syring dans un aérostat gonflé à l'hydrogène pur. Le 3 octobre 1899, dans les mêmes circonstances, MM. Berson et Hergesell s'élevaient à 6 600 mètres d'altitude en même temps que les ballons-sondes.

On éprouve parfois les plus grandes difficultés pour déchiffrer les renseignements fournis par leurs appareils enregistreurs (fig. 252 et 253) : d'abord les ballons sont souvent perdus ; ou bien on ne les retrouve qu'assez longtemps après, et les appareils, les diagrammes surtout, sont dans un triste état. Un jour, un appareil enregistreur fut ainsi retrouvé plusieurs semaines après l'ascension, et quelle ne fut pas la stupéfaction du savant chargé d'en vérifier le contenu quand, ouvrant avec précaution l'appareil, il y trouva confortablement installée une famille entière de rats !

La météorologie et la physique du globe ne sont pas les seules sciences qui mettent l'aérostation à leur service, et dans ces dernières années surtout, l'astronomie a fait un fréquent usage des ballons pour certaines observations rendues impossibles à terre par suite de brouillards, de pluies et autres circonstances contraires.

La comète de 1881 put ainsi être observée en ballon par MM. W. de Fonveille et Henri Lippmann qui partirent de La Villette le samedi 3 juillet à 1 heure 1/4 du

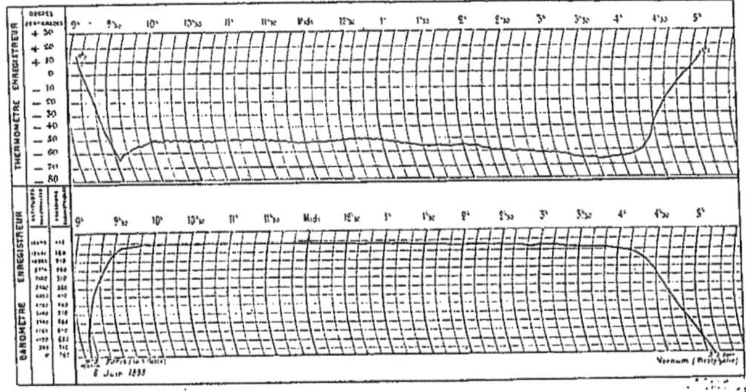

Fig. 248. — Diagrammes rapportés par un ballon-sonde.

matin : à 1 200 mètres de hauteur, l'éclat de l'astre errant avait sensiblement augmenté, tandis que l'on n'apercevait plus la courbure de la queue.

La grande comète de 1882 fut également observée en ballon par M. Maurice Mallet. L'observation à terre était empêchée par une brume épaisse qui couvrait entièrement le ciel de Paris, et il n'y avait que les ballons qui permettaient de s'élever au-dessus des nuages.

Un certain nombre d'éclipses de soleil et de lune ont été observées de la même façon. Nous citerons seulement l'ascension de l'*Éclair* monté par MM. Besançon, Maurice Mallet, Chapitey et de Knyff, lors de l'éclipse de lune du 15 novembre 1891, ascension écourtée par l'arrivée intempestive d'une véritable trombe d'eau qui alourdit le ballon et l'empêcha de se maintenir au-dessus des nuages : le commencement de l'éclipse fut seul observé.

Les ascensions astronomiques les plus intéressantes ont eu lieu pour observer l'essaim d'étoiles filantes connu sous le nom de *Léonides*. Une première ascension

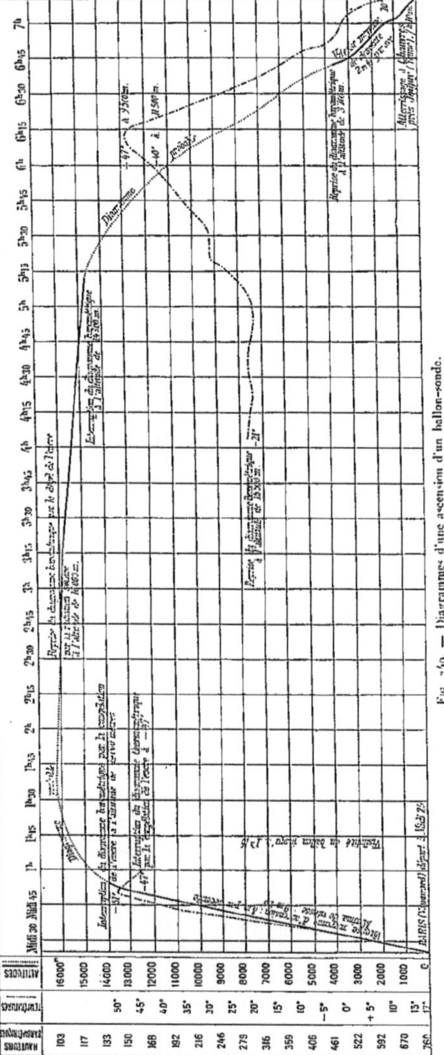

Fig. 249. — Diagrammes d'une ascension d'un ballon-sonde.

dans ce but fut faite en 1898 et donna des résultats si intéressants, que, sur l'initiative de M. Janssen, une véritable chasse aux étoiles filantes fut organisée par tous les observatoires du continent : en France, des ascensions furent préparées par l'Aéro-club, par la *Société française de navigation aérienne*, et par le journal *La Vie au grand air*. Elles devaient s'exécuter dans les nuits du 14 au 15 novembre et du 15 au 16.

On sait que le groupe des *Léonides* est considéré comme un débris de la comète *Tempel*, et que cet essaim revient à date fixe à proximité de notre planète ; c'est ce qui permit de préparer à l'avance les expéditions dont nous faisons le récit.

Dans la première nuit, l'*Aéro-club* emportait dans les airs le comte H. de La Vaulx, le comte de Castillon de Saint-Victor, M. Tikhoff et M. Lespieau : les observateurs purent noter une centaine d'étoiles filantes.

Le lendemain dans le *Centaure* partaient MM. de Fonvielle et Mallet accompagnés de Mlle Klumpke (fig. 254) déléguée par l'Observatoire de Paris, et, dans *La Vie au grand air*, MM. Louis Vernanchet, Ed. Valentin et Henry Dumoutet, l'habile peintre aérien qui rapporta de cette expédition de magnifiques dessins de paysages célestes. Les deux aérostats furent emportés dans l'ouest, par une nuit magnifique, et abordèrent le premier non loin de Coutances (Manche), le second à 6 kilomètres de Bayeux (Calvados).

Mlle Klumpke (maintenant Mme Isaac Roberts), dont c'était la première ascension raconte ainsi le départ et l'impression qu'elle ressentit :

Nous prîmes place dans la nacelle ; les opérations du lestage continuaient : « Levez les mains ! — Rattrapez la nacelle ! » dit notre capitaine au personnel entourant le ballon : « Levez les mains ! — Rattrapez ! Retirez un sac de lest ! » et voici l'aéronaute qui prend place dans la nacelle. M. de Fonvielle était déjà assis à côté de moi ; des mains amies se tendent vers nous, tandis que notre capitaine continue à donner des ordres : « Levez les mains ! — Rattrapez ! — Lâchez les mains ! » et à nos pieds, la terre s'éloigne et des mouchoirs blancs s'agitent dans l'air et des cris de « Bon voyage ! — Courage ! — Au revoir ! » s'élèvent une dernière fois vers nous.

Nous étions partis, et je n'en savais rien : le vent nous emportait vers l'inconnu.

J'eus un moment d'émotion en songeant à ce que je quittais, mais d'appréhension, je n'en eus point... Ne me sentais-je pas fortifiée par des milliers de vœux que formaient pour moi des amis connus et inconnus ? Ne savais-je pas que Celui qui règne dans les cieux et de qui relèvent tous les empires, à qui seul appartient la gloire, la majesté et l'indépendance, est aussi le seul qui se glorifie de faire la loi aux hommes et de leur donner, quand il lui plaît, de grandes leçons, de sublimes leçons ?...

FIG. 250. — M. Georges Besançon.

Le *Centaure* parti à 1 heure du matin plana successivement au-dessus de Levallois-Perret, Courbevoie, le Mont-Valérien, Septeuil, Mantes, Évreux, Bernay, Plaiville, Caen, Bayeux, et prit terre vers 8 heures du matin près de Lessay dans le Cotentin. En souvenir de cette première ascension, M. Mallet, le capitaine du *Centaure*, offrit le drapeau tricolore qui flottait sur l'aérostat à la vaillante astronome, qui l'accepta avec émotion et voulut à son tour offrir un nouveau pavillon au ballon qui l'avait emportée dans les airs. En remettant ce drapeau confectionné par elle, Mlle Klumpke, s'adressant au président de la Société française de navigation aérienne, lui dit :

Monsieur le Président, en unissant l'une à l'autre ces trois couleurs, bleu foncé du ciel, blanc pur de neige, rouge de feu ardent, j'ai enlacé mon fil de vœux de bonheur et de prospérité ! En transmettant à l'aéronaute du *Centaure* ce nouveau talisman, veuillez joindre vos vœux aux miens pour que dans la nouvelle branche que l'aérostation ouvre à l'astronomie, pour que dans toutes les applications grandes et nobles de la navigation aérienne, le drapeau tricolore flotte toujours victorieux pour la gloire de la France, de la Science et de l'Humanité !

En 1901, des expériences scientifiques d'un ordre tout nouveau furent exécutées en ballon. Il s'agissait cette fois d'observations physiologiques du plus grand intérêt, dues à l'initiative du Dr Guglielminetti, de Monte-Carlo. D'expériences faites dans les montagnes sur des animaux et sur plusieurs personnes, il résulterait que l'augmentation des globules rouges dans le sang, que l'on supposait être l'effet d'un séjour prolongé dans la montagne, se manifestait au contraire dès les premières heures de l'arrivée dans les hautes régions. Le fait demandait à être vérifié en ballon, et une première ascension fut faite dans ce but en Suisse par M. Gaulé, le savant professeur de physiologie de Zurich, qui constata une augmentation de 30 à 40 pour 100 des globules rouges une heure après le départ.

FIG. 251. — MM. Besançon et Le Cadet dans la nacelle du Balaschoff. (*Cliché de l'Aérophile*).

Dès que ces faits furent connus, de nombreux médecins français s'offrirent à répéter cette expérience, et grâce au Conseil municipal de Paris, qui prit à sa charge les frais de gaz, et aux Sociétés aérostatiques qui offrirent leur matériel, un certain nombre de départs eurent lieu : le *Quo Vadis*, de l'Aéronautique-club, partit le 20 novembre avec les Drs Henry et Calagarnaco et M. Lapicque, maître de conférences à la Sorbonne ; l'*Éros*, monté par M. Castillon de Saint-Victor et les Drs Tissot et Hallion, le *Centaure*, monté par le comte de La Vaulx (fig. 255) et les Drs Raymond et Portier, le *Titan*, monté par M. Maurice Farman et les Drs Joly et Bonnier, furent prêtés par l'Aéro-club : une science nouvelle était créée : l'*Aérostation médicale* ! Qui sait si nous ne verrons pas un jour la docte Faculté prescrire à ses malades des cures d'air

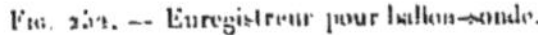

Fig. 252. — Enregistreur pour ballon-sonde.

Fig. 253. — Panier renfermant les appareils enregistreurs des ballons-sondes.

en ballon à 5 ou 6 000 mètres d'altitude, en vue d'agir sur le nombre des globules rouges du sang !

Rappelons à propos des ascensions physiologiques la curieuse expérience faite en 1895 par Louis Godard dans le ballon captif qu'il avait installé à l'occasion de l'Exposition russe : voulant se rendre compte de l'impression produite par un séjour dans l'atmosphère sur des animaux peu habitués à ce genre de promenade, il embarqua à son bord deux jeunes oursons (fig. 256). Les débuts du voyage furent pénibles pour les jeunes aéronautes qui semblèrent tout d'abord manifester peu de goût pour l'aérostation : mais au bout de quelques minutes, toute trace d'inquiétude disparut, et les deux oursons passèrent une demi-heure à 800 mètres d'altitude sans en paraître incommodés.

Fig. 254. — Mlle Dorothée Klumpke (Mme Isaac Roberts).

Cette étude de l'aérostation scientifique serait incomplète si nous ne disions quelques mots de la photographie aérostatique. L'objectif règne partout maintenant. La chambre noire est l'auxiliaire indispensable de toute science, et il devait venir à l'idée de l'appliquer à l'aérostation. L'idée en effet n'est pas neuve et remonte au premier photographe-aéronaute, à Nadar. Nous avons parlé précédemment de ses essais ; mais à l'époque où ils furent faits, vers 1868, on en était au procédé du collodion humide, qui exigeait des préparatifs longs et délicats dans une chambre noire, et la lenteur de l'action des produits chimiques alors en usage, jointe à la mobilité extrême du ballon, empêchèrent toute réussite. L'idée cependant était féconde, et en 1882, avant même la découverte du procédé rapide au gélatino-bromure d'argent, inventé en 1878 par Lainé, de Strasbourg, MM. Napoli, du Hauvel et Drzewiecki obtinrent, à 800 mètres d'altitude, des photographies à contours assez nets.

Déjà, auparavant, en 1878, M. Dagron avait réussi à prendre le panorama de Paris du ballon captif des Tuileries : mais la photographie aérienne en ballon libre ne date vraiment que de l'année 1880 : le 14 juin, dans une ascension faite à Rouen à bord du ballon le *Gabriel*, M. Paul Desmarets obtint deux clichés fort nets pris le premier à 1 100 mètres et le second à 1 300 mètres d'altitude.

En 1885, MM. Gaston Tissandier et Ducom obtinrent de très remarquables photographies aériennes, et le 2 juillet 1886, MM. Paul Nadar, Gaston et Albert Tissandier rapportèrent d'une ascension trente vues magnifiques. Bientôt la photographie aérostatique fonctionna d'une façon régulière à Meudon et devint l'auxiliaire obligé des observations militaires en ballon captif : on peut dire que maintenant il ne se fait aucune ascension scientifique ou sportive sans qu'un appareil photographique soit à bord, et les documents ainsi obtenus ont une valeur inappréciable, soit qu'il s'agisse de vues topographiques ou panoramiques du terrain situé sous le ballon (fig. 257 et 258), soit qu'il s'agisse de photographies de nuages et de paysages aériens. Quels magnifiques panoramas se déroulent ainsi aux yeux émerveillés des aéronautes flottant au-dessus des nuages arrondis, moutonneux, déroulant à perte de vue leurs croupes étincelantes de lumière et que la plaque photographique enregistre avec une scrupuleuse fidélité !

Dr Portier — M. de La Vaulx

FIG. 255. — Ascensions physiologiques. M. de la Vaulx examinant les cobayes qu'il emporte à bord du *Centaure*.

On voit par ce rapide exposé combien les applications scientifiques de l'aérostation ont été nombreuses et variées au cours de ces vingt dernières années : pour se rendre compte de la place que tient maintenant l'aéronautique dans le mouvement scientifique contemporain, il suffit de jeter un coup d'œil sur les nombreuses expositions de cette période, et de voir quelle importance de plus en plus grande y prend tout ce qui touche à la navigation aérienne.

En 1883, à l'occasion du centenaire de la découverte immortelle des frères Montgolfier, une exposition aéronautique fut ouverte du 5 au 18 juin au palais du Trocadéro. En raison du succès qu'elle rencontra, elle fut prolongée jusqu'au

FIG. 256. — Une ascension originale. — Les oursons aéronautes. (Cliché de M. Louis Godard.)

25 juin. — Soixante-seize exposants avaient répondu à l'appel des organisateurs, et ballonniers et aviateurs fraternisaient dans cette manifestation à la gloire des inventeurs des ballons, dont la statue fut inaugurée le 13 août à Annonay (Voir fig. 19, page 50).

Deux ans après, en 1885, s'ouvrait à Londres la seconde exposition aéronautique organisée dans cette ville par la Société aéronautique anglaise : puis ce fut à Vienne en 1888 que l'aérostation eut son exposition, dans laquelle figurait pour la première fois un modèle réduit de l'aéroplane de l'ingénieur Wilhelm Kress, de Vienne, dont nous aurons à reparler.

Puis vint l'Exposition universelle de Paris en 1889, dans laquelle l'aérostation tenait une place si importante et qui n'a été dépassée que par celle de 1900.

Enfin, en 1893, l'Exposition de Chicago fut aussi pour l'aéronautique l'occasion d'une grandiose manifestation.

Les deux dernières Expositions de Paris en 1889 et 1900 ont été accompagnées de

Fig. 257. — Photographie prise de la nacelle de l'*Urania*, à Bâle, à l'instant du départ : on voit, projetée sur le terrain, l'ombre du ballon et de la nacelle.

Congrès internationaux d'aérostation dont les travaux ont été excessivement intéressants. Une analyse de ceux-ci ne rentrerait nullement dans le cadre d'un ouvrage purement historique : aussi nous bornons-nous à mentionner l'existence de ces congrès, dont la haute portée scientifique est indiscutable, et dont l'influence sur les progrès de la navigation aérienne a été considérable.

Nous tenons cependant à dire quelques mots de la question qui fut agitée à la session de 1902 de l'*Institut de droit international*, tenue à Bruxelles, question qui peut sembler prématurée, mais dont l'intérêt ne tardera peut-être pas à se faire sentir : nous voulons parler du *Régime juridique des aérostats*, au sujet duquel M. Paul Fauchille, docteur en droit, a présenté un rapport très curieux que nous voulons analyser brièvement.

M. Paul Fauchille distingue tout d'abord deux catégories de ballons : les aérostats publics, civils ou militaires mais affectés au service d'un État, et les aérostats privés. Il établit ensuite une distinction, au point de vue du droit international, entre l'état de paix et l'état de guerre, la réglementation étant naturellement différente pour l'un et pour l'autre.

C'est un véritable projet de loi qu'étudie M. Fauchille dans son rapport, projet de loi dans lequel sont prévus les abordages, les crimes et les délits commis à bord d'un ballon, et même la nationalité des enfants nés dans la nacelle! Ce cas ne s'est jamais présenté, mais puisque l'on fait déjà des voyages de noces en ballon!... La police sanitaire, les questions de douane, etc..., sont examinées dans cet intéressant travail.

En cas de guerre, M. Fauchille prévoit la capture des ballons dont l'équipage devient prisonnier de guerre, et traite même, au point de vue de la Convention de Genève, la question des ballons ambulances, des ballons hôpitaux, chargés de recueillir au vol les blessés aériens!

Enfin une réglementation spéciale est prévue pour les ballons captifs et les ballons sondes;

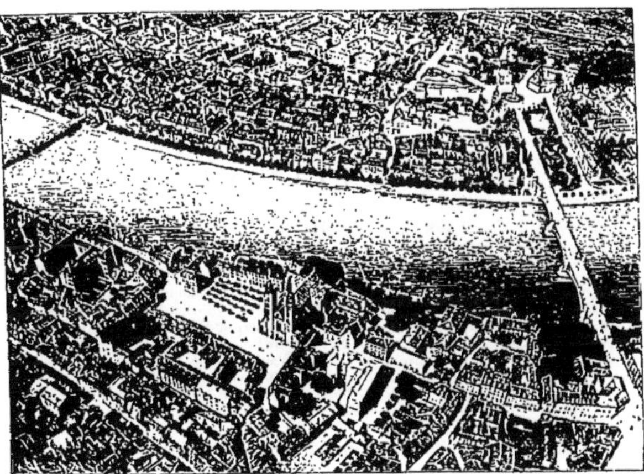

FIG. 258. — Panorama de Bâle, pris en ballon.

ces derniers ne pourront être en contravention que s'ils sont porteurs d'appareils photographiques.

M. Nys, second rapporteur de la question du *Régime juridique des aérostats*, approuve complètement les idées de M. Fauchille; toutefois il accompagne son adhésion de cette restriction, qui nous paraît on ne peut plus justifiée :

N'y a-t-il pas excès de réglementation? Ainsi, au sujet des documents dont le commandant de l'aérostat public doit être porteur, et au sujet de la nationalité de l'équipage? Est-il bien nécessaire d'édicter des dispositions concernant le *cérémonial aérien*? Est-il opportun de trancher dans un règlement sur le régime des aérostats, la question de la nationalité des enfants nés à bord d'un aérostat?... Gardons-nous de supprimer la *liberté de l'air* ou de la réduire à de minuscules proportions. Vraiment nous ne sommes que trop victimes, sur terre, des lois, des règlements, des arrêtés de toute espèce. Craignons surtout de faire apparaître la science du Droit comme l'ennemie du progrès, de faire en sorte qu'elle empêche ou vienne ralentir le développement de l'aéronautique par d'intempestives dispositions.

Rappelons encore à ce sujet que la Conférence internationale réunie à La Haye en 1899 vota, dans sa séance du 21 juillet, la déclaration suivante :

Les puissances contractantes consentent, pour une durée de cinq ans, à l'interdiction de lancer des projectiles et des explosifs du haut des ballons ou par d'autres modes analogues nouveaux.

La présente déclaration n'est obligatoire que pour les puissances contractantes, en cas de guerre entre deux ou plusieurs d'entre elles.

Elle cessera d'être obligatoire du moment où, dans une guerre entre les puissances contractantes, une puissance non contractante se joindrait à l'un des belligérants.

Cette restriction n'était pas inutile, l'Angleterre ayant formellement refusé d'admettre cette interdiction.

CHAPITRE XXVII

LES ASCENSIONS MARITIMES

Les premières ascensions maritimes. — Voyages de Duruof. — Accidents et catastrophes. — Lhoste et Mangot. — Les traversées de la Manche. — Catastrophe de l'*Arago*. — Projet Wyse. — Les projets d'exploration du pôle Nord en ballon. — L'expédition d'Andrée. — Le départ de l'*Ornen*. — Les appareils d'Hervé. — Stabilisateur et déviateur. — Le voyage maritime du *National*. — Les traversées de la Méditerranée. — L'expédition du *Méditerranéen*. — Le comte Henry de La Vaulx. — Le journal de bord du *Méditerranéen*. — Croiseur et ballon. — Le *Méditerranéen n° 2*. — La traversée du Sahara en ballon. — Le ballon porte amarre de MM. Renard et Hervé. — Projet Louis Godard d'un ballon transatlantique.

La mer a paru exercer de tout temps une singulière fascination sur les aéronautes, et nombreuses ont été les tentatives de voyages aériens au-dessus des flots. Dès les premières années de l'aéronautique, nous voyons l'intrépide Blanchard, accompagné du Dr américain Jeffries, exécuter la première ascension maritime en franchissant le détroit du Pas-de-Calais dans son aérostat, qu'il prétendait diriger. S'il fut le premier aéronaute ayant ainsi traversé aériennement la Manche, son ballon ne fut pas le premier à réaliser cet exploit. Le voyage de Blanchard est en effet du 7 janvier 1785, et un an auparavant, le 22 février 1784, un petit ballon libre de 1m,50 de diamètre, gonflé à l'hydrogène, parti de Sandwich dans le comté de Kent, descendit quelques heures plus tard à Warneton (Belgique), sur la frontière française, à 16 kilomètres de Lille.

On se rappelle que l'émule de Blanchard, Pilâtre de Rozier, trouva la mort le 15 juin 1785 en voulant traverser la Manche de France en Angleterre, trajet beaucoup plus difficile à suivre que la traversée d'Angleterre en France.

Nous ne reviendrons pas sur les ascensions maritimes de Zambeccari, Andreoli et Grassetti, tombés dans l'Adriatique, où faillit périr en 1846 l'aéronaute français Arban ; mais nous devons une mention spéciale à la magnifique ascension de Green, qui, le 7 novembre 1836, partit de Londres à 1 heure et demie avec MM. R. Hollond et Monk-Mason, et descendit à sept heures trente, le lendemain matin, à Weilberg dans le duché de Nassau, après avoir franchi la Manche, la France, la Belgique et une partie de la Prusse.

En 1872 eut lieu une ascension maritime involontaire qui mérite d'être rappelée : M. A. Duté-Poitevin, que ses travaux en aéronautique ont placé parmi les premiers aéronautes modernes, avait installé à Marseille un ballon captif manœuvré par une locomobile à vapeur. Le jour même de son inauguration, le 22 juin, M. Duté-Poitevin fit une ascension, seulement accompagné de deux passagers : M. Julien, adjoint au maire de Marseille, et M. Bédé, négociant à Bordeaux. Pris par un violent coup de mistral, l'aérostat fut couché par une rafale, le câble qui le retenait captif fut rompu, et le ballon se trouva bientôt à 4 500 mètres de hauteur au-dessus de la Méditerranée. Une heure après il était au large de Toulon où un remorqueur à vapeur, le *Persévérant*, capitaine Conty, vint recueillir les naufragés de l'air.

FIG. 259. — M. et Mme Duruof dans la nacelle du *Tricolore* (1874).

Les incidents de ce voyage ont été singulièrement exagérés dans la presse : on en a à plaisir dramatisé les circonstances, représentant le ballon abîmé dans les flots et les aéronautes à demi noyés au moment du sauvetage. La vérité est toute autre, et, si nous rappelons ce voyage avec quelques détails, c'est qu'il présenta un côté fort intéressant : grâce à la longueur du câble qui fit office de stabilisateur sur les flots (nous verrons tout à l'heure ce que c'est qu'un stabilisateur), l'aérostat put se maintenir en équilibre à quelque distance de la mer et naviguer ainsi plus de deux heures en toute sécurité, jusqu'à l'arrivée des secours.

Le 31 août 1874, l'aéronaute français J. Duruof, insulté, dit-on, dans un café de Calais parce qu'il différait son départ à cause de la direction du vent qui poussait en pleine mer du Nord, partit sans plus attendre, avec sa femme (fig. 259) à sept heures du soir, sans vêtements chauds et sans vivres, dans son ballon le *Tricolore* qui ne cubait que 800 mètres. Ils passèrent la nuit au-dessus des flots, et ne durent leur salut qu'à l'arrivée d'un chasse-marée anglais qui, les ayant aperçus à 4 heures du matin, parvint à les recueillir (fig. 260).

Cette émouvante ascension ne refroidit pas l'ardeur de ce courageux aéronaute, car deux ans après, le 24 août, nous le voyons s'élever à Cherbourg dans le ballon la *Ville de Calais* et exécuter une nouvelle ascension maritime en compagnie d'un journaliste, M. Salomon. Il avait emporté le *cône-ancre* qui permet aux aérostats de se maintenir à l'ancre à la surface de la mer : mais les secours arrivèrent très tard, et les

FIG. 260. — M. et Mme Duruof recueillis dans la mer du Nord (1874).

deux aéronautes, descendus au large de Harfleur étaient déjà à moitié immergés quand une chaloupe vint les recueillir.

Ce cône-ancre fait partie du matériel de toute ascension faite au voisinage de la mer (1). Sivel, qui avait inventé cet appareil, s'en servit lui-même plusieurs fois avec succès, notamment le 19 août 1874 dans une ascension qu'il fit à Copenhague en vue de traverser le Sund : poussé vers la Baltique, il descendit en pleine mer et, retenu par son cône-ancre, il attendit, captif sur les flots, l'arrivée de bateaux de sauvetage.

(1) Il se compose (fig. 261) d'un vaste sac en toile goudronnée de forme conique, tenu ouvert par un cercle de bois auquel vient se fixer la corde qui le rattache au ballon ; une cordelette aboutissant au sommet du cône permet de retourner le sac pour le vider lorsqu'on veut rendre au ballon sa liberté.

Le 27 juin 1893, le ballon le *Tsar*, monté par MM. Louis Godard et Jacques Courty, partit de Dunkerque à 6 heures du soir et fut entraîné sur la mer où, au bout d'une heure quarante, les deux aéronautes furent recueillis sains et saufs par un remorqueur envoyé à leur secours.

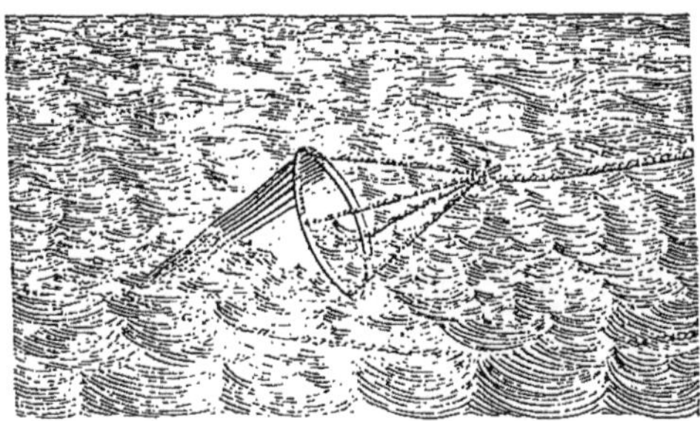

Fig. 261. — Cône-ancre de Sivel.

Toutes les ascensions maritimes n'ont pas eu le même bonheur, et beaucoup malheureusement ont eu une issue funeste ; nous avons parlé de la mort de l'aéronaute Brest perdu dans la Méditerranée ; nous avons également, à propos des ballons du siège, raconté la mort de Prince et de Lacaze. Mais la liste des aéronautes perdus en mer est hélas ! bien plus longue.

Le 14 août 1881, M. d'Armentières, parti de Montpellier à bord de l'*Éole* à 9 heures 1/2 du soir, fut retrouvé noyé huit jours après, n'ayant plus aucun vêtement. Sans doute le malheureux, pour lutter contre la mort, aura-t-il jeté à la mer tout son lest, ses provisions, ses vêtements eux-mêmes ! Quelle cruelle agonie que celle de cet homme emporté sur les flots, sans espoir, brisé de fatigue et saisi par le froid qui paralyse ses derniers efforts !

Fig. 262. — M. Hervé.

Une catastrophe qui eut un grand retentissement fut celle du *Saladin*, dont l'ascension était organisée par la Société météorologique de la Grande-Bretagne. Le *Saladin* était monté par le capitaine Templer, M. A. Gardner et M. Powell, membre du parlement anglais. Le ballon approchant de la mer, les aéronautes voulurent descendre, mais l'atterrissage fut très violent : M. Gardner et le capitaine Templer furent précipités hors de la nacelle, et le ballon délesté s'enleva avec une grande rapidité et disparut dans la direction du Sud-Est. Ce n'est que plusieurs mois après que le ballon fut retrouvé ainsi que le corps de M. Powell, dans la Sierra del Pedrosa en Galice (Espagne).

Les ascensions maritimes doivent être conduites d'une façon toute spéciale et avec un matériel approprié pour ne pas constituer une simple imprudence. C'est pénétré de cette idée qu'un ingénieur aéronaute français, M. Hervé (fig. 262), a étudié et expérimenté avec beaucoup de savoir et de méthode un ensemble d'engins spécialement construits en vue de réaliser scientifiquement les voyages aérostatiques au-dessus de la mer. Nous aurons l'occasion de revenir sur le matériel Hervé à propos des récentes expériences du *Méditerranéen* dont nous rendrons compte tout à l'heure : mais auparavant, il nous faut nous arrêter un instant sur les belles ascensions maritimes d'un jeune aéronaute français, M. Lhoste, qui poursuivit avec une opiniâtreté et une constance remarquables la traversée de la Manche de France en Angleterre, et fut amené à créer dans ce but un matériel tout spécial. Comme nous allons le

FIG. 263. — Matériel aéronautique de Lhoste. (*Assiette peinte par M. A. Tissandier.*)

voir, le succès couronna d'abord ses efforts, mais emporté par sa fougue et son audace, il trouva la mort dans une troisième traversée.

Le passage d'Angleterre en France, lui, présente peu de difficultés, aussi a-t-il été très fréquemment effectué ; outre les aéronautes que nous avons signalés, le colonel Burnaby, en 1882, le capitaine Morton en 1897, MM. Parceval Spencer et Laurence Swinbrome en 1899 ont ainsi franchi la Manche sans difficulté. Mais la traversée contraire n'avait jamais été réalisée, et en 1883 M. Lhoste entreprit de réussir coûte que coûte. Le 27 mai, accompagné de M. Eloy, il s'élève à Saint-Omer dans l'*Hirondelle*, s'avance sur la Manche, et est ramené en Belgique par un vent contraire. Le 6 juin, les deux aréonautes repartent une seconde fois avec le *Pilâtre de Rozier*, mais sont ramenés à l'Est de Boulogne d'où ils étaient partis.

Deux jours après, Lhoste repartait seul de Boulogne, passait au-dessus de Dunkerque, s'élevait jusqu'à 5 000 mètres et opérait une descente en pleine mer, où il était recueilli par le lougre français *Noémie*, à 16 kilomètres seulement des côtes anglaises !

Sur ces entrefaites, le 3 juillet, MM. Morlan, Belge, et de Conta, Français, partent de Courtrai en vue de descendre du côté de Liège ou de Cologne ; mais à la hauteur de Louvain, un courant les entraîne vers Ostende, les amène au-dessus de la mer, et le mercredi matin 4 juillet les deux aéronautes atterrissent à Bromley en Angleterre, recueillant ainsi la gloire qu'ils n'avaient pas cherchée, de réaliser les premiers la traversée du continent en Angleterre.

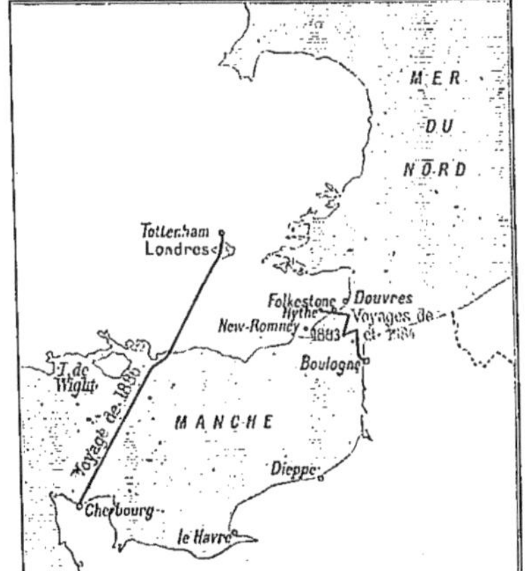

Fig. 264. — Les deux traversées de la Manche en ballon par Lhoste.

Loin d'être découragé par cette circonstance imprévue, Lhoste repart de Boulogne le 9 septembre à cinq heures du soir : il constate l'existence de plusieurs courants opposés se dirigeant soit vers l'Océan soit vers la mer du Nord : mettant à profit avec une grande habileté ces deux courants, il louvoye au-dessus de la Manche et réussit enfin à gagner la côte anglaise (fig. 264), où il aborde à Hythe à 11 heures du soir.

En 1884, il fit une nouvelle expédition en partant encore de Boulogne, et il réussit une seconde fois à descendre en Angleterre, à 2 kilomètres de New-Romney.

Encouragé par ces succès, il se proposa, de concert avec son ami M. Mangot, de réaliser la traversée de la Manche en partant de Cherbourg. C'est pour cette ascension qu'il employa tous les agrès qu'il avait imaginés pour les ascensions maritimes (fig. 263), agrès qui comprenaient : une hélice horizontale sous la nacelle ; une voile triangulaire partant de l'équateur du ballon et fixée d'autre part au cercle et à l'extrémité d'une vergue de 4m,50 ; un guide rope de 80 mètres : un flotteur-frein cylindro-conique de 1m,65 de longueur ; un cône-ancre de 400 litres, et deux seaux montés sur une corde sans fin pour puiser de l'eau comme lest. De plus la nacelle était ceinte de liège pour la rendre insubmersible.

L'ascension eut lieu avec un plein succès le 29 juillet 1886, et le matériel employé répondit complètement aux vues des deux aéronautes, qui obtinrent une déviation sensible grâce à l'effet combiné du flotteur et de la voile. Ils descendirent après sept heures de voyage à Tottenham (fig. 264), dans la banlieue de Londres.

La dernière ascension maritime de Lhoste et Mangot fut celle du 13 novembre 1887, où les deux aéronautes trouvèrent la mort dans les flots. Ils étaient partis de La Villette à bord de l'*Arago*, en compagnie de M. Archdeacon. Le ballon ayant pris terre à Quillebœuf, dans la Seine-Inférieure, ce dernier débarqua et ses deux compagnons repartirent pour tenter à nouveau la traversée de la Manche en profitant d'un vent qui leur semblait favorable ; il était alors 11 heures du matin. Le ballon fut aperçu au Nord de Tancarville et de Barfleur. A midi cinq l'*Arago* s'engageait au-dessus de la mer. La vigie du cap d'Antifer les suivit pendant 10 kilomètres dans la direction N. N.-O. Le capitaine de la *Georgette*, steamer attaché au port de Dieppe, aperçut

FIG. 265. — Lhoste et Mangot.

vers 2 heures l'aérostat qui se dirigeait alors vers l'Ouest, c'est-à-dire vers l'Océan ! A 4 heures du soir à peu près, le capitaine Mac-Donald du vapeur *Prince-Léopold* vit l'aérostat en détresse à la surface de la mer. Il prit aussitôt ses mesures pour porter secours aux aéronautes, mais la mer était grosse, le vent très violent et la pluie tombait en abondance ; le sauvetage était donc très difficile : lorsque enfin le *Prince-Léopold* put atteindre l'*Arago*, la nacelle était vide. Lhoste et Mangot, arrachés par la violence des lames, étaient engloutis dans les flots, à 12 milles seulement des côtes anglaises !

La ville de Boulogne, berceau de l'infortuné Lhoste, a élevé par souscription un monument à la mémoire du jeune et hardi aéronaute tombé, victime de son amour intrépide pour l'aérostation maritime, en compagnie de son ami dévoué Mangot.

La fréquence de ces catastrophes ne pouvait néanmoins ralentir le zèle des hardis explorateurs des routes aériennes au-dessus de la mer, et sans nous attarder au projet de l'américain Wyse, de traverser l'Océan Atlantique en ballon, projet qui conduisit son auteur dans le Connecticut, et non en Europe, nous allons relater une des expéditions aérostatiques les plus extraordinaires qui aient été conçues : l'exploration du pôle Nord en ballon.

Cette idée avait hanté bien des cerveaux avant que le savant norvégien Andrée en entreprît la réalisation, et nombreux ont été les projets étudiés dans ce but : Dupuis-Delcourt en 1845, Mareschal en 1863, Gustave Lambert en 1870, Silberman en 1871, Tridon en 1871, pour n'en citer que quelques-uns, avaient indiqué la voie des airs comme moyen d'atteindre le pôle, et étudié des projets en conséquence ; mais aucun n'en avait poussé l'étude aussi loin que le célèbre aéronaute français Sivel, l'une des victimes de la catastrophe du *Zénith*. L'aérostat de Sivel (fig. 266) devait cuber 15 à 18 000 mètres et être muni d'un ballonnet compensateur en forme de tore, dont le but était de régulariser la force ascensionnelle et de maintenir l'aérostat à 800 mètres d'altitude maxima. La nacelle pouvait contenir dix hommes et les instruments d'observation, le lest, les engins d'arrêt et les approvisionnements. Elle pouvait se transformer en chaloupe insubmersible, ou en traîneau : à cet effet, elle était montée sur deux patins d'acier. Ce projet très sérieux et très minutieusement étudié fut l'objet de longues discussions au sein de la *Société française de navigation aérienne* et d'un rapport très étendu de MM. Saco et Crocé-Spinelli (1).

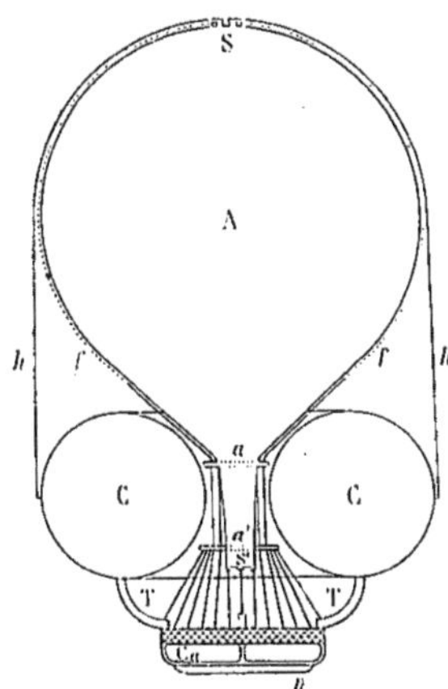

FIG. 266. — Coupe théorique de l'aérostat de Sivel pour l'exploration du pôle Nord (1872).

A, aérostat sphérique de 18 000 mètres cubes avec ses soupapes supérieure S et inférieure S'.
C, compensateur à air annulaire, muni de tubes à soupapes T.
f, filet de l'aérostat, recouvert d'une housse *h*.
Ca, nacelle, formant chaloupe et traîneau, monté sur patins *p*, et portant une amorce de mât.
a, cercle supérieur attaché au filet : *a'*, cercle inférieur supportant la nacelle.

Plus récemment, nous trouvons les projets du commandant Cheyne, en Amérique, qui fit à ce sujet de nombreuses conférences de 1877 à 1882, mais ne put arriver à la réalisation de son projet ; de Baussel, en Amérique également, projet grandiose (sur le papier) consistant en un véritable voyage autour du monde, en passant par le pôle Nord ; de M. L. Vinot en France, au moyen d'un énorme aérostat métallique ; de MM. Besançon et Hermite, en 1891, qui poussèrent assez loin leurs études préliminaires, et se proposaient, à titre d'essai, de tenter la traversée de la Méditerranée ; de MM. E. Surcouf et Louis Godard, en

(1) Voir ce rapport dans *l'Aéronaute* de septembre 1872.

1897, projet très sérieux qui avait reçu l'encouragement de M. Poincaré, de l'Institut, de l'illustre astronome M. Faye, et du savant colonel Laussedat.

Rappelons encore que l'explorateur Nansen, dans l'expédition nouvelle qu'il préparait en 1892, prévoyait un aérostat dans son matériel d'exploration, pour essayer soit d'inspecter le terrain en ballon captif, soit au besoin de gagner le pôle en ballon libre lorsqu'il en serait suffisamment rapproché et que le vent serait favorable.

Nous arrivons enfin à la grandiose expédition d'Andrée qui, préparée avec un soin méticuleux et entreprise par des hommes d'un courage à toute épreuve, aboutit cependant à la catastrophe que l'on sait.

Fig. 267. — Salomon-Auguste Andrée, explorateur du pôle Nord en ballon.

Salomon-Auguste Andrée (fig. 267) est né le 18 octobre 1854 à Grenna, dans la province de Smoiland (Suède). Après ses études primaires, il entra à l'École technique de Suède, d'où il sortit ingénieur mécanicien. A vingt-six ans, il était professeur suppléant de physique à l'École technique. A vingt-huit ans, il fit partie d'une expédition au Spitzberg. Nous ne suivrons pas le jeune ingénieur dans sa brillante carrière et nous dirons seulement qu'attiré par une passion réelle vers l'aérostation scientifique, il fit sa première ascension à Stockholm en 1893. Au cours de ses voyages aériens, il faillit à plusieurs reprises perdre la vie, et tomba une fois dans la Baltique. Il fit des expériences suivies sur la déviation d'un aérostat à voile à l'aide du guide-rope, et convaincu que la déviation ainsi obtenue pouvait suffire à aborder le pôle, il présenta en 1895 à l'Académie des sciences un projet, mûrement étudié, d'exploration polaire en ballon. En quelques jours, les frais nécessaires à l'expédition (environ 180000 francs) furent assurés grâce à la libéralité du roi de Suède, de M. A. Nobel, du baron Dickson et de quelques autres généreux donateurs.

La construction du matériel aérostatique fut confiée à un habile aéronaute français, M. Lachambre (fig. 268), qui devait en outre procéder, au Spitzberg, au gonflement du ballon. Celui-ci cubait 4 500 mètres et fut construit avec un soin irréprochable. L'aérostat était livré vers la fin d'avril 1896, et fut gonflé, pour essais, d'air à la pression de 75 millimètres d'eau, en présence d'une commission composée de MM. de Nordenfeld, G. Tissandier, colonel et commandant Renard.

Une exposition publique du matériel eut lieu au Champ de Mars du 10 au 14 mai.

Le Président de la République, M. Félix Faure, voulut témoigner par sa présence de l'intérêt que lui inspirait cette entreprise véritablement surhumaine.

Fig. 268. — M. Henri Lachambre.

Plus de 30 000 visiteurs vinrent voir l'*Ornen*, qui fut aussitôt après emballé et expédié à Stockholm, où le navire le *Virgo* devait l'emmener au Spitzberg.

L'équipage de ce bateau n'était pas ordinaire : il se composait presque entièrement d'élèves ingénieurs, d'étudiants de l'école polytechnique de Stockholm et d'officiers qui s'étaient engagés comme simples matelots pour suivre l'expédition, tant était grand l'enthousiasme que le voyage d'Andrée avait soulevé dans la Suède entière.

Le *Virgo* partit de Gothenbourg le 7 juin 1896 au milieu d'acclamations frénétiques et de vivats indescriptibles. Les trois membres de l'expédition, MM. Andrée, Ekholm et Strindberg, debout sur la dunette, répondaient aux acclamations de la foule.

Le 22 juin, le *Virgo* atteignit l'île des Danois, au Nord du Spitzberg, et le débarquement du matériel commença aussitôt. Un vaste hangar, haut de 20 mètres, destiné à contenir le ballon tout gréé et tout gonflé jusqu'à l'heure du départ fut immédiatement construit, puis le générateur à gaz hydrogène, débarqué et installé : le ballon fut amené dans le hangar, la nacelle parée, et le gonflement commencé le 23 juillet pour se terminer le 27 ; il ne resta plus qu'à attendre un vent favorable pour partir.

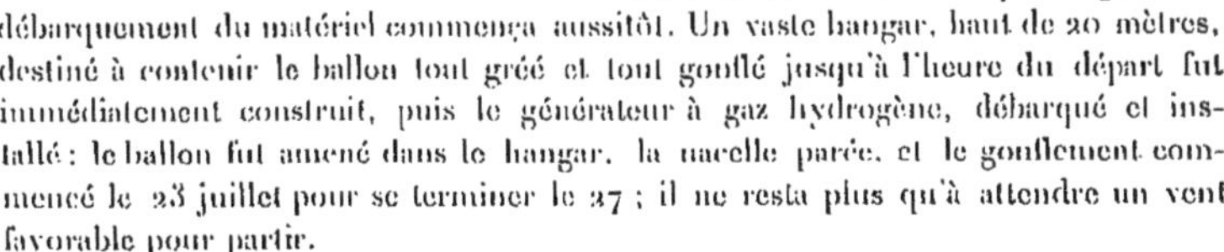

Des touristes arrivèrent à cette époque dans l'espoir d'assister au départ : l'*Erline Jarl* avait ainsi à son bord une soixantaine de personnes de tous pays, puis le sloop l'*Express* et le yatch *Victoria* arrivent à leur tour, et la réunion des quatre navires donne à Dansk-Gatt un air de fête que ne présentent pas en général ces contrées désolées. Mais après une semaine d'attente, les touristes perdent patience ; ayant la séparation cependant un somptueux dîner est offert, le 30 juillet, aux membres de l'expédition à bord de l'*Erline Jarl*, qui lève l'ancre le lendemain : le vent se maintenait désespérément au Nord !

Le 15 août, un incident imprévu vient rompre la monotonie de l'attente : un grand trois mâts norvégien est en vue et stoppe à 4 kilomètres au large. Un cri s'échappe de toutes les poitrines : « Le *Fram* ! » C'était bien le navire de l'intrépide Nansen passant juste à propos pour saluer le ballon d'Andrée ! Mais Nansen n'était pas à bord ; il tentait en ce moment de gagner le pôle en traîneau.

Enfin, le lundi 17 août, après vingt et un jours d'attente fiévreuse, Andrée se décide à ordonner le dégonflement de l'*Ornen*. La saison est d'ailleurs trop avancée pour partir, le vent se décidât-il maintenant à souffler du Sud. Le ballon est donc dégonflé, replié, réembarqué, et le 20 août, le *Virgo* reprend la route de Suède.

La seconde expédition eut lieu l'année suivante : le ballon avait été agrandi, et son cube porté à 5 000 mètres : chaque partie du matériel avait été l'objet d'une inspection minutieuse, et à la fin d'avril, M. A. Machuron, le regretté neveu et collaborateur de M. Lachambre, partait rejoindre Andrée avec l'aérostat ainsi remis à neuf. Andrée allait avoir pour compagnons de voyage MM. Fraenkel et Strindberg (fig. 269).

Le gouvernement suédois avait mis à la disposition des explorateurs la canonnière le *Svensksund*, solide navire de 300 tonneaux qui partit le 18 mai 1897 de Gothenbourg et arriva le 30 mai à l'île des Danois en même temps que le *Virgo*.

Le hangar est retrouvé à peu près intact, et quelques jours de travail suffisent à le remettre en état. Le débarquement du matériel demande de pénibles efforts, car le sol est couvert de neige, et de gros blocs de glace accumulés autour des navires rendent les manœuvres difficiles. Il faut s'ouvrir un chemin à travers cette banquise, qui ne cède qu'à la dynamite. Le ballon est enfin arrivé dans le hangar : après une dernière visite et un vernissage intérieur, le gonflement commence le 19 juin et se poursuit sans interruption jusqu'au 22 à minuit. La nacelle est alors fixée au cercle, tous les engins sont disposés, les vivres, les vêtements, les provisions de toutes sortes, les instruments, les armes, etc., sont rangés méthodiquement, tout est prêt pour le départ. Le vent, cette année, sera-t-il plus favorable que l'année précédente ?

En prévision du départ prochain, un côté du hangar est démoli pour faciliter l'ascension, et toutes les parties de la charpente que le ballon pourrait effleurer en partant sont soigneusement garnies de feutre.

Le 9 juillet, le vent du Sud s'élève tout à coup et souffle en tempête. On fait en hâte les derniers préparatifs, mais Andrée est soucieux : il ne croit pas à la persistance de ce vent : il a raison, le lendemain le vent était tourné au Nord.

Le dimanche 11 juillet, le vent souffle de nouveau du Sud. Cette fois, le départ est décidé : tout le monde descend à terre ; il est onze heures du matin. Andrée, debout devant le hangar, l'œil à tout, fait procéder à la démolition du hangar, dont les pièces de charpente s'écroulent à terre. Le ballon semble sortir de son enveloppe comme un papillon de sa chrysalide. La nacelle, toute garnie déjà, est

Frænkel. Andrée. Svedenborg. Strindberg.

Fig. 269. — Andrée et ses compagnons de voyage, à bord du *Svensksund*.

est accrochée au cercle. Tout est prêt, tout est paré. L'heure solennelle est arrivée !

Andrée remet au commandant du *Svensksund* plusieurs télégrammes : l'un d'eux est adressé au roi de Suède :

Spitzberg, 11 juillet, 2 heures 25 soir.

Au moment de leur départ, les membres de l'expédition au pôle Nord prient Votre Majesté d'accepter leurs très humbles salutations et l'expression de leur plus vive reconnaissance.

ANDRÉE.

FIG. 270. — Départ d'Andrée, le 11 juillet 1897.

Mais laissons la parole à un témoin oculaire de cet inoubliable départ :

Rapides et touchants sont les derniers adieux, peu de paroles échangées, mais de bonnes et franches poignées de main où les cœurs se comprennent et parlent plus que tous les discours.

Subitement, M. Andrée s'arrache à l'étreinte de ses amis et pénètre sur le pont d'osier de la nacelle, d'où il appelle d'une voix ferme :

« Strindberg ! Fraenkel !... Partons !...

Aussitôt ses deux compagnons s'approchent et prennent place à côté de lui. Ils s'arment tous les trois d'un couteau pour trancher les cordages soutenant les groupes de sacs à lest... Les sangles équatoriales tombent d'un coup.

L'aérostat, débarrassé de cette première entrave, s'agite légèrement ; il sort de l'état de torpeur où il semblait plongé ; la vie paraît l'animer et, malgré son abri, il roule doucement sur ses amarres inférieures, dont il cherche à se dégager.

Il faut attendre quelques secondes et profiter d'une accalmie pour donner l'ordre du départ.

Trois marins, des plus adroits, armés d'un couteau, se tiennent prêts à un signal convenu à trancher les trois câbles, qui seuls retiennent captifs le ballon...

Entre les cordages et la nacelle, se dressent les trois héros, admirables de sang-froid. M. Andrée est toujours l'homme calme, froid, impassible ; pas la moindre émotion ne se traduit sur son visage, si ce n'est l'expression d'une ferme résolution et d'une volonté inébranlable...

Arrive le moment décisif :

« Un !... deux !... Coupez !... » s'écrie en suédois M. Andrée. Les trois marins exécutent l'ordre spontanément, — une seconde à peine, — le navire aérien, libre de toute entrave, s'élève majestueusement dans l'espace, salué de nos plus vifs hourras !... (fig. 270).

Chargé des lourds cordages qu'il soulève, l'aérostat n'atteint pas 100 mètres d'altitude.

Au bord des flots, sur la grève hérissée de roches et de galets, nous sommes tous là, spectateurs haletants, suivant les diverses phases qui se succèdent, rapides, de cet émouvant et unique départ aérien.

L'aérostat, équilibré à quelque 50 mètres au-dessus de la mer, s'éloigne avec une grande vitesse ; les guide-ropes glissent sur l'eau en traçant un large sillon très accentué, qui reste apparent depuis le point de départ, semblable à celui que laisse le passage d'un navire... L'aérostat vogue maintenant droit au nord :... on évalue approximativement sa vitesse entre 30 et 35 kilomètres à l'heure. S'il conserve cette vitesse initiale et sa direction, il poura atteindre le pôle en moins de deux jours !...

Épars le long de la côte, nous sommes toujours là, immobiles, les cœurs serrés par l'émotion, et, d'un œil anxieux, nous scrutons l'horizon qui reste muet.

Un instant encore, entre deux montagnes, nous apercevons un point gris flotter au-dessus de la mer, loin, bien loin... et qui disparaît définitivement.

La route du pôle est libre, plus d'obstacles à franchir ; la mer, la banquise, et... l'Inconnu...

Rien !... plus rien dans le lointain qui puisse nous révéler où sont nos amis : à présent le mystère plane autour d'eux.

Adieu, savants héroïques ! Nos vœux les plus ardents vous accompagnent. Que Dieu vous soit en aide !

Honneur et gloire à vos noms !

Alexis Machuron (1).

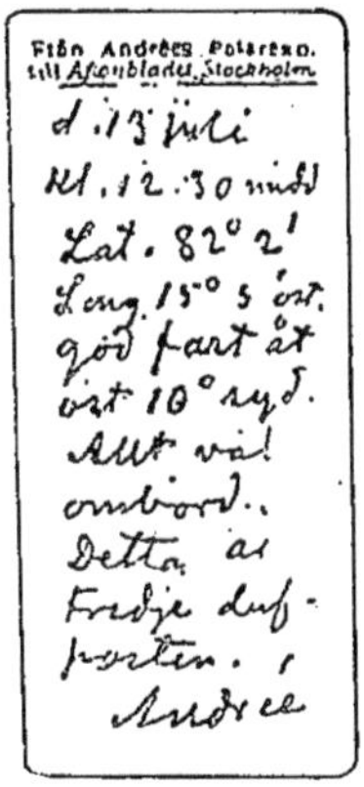

Från Andrées Polarexp.
till Aftonbladet, Stockholm.
d. 13 juli
Kl. 12.30 midd
Lat. 82° 2'
Long. 15° 5 ost.
god fart åt
ost 10° syd.
Allt väl
ombord.
Detta är
tredje duf-
posten.
Andrée

Fig. 271. — Fac-similé de la dépêche d'Andrée rapportée par pigeon-voyageur.

Nul ne sait ce que sont devenus Andrée et ses deux compagnons : un seul pigeon-voyageur a apporté d'eux la dépêche suivante (fig. 271) :

13 juillet, midi 1/2 82° 2' nord latitude, 15° 5' est longitude. Bonne marche vers est, 10° sud. Tout va bien à bord. C'est la quatrième dépêche par pigeon.

Andrée.

On le voit, la direction du vent avait changé, et le ballon était entraîné vers l'Est. Où a-t-il été ? Combien de jours s'est-il soutenu dans les airs ? Comment a fini cette dramatique exploration ? Énigme à laquelle aucune réponse ne sera peut-être jamais donnée.

Dans la petite ville de Grenna, en Suède, habite une vaillante femme de 70 ans qui vit modestement d'une pension que lui sert le gouvernement. Elle attend toujours

(1) *Andrée. Au pôle Nord en ballon*, par H. Lachambre et A. Machuron.

le retour d'Andrée, son fils. Mme Mina Andrée prépare tous les jours la chambre de l'absent et prie Dieu de hâter son retour : en attendant son fils, son plaisir est de montrer au visiteur ému de cette confiance que rien ne peut ébranler les livres et les papiers de son cher explorateur !...

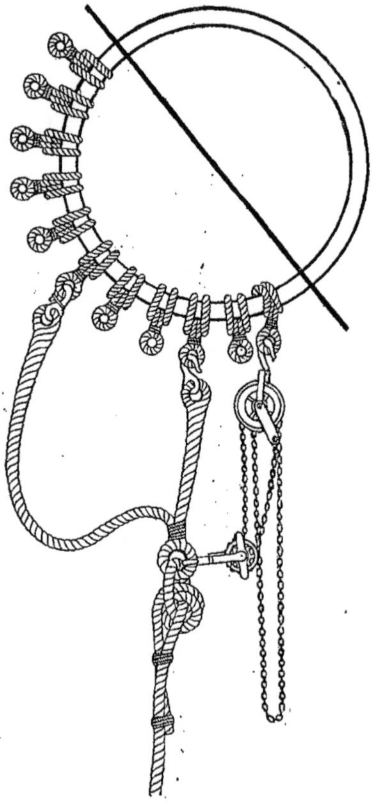

Fig. 272. — Mode d'attache du guide-rope et de la voile sur le cercle du ballon d'Andrée.

Nous avons vu qu'Andrée comptait, pour la réussite de son voyage polaire, sur la déviation de la route suivie par le ballon sur la direction du vent, déviation obtenue par l'effet simultané du guide-rope et d'une voile (fig. 272). Peut-être se faisait-il illusion sur la valeur de ce procédé que nous avons déjà vu employé par Lhoste et Mangot dans leurs ascensions maritimes.

Beaucoup plus efficaces sont les appareils imaginés par l'ingénieur Hervé, dont les travaux, marqués au coin d'un incontestable talent, ont porté tout spécialement sur les ascensions maritimes et sur la possibilité d'effectuer, dans ces conditions, des traversées de très longue durée. Les appareils d'Hervé sont de deux sortes ; les stabilisateurs et les déviateurs, remplissant chacun un but tout différent.

Les *stabilisateurs*, comme l'indique leur nom, ont pour but de réaliser la stabilité verticale de l'aérostat et de limiter étroitement les embardées verticales qui sont la cause première du peu de durée des ascensions, puisque l'aéronaute, avons-nous dit, ne peut en général parer à cette instabilité que par le jeu incessant du lest et de la soupape. Pour arriver à ce résultat, M. Hervé a constitué son stabilisateur au moyen d'un organe d'un poids considérable (120 kilogrammes pour un ballon de 1 200 mètres cubes) affectant des formes très variées, mais le plus souvent celle d'un gros câble souple ou *serpent* de 10 mètres de longueur et de 40 centimètres de circonférence.

Un autre modèle de stabilisateur est constitué par une série de carènes à section rectangulaire articulées l'une au bout de l'autre (fig. 273). Cet engin, fixé à l'extrémité d'une longue corde, flotte plus ou moins à la surface de l'eau, et l'on conçoit que si l'aérostat tend à s'élever, le poids considérable du stabilisateur sortant de l'eau a vite fait de le retenir : l'effet contraire est d'ailleurs aussi simple à comprendre, et la nacelle se trouve dès lors préservée du contact des flots à une distance convenable déterminée par la longueur du câble d'amarrage.

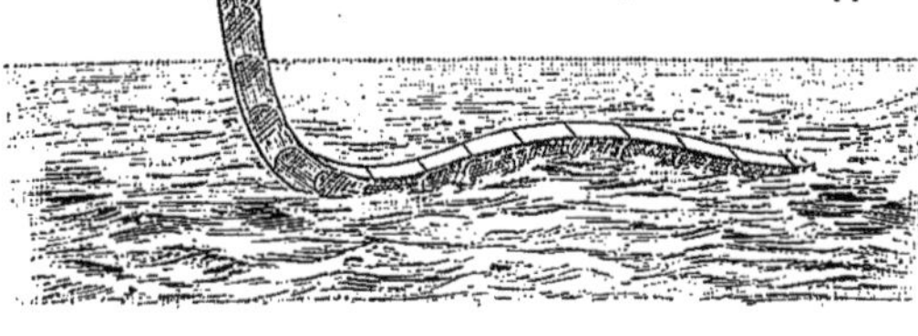

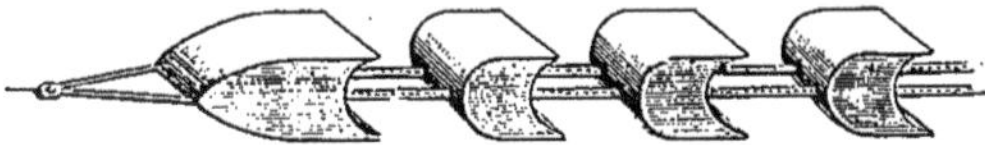

FIG. 273. — Stabilisateur de Hervé. — Au bas de la figure, détail dans lequel les éléments sont dessinés séparés, pour montrer le mode d'articulation.

Les *déviateurs* remplissent une tout autre fonction : ce sont des engins de dirigeabilité partielle : ils permettent à un aérostat de s'approcher ou de s'écarter d'une côte, d'un navire, alors que la direction du vent, sans être opposée, différerait de la route nécessaire d'un angle de 60°. Un ballon muni d'un déviateur possède donc un *angle abordable* (nous avons vu ce que cela signifie) de 120°, angle dont la bissectrice est la direction du vent vrai.

Les déviateurs de Hervé sont formés d'une série de lames ou plans parallèles assemblés dans un cadre commun et qui sont complètement immergés dans l'eau. Fixés à l'aérostat par un système de cordes qui permet de faire varier leur inclinaison, ils sont remorqués par le ballon, et, recevant l'effort de l'eau non pas normalement mais obliquement, ils se trouvent soumis à une pression considérable, normale aux lames de l'appareil, et oblique par conséquent à la direction suivie par l'aérostat. Ils fonctionnent alors comme de véritables cerfs-volants sous-marins et font énergiquement dévier l'aérostat de la direction suivie par le vent.

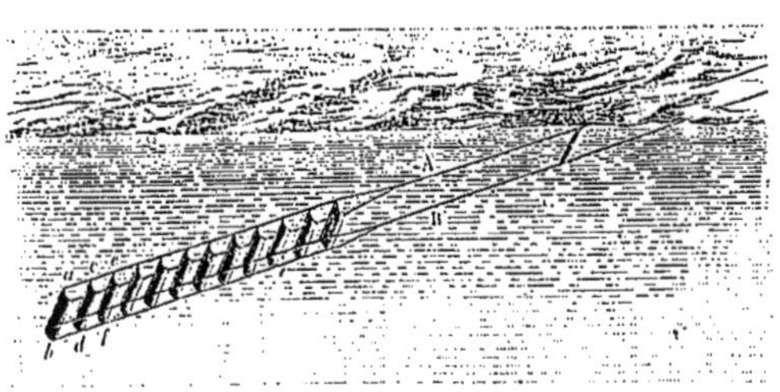

FIG. 274. — Déviateur Hervé à maxima. (Expérience du *National*.)
A, *B*, cordes de retenue ; *ab*, *cd*, *ef*, lames concaves du déviateur.

Suivant que les lames des déviateurs sont les unes derrière les autres, ou au contraire les unes à côté des autres, les déviateurs sont à *maxima* ou à *minima*. Dans le premier cas (fig. 274) lorsque la déviation est nulle, la résistance offerte par l'appareil à la marche de l'aérostat est maxima : ce modèle, dont l'action est très énergique, convient par beau temps. Dans le second cas (fig. 275), lorsque la déviation est nulle, la résistance est elle-même minima, les lames se présentant alors par leur tranche : ce modèle, plus docile, convient au cas de mauvais temps et permet de fuir sous faible résistance avec une déviation restreinte.

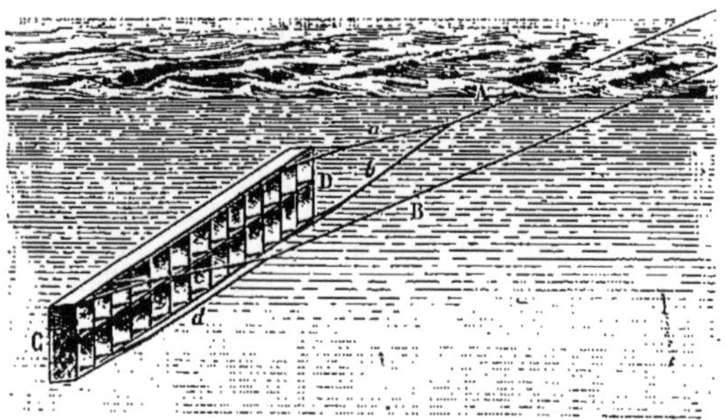

Fig. 275. — Déviateur Hervé à minima.
A, B, cordes de retenue ; *ab*, *cd*, pattes d'oie retenant le déviateur ; C, D, déviateur.

M. H. Hervé expérimenta ce matériel (fig. 276) le 12 septembre 1886 dans une célèbre ascension qu'il fit au-dessus de la mer du Nord, à bord du *National* (fig. 277). Parti de Boulogne à 6 heures 30 du soir, il demeura 24 heures 30 minutes dans les airs, et parcourut 300 kilomètres sur la mer, obtenant des déviations atteignant 68° (demi-angle abordable) (fig. 278).

Ces résultats tout à fait remarquables peuvent être considérés comme le point de départ de la magnifique expérience tentée pour la première fois en 1901 par M. H. de La Vaulx avec le ballon le *Méditerranéen*, et dont nous allons faire le récit.

Fig. 276. — Nacelle du *National* avec le matériel d'Hervé (déviateur à maxima et stabilisateur à serpent).

La traversée de la Méditerranée avait déjà séduit bien des aéronautes.

En 1876, M. Duté-Poitevin avait exposé à la *Société française de navigation aérienne* un projet fort étudié de traversée de Marseille en Algérie, ou d'Alger en France.

En 1876, un hardi aéronaute que la mer n'effraya jamais, M. Jovis, tenta de réaliser cette traversée attrayante, et ouvrit une souscription pour en couvrir les frais.

Nous avons vu qu'au mois de décembre 1890, MM. Besançon et Hermite se proposaient de tenter la traversée de la Méditerranée au printemps suivant, cette ascension devant servir de prélude à une expédition au pôle Nord.

FIG. 277. — Expériences de M. Hervé sur la mer du Nord (13 septembre 1886). On voit à gauche les câbles du *déviateur*, le *stabilisateur* dont le sillage s'aperçoit jusqu'au premier plan, et le *compensateur* sous la nacelle.

Enfin nous rappellerons que, sans avoir effectué à proprement parler la traversée de la Méditerranée, l'aéronaute français Capazza franchit en ballon le large bras de mer qui sépare la Corse de la Provence.

FIG. 278. — Carte du voyage de MM. Hervé et Alluard à bord du *National* (1886). — Expérience du déviateur à maxima.

Mais aucun de ces projets n'offrait l'intérêt de l'expérience tentée par M. le comte Henry de La Vaulx, accompagné de l'ingénieur Hervé, du comte de Castillon de Saint-Victor et du lieutenant de vaisseau Tapissier, à bord du *Méditerranéen*. Le but de cette expédition était tout d'abord de démontrer par une expérience retentissante l'efficacité du matériel de l'ingénieur Hervé; puis, au point de vue de la défense nationale, de montrer tout le parti que l'on peut tirer d'un aérostat muni des appareils Hervé pour échapper d'un port bloqué par une flotte et assurer quand même les communications entre la France et l'Algérie ; il suffirait en effet que le ballon franchisse la ligne de blocus à une grande hauteur, puis qu'il descende à quelques mètres de la mer afin d'immerger ses déviateurs et son stabilisateur, pour naviguer ensuite à faible altitude en se dirigeant vers la côte choisie. Enfin le voyage projeté démontrerait la possibilité de longues traversées maritimes et permettrait peut-être, par la suite, d'envisager à nouveau la découverte du pôle en ballon avec des moyens perfectionnés.

Personne n'était mieux qualifié que le jeune comte Henry de La Vaulx (fig. 279) pour être le chef d'une entreprise aussi hardie et aussi intéressante. Il est peu de figures aussi sympathiques que celle de l'intrépide aéronaute que ses belles ascensions ont placé en première ligne parmi les explorateurs de l'air. Grand et fort, une fine moustache blonde ombrant la lèvre supérieure, le front droit et têtu, l'œil clair mais très énergique, M. Henry de La Vaulx est le type de l'homme d'action, calme et maître de lui en face du danger, tenace dans ses entreprises, possédant en un mot toutes les qualités de sang-froid, d'énergie et de persévérance qui font les grands explorateurs. Car explorateur, il l'a été et l'est toujours : en 1894 il explora le Cambodge, la Cochinchine, puis avec un garde forestier français du nom de Wetzel, grand chasseur de fauves, il partit chasser l'éléphant dans les massifs montagneux de l'Annam. Il gagna ensuite le Japon, l'Amérique, et revint en France un an à peine après son départ, ayant fait le tour du monde. L'année suivante, il se rendait en Patagonie qu'il explorait en tous sens accompagné d'un ou deux serviteurs, et parcourant parfois des 300 ou 400 kilomètres sans rencontrer âme humaine.

Fig. 279 — M. le comte Henry de La Vaulx.

De retour en France en 1897, il fit, avec MM. Mallet et de Castillon de Saint-Victor, sa première ascension, qui le conduisit dans le Luxembourg, où l'atterrissage eut lieu par une violente tempête. Il en revint enthousiasmé pour l'aérostation : elle est devenue la passion de sa vie, et il s'y est acquis rapidement une réputation méritée. Son voyage de Paris à Kiew, en Russie, en 36 heures est assurément la plus belle ascension qui ait jamais été faite, et elle a été pour le comte de La Vaulx le couronnement des magnifiques ascensions qu'il a exécutées pendant les concours d'aérostation de Vincennes en 1900 et qui lui ont valu le Grand Prix de l'Aéronautique.

Aussitôt qu'il eut fait connaître son projet de voyage maritime sur la Méditerranée, le journal *l'Écho de Paris* ouvrit une souscription publique pour couvrir les frais de l'expédition : le Président de la République, les ministres de la Guerre et de la Marine s'inscrivirent en tête des souscripteurs, témoignant ainsi du haut intérêt qu'ils prenaient à la belle expérience de M. de La Vaulx. Pourquoi fallut-il qu'au dernier moment les autorités les plus hautes, semblant regretter les encouragements du début, prissent plaisir à multiplier les entraves autour des explorateurs ? Mystère et logique gouvernementale.

Bientôt les fonds recueillis permirent d'entrer dans la période de réalisation, et la construction de l'aérostat fut confiée à M. Mallet, qui confectionna un magnifique ballon de 3 000 mètres cubes. En même temps, un vaste hangar, destiné à abriter le ballon jusqu'au moment du départ, fut édifié sur la plage des Sablettes auprès de Toulon (fig. 280).

Fig. 280. — Hangar construit sur la plage des Sablettes pour abriter le *Méditerranéen*.

Les préparatifs furent poussés avec une fiévreuse activité ; la force ascensionnelle du *Méditerranéen* avait été calculée à 3 400 kilogrammes, le ballon devant être gonflé à l'hydrogène pur ; malheureusement, par suite de circonstances imprévues et du mauvais vouloir du ministre de la Marine, qui retira toutes les facilités accordées primitivement, la production de l'hydrogène fut faite dans de mauvaises conditions : le gonflement, qui devait durer trois jours, dura presque trois semaines : il y eut production d'acide carbonique causé par l'entraînement de sables calcaires refoulés par la pompe d'alimentation des générateurs ; il y eut aussi d'importantes rentrées d'air, et lorsque, le samedi 12 octobre, le gonflement étant terminé, on procéda à l'arrimage de tout le matériel, on constata que la force ascensionnelle de l'aérostat n'était que de 2 500 kilogrammes. Il fallut alors sacrifier une grande partie du matériel qui devait assurer la réussite de l'expédition : les *compensateurs*, vastes réservoirs pesant 100 kilogrammes et destinés à prendre de l'eau de mer comme lest en cours de voyage, les freins hydronautiques pesant 200 kilogrammes, les palans de manœuvre, le déviateur à maxima, la caisse à huile pour le filage, la plupart des piles, les hamacs, les matelas, les armes, etc., sont successivement laissés à terre. Il ne reste plus, comme engins de direction, que le gros équilibreur, le déviateur à minima, l'ancre et sa corde, quatre cônes-ancres et un guide-rope marin.

C'est dans ces conditions défavorables que le voyage va s'exécuter.

Le mauvais vouloir de M. de Lanessan, ministre de la Marine, avait été jusqu'à vouloir interdire au lieutenant Tapissier de faire partie de l'expédition et refuser le croiseur chargé de convoyer l'aérostat. Sous la pression de l'opinion publique indignée, ces mesures furent heureusement rapportées, et le *Du Chayla* put accompagner le *Méditerranéen*, qui avait à bord de sa nacelle MM. H. de La Vaulx, de Castillon de Saint-Victor, H. Hervé et le lieutenant Tapissier.

A 11 heures 5 du soir, le samedi 12 octobre 1901, le *Méditerranéen* s'élevait au milieu des acclamations de la foule, et s'éloignait immédiatement sur la mer (fig. 281) dans la direction du Sud, éclairé par le projecteur du *Du Chayla* que commandait le commandant Serpette. Nous extrayons du *Journal de bord* du *Méditerranéen* les détails du voyage.

Samedi 11 heures 15 soir. — Notre première exclamation, en quittant la terre, est, on le suppose bien, une exclamation de joie et de soulagement. De La Vaulx, jusque-là nerveux, apparaît radieux et s'écrie :

Quel bonheur ! Nous voilà partis enfin !

De Castillon : Pour sûr !

Le lieutenant Tapissier : Ça y est !

Hervé, pendant ce temps, impassible, prend sans mot dire la température à son thermomètre. Chacun est à son poste de devoir à bord du *Méditerranéen*.

11 heures 20. — De La Vaulx : Allons, les enfants, il s'agit maintenant de se partager le travail ! Moi, je vais veiller avec Castillon à l'avant de la nacelle. Pourvu que la brise ne nous porte pas sur les *Deux-Frères* ou contre les falaises de Sicile !

Tapissier. — N'ayez pas peur ! Nous passerons !

De La Vaulx. — Je le crois, mais quand même, il faut que nous ayons tout prêts nos sacs pour jeter du lest si une saute de vent allait nous repousser vers la terre.

De Castillon. — Eh bien ! j'en ai trois de prêts. Préparons-en encore.

Hervé. — Messieurs, pendant ce temps, je m'occupe des appareils...

11 heures 53 du soir. — Après avoir évolué, le croiseur se rapproche du ballon, et à l'aide de bons porte-voix, le dialogue suivant s'engage entre le commandant du croiseur et le chef de l'expédition :

Croiseur. — Ohé ! du ballon ! tout va-t-il bien ?

Ballon. — Oui, tout va bien.

Croiseur. — Notre lumière ne vous gêne pas ?

Ballon. — Non, au contraire, merci !

Croiseur. — Vous n'avez pas de lumière ?

Ballon. — Nous avons laissé notre projecteur à terre.

Croiseur. — Allons bon ! A quelle distance sont vos *traînards* ?...

Ballon. — A quinze mètres !

Le temps est beau et doux ; mais le ballon, d'abord entraîné au Sud, court de plus en plus vers l'Ouest. Cependant rien n'est compromis encore, et on décide d'attendre le jour pour mettre à la mer le déviateur à minima, le seul emporté. A 4 heures du matin, le vent ramenait doucement le ballon vers le Nord-Ouest, du côté de Marseille : à 5 heures, le vent est d'Est mais extrêmement faible. L'aurore se lève lentement ; le *Du Chayla* éteint ses projecteurs. Les aéronautes saluent le jour en faisant connaissance avec les provisions du bord. De La Vaulx, qui pense à tout, veut donner la nourriture aux pigeons.

FIG. 281. — Le *Méditerranéen* n° 1 planant au-dessus de la mer accompagné du croiseur *Du Chayla*.

En voulant descendre un de leurs paniers très lourds, la corde échappe à de Castillon et voilà les malheureux pigeons noyés dans leur panier. Nous nous apitoyons sur cette noyade pendant que les deux amis de La Vaulx et de Castillon s'attrapent d'une façon comique :

— Tu ne peux donc pas faire attention ?

— J'aurais voulu t'y voir. Je me suis écorché les mains.

— Mets tes gants, etc., etc...

A 7 heures 45 la route suivie est Ouest-Sud-Ouest. On se décide alors à mettre à l'eau le déviateur, opération difficile à cause de l'abandon qu'on a dû faire d'une partie des engins de manœuvre.

9 *heures* 50 *matin*. — La mise à l'eau a bien réussi (fig. 282). Le déviateur s'est immergé dans l'eau à 5 ou 6 mètres de profondeur. En manœuvrant les deux cordes, Hervé arrive à leur donner l'inclinaison voulue par rapport à la vitesse et aussitôt l'énorme ballon obéissant à la puissante action de cet appareil relativement très petit, se met à dévier franchement de 30°.

L'impression est saisissante, merveilleuse, non seulement à bord du *Méditerranéen* mais à bord du *Du Chayla*... Tous les officiers et tout l'équipage du croiseur sont sur la dunette ou sur le pont, suivant nos évolutions avec des jumelles.

Bientôt, en effet, notre ballon, coupant la route du croiseur, s'incline et se dirige vers le S. 45°.

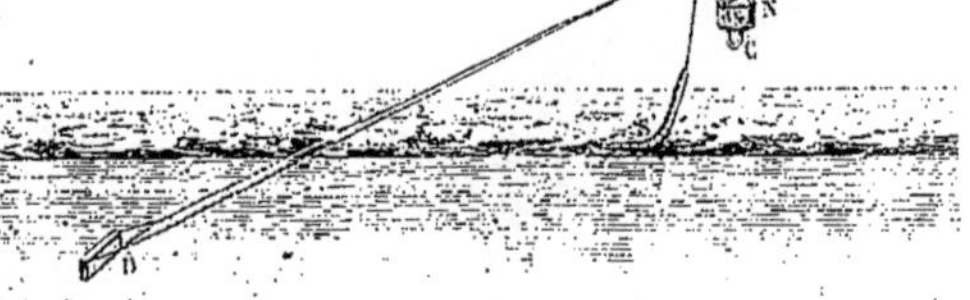

Fig. 282. — Ensemble des appareils Hervé destinés aux expériences de M. de La Vaulx sur la Méditerranée.

A Suspension de la nacelle. C Compensateur. S Stabilisateur.
N Nacelle à magasin. D Déviateur à minima. P Palan de manœuvre.

A 10 heures 40, le *Méditerranéen* rencontre l'*Eugène-Péreire*, qui entre à Marseille.

La journée entière du dimanche se passe sans incidents notables : le ballon navigue à 2 mètres seulement au-dessus de la mer, parfaitement équilibré sur ses appareils de stabilité et de déviation. Le soir après dîner, Castillon et Tapissier, au mépris de tous les vieux principes des aéronautes, ne peuvent résister à l'envie de griller chacun leur cigarette !

Pendant la nuit du dimanche au lundi, la brise fraîchit un peu, mais le mistral tant attendu ne vient toujours pas. Le jour se lève et l'espoir de doubler le cap Creux et de longer la côte d'Espagne devient bien problématique. A 7 heures 15 du matin, le lieutenant Tapissier fait le point avec le sextant : c'est la première fois que cette opération se fait à bord d'un aérostat. Malgré le déviateur, dont l'effet est cependant très sensible, tout ce que l'on peut faire, c'est de maintenir la direction vers l'Ouest.

A 2 heures 1/4, le commandant Serpette s'approche du ballon avec la baleinière du croiseur pour s'entendre sur le parti à prendre. Il est décidé que l'on s'efforcera de prolonger le voyage aussi longtemps que possible dans l'espoir, bien faible maintenant, d'avoir enfin un vent plus favorable. Si le vent ne vient pas, on tentera un atterrissage sur le croiseur. C'est à ce parti que l'on se rend à 3 heures 30 du soir ;

le vent augmente en effet, mais sa direction est telle qu'un atterrissage sur les côtes frontières d'Espagne serait inévitable.

L'ingénieur Hervé, craignant que cette manœuvre ne soit interprétée comme un insuccès complet et un naufrage, préfèrerait la descente en Espagne, mais la majorité se range à l'avis de M. de La Vaulx.

Nous faisons chaque semaine, dit-il, des atterrissages sur terre avec nos ballons. Cette expérience n'est donc plus à faire : elle n'est nullement intéressante. Au contraire, je vois un immense intérêt, puisque j'ai un croiseur à ma disposition, à étudier la manière dont un gros aérostat peut manœuvrer avec un navire de guerre. Cette expérience sera toute nouvelle et peut être grosse de conséquences pour la suite.

3 *heures* 45. — De La Vaulx monte sur les cordages et fait signe qu'il désire communiquer à la voix avec le *Du Chayla*. En même temps, Tapissier sonne la cloche pour attirer l'attention du croiseur, qui se rapproche aussitôt.

— Qu'est-ce que vous désirez ?

— Nous voulons monter à votre bord.

— Quand ?

— Tout de suite !

— Bien, je vais faire la manœuvre. Mais montez votre nacelle un peu plus haut pour qu'elle se trouve à la hauteur du pont du *Du Chayla*.

— C'est entendu.

— N'oubliez pas, surtout, de filer un gros câble à l'arrière !

— Compris !

Et alors règne à bord de ces deux unités maritimes si différentes une activité fébrile. De La Vaulx, manœuvrant rapidement le treuil de l'équilibreur, monte la nacelle à la hauteur convenable. Tapissier largue à l'arrière le grand guide-rope marin. Tout l'équipage revêt les ceintures de sauvetage.

Sur le *Du Chayla*, les matelots débarrassent le pont avant... Le commandant Serpette est sur sa dunette, surveillant les opérations. Le ballon, délivré de son déviateur, file dans le lit du vent... Trois challes (grappins) tombent sur le guide-rope, qui est halé et embarqué à bord.

Le croiseur stoppe. Les matelots, tirant sur l'amarre, amènent la nacelle sur l'avant.

Montez encore la nacelle de 50 centimètres ! crie le commandant.

Et aussitôt, sous l'action de nos treuils, la nacelle est montée à la hauteur demandée. Deux grappins la saisissent au passage et une vingtaine d'hommes, s'arc-boutant dessus, l'immobilisent sur le pont du bateau.

M. Serpette commande : « Légèrement en arrière ! » Et le ballon s'incline légèrement dans le vent.

Il est 4 heures 15. Les aéronautes descendent de la nacelle ; M. de La Vaulx tire la corde de déchirure et le ballon se vide en un instant. L'étoffe est remontée à bord, et tout le matériel du *Méditerranéen* est bientôt en sûreté sur le *Du Chayla*.

Le lendemain mardi 15 octobre, l'expédition rentrait à Toulon et à 3 heures de l'après-midi quittait le *Du Chayla* : le *Méditerranéen* était resté 42 heures dans les airs (fig. 283). Si le vent avait permis d'éviter les côtes d'Espagne, le ballon eût pu naviguer encore 48 heures au moins sans difficulté : l'expérience avait néanmoins permis d'apprécier la valeur des appareils Hervé ; elle démontrait en outre la possibilité de réaliser des voyages aériens de très longue durée, en assurant la stabilité verticale du ballon, en supprimant par conséquent les oscillations verticales qui sont l'unique cause de la brièveté des ascensions ordinaires, et si un concours malheureux de conditions défavorables n'avait entravé l'expédition, la traversée complète de la Méditerranée, de France en Algérie, eût certainement réussi.

Nullement découragé par ce semblant d'échec, M. de La Vaulx s'occupa immédiatement de préparer une nouvelle expédition. Il choisit cette fois comme point de départ la charmante plage de Palavas, à 12 kilomètres de Montpellier, y construisit un nouveau hangar, et le 22 septembre 1902, partit, à bord du *Méditerranéen n° 2*, accompagné cette fois de MM. Hervé, de Castillon de Saint-Victor, Duhanot et Laigner. Le départ s'effectua à 2 heures 3/4 du matin, par un splendide clair de lune qui donnait à la scène un aspect grandiose et véritablement impressionnant. Poussé par un vent de Nord-Est, le ballon gagna lentement la mer, éclairé par les projecteurs électriques du contre-torpilleur *Épée*, chargé de l'accompagner.

Le *Méditerranéen* prit d'abord la direction de Port-Vendres, puis, arrivé en face de Cette, fut saisi par le vent du Nord et gagna le large : à 6 heures du matin, il disparaissait à l'horizon. A 9 heures du matin, il était à 40 kilomètres de Palavas dans la direction de Bizerte.

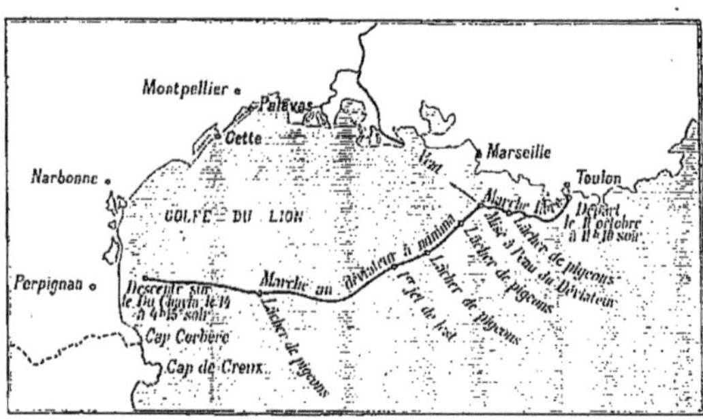

Fig. 283. — Carte du voyage du *Méditerranéen n° 1* sur la Méditerranée.

Le matériel emporté dans cette seconde expédition se composait de deux types de déviateurs (à maxima et à minima), du stabilisateur articulé et du compensateur, engins que nous avons déjà étudiés précédemment ; certaines modifications de détail, portant principalement sur les appareils de manœuvre, treuils et autres, avaient été apportées à tout ce matériel.

L'expédition de 1902 confirma de point en point les résultats de l'année précédente : avec les appareils Hervé, la navigation aérienne au-dessus de l'immensité de la mer n'offre plus aucun danger, et c'est là un point acquis d'une valeur incontestable ; lorsque le ballon dirigeable existera définitivement, il est certain que les traversées au-dessus de la mer seront fréquentes ; or qu'une avarie se produise immobilisant le moteur, voilà le ballon désemparé et entraîné par le vent vers l'inconnu, sans aucun moyen de dévier, si peu que ce soit, de façon à gagner la côte la plus voisine. Avec les appareils de Hervé, au contraire, le dirigeable s'abaissera à proximité de la mer, immergera ses déviateurs et son stabilisateur, et libre de dévier notablement du lit du vent, se portera sans peine vers une côte hospitalière.

Le grand mérite de M. de La Vaulx et de ses compagnons est donc d'avoir compris que pour résoudre en entier le problème de la navigation aérienne, il fallait procéder méthodiquement et, ne laissant rien au hasard, décomposer en quelque sorte le problème si complexe de la navigation aérienne et s'attacher à résoudre point par point chaque face de la question. Ce n'est qu'après avoir triomphé des difficultés que présentent l'équilibre dépendant et la dirigeabilité partielle à la surface de l'eau, puis l'équilibre indépendant réalisé à toute altitude, que l'on pourra aborder enfin la question de la dirigeabilité complète et indépendante du navire aérien.

Toute autre méthode peut conduire à des résultats accidentellement heureux, et M. Santos-Dumont l'a brillamment prouvé : mais le plus souvent elle mènera à des déboires ou à des catastrophes, comme celles dont nous avons été les témoins attristés.

FIG. 284. — M. Louis Godard.

Les expériences de M. de La Vaulx frappent moins vivement l'attention de la foule parce que les résultats acquis sont moins tangibles, mais pour celui qui réfléchit et qui compare, elles ont infiniment plus de valeur que d'autres qui sont plus populaires.

Le *Méditerranéen n°* 2, après avoir gagné le large vers Bizerte, fut pris par un calme plat : pendant douze heures consécutives, il resta stationnaire sur son stabilisateur, à 25 milles Sud-Est de Faraman. A 9 heures du matin, il prit le large, mais le vent le ramenant vers Toulon, il immergea ses déviateurs, et obliquant franchement, à une vitesse de 14 à 15 nœuds à l'heure, il vint atterrir sans la moindre difficulté à 3 heures 45 du matin en face de Marseillan, à 5 kilomètres entre Villeroi et les Salins, à un endroit appelé Capito. L'*Épée* rentra dans le port de Cette à 4 heures 1/2 du soir.

Quelques jours après, une violente tempête détruisit complètement le hangar édifié sur la côte de Palavas et empêcha ainsi M. de La Vaulx de tenter la même année une nouvelle expérience. Mais il possède cette vertu des forts, la persévérance, et nous ne doutons nullement qu'en dépit des difficultés que présente une expérience de cette nature, le succès le plus complet ne vienne un jour couronner ses efforts.

Dans le même ordre d'idées, l'ami et compagnon de M. de La Vaulx, le comte de Castillon de Saint-Victor, prépare de son côté une expédition non moins audacieuse : la traversée en ballon du grand désert du Sahara, pour lequel il compte employer les appareils stabilisateurs de Hervé. Ce projet a été étudié par M. le capitaine Deburaux (Leo Dex) qui l'a présenté à l'Académie des sciences, le 22 décembre 1901, et a proposé, à titre d'expérience préparatoire, de lancer à travers le Sahara un ballon non monté,

Fig. 285. — Ascension libre du 17 novembre 1889 avec vingt personnes à bord. (*Photographie de M. Louis Godard.*)

porteur d'appareils enregistreurs, et muni d'un équilibreur et de délesteurs automatiques. On estime qu'à raison de 480 kilomètres par jour, le ballon franchirait les

2 300 kilomètres qui séparent Gabès du Niger en cinq jours, porté par les vents alizés qui, en hiver, ont une constance remarquable.

Disons enfin que les déviateurs de Hervé ont été appliqués avec un succès complet par le colonel Renard dans une expérience de sauvetage maritime fait à Ostende au moyen d'un ballon porte-amarre muni d'un déviateur à minima. Cette expérience, faite à l'occasion du Congrès international d'hygiène et de sauvetage maritime à Ostende, a réussi de la façon la plus complète et a affirmé une fois de plus la haute valeur des engins si perfectionnés inventés par M. l'ingénieur Hervé, l'un des hommes qui ont le plus fait pour la science aéronautique.

Nous ne saurions, avant de clore ce chapitre de l'aérostation maritime, passer sous silence le projet fort intéressant, étudié jusque dans ses moindres détails par M. Louis Godard en 1901, de la traversée de l'Océan Atlantique en ballon. Le trajet est d'environ 7 500 kilomètres : il peut être accompli, en admettant les circonstances les plus favorables, en 4 jours et demi : mais M. Louis Godard admet une traversée de 12 à 15 jours, et son ballon est construit en vue de pouvoir rester plus de 27 jours en l'air : de plus, il prévoit l'existence de huit ballonnets gazomètres, pour réparer les pertes de gaz et assurer un supplément de durée du voyage de 12 à 13 jours. Il arrive ainsi à un total de 40 jours de voyage, durée plus que suffisante pour assurer en tous cas la réussite de l'expérience.

Le cube du ballon est de 12 750 mètres, ce qui représente un diamètre de 29 mètres. Il pourrait enlever un total de 14 000 kilogrammes, y compris un équipage de dix hommes, et des vivres pour deux mois et demi. Au-dessous de la nacelle est suspendu un canot en aluminium avec moteur à pétrole, comme appareil de sauvetage.

Inutile de dire que le matériel aéro-nautique comprendrait des déviateurs et des stabilisateurs pour naviguer à faible hauteur au-dessus des flots et dévier du lit du vent dans la direction nécessaire. Le devis prévoit une dépense totale de 200 000 francs au maximum, prix fort élevé sans doute, mais qui n'est pas exagéré en regard de l'immense intérêt que présenterait pareille expérience.

Ajoutons que M. Louis Godard (fig. 284), qui est, nous l'avons dit, le fils de Louis Godard, le constructeur du *Géant*, est assurément homme à exécuter en tous points ce grandiose projet ; il a à son actif plus de sept cents ascensions libres, dont plusieurs sont célèbres à juste titre : en 1897 il parcourut 1 660 kilomètres en 24 heures 15 minutes sans escales, et en 1900, pendant les concours d'aérostation dont nous parlerons tout à l'heure, il accomplit à bord du *Saint-Louis* avec M. Balsan un voyage de 1 360 kilomètres de Paris en Russie, et une ascension à grande hauteur au cours de laquelle il atteignit la formidable altitude de 8 558 mètres ! Citons enfin la magnifique ascension exécutée par Louis Godard le 17 novembre 1889 avec son grand ballon captif du Trocadéro qui, en ascension libre, emporta dans les airs vingt voyageurs, dont quatre dames (fig. 285), ascension véritablement unique dans les fastes de l'aérostation !

CHAPITRE XXVIII

LES AVIATEURS MODERNES

L'hélicoptère oblique de M. Veyrin. — La machine de Smythies. — Oiseaux de Pichancourt. — Aviateur G. Trouvé. — L'oiseau de Ponchel. — Les roues du Pr Wellner. — La machine de Stentzel. — Otto Lilienthal. — La vie d'un *homme volant*. — Deux mille vols! — La catastrophe du 9 août 1896. — Quelques aéroplanes. — Les *Avions* d'Ader. — L'aéroplane Phillips à lames de persienne. — Les travaux d'Hiram Maxim. — Appareils de Hargrave. — L'aéroplane du Pr Langley. — L'expérience du Potomac. — L'aéroplane Tatin et Richet. — Appareil de Mouillard. — L'aéroplane Nemethy. — L'aéroplane-bateau-traîneau de Kress. — L'aéroplane d'Hofmann.

Les progrès incontestables réalisés dans le domaine de l'aérostation, et dont nous verrons les plus récents dans le chapitre suivant, ont tellement captivé l'attention publique qu'il pourrait sembler que les partisans du *Plus lourd que l'air* se soient inclinés devant l'école rivale et aient renoncé à chercher dans la voie qui leur était chère la solution définitive du Grand Problème. Il n'en est rien ; jamais au contraire les efforts n'ont été aussi grands, les résultats aussi encourageants, les études théoriques aussi variées et aussi savantes ; jamais la confiance des aviateurs n'a été aussi ferme dans le succès final, et le moteur léger à essence, auquel sont dus les derniers progrès des ballons dirigeables, semble bien le moteur rêvé pour l'aviation. Tout semble indiquer que nous sommes à la veille d'un grand événement qui viendra révolutionner la face du monde en donnant à l'homme, de la façon la plus absolue, l'empire des airs !

Il est à remarquer que de tous les moyens de réaliser mécaniquement la sustention et la propulsion dans l'espace, celui qui, dans ces dernières années, est le plus en faveur, c'est l'emploi de l'aéroplane. Nous pouvons cependant relever un certain nombre d'appareils d'un autre genre, et c'est par eux que nous allons commencer l'étude des appareils modernes d'aviation.

Signalons toutefois, sans nous y arrêter, car ce serait entrer dans le domaine de la technique pure, de la théorie proprement dite, les belles études de M. Basté, en 1887, sur le vol à voile fondées sur l'observation de certaines espèces d'oiseaux, telles que les mouettes, goëlands, pétrels, milans, etc., — de M. Paul Valu, sur la résistance de l'air, — de M. J. Bretonnière, sur le vol plané, — de M. Drzewiecki, ingénieur à Saint-Pétersbourg, ancien élève de l'École Centrale, qui présenta au Congrès d'aéronautique de 1889 une théorie très remarquable sur le vol des oiseaux assimilé au mouvement d'un aéroplane dans l'air ; — du lieutenant-colonel Touche, sur le mouvement des fluides ; — du colonel Henry, sur l'aviation en général, etc., etc.

Citons enfin, pour terminer cette nomenclature trop incomplète, les beaux travaux de M. Emile Veyrin qui, pour donner en quelque sorte une sanction pratique à ses observations, à ses calculs et à ses expériences, construisit en 1892 un petit modèle d'appareil de navigation aérienne extrêmement simple composé (fig. 286) d'une hélice unique à petit pas dont l'axe de rotation est incliné sur l'horizontale de manière à obtenir à la fois le soutien et la propulsion du système. Une queue d'une longueur convenable empêche la nacelle de tourner en sens contraire de l'hélice. Le centre de gravité est porté légèrement en avant pour que l'appareil conserve sa position horizontale pendant la marche. L'appareil en grand serait mû par un moteur à vapeur ou autre : les petits modèles construits par M. Veyrin comme appareils de démonstration étaient actionnés par des ressorts ou simplement par le déroulement rapide d'une ficelle. Ils volaient avec une aisance et une stabilité très impressionnantes, et l'hélicoptère Veyrin à axe incliné est certainement l'un des appareils les plus ingénieux qui aient été construits, et l'un de ceux, peut-être, qui auront le plus fait avancer la question.

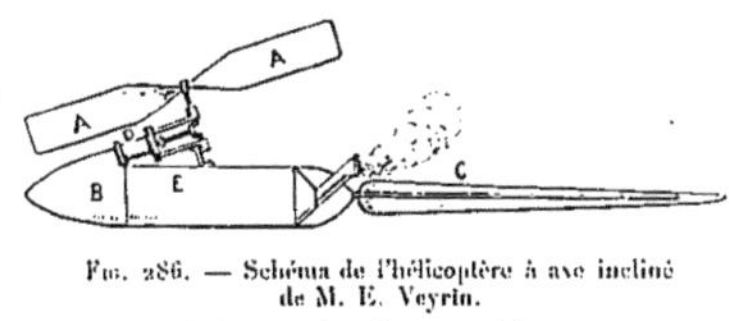

FIG. 286. — Schéma de l'hélicoptère à axe incliné de M. E. Veyrin.

A hélice ascensionnelle et propulsive. B nacelle. C queue. D moteur. E chaudière.

En 1883, un mécanicien anglais, M. E. Smythies, perfectionnant un appareil que nous avons déjà cité, prit un nouveau « *brevet pour une nouvelle machine à voler ou appareil pour transporter les voyageurs dans les airs* ».

Cette machine se composait d'une chaudière multitubulaire verticale et d'un moteur à vapeur vertical dont l'axe du cylindre était concentrique avec celui de la chaudière, pour actionner une paire d'organes semblables aux ailes d'un oiseau, chauve-souris ou insecte, placées symétriquement de chaque côté au-dessus du cylindre et tournant sur des points ou charnières de n'importe quelle charpente convenable fixée sur la chaudière (1).

Cette machine ne fut pas construite : à en croire le journal américain *the Invention* celle inventée par un mécanicien de Greinwall, nommé J. Houston, aurait été non seulement construite, mais même expérimentée avec un plein succès. Cette machine, d'une grande simplicité, se composait de deux ailes fixées au corps par des courroies et actionnées par un moteur électrique. L'inventeur se serait élevé ainsi à 100 mètres de haut et aurait volé pendant plus d'une heure avec une vitesse de 7 ou 8 kilom. à l'heure ! Il n'est pas utile d'insister sur ce *canard atmosphérique* : l'idée d'actionner une telle machine par un moteur électrique fixé au corps d'un homme suffit pour juger de la valeur de l'invention : un moteur électrique, c'est très joli, mais il faut lui fournir de l'énergie électrique, soit par des piles, soit par des accumulateurs, et l'on ne voit pas très bien l'*homme-volant* enlevant ainsi une batterie d'accumulateurs autour de sa ceinture.

Bien plus intéressants sont les petits oiseaux de M. Pichancourt qui, reprenant les travaux d'Alphonse Pénaud et Tatin, a construit de charmants petits modèles à moteur de caoutchouc tordu, qui volent dans la perfection.

(1) Brevet pris le 1er juillet 1883 sous le n° 150161.

L'un de ces petits oiseaux artificiels (fig. 287), d'une envergure totale de 0m,35 et pesant 25 grammes, volait en s'élevant légèrement et parcourait une vingtaine de mètres. Un autre modèle plus grand, d'un poids total de 675 grammes, tenait tête à un vent de 4 mètres à la seconde et parcourait ainsi une distance de plus de 20 mètres. Ce ne sont que des jouets, mais combien supérieurs, à tous les points de vue, à bien des appareils ou projets visant à être de véritables machines volantes !

L'aviateur générateur-moteur-propulseur, présenté en 1891 à l'Académie des sciences par Gustave Trouvé, n'est certes pas un jouet, mais le petit modèle construit par l'illustre inventeur, dont la mort récente est un deuil pour la science française, n'en constitue pas moins un appareil fonctionnant admirablement et basé sur un principe tout nouveau, du moins comme application mécanique. La force motrice est demandée à l'explosion d'un mélange gazeux (hydrogène et oxygène) et aux mouvements vibratoires communiqués par cette explosion à un tube manométrique de Bourdon : on sait que ces tubes se déforment et que leurs branches s'écartent lorsque la pression du gaz qu'ils renferment augmente : les branches au contraire se rapprochent si la pression diminue. Sans entrer dans le détail du mécanisme, qu'il serait un peu long d'exposer, disons seulement que les extrémités flexibles des branches du tube Bourdon portent directement les ailes de l'appareil (fig. 288), lesquelles, sous l'influence d'explosions successives, s'élèvent et s'abaissent alternativement et font progresser et monter l'appareil. Celui-ci parcourt ainsi, en volant, 75 ou 80 mètres, après avoir été préalablement lancé par une escarpolette. Lorsque la provision de gaz est épuisée, l'appareil descend en planant soutenu par la surface plane qui forme le corps de l'oiseau.

Fig. 287. — L'oiseau mécanique de Pichancourt.
(Le corps de l'oiseau est enlevé pour laisser voir le mécanisme.)

Nous citerons encore comme modèle d'oiseau mécanique celui construit avec beaucoup de soin par M. Ponchel, habile mécanicien qui travailla plus de trois ans à le fabriquer. Cet intéressant appareil est muni d'une minuscule machine à vapeur dont le piston actionne les ailes, qui, outre le mouvement de haut en bas et de bas en haut, peuvent osciller autour de leur axe. Le modèle de démonstration construit par M. Ponchel en 1893 est trop lourd pour voler, mais le mouvement des ailes est remarquablement obtenu.

En 1894, le Pr Wellner, l'inventeur du *ballon-saucisson* dont nous avons parlé page 350, crut mieux faire en supprimant ballon et saucisson pour adopter le

Plus lourd que l'air, et il imagina une machine volante munie de gigantesques roues à aubes dont les pales tournaient perpendiculairement au rayon, et dont les axes étaient parallèles à l'axe du navire aérien. Celui-ci n'eut d'existence que sur le papier, mais ce n'est pas trop s'aventurer que de dire que s'il avait été construit il se fût encore moins élevé dans les airs que le fameux saucisson de 1883.

La machine volante de M. Arthur Stentzel, d'Altona (en Allemagne) est beaucoup plus intéressante. Ce n'est que la copie agrandie des oiseaux construits en 1872 en France par Hureau de Villeneuve et Alphonse Pénaud, mais la machine allemande, construite en 1897, était munie d'un moteur à gaz comprimé qui était suffisant pour la faire avancer, sans pouvoir cependant lui faire quitter le sol librement. Les ailes

FIG. 288. — Appareil de G. Trouvé.

de cet appareil ont la forme de celles d'une chauve-souris, mesurent six mètres quarante d'ouverture et ont une surface qui dépasse six mètres carrés. Ces ailes sont courbées suivant un arc de parabole.

La machine tout entière pèse 34 kilogrammes et comporte un moteur à acide carbonique comprimé. Lorsque ce moteur développe un cheval, la machine, suspendue sur un fil de fer tendu, avance de 3 mètres à chaque battement d'ailes. En somme, cette machine est intéressante et bien construite, mais elle ne réalise pas le vol libre.

Tout autre est l'appareil dont nous allons nous occuper et qui, comme nous allons le voir, fut le premier appareil d'aviation scientifiquement connu qui ait permis à l'homme de parcourir en planant des étendues considérables. Peut-être des appareils antérieurs ont-ils réalisé aussi bien le vol plané, mais ceux de Dante de Pérouse, du marquis de Bacqueville, etc., sont plutôt du domaine de la légende et il est impossible d'être affirmatif sur la réussite de leurs expériences. Au contraire nous possédons la vérité absolue sur les expériences d'Otto Lilienthal, qui réussit plus de deux mille fois ses essais de vol plané, et se tua dans sa dernière expérience.

Otto Lilienthal (fig. 289) était né le 24 mai 1848 à Auklam, en Poméranie. Il suivit les cours de l'École industrielle de Potsdam, puis de l'Académie industrielle de Berlin, et entra comme ingénieur dans l'industrie, où il se distingua par des inventions et des travaux pour la marine.

Dès sa première jeunesse il s'était occupé de l'étude du vol, et, à l'âge de 13 ans, avec l'aide de son frère Gustave, plus jeune que lui d'un an, il construisit son premier appareil de planement qu'il expérimentait la nuit, au clair de lune, en s'élançant du haut d'une colline.

En 1867 et 1868, il construisit avec son frère une machine à ailes battantes qui procurait un allègement de 40 kilogrammes. Après s'être livré à de nombreuses observations sur le vol des oiseaux, Otto Lilienthal publia un travail fort remarquable sur « *le Vol des oiseaux considéré comme base de l'aviation* » (1).

FIG. 289. — Otto Lilienthal.

Il reprit ses expériences au printemps de 1891 au moyen de vastes ailes de planement à courbure parabolique de 7 mètres d'envergure. La monture était en osier et la surface en calicot enduit de cire : tout l'appareil pesait 18 kilogrammes. Les premiers essais se firent d'une faible hauteur au moyen d'un tremplin qui pouvait se hausser plus ou moins. Lilienthal arrivait ainsi à planer sur une distance de 6 à 7 mètres. Étant suffisamment exercé, il acheta entre Werder et Gross-Kreutz un autre terrain où il poussa beaucoup plus loin les résultats qu'il obtenait de son appareil : en se lançant d'une hauteur de 5 à 6 mètres, il parvint, en effet, à franchir des distances variant de 20 à 35 mètres, les distances les plus longues étant obtenues lorsque le vent était un peu fort, et en volant contre le vent.

Ne disposant pas d'un terrain suffisant, il se transporta, en 1892, entre Steglitz et Südende, où existent des monticules d'une dizaine de mètres de hauteur.

Son appareil de planement fut porté à 16 mètres carrés et pesa alors 24 kilogrammes. En volant contre un vent de 7 mètres, Otto Lilienthal parcourut ainsi plus de 80 mètres !

En 1893, l'intrépide aviateur, après avoir surélevé le monticule qui lui servait de point de départ, et modifié ses ailes de façon à pouvoir les replier pour le transport,

(1) Voir la *Zeitschrift für Luftschiffahrt*, t. VIII, p. 286.

chercha encore une fois un terrain plus favorable et trouva près de Rathenow une chaîne de collines absolument propices à ses expériences : au milieu d'une vaste plaine couverte de gazon et de bruyères, s'élèvent des collines coniques très régulières, offrant une pente de 10 à 20 degrés et atteignant des hauteurs de 60 à 80 mètres.

Les ailes dont il faisait alors usage (fig. 290 et 291) pesaient 20 kilogrammes, ce qui, avec son propre poids, représentait un total de 100 kilogrammes exactement. Bientôt très exercé et sûr de lui, Lilienthal, partant de 30 mètres de hauteur et courant contre le vent pour prendre son élan, parvint à parcourir en planant des distances de 200 à 300 mètres. Il avait déjà atteint à cette époque une telle assurance qu'il réussissait parfaitement à dévier à droite ou à gauche la trajectoire de son vol, au moyen de légers déplacements de son centre de gravité.

Fig. 290. — Expériences de Lilienthal — Le départ.

Au printemps de 1894, Lilienthal acheta près de Berlin un nouveau terrain, à Gross-Lichterfelde, où il éleva un remblai en forme de cône de 15 mètres de hauteur et 70 mètres de diamètre à la base. C'est là qu'il essaya son nouvel appareil de planement, composé de deux surfaces superposées.

Il n'est pas inutile de faire remarquer que les expériences de Lilienthal étaient la mise en pratique des idées d'un aviateur français dont nous avons eu plus d'une fois l'occasion de citer le nom, Ch. de Louvrié, l'ardent apôtre du vol plané :

L'aéroplane, écrivait-il dans *l'Aéronaute* en avril 1884, est un véritable cerf-volant dont la queue est remplacée par le gouvernail vertical qui le maintient tête au vent quand il n'a pas de mouvement propre.

Il faudra donc, quand on voudra faire l'essai d'un aéroplane, choisir un point élevé et découvert avec un vent d'autant plus fort que le poids à soutenir sera plus considérable pour une même surface de sustention.

... Ce vol mystérieux est si facile qu'il ne serait qu'un jeu séduisant, source prochaine d'un sport nouveau (mai 1884).

N'est-ce pas là tout le programme d'Otto Lilienthal et n'est-ce pas une justice à rendre à la mémoire de Ch. de Louvrié mort trop tôt pour être témoin des expériences qui confirmaient ses théories d'une façon aussi éclatante ?

L'appareil de Lilienthal semblait être arrivé à sa perfection en tant qu'appareil de planement, et l'illustre expérimentateur se proposait d'attaquer la seconde partie du problème : l'imitation du vol ramé des oiseaux. Il comptait employer un moteur léger, et, en sa qualité de mécanicien, il espérait fermement résoudre cette question, lorsque survint la catastrophe du 9 août 1896.

FIG. 291. — Expériences d'Otto Lilienthal. — Le vol.

Il avait déjà exécuté, ce même jour, un planement très prolongé : il voulut alors entreprendre un second planement aussi étendu que possible et, pour en déterminer la durée, il confia à son aide une montre à secondes. Le vol fut d'abord presque horizontal : puis soudain l'appareil qui était arrivé presque au bas de la colline, se redressa subitement et fut enlevé à une vingtaine de mètres en haut. Il y eut un moment d'arrêt : on vit Lilienthal s'efforcer de rétablir l'équilibre de la machine, mais celle-ci retomba comme une flèche sur le sol et se brisa à terre. Le courageux aviateur n'était qu'évanoui sous les débris de son appareil, mais il avait la colonne vertébrale cassée, et 24 heures après il était mort. Il avait alors 45 ans.

FIG. 292. — Premier appareil de planement expérimenté par M. Herring.

Cette catastrophe semble due à un vice quelconque de la machine, qui entraîna un défaut d'équilibre longitudinal, vice auquel le savant mécanicien qu'était Lilienthal eût aisément remédié, instruit qu'il eût été par cet accident, si les suites n'en avaient été aussi fatales. La mort d'Otto Lilienthal fut une vraie perte pour la science, et il laissera une trace ineffaçable dans l'histoire de la conquête de l'air.

Les expériences de Lilienthal eurent un retentissement considérable, et vers le milieu de l'année 1896, un savant aviateur américain, M. Octave Chanute, avec la collaboration de M. Herring, commença une série d'expériences analogues près du lac Michigan, à trois milles environ de Chicago. Il se servit tout d'abord d'un appareil à peu près identique à celui de Lilienthal (fig. 292) avec lequel M. Herring exécuta un grand nombre de descentes en se lançant face au vent du sommet d'une colline de trente pieds de hauteur.

Fig. 293. — Appareil à double surface portante. Le départ.

Les savants Américains modifièrent d'une foule de façons ce premier type, et essayèrent notamment des planeurs à surfaces portantes superposées : ils construisirent ainsi des appareils ayant jusqu'à cinq et six plans superposés, appareils qui se comportèrent en l'air avec une fixité remarquable. Ils expérimentèrent également une machine baptisée l'*Albatros*, inventée par un ingénieur russe et qui rappelait beaucoup l'appareil de Le Bris que nous avons étudié précédemment. Cette machine, lestée de poids, fut essayée plusieurs fois et se brisa au cours de ces expériences.

Fig. 294. — Le vol plané.

L'appareil qui donna lieu aux expériences les plus intéressantes fut un planeur à deux plans superposés (fig. 293) muni d'un double gouvernail vertical et horizontal. L'expérimentateur, placé sous les plans de sustatention, se lançait face au vent, planait un certain temps (fig. 294) et atterrissait en redressant la machine afin de modérer la vitesse (fig. 295) et en ayant soin de relever les jambes pour éviter un accident.

Les appareils qui ont servi à toutes ces expériences étaient à proprement parler des aéroplanes, mais des aéroplanes sans moteur : tels qu'ils étaient ils ne pouvaient donc que parcourir un espace relativement restreint, et pour faire de l'aéroplane une machine réalisant complètement la navigation aérienne, il faut adjoindre aux surfaces portantes un appareil de propulsion et un moteur.

C'est ce que nous allons rencontrer dans les appareils qui vont suivre et qui sont fort nombreux : l'aéroplane est en effet devenu très en faveur parmi les aviateurs modernes, et les progrès réalisés dans cette voie sont d'une réelle importance. Pour beaucoup de ceux qui ont étudié et observé le vol des oiseaux, ceux-ci sont de véritables aéroplanes animés, et l'ont se base, pour émettre cette opinion, sur ce que le vol ne peut, en réalité, se soutenir que grâce à la vitesse qu'acquiert l'oiseau : c'est ce qu'un observateur des plus sagaces, M. Mouillard, a formulé d'une façon aussi concise qu'exacte : « Pas de vitesse, pas de vol. » L'observation prouve en effet que, pour tout oiseau, le nombre des battements d'ailes diminue lorsque la vitesse augmente. Il est logique alors de conclure que la propulsion de l'oiseau provoque sur la surface inférieure des ailes une réaction dont la composante verticale fait équilibre au poids du volateur, lorsque cette voilure est convenablement inclinée (1). Il résulte de cette théorie que, dans l'oiseau, les ailes jouent à la fois le rôle de surfaces de sustentation et de propulseur : on est alors conduit, dans la construction de machines volantes, à séparer nettement les deux fonctions et à avoir d'une part de larges surfaces de sustentation immobiles, et d'autre part un organe de propulsion à action continue, comme l'hélice. Nous avons vu précédemment que c'était la théorie de M. F. du Temple, exposée dans le brevet d'aéroplane dont nous avons donné un résumé. C'est la théorie commune à tous les aéroplanes et nous allons en décrire les quelques types modernes les plus intéressants.

FIG. 295. — L'atterrissage

Nous ne nous arrêterons pas à l'aéroplane de Sanderval, vaste machine de 12 mètres d'envergure qui, par un vent de 8 mètres, enlevait l'expérimentateur et ses deux aides, mais ne réalisait que du vol plané et captif, non plus qu'au projet d'aéroplane de M. Joseph Martin, dont la forme générale est celle d'une flèche en papier, comme en font les enfants, et le propulseur, un balancier à palettes agissant sur l'air normalement à la direction et se couchant à plat pour revenir en avant ; et

(1) Rodolphe Soreau.

nous arrivons à l'appareil de M. Ader, qui fit un certain bruit à l'époque de son apparition et figura à l'Exposition universelle de 1900 dans la galerie des moyens de transports, section d'aéronautique.

L'aéroplane ou *avion* d'Ader est constitué par une nacelle portant deux grandes ailes analogues à celles d'une chauve-souris. L'ossature de ces ailes est creuse et offre une grande rigidité, tout en conservant une légèreté extrême : des tirants en fil d'acier les maintiennent en position, les membranes des ailes sont en soie : ces ailes sont fixes, et la propulsion est demandée à deux hélices tournant en sens contraires, et placées en avant du corps de l'oiseau. Les moteurs sont des machines à vapeur très légères, pesant, d'après l'inventeur, 3 kilogrammes par force de cheval, y compris le générateur, le moteur et le condenseur. Enfin, sous la nacelle, sont des roues pour le départ et l'atterrissage.

Le grand *avion* construit en dernier lieu par M. Ader, ou *avion n°* 3 (fig. 296 et 297), avait 15 mètres d'envergure et pesait, à charge complète, c'est-à-dire avec son

FIG. 296 — L'*Avion* d'Ader, expérimenté le 14 octobre 1897 sur le plateau de Satory.

conducteur et le combustible, 500 kilogrammes. La construction de ce dernier appareil demanda 5 ans : il fut expérimenté seulement en 1897, au mois d'octobre, sur le champ de manœuvres de Satory. Une piste circulaire de 450 mètres de diamètre et 40 mètres de large avait été préparée pour servir de terrain de départ. Le 14 octobre, Ader prit place dans sa machine et la mit en marche. L'avion, semblable à une gigantesque chauve-souris, parcourut la piste à une allure modérée d'abord, et de plus en plus rapide. On vit bientôt les roues quitter le sol, et l'avion, libre un instant dans l'air, commença à virer pour s'orienter contre le vent ; mais à ce moment une rafale survint : craignant un accident, Ader ralentit la vitesse pour regagner le sol, mais les roues ayant mal pris le contact, il y eut devers de la machine : une des ailes heurta la piste et se brisa ; la machine se renversa, les propulseurs furent cassés, et les moteurs seuls restèrent intacts ; l'inventeur n'eut d'ailleurs aucun mal.

M. Ader avait commencé ses travaux en 1882 ; en 1891 il réussit à intéresser à ses efforts le ministère de la Guerre qui, jusqu'en 1897, date de l'expérience que nous venons de relater, dépensa 500 000 francs en expériences de toutes sortes et en construction d'appareils. Mais, après l'expérience de Satory, le ministère refusa de nouveaux crédits et, suivant les conventions passées avec l'inventeur, se fit remettre par celui-ci les plans des machines et propulseurs légers qui actionnaient l'*avion n° 3*.

A peu près à la même époque que les avions d'Ader, un certain nombre d'aéroplanes furent construits et expérimentés en Angleterre et en Amérique. A la suite de nombreuses expériences commencées dès l'année 1885, un ingénieur anglais, M. Horatio Phillips, construisit en 1892 un vaste appareil formé d'un cadre vertical en acier servant de support à des lames horizontales, ou du moins légèrement inclinées, parallèles entre elles : l'ensemble forme assez exactement une persienne, ou mieux une jalousie

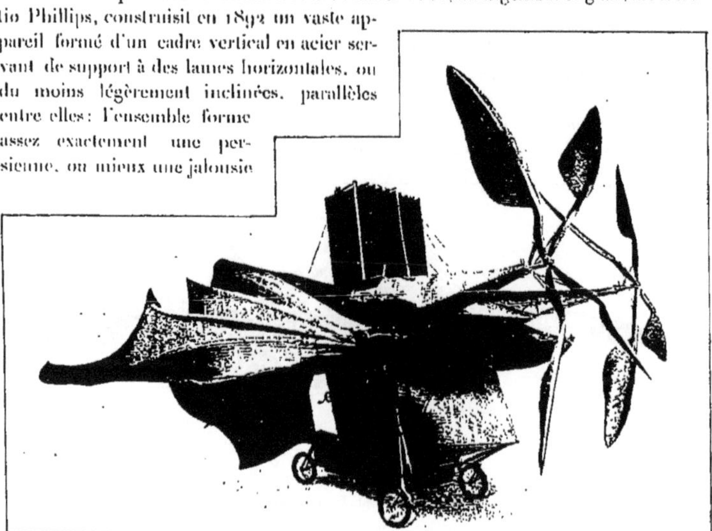

FIG. 297. — L'*Avion n° 3*, les ailes repliées

(fig. 298). Ces lames sont en bois, d'une épaisseur maxima de 3 millimètres : leur surface supérieure est convexe vers le sol, le maximum de courbure étant en avant dans le sens de la marche. De très nombreuses formes ont d'ailleurs été étudiées par M. Phillips avant de s'arrêter au profil définitif. Chaque lame a 5m,80 de longueur et 38 millimètres de largeur. Le cadre qui les contient mesure 5m,50 sur 2m,40 et la surface totale des lames atteint 13 mètres carrés.

La nacelle de l'aéroplane mesure 7m,50 sur 0m,90 et est portée sur trois roues servant pour le départ. Elle renferme une petite machine Compound et sa chaudière, qui sont des merveilles de mécanique : cette machine actionne une hélice de 1m,98 de diamètre. Tout l'appareil, en ordre de marche, pèse 163 kilogrammes.

L'aéroplane Phillips a été expérimenté sur une piste circulaire de 60 mètres de diamètre sur laquelle il pouvait rouler en restant retenu par un fil d'acier au centre de cette piste. Sous l'action de l'hélice, l'aéroplane avançait avec une vitesse croissante et lorsque celle-ci était suffisante, il quittait le sol. Mais entendons-nous bien ; craignant sans doute que sa machine ne brisât le lien qui la retenait captive et ne s'envolât aux étoiles, M. Horatio Phillips avait pris la sage précaution de lester la roue d'avant du tricycle porteur d'un poids tel que, dans tous les cas, cette roue ne pouvait quitter la piste. Dans ces conditions, quand nous disons que l'appareil quittait le sol, nous voulons dire que les deux roues d'arrière se soulevaient et que seule la roue d'avant roulait encore sur la piste. Même avec une surcharge de 32kg,500, l'arrière de l'aéroplane arrivait à quitter le sol et à se soutenir ainsi sur un parcours de 50 à 60 mètres.

Fig. 198. — Aéroplane à vapeur de M. Horatio Phillips.

Ces expériences furent bientôt éclipsées par celles d'un autre ingénieur anglais fort connu par ses travaux en mécanique et en artillerie, M. Hiram Maxim, qui depuis 1889 s'était attaché à la construction d'un vaste aéroplane. Cet appareil, peut-être à cause de la notoriété de son auteur, fut accueilli avec une faveur extraordinaire par tous les organes scientifiques de langue anglaise. On semblait croire que l'idée était tout à fait nouvelle et que Maxim était l'*inventeur de l'aéroplane* : c'était oublier les travaux de Henson, Michel Loup, Carlingford, du Temple, Claudel, Stringfellow, Alphonse Pénaud, Gauchot, Moy, Tatin, Goupil, Hargrave, Drzewiecki, etc... Quelqu'un se chargea de les rappeler : ce fut l'examinateur du *Patent office* de Washington, qui refusa de délivrer un brevet d'invention à l'aéroplane de Maxim. Il se passa avec ce bureau des brevets américains une comédie qui vaut d'être racontée :

la loi américaine exige, en plus de la nouveauté de l'invention, le dépôt d'un *modèle travaillant* de l'objet à breveter. Le *Patent office* réclama donc à M. Hiram Maxim un modèle travaillant, c'est-à-dire, dans l'espèce, un modèle volant.

« Mais, répondait M. Maxim, ma machine ne peut voler que construite en grand : un petit modèle ne quitterait pas le sol.

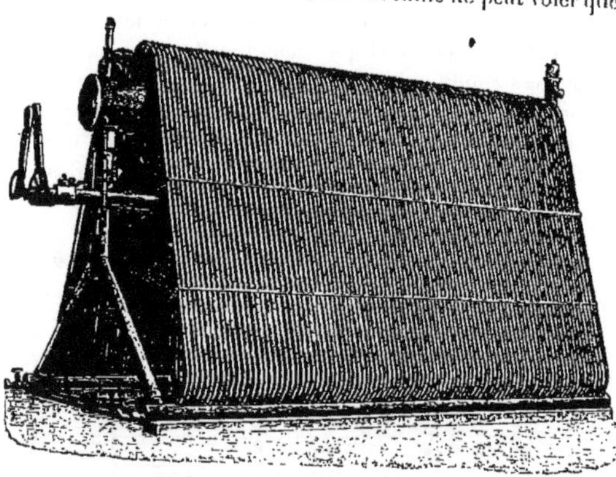

FIG. 299. — Chaudière de l'aéroplane Maxim.

— Qu'à cela ne tienne, disait l'office des brevets, apportez-nous un grand appareil.

— Un grand appareil ! vous n'y pensez pas : pour s'élever et évoluer dans les airs, ma machine doit porter au moins trois personnes et une machine de 300 chevaux : un tel aéroplane pèse 2 171 kilogrammes et mesure 30 mètres de long sur 31 de large, et a une hauteur de 10 mètres. Comment voulez-vous que je vous l'expédie par la poste de Londres à Washington ?

— Eh ! qui vous parle de la poste ? Venez avec votre machine par la voie des airs. »

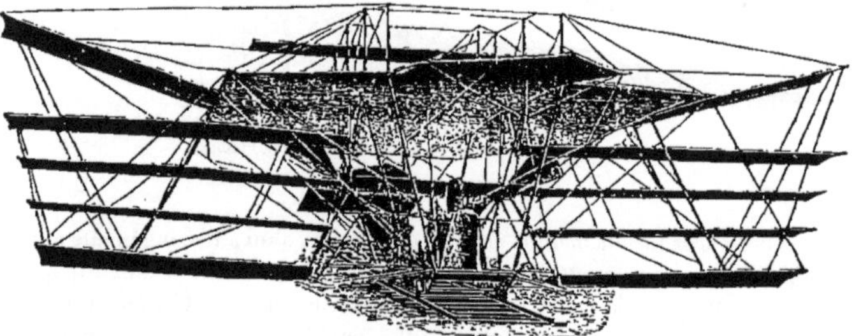

FIG. 300. — Ensemble de l'aéroplane de M. Hiram Maxim.

Bref, l'aéroplane Maxim resta à Londres et n'eut pas son brevet en Amérique. Quoi qu'il en soit, cet aéroplane est extrêmement remarquable comme construction et comme moteur : le générateur est une chaudière à tubes fins (fig. 299) genre chaudière Hereshoff employée par les torpilleurs ; c'est un générateur très léger à

FIG. 301. — L'aéroplane Maxim sur sa voie d'expériences.

grande surface de chauffe et à vaporisation excessivement rapide, mais il exige une très grande quantité d'eau, inconvénient sans importance pour un torpilleur, mais immense pour un appareil aérien. Le combustible employé est le pétrole, ou plutôt la gazoline marquant 72 degrés Beaumé.

L'appareil moteur comprenait deux machines Compound de 150 chevaux actionnant chacune une hélice, et indépendantes. L'aéroplane proprement dit (fig. 300) était constitué par un vaste plan situé à la partie supérieure, et cinq paires d'ailes superposées, présentant ensemble une surface sustentatrice de 522 mètres carrés. Le poids total, en ordre de marche, avec 3 hommes d'équipage et 10 heures d'approvisionnement était de 2 612 kilogrammes.

Dans les expériences qui eurent lieu en 1892 et 1893 la nacelle reposait sur quatre roues qui roulaient sur une longue voie ferrée (fig. 301); au-dessus et à une faible distance était une seconde voie ferrée sur laquelle portaient les roues de l'aéroplane lorsque celui-ci était soulevé ; pour s'assurer qu'il y avait soulèvement, on mettait de la couleur sous le rail supérieur, et si la peinture était enlevée, on admettait qu'il y avait eu soulèvement : cela n'était pas absolument exact, car un si vaste appareil mis en mouvement avec une certaine vitesse devait forcément éprouver des oscillations suffisantes pour soulever les roues d'arrière et enlever la couleur des rails supérieurs, sans qu'il y ait eu vol.

En réalité l'aéroplane Maxim n'a jamais volé : il n'en représente pas moins un effort considérable et un travail remarquable.

Avec MM. Hargrave et Langley, nous rentrons dans les petits modèles, mais ce sont des *modèles travaillant*, disait le *Patent office*, car ils volent.

M. Laurence Hargrave est l'inventeur du merveilleux cerf-volant cellulaire qui porte son nom et que nous avons décrit en détails dans un autre ouvrage (1). Aviateur savant et mécanicien très habile, il a construit de petites machines volantes qui sont de vraies merveilles de mécanique, réunissant au plus haut degré la légèreté et la rigidité; l'un de ces modèles (fig. 302) est composé d'une épine dorsale creuse renfermant de l'air comprimé et portant deux ailes fixes ouvertes formant aéroplane; à l'avant deux petites ailes battantes forment l'organe de la propulsion. Elles sont mues par un minuscule piston actionné par l'air comprimé de l'épine dorsale.

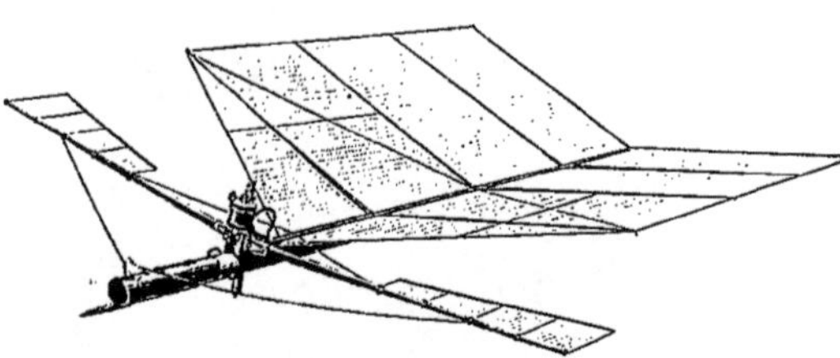

FIG. 302. — Machine volante de M. L. Hargrave.

Ce petit appareil, pesant $1^{kg},670$, volait sur un parcours de 156 mètres. M. L. Har-

(1) *Les cerfs-volants*, par J. Lecornu. Paris, 1902.

grave construisit un autre modèle à vapeur, chauffé à l'alcool méthylique, et pesant en tout 1kg,830. Dans des mains si habiles, on peut s'attendre à ce que la question de l'aviation fasse un jour prochain un pas considérable.

L'aéroplane de M. S.-P. Langley n'offre pas moins d'intérêt, et les résultats obtenus sont, on va le voir, de la plus haute importance.

M. Samuel-Pierpont Langley est un savant de premier ordre, secrétaire de l'Institut Smithsonian de Washington, et membre correspondant de l'Académie des sciences de Paris. Il construisit en 1892 un premier modèle d'aéroplane à vapeur, (fig. 303) portant deux plans de sustentation inclinés d'avant en arrière, et placés l'un derrière l'autre : c'était, on le voit, l'amplification de l'aéroplane d'Alphonse Pénaud duquel, disons-le en passant, se rapprochent plus ou moins tous les aéroplanes qui donnent des résultats satisfaisants. L'inclinaison des plans était variable, de façon à attaquer l'air sous l'angle voulu. Cette machine fut construite avec des précautions incroyables pour en cacher à tous les détails de construction, et le secret fut si bien gardé qu'on n'entendit plus parler de l'aéroplane de Langley jusqu'en 1896.

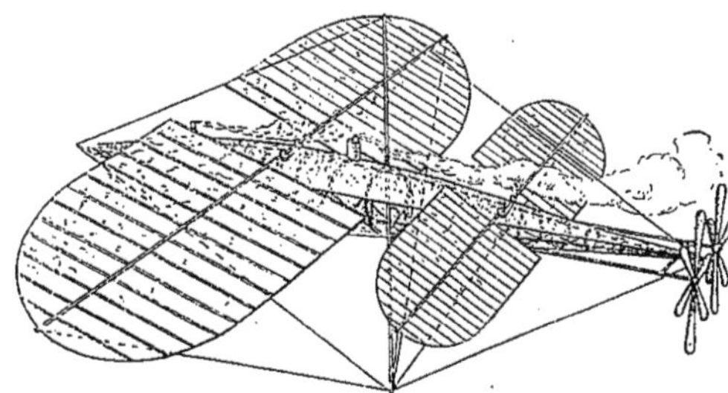

FIG. 303. — Premier modèle de l'aéroplane de M. Langley (1892).

Le 26 mai de cette année-là, l'Académie des sciences de Paris reçut une lettre du Pr S. P. Langley annonçant que son aéroplane venait d'être essayé avec succès sur une baie du Potomac, en aval de Washington : cette lettre indiquait que le poids total de l'appareil était de 11 kilogrammes, l'envergure des surfaces de soutien, de 4 mètres, et la force du moteur, de 1 cheval. A cette lettre était jointe une autre lettre de M. Graham Bell, le savant électricien américain, témoin de l'expérience, qui constatait que l'aéroplane avait volé sur une distance de 276 mètres, et, en tenant compte des courbes décrites, le parcours total avait été de 900 mètres en 1 minute et 31 secondes (fig. 304).

Je fus extrêmement frappé, dit M. G. Bell en terminant, du vol aisé et régulier de la machine dans les deux essais, et du fait que, lorsque l'appareil, privé de la force motrice de la vapeur au plus haut point de sa course, fut abandonné à lui-même, il descendit, chaque fois, avec une égalité d'allure qui rendrait tout choc ou tout danger impossible.

Il me semble que personne n'aurait pu assister à cet intéressant spectacle sans être convaincu que la possibilité de voler dans l'air, à l'aide de moyens mécaniques, venait d'être démontrée.

Le 28 novembre 1896, une nouvelle expérience eut lieu, encore plus probante que celle du mois de mai : le vol dura 1 minute et 45 secondes, et le parcours fut de 1 600 mètres avec une vitesse de 13m,33 par seconde ! On voit combien le progrès était grand sur tous les appareils antérieurs. Mais il faut le dire à la louange du Pr Langley, celui-ci, dans le compte rendu de ses travaux, rendit hommage à Alphonse Pénaud dont l'appareil avait servi de point de départ à ses recherches. L'aéroplane de Pénaud n'était, il est vrai, qu'un jouet, mais, dit Langley, « *tout simple qu'il semblait, ce* « *jouet était le père* « *d'une future machine* « *volante et l'on doit en* « *faire honneur à la* « *France.* »

Fig. 304 — L'aéroplane Langley évoluant au-dessus du Potomac

L'aéroplane de Langley qui réalisa ces vols remarquables différait notablement du modèle de 1892. Presque entièrement construit en acier, il mesure 4m,56 de long, et ses ailes fixes en soie ont 4m,27 de bout en bout. Il a deux hélices placées à l'arrière, dont le diamètre est de 1m,22 : elles tournent à raison de 1 000 tours par minute. Le poids total est de 13kg,600.

La coque de l'appareil renferme la chaudière et le moteur, et porte quatre plans de sustentation, deux à droite et deux à gauche, et inclinés de 135° l'un sur l'autre : entre les deux paires d'ailes se trouvent les hélices ; un gouvernail à action verticale et horizontale est placé à l'arrière de l'appareil.

En résumé, l'aéroplane Langley est loin de résoudre entièrement le problème de la navigation aérienne, car ce n'est qu'un petit modèle, et, en passant du petit au grand, les difficultés croissent comme les dimensions des appareils, mais il n'en réalise pas moins un progrès considérable et les expériences de 1896 resteront comme une date mémorable dans l'histoire de la navigation aérienne.

A côté des expériences de Langley, nous pouvons citer celles de deux savants français, MM. V. Tatin et Ch. Richet, qui, à peu près à la même époque, réalisèrent un aéroplane à vapeur pesant 33 kilogrammes, lequel vola librement dans l'air à la vitesse de 18 mètres par seconde, résultat des plus remarquables au point de vue du poids entraîné et de la vitesse atteinte, bien que le trajet parcouru n'ait été que de 140 mètres.

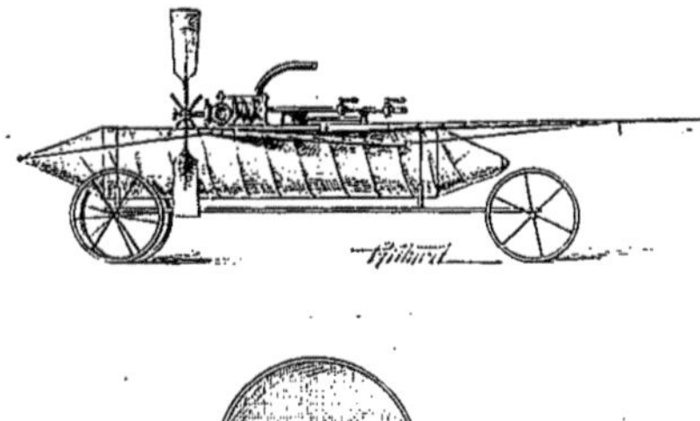

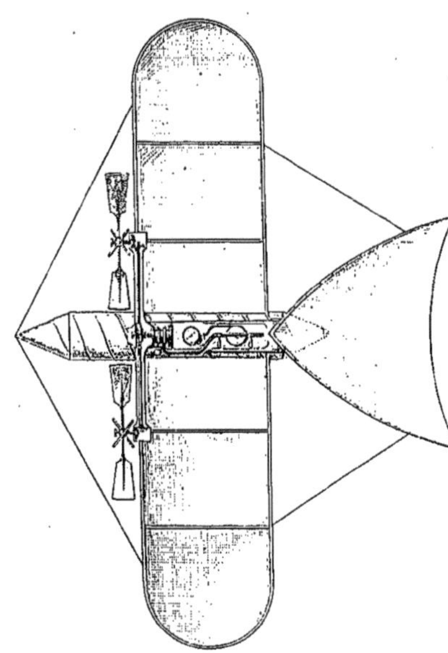

Fig. 305. — Aéroplane de M. Victor Tatin (1879).

Déjà en 1879, M. Victor Tatin, après de longues études, avait construit un aéroplane (fig. 305) mû par un moteur à air comprimé actionnant deux hélices de propulsion tournant en sens inverses. Le récipient à air comprimé avait une capacité de 8 litres et résistait à une pression de 20 kilogrammes; le fonctionnement du moteur n'exigeait que 7 kilogrammes pour une force de 2, 6 kilogrammètres par seconde. Le poids total de l'aéroplane était de 1^{kg},750, et il quittait le sol à la vitesse de 8 mètres par seconde. L'expérience fut faite en 1879 à l'Établissement militaire de Chalais-Meudon, sur une piste circulaire où l'appareil, retenu captif au centre par une corde, se mettait progressivement en route; il a pu s'enlever dans ces conditions, et passer une fois au-dessus de la tête d'un spectateur.

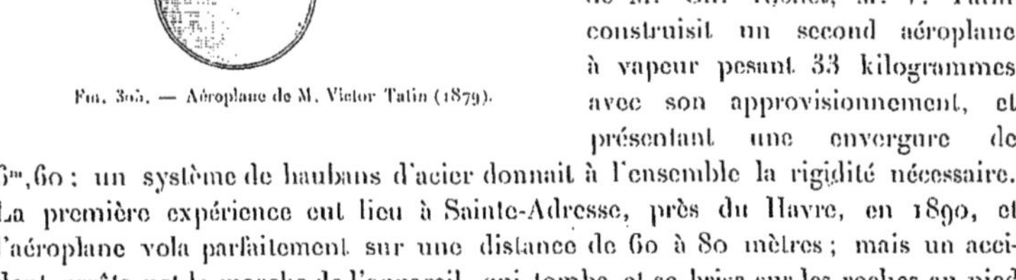

En 1890, avec la collaboration de M. Ch. Richet, M. V. Tatin construisit un second aéroplane à vapeur pesant 33 kilogrammes avec son approvisionnement, et présentant une envergure de 6^{m},60 : un système de haubans d'acier donnait à l'ensemble la rigidité nécessaire. La première expérience eut lieu à Sainte-Adresse, près du Havre, en 1890, et l'aéroplane vola parfaitement sur une distance de 60 à 80 mètres ; mais un accident arrêta net la marche de l'appareil, qui tomba et se brisa sur les roches au pied de la falaise.

L'aéroplane entièrement reconstruit fut essayé de nouveau en 1896 à Carquiramne (Var); il fit un vol de 70 mètres, mais un défaut d'équilibre longitudinal amena sa chute dans la mer.

Une nouvelle expérience eut lieu l'année suivante, en juin 1897 : l'appareil vola parfaitement bien sur un parcours de 140 mètres, avec une vitesse de 18 mètres à la seconde, mais alors le défaut d'équilibre, insuffisamment corrigé, fit que l'appareil se releva, perdit sa stabilité et revint en arrière tomber à une distance de 114 mètres de l'extrémité de la piste de départ (1).

Les expériences de l'aéroplane de MM. Tatin et Richet sont certainement fort intéressantes : il y a lieu cependant de remarquer que leur appareil s'est montré inférieur à celui de Langley sous le rapport de la stabilité : de plus ils employèrent pour le lancement un artifice consistant à adjoindre au départ, à la force du moteur, l'effet de la chute même de l'aéroplane tombant d'une hauteur de 10 mètres : cette chute

Fig. 306. — Aéroplane Wilhelm Kress naviguant sur l'eau.

lançait, en quelque sorte, l'aéroplane comme un projectile : le moteur entretenait ensuite cette vitesse. Or l'effet de cette chute de 10 mètres n'est pas négligeable, loin de là : au commencement de sa carrière aéronautique, le colonel Renard avait construit un aéroplane utilisant seulement l'effet de la chute : l'appareil lancé dans l'air d'une hauteur de 100 mètres volait librement, sans aucun moteur, sur un parcours de 1 000 mètres, soit dix fois la hauteur de chute ! Cet exemple montre bien l'importance de la chute verticale dans le fonctionnement de l'aéroplane de MM. Tatin et Richet. Cet artifice de lancement est d'ailleurs parfaitement licite, mais étant donné le faible parcours obtenu, il paraît bien que l'effet du moteur destiné à continuer l'impulsion première était insuffisant, et que l'appareil ne s'arrêtait aussi rapidement

(1) Comptes rendus de l'Académie des sciences.

que parce que le moteur ne pouvait vaincre la résistance de l'air et entretenir une vitesse suffisante pour continuer à soutenir l'aéroplane.

Il n'en est pas moins vrai que l'aéroplane de MM. Tatin et Richet est le premier qui ait fonctionné sous un poids de 33 kilogrammes, poids déjà considérable pour un appareil d'aviation libre !

C'est que, nous l'avons déjà fait observer, les difficultés augmentent très rapidement avec les dimensions des appareils *plus lourds que l'air*. Il faut donc considérer comme un progrès réel l'aéroplane Tatin et Richet fonctionnant avec un poids déjà fort respectable. Dans l'état actuel de l'aviation, aucun appareil capable de porter le poids d'un homme n'est en état de voler, à l'exception toutefois des appareils de planement, genre Lilienthal, et des cerfs-volants, ou aéroplanes captifs prenant leur point d'appui sur le sol.

FIG. 307 — Départ de l'aéroplane Kress

C'est au premier de ces genres, au planeur Lilienthal, que se rattache l'aéroplane construit et expérimenté au Caire, en 1896, par M. Mouillard : cet appareil, du poids de 105 kilogrammes sans aviateur, réalisa un planement de 30 mètres de parcours à 20 mètres environ de hauteur, contre un vent de 20 mètres à la seconde, et cela, avec un équilibre extraordinaire. Mais il n'était pas de dimensions encore suffisantes pour porter un homme. L'aéroplane de M. Pilcher, en Angleterre, soutenait bien un homme, mais ce n'était que la réédition de celui d'Otto Lilienthal.

Ces aéroplanes ne réalisent que le vol plané ; ce sont d'excellents appareils d'études, mais privés de force motrice pouvant prolonger indéfiniment le vol, ils ne constituent pas une solution complète du problème.

L'aéroplane de Nemethy, actionné par un moteur à pétrole agissant sur une hélice propulsive donne bien une solution complète, mais, jusqu'à ce jour, il n'a volé que... sur une photographie habilement maquillée!

Fig. 305. — Aéroplane à vapeur de J. Hofmann.

Quant à l'aéroplane de l'ingénieur autrichien Wilhelm Kress, dont il nous reste à parler, il a beaucoup de prétentions : c'est un appareil destiné à naviguer sur l'eau comme un bateau (fig. 306), à glisser sur la neige ou sur la glace comme un traîneau, ou enfin à voler dans les airs comme un oiseau. Un moteur à pétrole actionnant deux hélices aériennes fait fonctionner l'appareil dans les trois cas. Une expérience eut lieu en 1901 (fig. 307) : l'aéroplane-bateau-traîneau prit son essor, se souleva un instant à la surface de l'eau, y tomba et coula à fond! L'aviateur fut secouru à temps et sauvé heureusement, mais l'aéroplane était plutôt mouillé.

M. W. Kress travaillait depuis longtemps à son invention : déjà à l'exposition d'aéronautique de Vienne, en 1888, il avait exposé un petit modèle d'aéroplane à ressort de caoutchouc : dix ans plus tard, en 1898, il avait produit devant la Société des touristes à Vienne une série de petits hélicoptères et aéroplanes évoluant assez bien, et, dès cette époque, il travaillait à son grand appareil destiné à courir, à voler plutôt à la découverte du pôle Nord. Nous venons de voir quel fut l'insuccès de l'expérience qui en fut faite en 1901.

Mentionnons enfin le petit modèle d'aéroplane à vapeur de J. Hofmann (fig. 308) construit en Allemagne avec un soin tout particulier, et qui donna lieu à quelques expériences intéressantes en 1901.

CHAPITRE XXIX

LE SPORT AÉRIEN

Un sport national. — L'*Aéro-club*. — Comment se fait un ballon. — Les ballons-réclames. — La *coupe des aéronautes*. — Une série de records. — L'aérostation et les femmes. — Le voyage de Sarah Bernhardt. — Mlle Germaine de Serpigny. — Mlle Käthchen Paulus. — L'aérostation matrimoniale. — L'Exposition de 1900. — Les concours de Vincennes. — Un départ monstre. — « Le ballon qui va partir...! ». — Le record de l'altitude. — Le Grand Prix de l'aéronautique. — *Noblesse oblige*. — Un voyage de 1922 kilomètres. — De Paris-Vincennes à Korostichef (Russie). — Une lutte émouvante. — Deux nuits en ballon. — Joseph vendu par ses frères. — Supériorité du ballon sur les chemins de fer.

Il est un côté de l'aéronautique que nous avons négligé jusqu'ici et qui a pris dans ces dernières années une importance très grande, très féconde en résultats, et dont nous sommes amenés à nous occuper maintenant : nous voulons parler de l'aérostation sportive.

Depuis quelques années, — a dit en excellents termes M. Henry de La Vaulx dans une conférence faite le 1er février 1900 à la *Société française de navigation aérienne*, — nous faisons du sport à outrance, mais nous avons la bêtise d'aller chercher tous nos jeux, tous nos divertissements à l'étranger ; nous sommes même arrivés à faire de notre langue un idiome incompréhensible ; on n'entend plus dans notre vocabulaire que des mots anglais, que nous prononçons mal par-dessus le marché et qui, dès lors, ne veulent plus rien dire.

Soyons donc un peu patriotes et au lieu de nous borner à imiter nos voisins d'outre-Manche, faisons prospérer nos sports nationaux.

Parmi ceux-ci, l'aérostation vient en première ligne. L'aérostation est une science essentiellement française ; les premières découvertes ont été faites par nos compatriotes et, depuis lors, la plupart des perfectionnements sont dus à des Français...

... Que d'imprévu, que de péripéties intéressantes dans ce genre de locomotion. Aucun voyage ne se ressemble.

L'aérostation ne consiste pas, en effet, comme beaucoup de personnes le croient, à monter en l'air le plus haut possible, puis à redescendre : ordinairement, l'on se tient dans les régions basses, franchissant les villes, les villages, les bois, les vallées, planant sur toute une civilisation dont on surprend les secrets, toujours bien reçu et fêté partout car on apporte avec soi l'inconnu.

Et puis, que d'émotions, que de sensations inoubliables peut procurer l'aéronautique à l'esprit aventureux de nos compatriotes !... L'aérostation nous permet d'éprouver pour quelques heures les jouissances de l'explorateur le plus audacieux : sans fatigue aucune, sans perte de temps, l'ingénieur, le commerçant, l'homme de lettres, le savant peut le dimanche quitter sa table de travail et quelques instants après parcourir en vainqueur l'immensité des déserts aériens.

Oui, Messieurs, l'aérostation est un sport attachant, passionnant ; celui qui y a goûté une fois, et je vous prends à témoin, ne peut plus s'en passer, il devient de suite un fervent de cette science encore si peu connue.

L'origine de ce mouvement sportif date de la fin de 1898. A cette époque, quel-

M. Maison. M. de Castillon de Saint-Victor. M. de La Vaulx. M. Juchmès. M. Balsan. M. Hervieu.

FIG. 309 — Quelques membres de l'Aéro-club, gagnants du grand concours de Vincennes.

ques membres de l'Automobile-club de France eurent l'idée de fonder, sous le nom d'*Aéro-club de France*, une Société d'encouragement à la navigation aérienne.

Ils recontrèrent l'accueil le plus chaleureux parmi les adhérents de l'automobile, et l'Aéro-club inscrivit en tête de ses membres MM. le marquis de Dion, Archdeacon, comte de La Valette, Santos-Dumont, Ducasse, Ballif, Emmanuel Aimé, A. de Lucewski, baron de Béville, comte H. de La Vaulx, de Castillon de Saint-Victor, Balsan, Juchmès, etc. (fig. 309).

A peine constitué, l'Aéro-club affirma son existence par une belle fête aérostatique organisée au Jardin d'acclimatation. A trois heures précises, trois ballons libres s'enlevaient dans les airs : un 100 mètres cubes monté par M. Santos-Dumont ; un

700 mètres cubes monté par MM. Archdeacon et Krieger : enfin, un 1 200 mètres cubes monté par MM. Ballif, Lachambre, Ducasse et une intrépide voyageuse, Mme G..., dont l'exemple, nous le verrons tout à l'heure, fut bientôt suivi.

Le développement pris par l'Aéro-club fut extrêmement rapide ; il posséda bientôt un matériel aérostatique muni des derniers perfectionnements, mis à la disposition de ses membres pour un prix des plus modiques : il créa un parc d'aérostation de 15 000 mètres carrés aux portes du Bois de Boulogne, avec un appareil pour la fabrication de l'hydrogène pur, organisa un très grand nombre d'ascensions et parvint à donner un tel essor à l'aérostation sportive qu'à la fin de l'année 1901, c'est-à-dire trois ans après sa fondation, l'Aéro-club avait à son actif 372 ascensions, représentant un total de 1 075 voyageurs ayant séjourné 2 463 heures dans l'atmosphère et parcouru 59 710 kilomètres. Le volume de gaz employé par ces 372 ballons représente le cube formidable de 472 200 mètres (1) !

FIG. 310. — Une réclame bien moderne : le ballon-bouteille. (*Ballon construit par M. Lachambre.*)

Quelques détails sur la construction et le mode de gonflement des ballons modernes ne seront pas déplacés à ce propos. Ils compléteront les notions sommaires sur l'aérostation que nous avons données précédemment.

Vous êtes, supposons-le pour un instant, et cette supposition n'a rien que de très honorable, un fervent de l'aérostation, et vous êtes assez fortuné pour vous permettre le luxe d'avoir un ballon qui soit à vous. Heureux mortel ! n'hésitez pas à vous l'offrir, mais ne vous avisez pas d'en entreprendre vous même la construction. Il ne manque pas d'habiles constructeurs aéronautes qui vous livreront un matériel parfait, et qu'il sorte des ateliers de MM. Surcouf, Louis ou Eugène Godard, Lachambre, Mallet, Brissonnet, etc., pour n'en citer que quelques-uns, vous aurez un solide et beau ballon, tandis que celui que vous feriez vous-même ne serait sans doute ni solide ni beau. Mais on aime toujours à savoir comment se fait ce qu'on achète et c'est pour satisfaire à ce très légitime désir que nous allons décrire en quelques lignes la construction d'un aérostat.

Il se fait des ballons de toutes dimensions, depuis le lilliputien *Brésil*, de 113 mètres cubes, construit par M. Santos-Dumont, qui pèse (le ballon) avec tous ses agrès 27^kg,500 seulement (un vrai record), jusqu'au monstrueux ballon captif de Giffard, dont nous avons parlé plus haut, qui cubait 25 000 mètres et pesait le poids formidable de 16 350 kilogrammes, sans compter le lest, les guide-ropes, les grappins, et les 42 passagers qu'il enlevait dans les airs ! On voit qu'il y a de la marge.

Il se fait également des ballons de toutes formes, et, dans ces dernières années, la réclame moderne, toujours ingénieuse, a envahi l'aéronautique et a donné lieu aux formes les plus

(1) *Journal officiel* du 4 août 1902. Rapport de M. DE LA VAULX au Congrès des sociétés savantes.

singulières. C'est ainsi que M. Louis Godard a construit et lancé dans les airs le *Biberon*, et que M. Lachambre a exécuté le *Ballon-bouteille* (fig. 310) portant une étiquette avec ces mots : *Triple extrait Cherry Blossom*. Le départ de cet étrange aérostat faillit amener une catastrophe : le 17 juin 1891, la bouteille aérostatique partait de La Villette ayant à son bord MM. Machuron et F. Hausen. Par suite d'une fausse manœuvre, M. Henri Lachambre, qui tenait une des cordes du ballon, se trouva enlevé à une dizaine de mètres de hauteur ; il voulut gagner la nacelle, mais ne put y parvenir et retomba lourdement sur le sol. Il en fut quitte heureusement pour quelques foulures et contusions sans gravité.

Laissons de côté ces bizarreries aérostatiques, et ne nous occupons que des ballons sphériques. Les cubes les plus courants varient de 6 à 800 mètres, jusqu'à 2 000 ou 2 500 mètres : les premiers emportent facilement deux passagers ; les plus gros, de six à dix personnes.

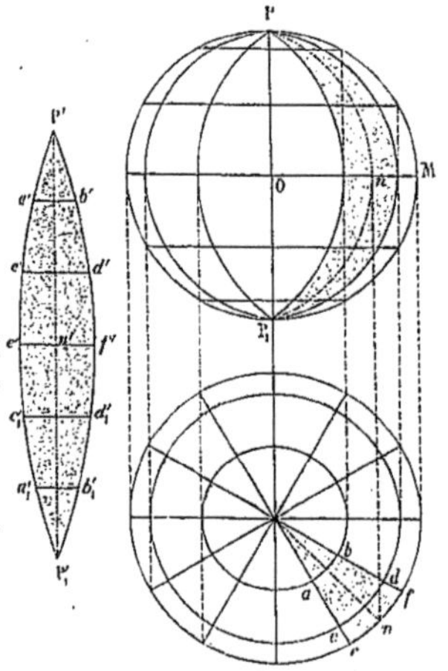

Nous prendrons, si vous le voulez bien, comme exemple, un ballon moyen de 1 500 mètres : c'est le volume du *Centaure*, le glorieux ballon de M. de La Vaulx. La première question qui se présente est le choix de l'étoffe. Nous avons vu qu'au début de l'aérostation les montgolfières étaient construites en toile d'emballage recouverte de papier ; mais une pareille enveloppe conserverait l'hydrogène ou même le gaz d'éclairage à peu près comme un panier à salade conserverait de l'eau. Aussi, lorsque le physicien Charles substitua l'hydrogène à l'air chaud des premières montgolfières, fit-il usage d'une enveloppe de soie vernie au caoutchouc. La soie est restée la meilleure étoffe pour construire un ballon, mais elle a le tort d'être très chère, et on ne l'emploie que dans de rares circonstances. Les étoffes le plus généralement employées sont actuellement la toile de coton et le ponghée.

Fig. 311. — Principe de l'épure d'un fuseau de ballon sphérique.

Quelle que soit l'étoffe dont on se serve, on la soumet tout d'abord à des essais de résistance à l'aide d'un dynamomètre spécial, et, pour notre ballon de 1 500 mètres cubes, la rupture ne devra pas se produire au-dessous de 1 000 kilogrammes.

Cherchons à déterminer le diamètre et la surface de notre aérostat. Les formules bien connues du volume et de la surface de la sphère nous les donnent immédiatement :

$$V = \frac{4}{3}\pi R^3, \text{ d'où l'on tire } R = \sqrt[3]{\frac{3}{4}\frac{V}{\pi}}.$$

Le volume étant ici de 1 500 mètres cubes, le rayon cherché est de $7^m,10$ en chiffres ronds ; le diamètre de notre ballon sera donc de $14^m,20$.

Sa circonférence, au milieu, à l'*équateur*, sera $2\pi R = 44^m,60$, et sa surface $4\pi R^2 = 633$mq, 15.

Il faudra, pour construire un pareil ballon, et en tenant compte des déchets inévitables, dix pièces d'étoffe de 85 mètres de longueur sur $0^m,90$ de largeur, dimensions courantes dans le commerce.

Il s'agit maintenant de couper ce ballot d'étoffe pour obtenir une série de *fuseaux* dont l'assemblage constituera la sphère demandée. Pour cela, il nous faut un *patron*, et pour tracer notre patron, une épure est indispensable. Le tracé d'une bonne épure de ballon est chose délicate, et c'est l'affaire de notre constructeur; cependant il est intéressant de comprendre ce qu'il fait et de le suivre dans les innombrables lignes qu'il dessine pour obtenir son patron. Nous dirons donc en quelques mots les principes sur lesquels repose cette fameuse épure.

Représentons les deux projections verticale et horizontale d'une sphère de rayon OM (fig. 311), et traçons sur sa surface des côtes équidistantes passant par les deux pôles P et P_1, absolument comme les côtes d'un melon, ou, pour être plus scientifique, comme les méridiens de la sphère terrestre : figurons par exemple 12 méridiens. Traçons de même une série de parallèles de telle

FIG. 312. — Atelier de couture des « grands ateliers aérostatiques de Paris ». (*Cliché Louis Godard.*)

façon que l'arc PMP_1 soit divisé par ces parallèles en longueurs égales, six par exemple. En projection horizontale, ces parallèles sont figurés par des cercles concentriques. Il ne nous faut pas autre chose pour obtenir le dessin d'une côte complète de notre sphère, c'est-à-dire un *fuseau* de notre ballon : traçons une droite $P'P'_1$ égale à la moitié de la circonférence du ballon, et divisons ce segment de droite en autant de parties égales que nos parallèles de tout à l'heure ont tracé de zones sur la sphère, six dans le cas de notre figure. Nous obtenons ainsi cinq points en chacun desquels nous élevons des perpendiculaires à $P'P'_1$, et nous les limitons en $a'b' = ab$, $c'd' = cd$, $e'f' = ef$, etc. Il suffit alors, pour avoir le fuseau, de tracer une courbe bien régulière passant par tous les points P', a', c', e', c', a'_1, P'_1, b'_1, etc., ainsi obtenus. Ce tracé, remarquons-le, n'est qu'approximatif : on commet une légère erreur en prenant les longueurs $a'b'$, etc., portions de droite, pour les longueurs *ab*, etc., portions de courbes : en un mot, nous prenons les cordes pour les arcs, et si, dans l'épure de notre ballon, nous nous contentions de tracer une demi-douzaine de parallèles, nous aurions un bien mauvais patron : en général, on en trace au moins 48 et au lieu de 12 fuseaux, on en fait 50 ou 60.

Le *patron* obtenu, on procède à la coupe des fuseaux : pour cela, on tend bien l'étoffe sur une grande table, de façon à éviter les plis, on la fixe avec des clous, et l'on coupe huit ou dix épaisseurs à la fois, quelquefois davantage, à l'aide d'un tranchet spécial solidement emmanché et dont le manche appuie sur l'épaule du coupeur.

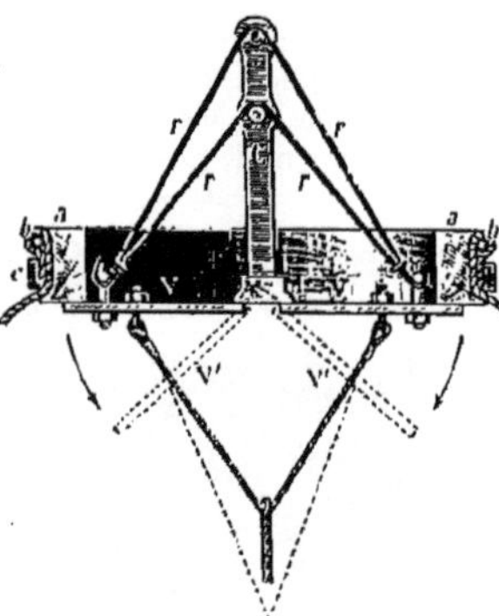

Fig. 313. — Soupape ordinaire d'un aérostat.

L'étoffe est ainsi proprement coupée, sans bavures, condition indispensable pour la couture, opération qui est une des plus importantes dans la construction d'un aérostat. Elle est d'abord préparée par des *bâtisseuses*, qui assemblent à grands points les fuseaux, et la couture définitive est alors faite à la machine à coudre par les *piqueuses* (fig. 312). Quatre bâtisseuses et deux piqueuses peuvent achever la couture en douze jours à peu près : ajoutons que, aux deux pôles du ballon, c'est-à-dire autour de la soupape et à l'appendice, l'étoffe est renforcée par une doublure occupant une longueur de 4 à 5 mètres.

L'opération qui vient ensuite est le vernissage, destiné à rendre l'étoffe imperméable au gaz. Le ballon est allongé sur le sol et replié en forme de long fuseau ; on relève alors le ballon côte par côte sur une table et l'on étale le vernis avec un tampon : ce vernis n'est autre chose que de l'huile de lin rendue siccative par une addition de litharge ; il a l'inconvénient de fermenter et, en s'oxydant, de brûler l'étoffe. Aussi doit-on procéder rapidement, et dès que le vernissage est complet, on gonfle le ballon à l'aide d'un ventilateur, et on laisse sécher huit à dix jours. Il faut au moins trois ou quatre couches de vernis pour avoir une imperméabilité satisfaisante.

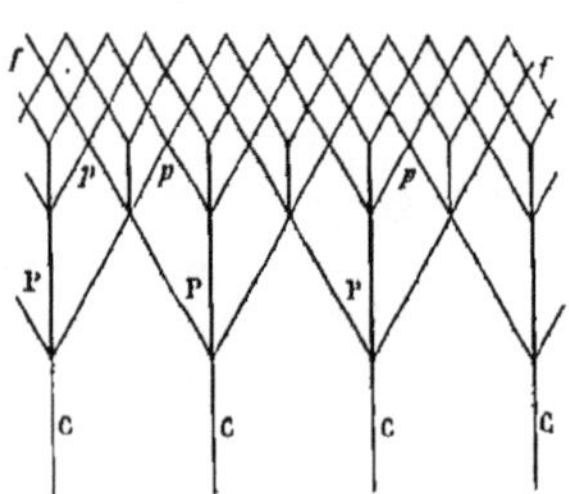

Fig. 314. — Grandes et petites pattes d'oie.

f, filet. P, grandes pattes d'oie.
p, petites pattes d'oie. C, cordes de suspension.

Le ballon étant achevé, et muni à la partie inférieure d'une *manche d'appendice*, long tuyau de 2 mètres à 2m,50 de longueur terminé par un cercle qui le tient ouvert, on place la *soupape* à la partie supérieure.

La soupape a reçu de nombreux perfectionnements dans ces dernières années de la part des constructeurs de ballons ; l'une des meilleures est la soupape Renard à deux actions, dont nous avons dit quelques mots (Voir page 276, fig. 170). La plus simple est la vieille et un peu primitive soupape à ressorts de caoutchouc (fig. 313), qui se compose essentiellement d'un siège *a a* ou couronne en bois qui se fixe sur l'étoffe du ballon à l'aide d'une corde *b* et d'un cuir *c* ; de deux clapets ou volets en bois V articulés à charnière sur la traverse T ; enfin d'un chevalet C qui supporte les ressorts en tissu de caoutchouc *r* : ces ressorts se terminent par un crochet passant dans un anneau fixé sur chaque volet mobile. Des anneaux inférieurs portent la corde de manœuvre de la soupape, qui traverse tout le ballon et passe à travers l'appendice pour arriver jusque dans la nacelle.

Que reste-t-il à faire pour que notre ballon soit complet et prêt à partir? Il reste à construire le filet et la nacelle, puis à le gréer et à le gonfler. Le filet, inventé, nous l'avons vu, par le physicien Charles, a pour but de répartir le poids de la nacelle sur toute la surface du ballon : il est généralement fabriqué en chanvre d'Italie de première qualité ; les détails de cette fabrication sont trop minutieux pour être rapportés ici ; disons seulement qu'elle nécessite une épure analogue à celle qui sert pour la construction de l'enveloppe, et que, dans le calcul des dimensions du filet, on doit tenir compte du rétrécissement causé par l'humidité. Le filet se rattache à la nacelle par l'intermédiaire du *cercle de suspension*, auquel il est fixé par une série de cordes; le passage du filet aux cordes de suspension se fait par une série de *pattes d'oie* (fig. 314); on distingue les *petites pattes d'oie*, qui partent immédiatement des dernières mailles du filet, et les *grandes pattes d'oie* qui aboutissent aux cordes de suspension ; pour le ballon qui nous occupe, il y aurait 128 mailles à l'équateur, 64 petites pattes d'oie et 32 grandes pattes d'oie et cordes de suspension.

Le cercle se fait en bois de frêne, de noyer ou de hêtre, et de section généralement rectangulaire : il reçoit d'une part les cordes de suspension venant du filet, et d'autre part les cordes de suspension allant à la nacelle.

Celle-ci est un simple panier d'osier, à peu près carré. Les cordes de suspension font partie de la contexture même de l'osier, de façon à former le fond et les côtés de la nacelle ; le dessous est en outre consolidé par de fortes traverses en bois de chêne. Le travail de la nacelle demande un vannier habile et expérimenté, car il ne faut pas oublier qu'en cas de traînage (et c'est un cas fréquent) c'est la nacelle qui reçoit tous les chocs. Généralement la nacelle est munie de banquettes, de soutes pour les provisions, quelquefois même de tablettes légères qui sont d'un grand secours pour noter les observations, tenir le journal du bord, et... pour déjeuner.

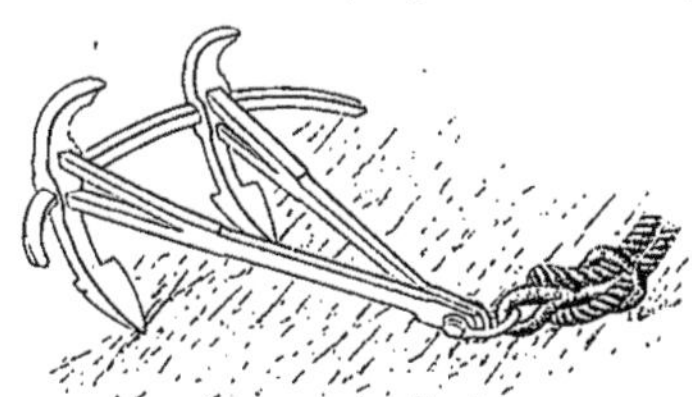

FIG. 315. — Ancre Hervé.

Reste à gréer le ballon de tous ses engins : les principaux sont l'ancre et le guide-rope. L'*ancre* aérienne diffère peu, en général, de l'ancre marine ; cependant les pattes sont plus larges et plus effilées dans la partie destinée à s'enfoncer dans la terre, et elles sont plus cintrées. L'ancre aérostatique a reçu bien des perfectionnements. Les meilleures sont l'ancre Besançon et l'ancre Hervé (fig. 315), qui présente toujours au moins une pointe prête à mordre en terre. L'ancre-herse de Renard est employée à bord des ballons militaires (Voir page 278, fig. 178).

Le *guide-rope*, inventé par le vieil aéronaute anglais Green, est une simple corde à puits, rugueuse, de 250 à 300 mètres de longueur et de 35 à 40 millimètres de diamètre. Cet engin, d'une simplicité sans égale, a plusieurs buts. D'abord il indique, au cours d'une descente, le moment où l'on arrive à 250 ou 300 mètres du sol, ce qui est plus difficile à apprécier qu'on ne croit si l'on n'est pas renseigné par le guide-rope. Ensuite, il joue le rôle de stabilisateur au moment de l'atterrissage, en délestant progressivement l'aérostat. Il ralentit aussi beaucoup la dernière partie de la descente et amortit le choc contre terre. Enfin, en cas de traînage, il agit comme un frein et comme un frein puissant, en frottant énergiquement contre le sol, et bien souvent le guide-rope suffit à arrêter le ballon dans ses derniers soubresauts.

Si l'ascension se fait à proximité de la mer, il est indispensable de se munir d'un *cône-ancre*, l'appareil inventé par Sivel, et que nous avons décrit à propos des ascensions maritimes. Enfin la nacelle est munie de sacs de lest, de provisions de bouche, de couvertures, etc..., et des appareils servant aux observations. Aucun ballon ne doit partir sans être muni au moins d'un baromètre, cette boussole de l'aéronaute, dont l'aiguille ne doit jamais être perdue de vue, puisqu'elle indique à chaque instant l'altitude où l'on se trouve. Généralement on emporte un baromètre anéroïde à cadran et un baromètre enregistreur.

Sans être indispensable, le thermomètre est un appareil de première nécessité, qui ne devrait jamais manquer à bord d'un aérostat. Puis vient l'hygromètre, qui indique l'état d'humidité de l'air ; la boussole, qui permet de suivre approximativement la route suivie par l'aérostat, au moins tant que la terre est visible ; les cartes d'état-major, etc., etc.

Enfin n'oublions pas les pigeons-voyageurs, dont l'emploi devient de plus en plus fréquent à bord des ballons, et qui permettent à l'aéronaute de faire connaître le lieu de son arrivée et de donner des nouvelles du voyage, même en cours de route. Cette utilisation des pigeons-voyageurs n'est d'ailleurs pas nouvelle : au cours de l'ascension célèbre que Robertson fit à Hambourg avec Sakharof, 18 juillet 1803, des pigeons-voyageurs avaient été emportés par les deux aéronautes, qui les lâchèrent à une grande hauteur. L'année suivante, Biot et Gay-Lussac emportèrent également avec eux des pigeons-voyageurs, et les deux savants physiciens observent, dans leur compte rendu, que les pigeons ne peuvent être utilement employés que si on les lâche à une faible distance du sol ; autrement l'air est trop léger pour les soutenir, et s'ils ne peuvent retrouver l'appui de la nacelle, ils tombent comme une masse. Il est même très curieux d'observer qu'à de grandes hauteurs les pauvres pigeons offrent tous les symptômes... du vertige !

Nous voilà donc en possession de notre ballon, et nous allons procéder au gonflement. Il y a deux moyens de gonfler : ou bien on prépare, à l'aide d'appareils spéciaux, de l'hydrogène pur, ou bien on a tout simplement recours à l'usine à gaz la plus voisine, qui fournit le gaz nécessaire... moyennant finances, c'est-à-dire à un prix variant de 0^{fr},20 à 0^{fr},30 le mètre cube. Au prix moyen de 0^{fr},25 on voit que le gonflement d'un ballon de 1 500 mètres cubes revient à 375 francs. La force ascensionnelle du gaz d'éclairage est de 700 grammes environ par mètre cube : nos 1 500 mètres cubes de gaz représentent donc une force ascensionnelle totale de 1 050 kilogrammes. Le poids du matériel s'élevant à 500 kilogrammes en chiffres ronds, on voit qu'il nous reste 550 kilogrammes pour le poids des voyageurs et du lest ; nous pouvons donc, par exemple, embarquer à quatre passagers d'un poids moyen de 70 kilogrammes et il nous restera 220 kilogrammes de lest pour le voyage.

Avec l'hydrogène pur, qui possède une force ascensionnelle de 1 180 grammes, le poids soulevé atteindrait 1 770 kilogrammes, soit 720 kilogrammes de bénéfice, ce qui nous permettrait d'emmener au moins deux amateurs de plus et de porter le lest disponible à 800 kilogrammes. Il y a donc grand avantage à gonfler à l'hydrogène pur, d'autant plus que le prix de revient du mètre cube est très bas : 0^{fr},05 seulement avec de bons appareils. Malheureusement il faut disposer pour cela d'une installation spéciale et très coûteuse, 11 ou 12 000 francs pour les batteries semi-fixes construites par la maison Surcouf et dont l'invention est due au colonel Renard.

Nous supposerons donc que nous gonflons tout simplement notre ballon avec du gaz d'éclairage. Le procédé de gonflement est d'ailleurs le même dans tous les cas. Le ballon, soigneusement plié, est amené sur le terrain de gonflement et allongé dans toute sa longueur ; on amène alors la soupape vers l'appendice jusqu'aux deux tiers environ de la longueur totale, et l'on écarte toutes les côtes partant de la soupape, de façon que le ballon ainsi préparé présente l'aspect d'une vaste galette ronde, ou mieux d'un épervier déployé : de là d'ailleurs le nom de *gonflement en épervier* donné à cette manière d'opérer, en opposition avec une autre méthode dite *gonflement en baleine*, plus délicate et que nous ne décrirons pas. L'analogie avec l'épervier est tout à fait frappante lorsqu'on a coiffé le ballon de son filet, qui recouvre alors complètement la partie étendue du ballon (fig. 316). On fixe ensuite l'extrémité de la manche d'appendice au tuyau de gonflement raccordé à la conduite de gaz, et on laisse entrer doucement d'abord quelques mètres cubes de gaz de façon à bien décoller tous les plis du ballon. N'oublions pas l'opération classique du lutage de la soupape avec le *cataplasme* traditionnel, bouillie informe de farine de lin, de chandelle et d'eau malaxées ensemble, dont l'usage ne tardera pas à se perdre avec l'emploi de soupapes perfectionnées.

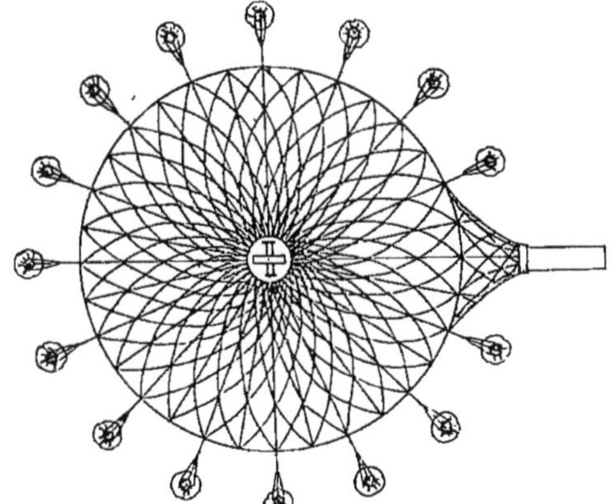

Fig. 316. — Gonflement en épervier.

Tout étant bien disposé, on ouvre progressivement le robinet à gaz, et bientôt l'étoffe du ballon commence à frémir et à se soulever ; elle se soulèverait même beaucoup trop vite si l'on n'avait la précaution d'accrocher des sacs de lest sur le pourtour du filet : à mesure que le gonflement avance, on descend ces sacs de lest de maille en maille pour permettre au ballon de s'élever peu à peu. Cette opération demande à être conduite avec beaucoup de soin et de régularité, car l'aplomb de l'aérostat gonflé en dépend.

Lorsque le gaz remplit le ballon jusqu'à la hauteur des pattes d'oies, il faut qu'un homme se place à chacune de ces pattes d'oies pour faire passer les sacs de lest sur les cordes qui en partent. L'opération touche alors à sa fin : la nacelle est approchée : elle est fixée au cercle à l'aide de ces petits morceaux de bois dur qu'on appelle *gabillots*, et le cercle lui-même est gabilloté à l'extrémité des cordes de suspension. Le pilote doit avoir à ce moment l'œil à tout :

il fixe l'extrémité de la corde de l'ancre au cercle, ainsi que le bout du guide-rope; ces deux cordes ont été préalablement roulées sur un bidard pour former un cercle bien régulier dont les spires sont maintenues en place par un bout de ficelle attaché à la nacelle : un coup de couteau au moment propice déroulera ces cordes sans encombre. Le pilote s'assure enfin que l'appendice est librement ouvert et que la corde de la soupape est à portée de la main.

Les sacs de lest sont arrimés, le baromètre et les autres instruments accrochés au cercle ou sur les bords de la nacelle, ainsi que la cage des pigeons-voyageurs. Si l'ascension doit être à grande hauteur, on n'oublie pas la provision d'oxygène dont l'inspiration permettra de résister au terrible *mal des aéronautes*. Enfin les couvertures et les provisions sont déposées dans le fond de la nacelle. A ce propos, disons qu'à bord d'une nacelle, il convient d'être vêtu de vêtements ajustés, laissant bien le libre exercice de tous les mouvements, et d'être coiffé d'un chapeau mou ou d'une casquette ne gênant pas la tête et ne craignant pas le coup de vent toujours à attendre au moment de prendre terre. Quant aux provisions, il est presque inutile de dire qu'il faut sévèrement proscrire l'usage des boissons alcooliques, mais qu'il est cependant prudent de déposer dans un coin connu une gourde de vieux rhum dont l'emploi très modéré ne sera pas toujours à dédaigner. Est-il besoin d'ajouter que les fumeurs feront bien de ne pas même emporter avec eux la moindre cigarette? Ce serait peut-être trop leur demander; en tout cas qu'ils laissent à terre leurs allumettes, de la sorte ils ne pourront céder à la tentation d'en *griller une* qu'après l'atterrissage.

Tout étant ainsi disposé, les aides font glisser les sacs de lest jusque contre la nacelle, et le ballon se dresse alors de toute sa hauteur. Un ou deux *ballons-pilotes* sont lancés dans les airs pour voir la direction du vent. L'heure du départ est arrivée!

Nous avons vu, dans un chapitre précédent, les opérations du départ, le « lâchez-tout » final, la conduite du ballon dans les airs et le retour à terre; nous n'y reviendrons donc pas ici. Mais avant de clore cette trop longue description du matériel aérostatique moderne, donnons encore un aperçu des prix. C'est un côté de la question qui a le sien (son prix!) et que nous ne saurions, pour être complets, passer entièrement sous silence.

Un ballon de 1 500 mètres cubes tel que nous venons de le décrire coûte, tout gréé, 5 400 francs en coton, 7 900 francs en ponghée et 9 600 francs en soie de France. Mais on peut, pour un prix bien moindre, avoir son ballon. Un petit 350 mètres cubes en coton ne vous coûtera que 1 560 francs, une misère! Mais il vous emportera seul dans les airs. Or une ascension solitaire n'a pas le charme de l'ascension à deux; si vous achetez un ballon, n'hésitez donc pas à prendre un bon 600 mètres cubes. Cela vous reviendra à 2 200 francs, moins cher que la moindre voiturette à pétrole, et combien plus intenses sont les jouissances du sport aérien!

Un mot encore : soyez votre propre pilote si vous avez un peu le goût de l'aérostation, mais faites-vous initier tout d'abord par un aéronaute vraiment digne de ce nom. Il n'en manque pas heureusement dans notre beau pays de France; défiez-vous toutefois des *capitaines* à casquette galonnée dont le seul métier est de courir les foires pour s'élever au milieu des badauds aux sons entraînants de la fanfare du crû et descendre un quart d'heure après, aussitôt que le ballon a traversé la ville où le bourg d'où il est parti. Il y a parmi ces industriels de fort honnêtes gens, mais bien peu d'aéronautes, et les premières notions de leur art leur sont totalement inconnues. Aucun règlement, en effet, ne protège le public contre les imprudences des acrobates de l'atmosphère, et lorsqu'on confie sa vie à quelqu'un, on aime au moins à savoir qu'elle est en bonnes mains. A ce point de vue, l'Aéro-club a rendu à l'aéronautique un véritable service en décernant des *brevets d'aéronaute* à ceux de ses membres qui ont fait leurs preuves, et il faut souhaiter qu'un jour cet exemple soit suivi par les pouvoirs publics.

Nous aurions encore à parler de la question de l'entretien des ballons. Un aérostat abandonné à lui-même, plié dans un coin quelconque, ne tarderait pas à devenir sec, cassant, en un mot hors d'usage. Des précautions sont donc à prendre pour en assurer la conservation. Le mieux est de le confier à un constructeur expérimenté, qui en prendra soin et le tiendra toujours à votre disposition en état de prendre son vol. De temps en temps, votre ballon sera, par ses soins, gonflé à l'air au moyen d'un ventilateur, et visité soigneusement dans toutes ses parties : pour cela, le mieux est de pénétrer par l'appendice à l'intérieur de l'aérostat gonflé d'air (fig. 317) et de rechercher avec attention le moindre trou.

Dans certains cas, lorsqu'il s'agit par exemple de ballons captifs restant gonflés des semaines et des mois, on remplace la visite intérieure par une visite extérieure à l'aide d'échelles à

Fig. 317. — Visite intérieure d'un aérostat gonflé d'air. (On voit la silhouette des personnes placées à l'extérieur se profiler sur l'étoffe du ballon.) (*Croquis de M. A. Tissandier.*)

coulisse comme celles des pompiers : des hommes montés sur ces échelles peuvent ainsi inspecter toute la surface du ballon (fig. 318) et le tenir constamment en parfait état de conservation.

Reprenons le récit de l'aérostation sportive, qui est maintenant entrée si profondément dans nos mœurs et qui a tant contribué à développer le goût de l'aérostation dans le public : celui-ci ne voit plus comme autrefois dans le spectacle toujours impressionnant d'une ascension, un simple divertissement, accessoire obligé de toute fête publique, mais il se rend compte de la haute portée de ces études et de ces expériences : et il est à remarquer que l'on s'intéresse aux préparatifs, au but poursuivi, aux résultats acquis, plus peut-être qu'à l'ascension elle-même. Que de vocations aérostatiques (fig. 319) ont peut-être fait naître les expéditions organisées par l'Aéro-club et les magnifiques concours de Vincennes !

Le 12 juin 1899 est une date qui mérite d'être retenue : c'est ce jour-là que, pour la première fois fut courue, fut *volée* plutôt, la *Coupe des aéronautes*, offerte à l'Aéro-club par M. Blum et qui devait être gagnée par le ballon couvrant le plus grand parcours d'une seule traite.

Six ballons prirent part à cette splendide épreuve, origine des concours de ballons qui sont maintenant entièrement entrés dans nos mœurs. Les départs eurent lieu de cinq heures 1/2 à sept heures, du Jardin des Tuileries.

FIG. 318. — Visite extérieure et inspection des ballons captifs (*Photographie de M. Louis Godard.*)

Le *Volga* (1 000 mètres cubes), monté par Mme Savary, MM. Delattre et Gillon, descendit près de Dourdan en Seine-et-Oise, à 40 kilomètres du point de départ.

Le *Malgache* (770 mètres cubes), monté par le comte de La Valette et M. Abel Ballif, président du Touring-club, descendit également près de Dourdan, à 45 kilomètres de Paris.

Les quatre autres ballons passèrent aussi près de Dourdan et continuèrent leur voyage. Mais alors ils cessèrent de suivre la même route et, suivant l'altitude à laquelle ils s'élevèrent, prirent des directions tout à fait différentes.

L'*Amérique* (1 750 mètres cubes), monté par M. Santos-Dumont, resta 22 heures en l'air et vint atterrir dans le département de la Creuse, après un parcours de 365 kilomètres.

L'*Alcor* (320 mètres cubes), monté par M. Hervieu, atteignit Echiré-Saint-Gelais dans les Deux-Sèvres, performance merveilleuse pour un aussi petit ballon gonflé au gaz d'éclairage.

L'*Aéro-club* (650 mètres cubes), monté par le comte de Castillon de Saint-Victor, qui avait d'abord suivi la même route que l'*Alcor*, fit un crochet vers Fontenay-le-Comte et tournant franchement vers l'Ouest, vint descendre à 5 heures 1/2 du matin à l'Ile d'Elle, à 5 kilomètres de la mer.

Le *Centaure* enfin (1 830 mètres cubes), le triomphateur de cette première course, monté par MM. Henry de La Vaulx et Maurice Mallet, cingla vers la Vendée, passa au-dessus de l'*Alcor*, suivit, en le précédant, la même route que l'*Aéro-club*, et descendit à 15 kilomètres à peine de ce dernier, dans la commune de

Fig. 319. — De futurs aéronautes.

Saint-Michel-en-l'Herm, à 500 mètres de l'Océan, après un parcours de 390 kilomètres qui lui assura la Coupe des aéronautes !

La lutte ne tarda pas à s'engager pour battre ce record : quelques mois après, MM. Maurice Farman et Hermite partaient de Paris le 16 septembre dans un ballon de 1 750 mètres cubes et descendaient le lendemain matin à Saint-Martin de Crau (Bouches-du-Rhône). La coupe leur revenait, le parcours couvert étant de 626 kilomètres.

Quinze jours après, la coupe changeait encore de mains : MM. de Castillon de Saint-Victor et Maurice Mallet, à bord du *Centaure*, parcouraient en 23 heures les 1 330 kilomètres qui séparent Paris de Vestrum en Suède ! Ce voyage magnifique détint à ce moment le record mondial de la distance : nous verrons bientôt qu'il fut battu en 1900 par MM. de La Vaulx et de Castillon de Saint-Victor dans leur mémorable voyage de Paris-Vincennes à Korostichef (Russie), soit 1 922 kilomètres en 36 heures ! On voit que le comte de Castillon de Saint-Victor détient un record particulier : il a exécuté les deux voyages aériens les plus longs qui aient jamais été faits, et ces magnifiques performances, ajoutées à tant d'autres, classent le jeune et sympathique aéronaute parmi les maîtres de l'aérostation moderne.

On voit si l'élan était donné. L'aérostation devenait le sport à la mode, le sport idéal, et la plus belle moitié du genre humain compta bientôt d'intrépides aéronautes. L'aérostation a d'ailleurs, de tous temps, passionné les femmes. Depuis Mme Tible qui, la première de son sexe, se hasarda dans les airs, à Lyon en 1784, bien des femmes ont ascensionné soit comme amateurs, soit comme professionnelles ; de ces dernières la plus illustre est Mme Blanchard, mais de nos jours combien de femmes d'aéronautes sont aéronautes elles-mêmes ! Et parmi les amateurs la plus célèbre est sans contredit Mme Sarah Bernhardt, qui, bien avant que l'aérostation fût à la mode, fit en 1878 une ascension qui eut à l'époque un retentissement énorme ; l'aérostat *Doña Sol*, conduit par Louis Godard, enlevait avec l'illustre pensionnaire de la Comédie Française le peintre Clairin. Le départ se fit aux Tuileries à 5 heures 1/2 et l'atterrissage à Ferrières (Seine-et-Marne). Les incidents du voyage furent racontés par la spirituelle actrice dans un volume intitulé : *Dans les nuages, impressions d'une chaise*, illustré de croquis de Clairin.

Les femmes allant en ballon, il était indiqué que l'aérostation serait un jour témoin de quelque mariage ; cela n'a pas manqué, et c'est en Amérique, naturellement, que l'aérostation matrimoniale a pris le jour : en 1890, à Lowill, dans l'État de Massachusetts, un mariage en ballon a été solennellement célébré devant une foule de plus de dix mille personnes. Le ballon était captif, mais aussitôt que la bénédiction nuptiale eut été donnée, et que le clergymann et les témoins eurent été descendus à terre, l'aérostat fut mis en liberté, et l'heureux couple s'élança... au septième ciel, pour se rapprocher de la lune... de miel !

Une de nos plus charmantes aéronautes modernes, Mlle Germaine de Serpigny, a raconté d'une façon pleine d'humour dans la *Vie au grand air* ses débuts dans les airs. Nous voudrions reproduire en entier cet amusant compte rendu qui tranche d'une façon si agréable sur les récits d'ascensions trop bourrés de relevés barométriques, thermométriques, hygrométriques et autres mots en *trique*, de la plupart des aéronautes masculins (Ceci dit sans esprit de critique, car les chiffres sont la base de toute science).

Il advint qu'au dernier moment, dit Mlle de Serpigny, le voyageur inscrit se trouva empêché. Sa place me fut galamment offerte : ce que femme veut, aéronaute le veut. Aussi bien, grisée d'avance par l'ivresse du plein air, j'étais décidée à prendre le frêle navire à l'abordage, en véritable corsaire, s'il l'eût fallu.

L'heure est venue de jeter son bonnet par-dessus les moulins. Allons-y : le progrès l'exige.

Je suis curieuse de sensations sportives : j'ai essayé du cheval, du cycle et de l'automobile. Rien ne vaut le ballon, le ballon tel qu'il est aujourd'hui, voguant au gré de la brise, au petit bonheur des conditions atmosphériques.

N'est-ce pas délicieux et bien féminin de s'abandonner au vent qui change à chaque minute, semblable en cela à nos frivoles idées qui changent elles aussi avec le temps qu'il fait? On part sans savoir où ni quand on descendra : c'est l'imprévu dans toute sa beauté. « Lâchez tout!... »

Mon cœur bat peut-être bien un peu plus vite qu'à l'ordinaire... je suis si heureuse. Douce, indiciblement douce mon émotion, lorsque le *Centaure*, qu'un souffle pousse au Sud, s'élève à 1 000 mètres...

Fig. 320. — Mlle Käthchen Paulus.

Maintenant nous sommes à la campagne. Il est huit heures au chronomètre : on ne dîne pas chez Maxim's, ce soir. Le ballon monte toujours et se dilate, un air nouveau nous dilate aussi les poumons, un ravissement infini nous dilate le cœur, un appétit inconnu nous dilate l'estomac.

Dînons! Un dernier coup d'œil à mon miroir — la brise a joué dans mes cheveux — et je fais à mon hôte les honneurs de ma salle à manger : car en l'air je suis chez moi. A peine montée dans la nacelle, je me suis déclarée maîtresse de maison... Au dessert, je me lève et, solennellement, la coupe de champagne en main, je porte un toast à la liberté dans l'espace...

Cependant le ciel s'est couvert. La voie lactée pavée de soleils a disparu. Peu à peu ses lumières se sont éteintes aux vitres sur le sol, et le vent de minuit, qui rassemble le troupeau moutonnant des nuages, achève de souffler les bougies dans les hauts chandeliers stellaires.

C'est l'heure du repos.

Avec les seuls moyens du bord, ma chambre à coucher est facile à improviser : des coussins et des couvertures de voyage posés sur un sommier de sacs de lest forment mon lit idéal dont le globe aérostatique est le baldaquin...

Après vingt heures de voyage, voici le moment de l'atterrissage dans les plaines du Poitou.

Le moment de l'atterrissage est le plus impressionnant et certes l'un des meilleurs de tout le voyage. C'est le seul où j'éprouve le petit frisson d'un danger qui n'a d'ailleurs rien de réel.

Nous sommes traînés à travers les sillons, la bagatelle de quelques centaines de mètres et secoués comme dans un panier à salade. Cette salade, c'est le dessert ; et ce dessert n'oubliez pas de le réclamer à votre aéronaute si d'aventure il veut vous en priver.

Qui ne connaît pas le traînage en nacelle ne connaît rien des charmes suprêmes du ballon!

Mais qu'est-ce que le charme du traînage auprès de l'exquise sensation d'une descente en parachute? Ce sport, un peu dédaigné de nos jours, est pratiqué depuis quelques années en Allemagne par une jeune et intrépide aéronaute, Mlle Kätchen Paulus (fig. 320), de Francfort-sur-le-Main, qui réalise cette expérience avec un sang-froid merveilleux : elle se précipite de la nacelle de son ballon, d'une hauteur de 5 à 600 mètres, cramponnée à un simple trapèze auquel est fixé le parachute de son invention : ce parachute est plié et enroulé, puis retenu par une sangle qui n'est détachée qu'au moment de la descente (fig. 321 et 322).

Fig. 321. — Mlle K. Paulus cherchant l'endroit propice pour effectuer sa descente en parachute.

On conçoit quelles précautions sont nécessaires dans la disposition de ce léger matériel, pour que l'expérience n'ait pas une issue fatale. Aussi Mlle Paulus ne laisse-t-elle à personne le soin de plier et d'enrouler son parachute.

Chacun sait, dit-elle, que le public vient peut-être moins pour s'instruire que pour jeter un coup d'œil sur les préparatifs qui peuvent aboutir à une catastrophe. Aussi dois-je exécuter tout personnellement la manœuvre avec un aide, et ce n'est que de cette façon que je puis me précipiter dans le vide horrible avec la certitude que tout est dans l'ordre et doit nécessairement aboutir à un résultat heureux. J'ai exécuté cette expérience jusqu'à ce jour (juin 1900) près de 65 fois avec succès complet, grâce à la main protectrice de Dieu.

C'est égal, nous doutons fort que ce sport ait jamais un grand succès auprès de nos charmantes aéronautes, quelque avides d'émotions qu'elles puissent être. Il est certain, cependant, qu'aucune émotion ne peut se comparer à celle de la chute brutale dans le *vide horrible*, pendant les premiers instants, tant que le parachute ne s'est pas encore ouvert pour transformer cette chute épouvantable en la plus douce des descentes !

L'année 1900, année de l'Exposition universelle, est la grande année de l'aérostation : les concours de ballons à Vincennes, auxquels prirent part plus de 150 ballons, constituent assurément la plus grande manifestation aérostatique qui ait jamais eu lieu, manifestation dans laquelle la supériorité de la France en matière de ballons éclata de la façon la plus grandiose.

Les concours d'aérostation de Vincennes étaient placés sous le contrôle d'un comité consultatif spécial ayant à sa tête M. Cailletet, de l'Institut, président : MM. le colonel Renard, Paul Decauville et Cornu, de l'institut, vice-présidents ; M. E. Surcouf (fig. 323) le sympathique ingénieur aéronaute dont nous avons eu si souvent l'occasion de parler au cours de cet ouvrage, remplissait les fonctions de secrétaire.

Fig. 322. — Mlle K. Paulus préparant sa 65e descente en parachute. Celui-ci est enroulé et retenu par une sangle qui se détache au moment de l'expérience.

Ils furent organisés par un autre comité présidé par M. le commandant Paul Renard et ayant pour vice-président M. Louis Godard. Le rapporteur était M. le commandant Hirschauer : le secrétaire, M. le capitaine Pezet ; le trésorier, le comte Henry de La Vaulx.

Ces concours embrassaient tout ce qui se rattache à la navigation aérienne et à l'aérostation proprement dite : courses de ballons libres, concours de photographie en ballon, de ballons-sondes, de ballons historiques, de montgolfières, de cerfs-volants, d'éclairage pour ascensions nocturnes, de procédés de gonflement, de comptes rendus et de diagrammes : des concours spéciaux étaient prévus en outre pour les appareils d'aviation, les aéroplanes, les ballons dirigeables, parachutes, etc.

Les courses de ballons libres, qui formaient la partie la plus intéressante de ces concours, comprenaient des concours de *durée*, d'*altitude*, de *plus longue distance parcourue* et de *distance minima par rapport à un point fixé à l'avance*. Elles eurent lieu du 17 juin au 9 octobre : un hangar spécial avait été construit dans le bois de Vincennes, à proximité du lac Daumesnil, pour servir de garage aux ballons et permettre le gonflement à l'abri ; mais le nombre des concurrents (tous

Français, bien que les concours aient été internationaux) fut si considérable, — puisque le 16 septembre notamment, *vingt-six ballons* (fig. 324) représentant ensemble un cubage total de 23 311 mètres prirent part à un même concours, — que la plupart des aérostats furent gonflés sur la pelouse de départ. Rien n'était aussi curieux que cette réunion véritablement imposante de ballons tout gonflés attendant leur tour de départ, dont le signal était donné à chacun à l'aide d'un gigantesque porte-voix annonçant au public, qui se pressait en foule autour de l'enceinte, le nom du ballon et celui de l'aéronaute.

« Le ballon qui va partir, mugissait le porte-voix, est le *Saint-Louis*, monté par M. Balsan : il cube 3 000 mètres et porte une flamme rouge ! »

Fig. 323. — M. E. Surcouf.

La nacelle, retenue par vingt mains, amenée devant le hangar, oscillait un instant, et, au commandement de l'aéronaute, le ballon subitement lâché s'élevait avec une majestueuse lenteur aux applaudissements de la foule (fig. 325) qui, le nez en l'air, recevait fréquemment sans se plaindre une poignée de lest sur la figure. Et déjà le porte-voix mugissait :

« Le ballon qui va partir... »

Cent cinquante-huit ascensions se sont ainsi effectuées sans le moindre accident. Ces 158 ballons ont emporté dans les airs 325 personnes. Le remplissage des ballons a demandé 196 917 mètres cubes de gaz ! La statistique a parfois son éloquence.

Le département de la Marne a vu la presque totalité des atterrissages des trois concours d'altitude, ce qui tendrait à prouver qu'il régnait dans les hautes régions un courant permanent vers l'Est.

Les autres atterrissages ont eu lieu dans l'Oise, en Seine-et-Marne, en Seine-et-Oise, dans l'Aube, l'Yonne, l'Ain, la Creuse ; en Bretagne, en Normandie, dans le Nord : en Belgique, Hollande, Allemagne, et enfin en Russie (1).

Au point de vue de la durée, les ascensions les plus remarquables furent celles effectuées par MM. de La Vaulx et de Castillon de Saint-Victor, le 9 octobre (Paris Russie), qui restèrent 35 heures 45 minutes, et par M. Jacques Balsan, le 16 septembre (Paris-Belgique), qui resta 35 heures 9 minutes dans les airs.

Au point de vue de la distance parcourue, le record de 1899 détenu par MM. de

(1) Ces renseignements statistiques sont fournis par M. Eugène Godard.

Castillon de Saint-Victor et Mallet (Paris-Suède 1 335 kilomètres) a été battu le 9 octobre par MM. J. Balsan et Louis Godard (1 360 kilomètres) et par MM. de La Vaulx et de Castillon (1 922 kilomètres), ces deux ascensions ayant conduit les aéronautes en Russie. Nous reviendrons tout à l'heure sur le voyage du *Centaure*, qui est peut-être la plus belle ascension qui ait eu lieu depuis l'origine de l'aérostation.

Enfin, au point de vue de l'altitude, les plus beaux résultats ont été obtenus par M. G. Juchmès avec 6 877 mètres, et par MM. J. Balsan et Louis Godard, qui ont atteint 8 558 mètres, le 23 septembre (fig. 326). Leur ascension du 17 juin mérite

FIG. 324. — Concours d'aérostation de Vincennes, pendant l'Exposition universelle de 1900. Gonflement de vingt-six ballons.

aussi d'être citée : elle dura 18 heures consécutives, et pendant sept heures, le *Saint-Louis* se trouva plongé au sein d'orages terribles : la foudre éclatait à chaque instant autour de l'aérostat plongé dans le terrible météore (fig. 327).

Le vainqueur de cette grande épreuve aéronautique fut, on le sait, le comte Henry de La Vaulx, et ses concurrents eux-mêmes furent les premiers à applaudir au succès du jeune et intrépide aéronaute. Le *Grand Prix de l'Aéronautique* qui lui fut décerné fut un stimulant pour M. de La Vaulx qui, mettant en pratique le vieux dicton « Noblesse oblige » prépara aussitôt la belle expédition du *Méditerranéen* que nous avons racontée au chapitre précédent.

Après lui se classèrent M. J. Balsan, dont les magnifiques concours en firent un moment le rival redoutable de M. de La Vaulx : M. J. Faure : M. G. Juchmès, M. G. de Castillon de Saint-Victor, l'ami dévoué de M. de La Vaulx, qui, ayant moins de chance que lui pour le Grand Prix, abandonna le dernier concours de distance et prêta généreusement son aide à son ami plus favorisé : M. E. Godard, l'intrépide aéronaute qui, avec son cousin Louis Godard, continue les vieilles traditions de la famille, etc., etc.

Au dernier concours qui décida l'attribution du Grand Prix, le comte de Castillon de Saint-Victor prit donc place dans la nacelle du *Centaure* avec le comte de La Vaulx pour l'aider à la victoire finale. Ce concours eut lieu le 9 octobre devant un public empressé, parmi lequel un grand nombre des membres de l'Aéro-club avaient tenu à apporter à leurs camarades l'encouragement de leur présence. Mais laissons M. de La Vaulx nous raconter les incidents de ce voyage mémorable qui devait, en moins de 36 heures, faire franchir près de 2 000 kilomètres aux deux amis.

Fig. 325. — Vue du parc de Vincennes prise en ballon pendant les concours d'aérostation de 1900. (*Cliché de M. de La Vaulx*).

A 4 heures 1/2 de l'après-midi, tous les ballons gréés sont dressés sur leur cercle : la flottille aérienne est prête à partir. Le gonflement du *Centaure* n'ayant pu se faire entièrement avec de l'hydrogène a été complété avec du gaz d'éclairage.

A 5 heures, notre excellent camarade Jacques Faure part seul avec sa crânerie habituelle dans le ballon l'*Aéro-Club*, puis M. Jacques Balsan dans son ballon le *Saint-Louis*, accompagné de M. Louis Godard.

Enfin, c'est notre tour ; des mains se tendent vers nous, nous faisons nos adieux, et quelques enthousiastes, animés d'un sentiment prophétique, nous crient : « *Vive la Russie !* » Nous remercions, fiers de la confiance qu'on nous témoigne, et à 5 h. 20 le vieux *Centaure*, gonflé à outrance pour la lutte suprême, s'élève doucement dans les airs, étalant glorieusement aux dernières lueurs du soleil mourant ses nombreuses blessures reçues au cours des batailles et hâtivement cicatrisées. Nous partons, Castillon et moi, en envoyant un dernier adieu à nos amis terriens, et animés du bon espoir de vaincre. Le *Centaure* n'a, jusqu'à ce jour, jamais connu la défaite ; il nous semble impossible que ce vieux compagnon nous abandonne au moment de la lutte décisive.

Le *Centaure* se dirige d'abord au N.-N.-E., passe au-dessus de Rosny, franchit la forêt de Bondy à 700 mètres d'altitude, puis s'élève jusqu'à 1 500 mètres ; la nuit s'annonce belle et les voyageurs font des vœux ardents pour que ces conditions si propices se maintiennent.

Mais, en attendant que nos vœux célestes se réalisent, la bête humaine vile et basse se réveille en nous sous la forme de crampes d'estomac : il est 8 heures du soir et l'heure paraît tout indiquée pour prendre quelque nourriture. Durant que je veille à l'équilibre du ballon, Castillon va fourrager dans la soute aux provisions ; il en sort des œufs durs, un chapon superbe, des poires et du raisin, le tout accompagné d'une bouteille de vin blanc et d'une bonne fiole de Moët et Chandon extra dry. Le couvert est rapidement mis : les genoux servent de table et les doigts de fourchettes. Le dîner se passe joyeusement, au milieu de la tranquillité sereine de l'atmosphère... De temps à autre, une interpellation proche, directe, parvient à nos oreilles : c'est quelque concurrent qui marche dans notre sillage et nous envoie un salut à travers les airs. Notre équilibre se maintient à 1 500 mètres d'altitude.

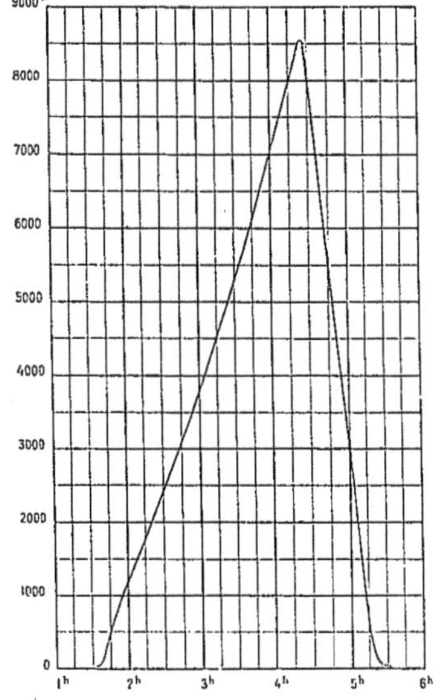

FIG. 326. — Diagramme du voyage du *Saint-Louis* (MM. Balsan et Louis Godard). Record d'altitude aux concours de Vincennes.

La Champagne est franchie, puis le canal des Ardennes : le *Centaure* plane maintenant au-dessus de la Belgique ; à deux heures de la nuit un cercle de brouillard entoure l'aérostat, qui monte à 2 000 mètres. La lune apparaît entourée d'un halo.

Castillon sommeille un peu dans le fond de la nacelle pendant que je veille sur l'équilibre du *Centaure*. Nous n'avons usé jusqu'ici que 200 kilogrammes de lest et si aucun accident ne vient entraver notre marche, nous avons les plus grandes chances pour passer la journée entière dans les airs et peut-être même la nuit suivante ; aussi est-il nécessaire que nous nous reposions, car si nous arrivons à la seconde nuit nous aurons besoin de toutes nos forces.

Élèves d'une même école, celle de Maurice Mallet, nous avons une méthode identique pour la conduite des aérostats et une confiance illimitée l'un dans l'autre ; quand l'un veille, l'autre dort tranquille.

L'aube commence à paraître à 4 heures 1/2 ; la direction est maintenant franchement à l'Est : le ballon descend à 500 mètres de terre, mais il est impossible de reconnaître le pays où l'on se trouve ; les voyageurs estiment cependant être en pleine Saxe. A 6 heures 1/2, en inspectant le ciel tout autour, ils aperçoivent derrière eux, mais à une altitude plus élevée, un autre ballon qui n'est autre que le *Saint-Louis*, qui disparaît bientôt dans les nuages. Le *Centaure* lui-même, dilaté pas la chaleur du soleil, ne tarde pas à s'élever lui aussi, et à 1 500 mètres d'altitude le *Saint-Louis* réapparaît aux yeux de nos voyageurs. Les deux concurrents voyagent alors de conserve et pendant quelque temps la lutte prend un caractère vraiment émouvant.

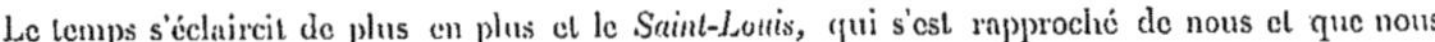

Le temps s'éclaircit de plus en plus et le *Saint-Louis*, qui s'est rapproché de nous et que nous sommes parvenus à reconnaître distinctement, monte vers le zénith... Notre direction est la même : nous sommes en équilibre à 2 800 mètres. Balsan grimpe toujours avec son *Saint-Louis* ; il jette du lest, nous dépasse et fuit dans une direction plus Sud que la nôtre.

Un maudit cirrus vient s'interposer entre le soleil et le *Centaure* et nous force à jeter notre 13ᵉ sac de lest, puis le 14ᵉ et le 15ᵉ. Voilà quel est notre ennemi : le nuage. Nous montons à 4 000 mètres, la température devient moins clémente : le thermomètre-fronde marque — 4°. Nous nous maintenons quelque temps à cette altitude et commençons à respirer de l'oxygène ; il est 1 heure de l'après-midi. De gros cumulus viennent encore nous masquer le soleil : nous sommes précipités en descente : nous parvenons cependant à nous équilibrer dans les régions basses vers 1 800 mètres. Le *Saint-Louis* subit de même que nous les variations atmosphériques : il paraît tout à coup emporté dans une chute verticale, puis un moment après, il regagne avec autant de vélocité les hautes régions ; la lutte entre les deux aérostats devient poignante ; nous sommes, à un certain moment, assez près pour nous héler.

Fig. 327. — Ascension du *Saint-Louis* le 17 juin 1900 (dix-huit heures de durée, dont sept d'orages terribles). (*Cliché Louis Godard.*)

2 heures : le *Saint-Louis* qui, d'après notre estimation, était monté à 7 000 mètres, retombe ; il arrive à notre niveau, puis continue son mouvement descensionnel ; il paraît marcher au guide-rope ; nous suivons avec anxiété ses évolutions à l'aide de nos lunettes. La lutte devient de plus en plus âpre et intéressante...

3 h. 35 : nous voici remontés à 4 000 mètres ; le thermomètre marque — 7° ; le *Saint-Louis* perce timidement le brouillard, puis redisparaît à nos yeux ; c'est la dernière fois que nous apercevons MM. Balsan et Godard...

Le *Centaure* s'élève progressivement à 5 200 mètres ; la température s'abaisse à — 12°. Les aéronautes doivent continuellement respirer de l'oxygène pour lutter contre l'effet déprimant des hautes régions : puis le gaz se raréfiant, le ballon devient flasque et la chute commence : il faut jeter force lest, et c'est avec une louche à potage que MM. de Castillon de Saint-Victor et de La Vaulx procèdent à cette opération.

A 4 heures 25 le soleil se couche ; il reste 150 kilogrammes de lest. Les intrépides voyageurs décident de se lancer dans la nuit et d'aller jusqu'au bout de leurs forces ; après un repas sans grand appétit, M. de Castillon prend le quart et son compagnon s'endort ; puis, après quelque temps de sommeil, les rôles changent.

Le *Centaure* s'est relevé peu à peu : le voilà de nouveau à 5 000 mètres, et il redescend alors avec une lenteur extrême qui facilite singulièrement la prolongation du voyage.

Nous dormons à tour de rôle, Castillon et moi, mais nos quarts sont de plus en plus courts et le pilote de service a toutes les peines du monde à réveiller son compagnon, qui fait la sourde oreille et ne se décide à sortir du fond de la nacelle qu'en grognant. Celui qui veut arracher l'autre au sommeil doit lui crier que le *Centaure* rebondit à 5 000 mètres, et de fait le vieux madré se livre à plusieurs reprises dans la nuit à ce jeu de montagnes russes et, chaque fois, c'est à celui de nous deux qui se précipitera le plus vite sur les tetines du tube d'oxygène.

Pendant l'une de ces ascensions forcées, l'un de nous, et je n'ose pas dire lequel, émet l'idée de vendre le *Centaure* à notre arrivée en Russie : nous allons même jusqu'à en discuter le prix : mais bientôt nous nous regardons tous les deux à la lueur de la lampe électrique comme des malfaiteurs qui viennent de tramer un abominable forfait ; quel crime plus affreux aurions-nous pu commettre que la vente de ce bon et glorieux *Centaure*, et nous pensons aux remords qui ont dû torturer pendant toute leur existence les frères de Joseph !...

Bientôt, pour la deuxième fois depuis leur départ, l'aurore vient éclairer le *Centaure* de ses feux étincelants ! Le ballon plane alors sur les plaines de la Russie ; il ne reste que deux sacs et demi de lest, et presque plus d'oxygène. Il faut donc éviter que le ballon réchauffé par le soleil ne s'élève encore dans les hautes régions, et la soupape aidant, les voyageurs se maintiennent à ras de terre.

Une ville apparaît dans le lointain : ce sera le port. Tout est préparé pour la descente : le ballon franchit encore les faubourgs de la ville et vient enfin s'abattre dans une clairière au milieu d'une forêt. En un clin d'œil, les deux aéronautes sont entourés d'une foule de moujiks et de leurs femmes qui se précipitent à leur aide. Peu après, le ballon était dégonflé, chargé sur une charrette et ramené dans la ville que les voyageurs venaient de traverser dans les airs, Korostichef, dans la province de Kiev, où MM. de Castillon et de La Vaulx furent admirablement reçus par le général de Plemiannikof.

Le lendemain soir, ils étaient à Kiev, où ils furent fêtés et choyés par les Russes et les Polonais enthousiasmés de voir les deux intrépides Français. Le lundi enfin, ils recevaient leurs passeports et repartaient pour la France par la Russie, l'Autriche, le Tyrol et la Suisse : le vendredi matin seulement, après un voyage de quatre nuits et trois jours, exactement de 84 heures, ils rentraient à Paris : le trajet en ballon avait duré 36 heures à peine.

Un ballon fatigué par 50 ascensions accomplies en un an et demi, éventré en maints atterrissages, couvert de déchirures fiévreusement réparées, alourdi par des raccommodages et des vernissages successifs, rempli d'un impur hydrogène industriel et d'un gaz médiocre, un simple ballon en coton coûtant à peine le prix d'une voiturette à pétrole, un ballon sans prétention, avait donc accompli un trajet considérable plus vite et plus économiquement que le plus rapide chemin de fer ou la meilleure et la plus coûteuse automobile.

Grâce au ballon, l'immensité inabordable des continents est devenue une fiction. Là où les voies terrestres sont impraticables, les voies aériennes sont ouvertes. Ce mouvement, auquel l'Aéro-club de France est fier d'avoir apporté sa contribution, s'étend chaque jour. L'aéronautique n'appartient plus maintenant à la chimère, elle appartient à la science, non pas seulement à la science théorique, mais encore à la science pratique. Tous les jours les ballons viennent apporter leur contingend'observations précieuses à la physique et à l'astronomie ; la météorologie, encore faite de probabilités, deviendra ainsi une science exacte, grâce aux efforts ininterrompus des fervents du ballon.

On ne saurait dire en meilleurs termes les services rendus à l'aéronautique et le développement apporté à la navigation aérienne par cette admirable organisation de l'Aéro-club et par les intrépides champions du sport aérien !

CHAPITRE XXX

LES DERNIERS BALLONS DIRIGEABLES

Les dirigeables allemands. — La catastrophe du *Deutschland*. — Le ballon en aluminium de Schwarz. — La *Ville de Paris* de M. Sibillot. — Le *Sky-Cycle* de Myers. — Le ballon Zeppelin. — Le ballon Suter. — Les appareils Danilewsky. — *L'auto-aviateur* de M. Firmin Bousson. — Le ballon de M. Roze. — Les *Santos-Dumont*. — Le pari de M. Santos-Dumont. — Le prix Deutsch. — 100000 francs dans les airs. — L'accident du n° 5. — La médaille de saint Benoît. — Une date historique. — Un cas embarrassant. — Le naufrage du n° 6. — Le *Bartholomeu de Gusmão*. — La *Pax* de M. Severo. — Le *Bradsky*. — Le ballon de MM. Lebaudy. — Derniers dirigeables. — Conclusion.

Nous avons déjà plusieurs fois, au cours de cet ouvrage, fait remarquer que la France est à la tête de toutes les nations en matière d'aéronautique. Ce n'est pas par un sentiment puéril de chauvinisme que nous parlons ainsi, mais parce que c'est l'expression exacte de la vérité : l'aérostation est d'origine française, malgré les revendications injustifiées de quelques pays étrangers, et notre pays a été le berceau de toutes les applications, de tous les perfectionnements de quelque importance qui se sont produits dans cette science : notamment, en matière de ballons dirigeables, la France est très en avant sur toutes les nations du globe. Il n'est pas jusqu'aux expériences si hardies de M. Santos-Dumont qui ne viennent confirmer cette opinion, car, outre que le jeune aéronaute brésilien dont nous raconterons tout à l'heure les exploits aéronautiques est français d'origine, ses ballons ont été construits en France, par des constructeurs français, et expérimentés en France sous le contrôle et avec les encouragements directs du monde savant français.

Aussitôt que nous sortons de France, nous ne trouvons que conceptions plus ou moins bizarres, peu pratiques, souvent dangereuses et conduisant toujours à des insuccès retentissants.

En Allemagne, notamment, où l'aérostation est encouragée d'une façon si remarquable par l'empereur Guillaume lui-même, les essais ont toujours échoué d'une façon complète.

En 1897, le D[r] Wœlfert, en expérimentant un navire aérien de son invention, le *Deutschland* (traduisez : l'Allemagne) (fig. 328), trouva la mort dans des circonstances particulièrement tragiques. Ce docteur (en théologie) s'était pris de passion pour l'aérostation en 1880, et il s'associa en 1882 avec un ancien garde général des forêts de Saxe, nommé Baumgarten, qui précédemment avait failli se tuer dans une expérience d'un prétendu dirigeable. L'association fut de courte durée ; Baumgarten mourut au bout de peu de temps, et Wœlfert continua seul ses travaux. Après des péripéties sans nombre, celui-ci, complètement ruiné, réussit à trouver des capitalistes ; il fonda une Société à la tête de laquelle était M. von Tucholka, et dont le principal actionnaire était, dit-on, l'empereur d'Allemagne lui-même. Il parvint alors à construire un aérostat allongé supportant une nacelle en bambou (fig. 329) placée très près du ballon et faisant presque corps avec lui. Dans la nacelle était un moteur à pétrole de 8 chevaux, du système Daimler. Il est juste de remarquer

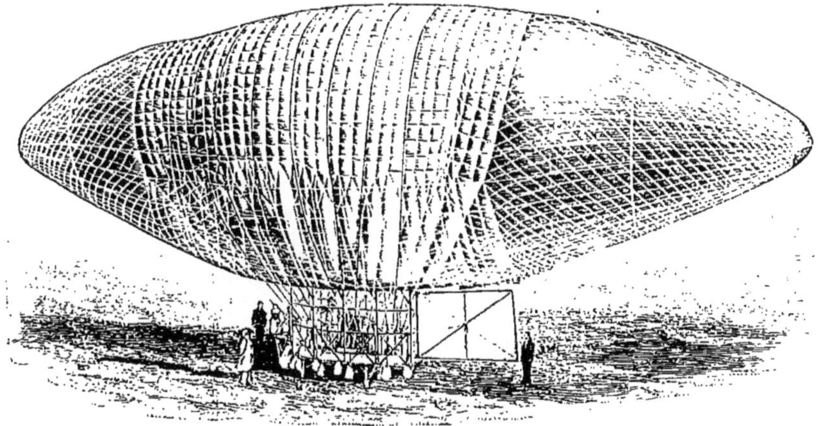

FIG. 328. — Le *Deutschland*, ballon dirigeable du Dr Wœlfert.

en passant que la première application du moteur à pétrole à un aérostat est due au Dr Wœlfert.

Ce moteur actionnait une hélice à deux branches en aluminium semblable à celle du ballon Tissandier. Un gouvernail rectangulaire de 2 mètres sur 3 mètres de côtés était à l'arrière de la nacelle.

Le ballon de Wœlfert était remisé dans le hangar du corps des aérostiers militaires de Tempelhof, près de Berlin. Le ministre de la Guerre, les officiers aérostiers, les ambassadeurs étrangers, avaient été invités à assister à la première sortie du ballon.

Vers 6 heures 1/2 du soir, par un calme absolu, l'aérostat sortit du hangar et 24 aérostiers militaires l'amenèrent sur le champ de manœuvres de Tempelhof : pendant les derniers préparatifs, le filet se déchira deux fois : ce que voyant, le major Rieber, qui devait faire partie du voyage, resta prudemment à terre, et, comme dit le bon Lafontaine,

Il le fit et fit bien.

A 7 heures, Wœlfert et son aide, le mécanicien Robert Knabe, montèrent dans la nacelle et mirent le moteur en marche : il se produisit aussitôt des jets de flamme inquiétants sur le côté de la machine. Un journaliste présent en fit la remarque au Dr Wœlfert.

Fig. 329. — La nacelle du *Deutschland*.

« Je pars quoi qu'il arrive », répondit celui-ci qui semblait plein de confiance. Knabe, de son côté, ne paraissait nullement inquiet : « Donne-moi ta canne, lui dit un de ses amis ; tu n'en as pas besoin, et si tu ne reviens pas, j'aurai un souvenir de toi. — La voici, répondit Knabe en riant ; mais garde-la bien, tu me reverras bientôt. » Aussitôt libre, le ballon monta rapidement, mais le gouvernail se brisa et l'on vit le ballon tourner plusieurs fois sur lui-même. Il était alors à peu près à 1 000 mètres de haut, lorsque tout à coup une violente détonation se fit entendre ; une colonne de flammes s'éleva et l'on vit le ballon tout en feu s'abîmer à terre. On entendit des appels désespérés partant de la nacelle, et en quelques instants le ballon, la nacelle et les deux infortunés aéronautes vinrent se briser sur un chantier de bois auquel le ballon incendié mit le feu. Le Dr Wolfert était horriblement mutilé. Le malheureux Knabe avait le crâne ouvert et une jambe brisée. La nacelle était arrivée à terre avec une telle violence que l'on retrouva le moteur enfoui à près d'un mètre dans le sol !

L'année suivante, au même endroit, une catastrophe analogue se produisit, qui eut des conséquences moins graves, mais qui prouve que les Allemands ne sont vraiment pas heureux en matière d'aérostation. Un inventeur autrichien, M. David Schwarz, d'Agram, avait en 1893 établi les plans d'un ballon dirigeable en aluminium. Il construisit son ballon et mourut en janvier 1897 sans avoir réussi une seule fois à le gonfler et à s'élever avec lui. Sa veuve trouva alors un puissant appui

Fig. 330. — Ballon dirigeable en aluminium de Schwarz.

auprès des officiers aérostiers de l'Établissement militaire de Tempelhof, et c'est là que s'acheva en grand secret la construction du ballon de Schwarz.

Ce ballon (fig. 330) de forme cylindrique, terminé par un cône, avait 41 mètres de longueur totale et 14 mètres de diamètre. Entièrement construit en aluminium, il pesait 2 600 kilogrammes. Le moteur, également en aluminium, était à essence de pétrole, à deux cylindres verticaux, et actionnait trois hélices propulsives et une hélice ascensionnelle. La nacelle (fig. 331) était suspendue au ballon par des poutrelles à treillis en aluminium.

L'expérience fut fixée au 3 novembre. Un jeune mécanicien nommé Jagels Platz était seul dans la nacelle. A la hauteur de 250 mètres, il mit le moteur en mouvement et tenta un essai de direction : mais le ballon qui, au dire des officiers allemands, allait prendre une allure de $7^m,50$ au minimum, s'obstina à ne pas se déplacer dans le sens indiqué ; pour comble de malheur le moteur se dérangea et s'arrêta. Redoutant une catastrophe semblable à celle de Wœlfert, le jeune Jagels Platz voulut descendre et ouvrit la soupape, mais il y mit tant de hâte que le ballon, au lieu de descendre comme un honnête ballon, tomba si brusquement qu'en touchant

Fig. 331 — Nacelle du ballon de Schwarz.

terre il se brisa complètement. Le mécanicien eut la chance de s'en tirer avec quelques écorchures, mais la carrière du ballon de Schwarz était terminée : du splendide ballon en aluminium il ne restait que des débris informes.

L'idée d'employer l'aluminium à la construction des aérostats n'était pas nouvelle ; depuis Marey-Monge et Dupuis-Delcourt, on avait maintes fois songé à faire des ballons métalliques, et il était tout naturel de s'adresser à l'aluminium, ce métal léger par excellence qui semble avoir été créé tout spécialement pour les besoins de l'aéronautique. Dès l'année 1890, un savant aéronaute français, M. Ch. Sibillot, fit des premiers essais en collaboration avec M. F. Goulles qui avait précédemment inventé un ballon en acier, et duquel il ne tarda pas à se séparer.

Poursuivant ses études dans la voie où il s'était engagé, M. Ch. Sibillot fonda avec un autre aéronaute français de grand mérite, M. L. Vernanchet, le fondateur de l'*École normale d'aérostation*, une société d'études sous le nom de *Compagnie générale transaérienne*, et lança dans le public une circulaire dans laquelle était décrit d'une façon un peu sommaire le ballon dirigeable en aluminium La *Ville de Paris*. Cet immense ballon devait cuber 30 023 mètres.

Le navire aérien d'aluminium français, dit la circulaire en question, sera *absolument rigide* et *parfaitement lisse*; le cylindre et la nacelle *font corps*. La carapace d'aluminium, en tôles accrochées les unes aux autres *sans aucune soudure*, est rivée sur une charpente raisonnée avec étais croisillons internes placés entre les compartiments étanches : donc pas d'aplatissement possible. Cette charpente se relie, par un dispositif spécial, au cadre et aux montants de la nacelle...

FIG. 332. = Le *Sky-Cycle* de Myers.

Dans les cylindres sont insérés à demeure les *compartiments étanches à hydrogène pur*. Ils s'appliquent exactement, une fois gonflés, contre la carapace sans frottement usant. Ils fonctionnent respectivement, en formes et nombre déterminés comme les ballons de soie ordinaire...

Le moteur d'avant (moteur à pétrole) actionne l'hélice métallique de proue, ainsi que quatre jeux de palettes latérales et une hélice horizontale... Le moteur de poupe actionne les quatre jeux de palette d'arrière, plus une autre hélice horizontale semblable à celle de la section d'avant...

Un niveau d'eau commande la manœuvre automatique des *contrepoids mobiles* assurant la stabilité horizontale du navire aérien et aussi l'équilibre oblique quand on veut utiliser l'hélice de proue pour activer l'essor, en faisant pointer le cône d'avant...

Le devis de cet immense navire aérien s'élevait à 500 000 francs pour l'aérostat seul, et autant pour le capital nécessaire à l'exploitation. Le million nécessaire ne fut jamais souscrit et la *Ville de Paris* resta à l'état de projet.

Nous n'en finirions pas si nous voulions énumérer tous les projets de ballons dirigeables qui ont vu le jour dans ces quinze dernières années ! Ballon à rames de M. Hamon, ballon à hélices de M. Campbell, ballons jumeaux de M. Bechtel, ballons plats de M. Braun et de M. Herman ; il y en a de toutes formes, de toutes dimensions, de tous systèmes. Mais combien peu d'intéressants dans le nombre !

Signalons toutefois la combinaison aussi ingénieuse qu'imprévue d'un inventeur français habitant San-Francisco, M. G.-L. Pesa, qui proposait en 1896 de faire remorquer un aérostat par un bateau sous-marin ! L'aveugle et le paralytique, quoi !

En 1900, le *Sky-cycle* (fig. 332) de M. Carl F. Myers eut un succès considérable à l'exposition du Coliseum à Saint-Louis (États-Unis). C'était pourtant un assez pauvre appareil tenant, comme beaucoup d'autres, de l'aérostat et de l'aéroplane, et actionné simplement par un système de pédales analogue à celles d'un vélocipède. Inutile de dire que l'insuffisance d'un tel moteur rendait toute direction impossible.

Fig. 333. — Le comte Ferdinand von Zeppelin.

Les expériences de M. Suter à Steinach (Suisse) et celles du comte Zeppelin sur le lac de Constance ont fait assez de bruit pour que nous en disions quelques mots.

Le comte Ferdinand von Zeppelin (fig. 333), lieutenant général du roi de Wurtemberg, fit connaître son projet de ballon dirigeable en 1896. Il évaluait alors à 300 000 marks la somme nécessaire à la construction de son appareil, auquel il attribuait des propriétés merveilleuses : séjourner en l'air pendant des semaines entières en parcourant plus de mille kilomètres par jour était le moins qu'il pût faire. La réalité fut bien loin de ces espérances. Ce n'est qu'en 1900 que son navire aérien fut enfin terminé : il se présenta sous la forme d'un immense cylindre de 126m,75 de longueur et 11m,60 de diamètre, formé d'une carcasse rigide (fig. 334) à l'intérieur de laquelle se trouvent, logés dans des compartiments indépendants, dix sept ballons gonflés à l'hydrogène. L'ensemble représente un volume total de 11 300 mètres cubes. Deux nacelles sont suspendues sous cet immense cylindre, l'une vers l'avant et l'autre vers l'arrière, et chacune porte un moteur à pétrole de 16 chevaux actionnant les

FIG. 334. — Carcasse rigide du ballon Zeppelin.

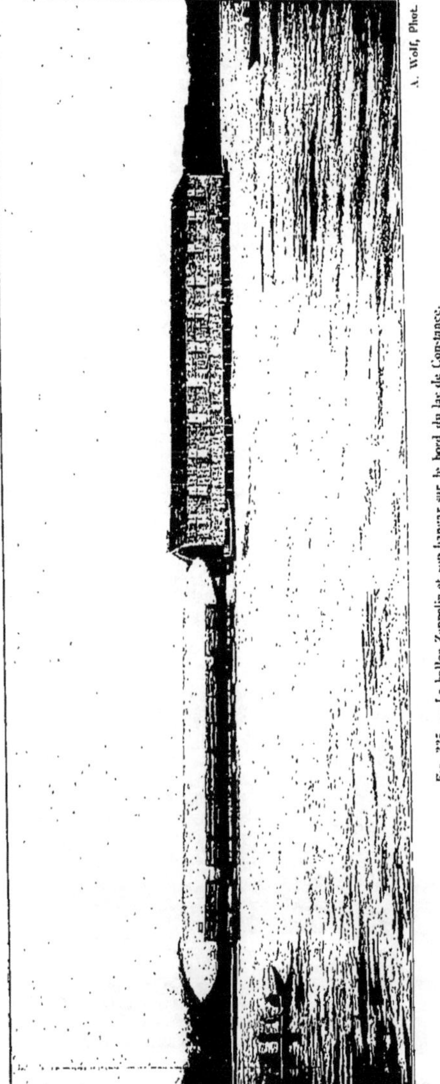

A. Wolf, Phot.

Fig. 335. — Le ballon Zeppelin et son hangar sur le bord du lac de Constance.

hélices propulsives. Ce transaérien était remisé sous un vaste hangar élevé sur les bords du lac de Constance (fig. 335). Les expériences commencèrent au mois d'octobre 1900 et eurent un succès relatif : les nacelles étaient occupées, la première en avant par le comte Zeppelin, le lieutenant de Krogh et l'ingénieur Burr : la seconde, celle d'arrière, par M. Eugène Wolff et l'ingénieur Gross : les deux nacelles étaient reliées par un circuit téléphonique.

Lors des premiers essais, exécutés par un temps absolument calme, le ballon Zepplein réussit à évoluer assez facilement au-dessus du lac de Constance pendant près de trois quarts d'heure (fig. 336) et à revenir auprès de son hangar. Au cours d'une autre expérience, l'un des dix-sept ballons enfermés dans le grand cylindre s'étant déchiré en l'air, il y eut rupture d'équilibre, et le ballon s'abattit sur le lac de Constance sans autre accident. Il résulta de ces essais que la vitesse imprimée au navire aérien était absolument insuffisante pour résister à la moindre brise, et le comte de Zeppelin interrompit bientôt ces coûteuses expériences, qu'il devait reprendre après certaines modifications ; mais aucune tentative nouvelle n'eut lieu.

Les expériences de M. Suter eurent beaucoup moins de succès : il avait construit en 1900 un ballon cylindrique terminé à l'arrière par une calotte sphérique et à l'avant par un cône effilé. Une nacelle en forme de cage était suspendue sous l'aérostat et portait deux hélices que l'aéronaute assis sur une selle mettait en mouvement à l'aide de pédales, comme dans l'appareil de Myers. Un gouvernail assurait la direction du ballon.

En avril 1901, M. Henri Suter, qui habite Zurich, embarqua sa *machine volante (Flugmaschine)* sur un bateau qui prit le large sur le lac de Constance. L'aéronaute

A. Wolf Phot

Fig. 336. — Le ballon Zeppelin évoluant au-dessus du lac de Constance.

se mit sur sa selle, fit agir ses pédales et commanda le « lâchez tout » traditionnel : tout le monde obéit, sauf le ballon, qui s'obstina à ne pas lâcher le pont du bateau. Il fallut remettre l'expérience à plus tard : le ballon était trop lourd.

Quelques jours après, nouvelle tentative. Le ballon allégé fut muni de deux flotteurs placés sous la nacelle et le tout délicatement placé sur l'eau. Mais malgré les efforts héroïques de M. Suter, la *Flugmaschine* montra une préférence invincible pour l'élément liquide, et l'inventeur en resta là.

Avec le ballon de M. Danilewsky, nous entrons dans une autre catégorie d'appareils, celle des *ballons plus lourds que l'air*. Ces deux termes jurent ensemble, et l'expression est tout à fait impropre, car aucun ballon ne gardant indéfiniment sa force ascensionnelle, il arrive toujours un moment où de plus léger que l'air il devient plus lourd que l'air, et tout ballon qui, mal gonflé ou mal calculé, refuse de s'enlever par la seule force de son gaz, est un ballon plus lourd que l'air : tel celui de M. Suter, qui, heureusement pour son inventeur, était au moins plus léger que l'eau.

Ce système bâtard qui prétend tenir le juste milieu entre les deux systèmes rivaux du plus lourd et du plus léger que l'air n'a même pas le mérite de la nouveauté, car nous l'avons maintes fois rencontré au cours de cet ouvrage. Tous les ballons planeurs, ceux de Scott, de Meller, de Pétin, etc., partaient de ce principe, et le ballon de Van Hecke et Dupuis-Delcourt, entre autres, peut être considéré comme le meilleur type réalisé dans ce genre.

Fig. 337. — Ballon dirigeable de M. Danilewsky.

Quoi qu'il en soit, nous allons en voir quelques-uns, et pour certains, au moins, la raison de cette réunion des deux systèmes ennemis est que, dans la pensée des inventeurs, le ballon n'est là que pour servir d'auxiliaire au cours d'expériences préparatoires, et qu'il est destiné à disparaître lorsque l'appareil plus lourd que l'air qu'il enlève sera arrivé à la perfection. Tel était le cas du ballon de M. Pompéien Piraud, lequel soutenait la machine à ailes battantes dont il a été question précédemment ; tel est le cas de l'appareil de M. Danilewsky, et tel aussi le cas de celui de M. Firmin Bousson dont nous parlerons tout à l'heure.

M. Constantin Danilewsky est un aéronaute russe qui habite Kharkoff. Il a expérimenté deux genres d'appareils tout à fait distincts ; dans l'un, qui est un véritable aérostat dirigeable allongé (fig. 337), le propulseur, au lieu d'être une hélice, est formé par des ailes battantes à volets parallèles que l'aéronaute met en mouvement par des pédales de bicyclette. Dans l'autre, le ballon allongé se tient verticalement, la pointe en haut, et sous ce ballon est disposé un aéroplane, composé de cadres rectangulaires en bambou qui portent des volets pouvant s'appliquer sur les ouvertures du cadre, ou au contraire se placer normalement au cadre, en laissant libres toutes ces ouvertures (fig. 338 et 339) : les volets peuvent d'ailleurs prendre toutes les positions intermédiaires. Un mouvement de pédales permet en outre d'actionner des hélices ascensionnelles placées, comme l'aéronaute lui-même, en dessous de l'aéroplane.

Fig. 338. — Appareil de M. Danilewsky.

Cet appareil réalisait au dire de l'inventeur, qui a fait de très nombreuses expériences en 1897 et 1898, la dirigeabilité verticale, c'est-à-dire l'ascension ou la descente à volonté, mais très imparfaitement la translation horizontale. M. Danilewsky espérait, grâce à une étude approfondie et à des perfectionnements progressifs de son appareil, arriver à se passer de l'aide du ballon.

C'était aussi l'espoir de M. Firmin Bousson, qui construisit et expérimenta en 1900 un aéroplane suspendu sous un ballon cylindrique allongé, et qu'il a baptisé du nom *d'auto-aviateur*, car son appareil (fig. 340), monté sur quatre roues et actionné par un moteur à pétrole, est destiné à rouler sur terre comme une automobile, ou à voler dans les airs, au gré du voyageur.

M. Firmin Bousson s'est longtemps livré à l'étude du vol des oiseaux, et il a été conduit à remplacer les vastes plans de sustentation généralement employés dans les aéroplanes par un nombre assez considérable de petites ailes convenablement réparties. A vrai dire *l'auto-aviateur* ne constitue pas à proprement parler un aéroplane, car les ailes ne sont pas immobiles, mais bien animées de différents mouvements analogues à ceux du vol naturel des oiseaux : ces ailes sont disposées en quinconce, suivant des rangées verticales, sur les faces latérales de la cage où se trouvent l'aéronaute et le moteur.

Des essais sur route ont eu lieu au plateau d'Avron en octobre 1900 ; contrariés par le mauvais temps ils n'ont pas donné de résultats positifs et complets, mais l'inventeur est plein d'espoir ; en tout cas, le système d'ailes qu'il a construit est fort ingénieux et l'effet des battements des ailes est très net. Il y a donc lieu d'espérer que, sans arriver du premier coup à la réalisation du vol pratique, *l'auto-aviateur* de M. Firmin Bousson conduira à des résultats encourageants.

En sera-t-il de même du vaste navire aérien de M. Roze? L'inventeur de cet appareil, ingénieur des Arts et Manufactures, est à coup sûr un convaincu. Depuis une quinzaine d'années il s'est attelé à la question et y a consacré tout son temps et toute sa fortune. Son navire était prêt en 1899 et attendait sous son hangar, à Argenteuil, le moment propice pour effectuer ses essais, lorsqu'un cyclone vint détruire le travail de quinze années. M. Roze se remit courageusement à l'œuvre, et en 1901 il put procéder à quelques expériences.

Fig. 339. — Vue par en dessous de l'appareil Danilewsky.

Comme l'appareil Bousson, l'appareil Roze est improprement appelé *aviateur*. Disons à ce propos que ce nom est fâcheux à tous points de vue : le mot *aviateur* désigne celui qui est partisan des appareils plus lourds que l'air, des appareils d'aviation, et il est aussi inexact de baptiser un appareil du nom d'*aviateur* qu'il serait faux d'appeler *aéronaute* un ballon dirigeable. De plus ce nom d'*aviateur* semble indiquer un appareil plus lourd que l'air, sans ballon par conséquent, et l'appareil de M. Roze est muni non pas d'un ballon, mais de deux ballons, entre lesquels est placée la nacelle. C'est donc, quoi qu'en dise l'inventeur, un ballon dirigeable, mais sans force ascensionnelle. Il ne s'élève que sous l'effort d'hélices horizontales qui doivent alléger de 50^{kg} tout le système, pour que celui-ci puisse s'élever dans les airs. Les deux ballons, parallèles, ont chacun 45^{m} de longueur et 7^{m} de diamètre au milieu ; ils ont la forme de fuseaux symétriques et sont constitués par une carcasse rigide en aluminium sur laquelle est tendue une double enveloppe de soie vernissée ; ils sont séparés en douze compartiments étanches communiquant entre eux par des tubes et des soupapes qui permettent au gaz de s'équilibrer exactement dans toutes les parties du ballon : les deux ballons communiquent entre eux de la même façon afin d'avoir la même force ascensionnelle, condition indispensable à la stabilité de l'ensemble.

Les deux ballons sont reliés entre eux par une cage en aluminium qui supporte en même temps la chambre des machines et le salon des aéronautes, dans l'intervalle de 4^{m} qui sépare les deux ballons. Le moteur est une machine à pétrole de 20 chevaux. 10 chevaux sont employés à faire tourner les hélices ascensionnelles, et 10 chevaux actionnent les hélices propulsives : celles-ci ont 3^{m} de diamètre et tournent à la vitesse de 200 tours par minute. Il y a un gouvernail vertical et quatre gouvernails horizontaux pour la direction et la stabilité longitudinale.

Au-dessus de la nacelle, qui est disposée pour recevoir huit passagers, se trouve un parachute formé de lames rectangulaires de 0^{m}.90 de large et 4^{m} de long : elles se manœuvrent comme les lames d'un store placé entre les deux aérostats : ce

FIG. 340. — L'auto-aviateur de M. Firmin Bousson.

dispositif rappelle absolument l'aéroplane Danilewsky que nous venons de voir. L'inventeur a consacré plus de 500 000 francs à la réalisation de son projet.

La première expérience eut lieu le 4 septembre 1901 par un temps absolument calme : l'aérostat sortit de son hangar (fig. 341), poussé sur ses roulettes d'aluminium par les hommes de manœuvre ; M. Roze et un mécanicien prirent place dans la nacelle, et, sous l'effort des hélices horizontales, on vit l'énorme machine se soulever, puis avancer un instant poussée par l'hélice propulsive, mais presque aussitôt, le navire aérien trop lourd retombait sur le sol. M. Roze descendit de la nacelle, et seul le mécanicien resta à bord pour tenter une nouvelle ascension ; mais il fut évidont que l'expérience ne pouvait réussir : les aérostats avaient perdu beaucoup de gaz et le moteur était impuissant à soulever le poids total du ballon.

Tout fut mis en œuvre pour parer à ces défectuosités, et le lendemain, à 6 heures du soir, un second essai eut lieu sans plus de succès. L'inventeur attribua cet échec à la mauvaise qualité de son hydrogène et au défaut d'imperméabilité des enveloppes. Il renonça dès lors à poursuivre ses essais dans des conditions aussi défavorables et prit le parti de changer entièrement la soie de ses ballons : ceux-ci furent donc dégonflés, et l'appareil de M. Roze retourna à l'atelier pour être en partie reconstruit. Espérons que bientôt il sera prêt de nouveau pour de nouvelles expériences : mais nous avouons avoir peu de confiance dans cette combinaison compliquée de deux

Fig. 341. — L'appareil Roze, sorti de son hangar, sur la pelouse de départ

aérostats plus lourds que l'air. Il convient néanmoins de rendre hommage à la ténacité et à la persévérance de l'inventeur qui, détail curieux, n'avait jamais fait, avant les expériences que nous venons de relater, la moindre ascension en ballon. Qui sait si le manque de pratique de l'aérostation n'est pas pour beaucoup dans l'insuccès de sa tentative ? L'air est, plus encore que l'eau, un élément perfide, et celui qui prétend l'asservir doit avant tout faire un long apprentissage à bord de ballons ordinaires.

Ce n'est pas assurément la pratique de l'aérostation qui manquait à M. Santos-Dumont, l'intrépide aéronaute dont les exploits ont passionné le monde entier. Homme de sport, plein de sang-froid et d'énergie, M. Santos-Dumont a carrément abordé le ballon dirigeable comme l'automobile, et c'est par le côté sportif que ses expériences revêtent un caractère tout particulier.

Alberto Santos-Dumont (fig. 342) est né au Brésil le 20 juillet 1873. Son père, Brésilien également, était Français d'origine et de cœur, car il fit toutes ses études en France et fut élève de l'École Centrale des Arts et Manufactures. Rentré dans son pays avec un bagage scientifique acquis dans notre première École industrielle, M. Santos-Dumont père fonda à Sao-Paulo la plus vaste exploitation agricole du monde entier et acquit, avec une fortune considérable, le titre de *Roi du Café*.

Fig. 342. — M. Santos-Dumont.

Alberto Santos-Dumont, l'un de ses dix enfants, fut préparé de bonne heure à sa rude vocation aéronautique par la sévère éducation qu'il reçut et par ses aptitudes remarquables pour la mécanique. A l'âge de douze ans, son plaisir le plus vif était de conduire, en jeune sportsman qu'il se montrait déjà, de vraies locomotives sur les 64 kilomètres de voies ferrées qui desservaient le domaine paternel.

L'aérostation hantait déjà son ardente imagination, et un de ses passe-temps favoris consistait à construire et à gonfler des montgolfières qu'il lançait au-dessus de la baie de Rio de Janeiro. Il vint de bonne heure en France, résolu à faire son chemin en l'air ; il commença donc par faire de l'aérostation pratique et, en deux ou trois ans, il usa trois ballons sphériques en une multitude d'ascensions où se révélèrent les qualités morales de sang-froid, d'énergie et de persévérance indomptable qui devaient le ranger à 28 ans au premier rang des aéronautes. Ajoutons ce détail qui a son prix en matière d'aéronautique : le jeune sportsman aérien mesure $1^m,60$ et ne pèse que 50 kilogrammes.

Il n'était pas encore question du fameux prix Deutsch, que déjà M. Santos-Dumont s'était lancé dans la construction de dirigeables. C'est en effet le 18 septembre 1898 que le *Santos-Dumont n° 1* était gonflé pour la première fois au Jardin d'acclimatation. Ce premier ballon fut d'ailleurs déchiré avant de partir, par suite d'une fausse manœuvre des aides qui tenaient les cordes de départ.

Deux jours après, l'accident était réparé et le ballon, lancé, évoluait en tous sens. Mais cette expérience fut courte : faute de rigidité suffisante, le ballon devenu flasque se replia en deux et fit une chute 400 mètres ! Beaucoup se seraient tués pour moins que cela : M. Santos-Dumont s'en tira sans une égratignure. La chute fut enrayée d'ailleurs grâce à une manœuvre pleine d'à-propos : dès que le guide-rope arriva à terre, quelques personnes s'en saisirent et tirèrent violemment en courant contre le vent, ce qui diminua considérablement les risques de la chute et fit dire à l'aéronaute : « J'ai varié mes plaisirs : monté en ballon, je suis descendu en cerf-volant. »

Ce fut le 11 mai de l'année suivante, le jeudi de l'Ascension, que le *Santos-Dumont n° 2* fit sa première sortie ; elle ne fut pas heureuse d'ailleurs ; alourdi par la pluie, le ballon, replié sur lui-même, ne fit qu'évoluer à la corde, c'est-à-dire captif. La confiance du jeune aéronaute dans le résultat final était cependant absolue.

L'Automobile-club, de fondation récente, avait installé des garages pour toute espèce de véhicules ; c'est ainsi que sur la terrasse du Palais de la Place de la Concorde, un jardin suspendu créé par le prévoyant architecte M. Rives, attend les dirigeables qui voudraient atterrir sur le toit même de l'Automobile-club.

« Je fais le pari, dit un jour M. Santos-Dumont avec le sang-froid et le calme qui le caractérisent, de partir du Bois de Boulogne avec mon ballon dirigeable et d'aborder place de la Concorde sur la terrasse du Cercle avant la fin du mois ! »

Il y eut un moment de stupéfaction parmi les personnes présentes, toutes passionnées pour la mécanique et l'aérostation, mais qui ne s'attendaient pas à cette déclaration catégorique : l'idée de voir descendre sur la « pelouse » de l'Automobile-club M. Santos-Dumont, suspendu à un cigare de 25 mètres, avait quelque chose de si hardi, de si nouveau, que ce pari original désarçonna l'assistance. Enfin, revenus de leur surprise, M. Kriéger et M. Pierre Lafitte acceptèrent l'un et l'autre le pari, dont l'enjeu était vingt déjeuners à offrir à l'heureux vainqueur et à ses amis (1) : tel fut le premier prix d'aéronautique que tenta de gagner l'aéronaute franco-brésilien.

Dans les multiples essais qu'il fit avant de réaliser la mémorable expérience du 19 octobre 1901, il est à remarquer que M. Santos-Dumont fut, au début tout au moins, très inférieur à ses devanciers : M. Dupuy de Lôme et après lui les frères Tissandier et les officiers de Meudon, MM. Renard et Krebs, avaient réalisé des ballons allongés conservant parfaitement bien leur forme et possédant une stabilité longitudinale très grande. Le ballon *La France,* notamment, s'était montré à ce point de vue tout à fait remarquable. Les ballons de M. Santos-Dumont, au contraire, les premiers surtout, manquaient totalement d'équilibre et de rigidité. Ce n'est qu'après ses premiers accidents qu'il comprit la nécessité d'adjoindre au ballon une perche ou une poutre rigide pour assurer dans une certaine mesure la perma

(1) *La Vie au Grand Air.*

nence de la forme de l'aérostat, et éviter de voir son ballon se plier en deux par le milieu.

Et même dans son dernier modèle le défaut d'équilibre longitudinal était tel que les embardées du ballon étaient effrayantes. On est donc en droit de conclure que les ballons de M. Santos-Dumont ont été inférieurs à ceux de ses devanciers dans une foule de détails très importants et que leur supériorité s'est seulement affirmée dans la vitesse obtenue grâce à l'emploi du moteur à pétrole extra-léger qui, après avoir révolutionné l'automobilisme, est en train de révolutionner l'aéronautique.

Et c'est cette constatation qui nous fait dire que M. Santos-Dumont s'est montré

P. Raffarle, Phot

FIG. 343. — MM. Santos-Dumont et Buchet visitant le moteur, dans le hangar.

dans ses expériences sportsman incomparable, mais non savant ingénieur. Ceci dit sans vouloir en aucune façon diminuer le mérite du jeune aéronaute, mais pour ramener à de justes proportions la valeur, d'ailleurs incontestable, des travaux aéronautiques de M. Santos-Dumont : dans le Panthéon aérostatique, ce n'est pas à côté des Montgolfier et des Charles qu'il devra prendre place, mais à côté de l'ardent Pilâtre de Rozier, le premier champion du sport aérien.

Cette petite digression nous a éloigné du récit des essais successifs des différents *Santos-Dumont*. Reprenons donc la série où nous en étions, au *n°* 3. Ce dernier ballon arrive à cuber 500 mètres et mesure 20 mètres de long sur 7^m^,50 au plus grand diamètre. Le moteur et l'hélice sont à l'avant de la nacelle. Le 13 novembre 1900, à 3 heures 1/2 de l'après-midi (on se rappelle que c'était la date précise fixée pour la fin du monde), le ballon partit du parc d'aérostation de Vaugirard et, pour la première fois, contourna la tour Eiffel.

Jusque-là, il faut bien le dire, les expériences de M. Santos-Dumont n'avaient guère ému l'opinion publique. Une circonstance nouvelle vint bientôt attirer sur lui l'attention de tout le monde. Les journaux annoncèrent un beau matin qu'un généreux inconnu mettait à la disposition de l'Aéro-club une somme de 100 000 francs pour être attribuée, à titre de Grand-Prix de l'aéronautique, au premier aéronaute qui, partant à bord d'une machine aérienne quelconque du parc d'aérostation de l'Aéro-club à Longchamp, doublerait la tour Eiffel et reviendrait à son point de départ sans toucher terre dans l'espace de trente minutes au maximum.

P. Raffaele, Phot.

Morin. M. le Comte de La Vaulx. M. Chapin, mécanicien.
M. Archdeacon. M. H. Deutsch.
M. E. Aimé.

Fig. 364. — La commission du 13 juillet 1901 chronométrant le retour du n° 5.

L'annonce de cette libéralité extraordinaire eut un retentissement immense, et pour effet immédiat d'attirer l'attention du public sur les essais de M. Santos-Dumont. L'anonymat du donateur fut bientôt percé et l'on sut que le fondateur du Grand-Prix n'était autre que M. Henry Deutsch, de la Meurthe, le pétrolier bien connu, l'un des membres les plus actifs de l'Aéro-club. Il sembla un instant devoir se mettre lui-même sur les rangs des concurrents, et M. Tatin fut chargé de construire pour lui un aérostat dirigeable. Mais, pour couper court à certains propos désobligeants, le Mécène de la navigation aérienne annonça qu'il ne prendrait pas part à la lutte.

En fait M. Santos-Dumont resta seul concurrent. Il revenait alors de Nice où il avait fait, dans un petit ballon ordinaire de 200 mètres cubes une ascension mouvementée qui avait failli mettre un terme à ses exploits. Un traînage épouvantable avait déchiré ballon et aéronaute et avait forcé celui-ci à garder le lit quelques jours. A peine remis de ses blessures, il arrivait à Paris décidé à gagner à tout prix les 100000 francs de M. Deutsch, non certes pour la somme elle-même qu'il destinait moitié à ses collaborateurs et moitié aux pauvres de Paris, mais pour l'honneur de la victoire.

Immédiatement, un *Santos-Dumont n° 4* fut construit. Cubant 420 mètres, ce nouveau ballon fut terminé le 1er août 1900. La nacelle était supprimée et remplacée par une simple selle de vélo placée sur la quille en bambou : des pédales permettaient la mise en train du moteur. Celui-ci était construit, comme tous les moteurs des différents *Santos-Dumont*, par M. Buchet, le regretté constructeur de moteurs à pétrole, qui n'épargnait pas ses conseils à l'intrépide aéronaute (fig. 343). Dès lors les essais furent presque journaliers : la plus belle expérience eut lieu le 19 septembre 1900, en présence des membres du Congrès d'aéronautique réuni à Paris à l'occasion de l'Exposition.

P. Raffaele, Phot.

M. Chapin, mécanicien. M. Lefebvre, cordier. M. Santos. M. Géronne, vernisseur.

Fig. 345. — Sauvetage du *Santos n° 5* au Trocadéro.

Le *Santos n° 5* date du commencement de 1901 : c'est dans ce modèle qu'apparaît enfin la poutre armée assurant la rigidité du navire aérien. Une petite nacelle indépendante du moteur est disposée à peu près au 1/4 avant de la poutre, qui mesure 18 mètres de longueur.

Le ballon lui-même a 34 mètres de long et cube 550 mètres. Le 12 juillet 1901, le *n° 5* fait sa première sortie pour tenter de gagner le prix Deutsch. Le ballon est amené à la corde sur la pelouse de Longchamp. Dix fois de suite, l'aéronaute fait le tour du champ de courses, évolue en tous sens avec facilité, va jusqu'à Puteaux et de là se dirige sur le Trocadéro, où un accident arrivé au gouvernail le force à atterrir ; il répare l'avarie, s'enlève de nouveau, va doubler la tour Eiffel, revient à Longchamp et rentre enfin au parc d'aérostation.

Le lendemain 13 juillet, il tente définitivement de remplir les conditions du Grand Prix : devant la commission réunie (fig. 344), il s'enlève, pique droit sur la tour, la double et revient vers son point de départ aux acclamations de la foule. Mais un accident survenu au moteur le fait dévier et l'oblige à descendre sur les arbres du parc de M. Ed. de Rothschild. Le trajet avait été fait en 40 minutes ; le prix n'était donc pas gagné.

Le *Santos-Dumont n°* 5 est bientôt remis en état, et le 8 août il tente de nouveau de gagner le prix : il gagne la tour Eiffel à toute vitesse, la double et revient sur Saint-Cloud. L'émotion des spectateurs était à son comble ; déjà l'on proclamait M. Santos-Dumont vainqueur du Grand Prix, quand tout à coup le moteur s'arrête,

P. Rallaele, Phot.

M. Gérôme, vernisseur. M. Chapin, mécanicien. Morin. M. le Cte de Chasseloup-Laubat. M. Lachambre. M. Santos. M. E. Aimé

Fig. 346. — M. Santos-Dumont après le sauvetage du n° 5, ruelle du Trocadéro, 8 août 1901.

et le ballon désemparé vient se briser sur les toits du grand hôtel du Trocadéro, rue Alboni.

Dans le parc, d'où les spectateurs ont assisté au drame, l'inquiétude est à son comble. C'est alors une course échevelée vers le lieu de la catastrophe : bicyclettes, automobiles se précipitent à toute vitesse vers le Trocadéro. M. Deutsch le premier s'est mis en route avec le prince Roland Bonaparte et s'accuse déjà d'être la cause bien involontaire de la mort du hardi sportsman. Aussi quel soupir de soulagement quand, arrivé sur le lieu de l'accident, il aperçoit M. Santos-Dumont, perché sur les toits, aussi calme que sur la terre ferme, dirigeant le sauvetage du ballon (fig. 345) dont l'étoffe complètement déchirée pend comme une loque. Les débris du n° 5 sont bientôt dégagés et descendus à terre, et tel un capitaine qui abandonne son poste le dernier au cours d'un naufrage, M. Santos-Dumont ne descend de son toit que lorsque tout son matériel est sauvé. Il est entouré et félicité par la foule (fig. 346). Les officiers de pompiers qui, avec leurs braves sapeurs, étaient accourus des premiers pour porter secours à l'aéronaute, le félicitent de son courage :

« Nous n'avons jamais vu votre pareil, monsieur.

— Je recommencerai, déclare en souriant le jeune homme, et rien ne me découragera ; je finirai par vaincre la malchance. »

Et montrant une médaille d'or de saint Benoît suspendue à son poignet, médaille que lui offrit Mme la comtesse d'Eu, et qui ne le quitte jamais, il ajoute gravement : « Voilà ce qui m'a sauvé ! » Les plus sceptiques s'inclinent ; on ne se moque pas des convictions d'un homme qui fait preuve d'un tel courage.

Vingt-deux jours après cette catastrophe, un *Santos-Dumont n°* 6 était prêt à partir. Il exécute alors une série d'essais instructifs, évolue à Longchamp, descend plusieurs fois au restaurant de la Cascade, subit quelques avaries rapidement réparées, et enfin, le 19 octobre 1901, accomplit en 30 minutes 40 secondes le trajet réglementaire !

Voici le récit de cette ascension désormais historique, fait par un témoin oculaire qui assista à l'expérience sur la deuxième plate-forme de la tour Eiffel, M. le vicomte Paul de Raime :

Du second étage de la tour, on aperçoit, accroché au coteau de Saint-Cloud, le hangar que le hardi Franco-Brésilien a fait construire pour abriter son léger esquif aérien, avec lequel il veut gagner le prix de M. Deutsch.

Vers deux heures, le téléphone nous avertit que l'aéronaute se dispose à partir, et quelques minutes après nous voyons le ballon sortir lentement de son abri... Je regarde mon chronomètre, et à deux heures quarante, dans une envolée définitive, actionné par son hélice légère, le long cigare jaune s'élève dans une courbe gracieuse et met le cap sur nous.

M. Santos-Dumont est un vrai loup de mer et il subit sans broncher les coups de tangage que les vagues de l'air impriment à l'aérostat.

Nous le voyons se rapprocher rapidement, aidé par le vent grâce auquel il double la tour presque au sommet ! Il n'a mis que dix minutes pour venir jusqu'à nous.

Son moteur, d'une régularité parfaite, s'entend admirablement, et nous souhaitons, nous aussi, que nos acclamations lui parviennent.

C'est impressionnant au possible, et le courageux inventeur excite parmi nous une admiration que son dédain de la vie lui fait largement mériter.

Le pavillon français de sa nacelle vient presque flotter dans les plis de celui qui surmonte la tour, et, après un virage admirable (fig. 347), M. Santos-Dumont retourne vers son hangar, avec un vent debout d'une vitesse d'environ 5 mètres par seconde. Il lutte sans se départir de son sang-froid, et, par instants, son ballon, dans un coup de tangage plus fort que les autres, *pointe vers le ciel, faisant un angle de cinquante degrés avec l'horizon* (Voir la figure à la page de titre).

Il conduit maintenant presque bout au vent, et ce n'est que bien loin de nous qu'il se laisse aller en dérive jusqu'au-dessus de son parc. Nous le voyons enfin descendre et amener avec une sûreté de main incomparable son aérostat au milieu de son paddock, le nez vers la porte du hangar, comme s'il allait y rentrer. Il repose sur le sol, qu'il a quitté exactement trente minutes et cinquante-cinq secondes auparavant...

La durée du voyage, officiellement chronométrée, était de 30 minutes 40 secondes,

P. Raffaele, Phot.

Fig. 347. — Le *Santos n° 6* doublant la tour Eiffel.

en considérant comme instant de l'arrivée celui où le guide-rope vint toucher la pelouse de départ. Ces 40 secondes de trop dans la durée de l'épreuve faillirent diviser le monde entier en deux camps : d'une part les sportsmen, qui, se plaçant au point de vue purement sportif, n'admettaient pas que le prix fût gagné avec un retard de 40 secondes (fig. 348) ; d'autre part tout le monde (sauf bien entendu les premiers), pour qui ce retard de 40 secondes, occasionné par la difficulté de la manœuvre d'atterrissage, ne pouvait empêcher que le parcours n'ait été réellement effectué en moins de 30 minutes et le prix réellement gagné. Après des discussions très vives, le comité de l'Aéro-club se rangea du côté de M. Tout-le-Monde, en quoi

P. Raffaele, Phot.

M. Santos-Dumont.

FIG. 348. — Le marquis de Dion vient d'apprendre à M. Santos-Dumont qu'il a dépassé de 40 secondes le temps fixé pour la durée de l'épreuve (19 octobre 1901).

il eut raison : mais les dissidents n'avaient pas tort non plus, car l'épreuve était bien réellement une épreuve sportive, et sur ce terrain, un retard d'une seconde est un retard et suffit pour qu'une épreuve soit manquée. Quoi qu'il en soit, le Grand Prix fut attribué à M. Santos-Dumont, et tout le monde fut unanime à l'en féliciter : l'enthousiasme du public vint récompenser le jeune aéronaute de ses dangereux travaux, qui laisseront une trace profonde dans l'histoire de la navigation aérienne.

D'ailleurs, loin de s'endormir sur ses lauriers, M. Santos-Dumont ne tarda pas à reprendre ses expériences sur les bords de la Méditerranée. Il se transporta à Monte-Carlo et commença bientôt une série d'ascensions au-dessus de la mer dans le but de préparer un voyage maritime. Les nombreux touristes installés sur la côte d'azur furent les témoins de ses nouvelles expériences : on sait que M. Santos-Dumont reçut la visite de l'impératrice Eugénie, qui s'intéressait vivement à ses projets et tenait à le féliciter de ses succès.

A plusieurs reprises, il sortit du hangar dans la nacelle de son aérostat et exécuta une série de manœuvres au-dessus de la baie de Monaco ; il fit plusieurs fois le tour du port, évoluant avec une grande aisance, et poussa même une pointe vers la pleine mer suivi par une chaloupe à vapeur, prête à lui porter secours en cas d'accident. La précaution n'était pas inutile : le 14 février 1902, au cours d'une ascension sur la baie, on vit tout d'un coup le ballon prendre une inclinaison extrême : les fils d'acier qui soutenaient à l'arrière la poutre armée se détendirent, s'engagèrent dans l'hélice, qui déchira le gouvernail et le mit en lambeaux. Le moteur s'arrêta, et le ballon, poussé par un léger vent d'Est, fut ramené vers l'intérieur de la baie.

FIG. 349. — Augusto Severo, victime de la catastrophe du *Pax*, le 12 mai 1902.

L'émotion des innombrables assistants était considérable : de tous côtés des embarcations s'élançaient au secours de l'aéronaute, dont le ballon s'inclinait de plus en plus ; le gaz fuyait par la soupape entr'ouverte et bientôt l'aérostat, flasque, complètement désemparé, s'abattit dans la mer ; M. Santos-Dumont impassible, toujours dans sa nacelle, fut immergé jusqu'à mi-corps : à ce moment le canot du prince de Monaco arrivait sur le théâtre de la catastrophe et recueillait le naufragé des airs. Le *Santos-Dumont n° 6*, le triomphateur du prix Deutsch, avait vécu !

Cet accident prouvait le défaut de suspension de la poutre au ballon : si M. Santos-Dumont avait adopté la suspension rigide par réseaux triangulaires, un accident pareil n'aurait pu se produire, car la tension des fils de suspension n'aurait pas varié pendant une embardée longitudinale, comme cela arriva le 14 février. M. Santos-Dumont rentra à Paris, et peu de temps après, il partit pour l'Amérique avec un *Santos n° 7*. Mais quelques mois plus tard, il revenait en France, plus fermement décidé que jamais à reprendre ses exploits aéronautiques. Attendons-nous donc à de nouvelles expériences sensationnelles du jeune aéronaute, qui n'a pas dit encore son dernier mot ; il est toujours attendu au garage supérieur de l'Automobile-club, qui offre à son atterrissage la pelouse gazonnée de son jardin suspendu !

L'exemple de M. Santos-Dumont ne devait pas tarder à être suivi : de nombreux ballons dirigeables furent bientôt en chantier. De tous côtés on entend dire que tel sportsman enragé s'est commandé un dirigeable ; l'aérostation est en train de prendre le pas sur l'automobilisme. De prochains concours de dirigeables sont annoncés. M. Santos-Dumont a créé lui-même à l'Aéro-club un prix qui porte son nom, et les concurrents s'annoncent nombreux.

FIG. 350. — Le ballon dirigeable *Pax* d'Augusto Severo.

L'un de ses compatriotes, M. Severo, député au parlement brésilien (fig. 349), arriva récemment en France pour faire construire son dirigeable par M. Lachambre, l'habile constructeur-aéronaute français (car, notons-le, il n'y a qu'en France que l'on sache construire les ballons), qui a établi tous les *Santos-Dumont*. Déjà, en 1894, M. Augusto Severo avait fait des essais au Brésil avec un ballon de 60 mètres de longueur, appelé le *Bartholomeo de Gusmão*, mais au cours d'une expérience, la nacelle, qui avait 52 mètres de long, s'était brisée par suite d'un vice de construction. C'est alors qu'il vint en France faire construire un nouveau dirigeable qui reçut le nom de *Pax*. Cet aérostat (fig. 350) comportait deux hélices, l'une à l'avant, l'autre à l'arrière, placées toutes deux sur le prolongement même de l'axe du ballon, grâce à une combinaison ingénieuse de poutre armée qui remontait jusqu'à la hauteur de cet axe; quatre autres hélices tenaient lieu de gouvernail : enfin une septième hélice, dite compensatrice, placée à l'arrière de la nacelle, était destinée à maintenir l'équilibre longitudinal. La force motrice était fournie par deux moteurs à pétrole, l'un de 16 et l'autre de 24 chevaux, construits tout spécialement par M. Buchet, qui veilla lui-même à leur installation dans la nacelle (fig. 351).

La longueur du ballon était de 30m et le diamètre au milieu, de 12m. La poutre armée, construite en bambou, était logée en partie dans une sorte de long couloir étroit qui coupait en deux dans toute sa longueur la partie inférieure du ballon.

P. Raffaele, Phot.

Fig. 351. — MM. Buchet et Severo examinant le moteur du *Pax* sous le hangar.

Tout le monde a encore présent à la mémoire le terrible drame du lundi 12 mai 1902, épilogue de la tentative de M. Severo. Depuis plus de quinze jours le *Pax*, complètement terminé, attendait sous son hangar un temps favorable pour effectuer une expérience décisive. De nombreux visiteurs étaient venus admirer le magnifique aérostat dont l'inventeur faisait les honneurs avec une bonne grâce et une cordialité qui lui conciliaient toutes les sympathies ; cependant quelques-uns ne pouvaient s'empêcher de redouter une catastrophe en remarquant que M. Severo avait commis la même erreur que le malheureux ingénieur allemand Wœlfert, dont nous avons raconté la fin tragique : il avait tellement rapproché la nacelle du ballon qu'une distance de 2^m à $2^m,50$ à peine séparait celui-ci des moteurs à essence. N'y avait-il pas à craindre que, comme dans le cas de Wœlfert, le moteur ne communiquât le feu à l'hydrogène? On le sait, ce fut ce qui arriva, et les détails de l'explosion du *Pax* sont tellement identiques à ceux de l'accident de Wœlfert que le même récit s'applique mot pour mot aux deux catastrophes.

Le 12 mai, à cinq heures du matin, le temps si mauvais depuis quelques jours sembla enfin s'embellir : une faible brise acheva de dissiper les nuages. Plein de joie et d'impatience, M. Severo fit aussitôt ses préparatifs de départ : il prit place au moteur d'avant et son aide, le mécanicien Sachet, se mit au moteur d'arrière. Un ami de M. Severo, M. Alvarro, qui devait l'accompagner, eut la bonne inspiration de s'abstenir au dernier moment.

A 5 heures et demie, le *Pax*, sorti de son hangar, s'élevait dans les airs pour se diriger vers le champ de manœuvres d'Issy-les-Moulineaux, au-dessus duquel il devait évoluer.

« A tout à l'heure à Issy ! » cria M. Severo, plein de confiance et d'espérance dans le succès, à sa femme et à ses amis qui partirent en automobile dans cette direction.

On vit distinctement les moteurs se mettre en marche, les hélices tourner et le ballon, obéissant à leur impulsion, évoluer légèrement dans l'espace. Mais bientôt, on put se rendre compte que quelque chose d'anormal se passait : les moteurs ne fonctionnaient plus : on aperçut les deux aéronautes faire de grands gestes, et le ballon, livré à lui-même, dériver du côté de l'avenue du Maine. Soudain une flamme apparut, bientôt suivie d'une violente détonation qui jeta l'émoi dans le quartier encore endormi : le ballon venait d'éclater. Il se trouvait alors à quelque quatre ou cinq cents mètres d'altitude : ce fut un spectacle épouvantable : une gerbe de flammes immense s'élança vers le ciel comme une gigantesque flambée de punch, et la carcasse rigide du ballon, supportant la nacelle, s'abîma à terre en l'espace de quelques secondes et s'écrasa sur la chaussée de l'avenue du Maine, à la hauteur du carrefour de la rue de la Gaîté. Les deux malheureux aéronautes étaient littéralement écrasés ; le mécanicien Sachet était en outre brûlé affreusement.

Il est aisé de se rendre compte de ce qui s'était passé : à peine élevé en l'air, le gaz du ballon, dilaté par les rayons du soleil et par la diminution de la pression extérieure en raison de l'altitude atteinte, aura fusé par la soupape inférieure du ballon et sera venu lécher les parois du moteur où il se sera enflammé, la courte distance qui séparait le ballon du moteur n'étant pas suffisante pour que l'hydrogène pût se diluer dans l'atmosphère.

Puisse au moins ce terrible exemple, venant après celui de Wœlfert, convaincre les inventeurs de ballons dirigeables que le danger est grand de rapprocher la nacelle du ballon lorsque l'on fait usage du moteur à essence !

L'émotion causée par la catastrophe du *Pax* était à peine calmée qu'une nouvelle catastrophe aussi épouvantable que la première vint jeter un voile lugubre sur l'aérostation ; le lundi 13 octobre 1902, MM. de Bradsky et Morin trouvaient la mort en expérimentant pour la première fois un nouveau dirigeable,

M. Otto von Bradsky, originaire du royaume de Saxe, ancien secrétaire d'ambassade, était venu se fixer à Paris après avoir parcouru l'Inde, la Chine et le Japon. Séduit, comme tant d'autres, par les charmes de l'aérostation sportive, M. de Bradsky, possesseur d'une belle fortune, se lança dans la construction d'un ballon dirigeable. Avec le concours d'un ingénieur électricien distingué, M. Paul Morin, né à Nantes le 13 février 1859, il en arrêta les plans et en confia la construction à M. Lachambre.

Le *Bradsky* avait la forme générale d'un cylindre de 26 mètres de long et de 6 mètres de diamètre, terminé par deux cônes, celui d'avant mesurant 8 mètres et celui d'arrière 4 mètres de longueur. Il cubait ainsi environ 850 mètres. Une légère armature en bois ceinturant l'équateur assurait au ballon une rigidité assez grande. La présence de cette armature donna au ballon la forme la plus étrange pendant le gonflement : la partie inférieure de l'étoffe aspirée en quelque sorte par le gaz qui soulevait déjà la partie supérieure, se présenta sous l'aspect d'une voûte surbaissée (fig. 352); on se serait cru sous une galerie du Métropolitain.

P. Raffaele, Phot.

Fig. 352. — Gonflement du ballon de M. de Bradsky aux ateliers Lachambre à Vaugirard. Pendant cette opération, le dessous du ballon se creuse en forme de voûte.

La nacelle, formée de tubes d'acier, avait 17 mètres de longueur : au milieu était placé un moteur à quatre cylindres de 16 chevaux actionnant l'hélice propulsive placée à l'arrière de la nacelle. Le ballon devant être, suivant le projet de son inventeur, légèrement plus lourd que l'air, une hélice ascensionnelle horizontale était placée directement au-dessous du moteur.

L'armature équatoriale dont nous avons parlé supportait deux ailes d'une surface totale de 74 mètres pouvant, en cas d'accident arrivé au ballon, servir de parachute.

La nacelle était retenue au ballon par des fils d'acier qui n'étaient autres que des cordes à piano. Ces fils, très résistants sous une faible section, ont sur les cordes ordinaires, forcément beaucoup plus grosses, l'avantage d'offrir une résistance à l'avancement bien moins considérable. On ne peut donc faire un reproche à l'inventeur d'avoir choisi ce mode de suspension ; c'est cependant par là que la catastrophe s'est produite, comme nous allons le dire tout à l'heure.

MM. de Bradsky et Morin s'étaient livrés avec ardeur à la construction de leur dirigeable : ils ne quittaient guère le hangar de Vaugirard et veillaient à tout(fig.353), enthousiasmés de leur œuvre, sûrs du succès.

Le 13 octobre, les deux aéronautes arrivèrent à 5 heures 1/2 du matin au parc de M. Lachambre et, après une dernière et minutieuse inspection de tout le matériel, décidèrent de tenter immédiatement une expérience décisive : le temps était magnifique, pas un souffle de vent ne troublait l'atmosphère. Le ballon est sorti du hangar ; M. de Bradsky et M. Morin montent dans la nacelle, le premier au moteur, le second vers l'avant. Après un dernier essai à la corde, le signal est donné, et l'aé-

P. Raffaele, Phot.

FIG. 353. — MM. Morin et de Bradsky, les malheureuses victimes de la catastrophe du 13 octobre, examinant leur nacelle sous le hangar avant la sortie finale.

rostat s'élève dans un équilibre parfait (fig. 354). M. de Bradsky fait un dernier signe d'adieu à sa femme qui, le cœur serré, assiste à ce départ, après avoir vainement supplié son mari de l'emmener. Il lui crie d'aller l'attendre à Issy-les-Moulineaux et met l'hélice propulsive en marche. Que se passa-t-il alors? On en est réduit aux conjectures. Au lieu de se diriger sur Issy, le ballon, décrivant un grand cercle, prit la direction des Invalides et de la place de la Concorde, traversa les grands boulevards, la rue Drouot, passa près du Sacré-Cœur, franchit les fortifications, et se dirigea vers Saint-Denis. Il paraît évident que le ballon était alors le jouet du vent : la brise s'était levée, en effet, du Sud-Ouest, et éloignait de plus en plus l'aérostat de la direction d'Issy. A 9 heures il planait au-dessus de Stains, près Pierrefitte, et se trouvait à moins de 100 mètres d'altitude. Rien ne pouvait faire prévoir un accident, et les aéronautes n'avaient aucune appréhension. M. Morin, en effet, héla un passant, M. Aubert, entrepreneur de charpentes à Stains, pour lui demander le nom du pays et un endroit propice pour l'atterrissage. M. Aubert lui indiqua un terrain vague très proche, situé, coïncidence curieuse à noter, sur le territoire de Gonesse, où le premier aérostat à hydrogène avait reçu l'accueil que nous avons vu dans les premiers chapitres de cet ouvrage.

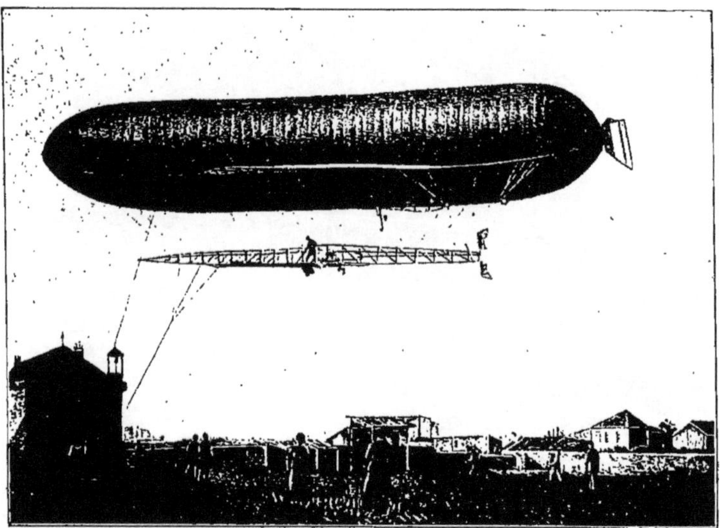

P. Raffaele, Phot.

Fig. 354. — Le ballon dirigeable le *Bradsky* en l'air.

C'est à ce moment que la catastrophe se produisit : pour gagner le terrain qui venait de lui être indiqué, M. de Bradsky voulut virer de bord, et M. Morin manœuvra le gouvernail. On vit alors le ballon changer brusquement de direction : il se produisit un mouvement de torsion du ballon par rapport à la nacelle, qui eut pour effet d'alléger certaines suspentes et de charger les autres. Y eut-il aussi embardée verticale ? Cela est possible, car le *Bradsky* n'était pas pourvu de ballonnet compensateur, et des vides avaient pu se former dans l'enveloppe du ballon qui, de ce fait, aurait perdu son équilibre longitudinal. Toujours est-il que les fils d'acier se rompirent, la nacelle, détachée du ballon, s'abîma à terre avec un fracas épouvantable; et lorsque M. Aubert et quelques autres témoins se précipitèrent sur le théâtre de cette chute horrible, ils trouvèrent les deux infortunés brisés littéralement au milieu des débris informes de la nacelle (fig. 355).

On constata que les ligatures des fils d'acier étaient tordues et brisées : ces fils passaient dans des œillets sur la nacelle, étaient recourbés et enroulés en spirale sur eux-mêmes ; mais l'extrémité ainsi repliée et enroulée aurait au moins dû être recuite, et cette précaution n'avait même pas été prise. Il semble donc bien évident que la cause de ce drame terrible fut un défaut de construction, portant sur un point de détail infime dans l'ensemble : mais tout a son importance dans la construction des dirigeables, et la moindre négligence peut amener les pires catastrophes !

P. Raffaele, Phot.

M. Surcouf. M. Mac-Alpin, du *Daily-Mail*. M. Legal, mécanicien. M. Lefebvre, cordier

FIG. 355. — Débris de la nacelle du ballon de Bradsky tombée au globe de Stains le 13 octobre 1902.

A 10 heures du matin, l'enveloppe du *Bradsky* tombait sur le territoire de la commune d'Ozouer-la-Ferrière.

Ces deux accidents survenus coup sur coup n'ont pu modérer le zèle des chercheurs, et déjà nous assistons aux premières expériences d'un nouveau dirigeable.

MM. Lebaudy frères ont, en effet, commencé des expériences suivies avec un ballon dirigeable dont les premiers essais sont pleins de promesse : le ballon (fig. 356), régulièrement fusiforme, est pointu à l'avant et arrondi à l'arrière ; il mesure 57^{m} de longueur totale, et son plus grand diamètre est 9^{m},80. Il cube 2 284$^{m^3}$ et, gonflé à l'hydrogène, possède une force ascensionnelle totale de 2 600^{kg}.

L'enveloppe, construite par M. Surcouf, est double, avec feuille de caoutchouc

P. Raffaele, Phot.

Fig. 356. — Ballon dirigeable de MM. Lebaudy, construit par MM. Julliot et Surcouf.

interposée ; elle est en outre enduite de plusieurs couches d'une substance spéciale appelée *ballonnine*, destinée à empêcher l'altération par l'air, et complètement recouverte d'un dernier enduit jaune. Le ballon renferme un ballonnet compensateur automatique. La partie inférieure du ballon est plate et repose, maintenue par des agrafes, sur un châssis en tubes d'acier, recouvert d'étoffe ignifugée ; ce châssis a 24ᵐ de long, y compris le gouvernail horizontal, et 6ᵐ de large ; il a pour but d'assurer la stabilité de route de l'appareil, et les résultats obtenus sous ce rapport sont absolument concluants. La nacelle (fig. 357), qui a 5ᵐ de long, 1ᵐ,60 de large et 0ᵐ,80 de haut, est suspendue au châssis par un système de suspentes indéformable,

P. Raffaele, Phot.

Fig. 357. — La nacelle du ballon Lebaudy.

et renferme un moteur Daimler de 40 chevaux qui actionne deux hélices de 2ᵐ,80 de diamètre, tournant à mille tours et placées de chaque côté de la nacelle. Elles sont commandées par des pignons d'angle et sont disposées de façon à prendre une inclinaison quelconque et à servir au besoin d'hélices ascensionnelles.

Tout le projet a été étudié par M. H. Julliot, ingénieur des Arts et Manufactures, qui en a dirigé la construction, et qui, maintenant, conduit les expériences de concert avec M. Surcouf ; deux autres mécaniciens sont à bord avec eux pour assurer la manœuvre. Les expériences sont dirigées avec beaucoup de prudence et de méthode. Le port d'attache de ce nouveau ballon est Moisson (Seine-et-Oise), à quelques kilomètres de Bonnières. Des essais préliminaires à la corde ont d'abord été faits : depuis le 25 octobre, le dirigeable est sorti presque tous les jours et les résultats obtenus ont été des plus encourageants. Enfin le 13 novembre, le *Lebaudy* est sorti libre, commandé par M. Surcouf, qu'accompagnaient M. Julliot et un mécanicien. Il a évolué avec la plus grande facilité au-dessus de la plaine qui s'étend entre Lavacourt, La Roche-Guyon et Bonnières, et par trois fois de suite il est revenu très exactement à son point de départ. La vitesse atteinte, alors qu'on ne demandait au moteur que la moitié de sa puissance, aurait été, paraît-il, d'une dizaine de mètres par seconde.

Il faut louer sans réserve l'esprit de méthode rigoureuse qui préside à ces expériences et qui fait le plus grand honneur à MM. Julliot et Surcouf, car c'est en opérant ainsi, par une gradation lente et savante, en n'abordant qu'un côté du problème à la fois et en progressant méthodiquement du connu à l'inconnu, que l'on suit la véritable voie scientifique qui mène sûrement au succès et garantit des catastrophes.

Bien d'autres ballons dirigeables sont encore en construction ou en projet.

M. Girardot, l'automobiliste bien connu, séduit à son tour par le sport aérien, se fait construire, lui aussi, un dirigeable très original, dont la nacelle ou plus exactement la chambre des machines fait corps avec le ballon lui-même, placée qu'elle est au milieu du long fuseau de soie. Une perche en bambou traverse tout le ballon et ressort aux deux extrémités, et des tirants en fil d'acier tendus extérieurement entre le bout de cette perche et la nacelle donnent à l'ensemble une rigidité parfaite. L'hélice, placée à l'extrémité arrière de la perche, se trouve ainsi agir exactement sur l'axe du ballon. Mais, on le voit, le danger est plus grand encore que dans le *Pax*, et le moteur à essence placé au milieu même du gaz rend cet appareil tellement dangereux qu'il faut souhaiter que de profondes modifications y soient apportées.

Le marquis de Dion a en construction, chez M. Surcouf, un modèle de dirigeable fort intéressant : le ballon est relié à une perche rigide formant quille (fig. 358), et portant une hélice à chaque extrémité ; la nacelle est suspendue à cette perche par un système de suspentes à réseau triangulaire analogue à la suspension de Dupuy de Lôme. La stabilité et l'indéformabilité du ballon ont été l'objet d'études toutes particulières, et bientôt un grand dirigeable sera construit sur ce modèle.

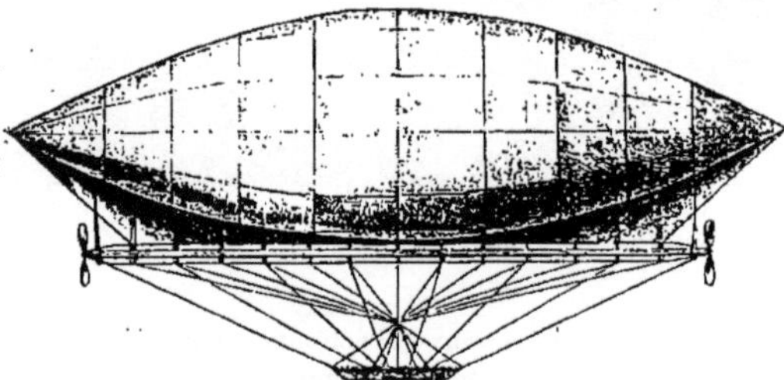

Fig. 358. — Ballon dirigeable de M. le marquis de Dion.

Nous pourrions encore citer le ballon de MM. Louis Pillet et Robert, bientôt achevé ; le projet de M. Josselin, qui s'applique à un ballon dont la forme rappelle celle de *La France* de M. Renard et Krebs, et qui est muni d'un écran destiné à combattre les effets du soleil ; le projet du Dr Mora, qui place les hélices sur l'axe même du ballon et les actionne par des moteurs électriques recevant le courant d'une dynamo accouplée à un moteur à pétrole ; signalons, dans ce projet, l'adjonction au ballon à gaz d'une sorte de montgolfière enveloppant complètement le ballon et qui, remplie d'air froid ou d'air chaud injecté par un ventilateur, provoque les montées ou descentes de l'appareil.

Nous pourrions allonger cette nomenclature, car l'élan est donné, et jamais tant de projets intéressants n'ont été étudiés et mis à exécution ; mais le propre de l'historien est de parler du passé et non de l'avenir ; le présent même ne lui appartient pas encore, et les aérostats en construction sont du domaine de l'avenir. Nous terminerons donc ici l'histoire de la navigation aérienne.

Nous venons de parcourir le cycle complet des efforts tentés par l'homme pour s'assurer l'empire des airs depuis l'origine même de l'humanité. Nous avons vu le génie de l'homme, tourmenté par l'ardent désir de parcourir l'atmosphère à son gré, chercher tout d'abord à réaliser son rêve par l'imitation servile du vol des oiseaux ; mais sa force musculaire est impuissante à le transporter quand il prend son appui sur l'air. Les arts mécaniques alors dans l'enfance ne peuvent encore lui prêter leur secours, et des siècles se passent en vains efforts qui n'aboutissent qu'à des essais plus ou moins heureux de vol plané. L'idée hante cependant le cerveau des penseurs, et, ne pouvant réaliser leurs aspirations, les poètes créent des fictions et nous entraînent par l'imagination à travers cette atmosphère que nous ne pouvons croire à jamais fermée pour nous. Parmi les moyens qu'ils imaginent ainsi pour voyager dans les airs, il est curieux de rencontrer des idées vraiment prophétiques et l'on est stupéfait parfois de la prescience incroyable de certains auteurs du Moyen âge.

La science officielle, dépitée de n'entrevoir aucune solution, déclare par la bouche de ses représentants les plus autorisés que « l'*impossibilité de se soutenir en frappant l'air est aussi certaine que l'impossibilité de s'élever par la pesanteur spécifique des corps vides d'air !* » Un an après, l'immortel Montgolfier donnait à cette assertion le démenti le plus éclatant ! L'aérostation était créée, mais plus d'un siècle passa avant qu'aucune expérience décisive de direction soit venue confirmer les espérances enthousiastes que la première montgolfière lancée dans les airs avait fait naître dans les cœurs.

L'espoir de résoudre un jour le grand problème n'en fut pas affaibli, mais les recherches sur la navigation aérienne par les appareils purement mécaniques, un instant négligées à cause de l'éclatant succès de l'aérostation, furent bientôt reprises avec ardeur, et les deux écoles eurent dès lors leurs partisans. Les travaux de Giffard, de Dupuy de Lôme, de Tissandier, de Krebs et de Renard, de Santos-Dumont ont donné aux ballonniers une avance considérable ; mais les aviateurs citent avec orgueil les noms de Ponton d'Amécourt, de Hureau de Villeneuve, de Forlanini, d'Alphonse Pénaud, de Tatin, de Langley, d'Otto Lilienthal, etc..., et leurs espérances sont plus vives que jamais. La solution du problème par les appareils plus lourds que l'air sera plus tardive ; mais, de l'avis des savants les plus autorisés, elle sera infiniment plus complète ! Nous ne sommes qu'au début de l'aéronautique et l'avenir est plein de promesses : un grand mouvement pousse les savants, les ingénieurs, les hommes de sport de tous les pays vers les études aéronautiques. Une noble émulation anime tous les chercheurs ; le moteur à pétrole offre les ressources d'une force motrice dont la légèreté eût paru invraisemblable il y a quelques années seulement. Le problème touche à sa solution, et nous ne pouvons appuyer notre opinion sur une autorité plus grande et plus incontestable que celle de M. Janssen, l'illustre membre de l'Académie des sciences qui, dans son discours d'ouverture du Congrès d'aéronautique de 1900, s'exprima dans les termes suivants, qui seront comme la conclusion de notre travail :

« Aujourd'hui, quelle chose est impossible à l'homme ? Il élève des tours qui « touchent aux nuages, il perce des montagnes et des isthmes, il se joue des océans « et des tempêtes, il déplace avec des fils le siège des forces naturelles, et sa pensée « fait le tour de la terre...

« Messieurs, j'en ai la conviction profonde, et croyez bien qu'en parlant ainsi je « ne me laisse pas égarer par mon imagination, ni entraîner par le désir de vous « faire une prédiction agréable, non, Messieurs, c'est un esprit habitué à ne considé- « rer que les éléments positifs et certains des questions et à n'admettre que les con- « séquences qui en découlent rigoureusement ; c'est, en un mot, l'homme de science « qui parle ici. Eh bien ! je n'hésite pas à dire que le xxe siècle, auquel nous touchons « et dont nous pouvons dès maintenant saluer l'aurore, verra réalisées les grandes « applications de la navigation aérienne et l'atmosphère terrestre sillonnée par des « appareils qui en prendront définitivement possession, soit pour en faire l'étude « journalière et systématique, soit pour établir entre les nations des communications « et des rapports qui se joueront des continents, des mers et des océans, et deux « siècles à peine auront suffi pour obtenir ce résultat prodigieux ! »

TABLE DES MATIÈRES

PREMIÈRE PARTIE

PÉRIODE LÉGENDAIRE : LES PRÉCURSEURS

CHAPITRE IV

La navigation aérienne au XVIIIe siècle.

CHAPITRE V

Les hommes volants du XVIIIe siècle.

DEUXIEME PARTIE

PÉRIODE HISTORIQUE : LES MONTGOLFIER

CHAPITRE VI

L'invention des aérostats.

CHAPITRE VII

Charles et Robert.

CHAPITRE VIII

Pilâtre de Rozier.

CHAPITRE IX

Les premiers essais de direction.

CHAPITRE X

De Meusnier à Scott.

CHAPITRE XI

Les aérostiers de la première République.

CHAPITRE XII

Garnerin, Robertson et Zambeccari.

TROISIEME PARTIE

PÉRIODE HÉROIQUE : LES DEUX ÉCOLES

CHAPITRE XIII

Les inventeurs malheureux.

CHAPITRE XIV

Dupuis-Delcourt.

CHAPITRE XV

De Pétin à Henri Giffard.

CHAPITRE XVI

Ballonniers et aviateurs.

CHAPITRE XVII

La Sainte-Hélice.

CHAPITRE XVIII

Le Géant.

QUATRIÈME PARTIE

PÉRIODE SCIENTIFIQUE ET MILITAIRE : LE SIÈGE DE PARIS

CHAPITRE XIX

Ascensions scientifiques.

CHAPITRE XX

Les ballons du siège de Paris.

CHAPITRE XXI

Les aérostiers militaires de 1870.

CHAPITRE XXII

L'aérostation militaire moderne.

CHAPITRE XXIII

L'aérostation après la guerre.

CHAPITRE XXIV

L'aviation de 1870 à 1880.

CINQUIÈME PARTIE

PÉRIODE MODERNE : LES GRANDS DIRIGEABLES ET LE SPORT AÉRIEN

CHAPITRE XXV

La direction des ballons.

CHAPITRE XXVI

L'aérostation scientifique.

CHAPITRE XXVII

Les ascensions maritimes.

CHAPITRE XXVIII

Les aviateurs modernes.

CHAPITRE XXIX

Le sport aérien.

CHAPITRE XXX

Les derniers ballons dirigeables.

CHARTRES. — IMPRIMERIE DURAND, RUE FULBERT.

Librairie NONY et Cie, 63, boulevard Saint-Germain, Paris, 5e.

DANS LA MÊME COLLECTION
(ouvrage couronné par l'Académie française) :

Les Entrailles de la Terre

Par E. CAUSTIER

PROFESSEUR AGRÉGÉ AU LYCÉE DE VERSAILLES

Un volume 31/21[cm] de 500 pages, illustré de 409 belles gravures et de 4 planches hors texte de magnifiques photographies en couleurs, *titre rouge et noir, broché.* . . . . **10** *fr.*
Relié toile, fers spéciaux, tranches dorées. . **14** *fr.*
Relié dos et coins maroquin, tête dorée. . . **18** *fr.*

Les Entrailles de la Terre, allez-vous dire, mais c'est du Jules Verne! Nullement. L'auteur a pensé qu'aujourd'hui nos jeunes gens, dont l'esprit critique s'exerce volontiers, ne devaient plus se contenter de récits imaginaires, si bien agencés qu'ils soient. C'est pourquoi, abandonnant les mystérieux chemins, il emmène les lecteurs de ce magnifique livre d'étrennes sur des routes réellement parcourues par lui ou par d'autres *curieux de la nature.* Au surplus, les merveilles qu'on découvrira en sa compagnie sont suffisamment nombreuses et captivantes pour donner à cet ouvrage le plus vif intérêt.

Avec l'aimable guide qu'est M. Caustier, le lecteur visitera les mines et les carrières, les grottes et les cavernes; il observera le feu intérieur que laissent entrevoir les cratères des volcans; il étudiera les eaux souterraines qui jaillissent du sol par les geysers, les sources thermales ou les puits artésiens; descendant dans les gouffres, il naviguera sur les rivières souterraines, suivra leur cours capricieux, les verra à l'œuvre, accomplissant leur besogne de mineur sans trêve ni repos, et rendant ensuite, en un flot jaillissant ou en fontaines tumultueuses, tout ce que le sol avait bu par mille gorgées. Et l'homme, lui-même, dans les gigantesques travaux qu'il accomplit pour traverser les montagnes ou passer sous les océans, apparaîtra au lecteur comme un être fantastique, au milieu de ce royaume des ténèbres qu'il a su conquérir, parmi les forces naturelles qu'il a domptées, utilisées, faites siennes.

A notre époque où l'industrie et le commerce règnent en souverains maîtres et fixent désormais le rang des nations dans le monde, il semble que dédaigner les connaissances utiles contenues dans ce livre serait se priver d'une arme puissante dans la lutte de tous les jours; ce serait aussi se priver volontairement d'une rare satisfaction intellectuelle que de ne pas contempler en quelle admirable source de biens de toutes sortes la terre se transforme sous l'influence du génie humain.

Introduction. — La Terre vit de la Terre. — Rapport de l'Homme et de la Terre. — Les richesses minérales et l'avenir des nations.

PREMIÈRE PARTIE

LA TERRE

Chapitre I. — **Le Globe terrestre.** — Son origine, son passé, son avenir. — L'âge de la Terre. — Forme et dimensions de la Terre. — L'écorce terrestre et le noyau central : anciennes opinions et fantaisies scientifiques. — Un trou à la Terre. — La Terre est un réservoir d'énergie.

Chapitre II. — **Les eaux souterraines.** — Les sondages anciens et modernes. — Moïse, patron des sondeurs. — Le matériel du sondeur moderne; trépans et tarières; pompe à sable. — L'art de « tirer des carottes ». — Recherches des eaux souterraines : la « baguette divinatoire » et les sourciers. — Les puits ordinaires et les puits instantanés. — Les puits artésiens. — Les sondeurs arabes et la conquête du désert. — Eaux jaillissantes au pays de la soif. — L'œuvre de la colonisation française.

Chapitre III. — **Le feu souterrain.** — A. *Les volcans.* — L'imagination populaire et la science. — Une éruption volcanique; les projectiles volcaniques : un boulet de 30 tonnes! Les laves : cheires et orgues d'Auvergne; chaussée de géants; cheveux de Pélé; le laboratoire imite la nature. — Les fumerolles. — Les principaux volcans et les grandes éruptions : le Vésuve et Pompéi; l'Etna et le Stromboli; les volcans sous-marins de Santorin; le cercle de feu du Pacifique. — Une montagne qui fait explosion. — Les causes du volcanisme : le volcan expérimental; les neptunistes et les plutonistes; théories modernes. — Les volcans éteints. — Les solfatares. — Les suffioni. — Les salses : terrains ardents et sources de feu. — Les mofettes : la grotte du Chien; la Vallée de la mort. — Les volcans d'Auvergne. — Les trous à glace.

B. *Les geysers.* — Les volcans d'eau chaude du Yellowstone Park. — La Terre des merveilles. — Un chemin de verre. — Cascades pétrifiées. — Les grandes eaux du Parc. — Une marmite naturelle. — Moyen de faire jouer les geysers récalcitrants.

C. *Les sources thermales.* — Sources minérales et médicaments naturels. — Les eaux sulfureuses, ferrugineuses, alcalines, salines, acidulées. — Filons d'eau. — Une carte hydrothermale. — Les failles jalonnées par les sources minérales. — Les eaux thermales dans l'antiquité.

D. *Tremblements de terre.* — Le sol est élastique. — Les animaux avertisseurs. — Les sismographes et la météorologie souterraine. — Les secousses verticales, ondulatoires et rotatoires. — Vitesse de 3 000 mètres à la seconde. — Les maisons japonaises. — Les frissons de l'écorce terrestre. — Mouvements lents : lutte entre la terre et la mer. — Failles et filons.

DEUXIÈME PARTIE

LES MINES ET LES CARRIÈRES

LES COMBUSTIBLES

Chapitre I. — **La houille.** — La houille est le pain de l'industrie. — Le vieux roi charbon, « old king coal! » Houilles maigres et houilles grasses; anthracite. — D'où vient le carbone? — Emprunt du monde minéral au monde organique. — Origine végétale; les plantes et les animaux de la houille. — Un paysage de l'époque carbonifère. — Formation de la houille : théories anciennes et modernes; théorie des deltas; rôle des microbes. — Découverte de la houille. — L'histoire et la légende. — Le forgeron de Plénevaux. — Aux pays noirs : les bassins houillers français, belges, anglais, allemands, américains, chinois, etc. — Le charbon du Tonkin.

Chapitre II. — **La mine et les mineurs.** — A. *La mine.* — Découverte des mines. — Exploitation et organisation d'une mine; fonçage des puits, procédé par congélation des nappes aquifères; percement des galeries; le boisage; les voies de roulage. — Levée du plan : boussole et théodolite. — Une ville sous terre. — La plus grande houillère et la plus petite mine de charbon.

B. *Le mineur.* — Une visite chez les cyclopes modernes. — Descente dans le puits : les anciennes échelles et les cages à parachute; évite-molettes. — Le travail du mineur : l'abatage; le pic et la rivelaine; les perforations à air comprimé et électriques; haveuses mécaniques. — Le combat de l'homme et

de la terre; l'artillerie des mines en Angleterre; haveuse à tir rapide. — Les explosifs: la poudre, la dynamite ou la charrue du mineur. — Le roulage et l'extraction du charbon : les bennes; écurie souterraine; locomotive électrique. — L'organisation du travail, au fond: sa durée, le briquet; la coupe au charbon et la coupe à terre; l'ouvrier à la veine; le boiseur; le galibot; le herscheur; le maître porion. — Le champ de bataille du mineur: la lutte contre le feu, l'eau, le mauvais air et le grisou. — Le pénitent; les lampes de sûreté; l'aérage des mines. — Le travail au jour: sur le carreau; le travail des femmes; les trieuses; les cribles à secousse; le lavage; les fours à coke; les quais d'embarquement et les rivages.

CHAPITRE III. — **Autour de la mine. La vie du mineur.** — Ingénieur et mineur. — La maison et la cité ouvrière; le coron; le jardin; les jeux et la musique; la Sainte-Barbe; le poète des mineurs: la chanson du Vieux Mineur; la Muse noire de Lens et son couronnement. — Education du mineur: l'école et le catéchisme de sécurité; le syndicat; la grève. — La mine aux mineurs. — Types de mineurs français, anglais, belges, allemands, américains, etc. — Les corporations minières et les costumes d'apparat en Allemagne et en Russie; les caporaux et les capitaines mineurs.

CHAPITRE IV. — **Les mines dans l'antiquité.** — Autrefois et aujourd'hui. — Les esclaves et les mineurs modernes. — Les Phéniciens, les Grecs et les Romains. — Les mines d'Espagne et du Laurium. — Au moyen âge: les mines du Harz. — Curieuses gravures du XVe siècle: rails et wagonnets.

CHAPITRE V. — **Le charbon noir et la houille blanche.** — Production et consommation. — Les gros mangeurs de charbon. — L'épuisement et la crise du charbon. — Invasion du charbon américain. — Embarquement mécanique et gigantesques cargo-boats. — L'Angleterre inquiète. — Aujourd'hui et demain: le combustible de l'avenir; la machine du XXe siècle; la houille blanche; la mise en réserve de l'énergie solaire.

CHAPITRE VI. — **Le pétrole.** — Origine et composition. — Principaux gisements: les pétroles américain et russe. — Le pétrole jaillissant; un déluge de pétrole; le temple du feu; wagons et bateaux-citernes. — La fièvre du pétrole: Bakou et Los Angelos. — Rôle économique du pétrole. — Asphalte et bitume; le lac de poix de la Trinité. — Le gaz naturel en Amérique; les puits de feu en Chine.

CHAPITRE VII. — **Autres combustibles.** — La tourbe et son origine. — Le lignite et le jais; l'ambre et les mines de Kœnigsberg. — Le graphite: les mines de Sibérie, de Bohême et de Ceylan. — Le soufre: les mines de Sicile; les Carusi: une terre maudite.

LES MÉTAUX

CHAPITRE VIII. — **Le monde métallifère.** — Les métaux et les étapes de l'humanité. — Les gisements métallifères.

A. *Les métaux précieux.* — Platine, or, argent, mercure. — Extraction et principaux usages de ces métaux. — La puissance de l'or et de l'argent; leur avenir géologique. — Les trésors de l'antiquité.

B. *Les métaux usuels.* — Le fer: le siècle du fer, les constructions modernes (tour de 300 mètres et pont de 2 000 mètres); ce que peut donner une barre de fer. — Le cuivre. — L'étain. — Le plomb. — Le nickel. — L'aluminium. — Les métaux rares: une mine de lithine. — Le métal de l'avenir.

LES PIERRES

CHAPITRE IX. — **Le diamant et les pierres précieuses.** — A. *Le diamant.* — Son histoire; ses propriétés; sa reproduction artificielle. — Le vrai et le faux. — Gisements: mines de l'Inde, du Brésil et du Cap. — Les voleurs de diamants et la police du Cap. — Cecil Rhodes. — La taille: clivage, ébrutage, polissage. — Gravure sur diamant. — Le commerce des diamants et le syndicat de Londres. — Les diamants célèbres. — La joaillerie et l'art moderne.

B. *Pierres précieuses.* — Rubis, saphir, topaze, émeraude, améthyste, etc. — Un meeting de pierres précieuses. — Imitations et reproductions. — Les pierres précieuses dans l'art. — Radiographie des pierres vraies et fausses.

CHAPITRE X. — **Les pierres d'ornementation et de construction.** — Les carrières. — Le travail dans les carrières: fil hélicoïdal, outils diamantés. — Roches éruptives: granites et porphyres; laves et basaltes; quartz; mica; amiante; émeri; pierre ponce, etc. — Roches calcaires; marbres dans l'antiquité et dans l'industrie moderne; pierres tendres; craie; phosphates; pierre à plâtre, etc. — Roches siliceuses: sables, grès, meulières, etc. — Roches argileuses: argile et kaolin; ardoisières, etc. — Roches rares: écume de mer; une mine de savon, etc.

CHAPITRE XI. — **Le sel gemme.** — Son origine. — Principaux gisements. — Extraction. — Rôle physiologique et économique. — La neige et le sel. — Le sel et la durée de la vie. — Les salines de Wieliczka: une ville creusée dans le sel. — Les mines et les sels de Stassfürth.

CHAPITRE XII. — **Les richesses minérales et l'avenir des nations.** — La France et ses colonies. — Les pays étrangers. — Les marchés au XXe siècle. — La lutte économique entre la jeune Amérique et la vieille Europe. — Les trusts américains. — Les rois de la République américaine; une trinité financière: Carnegie, Rockfeller et Pierpont-Morgan. — L'avenir des nations: progrès économique et progrès moral.

TROISIÈME PARTIE

LES GROTTES ET LES TUNNELS

CHAPITRE I. — **Grottes et cavernes naturelles.** — Une science nouvelle: la spéléologie. — Les explorations de M. Martel. — Les grottes célèbres de France et de l'étranger: Dargilan, Bétharram, d'Arcy, Han, Capri, Adelsberg, Mammouth Cave. — Les gouffres de Padirac et de Gaping-Ghyll; l'aven Armand. — Les rivières souterraines. — Matériel d'exploration: bateau démontable; un naufrage souterrain; un drame souterrain. — La faune souterraine; le Protée; expériences de M. Viré.

CHAPITRE II. — **Grottes et cavernes artificielles.** — Les grottes préhistoriques; villages de Troglodytes. — Les catacombes de Paris. — Un laboratoire souterrain. — Les caves de Champagne creusées dans la craie; les caves de Roquefort et la fabrication du fromage; les champignonnières des environs de Paris, etc.

CHAPITRE III. — **Les tunnels.** — Percement des tunnels: méthode descendante ou belge (Saint-Gothard); méthode montante (Mont Cenis); usage de l'air comprimé, de la congélation, du bouclier. — Principaux tunnels: Mont Cenis, Saint-Gothard, Simplon, Meudon. — Le Métropolitain. — Les tunnels sous-marins projetés: Gibraltar et Manche.

CHARTRES. — IMPRIMERIE DURAND, RUE FULBERT.

www.ingramcontent.com/pod-product-compliance
Ingram Content Group UK Ltd.
Pitfield, Milton Keynes, MK11 3LW, UK
UKHW021840190726
13855UKWH00001B/73

9 782012 891791